全彩印刷
全新升级

Word Excel PPT 2019 从入门到精通

移动学习版

岳福丽 编著

人 民 邮 电 出 版 社
北 京

图书在版编目（CIP）数据

Word/Excel/PPT 2019从入门到精通 ：移动学习版 / 岳福丽编著. -- 北京 ：人民邮电出版社，2019.10
ISBN 978-7-115-51868-2

Ⅰ. ①W… Ⅱ. ①岳… Ⅲ. ①办公自动化－应用软件 Ⅳ. ①TP317.1

中国版本图书馆CIP数据核字(2019)第185195号

内容提要

本书以案例教学的方式为读者系统地介绍了 Word/Excel/PPT 2019 的相关知识和应用技巧。

全书共 18 章。第 1～4 章主要介绍 Word 2019 的相关操作，包括基本操作、美化文档、长文档的排版与设计和审阅与处理文档等内容。第 5～10 章主要介绍 Excel 2019 的相关操作，包括基本操作、工作表的修饰、公式和函数的应用、Excel 数据管理与分析、数据透视表/图的应用和查看与打印工作表等内容。第 11～14 章主要介绍 PPT 2019 的相关操作，包括基本操作、设计图文并茂的演示文稿、为幻灯片设置动画及交互效果和演示文稿演示等内容。第 15～18 章主要介绍 Office 2019 在不同行业中的应用。

本书附赠与教学内容同步的视频教程及案例的配套素材和结果文件。此外，还赠送了大量相关学习内容的视频教程及扩展学习电子资源。

本书不仅适合计算机的初、中级用户学习使用，也可以作为各类院校相关专业学生和计算机培训班学员的教材或辅导用书。

◆ 编　　著　岳福丽
责任编辑　李永涛
责任印制　马振武

◆ 人民邮电出版社出版发行　　北京市丰台区成寿寺路 11 号
邮编　100164　　电子邮件　315@ptpress.com.cn
网址　http://www.ptpress.com.cn
天津画中画印刷有限公司印刷

◆ 开本：700×1000　1/16
印张：19.25　　2019 年 10 月第 1 版
字数：420 千字　　2019 年 10 月天津第 1 次印刷

定价：49.80 元

读者服务热线：(010)81055256　印装质量热线：(010)81055316
反盗版热线：(010)81055315
广告经营许可证：京东工商广登字 20170147 号

Preface 前言

在信息技术飞速发展的今天，计算机已经走入了人们工作、学习和日常生活的各个领域，而计算机的操作水平也成为衡量一个人综合素质的重要标准之一。为满足广大读者的学习需求，我们针对当前计算机应用的特点，组织多位相关领域专家、国家重点学科教授及计算机培训教师，精心编写了这套“从入门到精通”系列图书。

写作特色

从零开始，快速上手

无论读者是否接触过计算机，都能从本书获益，快速掌握软件操作方法。

面向实际，精选案例

全部内容均以真实案例为主线，在此基础上适当扩展知识点，真正实现学以致用。

全彩展示，一步一图

本书通过全彩排版，有效突出了重点、难点。所有实例的每一步操作，均配有对应的插图和注释，以便读者在学习过程中能够直观、清晰地看到操作过程和效果，提高学习效率。

单双混排，超大容量

本书采用单、双栏混排的形式，大大扩充了信息容量，在有限的篇幅中为读者奉送了更多的知识和实战案例。

高手支招，举一反三

本书在每章最后的“高手私房菜”栏目中提炼了各种高级操作技巧，为知识点的扩展应用提供了思路。

视频教程，互动教学

在视频教程中，我们采用工作、生活中的真实案例，帮助读者体验实际应用环境，从而全面理解知识点的运用方法。

配套资源

全程同步教学录像

本书配套的同步视频教程详细讲解每个实战案例的操作过程及关键步骤，帮助读者更轻松地掌握书中所有的知识内容和操作技巧。

超值学习资源

本书赠送大量相关学习内容的视频教程、扩展学习电子书及本书所有案例的配套素材和结果文件等，以方便读者扩展学习。

二维码视频教程学习方法

为了方便读者学习，本书提供了大量视频教程的二维码。读者使用微信、QQ 的“扫一扫”功能扫描二维码，即可通过手机观看视频教程。

创作团队

本书由岳福丽编著。在本书的编写过程中，我们竭尽所能地将实用的内容呈现给读者，但书中也难免有疏漏和不妥之处，敬请广大读者不吝指正。读者在学习过程中有任何疑问或建议，可发送电子邮件至 zhangtianyi@ptpress.com.cn。

编 者

Contents 目录

第 4 章 审阅与处理文档——制作公司年度报告

本章视频教学时间 / 48 分钟

第 5 章 Excel 2019 基本操作——制作产品记录清单

本章视频教学时间 / 1 小时 06 分钟

第 13 章 为幻灯片设置动画及交互效果——制作市场季度报告演示文稿

本章视频教学时间 / 32 分钟

第 14 章 演示文稿演示——放映员工培训演示文稿

本章视频教学时间 / 33 分钟

第 18 章 Office 的跨平台应用——移动办公

本章视频教学时间 / 21 分钟

赠送资源

赠送资源 1　Windows 10 操作系统安装视频教程

赠送资源 2　9 小时 Windows 10 视频教程

赠送资源 3　电脑维护与故障处理技巧查询手册

赠送资源 4　移动办公技巧手册

赠送资源 5　2000 个 Word 精选文档模板

赠送资源 6　1800 个 Excel 典型表格模板

赠送资源 7　1500 个 PPT 精美演示模板

赠送资源 8　Office 快捷键查询手册

第 1 章

Word 2019 初体验——制作月末总结报告

本章视频教学时间 / 56 分钟

重点导读

使用 Word 2019 创建月末总结报告的方法很多。一般来说，启动 Word 2019 软件后，系统会自动创建空白文档。在空白文档中输入文本并对文本进行编辑、排版等操作，即可完成报告的创建工作。

学习效果图

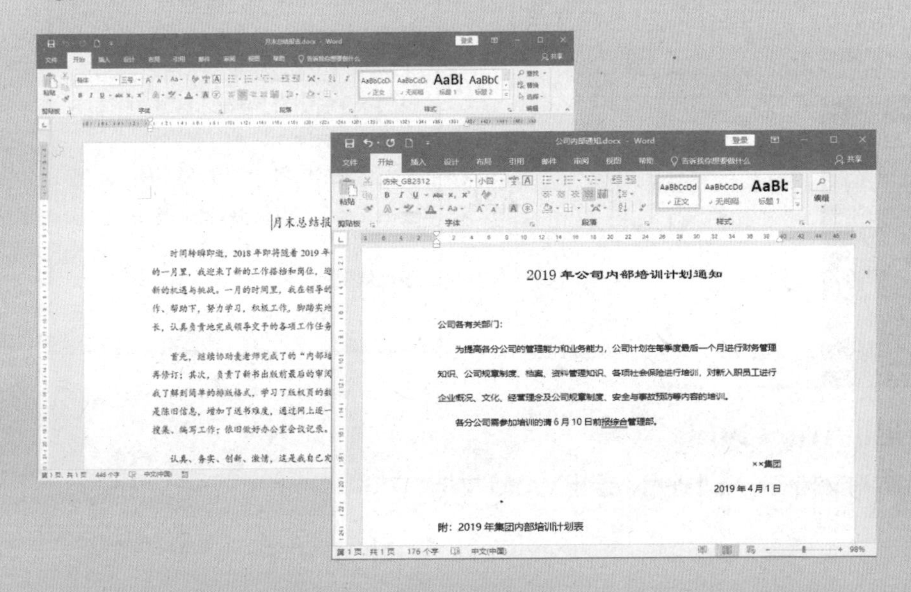

1.1 Word 2019 的启动和退出

本节视频教学时间 / 5 分钟

本节介绍如何启动和退出 Word 2019，这是使用 Word 2019 编辑文档的前提条件。

1.1.1 启动 Word 2019

正常启动 Word 2019 的具体步骤如下。

1 启动 word2019

单击任务栏中的【开始】按钮，在弹出的【开始】菜单的程序列表中选择【Word】选项，启动 Word 2019（见下图）。

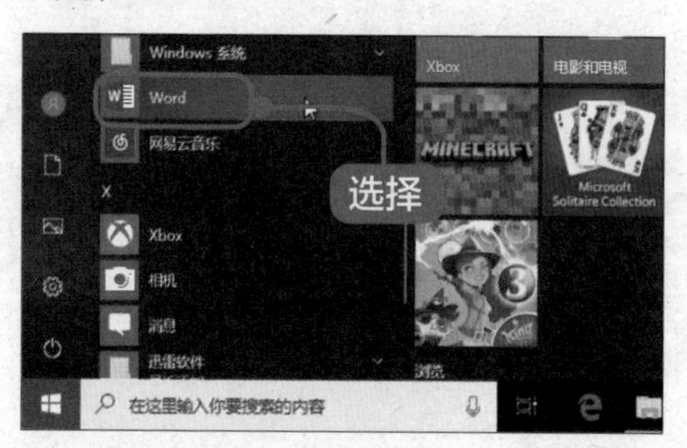

2 单击【空白文档】选项

启动 Word 2019 后，单击【空白文档】选项（见下图）。

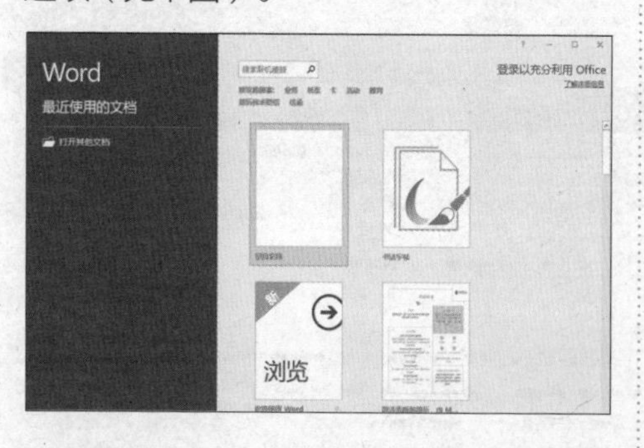

3 创建空白文档

创建一个空白文档，如下图所示。

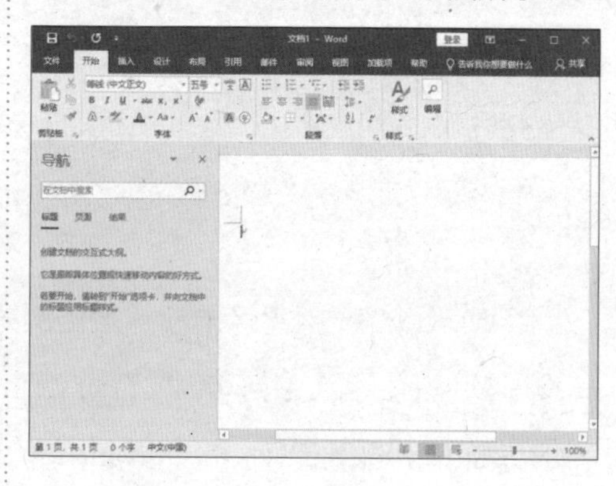

提示

启动软件后，有以下 3 种方法可以创建空白文档。.

（1）在【文件】选项卡下选择【新建】选项，在右侧的【新建】区域选择【空白文档】选项。

（2）单击快速访问工具栏中的【新建空白文档】按钮，快速创建空白文档。

（3）按【Ctrl+N】组合键，也可以快速创建空白文档。

1.1.2 退出 Word 2019

完成对文档的编辑处理后，退出 Word 文档。

1 选择【关闭】菜单命令

使用右键单击文档标题栏，在弹出的控制菜单中选择【关闭】菜单命令（见下图）。

2 弹出信息提示对话框

如果在退出之前没有保存修改过的文档，在退出文档时，Word 2019 系统会弹出一个保存文档的信息提示对话框（见右栏图）。

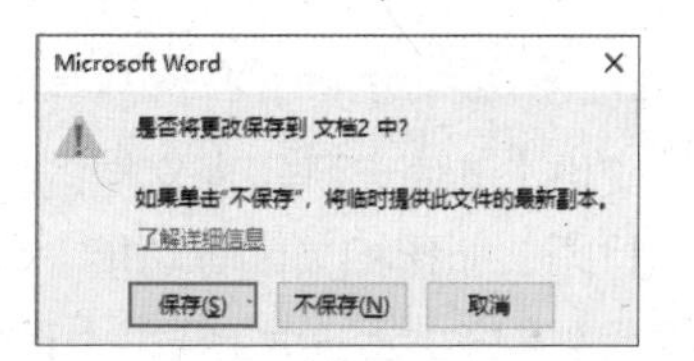

> **提示**
>
> 在此 Word 文档中，单击【取消】按钮，则不关闭文档。
>
> 对于已存在的文档，有下面 3 种方法可以保存更新。
>
> （1）单击【文件】选项卡，在左侧的列表中单击【保存】选项。
>
> （2）单击快速访问工具栏中的【保存】按钮。
>
> （3）使用【Ctrl+S】组合键实现快速保存。

1.2 熟悉 Word 2019 的工作界面

本节视频教学时间 / 8 分钟

打开 Word 2019 文档后，如果要对文字进行处理，首先需要了解文档的窗口有哪些功能。本节将对文档的窗口进行详细的介绍。

Word 文档窗口由【文件】选项卡、标题栏、功能区、快速访问工具栏、文档编辑区和状态栏等部分组成（见下图）。

1.【文件】选项卡

【文件】选项卡可实现文档的打开、保存、打印、新建和关闭等功能。

单击【文件】选项卡，弹出下拉列表，该列表中包含【信息】【新建】【打开】【保存】【另存为】【历史记录】【打印】【共享】【导出】【关闭】和【账户】等菜单选项（见下图）。

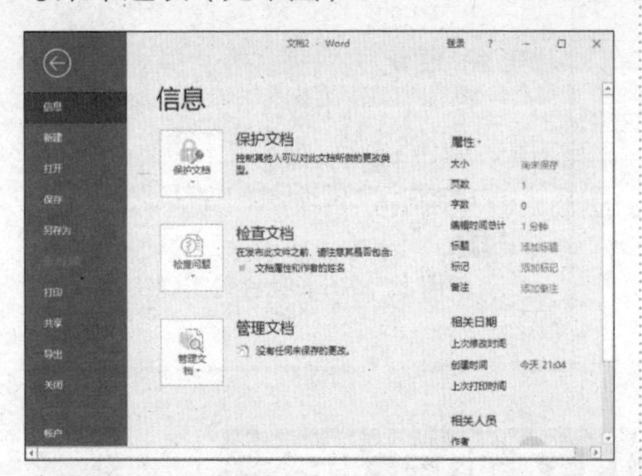

2. 快速访问工具栏

用户可以使用快速访问工具栏实现一些常用的功能，如保存、撤销、恢复、打印预览和快速打印、打开、新建等（见下图）。

单击右侧的【自定义快速访问工具栏】按钮，在弹出的下拉列表中，可以选择快速访问工具栏中显示的工具按钮（见下图）。

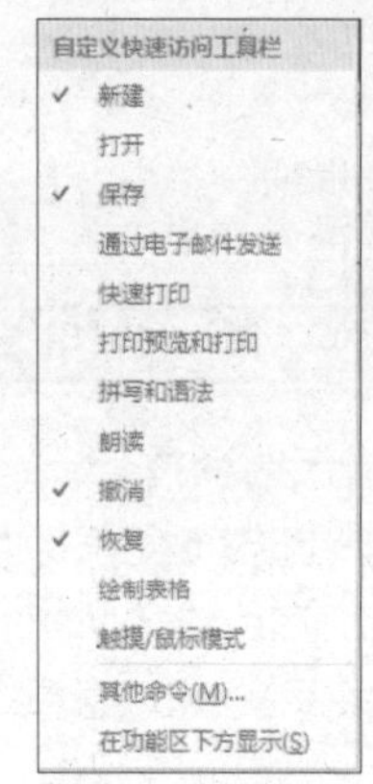

3. 标题栏

标题栏显示了当前打开的文档的名称，还为用户提供了【登录】按钮 登录 、【功能区选项显示】按钮及 3 个窗口控制按钮。这 3 个窗口控制按钮分别为【最小化】按钮、【最大化】按钮（或【还原】按钮）和【关闭】按钮。

4. 功能区

功能区是菜单和工具栏的主要显示区域，几乎涵盖了所有的按钮、库和对话框。功能区首先将控件对象分为多个选项卡，然后在选项卡中将控件细化为不同的组（见下图）。

5. 文档编辑区

文档编辑区是用户工作的主要区域，用来实现文档、表格、图表和演示文稿等的显示和编辑。在这个区域中，经常会用到的工具包括水平标尺、垂直标尺、水平滚动条和垂直滚动条等。

6. 状态栏

状态栏提供页码、字数统计、拼音、语法检查、改写、视图方式、显示比例和缩放滑块等辅助功能，用来显示当前的编辑状态（见下图）。

第 1 页，共 1 页　0 个字　中文(中国)　100%

1.3 输入月末总结内容

本节视频教学时间 / 9 分钟

月末总结是员工对一个月工作情况的总结，同时涵盖自己对下个阶段的规划。下面介绍怎样输入月末总结的内容。

1 输入文字

把鼠标光标定位在文档开始编辑处，输入“月末总结”字样（见下图）。

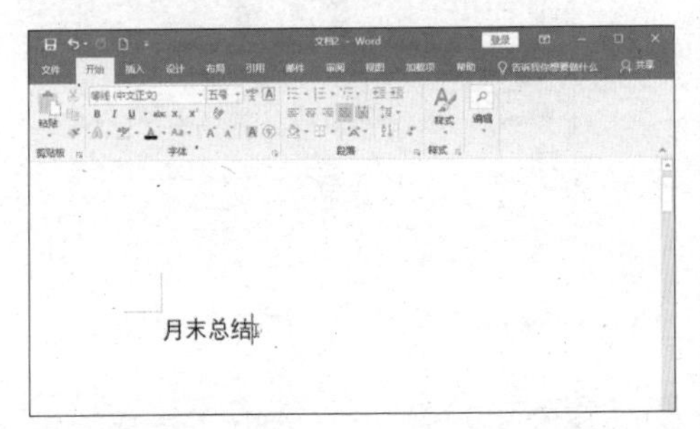

2 设置对齐方式

按着鼠标左键，选中“月末总结”字样，选择【开始】选项卡，单击【段落】组中的【居中】按钮 （见下图）。

3 输入内容

按【Enter】键，另起一行。输入月末总结的内容（用户可以直接复制“素材 \ch01\ 月末总结报告 .docx”中的内容），如下图所示。

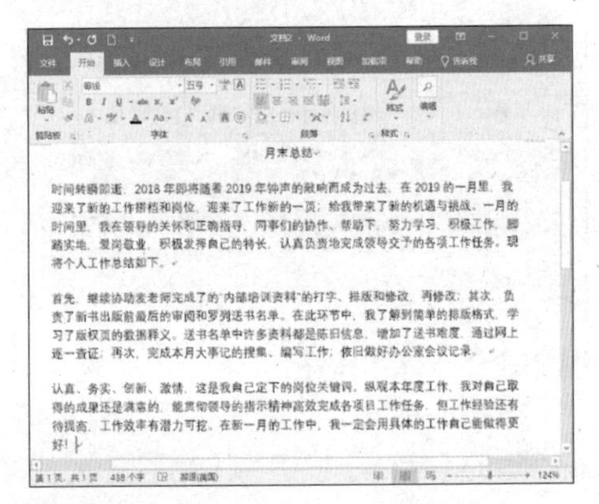

4 保存文件

单击【文件】选项卡下的【保存】按钮，在打开的【另存为】对话框中设置文件名为“月末总结报告 .docx”，单击【保存】按钮（见下图）。

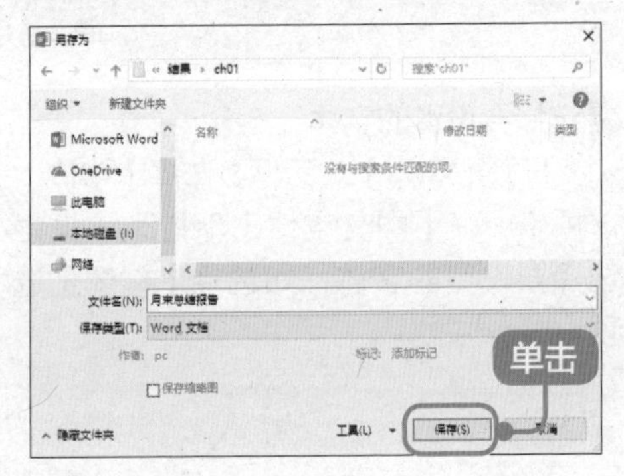

1.4 设置字体及字号

本节视频教学时间 / 7 分钟

在 Word 文档中，字体格式的设置指的就是对文档的字体、字号等的设置。本节介绍如何在 Word 2019 中设置字体及字号的格式。

1.4.1 设置字体

设置字体是最基本的字体格式设置之一。

1 选中文本

使用鼠标或按【Ctrl+A】组合键，选中全部文本，如下图所示。

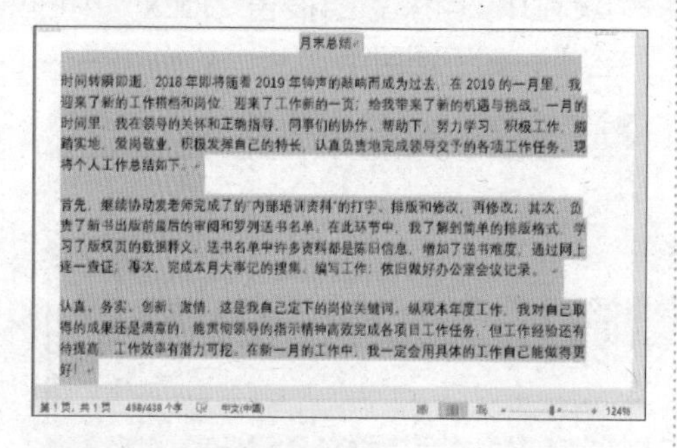

月末总结

时间转瞬即逝，2018 年即将随着 2019 年钟声的敲响而成为过去。在 2019 的一月里，我迎来了新的工作搭档和岗位，迎来了工作新的一页；给我带来了新的机遇与挑战。一月的时间里，我在领导的关怀和正确指导、同事们的协作、帮助下，努力学习，积极工作，脚踏实地，爱岗敬业，积极发挥自己的特长，认真负责地完成领导交予的各项工作任务。现将个人工作总结如下。

首先，继续协助爱老师完成了的"内部培训资料"的打字、排版和修改，再修改；其次，负责了新书出版前最后的审阅和罗列送书名单，在此环节中，我了解到简单的排版格式，学习了版权页的数据释义，送书名单中许多资料都是陈旧信息，增加了送书难度，通过网上逐一查证；再次，完成本月大事记的搜集、编写工作；依旧做好办公室会议记录。

认真、务实、创新、激情，这是我自己定下的岗位关键词，纵观本年度工作，我对自己取得的成果还是满意的，能贯彻领导的指示精神高效完成各项目工作任务，但工作经验还有待提高，工作效率有潜力可挖。在新一月的工作中，我一定会用具体的工作自己能做得更好！

第 1 页，共 1 页　438/438 个字　中文(中国)　124%

2 单击【字体】按钮

单击【开始】选项卡下【字体】组右下角的【字体】按钮（见下图）。

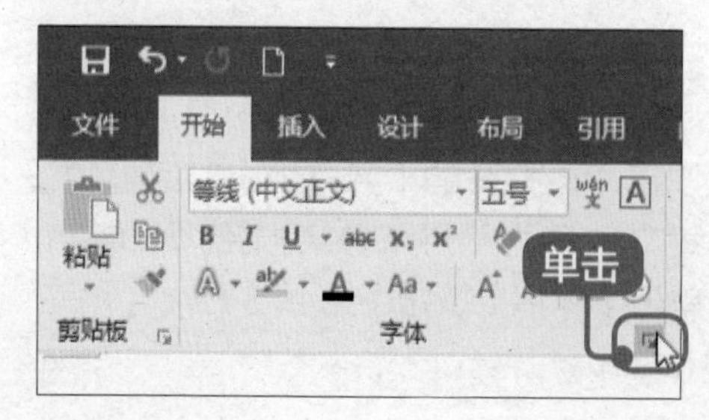

3 选择要设置的字体

打开【字体】对话框，选择【字体】选项卡，在【中文字体】下拉列表框中选择要设置的字体，如选择【楷体】选项（见右栏图）。

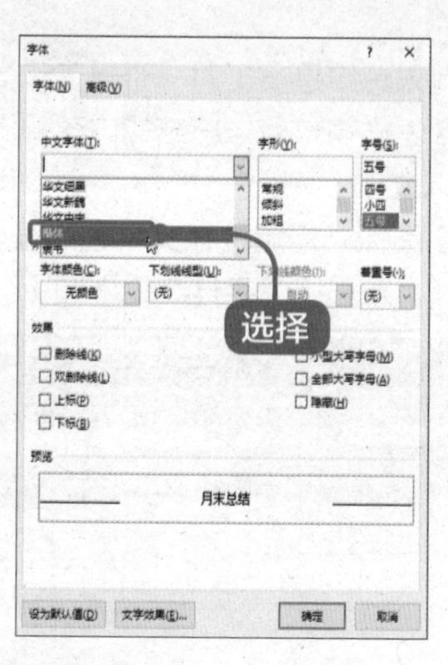

4 设置英文字体

同样地，在【西文字体】下拉列表框中，可以设置英文字体，如选择【Times New Roman】选项（见下图）。

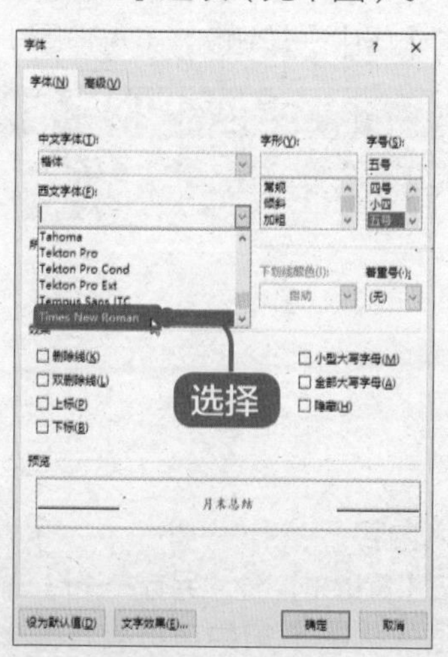

5 设置字形

在【字形】下拉列表框中，可以设置字形，如选择【常规】选项（见下图）。

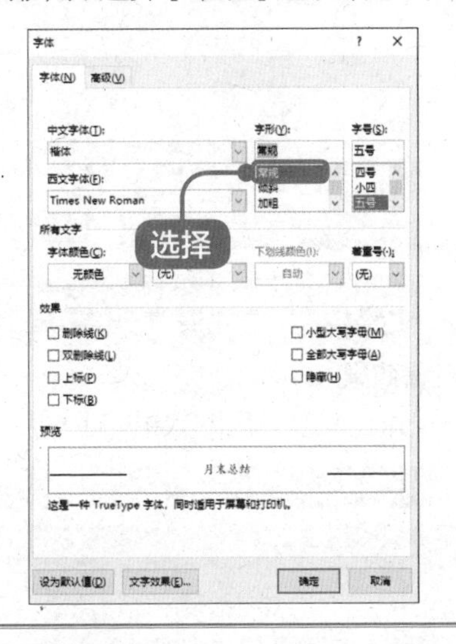

6 设置后的字体样式效果

字体样式设置完成后，单击【确定】按钮。设置后的字体样式如下图所示。

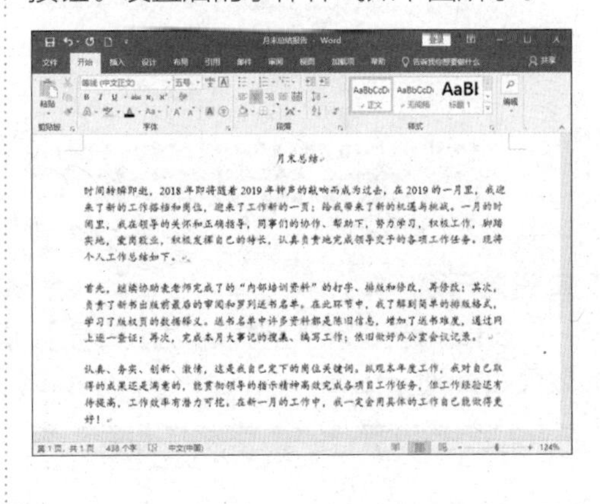

提示

如果要对字体进行简单的设置，可以使用功能区【字体】组中的字体列表。如果要对字体进行多项字体设置，则可使用【字体】对话框（见下图）。

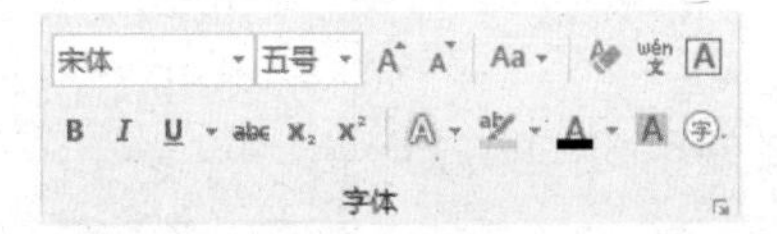

另外，选择要设置字体格式的文本，选中的文本区域右上角会弹出一个浮动工具栏，单击相应的按钮也可修改字体格式（见下图）。

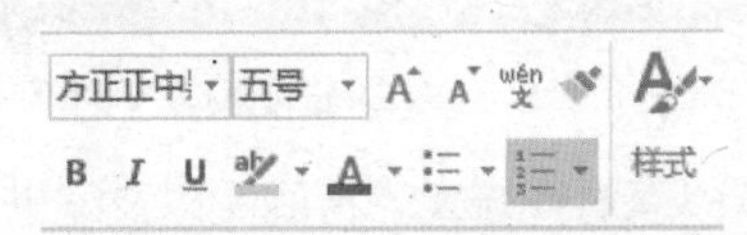

1.4.2 设置字号

设置字号是最基本的字体格式设置之一。

1 设置标题文本

选择“月末总结”标题文本，单击【开始】选项卡下【字体】组中【字号】按钮的下拉按钮，选择【三号】选项（见下页图）。

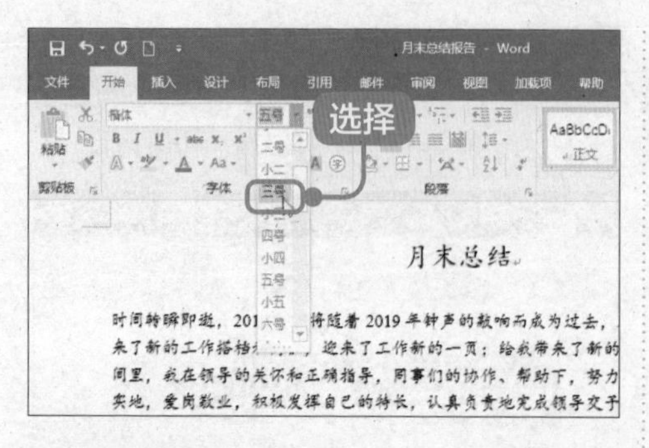

2 设置标题字体大小

设置所选文本的字体大小为【三号】，效果如下图所示。

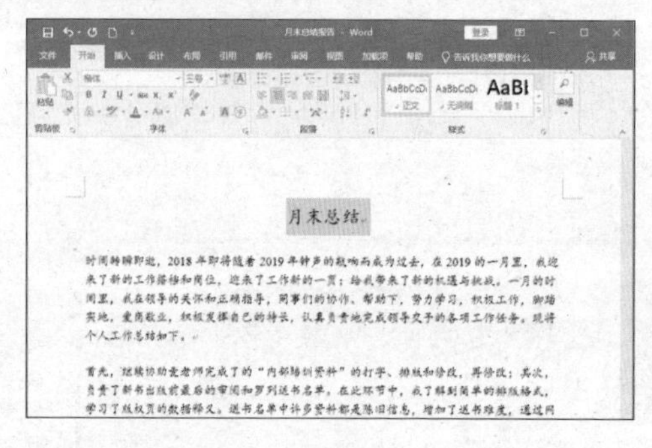

3 设置正文字体大小

选择下方的正文内容，使用同样的方法，将字体设置为【小四】（见下图）。

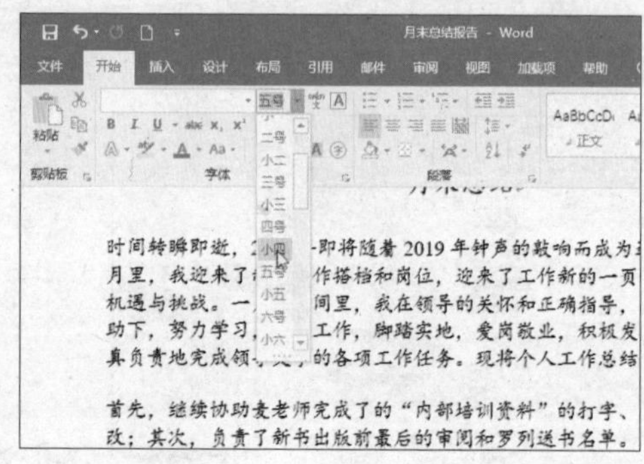

4 查看效果

设置正文字号后的效果如下图所示。

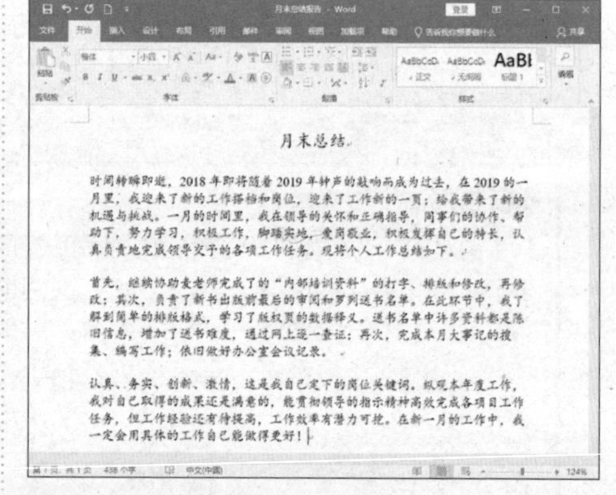

1.5 设置段落

本节视频教学时间 / 5 分钟

设置段落主要包括设置段落对齐方式、行间距以及缩进等。

1. 设置段落对齐方式

Word 2019 提供的段落对齐方式主要有左对齐、居中、右对齐、两端对齐和分散对齐 5 种，下面主要讲解段落的右对齐方式。

1 选择文本

在文档内容后面输入日期，并使用鼠标选中需要设置的文本，如右栏图所示。

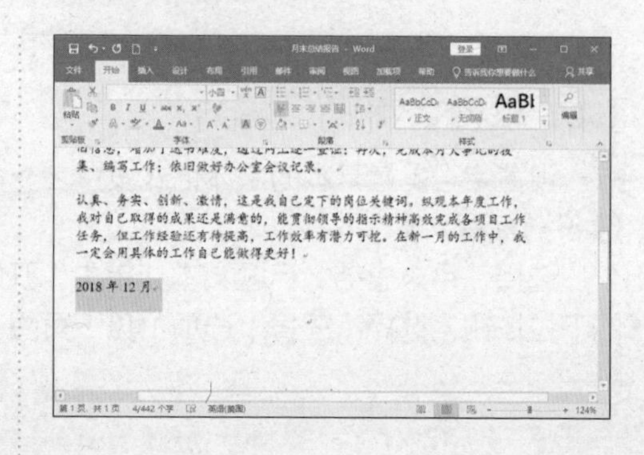

2 设置对齐方式

单击【开始】选项下【段落】组中的【右对齐】按钮 或按【Ctrl+R】组合键（见下图）。

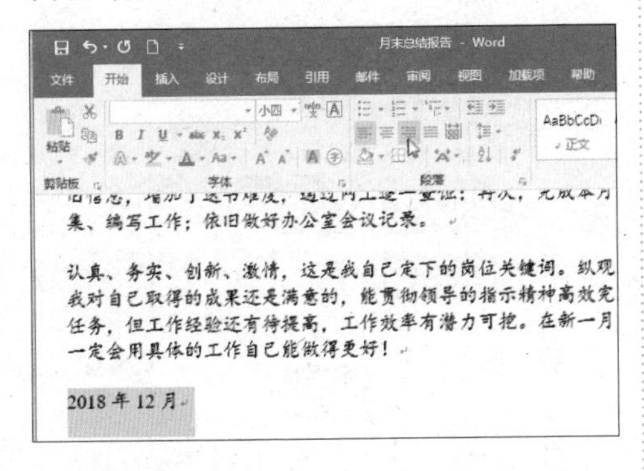

3 查看效果

将所选文本设置为右对齐，效果如下图所示。

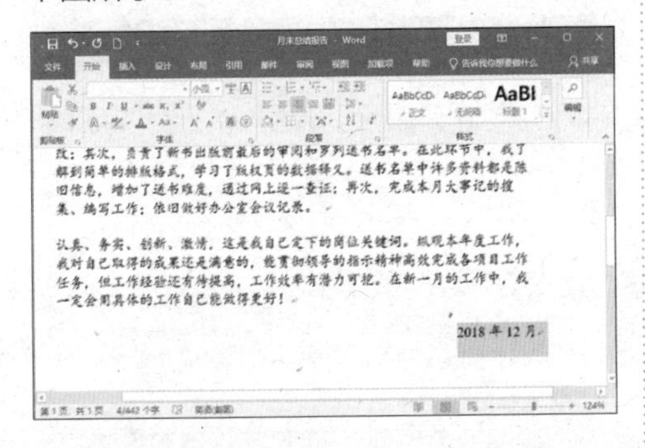

2. 设置首行缩进

默认情况下，文档段落首行需要缩进两个字符，设置首行缩进的具体操作步骤如下。

1 选择正文内容并单击【段落】命令

选择除标题及日期外的正文内容，然后单击鼠标右键，在弹出的菜单中，选择【段落】选项（见右栏图）。

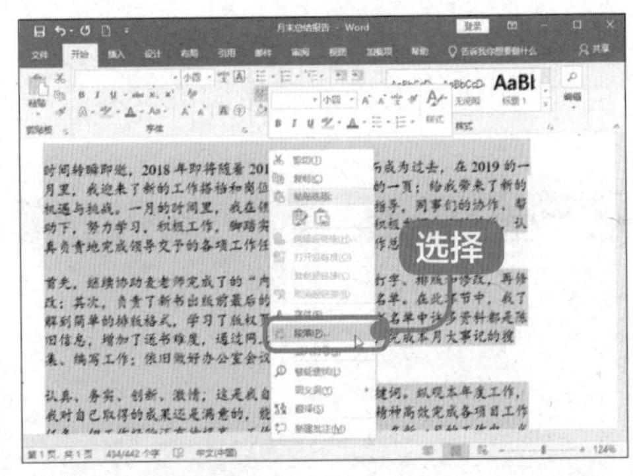

2 设置段落格式

打开【段落】对话框，单击【缩进和间距】对话框，在【缩进】组中设置【特殊格式】为“首行缩进”，设置【缩进值】为“2 字符”，单击【确定】按钮（见下图）。

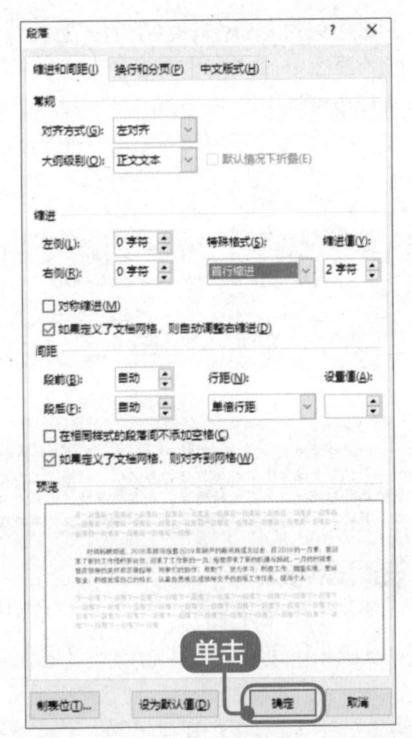

3 查看效果

设置首行缩进 2 字符后的文本效果如下图所示。

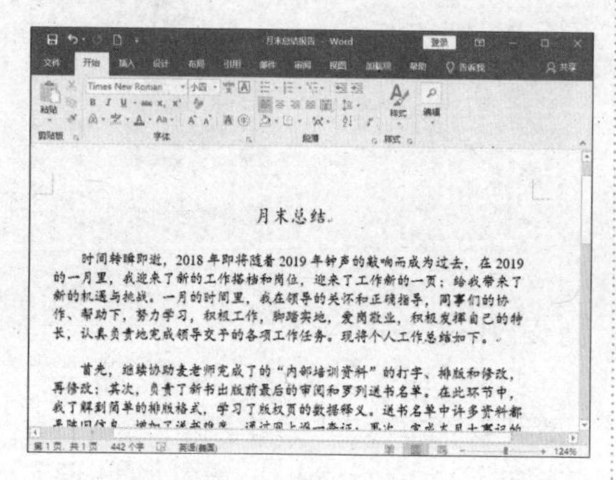

3. 设置间距

间距包括段落间距和行间距，设置间距的具体操作步骤如下。

1 选择文本

选择要设置的标题文本，如下图所示。

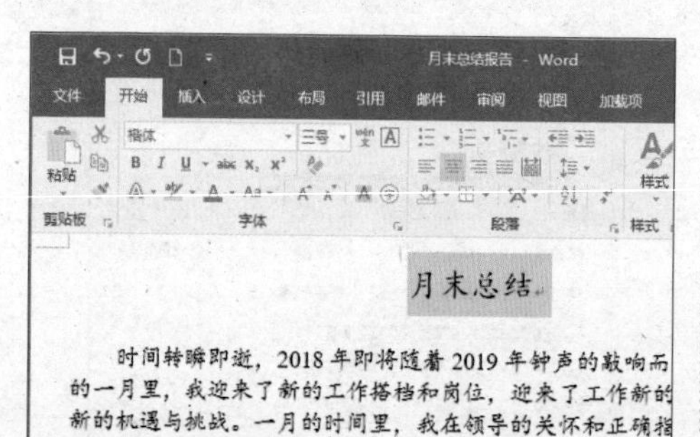

2 设置段落格式

打开【段落】对话框，在【间距】组中设置【段前】为“1 行”，【段后】为“1 行”，【行距】为“1.5 倍行距”，单击【确定】按钮（见右栏图）。

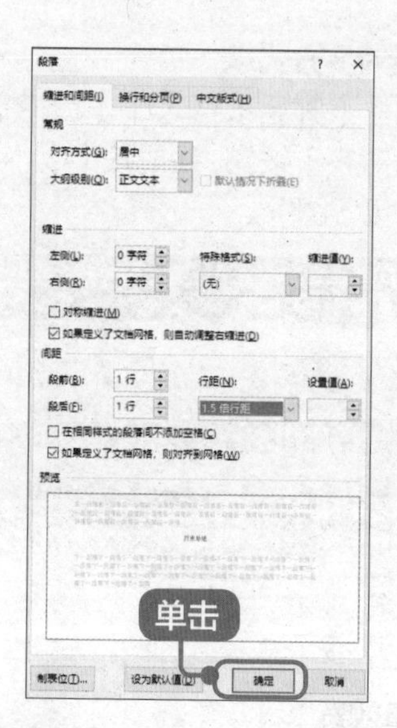

3 查看效果

设置间距后的效果如下图所示。

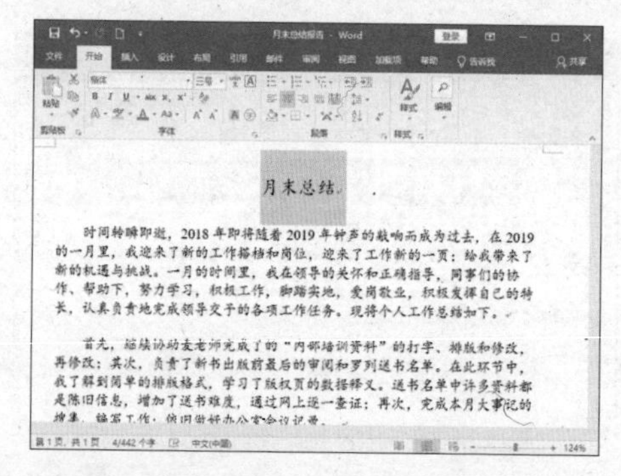

4 设置其他内容

使用同样的方法，设置标题下方其他内容的间距，最终效果如下图所示。

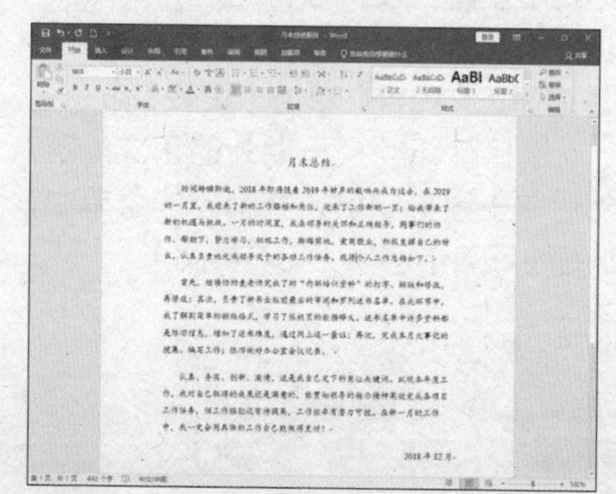

1.6 修改文本内容

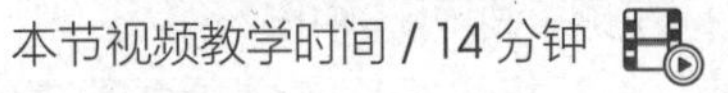

本节视频教学时间 / 14 分钟

修改内容是指对文本内容中的错误部分通过删除、替换等方式进行修改。

1.6.1 使用鼠标选取文本

常用的选择文本对象的方法是通过鼠标选取，采用这种方法可以选择文档中的任意文字，这是最基本和最灵活的选取文本的方法之一。

下面介绍使用鼠标快速选择文本的操作步骤。

1 选择开始位置

移动鼠标光标到要选择的文本的开始位置。这里以选择第一段文字为例，将光标放置到第一段文字的开始位置（见下图）。

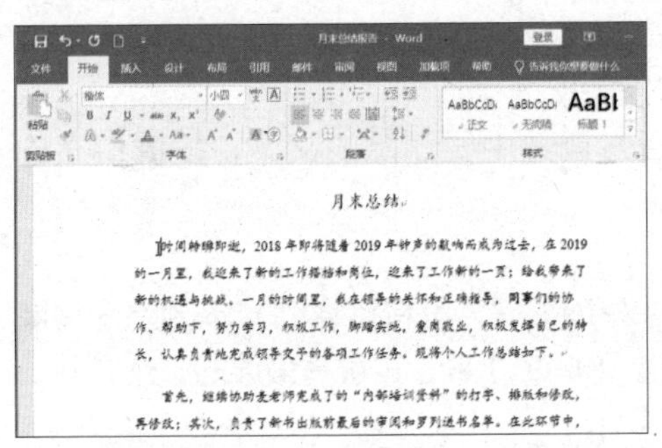

月末总结

时间转瞬即逝，2018 年即将随着 2019 年钟声的敲响而成为过去，在 2019 的一月里，我迎来了新的工作搭档和岗位，迎来了工作新的一页；给我带来了新的机遇与挑战。一月的时间里，我在领导的关怀和正确指导，同事们的协作、帮助下，努力学习，积极工作，脚踏实地，爱岗敬业，积极发挥自己的特长，认真负责地完成领导交予的各项工作任务。现将个人工作总结如下。

首先，继续协助麦老师完成了的“内部培训资料”的打字、排版和修改，再修改；其次，负责了新书出版前最后的审阅和罗列送书名单。在此环节中，

> **提示**
>
> 如果要选择多段文字，可以从文档开始位置，拖曳鼠标到最后位置来选中需要的文本。从结束位置拖曳鼠标到开始位置也可以选中需要的文本。

2 选中文本

按住鼠标左键，将光标拖曳到第一段文字的最后位置，释放鼠标左键，即可选中文本（见下图）。

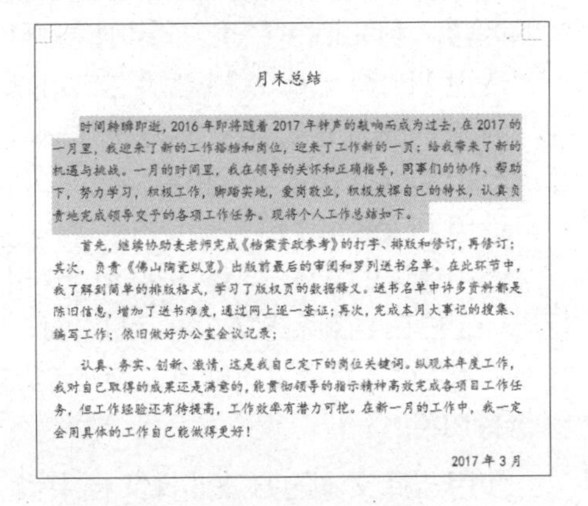

月末总结

时间转瞬即逝，2016 年即将随着 2017 年钟声的敲响而成为过去，在 2017 的一月里，我迎来了新的工作搭档和岗位，迎来了工作新的一页；给我带来了新的机遇与挑战。一月的时间里，我在领导的关怀和正确指导，同事们的协作、帮助下，努力学习，积极工作，脚踏实地，爱岗敬业，积极发挥自己的特长，认真负责地完成领导交予的各项工作任务。现将个人工作总结如下。

首先，继续协助麦老师完成《档案资政参考》的打字、排版和修订，再修订；其次，负责《佛山陶瓷纵览》出版前最后的审阅和罗列送书名单。在此环节中，我了解到简单的排版格式，学习了版权页的数据释义。送书名单中许多资料都是陈旧信息，增加了送书难度，通过网上逐一查证；再次，完成本月大事记的搜集、编写工作；依旧做好办公室会议记录；

认真、务实、创新、激情，这是我自己定下的岗位关键词。纵观本年度工作，我对自己取得的成果还是满意的，能贯彻领导的指示精神高效完成各项目工作任务，但工作经验还有待提高，工作效率有潜力可挖。在新一月的工作中，我一定会用具体的工作自己能做得更好！

2017 年 3 月

> **提示**
>
> 在 Word 文档中，默认的文本显示形式是白底黑字。如果选中了某些内容，选中的文本会以灰底的形式显示。

在选择文本时，既可以选择单个字符，也可以选择整篇文档。使用鼠标可以方便地选择文本，如选择整行、段落、词语等，下面详细介绍使用鼠标选择文本的方法。

选中区域。将鼠标光标放在要选择的文本的开始位置，按住鼠标左键并拖曳，这时选中的文本会以阴影的形式显示，选择完成后，释放鼠标左键，鼠标光标经过的文字就被选定了。

选中词语。将鼠标光标移动到某个词语或单词中间，双击鼠标左键，即可选中该词语或单词。

选中单行。将鼠标光标移动到需要选择的行的左侧空白处，当鼠标变为箭头形状↗时，单击鼠标左键，即可选中该行。

选中段落。将鼠标光标移动到需要选择的段落的左侧空白处，当鼠标变为箭头形状↗时，双击鼠标左键，即可选中该段落。此外，也可以在要选择的段落中，快速单击 3 次鼠标左键，也可选中该段落。

选中全文。将鼠标光标移动到需要选择的段落的左侧空白处，当鼠标变为箭头形状↗时，单击鼠标左键 3 次，即可选中全文。此外，也可以单击【开始】➤【编辑】➤【选择】➤【全选】命令，选中全文。

1.6.2 删除与修改错误的文本

删除错误的文本内容并修改为正确的文本内容，是文档编辑过程中的常用操作。删除文本的方法有多种。

在键盘中有两个删除键，分别为【Backspace】键和【Delete】键。【Backspace】键是退格键，它的作用是使光标左移一格，同时删除光标左边位置上的字符或删除选中的内容。【Delete】键的作用则是删除光标右侧的一个文字或选中的内容。

使用【Backspace】键删除文本的操作方法如下。

将鼠标光标定位至要删除的文本的后方或选中要删除的文本，按键盘上的【Backspace】键即可退格将相应文本删除。

使用【Delete】键删除文本的操作方法如下。

选中错误的文本，然后按键盘上的【Delete】键，可将错误的文本删除。将鼠标光标定位在要删除的文本内容的前面，按【Delete】键，也可将错误的文本删除。

删除与修改错误文本的具体操作步骤如下。

1 选择内容

使用选择文本的方法选择文档中错误的文本内容（见下图）。

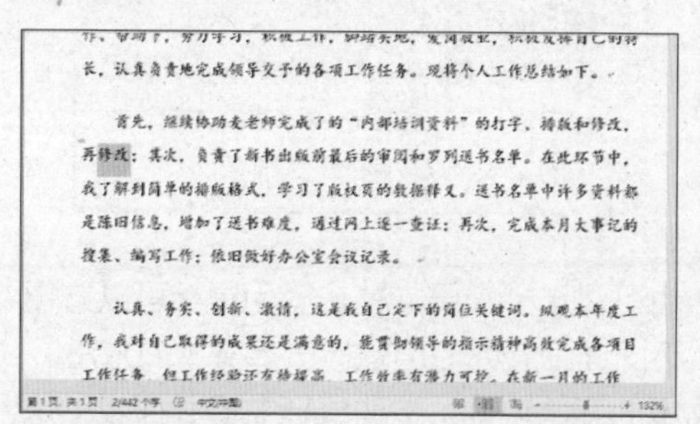

2 删除文本并重新输入

按键盘上的【Backspace】键，删除错误的文本，然后输入正确的内容（见下图）。

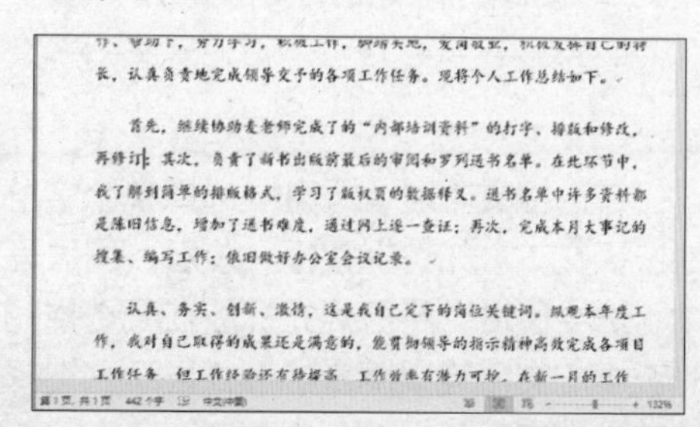

1.6.3 查找与替换文本

查找功能可以帮助用户定位到目标位置，快速找到想要的信息。替换可以帮助用户快速替换所需替换的文本。

1. 查找文本

查找分为查找和高级查找，下面介绍两种查找方式的区别。

（1）查找

使用【查找】选项，可以快速查找到需要的文本或其他内容。

1 选择【查找】选项

单击【开始】选项卡下【编辑】组中的【查找】按钮 查找 右侧的下拉按钮，在弹出的下拉菜单中选择【查找】选项（见下图）。

2 弹出任务窗格

文档左侧弹出【导航】任务窗格（见下图）。

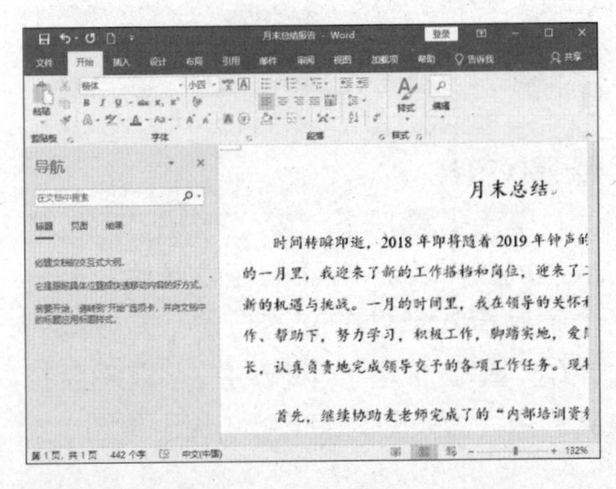

3 输入内容

在【导航】任务窗格下方的文本框中输入要查找的内容，如输入文本“总结”，此时在文本框的下方提示“第1个结果，共2个结果”，在文档中查找到的内容会以“黄色”突出显示（见下图）。

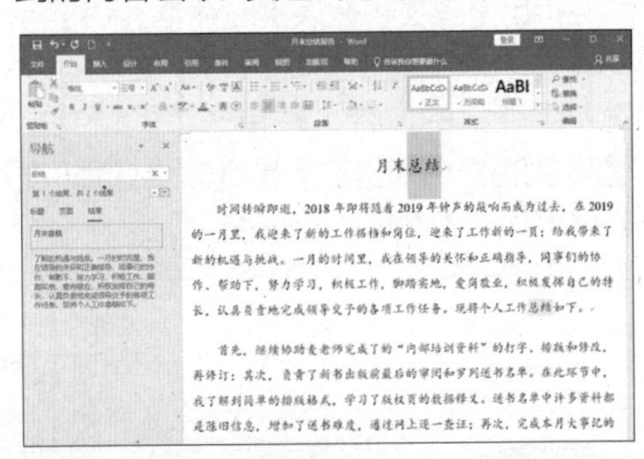

4 单击【下一条】按钮

单击任务窗格中的【下一条】按钮 ，可以定位到第2个匹配项（见下图）。

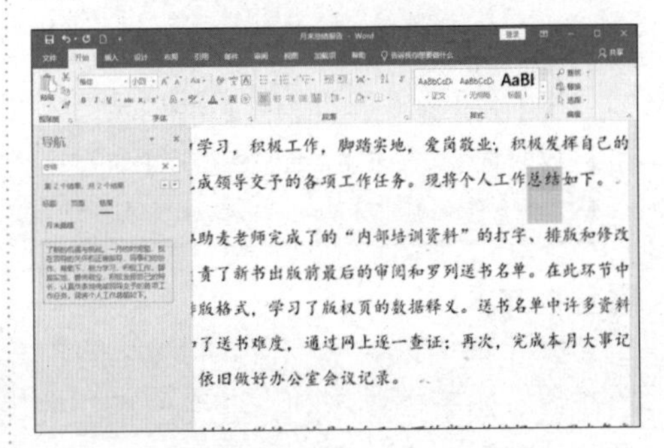

（2）高级查找

使用【高级查找】选项，打开【查找和替换】对话框，使用该对话框也可以快速查找文本内容。

1 选择【高级查找】选项

单击【开始】选项卡下【编辑】组中的【查找】按钮 查找 右侧的下拉按钮，在弹出的下拉菜单中选择【高级查找】选项（见下页图）。

2 设置【查找和替换】对话框

弹出【查找和替换】对话框，在【查找】选项卡下的【查找内容】文本框中输入要查找的内容，并单击【阅读突出显示】按钮，在弹出的下拉列表中选择【全部突出显示】选项（见下图）。

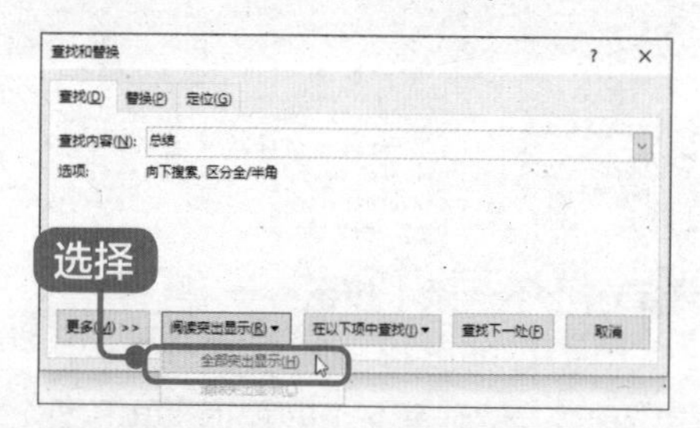

提示

按【Esc】键或单击【取消】按钮，可以取消查找并关闭【查找和替换】对话框。

3 查找文本

单击【查找下一处】按钮，Word 开始查找。如果查找不到，会弹出相应的提示信息对话框，提示未找到搜索项，单击【是】按钮返回。如果查找到文本，Word 将会定位到文本位置并将查找到的文本背景高亮显示（见下图）。

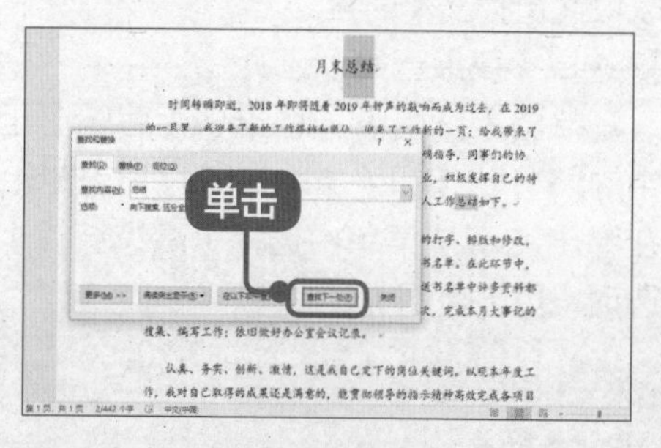

2. 替换文本

替换功能可以帮助用户方便快捷地更改查找到的文本或批量修改相同的内容。

1 打开【查找和替换】对话框

单击【开始】选项卡下【编辑】组中的【替换】按钮，打开【查找和替换】对话框（见下图）。

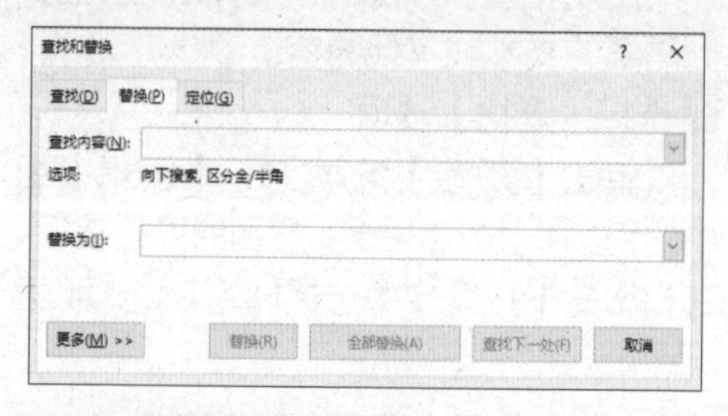

2 输入替换内容

在【替换】选项卡下的【查找内容】文本框中输入需要被替换的内容（总结），在【替换为】文本框中输入替换后的新内容（总结报告），如下图所示。

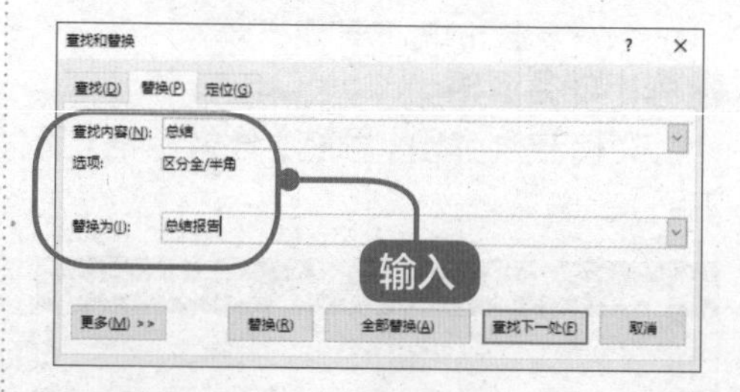

3 替换内容

单击【查找下一处】按钮，定位到从当前鼠标光标所在的位置开始，第一个满足查找条件的文本位置，并以高亮显示，单击【替换】按钮，可以将查找到的内容替换为新的内容（见下页图）。

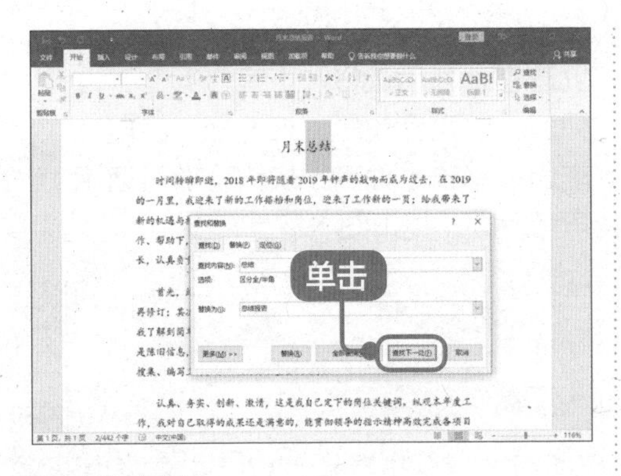

4 全部替换

如果用户需要将文档中所有相同的内容都替换掉，可以在输入【查找内容】和【替换为】文本框中的内容后，单击【全部替换】按钮，Word 会自动将整个文档内所有查找到的内容替换为新的内容，并弹出相应的对话框，显示完成替换的数量。单击【确定】按钮，完成文本的替换（见下图）。

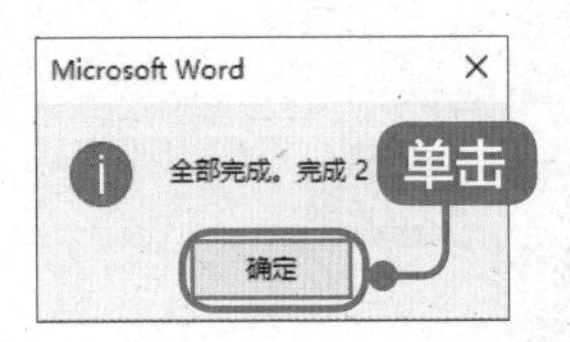

高手私房菜

技巧 1：开启 Office 2019 的“夜间模式”

在 Office 2019 中，引入了黑色主题效果，这种主题效果不仅可以使界面更加酷炫，还可以方便用户在黑暗的光线下使用 Office，不会感到刺眼。Office 2019 的“夜间模式”的设置步骤如下。

1 选择【黑色】选项

启动 Word 2019，单击【文件】➤【账户】选项，进入如下界面，单击【Office 主题】下方的下拉按钮，在弹出的列表中，选择【黑色】选项（见下图）。

2 查看效果

设置 Word 的主题颜色为黑色，如下图所示。

技巧 2：巧用“声音反馈”，提高 Word 的工作效率

在 Office 2019 中，融入了“声音反馈”功能，当完成一些操作时，会有声音提示，可以方便用户确认已经完成某项操作，如保存文档、共享文档等。该功能对于我们确定操作完成，有一定的辅助作用。启用“声音反馈”功能的

具体操作步骤如下。

1 选择【选项】选项

单击【文件】选项卡，并在菜单上选择【选项】选项（见下图）。

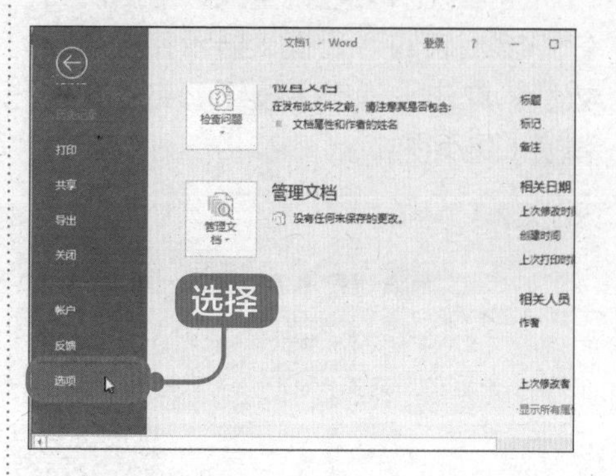

2 启用声音反馈

弹出【Word 选项】对话框，选择【轻松访问】选项，并在右侧的【反馈选项】区域下，勾选【提供声音反馈】复选框，然后选择"声音方案"下拉列表中的声音主题，如选择"经典"主题，单击【确定】按钮，即可启用声音反馈（见下图）。

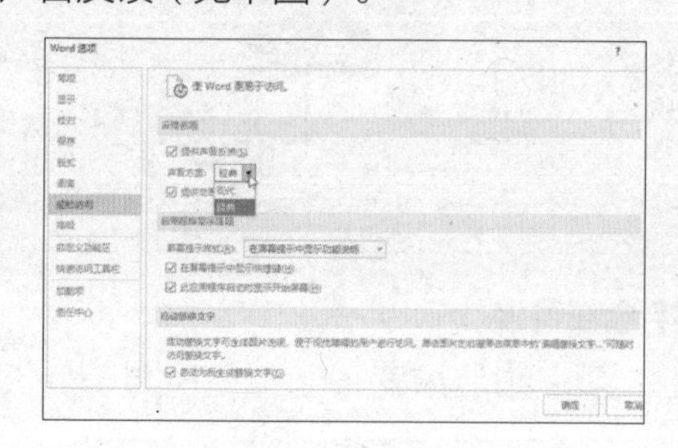

此时，当我们进行粘贴、复制、撤销等操作时，即可听到声音反馈。当我们需要关闭"声音反馈"功能时，只需在上图中撤销勾选【提供声音反馈】复选框即可。

月末总结报告是工作中比较常用的一种工作报告，主要包括文档的标题和文本内容两部分。制作月末总结报告，需要设计好文本的字体、字号及段落的对齐方式等，大家可尝试用本章学到的内容制作一份月末总结报告。除了月末总结报告，很多类似的工作文档，如项目评估报告、公司简介、企业商务网站和业务考核系统等，都可以使用本章学到的知识来设置文本内容（见下图）。

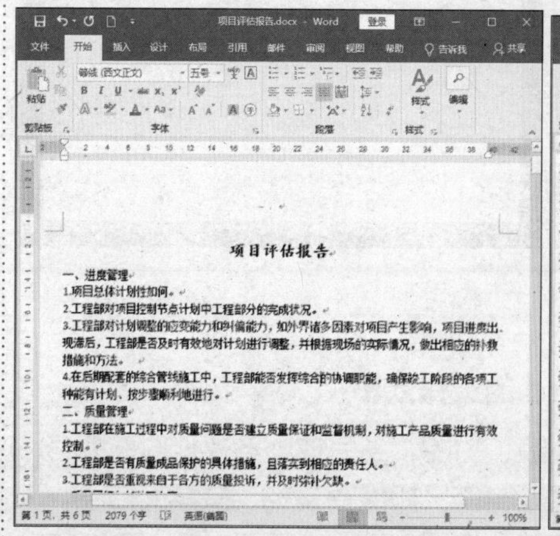

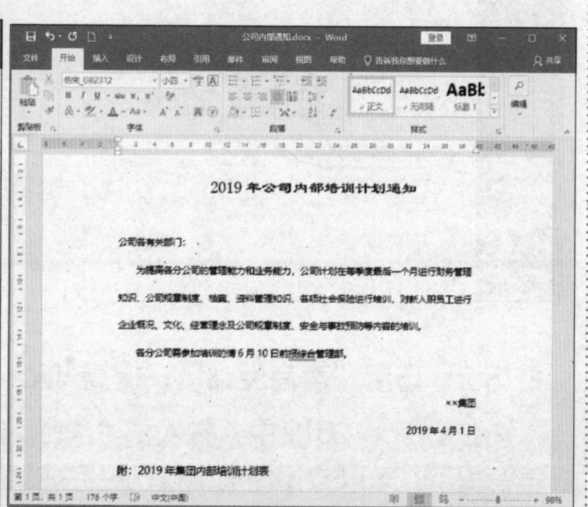

第 2 章

美化文档——制作公司宣传彩页

本章视频教学时间 / 46 分钟

重点导读

华丽的外衣也是需要点缀的。为文档添加图片和艺术字，可以制作出图文并茂的文档，达到更好的文档视觉效果。

学习效果图

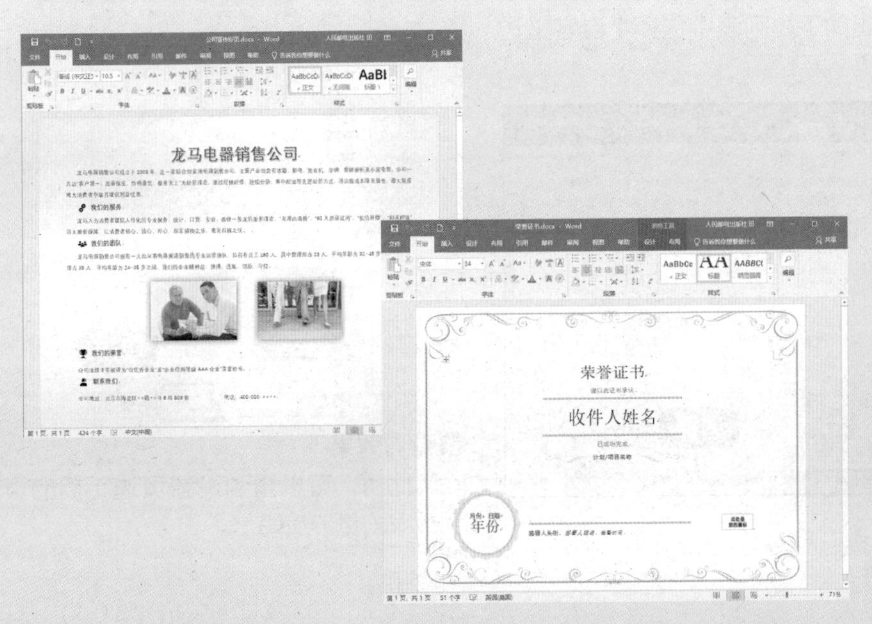

2.1 设置公司宣传页页面版式

本节视频教学时间 / 8 分钟

页面设置包括纸张大小、页边距、文档网格和版面等的设置。我们可以使用默认的页面设置，也可以根据需要重新设置或随时修改页面设置。在输入文档前、输入的过程中及输入后都可以进行页面设置。

2.1.1 设置页边距

设置页边距，包括调整上、下、左、右边距及装订线和装订线的位置，使用这种方法设置页边距十分精确。

1 新建文档

新建空白的Word文档，并将其另存为“公司宣传彩页.docx”（见下图）。

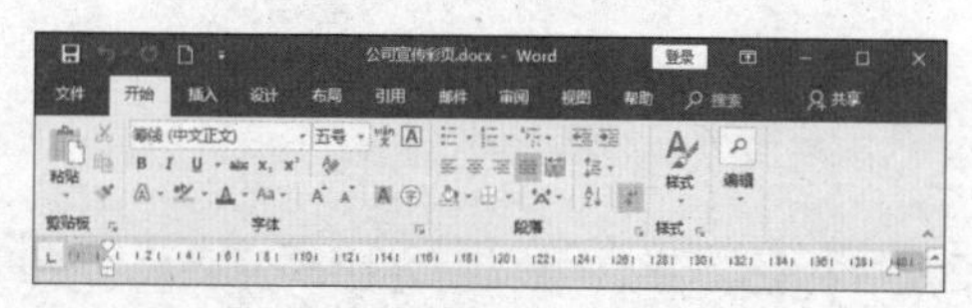

2 设置页边距的方式

单击【布局】选项卡下【页面设置】组中的【页边距】按钮，在弹出的下拉列表中选择一种页边距样式，即可快速设置页边距。如果要自定义页边距，可在弹出的下拉列表中选择【自定义边距】选项（见下图）。

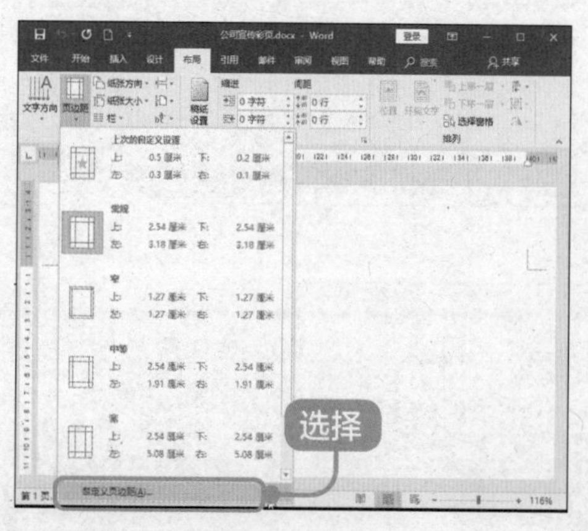

3 自定义设置页边距

弹出【页面设置】对话框，在【页边距】选项卡下【页边距】区域可以自定义设置“上”“下”“左”“右”的页边距，如将【上】【下】边距设置为“1.5厘米”；【左】【右】页边距设为“1.8厘米”；在【预览】区域可以查看设置后的效果，完成设置后单击【确定】按钮（见下图）。

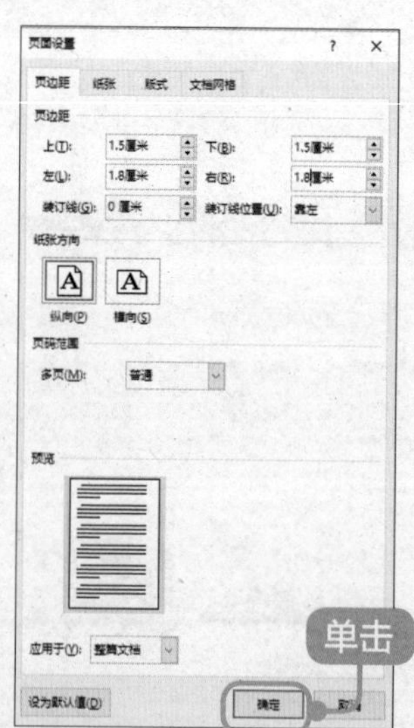

4 查看效果

此时，可以看到设置页边距后的页面效果（见下页图）。

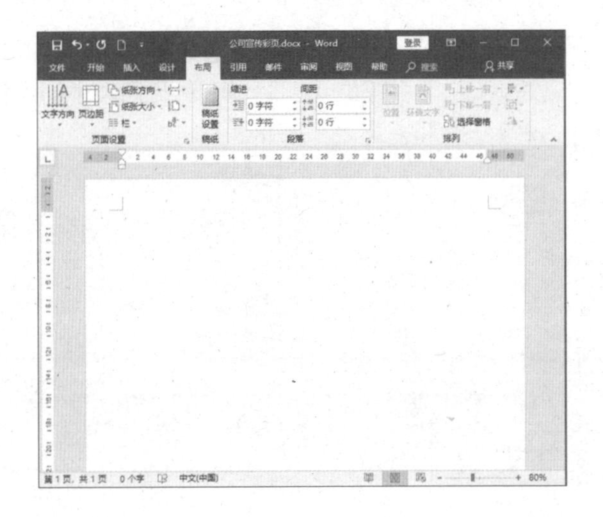

2.1.2 设置纸张

默认情况下，Word 创建的文档是纵向排列的，用户可以根据需要调整纸张的大小和方向。

1 设置纸张方向

单击【布局】选项卡下【页面设置】组中的【纸张方向】按钮，在弹出的下拉列表中可以设置纸张方向，如选择【横向】选项（见下图）。

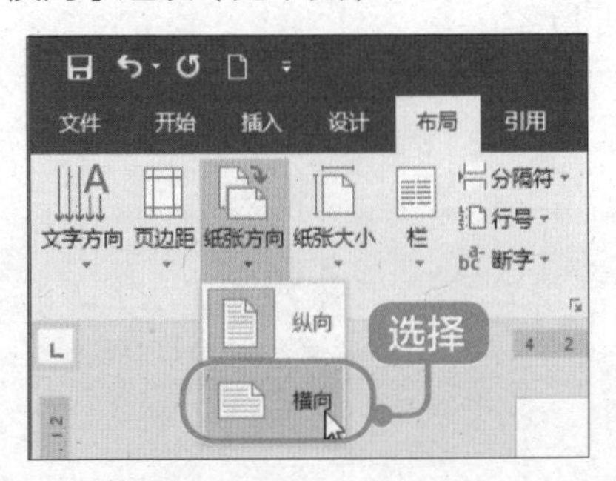

> **提示**
> 也可以在【页面设置】对话框中的【页边距】选项卡下的【纸张方向】区域设置纸张的方向。

2 选择纸张大小

单击【布局】选项卡下【页面设置】选项组中的【纸张大小】按钮，在弹出的下拉列表中可以选择纸张大小。如果要设置其他纸张大小，则可选择【其他纸张大小】选项（见下图）。

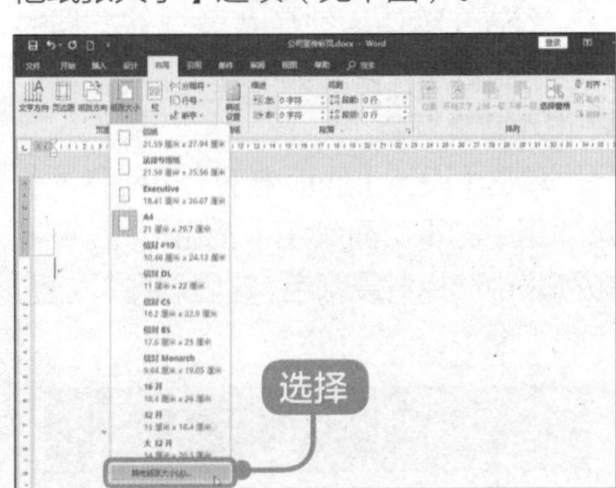

3 设置纸张大小

弹出【页面设置】对话框，在【纸张】选项卡下【纸张大小】区域中，设置为“自定义大小”，并将【宽度】设置为“32厘米”，高度设置为“24厘米”，单击【确定】按钮（见下页图）。

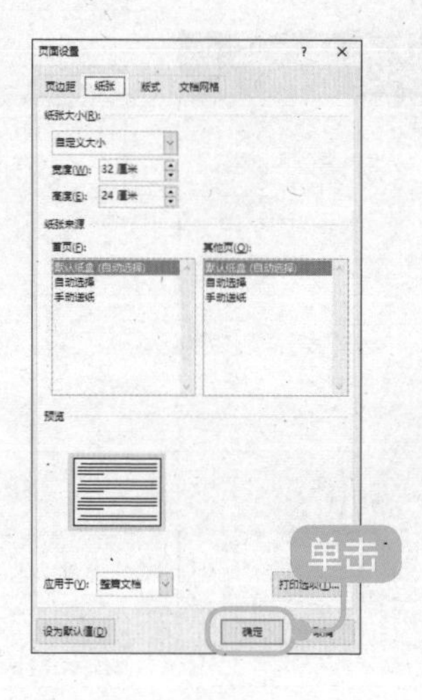

4 查看效果

完成纸张大小的设置，效果如下图所示。

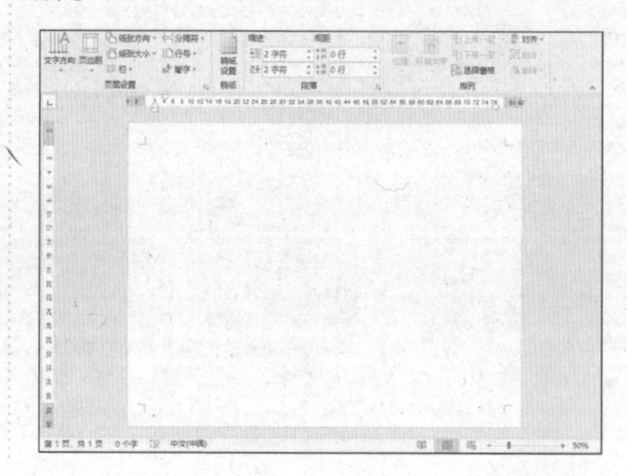

2.2 设置宣传页页面颜色

在 Word 2019 中，可以改变整个页面的背景颜色，或者对整个页面进行渐变、纹理、图案和图片填充等设置。

1. 纯色背景

本节介绍使用纯色背景填充文档的方法，具体操作步骤如下。

1 设置背景颜色

单击【设计】选项卡下【页面背景】选项组中的【页面颜色】按钮，在下拉列表中选择背景颜色，这里选择“浅蓝”（见下图）。

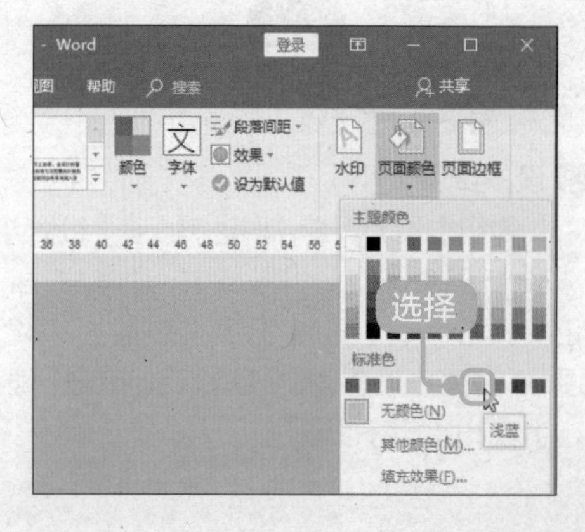

2 查看效果

此时页面颜色已填充为浅蓝色（见下图）。

2. 填充背景

除了可以使用纯色填充，我们还可使用填充效果来填充文档的背景，包括渐变填充、纹理填充、图案填充和图片填充等。具体操作步骤如下。

1 选择【填充效果】选项

单击【设计】选项卡下【页面背景】

选项组中的【页面颜色】按钮，在弹出的下拉列表中选择【填充效果】选项（见下图）。

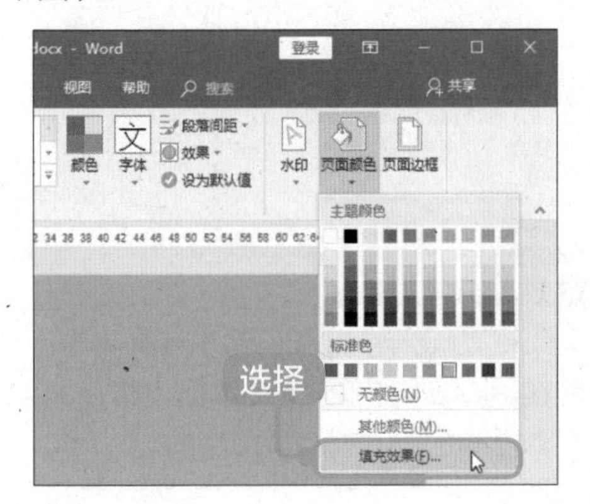

2 设置颜色

弹出【填充效果】对话框，单击选中【双色】单选项，分别设置右侧的【颜色 1】和【颜色 2】的颜色（见下图）。

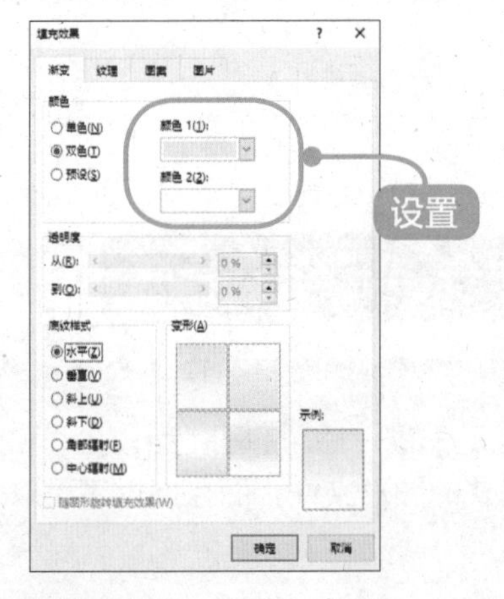

3 设置底纹样式

在下方的【底纹样式】组中，单击选中【角部辐射】单选项，然后单击【确定】按钮（见下图）。

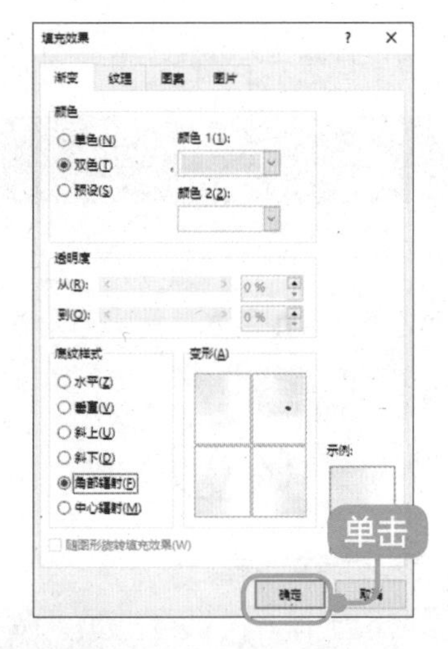

4 查看效果

设置渐变填充后的页面效果如下图所示。

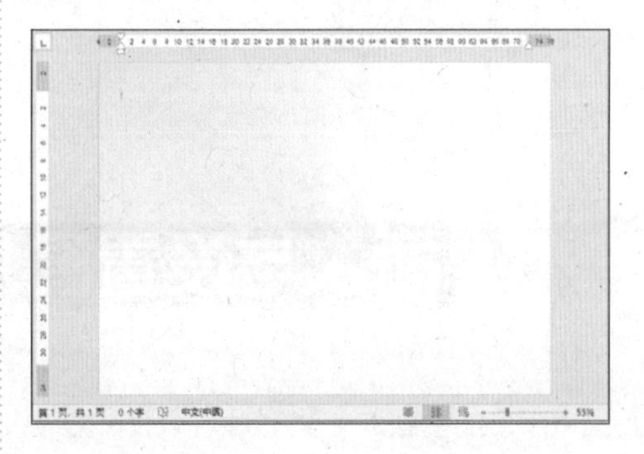

提示

纹理填充、图案填充和图片填充的操作方法类似，这里不再赘述。

2.3 使用艺术字美化宣传彩页

本节视频教学时间 / 3 分钟

Word 2019 提供的艺术字功能可以用来美化公司的宣传彩页，实现精美的页面效果，并且操作也十分简单。

1 选择艺术字样式

单击【插入】选项卡下【文本】组中的【艺术字】按钮 ，在弹出的下拉列表中选择一种艺术字样式（见下图）。

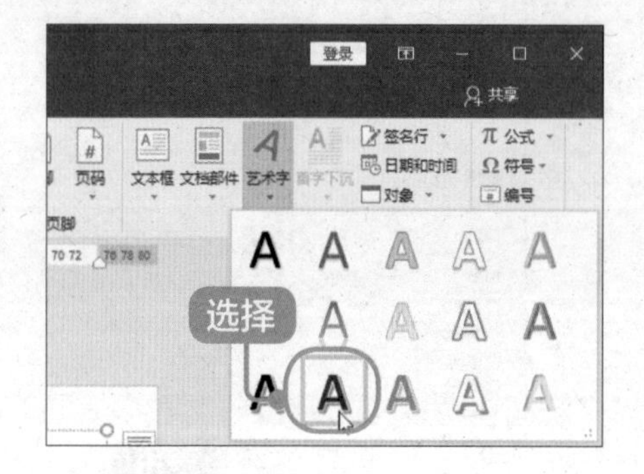

2 插入艺术字文本框

在文档中插入“请在此放置您的文字”艺术字文本框（见下图）。

3 创建艺术字

在艺术字文本框中输入文本“龙马电器销售公司”，完成艺术字的创建（见下图）。

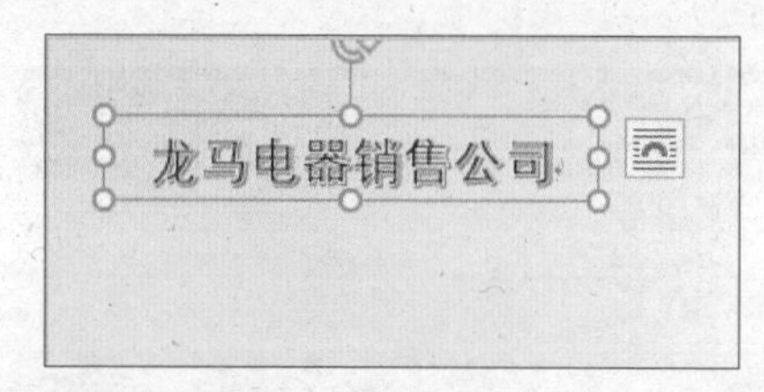

4 调整文本框位置

将鼠标光标放置在艺术字文本框上，按住鼠标左键并拖曳文本框，将艺术字文本框的位置调整至页面中间（见下图）。

2.4 插入与设置图片

本节视频教学时间 / 11 分钟

在文档中插入一些图片可以使文档更加生动形象，插入的图片可以是一张照片或一幅图画。Word 2019 不仅可以接受多种格式的图形文件，而且提供了可以对图片进行处理的工具。

2.4.1 插入图片

在 Word 2019 文档中，可以插入保存在计算机硬盘中或者保存在网络其他节点中的图片。在 Word 2019 中插入图片的具体操作如下。

1 打开文件

打开“素材 \ch02\ 公司宣传彩页文本 .docx”文件，将其中的内容粘贴至“公司宣传彩页 .docx”文档中，并根据需要调整正文的字体、段落格式（见下页图）。

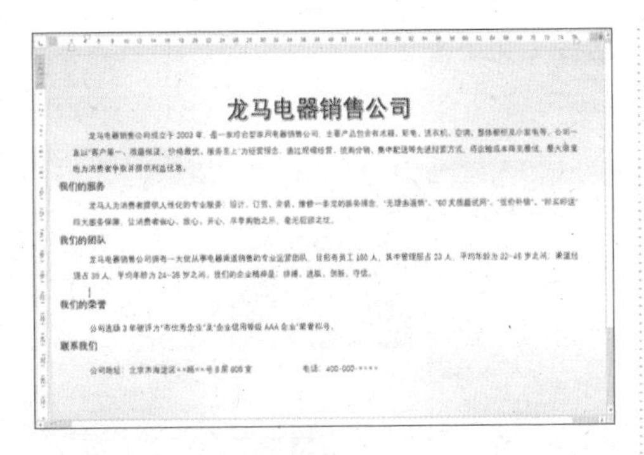

2 单击【图片】按钮

将鼠标光标定位于要插入图片的位置，单击【插入】选项卡下【插图】选项组中的【图片】按钮（见下图）。

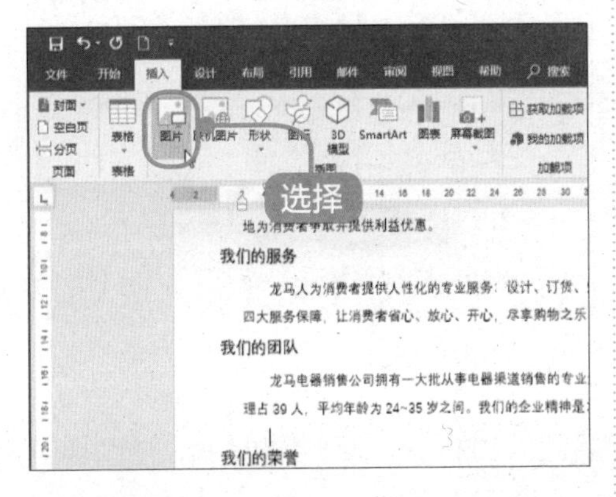

3 插入图片

在弹出的【插入图片】对话框中选择需要插入的“素材\ch02\01.jpg”图片，单击【插入】按钮（见下图）。

4 查看效果

图片被插入到文档中（见下图）。

提示

单击【插入】选项卡下【插图】选项组中的【联机图片】按钮，可以在打开的【插入图片】对话框中搜索联机图片并将其插入到文档中。

2.4.2 调整图片的大小与位置

插入图片后可以根据需要调整图片的大小及位置，具体操作步骤如下。

1 插入图片并调整大小

选择插入的图片，将鼠标光标放在图片四个角的控制点上，当鼠标光标变为↖形状或↗形状时，按住鼠标左键并拖曳鼠标，调整图片的大小，效果如右栏图所示。

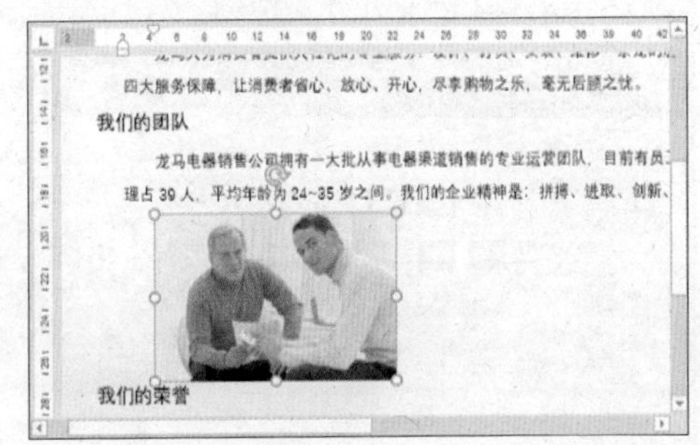

提示

在【图片工具】➢【格式】选项卡下的【大小】组中可以精确地调整图片的大小。

2 继续插入图片并调整大小

将鼠标光标定位至该图片后面，插入“素材\ch02\02.jpg”图片，并根据步骤1的方法，调整图片的大小（见下图）。

3 设置图片位置

选择插入的图片，将其位置设置为居中（见下图）。

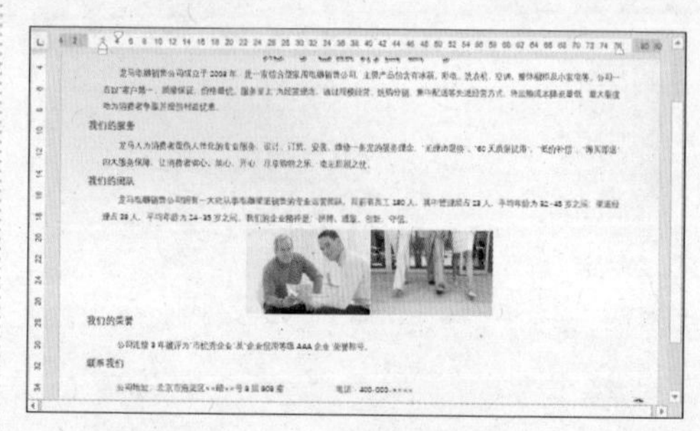

4 调整图片

使用【空格】键，使两张图片中间留有空白（见下图）。

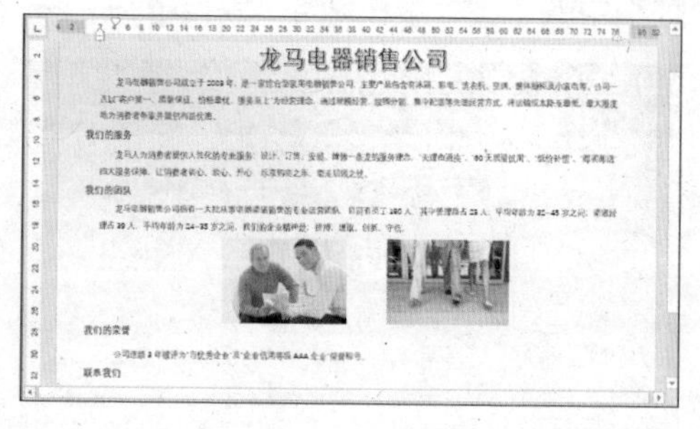

2.4.3 美化图片

插入图片后，可以调整图片的颜色、设置艺术效果、修改图片的样式，使图片更美观。美化图片的具体操作步骤如下。

1 选择图片并改变样式

选择要编辑的图片，单击【图片工具】➢【格式】选项卡下【图片样式】组中的【其他】按钮，在弹出的下拉图片样式列表中选择任一选项，即可改变图片样式，这里选择【居中矩形阴影】（见下图）。

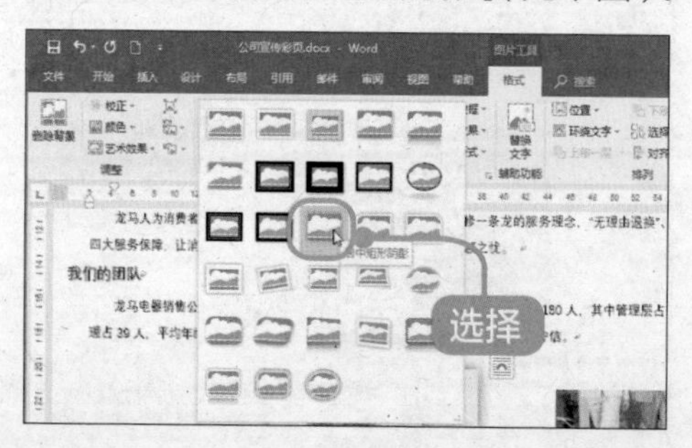

2 查看效果

应用图片样式后的图片效果如下图所示。

3 应用效果

使用同样的方法，为第 2 张图片应用【居中矩形阴影】效果（见下页图）。

4 查看效果

此时，可根据情况调整图片的位置及大小，最终效果如下图所示。

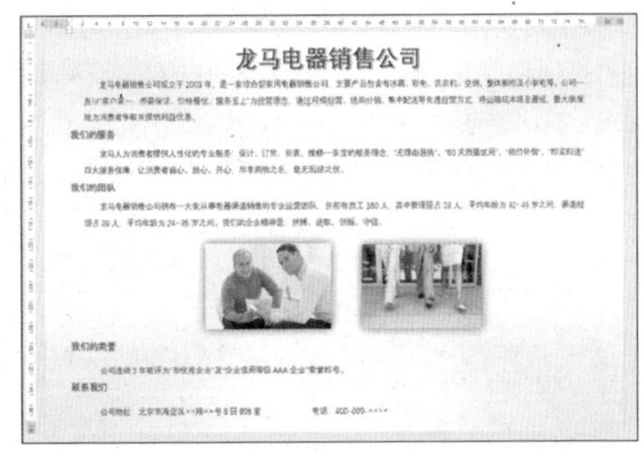

2.5 插入在线图标

本节视频教学时间 / 7 分钟

在 Word 2019 中，新增了【图标】功能，用户可以根据需要插入系统中自带的图标。

1 单击【图标】按钮

将鼠标光标定位在需要插入图标的位置，并单击【插入】选项卡下【插图】组中的【图标】按钮（见下图）。

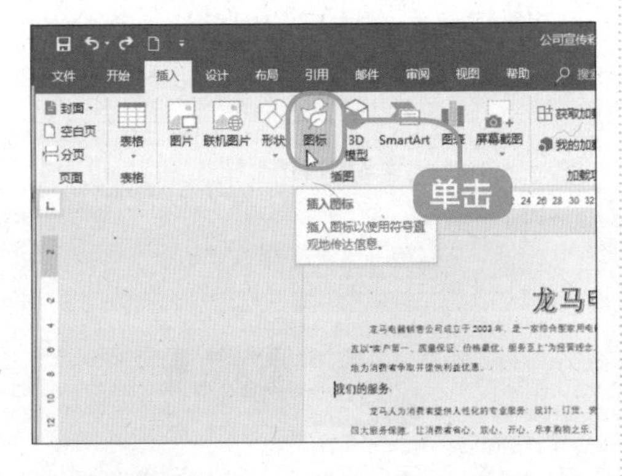

2 插入图标

弹出【插入图标】对话框，左侧显示了图标分类，右侧则显示了对应的图标，这里选择“分析”类别下的图标，然后单击【插入】按钮（见右栏图）。

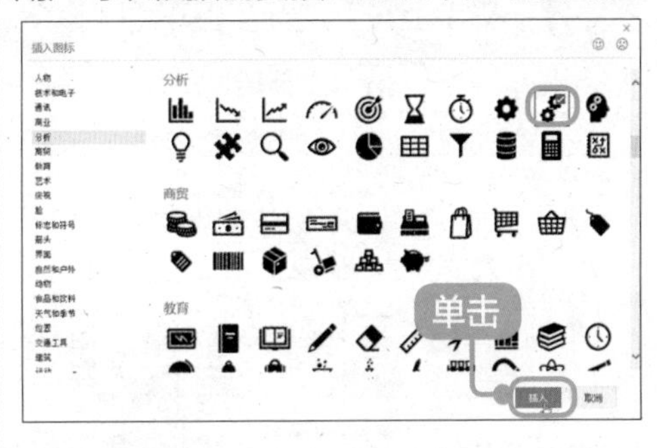

3 查看效果

在光标位置插入所选图标后，效果如下图所示。

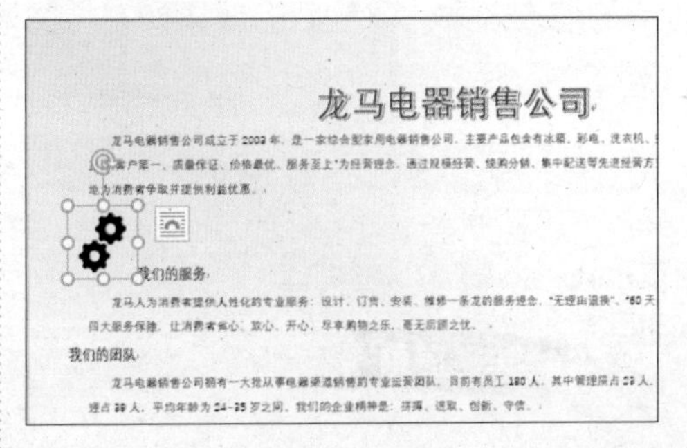

4 调整图标大小

选择插入的图标，将鼠标光标放置在图标的右下角，当鼠标光标变为 ↘ 形状，拖曳鼠标即可调整图标的大小（见下图）。

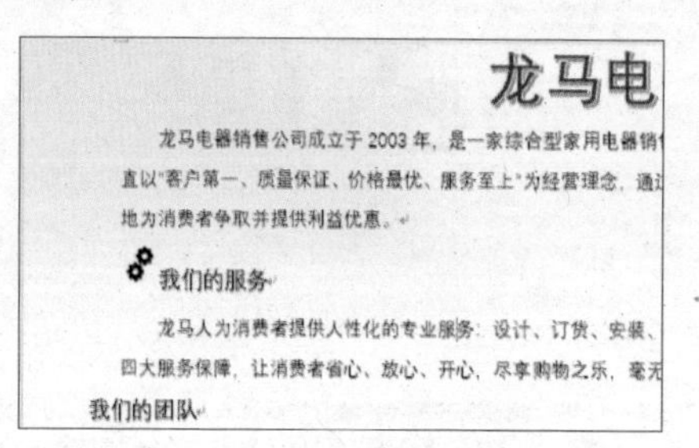

5 选择布局选项

选择该图标，在图标右侧会显示【布局选项】按钮，在弹出的列表中，选择【浮于文字上方】选项（见下图）。

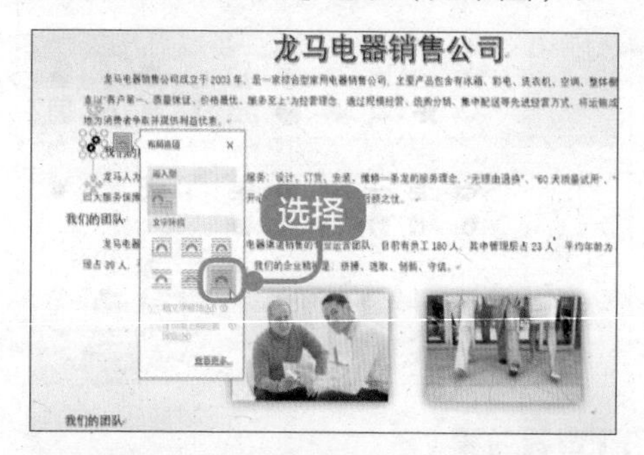

6 查看效果

设置图标布局后，根据情况调整文字的缩进效果，调整后的效果如右栏图所示。

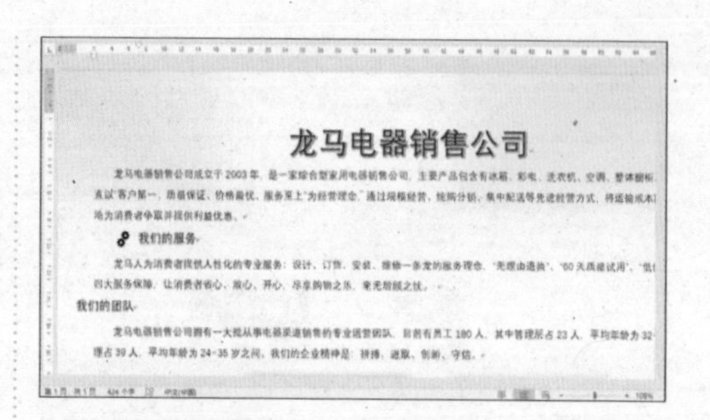

7 设置其他图标

使用同样的方法设置其他标题的图标，最终效果如下图所示。

8 查看最终效果

图标设置完成后，根据情况调整细节，然后保存文档，最终效果如下图所示。

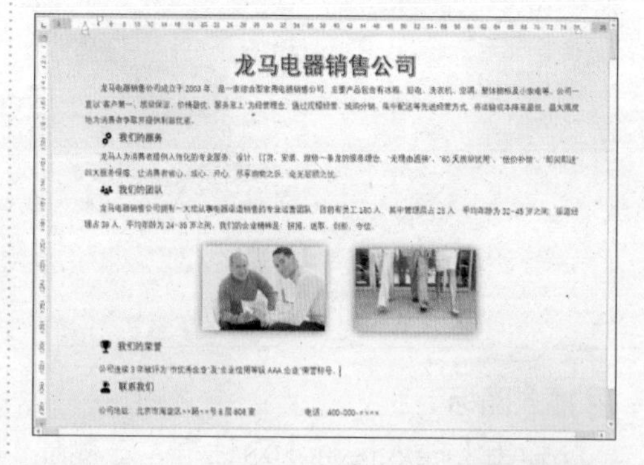

技巧 1：为图片添加题注

为图片添加题注的作用是为图片添加说明，便于读者理解图片的内容。

1 打开图片

打开“素材\ch02\高手 1.docx”文件，使用鼠标右键单击需要插入题注的图片，在弹出的快捷菜单中选择【插入题注】选项（见下图）。

2 单击【新建标签】按钮

弹出【题注】对话框，单击【新建标签】按钮（见下图）。

3 输入标签名称

在弹出的【新建标签】对话框中输入图片的标签名称“绚丽的春色”（见下图）。

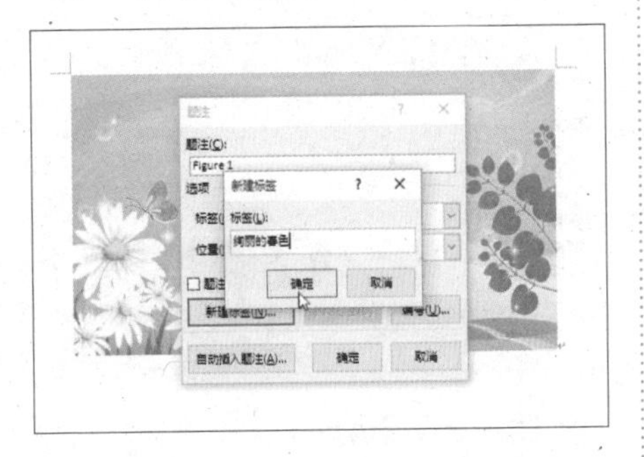

4 添加题注

单击【确定】按钮，返回【题注】对话框，再次单击【确定】按钮，即可为图片添加题注（见下图）。

技巧 2：插入 3D 模型

在 Word 2019 中，新增了 3D 模型功能，用户可以在文档中插入 3D 模型，并可将 3D 模型旋转，以方便在文档中阐述观点或显示对象的具体特性。

1 新建空白文档

新建一个 Word 空白文档，单击【插入】➤【插图】组中的【3D 模型】按钮 3D 模型（见右栏图）。

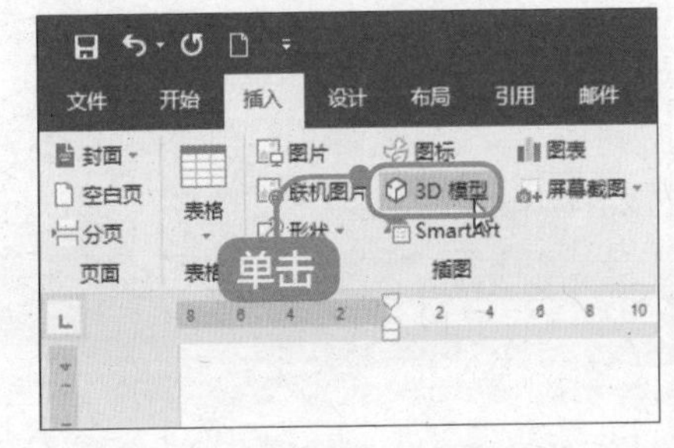

2 插入文件

弹出【插入 3D 模型】对话框，选择“素材\ch02\猫.glb”文件，单击【插入】按钮（见下图）。

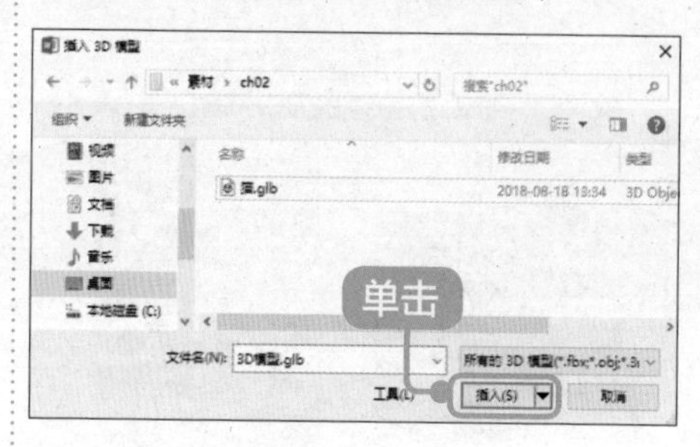

3 插入 3D 模型

在文档中插入 3D 模型，在 3D 模型中间会显示一个三维控件，用户只需单击、按住并拖动鼠标，即可向任意方向旋转或倾斜三维模型（见右栏图）。

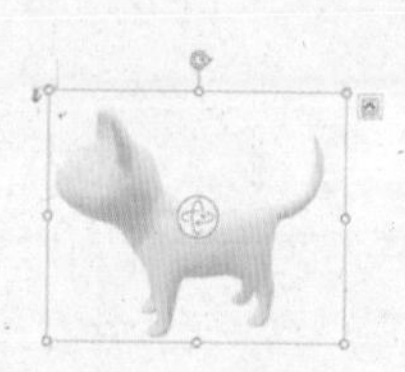

4 设置显示视图

单击【3D 模型工具】➢【格式】➢【3D 模型视图】组中的【其他】按钮，可以设置文件的显示视图（见下图）。

举一反三

为了达到美观的效果，在制作公司宣传彩页时，我们通常需要在文档中插入图片、艺术字等，然后为文档设置合适的版式。我们在制作工作证、照片计划、活动宣传单、结婚请柬、个人名片等文档时，也可以使用本章所学的知识来让文档达到更美观的效果（见下图）。

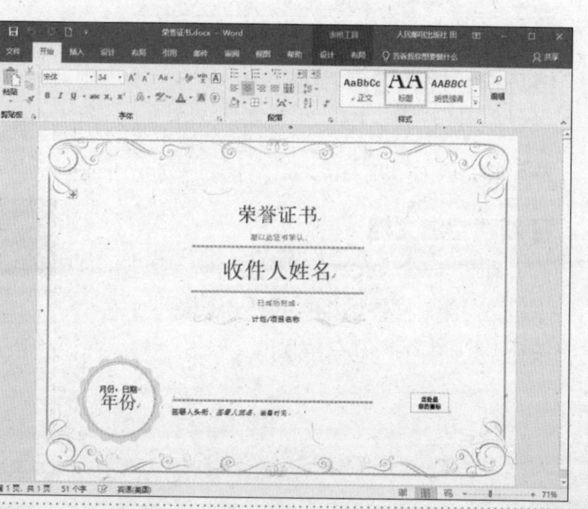

第 3 章

长文档的排版与设计——排版毕业论文

本章视频教学时间 / 44 分钟

重点导读

对于一些专业的文档，需要设置其高级版式，如在制作毕业论文时，需要设置段落级别、插入页码和提取目录，目的是使文档看起来更专业。

学习效果图

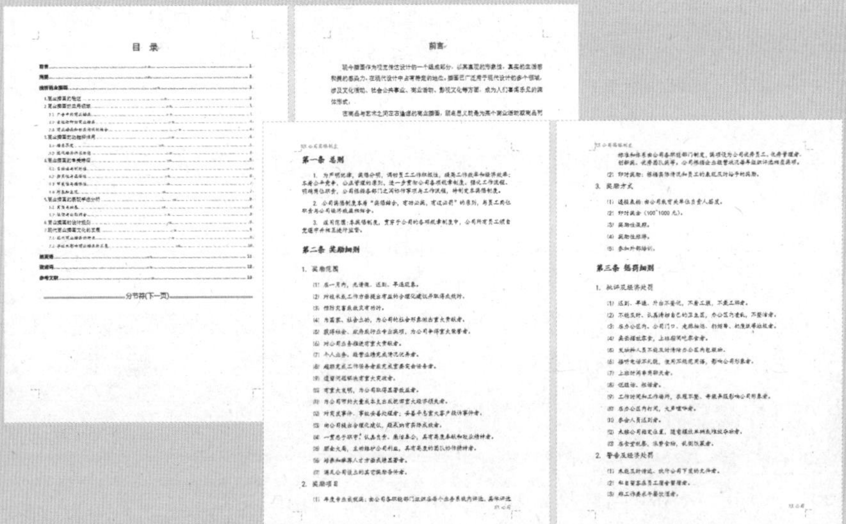

3.1 毕业论文设计分析

本节视频教学时间 / 7 分钟

毕业论文包括专科毕业论文、本科毕业论文（学士学位毕业论文）、硕士研究生毕业论文（硕士学位论文）、博士研究生毕业论文（博士学位论文）、博士后毕业论文等，毕业论文需要在完成学业前写作并提交，是教学或科研活动的重要组成部分之一。

1. 毕业论文格式

（1）题目：应简洁、明确、有概括性，字数不宜超过 20 个字（不同院校可能要求不同）。

（2）摘要：要有高度的概括力，语言精练、明确，中文摘要约 100~200 个字（不同院校可能要求不同）。

（3）关键词：从论文标题或正文中挑选 3 ~ 5 个（不同院校可能要求不同）最能表达主要内容的词作为关键词。

（4）目录：写出目录，标明页码。

（5）正文：专科毕业论文正文字数一般应在 30 000 字以上（不同院校可能要求不同）。

毕业论文的正文包括前言、本论和结论这 3 个部分。

前言（引言）是论文的开头部分，主要说明论文写作的目的、现实意义、对所研究问题的认识，并提出论文的中心论点等。前言要写得简明扼要，篇幅不要太长。

本论是毕业论文的主体，包括研究内容与方法、实验材料、实验结果与分析（讨论）等。在这部分，要运用各方面的研究方法和实验结果，分析问题，论证观点，尽量反映出自己的科研能力和学术水平。

结论是毕业论文的收尾部分，是围绕本论所做的结束语。其基本要点就是总结全文，升华题意。

（6）谢词：简述自己写毕业论文的体会，并对指导教师和协助完成论文的有关人员表达谢意。

（7）参考文献：在毕业论文末尾要列出在论文中参考过的专著、论文及其他资料，所列参考文献应按文中参考或引证的先后顺序排列。

（8）注释：在论文的写作过程中，有些问题需要在正文之外加以阐述和说明。

（9）附录：对于一些不宜放在正文中，但有参考价值的内容，可编入附录中。

2. 毕业论文写作的总体原则

（1）理论客观，具有独创性。

文章的基本观点必须来自具体材料的分析和研究，所提出的问题在本专业学科领域内有一定的理论意义或实际意义，并通过独立研究，提出自己的看法。

（2）论据翔实，富有确证性。

写论文需要做到旁征博引，多方佐证，阐明自己对所用论据的看法。论文中所用的材料应做到言必有据、准确可靠、精确无误。

（3）论证严密，富有逻辑性。

作者提出问题、分析问题和解决问题，要符合客观事物的发展规律，全篇论文形成一个有机的整体，判断与推理言之有理、天衣无缝。

（4）体式明确，标注规范。

论文必须以论点的形成构成全文的结构格局，以多方论证的内容组成文章丰满的整体，以较深的理论分析辉映全篇。此外，论文的整体结构和标注要求规范得体。

（5）语言准确、表达简明。

论文最基本的要求是读者能看懂。因此，要求文章想得清、说得明、想得深、说得透，做到深入浅出、言简意赅。

3.2 设置论文首页

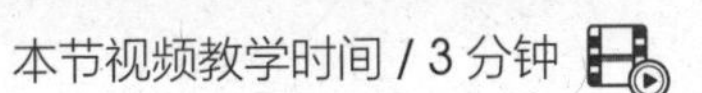
本节视频教学时间 / 3 分钟

在制作毕业论文时，首先需要为论文设置首页，描述个人信息。

1 打开文件

打开“素材\ch03\毕业论文.docx”文件（见下图）。

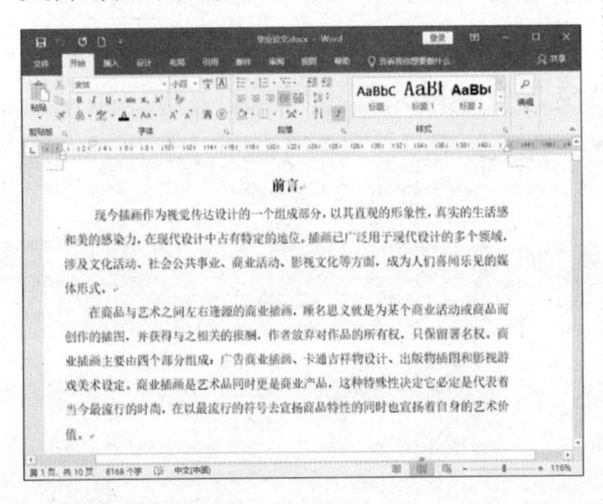
前言

现今插画作为视觉传达设计的一个组成部分，以其直观的形象性，真实的生活感和美的感染力，在现代设计中占有特定的地位，插画已广泛用于现代设计的多个领域，涉及文化活动、社会公共事业、商业活动、影视文化等方面，成为人们喜闻乐见的媒体形式。

在商品与艺术之间左右逢源的商业插画，顾名思义就是为某个商业活动或商品而创作的插图，并获得与之相关的报酬，作者放弃对作品的所有权，只保留署名权。商业插画主要由四个部分组成：广告商业插画、卡通吉祥物设计、出版物插图和影视游戏美术设定。商业插画是艺术品同时更是商业产品，这种特殊性决定它必定是代表着当今最流行的时尚，在以最流行的符号去宣扬商品特性的同时也宣扬着自身的艺术价值。

2 插入空白页面

将光标定位在页面中的“前言”文本前，按【Ctrl+Enter】组合键，插入空白页面（见下图）。

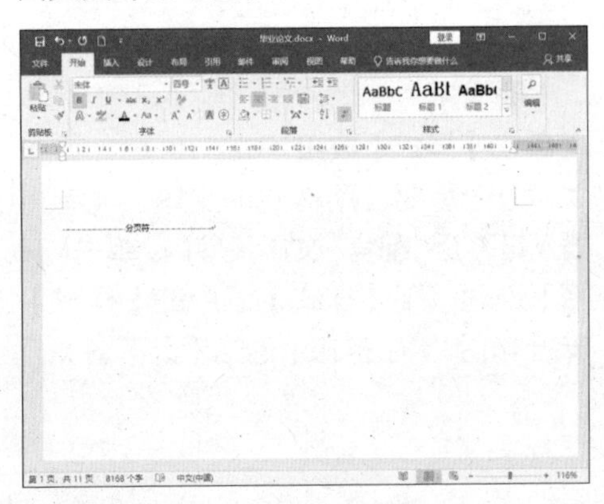

3 输入信息

选择新创建的空白页，在其中输入学校信息、个人介绍信息和指导教师姓名等信息（见下页图）。

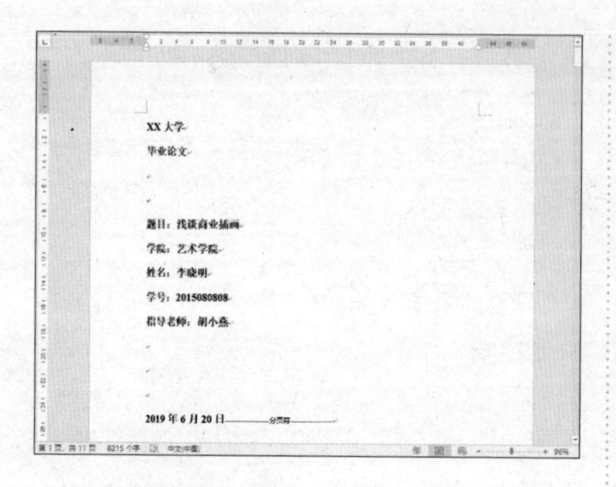

4 为信息设置格式

分别选择不同的信息，根据需要为不同的信息设置不同的格式（见下图）。

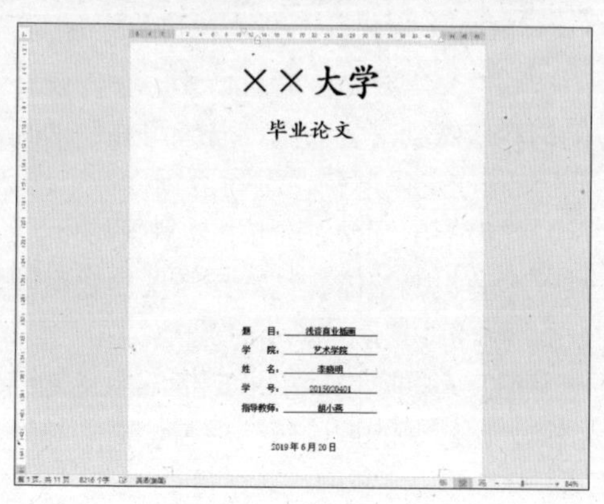

3.3 对毕业论文进行排版

本节视频教学时间 / 9 分钟

一般情况下，毕业生在制作毕业论文时，指导教师会给出论文的格式，以便使所有毕业生的论文格式统一，这时就需要按照论文格式进行文档的排版。

3.3.1 为标题和正文应用样式

给毕业论文排版时，通常需要先制作毕业论文首页，再为标题和正文内容设置并应用样式。

1 单击【样式】按钮

选中需要应用样式的文本，或者将插入符移至“前言”文本段落内，单击【开始】选项卡下【样式】组中的【样式】按钮，弹出【样式】窗格（见下图）。

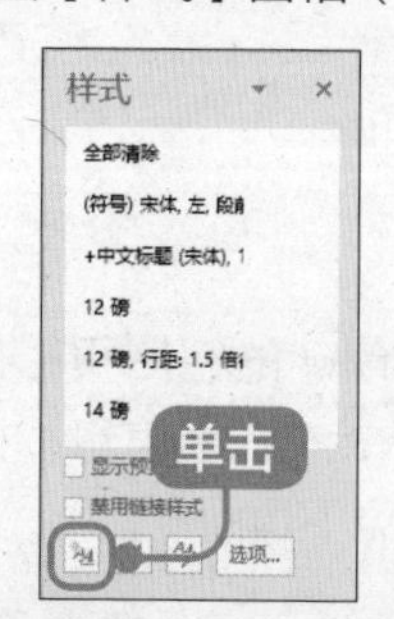

2 设置属性和格式

单击【新建样式】按钮，弹出【根据格式化创建新样式】窗口，在【名称】文本框中输入新建样式的名称，如输入“论文标题 1”，在【格式】区域根据规定设置字体样式（见下图）。

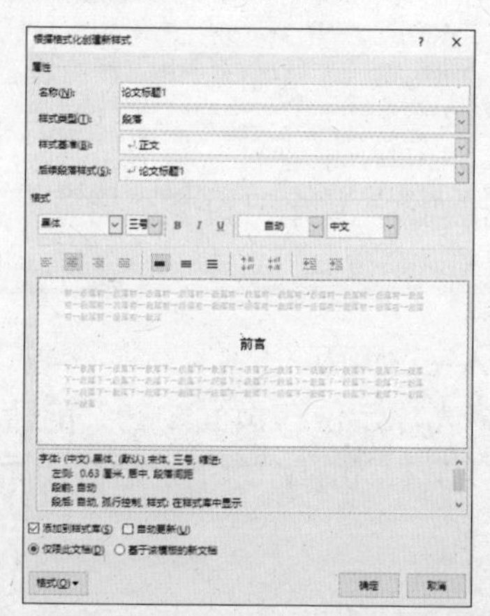

3 设置段落格式

单击左下角的【格式】按钮，在弹出的下拉列表中选择【段落】选项，打开【段落】对话框，根据要求设置段落样式。在【缩进和间距】选项卡下的【常规】区域中单击【大纲级别】文本框后的下拉按钮，在弹出的下拉列表中选择【1级】选项，单击【确定】按钮（见下图）。

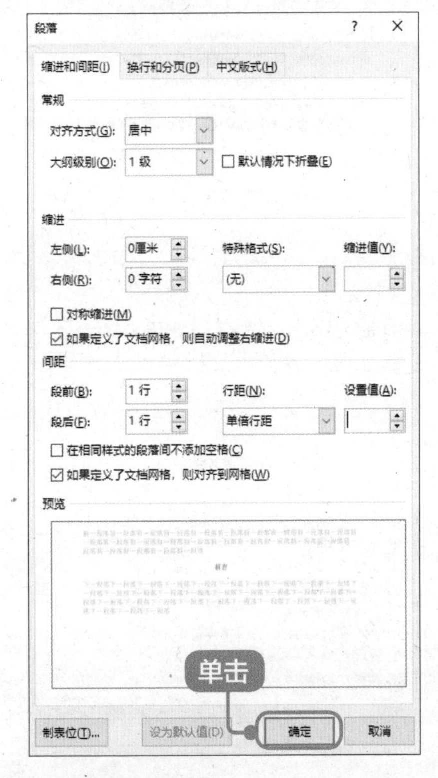

4 浏览设置效果

返回【根据格式化创建新样式】对话框，在对话框的中间区域浏览效果，单击【确定】按钮（见右栏图）。

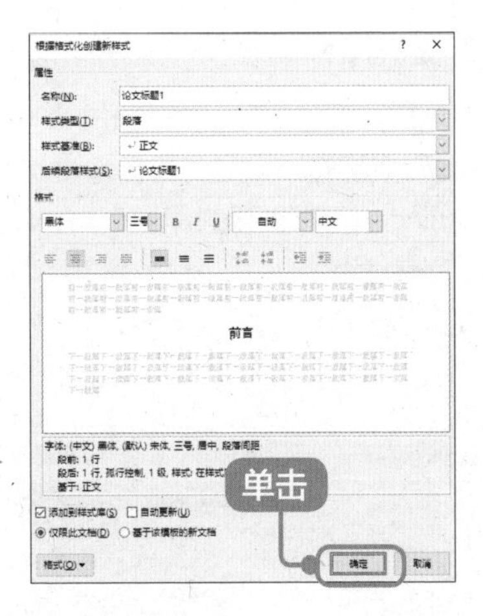

5 查看创建的样式

在【样式】窗格中，可以看到创建的新样式，在文档中，会显示设置后的效果（见下图）。

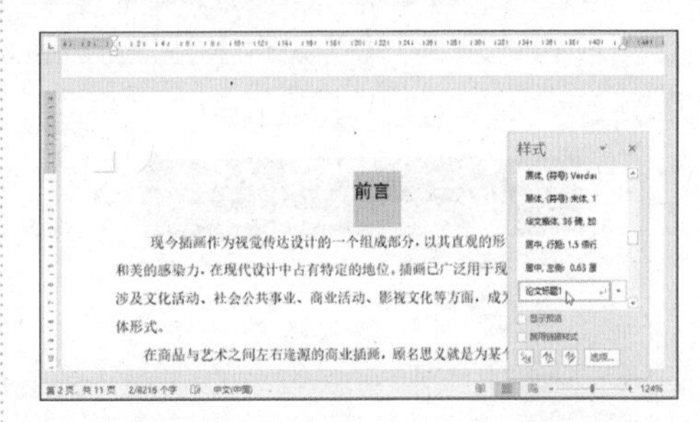

6 应用样式

选择其他需要应用该样式的段落，单击【样式】窗格中的【论文标题1】样式，即可将该样式应用到新选择的段落。使用同样的方法为其他标题及正文设计并应用样式，最终效果如下图所示。

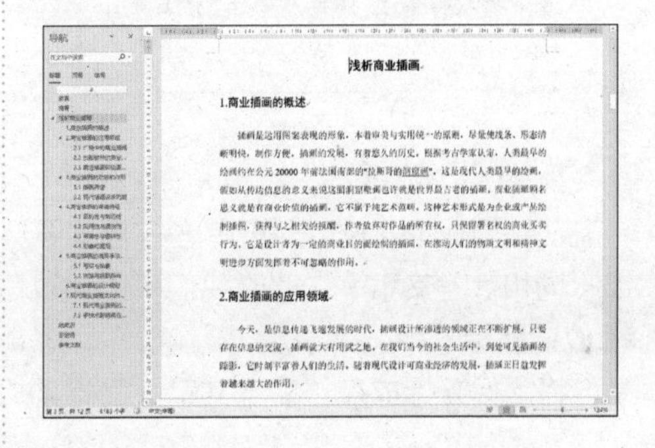

3.3.2 使用格式刷

在编辑长文档时，可以使用格式刷快速应用样式。具体操作步骤如下。

1 设置文本字体

选择参考文献下的第一行文本，设置其【字体】为“楷体”，【字号】为“12”，效果如下图所示。

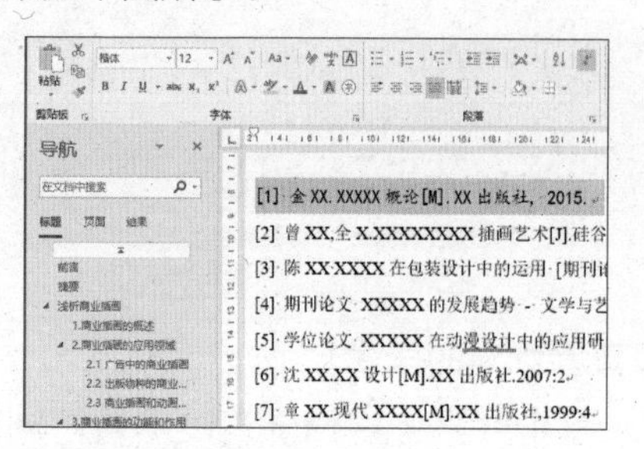

2 单击【格式刷】按钮

然后选择设置后的第一行文本，单击【开始】选项卡下【剪贴板】组中的【格式刷】按钮（见下图）。

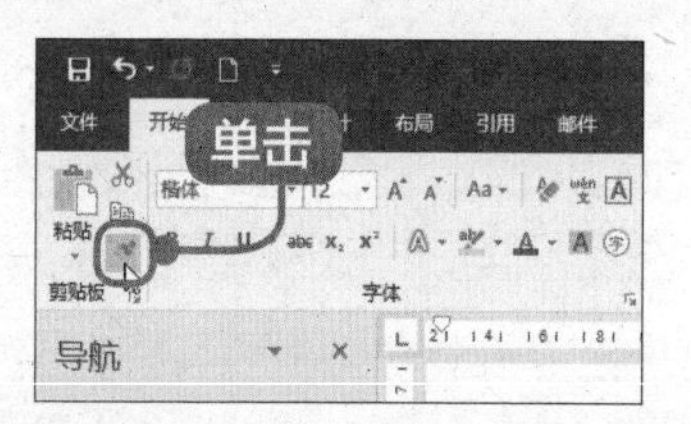

> **提示**
>
> 单击【格式刷】按钮，可执行一次格式复制操作。如果文档中需要复制大量格式，则可以双击【格式刷】按钮，鼠标光标会一直出现一个小刷子，如果要取消操作，可再次单击【格式刷】按钮，或按【Esc】键。

3 选择段落并应用该样式

鼠标光标将变为样式，选择其他要应用该样式的段落（见下图）。

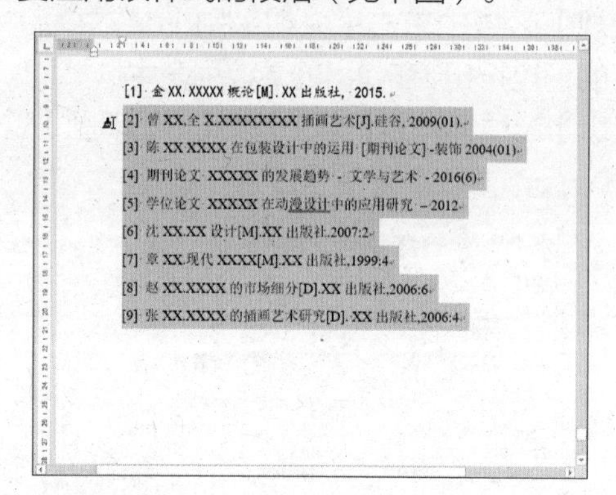

4 查看效果

将该样式应用至其他段落中，效果如下图所示。

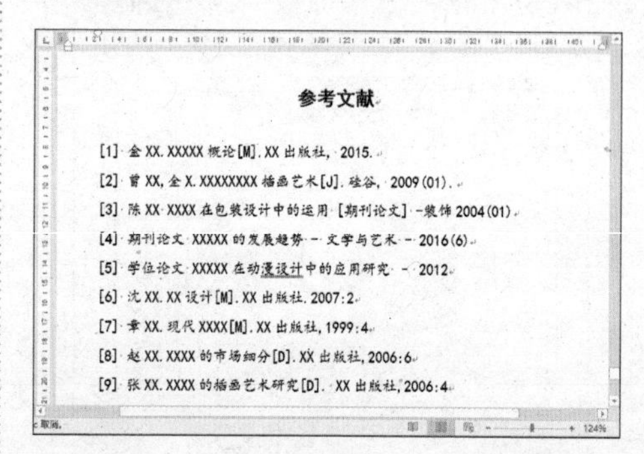

3.3.3 插入分页符

在给毕业论文排版时，有些内容需要另起一页显示，如前言、内容提要、结束语、致谢词和参考文献等。此时我们可以通过插入分页符来实现。具体操作步骤如下。

1 放置鼠标

将鼠标光标放在“参考文献”文本前（见下页图）。

2 选择【分页符】选项

单击【布局】选项卡下【页面设置】组中【插入分页符和分节符】按钮的下拉按钮分隔符，在弹出的下拉列表中选择【分页符】➤【分页符】选项（见下图）。

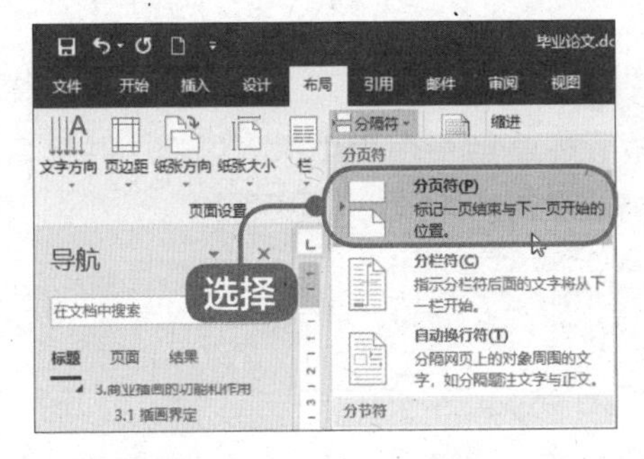

3 显示内容

将"结束语"及其下方的内容另起一页显示（见下图）。

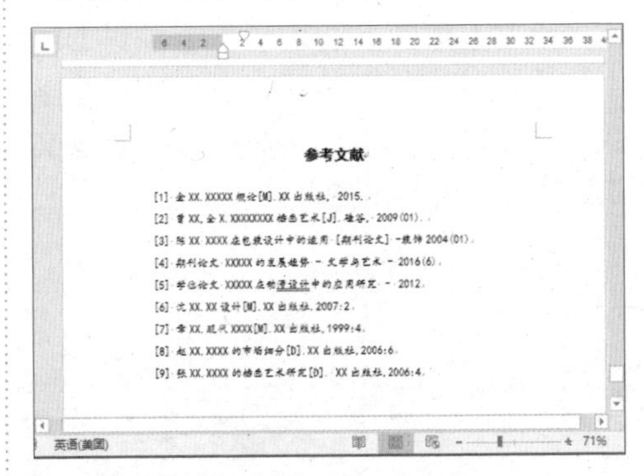

4 显示另一页显示

使用同样的方法，为其他需要另起一页显示的内容设置另起一页显示（见下图）。

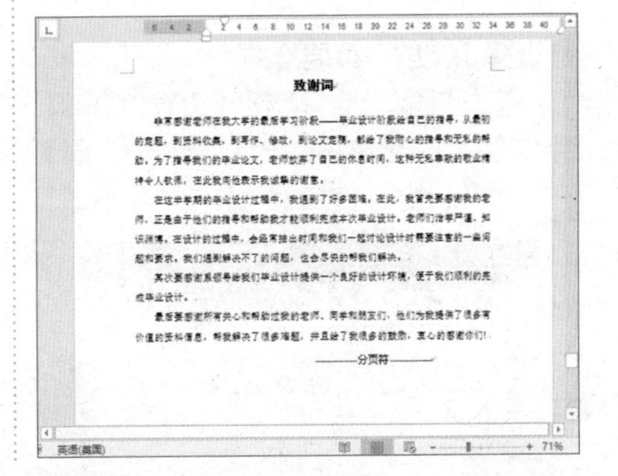

3.4 统计字数

本节视频教学时间 / 1 分钟

Word 2019 提供了统计文档字数的功能，在制作毕业论文的过程中，我们可以借助该功能查看文档中的字数。

1 显示字数

选择要查看字数的文本，单击【审阅】选项卡下【校对】组中的【字数统计】按钮，在打开的【字数统计】对话框中，会显示所选文本的字数（见右栏图）。

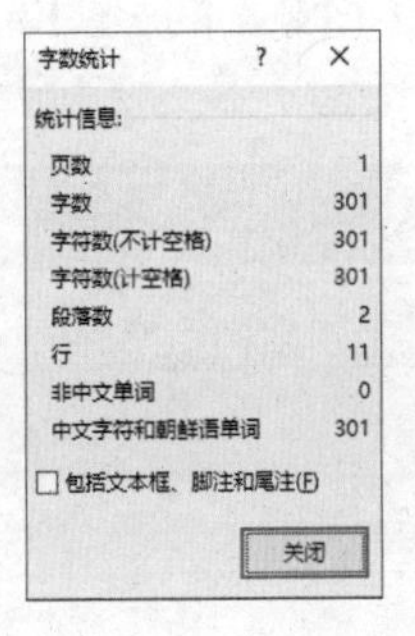

2 单击【字数统计】按钮

单击【审阅】选项卡下【校对】组中的【字数统计】按钮，在打开的【字数统计】对话框中，会显示文档所有文本的字数（见右栏图）。

3.5 为论文设置页眉和页码

本节视频教学时间 / 6 分钟

在毕业论文中，通常需要插入页眉和页码，为论文设置页眉和页码的具体操作步骤如下。

1 选择【空白】页眉样式

单击【插入】选项卡下【页眉和页脚】组中的【页眉】按钮，在弹出的【页眉】下拉列表中选择【空白】页眉样式（见下图）。

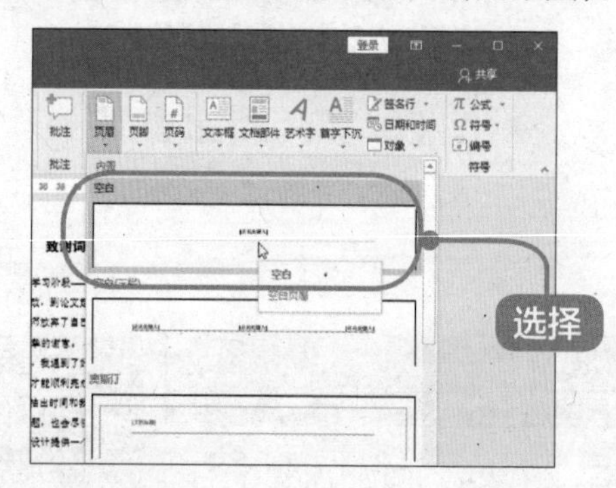

2 选择复选框

在【设计】选项卡下的【选项】组中单击选中【首页不同】和【奇偶页不同】复选框（见下图）。

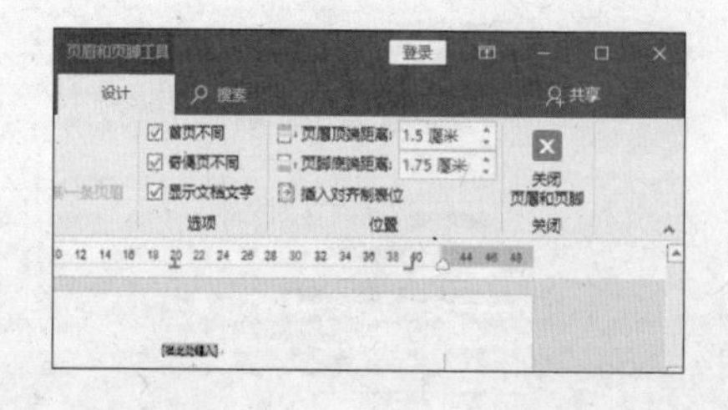

3 输入内容

在奇数页页眉中输入内容，并根据需要设置字体样式（见下图）。

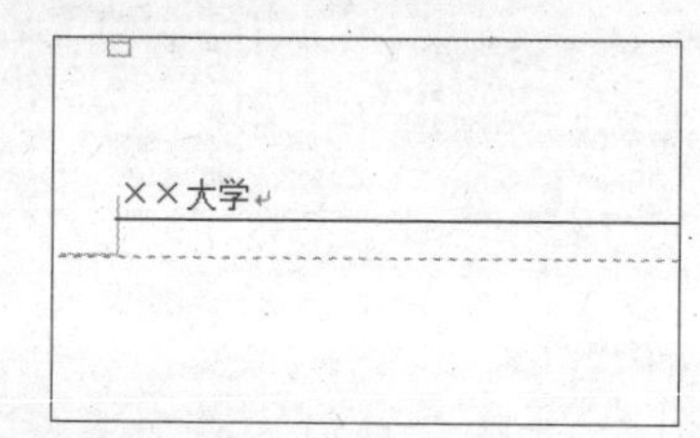

4 设置字体样式

创建偶数页页眉，并设置字体样式（见下图）。

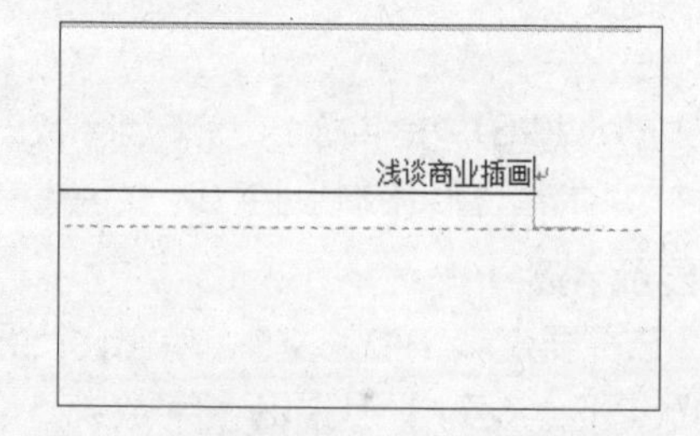

5 选择一种页码格式

单击【设计】选项卡下【页眉和页脚】组中的【页码】按钮，在弹出的下拉列表中选择一种页码格式（见下页图）。

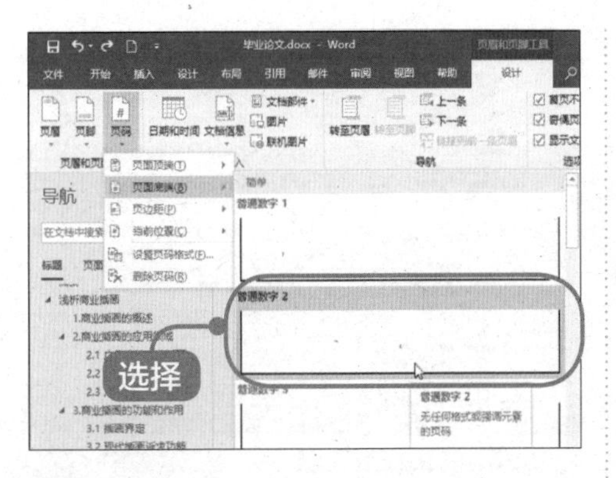

6 **插入页码**

在页面底端插入页码，单击【关闭页眉和页脚】（见下图）。

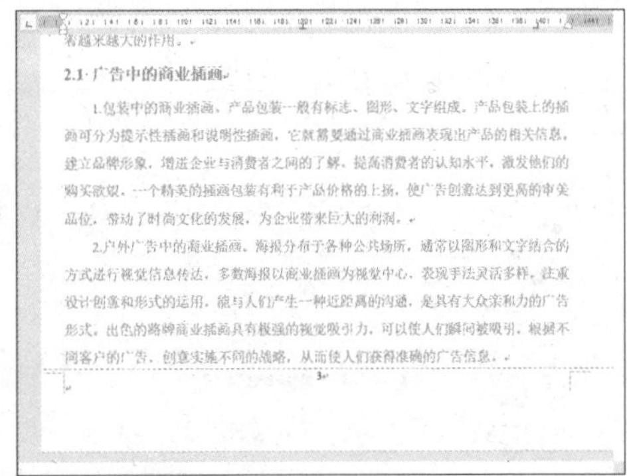

3.6 提取和更新目录

本节视频教学时间 / 7 分钟

设置完格式后，接下来需要提取目录，下面介绍提取和更新目录的操作方法。

3.6.1 提取目录

在目录中，会列出文档中的各级标题名称以及每个标题所在的页码。

1 **设置字头样式**

将鼠标光标定位至文档第 2 页最前的位置，单击【布局】➢【页面设置】➢【分隔符】按钮，在弹出的列表中选择【分节符】➢【下一页】选项，添加一个空白页，在空白页中输入文本“目录”，并根据需要设置文字样式（见下图）。

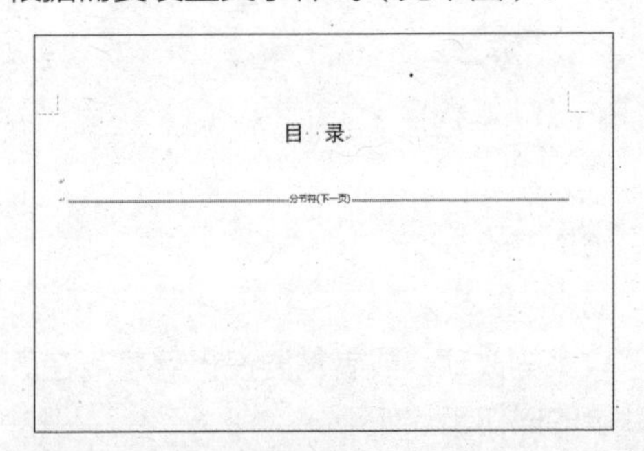

2 **单击【目录】按钮**

单击【引用】选项卡下【目录】组中的【目录】按钮，在弹出的下拉列表中选择【自定义目录】选项（见下图）。

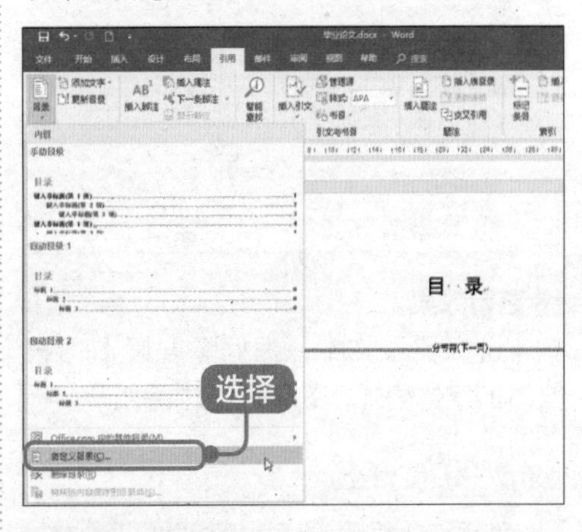

3 **设置目录格式**

在弹出的【目录】对话框中，选择【目录】选项卡，在【格式】下拉列表中选择【正式】选项，在【显示级别】微调框中输入或选择显示级别“3”，在预览区域可以看到设置后的效果，各选项设置完成后单击【确定】按钮（见下图）。

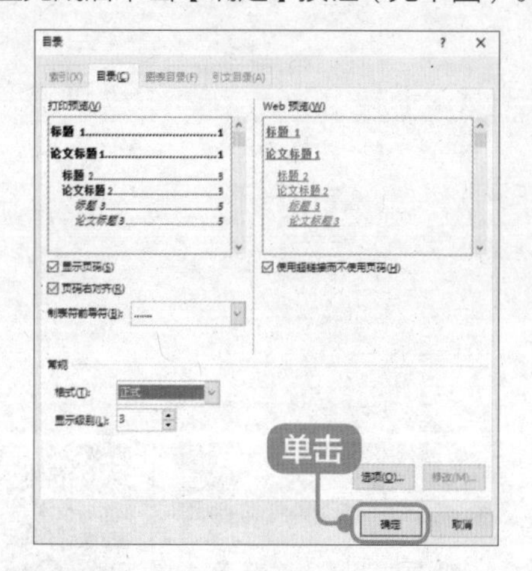

4 建立目录

此时，在指定的位置会建立目录（见下图）。

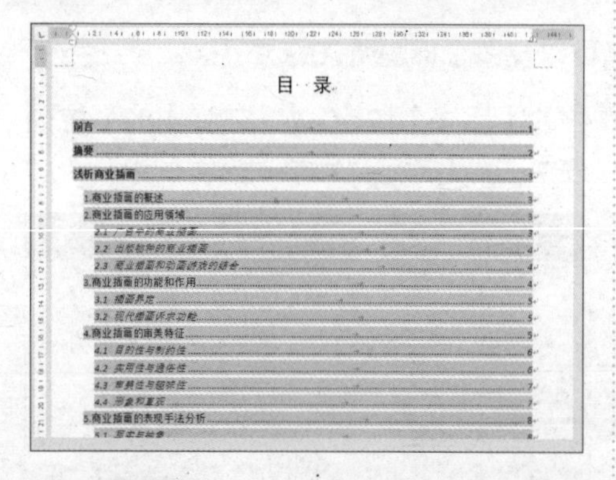

5 查看效果

选择目录文本，根据需要设置目录文本的字体格式，效果如右栏图所示。

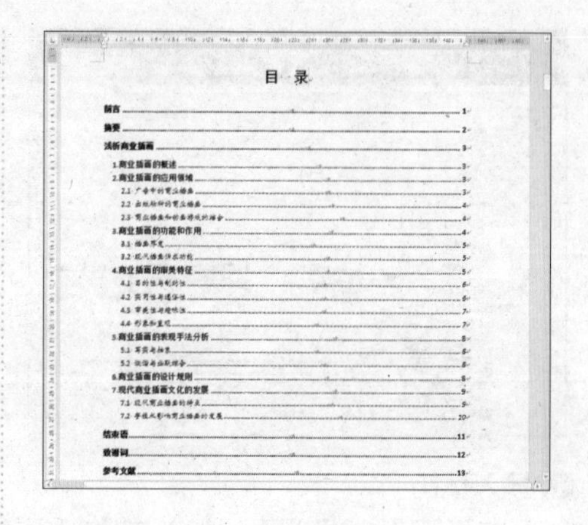

> **提示**
>
> 目录中的页码是由 Word 自动确定的，在建立目录后，我们可以利用目录快速查找文档中的内容。将鼠标指针移动到目录的页码上，按住【Ctrl】键并单击鼠标，可以跳转到文档中的相应标题处。

6 完成操作

至此，完成给毕业论文排版的操作（见下图）。

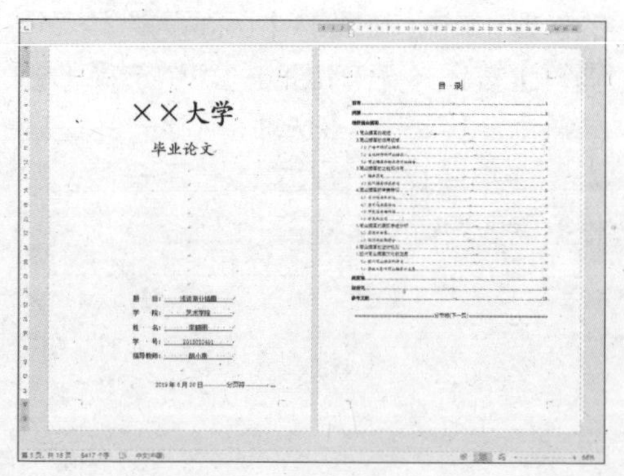

3.6.2 更新目录

如果在提取目录后，又对毕业论文进行了较大的改动，或者需要设置目录所在页为单独一页，则需要对目录进行更新，更新目录的操作步骤如下。

1 单击【更新目录】按钮

在目录页插入一个分页符后，正文后面的页码会发生变化。单击【引用】选项卡下【目录】组中的【更新目录】按钮（见下页图）。

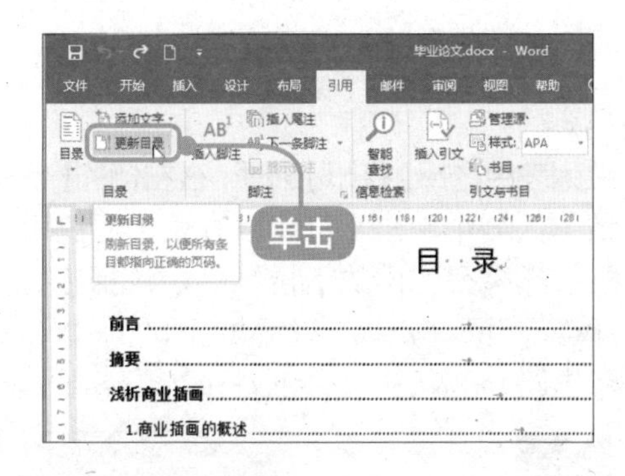

2 对页码进行更新

在弹出的【更新目录】对话框中单击选中【只更新页码】单选项，单击【确定】按钮，即可完成目录页码的更新（见右栏图）。

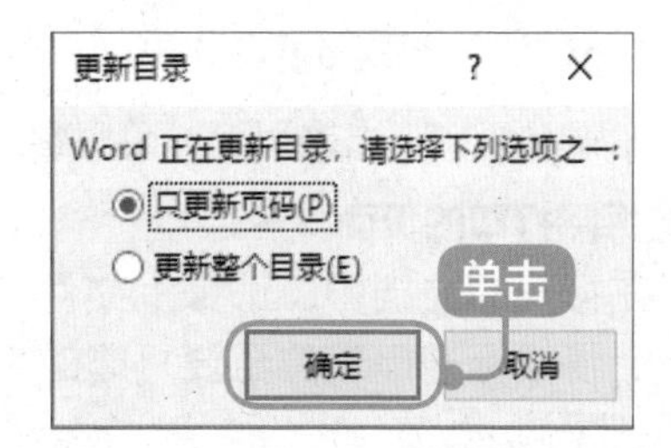

提示

在修改毕业论文时，如果只是页码发生改变，可单击选中【只更新页码】单选项；如果标题发生了变化，则需要单击选中【更新整个目录】单选项。

3.7 打印论文

本节视频教学时间 / 5 分钟

完成论文的排版后，可以将论文打印出来。本节主要介绍 Word 文档的打印技巧。

3.7.1 直接打印文档

确保文档没有问题后，可以直接打印文档。

1 选择【打印】选项

单击【文件】选项卡，在下拉列表中选择【打印】选项，在【打印机】下拉列表中选择要使用的打印机（见下图）。

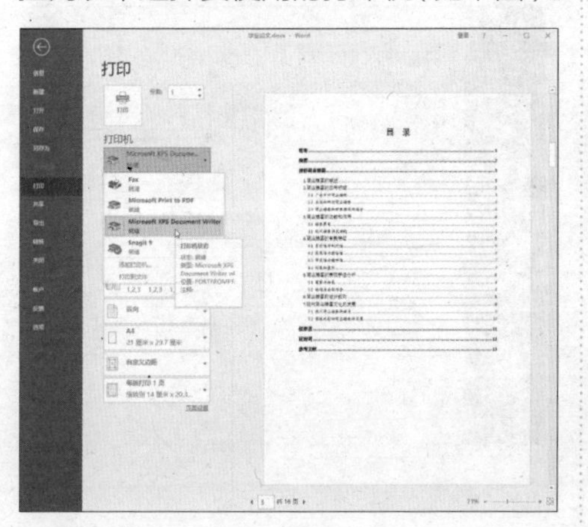

2 开始打印文档

用户可以在【份数】微调框中输入需要打印的份数，单击【打印】按钮，开始打印文档（见下图）。

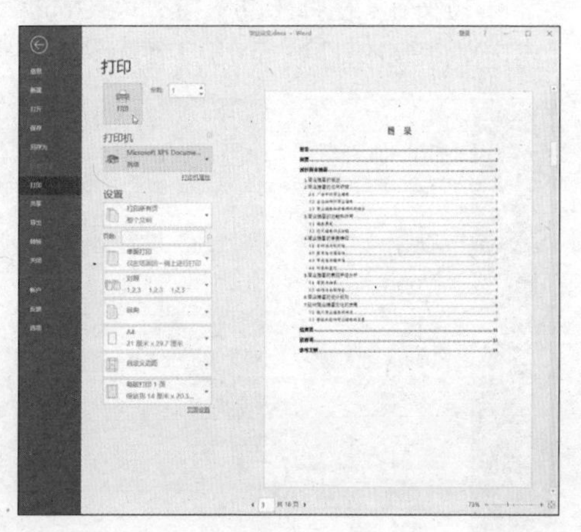

3.7.2 打印当前页面

如果需要打印当前页面，可以参照以下步骤。

1 选择需打印的页面

在打开的文档中，选择【文件】选项卡，将鼠标光标定位至要打印的页面（见下图）。

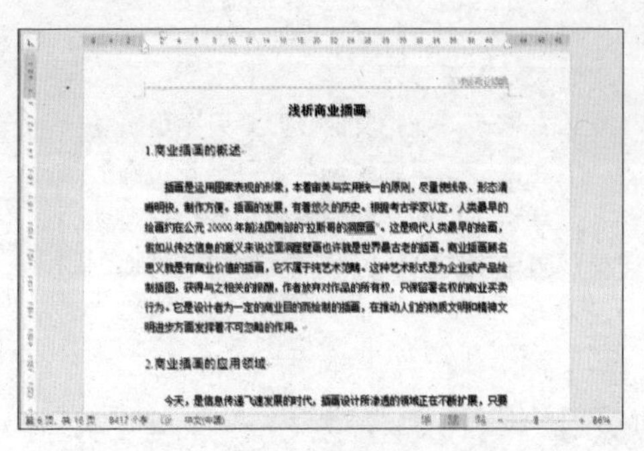

2 进行打印

选择【文件】选项卡，在弹出的下拉列表中选择【打印】选项，在右侧的【设置】区域中单击【打印所有页】后的下拉按钮，在弹出的下拉列表中选择【打印当前页面】选项。设置要打印的份数，单击【打印】按钮 ，完成打印（见下图）。

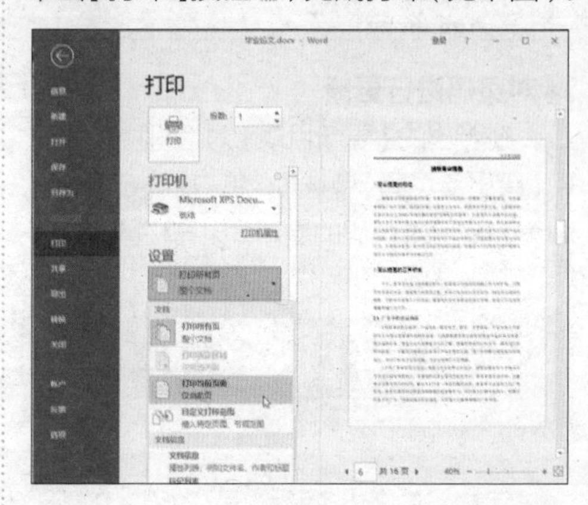

3.7.3 打印连续或不连续页面

打印连续或不连续页面的具体操作步骤如下。

1 选择【自定义打印范围】选项

在打开的文档中，选择【文件】选项卡，在弹出的下拉列表中选择【打印】选项，在右侧的【设置】区域中选择【打印所有页】后的下拉按钮，在弹出的下拉列表中选择【自定义打印范围】选项（见下图）。

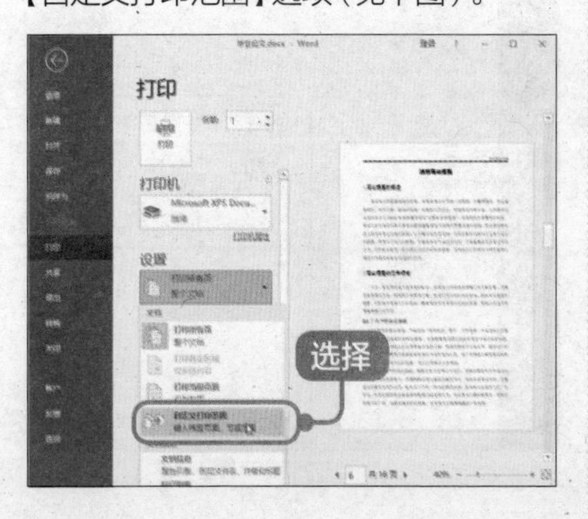

2 进行打印

在下方的【页数】文本框中输入要打印的页码。设置要打印的份数，单击【打印】按钮 ，完成打印（见下图）。

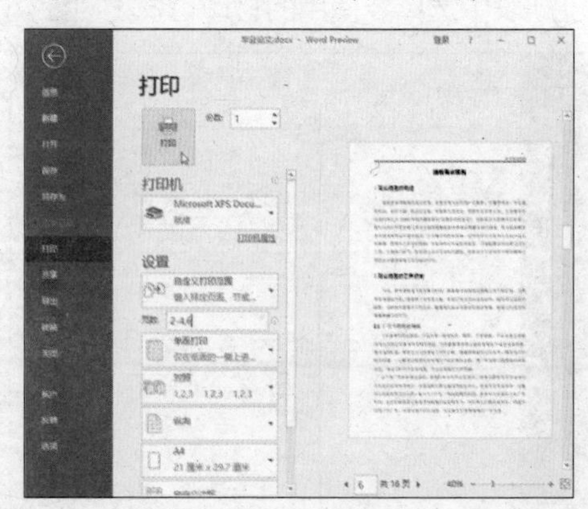

提示

连续页码可以使用英文半角连接符连接，不连续的页码可以使用英文半角逗号分隔。

技巧1：快速清除段落格式

若想去除附加的段落格式，可以使用【Ctrl + Q】组合键。如果对某个使用了正文样式的段落进行了手动调节，如增加了左右的缩进，那么增加的缩进值就属于附加的样式信息。若想去除这类信息，可以将光标置于该段落中，然后按【Ctrl + Q】组合键。如有多个段落需做类似的调整，可以首先选定这些段落，然后使用上述的组合键即可。

技巧2：去除页眉中的横线

在添加页眉时，经常会看到自动添加的分割线，该分割线可以删除。

1 选择【清除样式】选项

双击页眉，进入页眉编辑状态，将鼠标光标定位在页眉处，并单击【开始】➤【样式】➤【其他】按钮，在弹出的下拉列表中，选择【清除样式】选项（见下图）。

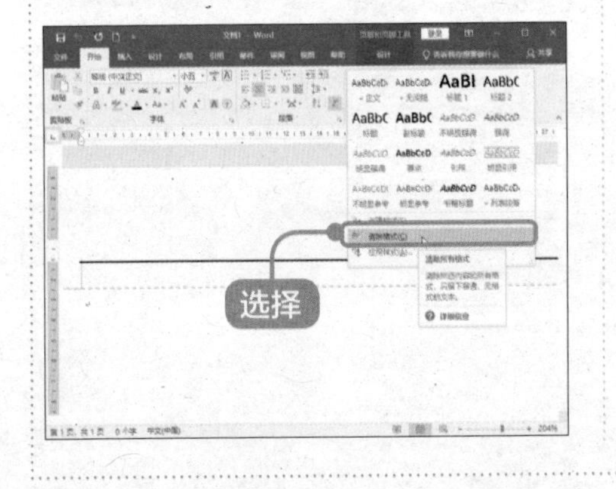

2 查看效果

删除页眉中的分割线后，效果如下图所示。

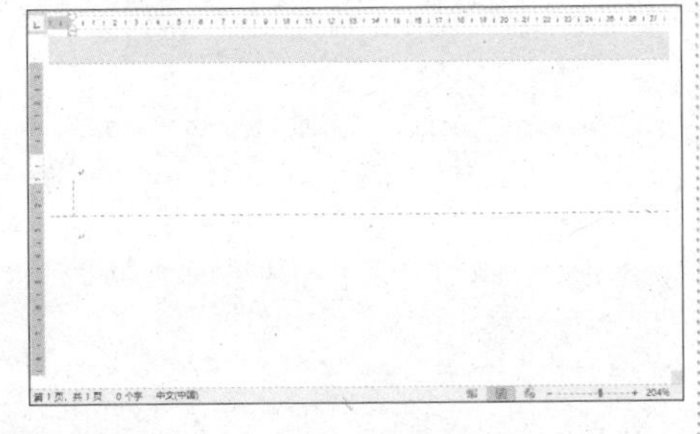

在为长文档排版时，要注意每一级别标题的格式要统一，层次要有明显的

区分。通常情况下，级别越高字体越大，此外，还需要为每一级别的段落设置大纲级别。平时我们接触较多的长文档主要有培训资料、公司奖惩制度、散文集、图书版式等。下图所示分别为制作完成的公司培训资料及奖惩制度文档（见下图）。

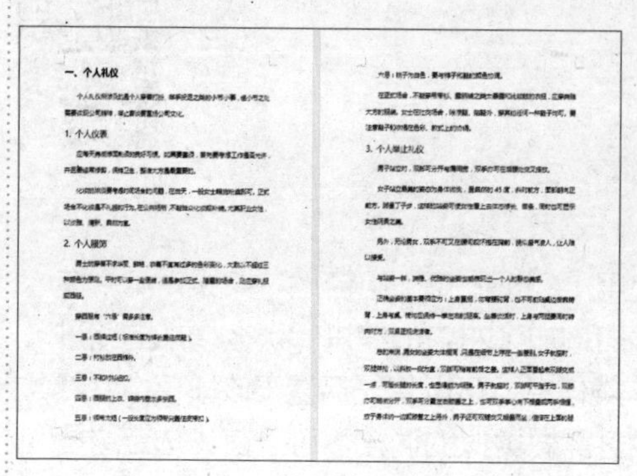

一、个人礼仪

1. 个人仪表

2. 个人服饰

3. 个人举止礼仪

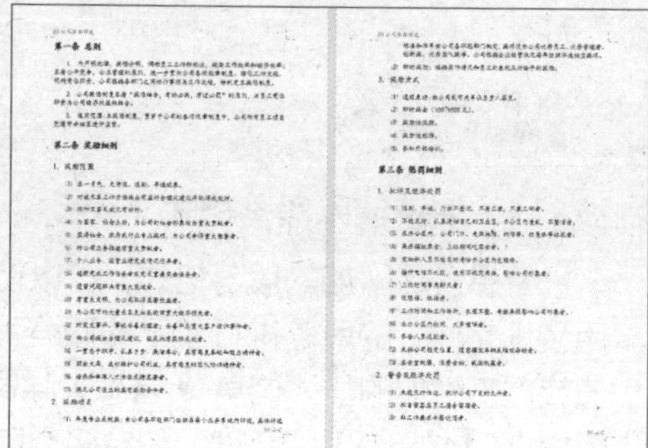

第一条 总则

第二条 奖励细则

第三条 惩罚细则

第 4 章

审阅与处理文档——制作公司年度报告

本章视频教学时间 / 48 分钟

重点导读

Word 2019 提供了错误处理功能，可以帮助用户发现文档中的错误并给予修正。通过查找功能，可以帮助用户定位到所需要的位置，此功能在较大的文档内查找文本非常实用。

学习效果图

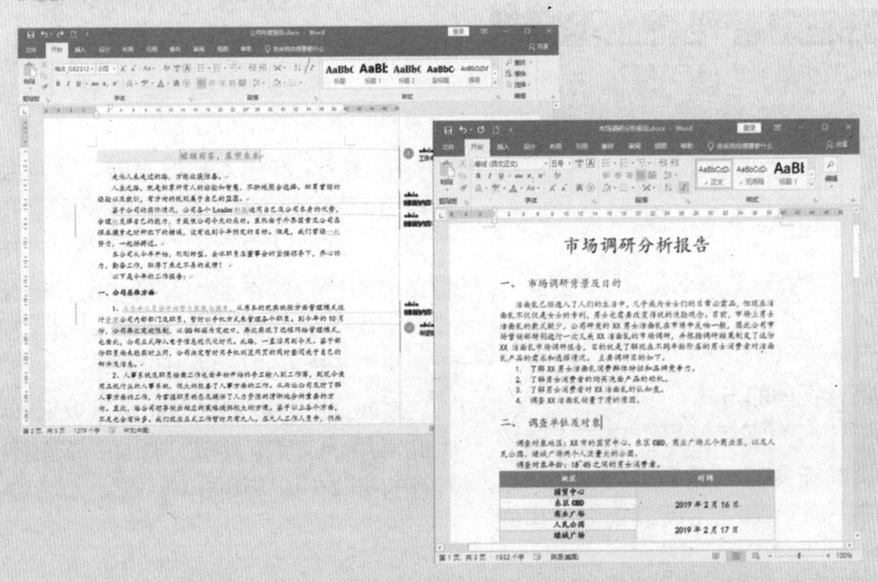

4.1 查看文档

本节视频教学时间 / 13 分钟

在使用 Word 时，利用 Word 提供的各种视图，可以更有效地完成格式设置等排版操作。

4.1.1 使用视图查看

视图是指文档的显示方式。在编辑的过程中，用户常常会因不同的编辑目的而需要突出文档中的某一部分内容，以便能更有效地编辑文档。Word 2019 提供了页面视图、阅读视图、Web 版式视图、大纲视图和草稿这 5 种视图。这些视图有不同的作用，本节逐一介绍它们的特点及使用方法。

1. 阅读视图

阅读视图主要用于以阅读视图方式查看文档。它最大的优点是可以利用最大的空间来阅读或批注文档。在阅读视图下，Word 会隐藏许多工具栏，从而使窗口工作区中显示更多的内容。

1 打开文档并单击【阅读试图】按钮

打开“素材\ch04\公司年度报告.docx”文档，然后单击【视图】➤【视图】➤【阅读视图】按钮（见下图）。

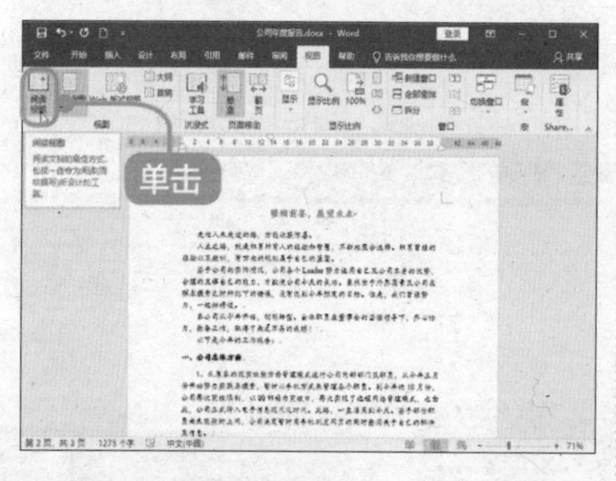

2 关闭阅读视图的方式

文档转换为阅读视图，单击【阅读视图】页面右侧的按钮，可以翻页到文章的下一页。单击【阅读视图】页面下方的【页面视图】按钮或按【Esc】键，可以关闭阅读视图，返回文档之前的视图（见下图）。

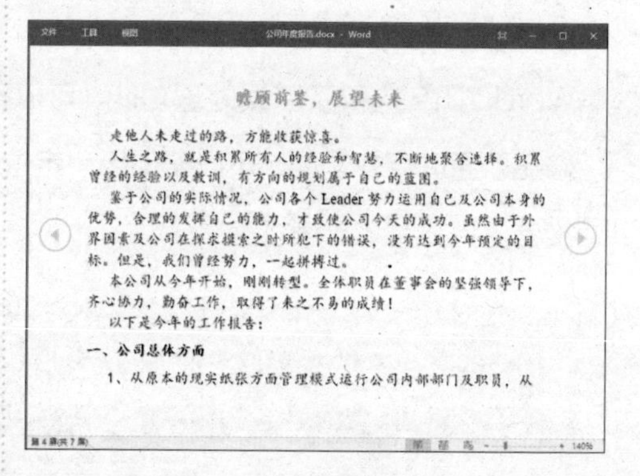

2. 页面视图

在进行文本输入和编辑时，通常会采用页面视图，该视图的特点是页面布局简单，是一种常用的文档视图。它按照文档的打印效果显示文档，使文档在屏幕上看上去就像在纸上一样。页面视图主要用于查看文档的打印效果。

页面视图可以更好地显示排版格式，因此常用于文本、格式、版面或文档外观等的修改（见下页图）。

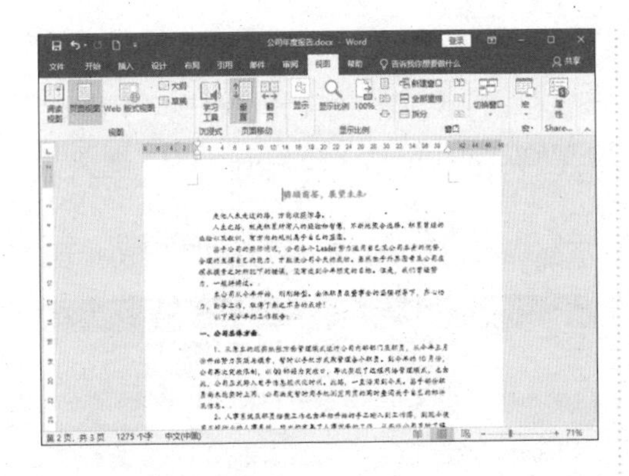

3.Web 版式视图

Web 版式视图主要用于查看网页形式的文档外观。当选择显示 Web 版式视图时，编辑窗口将显示得更大，并自动换行以适应窗口。此外，还可以在 Web 版式视图下设置文档背景以及浏览和制作网页等。

单击【视图】选项卡下【视图】组中的【Web 版式视图】按钮，或单击状态栏中的【Web 版式视图】按钮，可以将视图转换为 Web 版式视图（见下图）。

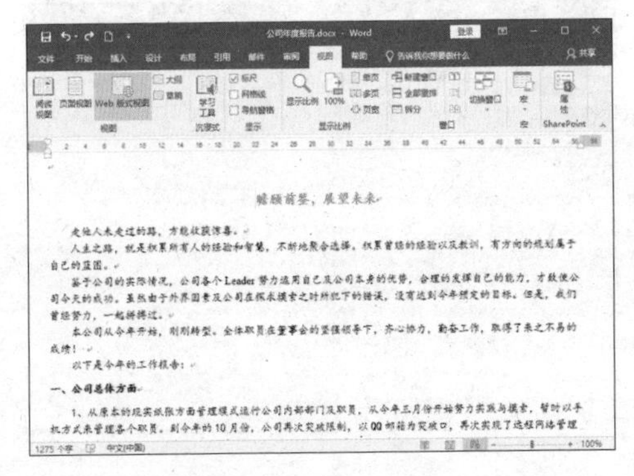

4. 大纲视图

大纲视图是显示文档结构和大纲工具的视图，它将所有的标题分级显示出来，层次分明，特别适合有较多层次的文档。在大纲视图下，用户可以方便地移动和重组长文档。

单击【视图】选项卡下【视图】组中的【大纲】按钮，可以进入大纲视图。用户可以通过【大纲显示】选项卡下的功能区进行相应的操作设置。另外，用户可以通过双击标题前面的⊕图标来折叠或展开标题的从属文本或者下级标题（见下图）。

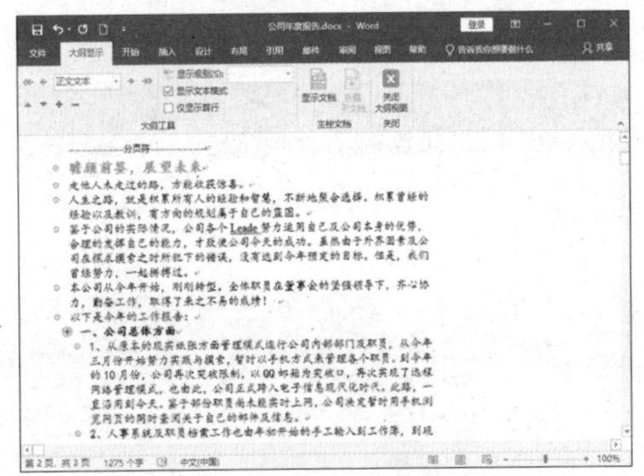

5. 草稿视图

草稿视图主要用于查看文档的草稿形式，便于快速编辑文本。在草稿视图中，不会显示页眉、页脚等文档元素。

单击【视图】选项卡下【文档视图】组中的【草稿】按钮，可以转换为草稿视图，在草稿视图中，上下页面的空白处转换为虚线。如果需要转换为其他视图，单击相应的视图名称即可（见下图）。

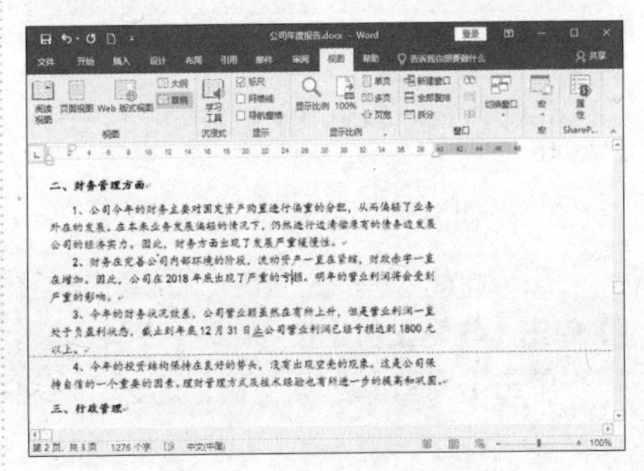

4.1.2 像翻书一样的“翻页”查看报告

在 Word 2019 中，默认是“垂直”的阅读模式，我们在阅读长文档时，如果使用鼠标拖曳滑块进行浏览，效率相对较低。在 Word 2019 中，我们可以使用“翻页”模式来查看文档。

1 打开文档并单击【翻页】按钮

打开“素材\ch04\公司年度报告.docx”文档，单击【视图】选项卡下【页面移动】组中的【翻页】按钮（见下图）。

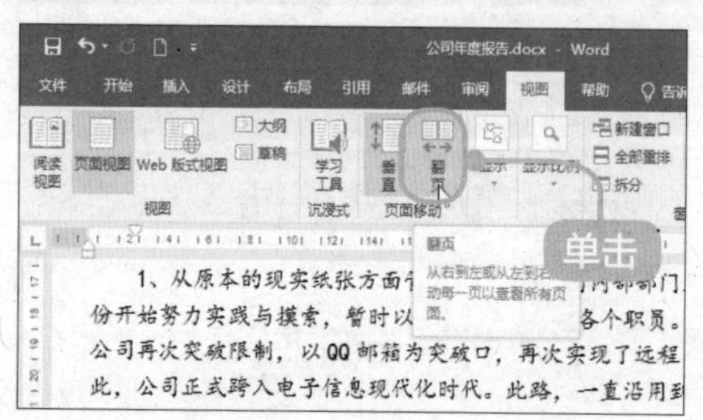

2 进入阅读模式

进入【翻页】阅读模式，效果如下图所示。

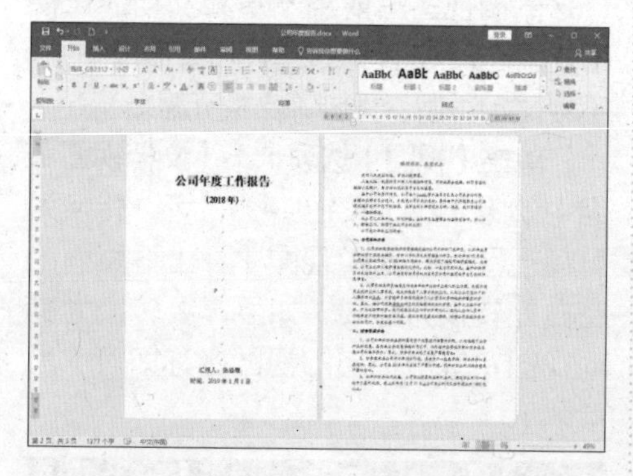

3 翻页查看文档

按【Page Down】键或向下滚动一次鼠标滑轮，可以向下翻页，如下图所示。

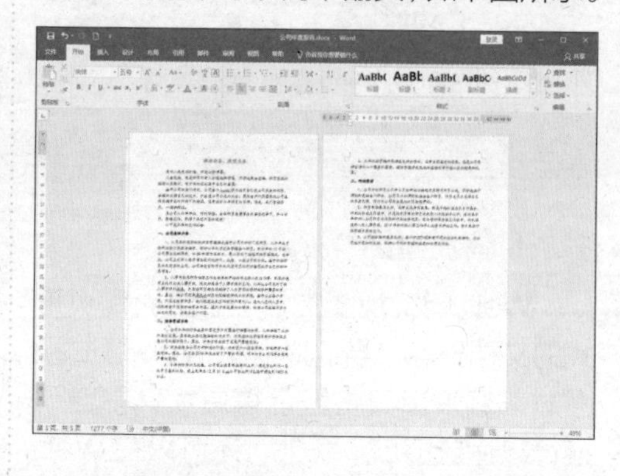

提示

要向上翻页，则可以按【Page UP】键。

4 退出【翻页】模式

单击【垂直】按钮，可以退出【翻页】模式（见下图）。

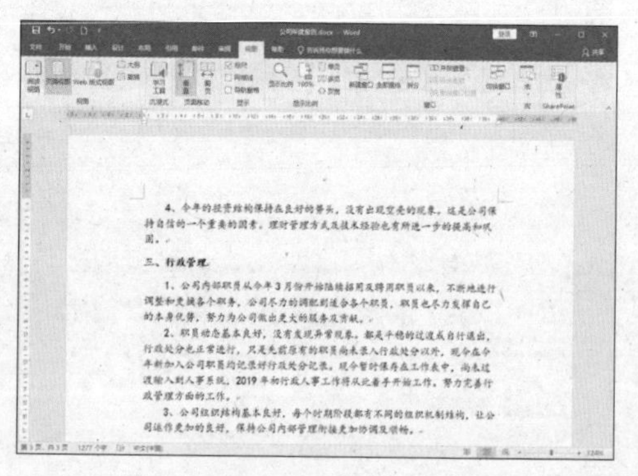

4.1.3 在沉浸模式下阅读报告

在 Word 2019 中，新增了沉浸式学习模式，用户在该模式下，可以提升阅读体验。

1 单击【学习工具】按钮

单击【视图】选项卡下【沉浸式】组中的【学习工具】按钮（见下页图）。

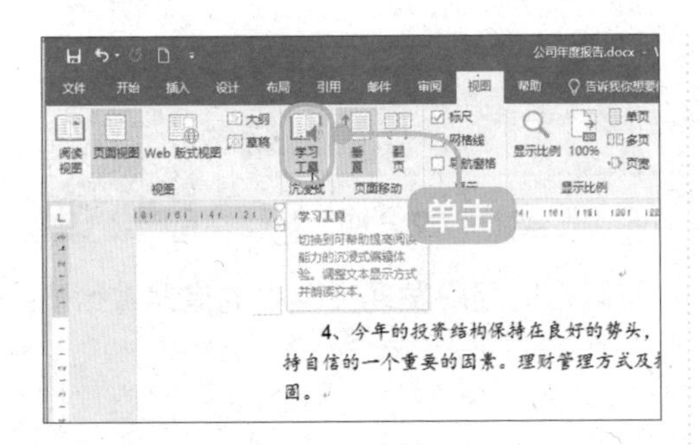

2 设置参数

进入沉浸式学习工具页面。单击【文字间距】按钮，可以增加文字间的距离，并增加行宽，方便查看文字（见下图）。

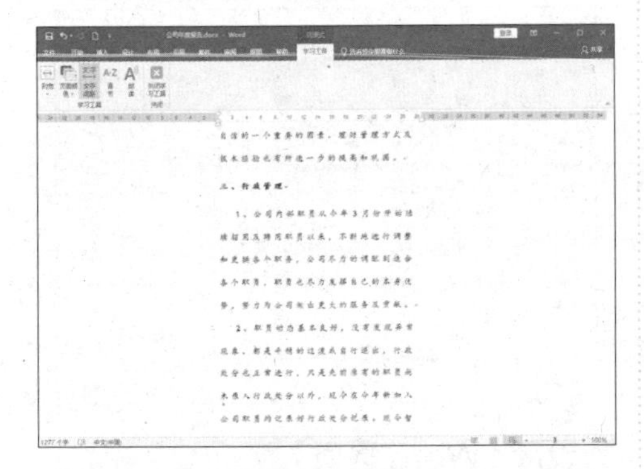

3 选择页面的颜色

单击【页面颜色】按钮，在弹出的下拉列表中，选择页面的颜色，如选择【棕褐】选项（见下图）。

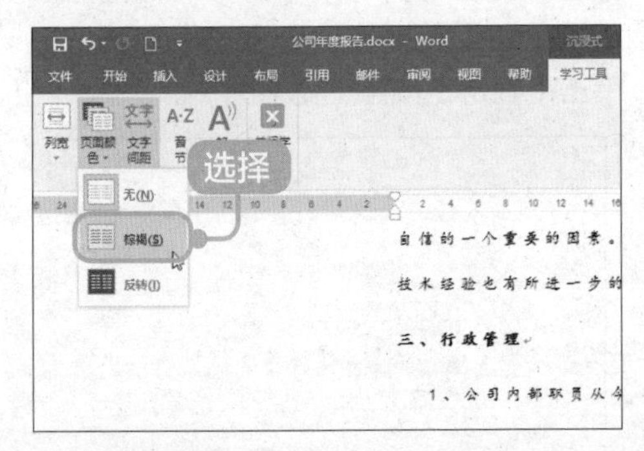

4 查看效果

页面颜色变为棕褐色，效果如右栏图所示。

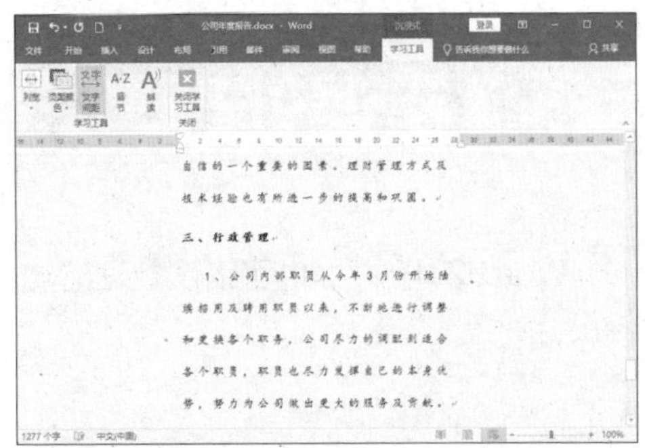

5 朗读文档

单击【朗读】按钮，可以朗读文档的内容，此时在文档的右上角会显示朗读的控制栏，单击【设置】按钮（见下图）。

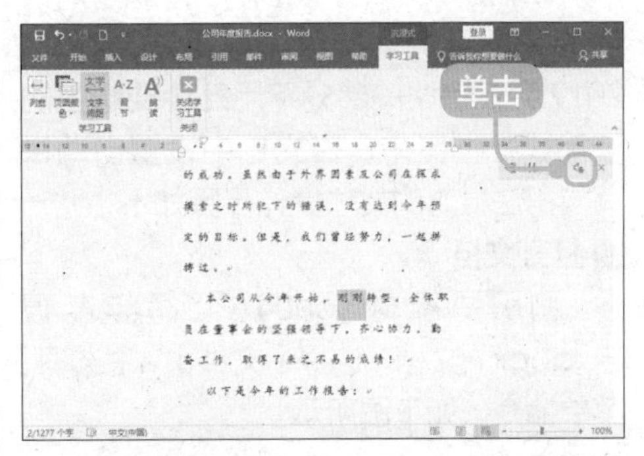

6 调整语音阅读

在弹出的下拉菜单中，用户可以通过拖动滑块来调整阅读速度，也可以对阅读语音进行选择。单击【关闭学习工具】按钮，即可退出沉浸式学习模式（见下图）。

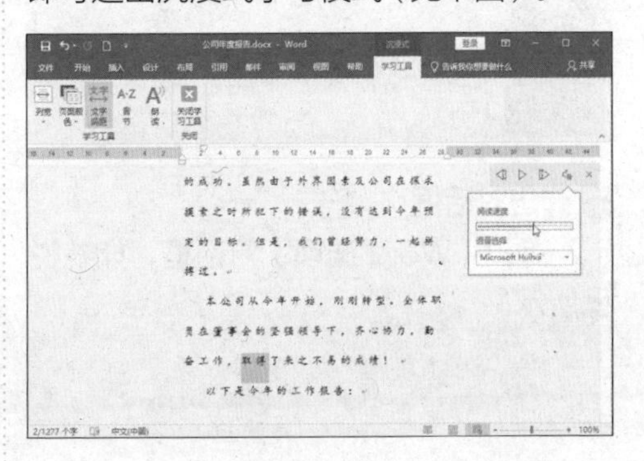

4.2 错误处理

本节视频教学时间 / 9 分钟

Word 2019 中提供了错误处理的功能，可以帮助用户发现文档中的错误并给予修正。

4.2.1 拼写和语法检查

当输入文本时，我们很难保证输入文本的拼写和语法都完全正确，要是有一个“助手”在一旁时刻提醒，就可以帮助我们减少错误。Word 2019 中的拼写和语法检查功能就是这样的助手，它能在用户输入错误时发出提醒，并提出修改的意见。

1. 设置自动拼写和语法功能

在输入文本时，如果无意中输入错误的或不可识别的单词或语法，Word 2019 会在错误的部分下用红色或绿色的波浪线标记出来。在文档中设置自动拼写与语法检查的具体操作步骤如下。

1 打开文档

打开“素材\ch04\公司年度报告.docx”文档，选择【文件】➤【选项】菜单命令，如下图所示。

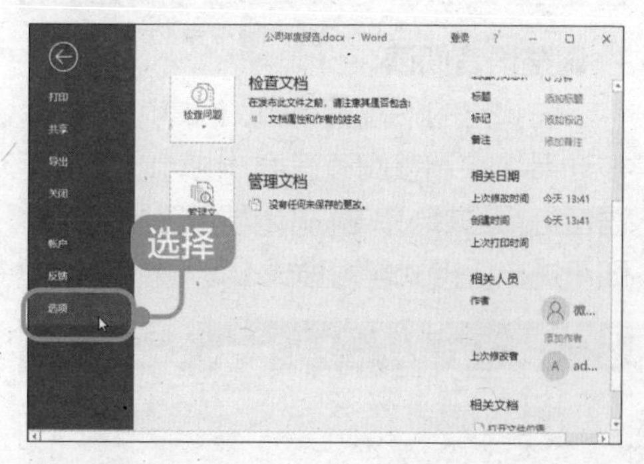

2 弹出对话框

弹出【Word 选项】对话框，如右栏图所示。

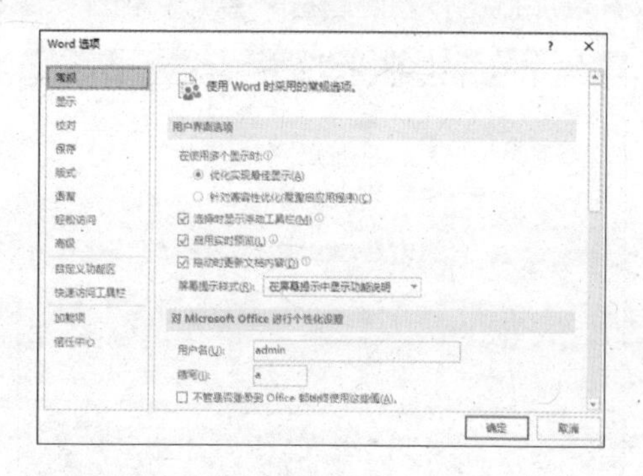

3 设置【Word 选项】

在【Word 选项】对话框的左侧列表中，单击【校对】选项卡，然后在【在 Word 中更正拼写和语法时】区域中选中【键入时检查拼写】【键入时标记语法错误】和【随拼写检查语法】复选框，单击【确定】按钮（见下图）。

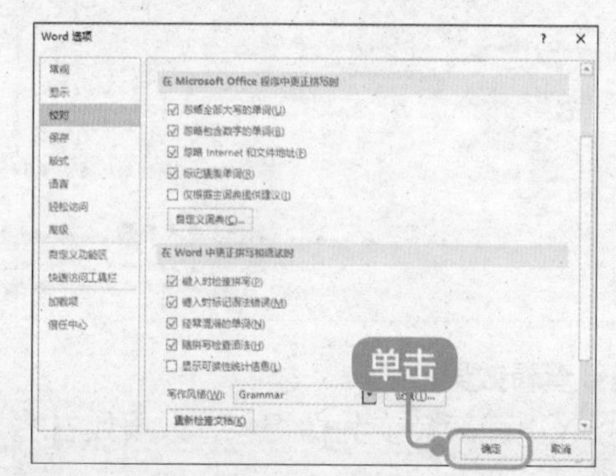

4 显示波浪线

在文档中，现在可以看到起标示作用的波浪线（见下图）。

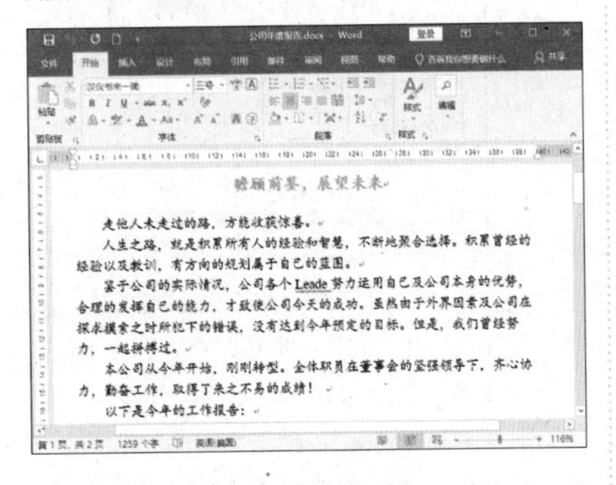

2. 修改错误的拼写和语法

在文档中修改错误的拼写和语法的操作步骤如下。

1 选择内容

在打开的公司年度报告文档中，单击状态栏中的 按钮，弹出【校对】窗格，选择要检查的内容（见下图）。

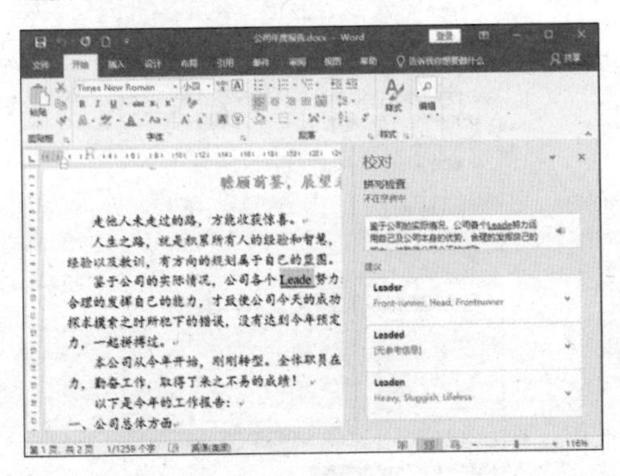

2 修改错误的拼写和语法

在【建议】列表框中，单击正确的单词选项，即可更改文档中错误的拼写和语法（见下图）。

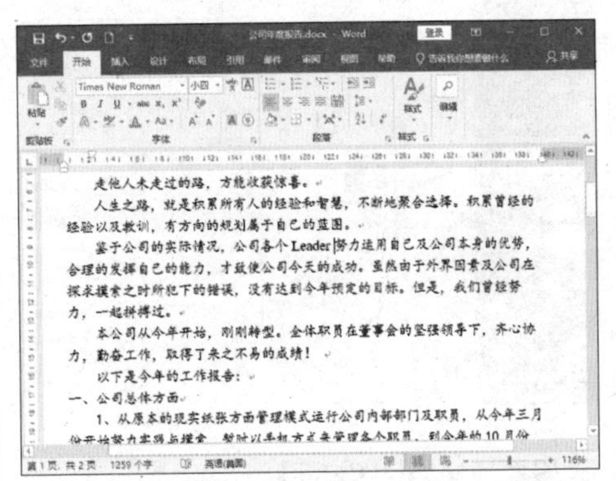

3 修改文档中其他的拼写和语法错误

使用同样的方法，修改以下文档中的拼写和语法错误。修改后的结果如下图所示。

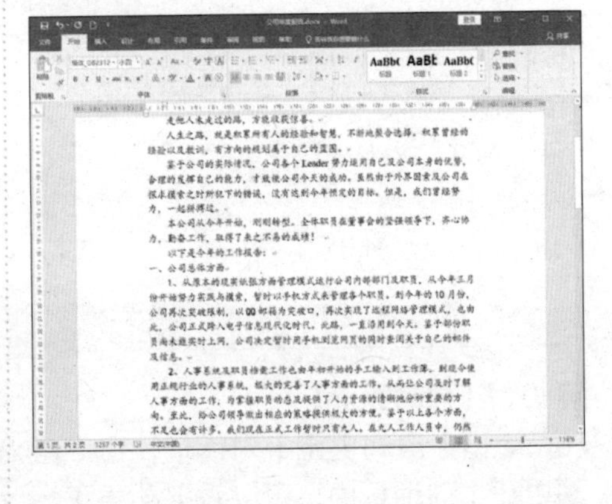

4.2.2 自动处理错误

在 Word 2019 中，除了可以使用拼写和语法检查之外，还可以使用自动更正功能来检查和更正错误输入的内容。如输入“teh”和一个空格，会自动更正为“the”；键入“This is the house”和一个空格，则会自动更正为“This is the house”。

下面以处理公司年度报告文档中的错误为例来介绍设置自动更正的操作步骤。

1 选择菜单命令

打开文档，选择【文件】➤【选项】菜单命令（见下图）。

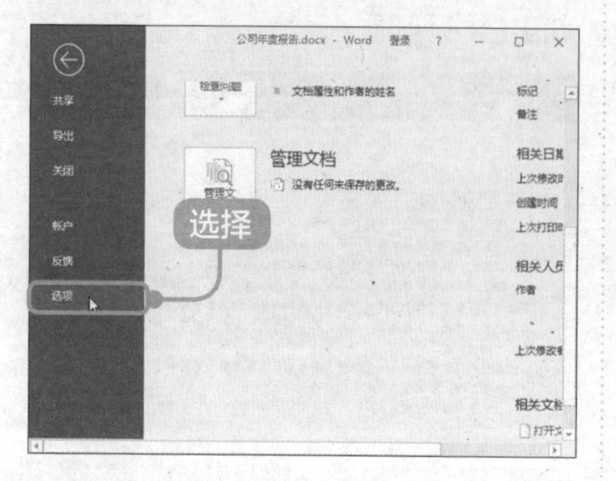

2 设置【Word 选项】

弹出【Word 选项】对话框。单击【校对】选项卡，再单击【自动更正选项】按钮（见下图）。

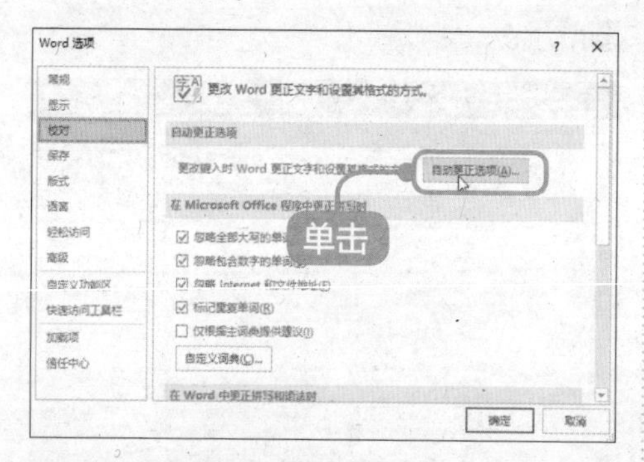

3 设置【自动更正】

弹出【自动更正】对话框，在【自动更正】对话框中，可以对自动更正、数学符号自动更正和键入时自动套用格式等进行设置（见右栏图）。

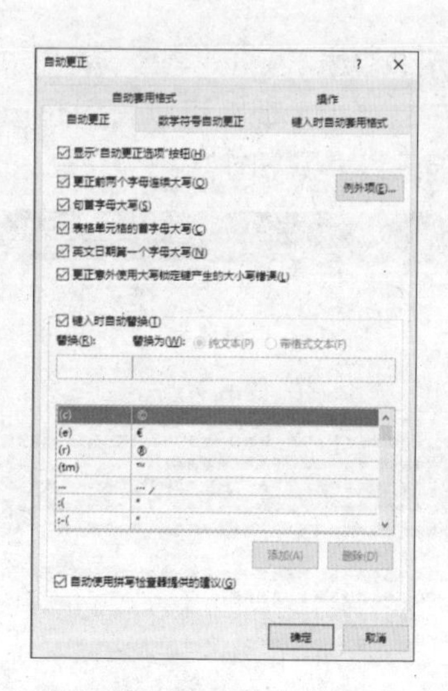

4 返回文档编辑模式

设置完成后，单击【确定】按钮，返回【Word 选项】对话框，再次单击【确定】按钮，即可返回到文档编辑模式。以后在编辑时，将会按照用户所设置的内容自动更正错误（见下图）。

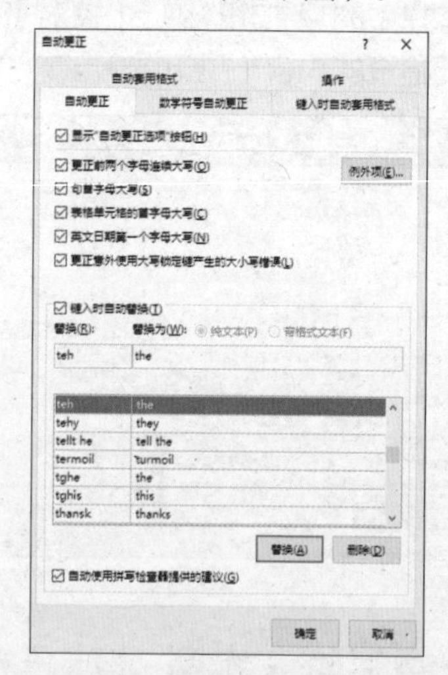

4.3 自动更改字母大小写

本节视频教学时间 / 3 分钟

Word 2019 还提供了单词拼写检查模式，如【句首字母大写】【全部小写】【全部大写】【每个单词首字母大写】【切换大小写】【半角】和【全角】等检查更改模式。

选中需要更改大小写的单词、句子或段落，在【开始】选项卡下【字体】组中单击【更改大小写】按钮，在【更改大小写】下拉菜单中，选择我们所需要的更改方式（见下图）。

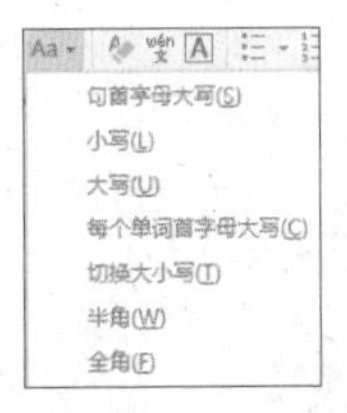

4.4 定位文档

本节视频教学时间 / 2 分钟

对于较长的文档，如果需要查看某一页或某一节的内容，通过拖曳文档右侧的垂直滚动条来定位文档会比较麻烦，也不利于查找，这时使用快速定位会更方便。

1 选择【高级查找】选项

单击【开始】选项卡下【编辑】组中的【查找】按钮 查找 右侧的下拉按钮，在下拉菜单中选择【高级查找】选项（见下图）。

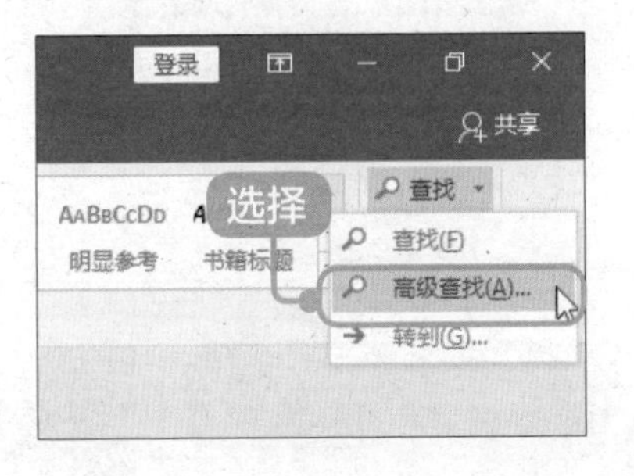

2 快速定位

弹出【查找和替换】对话框，选择【定位】选项卡，在【定位目标】列表中可选择定位目标，在右侧的文本框中输入对应的目标，单击【定位】按钮即可快速定位（见下图）。

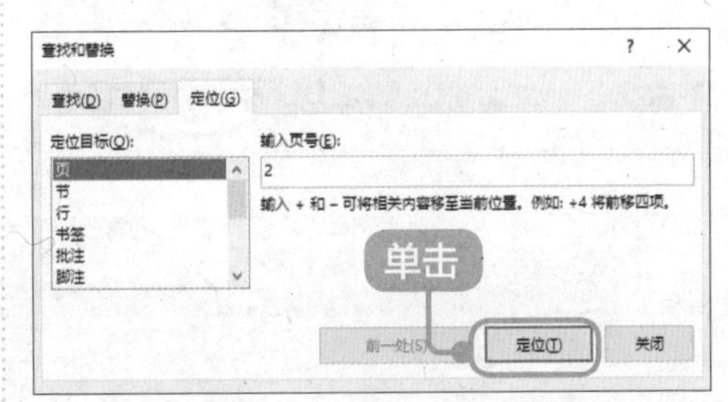

4.5 查找和替换功能

本节视频教学时间 / 2 分钟

通过查找功能，用户可以定位到文档中相应的位置，这在较大的文档内查找文本非常实用；用户也可以使用替换功能，将查找到的文档内容替换为新的内容。同时，还可以利用 Word 2019 进行定位，例如定位文档于某一页等。

下面通过一个例子来介绍查找和替换功能的使用方法。

使用查找、替换功能，在“公司年度报告”文档中查找文本“完善”，并将其替换为“改善”。

1 单击【替换】按钮

单击【开始】选项卡下【编辑】组中的【替换】按钮（见下图）。

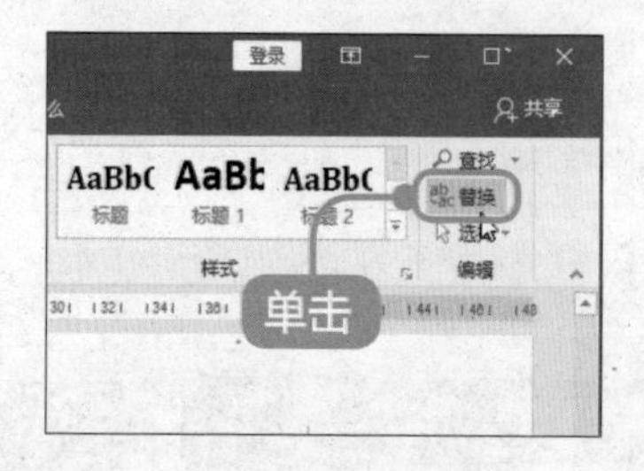

2 打开【查找和替换】对话框

弹出【查找和替换】对话框，选择【替换】选项卡，在【查找内容】文本框中输入“完善”，在【替换为】文本框中输入“改善”，如下图所示，单击【查找下一处】按钮，可进行查找（见下图）。

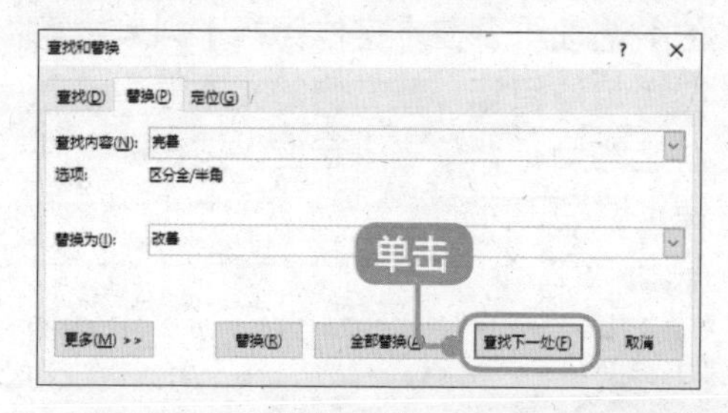

3 进行全部替换

在【查找和替换】对话框中，单击【全部替换】按钮，弹出如下图所示的提示框。

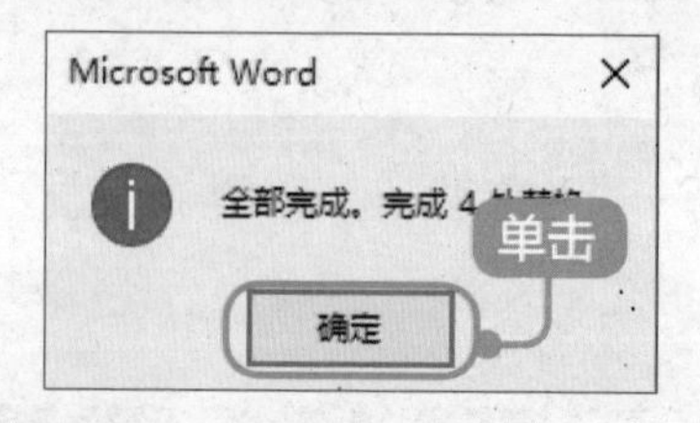

4 查看效果

单击【确定】按钮，然后关闭【查找和替换】对话框，此时，文档中的“完善”全部替换为“改善”。最终效果如下图所示。

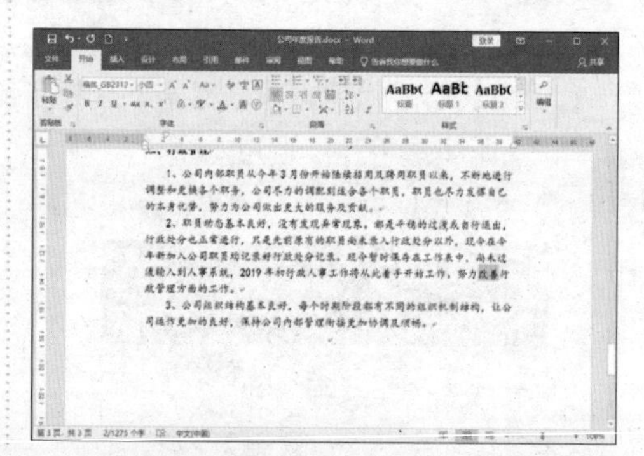

4.6 审阅文档

本节视频教学时间 / 8 分钟

批注是文档的审阅者为文档添加的注释、说明、建议、意见等信息。作者可以在文档分发给审阅者前设置文档保护，使审阅者只能添加批注，而不能修改文档正文。使用批注有利于保护文档，以及与工作组的成员之间进行交流。

4.6.1 添加批注和修订

在审阅文档时，批注和修订能起到很重要的作用，审阅者可以为文本、表格或图片等文档内容添加批注和修订。

1. 添加批注

批注是对文档的特殊说明，添加批注的对象可以是文本、表格或图片等内容。

1 选中内容并单击【新建批注】按钮

在公司年度报告文档中，选中需要添加批注的文字内容，单击【审阅】选项卡下【批注】组中的【新建批注】按钮（见下图）。

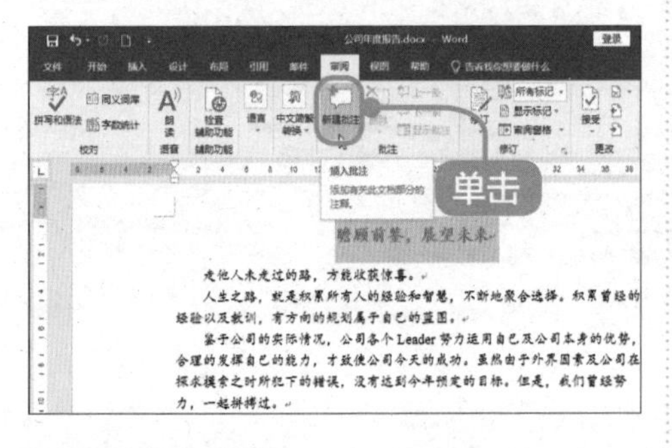

2 添加多个批注

此时，选中的文字将被填充颜色，并且被一对括号括了起来，旁边为批注框，在批注框中可以输入批注内容。按照上述方式可以为文档添加多个批注（见下图）。

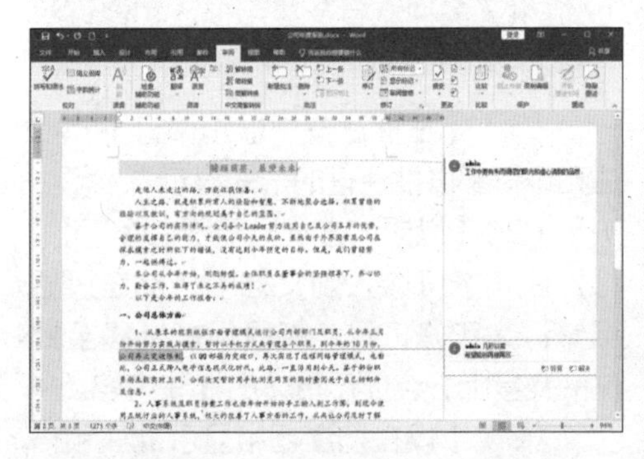

2. 修订文档

修订是显示文档中所做的诸如删除、插入或其他编辑更改的标记。启用“修订”功能，作者或审阅者的每一次插入、删除或格式的更改，都会被标记出来。

1 选择【修订】选项

在“公司年度报告”文档中选择【审阅】选项卡下【修订】组中的【修订】➤【修订】选项（见下图）。

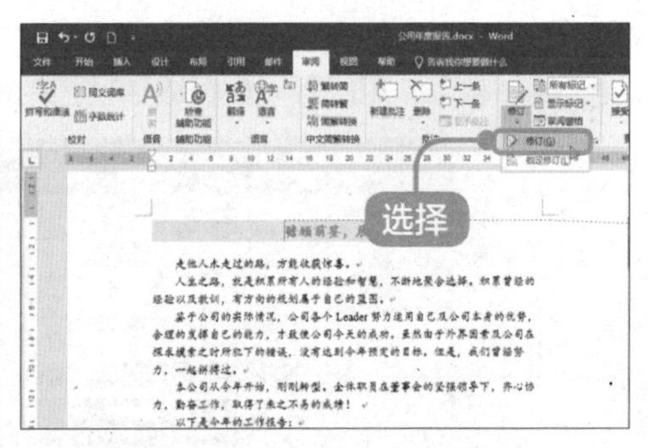

2 修改文档

此时，文档处于修订状态下，用户所做的每一次文档更改都会被标记出来（见下图）。

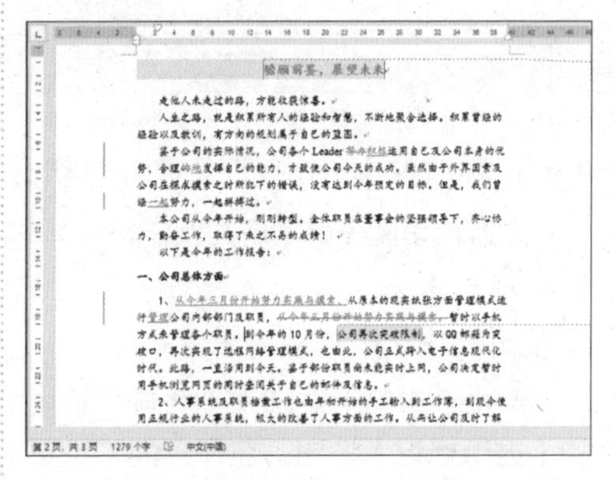

> **提示**
>
> 也可以单击【审阅】选项卡下【修订】组中的【修订选项】按钮，在弹出的【修订选项】对话框可以设置修订格式。
>
> 在修订状态中，所有对本文档的操作都将被记录下来，这样就能快速地查看文档中的修订。单击【保存】按钮，即可保存对文档的修订。

4.6.2 编辑批注

如果对批注的内容不满意，则可以对批注做出修改。单击批注内容，可以使批注处于编辑状态，用户可以重新编辑批注内容（见下图）。

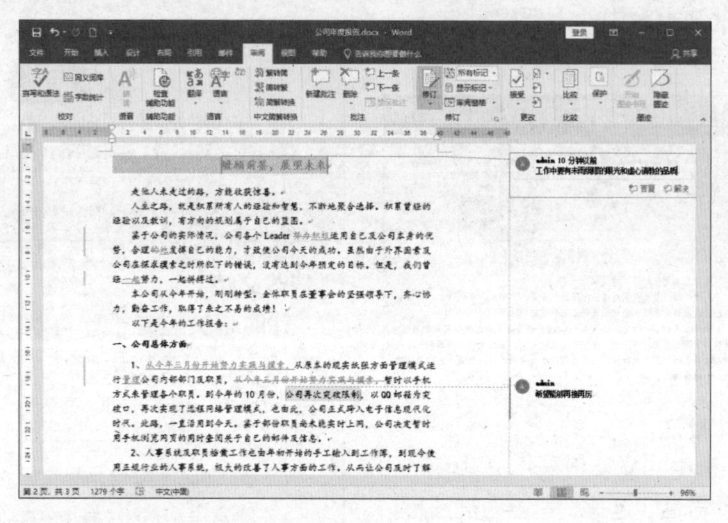

4.6.3 查看及显示批注和修订的状态

为方便审阅者或用户的操作，Word 2019 提供了多种查看及显示批注和修订状态的功能。

1. 设置批注和修订的显示方式

单击【审阅】选项卡【修订】组中的【显示标记】按钮，在弹出的下拉菜单中选择【批注框】➤【在批注框中显示修订】选项（见下图）。

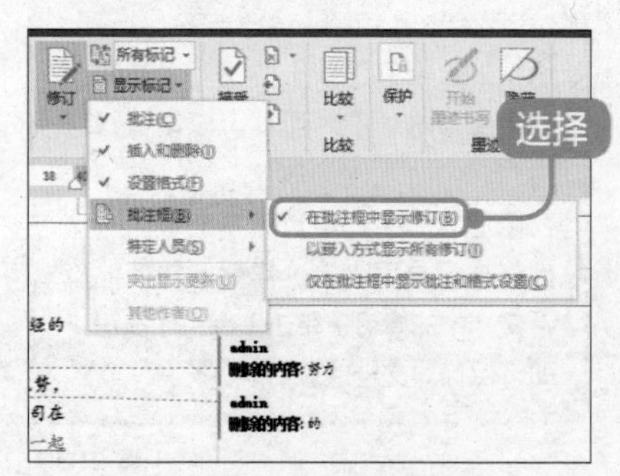

批注和修订的显示方式有以下3种。

（1）【在批注框中显示修订】：批注和修订都以批注框的形式显示。

（2）【以嵌入方式显示所有修订】：将批注和修订嵌入到文档中，批注只显示修订人和修订号，将鼠标指针移至批注的文字上，会显示具体的批注内容。

（3）【仅在批注框中显示批注和格式设置】：以批注框的形式显示批注，以嵌入的形式显示修订。

2. 显示批注和修订

默认情况下，Word 2019 是显示批注的，用户可以通过单击【审阅】选项卡下【批注】组中的【上一条】按钮 上一条 或【下一条】按钮 下一条 来浏览批注（见下页图）。

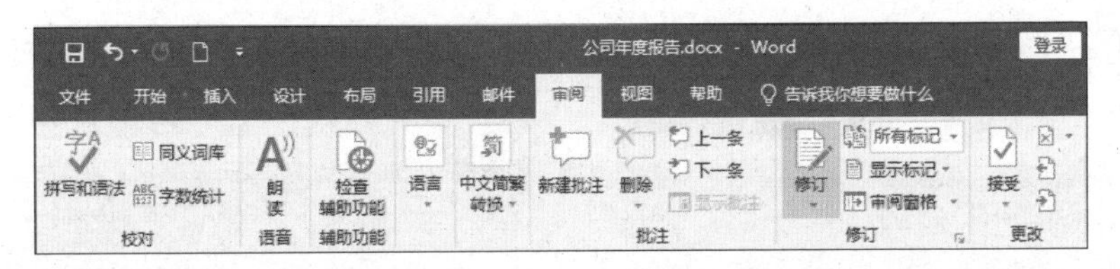

当用户需要有选择地显示批注时，可以在【审阅】选项卡下【修订】组中的【显示标记】下拉列表中选择相应的选项。如不需要显示针对格式所做的修订，撤销选择【设置格式】选项即可（见下图）。

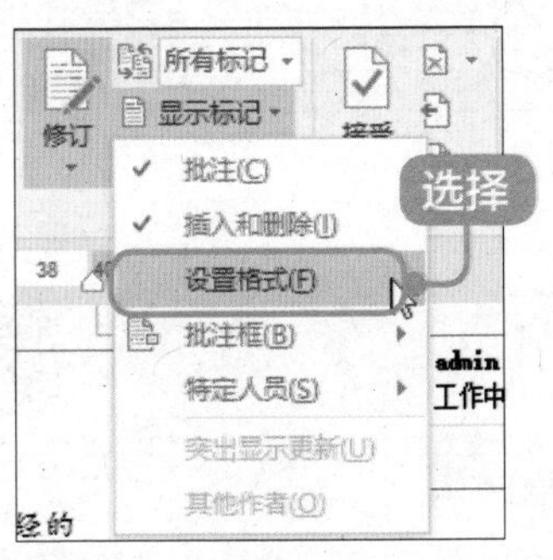

3. 通过审阅窗口浏览批注和修订

单击【审阅】选项卡下【修订】组中的【审阅窗格】按钮，可以在文档的左侧显示审阅窗格。此外，也可以单击【审阅窗格】按钮，在下拉菜单中选择【水平审阅窗格】菜单项，此时审阅窗格将以水平方式显示。

> **提示**
> 在审阅窗格中，作者不仅可以汇总查看文档批注和修订的内容，还可以通过审阅窗格中的批注或修订内容直接定位到文档的相应位置。

4.6.4 接受或拒绝批注和修订

当审阅者把修订后的文档返回给作者的时候，作者可以查阅修订的内容，并根据实际情况修改文档。

1. 接受修订

如果文档的部分修订的内容是正确的，作者可以接受修订，接受修订的操作步骤如下。

1 接受修订

关闭【审阅】窗格，切换至【所有标记】状态，将鼠标光标定位在接受修订的内容处，然后单击【审阅】选项卡下【更改】组中的【接受】按钮的下拉按钮，在弹出的下拉列表中选择【接受此修订】选项，即可接受文档中的修订，此时系统将选中下一条修订（见右栏图）。

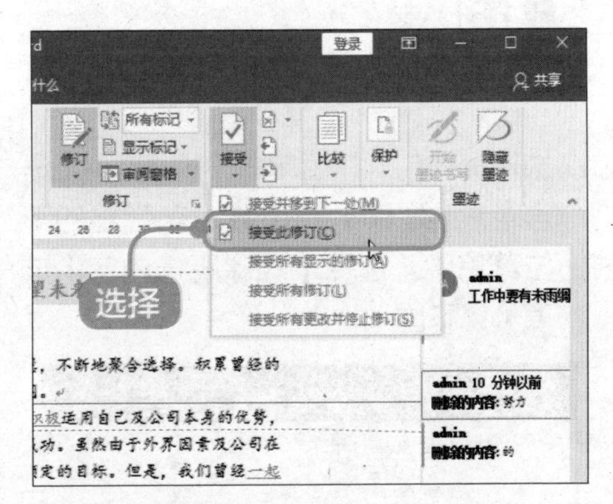

2 接受所有修订

如果要接受所有修订，可以单击【更改】组中【接受】按钮的下拉按钮，在弹出的下拉列表中选择【接受所有修订】选项（见下页图）。

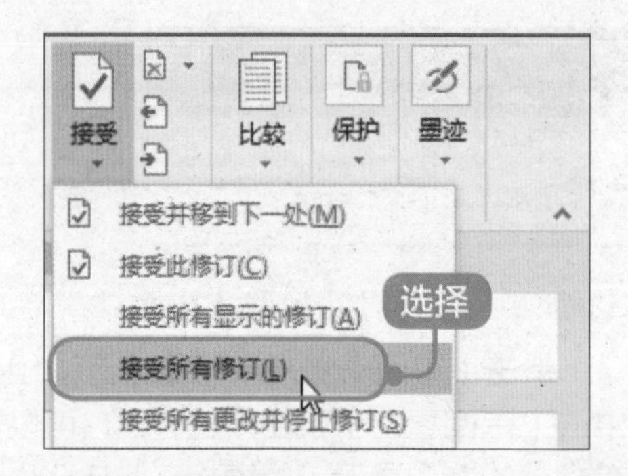

2. 拒绝修订和删除批注

如果作者认为有些批注不是很恰当，可以拒绝并删除批注。

在要删除的批注上单击鼠标右键，在弹出的快捷菜单中选择【删除批注】选项即可（见下图）。

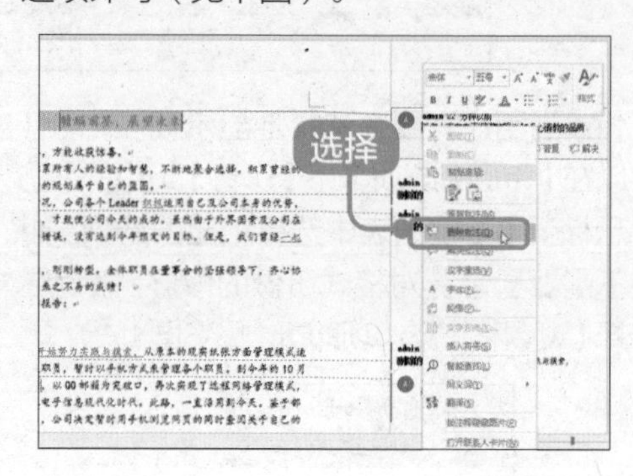

技巧1：巧用 Word“语言”工具，打破语言障碍

在处理 Word 文档时，有时会遇到一些外文，如英语、德语、俄语等，我们可以使用 Word 语言工具中的翻译工具，将外文翻译为中文，方便自己阅读。由于是自动翻译，在翻译中可能会存在语法错误或不准确的地方，但它仍然可以辅助我们阅读文档。

1 打开素材

打开“素材\ch04\翻译.docx”文档，选择要翻译的内容，如选择第一句，然后单击【视图】➤【语言】➤【翻译】按钮，在弹出的下拉菜单中，选择【翻译所选内容】选项（见下图）。

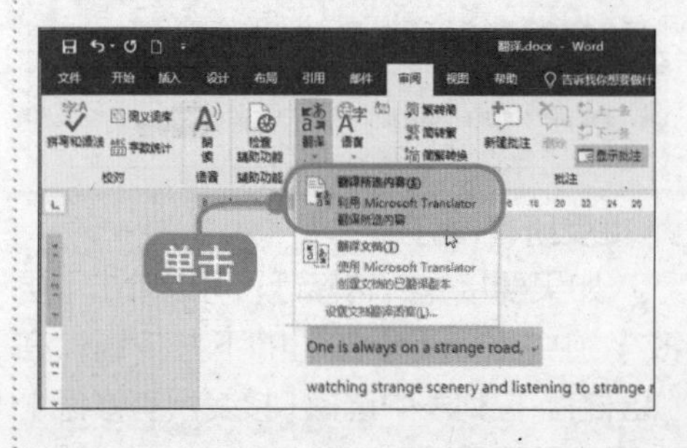

2 显示文本框

在右侧弹出【翻译工具】窗格，将【目标语言】设置为要翻译的语言，如“简体中文”，翻译结果会显示在下方的文本框中（见下图）。

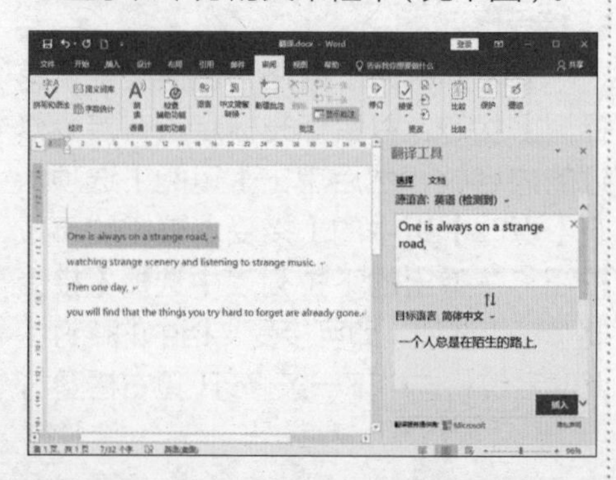

3 翻译

单击【翻译工具】窗格下的【文档】选项卡，设置目标语言，然后单击【翻译】按钮（见下图）。

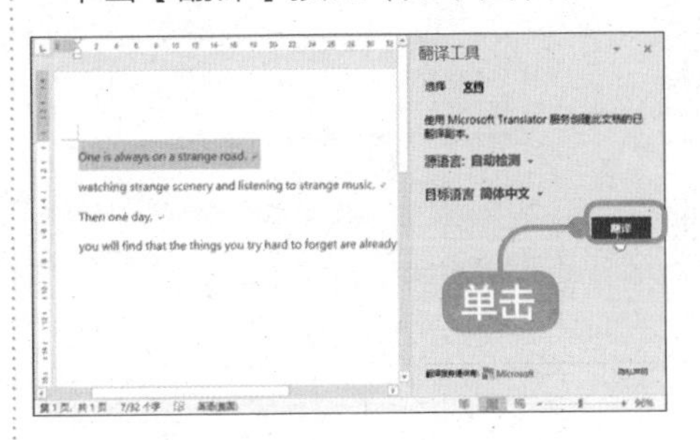

4 生成翻译文档

可以将该文档中的所有内容翻译成目标语言，并生成一个新文档，显示翻译内容，如下图所示。

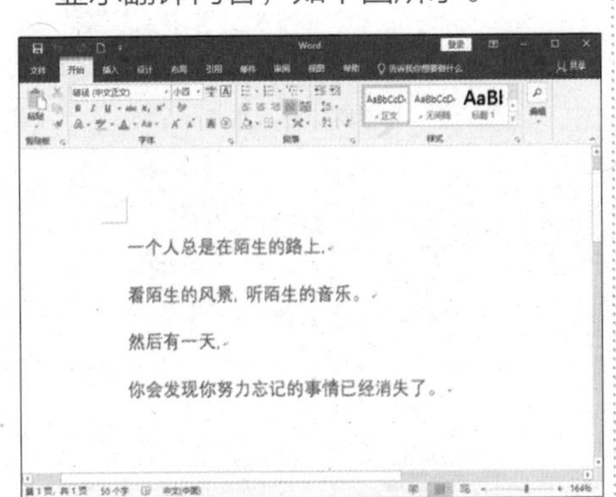

技巧 2：合并批注后的文档

单击【审阅】选项卡下【比较】组中的【比较】按钮，在弹出的下拉列表中选择【合并】选项，弹出【合并文档】对话框（见下图）。

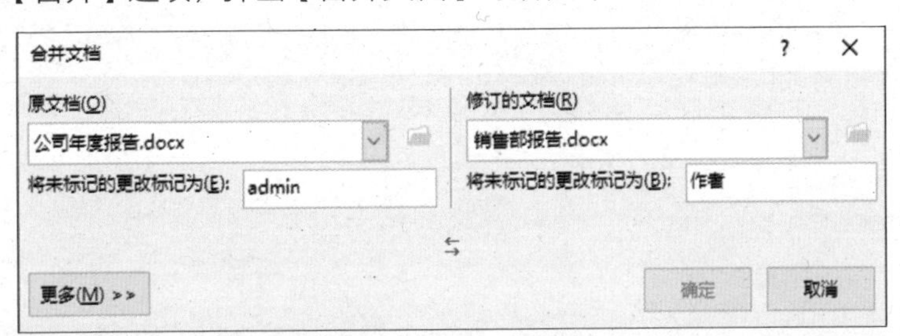

单击【原文档】文本框右侧的【打开】按钮，选择要打开的原文档。单击【修订的文档】文本框右侧的【打开】按钮，选择要打开的修订的文档。然后单击【确定】按钮，将会打开名称为“合并结果 1”的文档，此时就可以查看原文档和批注后文档的区别了。

公司年度报告是办公应用中比较常用的一种文件，主要包括标题和内容两部分。公司年度报告的制作过程中主要运用了 Word 2019 中的检查拼写，校对语法、批注和修订等功能。很多和公司年度报告类似的文件，如调研报告、租赁协议、公司简报、业务考核系统说明、知识手册等，都可以采用本章介绍的各种功能来辅助制作（见下页图）。

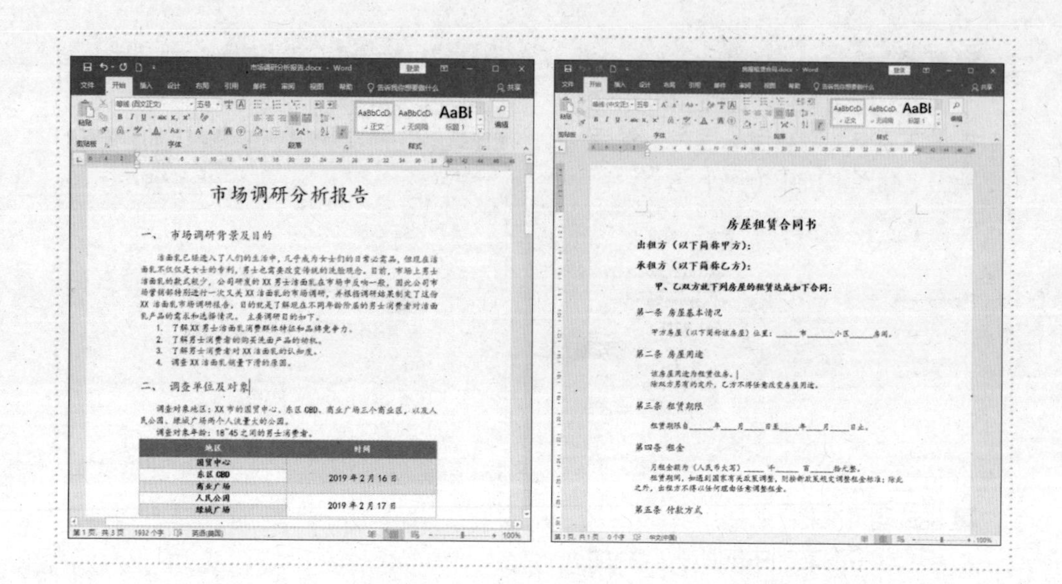
市场调研分析报告
一、 市场调研背景及目的
二、 调查单位及对象
房屋租赁合同书
出租方（以下简称甲方）：
承租方（以下简称乙方）：
第一条 房屋基本情况
第二条 房屋用途
第三条 租赁期限
第四条 租金
第五条 付款方式

第 5 章

Excel 2019 基本操作——制作产品记录清单

本章视频教学时间 / 1 小时 06 分钟

重点导读

Excel 2019 是 Office 2019 办公系列软件的一个重要组成部分，主要用于电子表格处理。Excel 2019 可以高效地完成各种表格和图的设计，完成复杂数据的计算和分析，大大提高数据处理的效率。

学习效果图

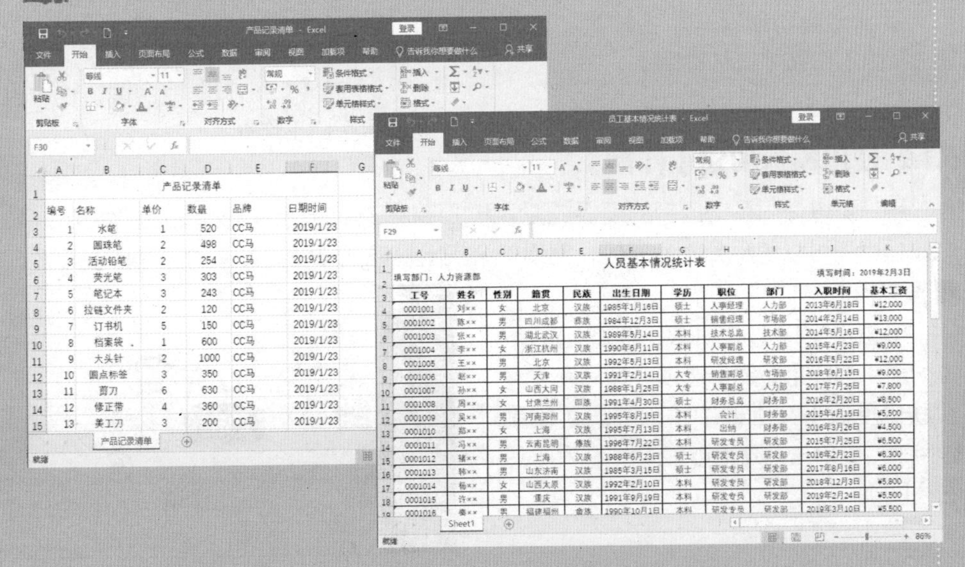

产品记录清单

编号	名称	单价	数量	品牌	日期时间
1	水笔	1	520	CC马	2019/1/23
2	圆珠笔	2	498	CC马	2019/1/23
3	活动铅笔	2	254	CC马	2019/1/23
4	荧光笔	3	303	CC马	2019/1/23
5	笔记本	3	243	CC马	2019/1/23
6	拉链文件夹	2	120	CC马	2019/1/23
7	订书机	5	150	CC马	2019/1/23
8	档案袋	1	600	CC马	2019/1/23
9	大头针	2	1000	CC马	2019/1/23
10	圆点标签	3	350	CC马	2019/1/23
11	剪刀	6	630	CC马	2019/1/23
12	修正带	4	360	CC马	2019/1/23
13	美工刀	3	200	CC马	2019/1/23

人员基本情况统计表

填写部门：人力资源部　　填写时间：2019年2月3日

工号	姓名	性别	籍贯	民族	出生日期	学历	职位	部门	入职时间	基本工资
0001001	刘××	女	北京	汉族	1985年1月16日	硕士	人事经理	人力部	2013年6月18日	¥12,000
0001002	陈××	男	四川成都	彝族	1984年12月3日	硕士	销售经理	市场部	2014年2月14日	¥13,000
0001003	张××	男	湖北武汉	汉族	1989年5月14日	本科	技术总监	技术部	2014年5月16日	¥12,000
0001004	李××	女	浙江杭州	汉族	1990年6月11日	本科	人事副总	人力部	2015年4月23日	¥9,000
0001005	王××	男	北京	汉族	1992年5月13日	本科	研发经理	研发部	2016年5月22日	¥12,000
0001006	赵××	男	天津	汉族	1991年2月14日	大专	销售副总	市场部	2018年6月15日	¥9,000
0001007	孙××	女	山西大同	汉族	1988年1月25日	大专	人事副总	人力部	2017年7月25日	¥7,800
0001008	周××	女	甘肃兰州	回族	1991年4月30日	硕士	财务总监	财务部	2016年2月20日	¥8,500
0001009	吴××	男	河南郑州	汉族	1995年8月15日	本科	会计	财务部	2015年4月15日	¥5,500
0001010	郑××	女	上海	汉族	1995年7月13日	本科	出纳	财务部	2016年3月26日	¥4,500
0001011	冯××	男	云南昆明	傣族	1996年7月22日	本科	研发专员	研发部	2015年7月25日	¥6,500
0001012	褚××	男	上海	汉族	1988年6月23日	硕士	研发专员	研发部	2016年2月23日	¥6,300
0001013	韩××	男	山东济南	汉族	1985年3月15日	硕士	研发专员	研发部	2017年8月16日	¥6,000
0001014	杨××	女	山西太原	汉族	1992年2月10日	本科	研发专员	研发部	2018年12月3日	¥5,800
0001015	许××	男	重庆	汉族	1991年9月19日	本科	研发专员	研发部	2019年2月24日	¥5,500
0001016	秦××	男	福建福州	畲族	1990年10月1日	本科	研发专员	研发部	2019年3月10日	¥5,500

5.1 工作簿的基本操作

本节视频教学时间 / 8 分钟 

在熟悉 Excel 操作前，首先要学会工作簿的创建和保存。

5.1.1 创建空白工作簿

工作簿是指在 Excel 中用来存储并处理工作数据的文件，在 Excel 2019 中，工作簿的扩展名是“.xlsx”。通常所说的 Excel 文件指的就是工作簿文件。如果要使用 Excel 创建支出预算表，首先需要创建一个工作簿。

1. 启动 Excel 时创建空白工作簿

1 启动 Excel 2019 时

启动 Excel 2019，在打开的界面中单击右侧的【空白工作簿】选项（见下图）。

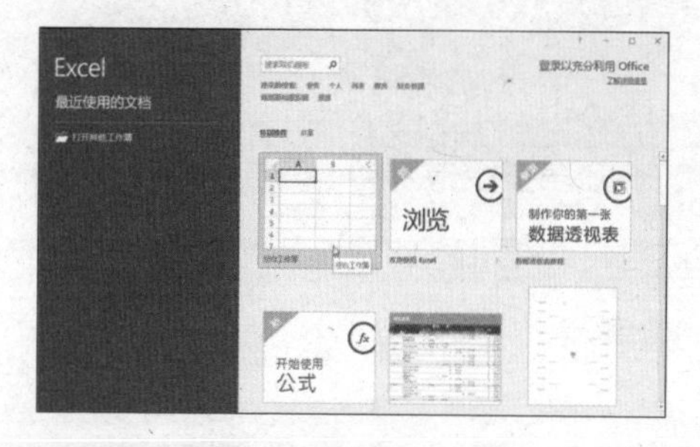

2 创建工作簿

系统会自动创建一个名称为“工作簿 1”的工作簿（见右栏图）。

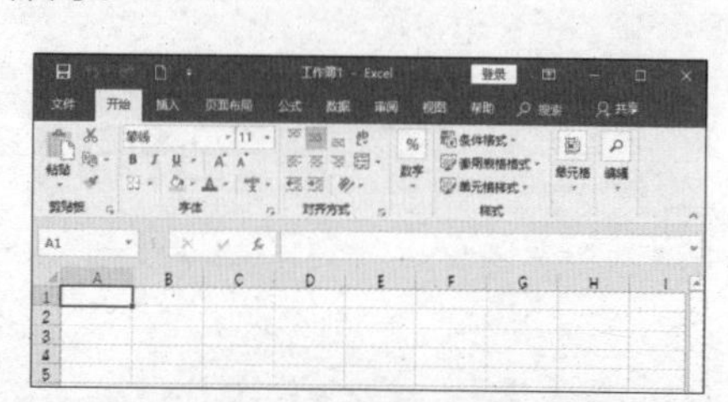

2. 启动 Excel 后创建空白工作簿

启动 Excel 2019 后，可以通过以下 3 种方法创建空白工作簿。

（1）启动 Excel 2019，选择【文件】➢【新建】➢【空白工作簿】选项，可以创建空白工作簿。

（2）单击快速访问工具栏中的【新建】按钮，可以创建空白工作簿。

（3）按【Ctrl+N】组合键，也可以快速创建空白工作簿。

5.1.2 使用模板创建工作簿

用户可以使用系统自带的模板或搜索联机模板，在模板上进行修改以创建工作簿。例如，用户可以使用 Excel 模板，创建一个支出趋势预算表，具体的操作步骤如下。

1 搜索模板

单击【文件】选项卡，在弹出的下拉列表中选择【新建】选项，然后在【搜索联机模板】文本框中输入“员工出勤跟踪表”，单击【开始搜索】按钮 🔍（见右栏图）。

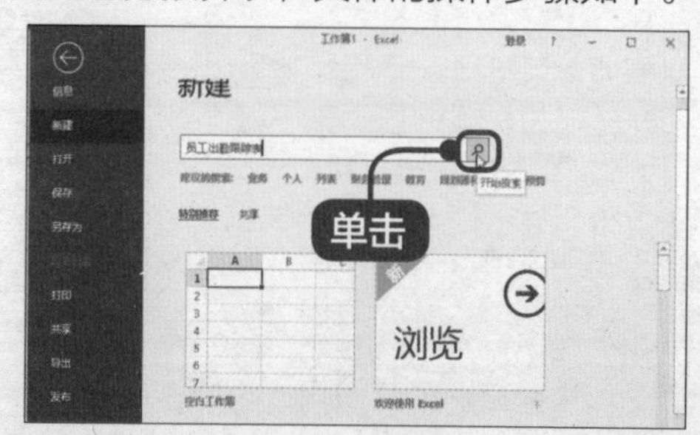

2 选择模板

在下方会显示搜索结果，单击搜索到的“支出趋势预算”选项（见下图）。

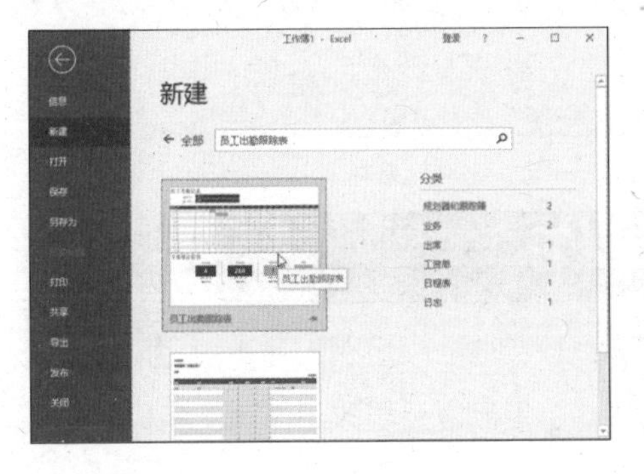

3 下载模板

弹出“员工出勤跟踪表”预览界面，单击【创建】按钮，下载该模板（见下图）。

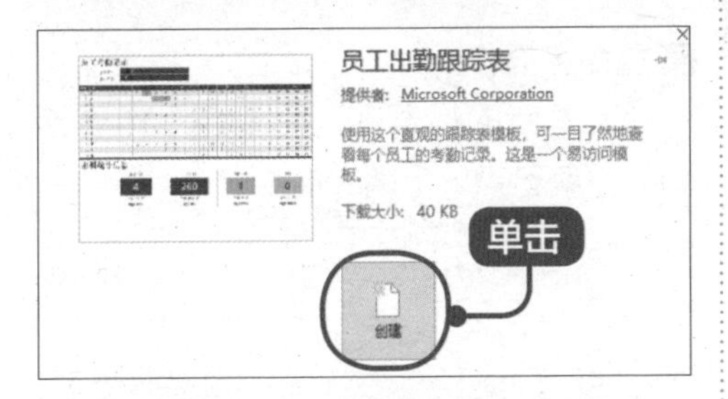

4 输入数据

下载完成后，系统会自动打开该模板，此时用户只需在表格中输入或修改相应的数据即可（见下图）。

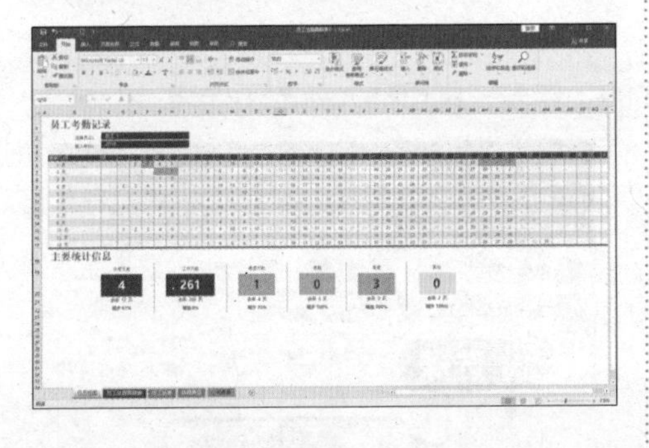

当工作表编辑完成后，就可以将工作簿保存，具体操作步骤如下。

1 准备保存

单击【文件】选项卡，选择【保存】选项，在右侧的【另存为】区域中单击【浏览】按钮（见下图）。

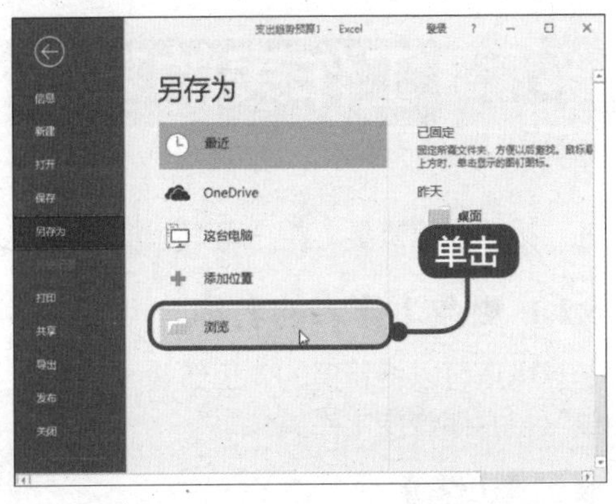

提示

首次保存文档时，执行【保存】命令，将会打开【另存为】区域。

2 保存工作簿

弹出【另存为】对话框，选择文件存储的位置，在【文件名】文本框中输入要保存的文件的名称，然后单击【保存】按钮。此时，就完成了保存工作簿的操作（见下图）。

提示

对于已保存过的工作簿，再次编辑后，可以通过以下方法保存文档。

（1）按【Ctrl+S】组合键。

（2）单击快速访问工具栏中的【保存】按钮。

（3）单击【文件】选项卡下的【保存】选项。

5.2 工作表的基本操作

根据表格需要，用户可以添加、删除、移动、复制以及更改工作表的名称。

5.2.1 更改工作表的名称

用户可以将新建的“工作簿 1”中的“Sheet1”工作表名称修改为“产品记录清单”，方便管理工作表。

1 创建工作簿

启动 Excel，创建一个名称为“工作簿 1”的工作簿，双击要重命名的工作表的标签“Sheet1”，进入可编辑状态（见下图）。

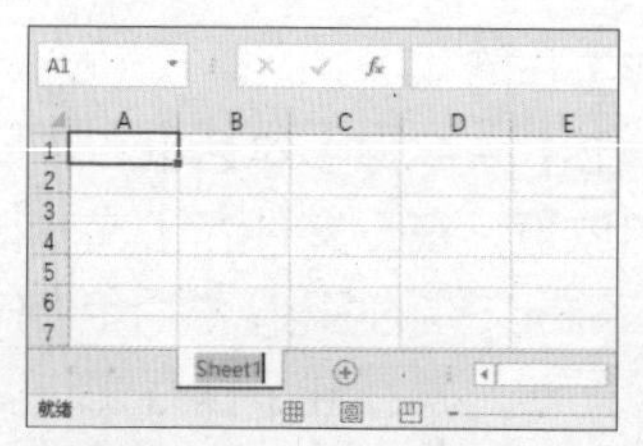

2 重命名操作

输入新的标签名，完成该工作表标签的重命名（见下图）。

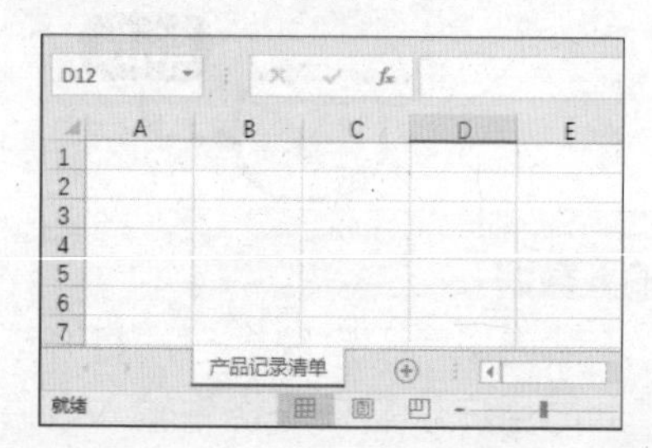

5.2.2 创建新的工作表

如果在编辑 Excel 表格时需要使用更多的工作表，则可插入新的工作表。

1 选择【插入工作表】选项

在 Excel 2019 文档窗口中，单击工作表“产品记录清单”标签，然后单击【开始】选项卡下【单元格】选项组中的【插入】按钮右侧的下拉按钮，在弹出的下拉菜单中选择【插入工作表】选项（见右栏图）。

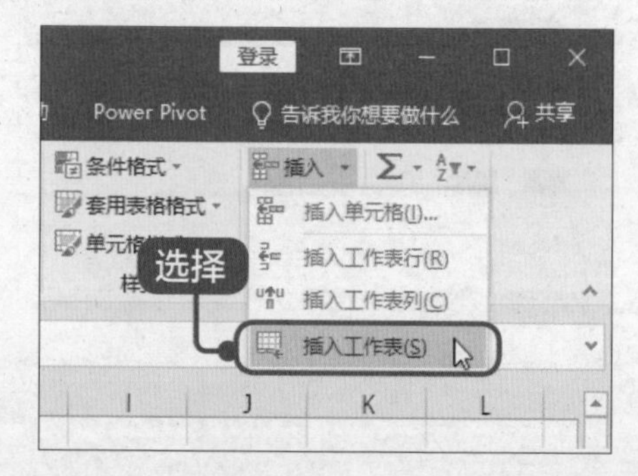

2 插入工作表

在当前工作表的后面插入标签为“Sheet2”的工作表（见下图）。

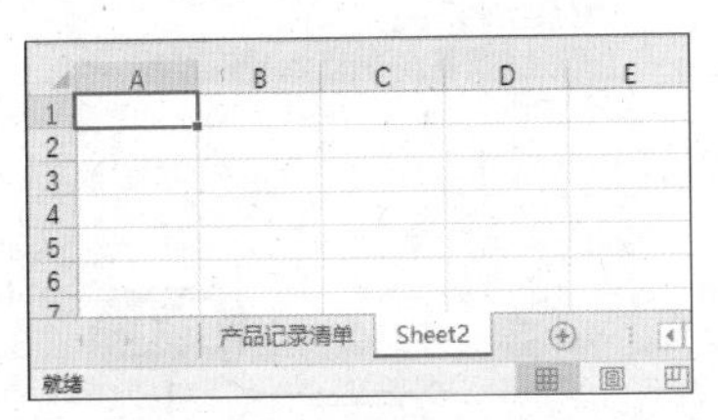

> **提示**
> 单击工作表标签后的 ⊕ 按钮，也可以快速创建工作表。

5.2.3 选择单个或多个工作表

在操作 Excel 工作表之前，必须先选择它。每一个工作簿中的工作表的默认名称是 Sheet1、Sheet2、Sheet3…… 默认状态下，当前工作表为 Sheet1。

用鼠标选择工作表是最常用、最快速的方法，只需在 Excel 表格最下方的工作表标签上单击即可（见下图）。

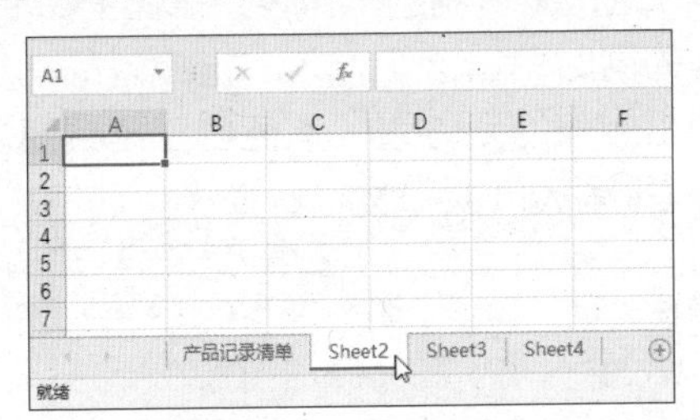

若要选择多个工作表，在键盘上按住【Ctrl】键，然后单击选择相应的工作表即可（见下图）。

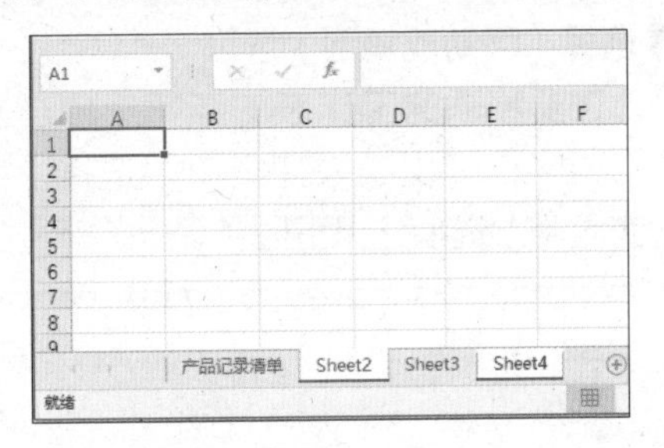

5.2.4 工作表的复制与移动

移动与复制工作表的具体步骤如下。

1. 移动工作表

移动工作表最简单的方法是使用鼠标操作，在同一个工作簿中移动工作表的方法如下。

1 选择标签

选择要移动的工作表的标签，按住鼠标左键不放，拖曳鼠标指针到工作表的新位置，黑色倒三角会随鼠标指针移动（见右栏图）。

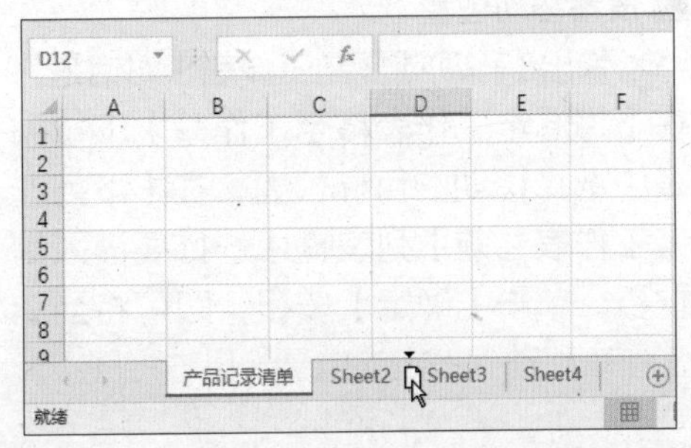

2 移动位置

释放鼠标左键，工作表被移动到新的位置（见下图）。

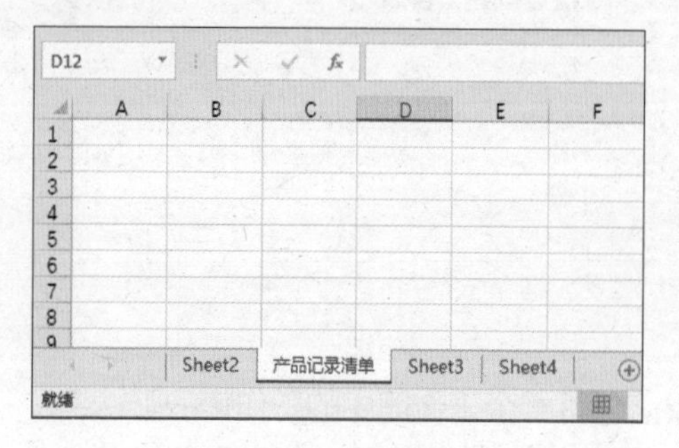

工作表不但可以在同一个工作簿中移动，还可以在不同的工作簿中移动。若要在不同的工作簿中移动工作表，则要求这些工作簿必须是打开的。

1 选择【移动或复制】选项

在要移动的工作表的标签上单击鼠标右键，在弹出的快捷菜单中选择【移动或复制】选项（见下图）。

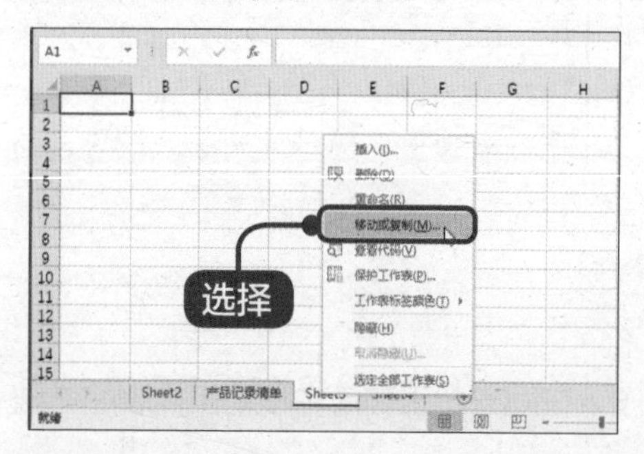

2 设置移动位置

弹出【移动或复制工作表】对话框，在【将选定工作表移至工作簿】下拉列表中选择移动的目标位置，在【下列选定工作表之前】列表框中选择要插入的位置，单击【确定】按钮，即可将当前工作表移动到指定的位置（见右栏图）。

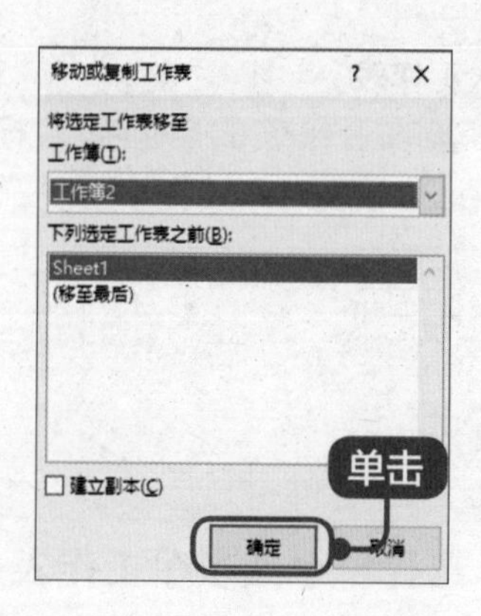

2. 复制工作表

用户可以在一个或多个 Excel 工作簿中复制工作表。

1 选择工作表并移动

选择要复制的工作表，按住【Ctrl】键的同时单击该工作表，拖曳鼠标指针到工作表的新位置，黑色倒三角会随鼠标指针移动（见下图）。

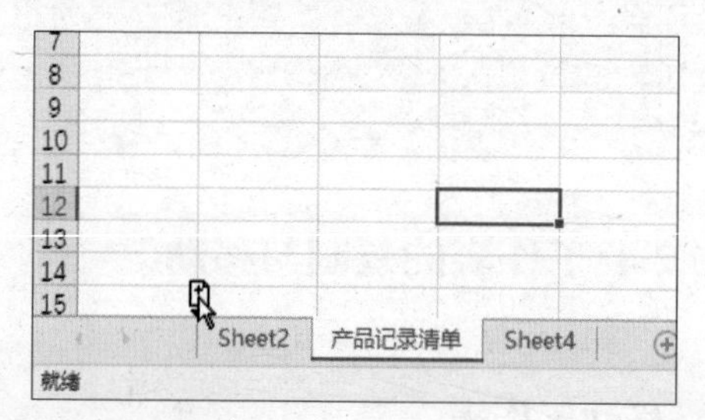

2 复制工作表

释放鼠标左键，工作表被复制到新的位置（见下图）。

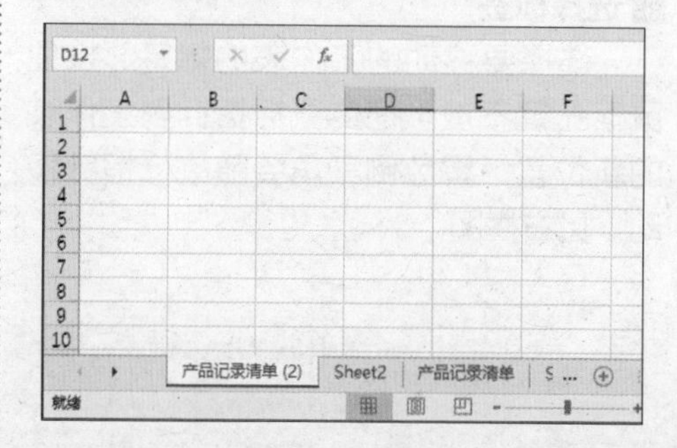

5.2.5 删除工作表

为了便于对 Excel 表格进行管理，可以删除无用的 Excel 表格，节省存储空间。

1 删除工作表方式①

选择要删除的工作表，单击【开始】选项卡下【单元格】组中的【删除】按钮 删除 右侧的下拉按钮，在弹出的下拉菜单中选择【删除工作表】选项，删除工作表（见下图）。

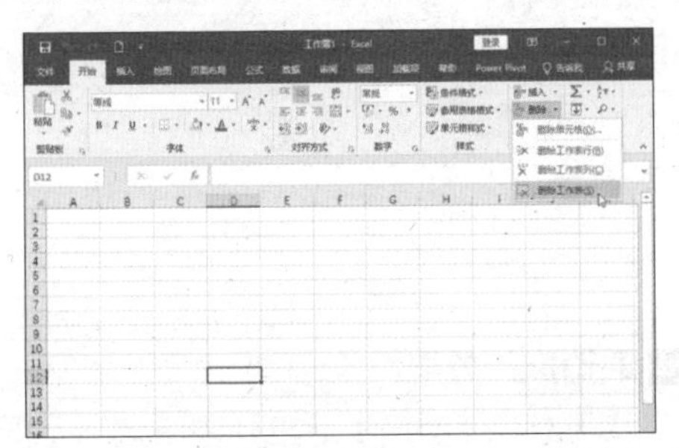

2 删除工作表方式②

此外，也可以选择要删除的工作表并单击鼠标右键，在弹出的快捷菜单中选择【删除】命令，将工作表删除（见下图）。

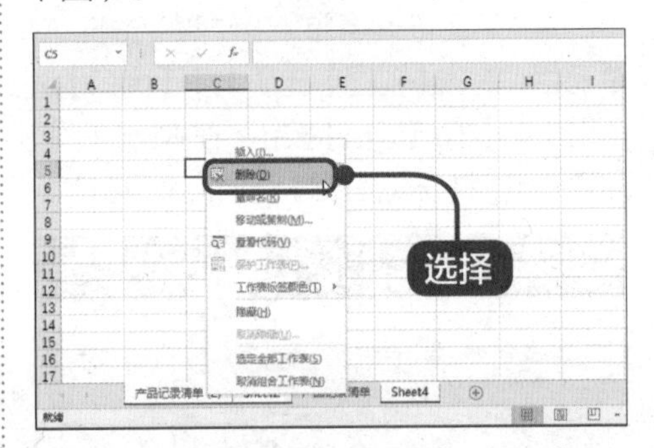

5.3 输入产品记录清单内容

本节视频教学时间 / 3 分钟

制作产品记录清单，首先要新建一个工作簿，在工作簿中输入和产品相关的一些信息，然后根据行列的宽和高调整表格。

1 输入标题

在单元格 A1 中输入标题“产品记录清单”（见下图）。

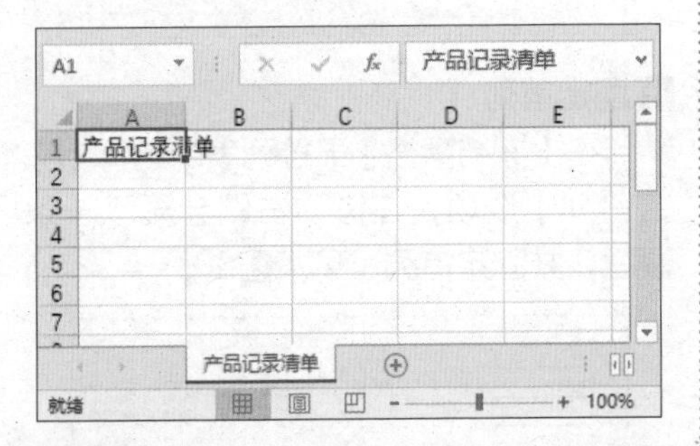

2 保存文件

在 A2:F15 单元格区域中输入如下数据内容（用户也可以直接复制“素材 \ch05\ 产品记录清单 .xlsx”中的数据内容），按【F12】键，将其保存为“产品记录清单”工作簿（见下图）。

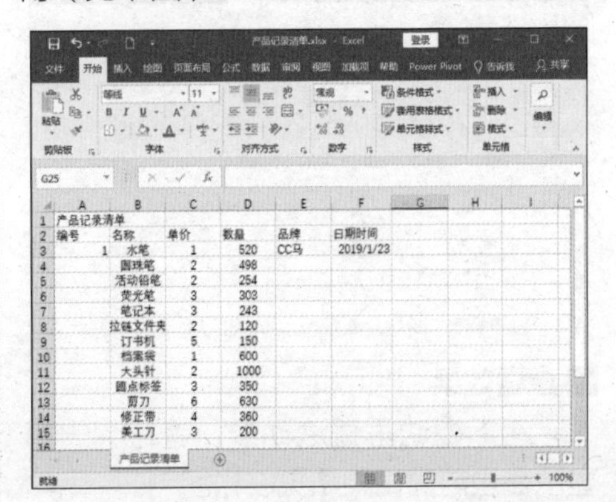

5.4 冻结工作表窗口

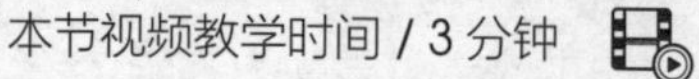

本节视频教学时间 / 3 分钟

“冻结查看”是指将工作簿中的指定区域冻结、固定，使用滚动条时只对其他区域的数据起作用。

1 选择单元格并进行冻结

在“产品记录清单”工作簿中选择 A1 单元格，单击【视图】选项卡下【窗口】选项组中的【冻结窗格】按钮，在弹出的下拉列表中选择【冻结首行】选项（见下图）。

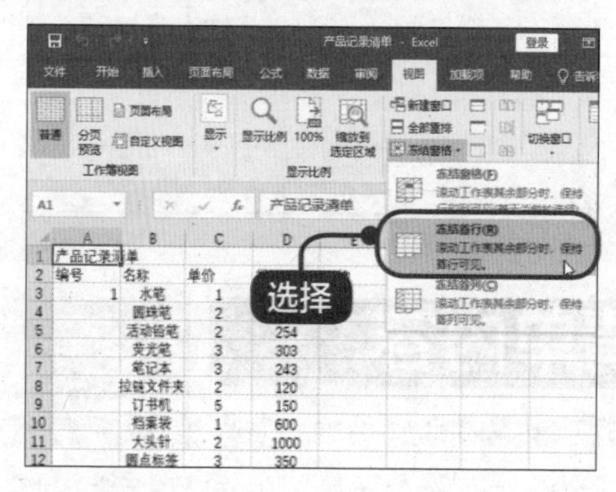

2 固定首行

在首行下方会显示一条黑线，并固定首行（见下图）。

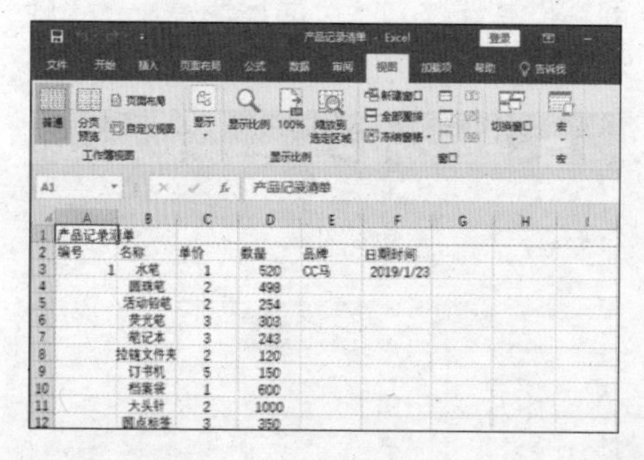

3 查看效果

向下拖动垂直滚动条，首行会一直显示在当前窗口中（见右栏图）。

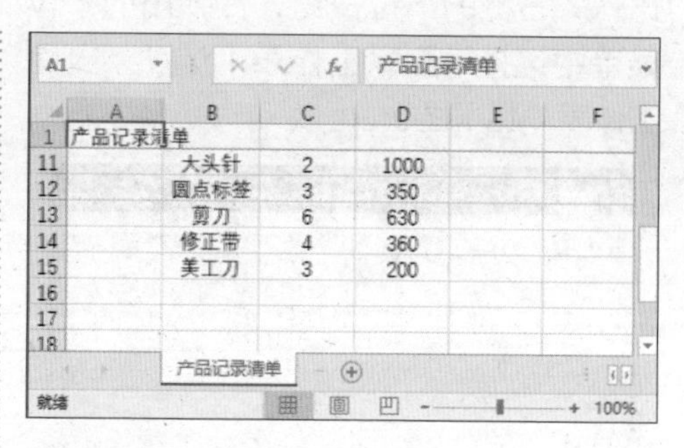

4 取消冻结效果

在【冻结窗格】下拉列表中选择【取消冻结窗格】选项，即可恢复到普通状态（见下图）。

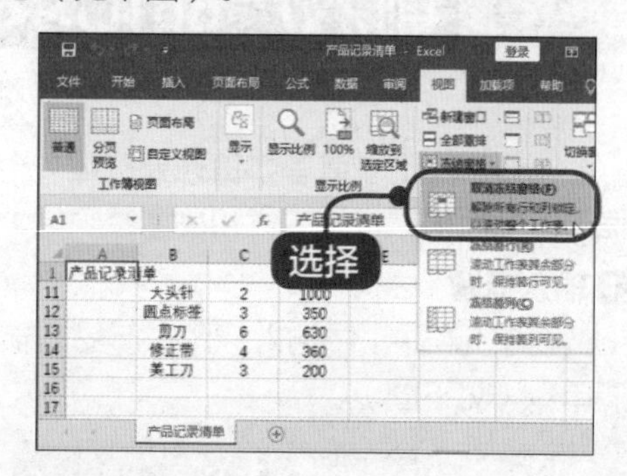

5 固定首列

在【冻结窗格】下拉列表中选择【冻结首列】选项，在首列右侧会显示一条黑线，并固定首列（见下图）。

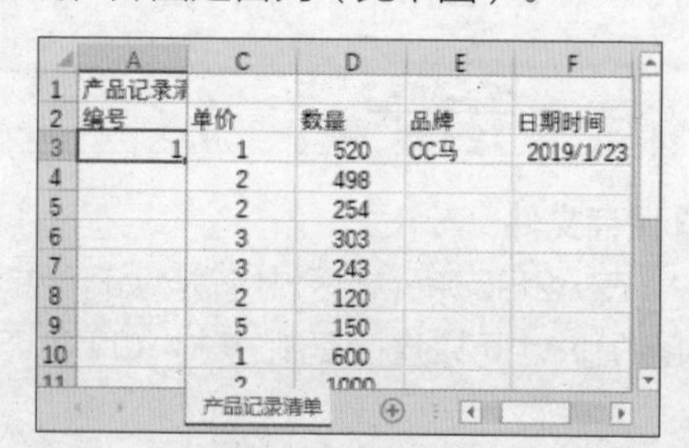

6 冻结窗格

选择【取消冻结窗格】选项，再选择 C3 单元格，在【冻结窗格】列表中选择【冻结窗格】选项，即可冻结 C3 单元格上面的行和左侧的列（见右栏图）。

	A	B	C	D	E
1	产品记录清单				
2	编号	名称	单价	数量	品牌
9		订书机	5	150	
10		档案袋	1	600	
11		大头针	2	1000	
12		圆点标签	3	350	
13		剪刀	6	630	
14		修正带	4	360	
15		美工刀	3	200	
16					

产品记录清单

5.5 快速填充表格数据

本节视频教学时间 / 6. 分钟

为了提高向工作表中输入数据的效率，降低输入的错误率，Excel 提供了快速输入数据的功能。

5.5.1 使用填充柄填充表格数据

填充柄是位于当前活动单元格右下角的黑色方块，用鼠标拖动或者双击它可进行填充操作，该功能适用于填充相同数据信息或序列数据信息。

1 将鼠标光标定位到 E3 单元格右下角

单击 E3 单元格，将鼠标光标定位到 E3 单元格的右下角，此时可以看到鼠标光标变成✚形状（见下图）。

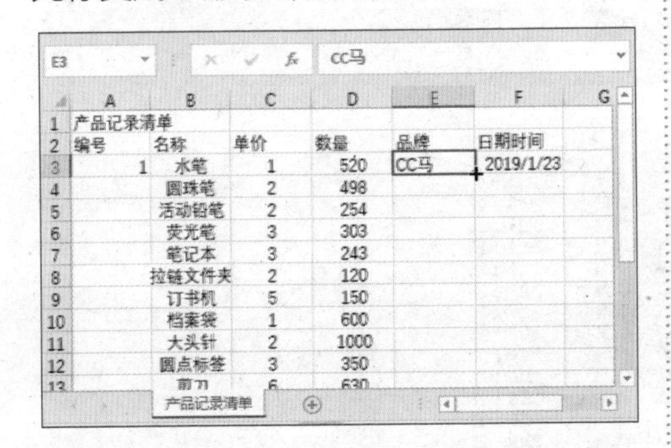

E3 CC马

	A	B	C	D	E	F
1	产品记录清单					
2	编号	名称	单价	数量	品牌	日期时间
3	1	水笔	1	520	CC马	2019/1/23
4		圆珠笔	2	498		
5		活动铅笔	2	254		
6		荧光笔	3	303		
7		笔记本	3	243		
8		拉链文件夹	2	120		
9		订书机	5	150		
10		档案袋	1	600		
11		大头针	2	1000		
12		圆点标签	3	350		
13		剪刀	6	630		

产品记录清单

2 数据填充

向下拖曳鼠标至需要填充的单元格后，松开鼠标，完成数据填充（见下图）。

	A	B	C	D	E	F
1	产品记录清单					
2	编号	名称	单价	数量	品牌	日期时间
3	1	水笔	1	520	CC马	2019/1/23
4		圆珠笔	2	498	CC马	
5		活动铅笔	2	254	CC马	
6		荧光笔	3	303	CC马	
7		笔记本	3	243	CC马	
8		拉链文件夹	2	120	CC马	
9		订书机	5	150	CC马	
10		档案袋	1	600	CC马	
11		大头针	2	1000	CC马	
12		圆点标签	3	350	CC马	
13		剪刀	6	630	CC马	
14		修正带	4	360	CC马	
15		美工刀	3	200	CC马	

产品记录清单

提示

填充柄除了可以填充文本内容外，还可以填充数字序列及数据选择列表。在填充数据序列时，如果不是常用的数据序列，需要先对其进行自定义。在填充数据选择列表时，需要先输入该数据列表，然后单击数据列表下方的单元格，按【Alt+ ↓】组合键即可调用列表选项。如在单元格 A1 中输入“男”，在单元格 A2 中输入“女”，单击 A3 单元格后，按【Alt+ ↓】组合键后即可调出性别的选择列表。

5.5.2 使用填充命令填充数据

使用填充命令填充单元格区域的具体操作步骤如下。

1 选择填充效果

拖曳鼠标光标选择 F3:F15 单元格区域。在【开始】选项卡中，单击【编辑】组中的【填充】按钮，在弹出的下拉菜单中选择【向下】选项（见下图）。

2 查看效果

填充后的效果如下图所示。

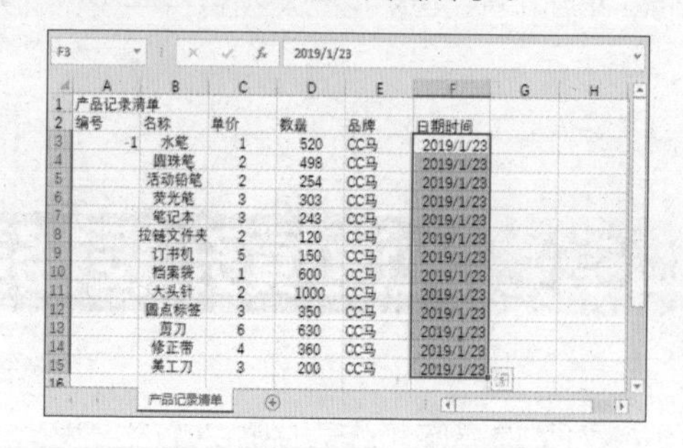

5.5.3 使用数值序列填充表格数据

Excel 2019 提供了默认的自动填充数值序列的功能，数值类型包括等差、等比数据。在使用填充柄填充这些数据时，相邻单元格的数据将按序列递增或递减的方式进行填充。默认情况下，使用填充柄也可以对数据进行复制填充。

单击 A3 单元格，将光标移动到 A3 单元格的右下方，当鼠标变为**+**形状时，向下拖曳鼠标，可使填充的数据按照序列形式填充（见下图）。

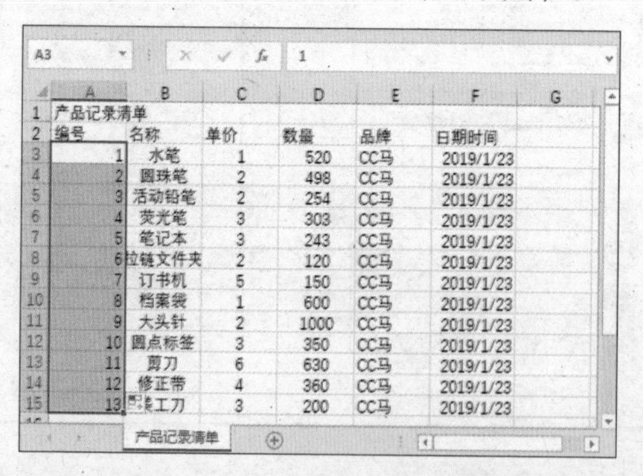

5.6 单元格的操作

本节视频教学时间 / 5 分钟

在 Excel 工作表中，对单元格的操作包括插入、删除等。

5.6.1 插入单元格

在 Excel 工作表中，可以在活动单元格的上方或左侧插入空白单元格，同时将该列中的单元格下移或者将同一行中的单元格右移。

1 插入单元格

选择要插入单元格的单元格，单击【开始】选项卡下的【单元格】组中的【插入】按钮 插入 ，在弹出的下拉菜单中选择【插入单元格】选项（见下图）。

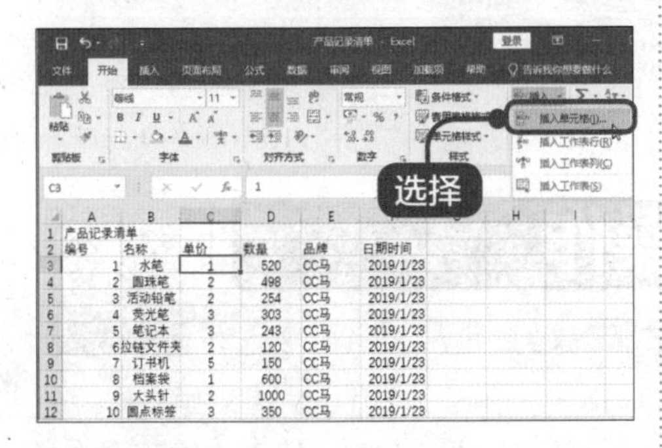

2 设置插入效果

在弹出的【插入】对话框中单击【活动单元格下移】单选项，单击【确定】按钮（见右栏图）。

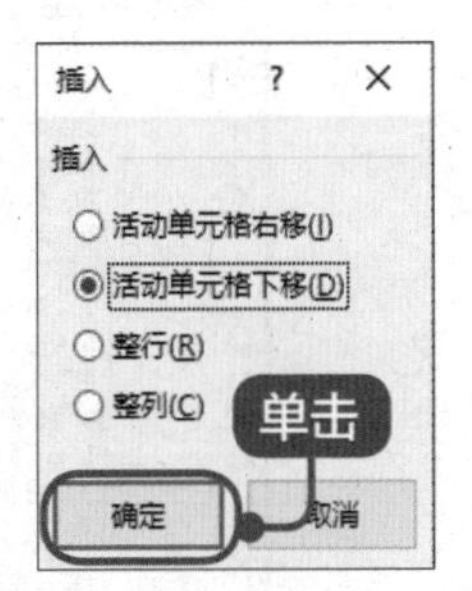

3 查看效果

完成单元格的插入，效果如下图所示。

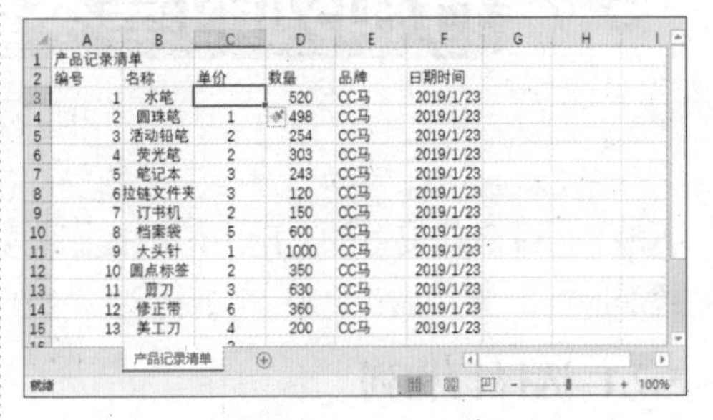

5.6.2 删除单元格

在 Excel 中，可以将不需要的单元格删除。

1 选择要删除的单元格

选择要删除的单元格，单击【开始】选项卡下的【单元格】组中的【删除】按钮，在弹出的下拉菜单中选择【删除单元格】选项（见下图）。

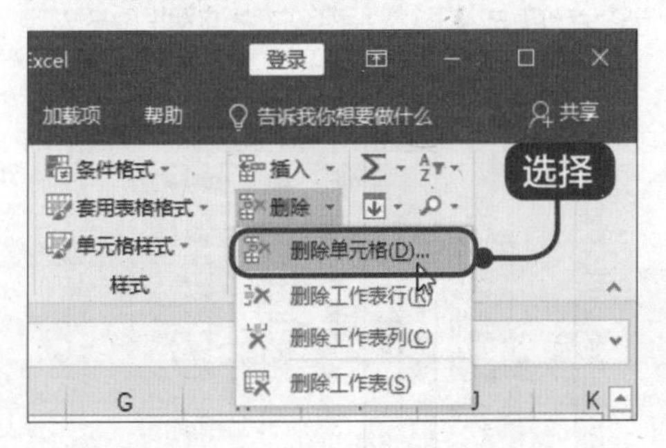

2 设置删除效果

弹出【删除】对话框，单击选中【下方单元格上移】单选项，然后单击【确定】按钮（见下图）。

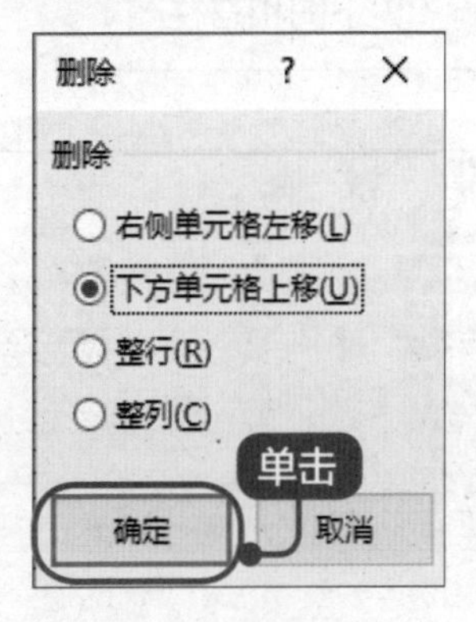

3 查看效果

完成单元格的删除，效果如下图所示。

	A	B	C	D	E	F	G
1	产品记录清单						
2	编号	名称	单价	数量	品牌	日期时间	
3	1	水笔	1	520	CC马	2019/1/23	
4	2	圆珠笔	2	498	CC马	2019/1/23	
5	3	活动铅笔	2	254	CC马	2019/1/23	
6	4	荧光笔	3	303	CC马	2019/1/23	
7	5	笔记本	3	243	CC马	2019/1/23	
8	6	拉链文件夹	2	120	CC马	2019/1/23	
9	7	订书机	5	150	CC马	2019/1/23	
10	8	档案袋	1	600	CC马	2019/1/23	
11	9	大头针	2	1000	CC马	2019/1/23	
12	10	圆点标签	3	350	CC马	2019/1/23	
13	11	剪刀	6	630	CC马	2019/1/23	
14	12	修正带	4	360	CC马	2019/1/23	
15	13	美工刀	3	200	CC马	2019/1/23	

产品记录清单

5.7 行和列的基本操作

本节视频教学时间 / 13 分钟

在 Excel 工作表中，对单元格的操作包括插入、删除、合并等。通常单元格的大小是 Excel 默认设置的，用户可以根据需要，对单元格进行调整，使所有单元格的内容都显示出来。

5.7.1 选择行和列

要对整行或整列的单元格进行操作，必须先选定整行或整列的单元格。将鼠标指针移动到要选择的行号上，当指针变成➡形状后单击，该行即被选定，按住【Ctrl】键，然后依次选定需要的行。若要选中连续的多行，可以按住【Shift】键，然后单击该区域的最后一行的行号，即可选中连续的多行（见下图和右栏图）。

A8 | 6

	A	B	C	D	E	F	G
1	产品记录清单						
2	编号	名称	单价	数量	品牌	日期时间	
3	1	水笔	1	520	CC马	2019/1/23	
4	2	圆珠笔	2	498	CC马	2019/1/23	
5	3	活动铅笔	2	254	CC马	2019/1/23	
6	4	荧光笔	3	303	CC马	2019/1/23	
7	5	笔记本	3	243	CC马	2019/1/23	
8	6	拉链文件夹	2	120	CC马	2019/1/23	
9	7	订书机	5	150	CC马	2019/1/23	
10	8	档案袋	1	600	CC马	2019/1/23	
11	9	大头针	2	1000	CC马	2019/1/23	
12	10	圆点标签	3	350	CC马	2019/1/23	
13	11	剪刀	6	630	CC马	2019/1/23	
14	12	修正带	4	360	CC马	2019/1/23	

产品记录清单

就绪 平均值: 10950.33333 计数: 18 求和: 131404

	A	B	C	D	E	F	G
1	产品记录清单						
2	编号	名称	单价	数量	品牌	日期时间	
3	1	水笔	1	520	CC马	2019/1/23	
4	2	圆珠笔	2	498	CC马	2019/1/23	
5	3	活动铅笔	2	254	CC马	2019/1/23	
6	4	荧光笔	3	303	CC马	2019/1/23	
7	5	笔记本	3	243	CC马	2019/1/23	
8	6	拉链文件夹	2	120	CC马	2019/1/23	
9	7	订书机	5	150	CC马	2019/1/23	
10	8	档案袋	1	600	CC马	2019/1/23	
11	9	大头针	2	1000	CC马	2019/1/23	
12	10	圆点标签	3	350	CC马	2019/1/23	
13	11	剪刀	6	630	CC马	2019/1/23	
14	12	修正带	4	360	CC马	2019/1/23	

产品记录清单

移动鼠标指针到要选择的列标上，当指针变成⬇形状后单击，该列即被选定（见下图）。

	A	B	C	D	E	F	G
1	产品记录清单						
2	编号	名称	单价	数量	品牌	日期时间	
3	1	水笔	1	520	CC马	2019/1/23	
4	2	圆珠笔	2	498	CC马	2019/1/23	
5	3	活动铅笔	2	254	CC马	2019/1/23	
6	4	荧光笔	3	303	CC马	2019/1/23	
7	5	笔记本	3	243	CC马	2019/1/23	
8	6	拉链文件夹	2	120	CC马	2019/1/23	
9	7	订书机	5	150	CC马	2019/1/23	
10	8	档案袋	1	600	CC马	2019/1/23	
11	9	大头针	2	1000	CC马	2019/1/23	
12	10	圆点标签	3	350	CC马	2019/1/23	
13	11	剪刀	6	630	CC马	2019/1/23	
14	12	修正带	4	360	CC马	2019/1/23	
15	13	美工刀	3	200	CC马	2019/1/23	

产品记录清单

5.7.2 调整行高和列宽

在输入数据时，Excel 会根据输入字体的大小自动地调整行的高度和列的宽度，使单元格能容纳行中最大号的字体。用户也可以根据自己的需要来设置行高和列宽。

1. 调整行高

调整行高的操作步骤如下。

1 选择要调整的行

选择需要调整高度的行，如选择第 2 行。在行号上单击鼠标右键，在弹出的快捷菜单中选择【行高】命令（见下图）。

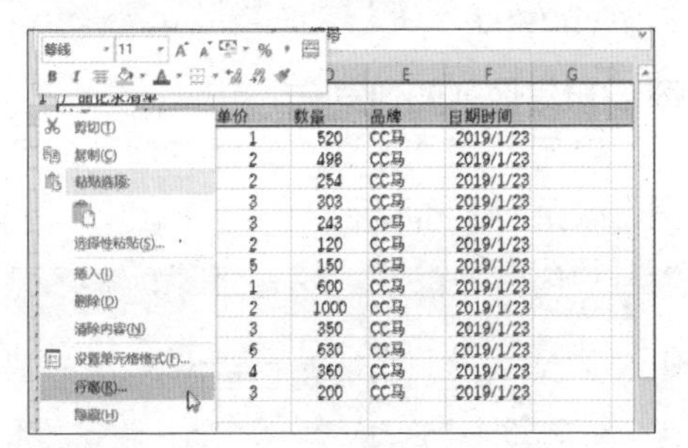

2 设置行高

弹出【行高】对话框，在【行高】文本框中输入“24”，然后单击【确定】按钮（见下图）。

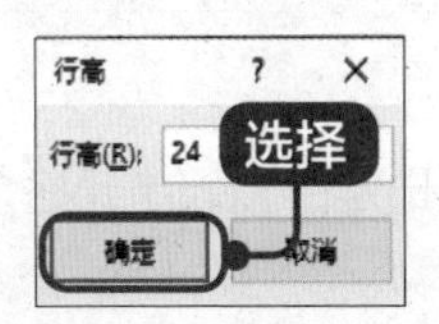

3 查看效果

可以看到第 2 行的行高被设置为“25”了（见下图）。

4 设置其他行的行高

使用同样的方法，设置其他行的行高，效果如下图所示。

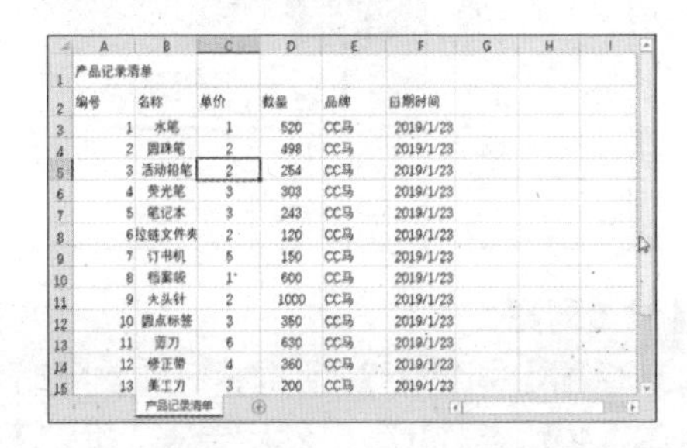

2. 调整列宽

在 Excel 工作表中，如果单元格的宽度不足以使数据显示完整，数据在单元格里会以科学计数法或“######”的形式显示。当列被加宽后，数据就会显示出来。根据不同的情况，用户可以选择使用以下方法调整列宽。

（1）拖动列标之间的边框

将鼠标指针移动到两列的列标之间，当指针变成✢形状时，按住鼠标左键向左拖动可以使列变窄，向右拖动则可以使列变宽。拖动时将显示以点和像素为单位的宽度工具提示（见下图）。

（2）使用选项组调整列宽

1 选择要调整的列

选中 C 列和 D 列，在列标上单击鼠标右键，在弹出的快捷菜单中选择【列宽】命令（见下图）。

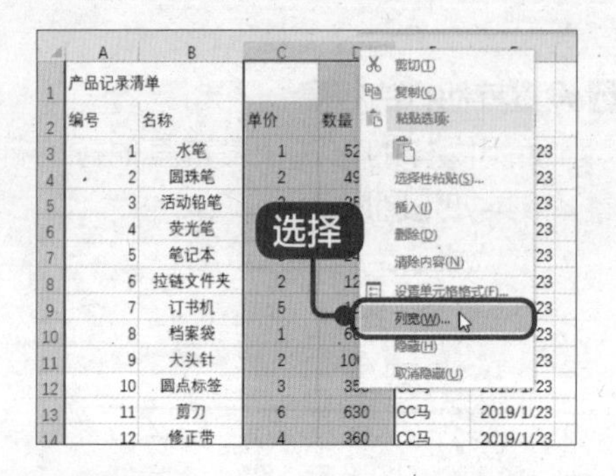

2 设置列宽

弹出【列宽】对话框，在【列宽】文本框中输入“10”，然后单击【确定】按钮（见下图）。

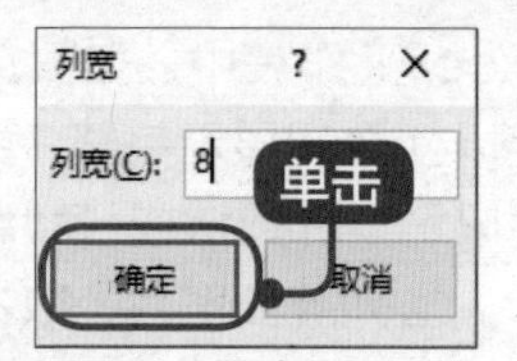

3 查看效果

B 列和 C 列即被调整为宽度均为“8”的列（见下图）。

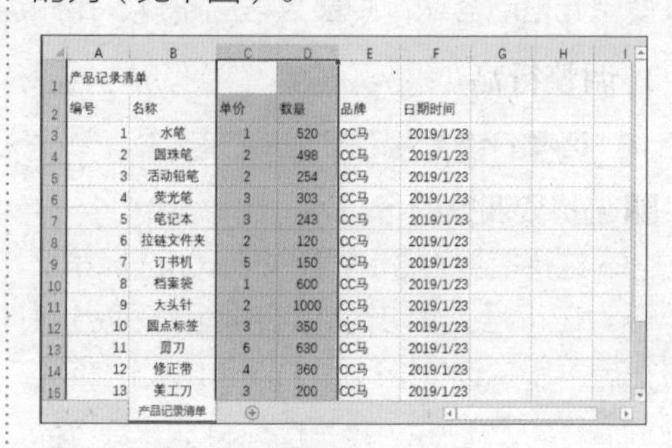

4 设置其他列的列宽

使用同样的方法，设置其他列的列宽，效果如下图所示。

5.7.3 合并单元格

合并单元格是指在 Excel 工作表中，将两个或多个选定的相邻单元格合并成一个单元格。

1 选中单元格并设置对齐方式

选中 A1:F1 单元格区域，单击【开始】选项卡下【对齐方式】组中的【合并后居中】按钮（见下图）。

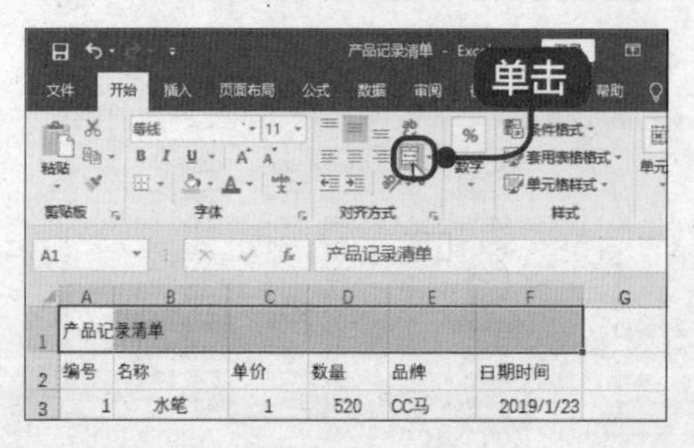

2 查看效果

所选的单元格区域合并为一个单元格，效果如下图所示。

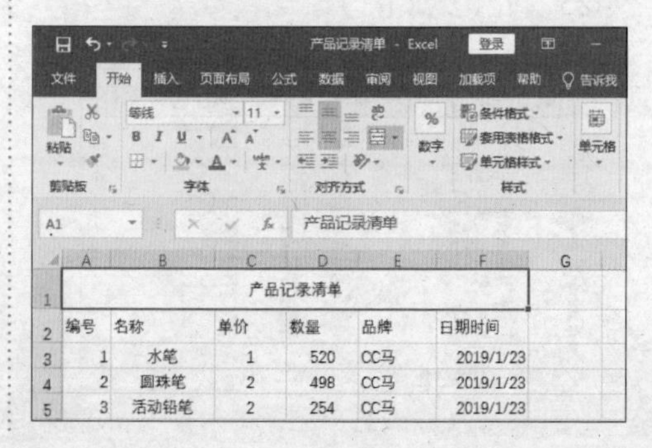

> **提示**
>
> 单元格合并后，将使用原始区域左上角的单元格的名称来表示合并后的单元格的名称。

5.7.4 插入行和列

在 Excel 工作表中，可以在行或列中插入空白的行或列。

1 选择【插入】命令

选择某一行，如选择第 4 行，然后单击鼠标右键，在弹出的快捷菜单中，选择【插入】命令（见下图）。

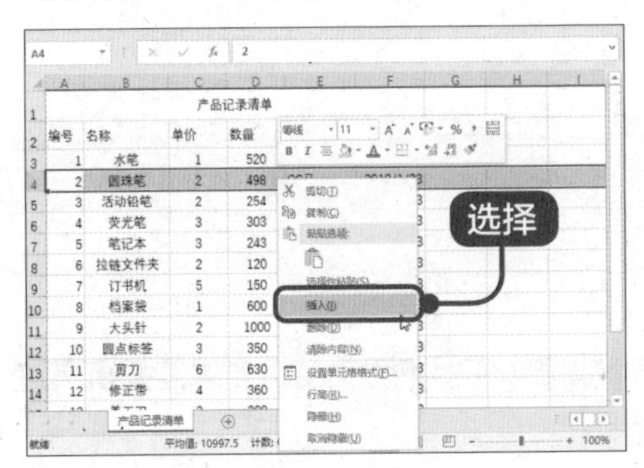

2 插入空行

插入一个空行，如下图所示。

5.7.5 删除行和列

工作表中如果不再需要某一行或列，可以将其删除。

1 删除某一行

选择要删除的行，单击鼠标右键，在弹出的快捷菜单中选择【删除】命令（见下图）。

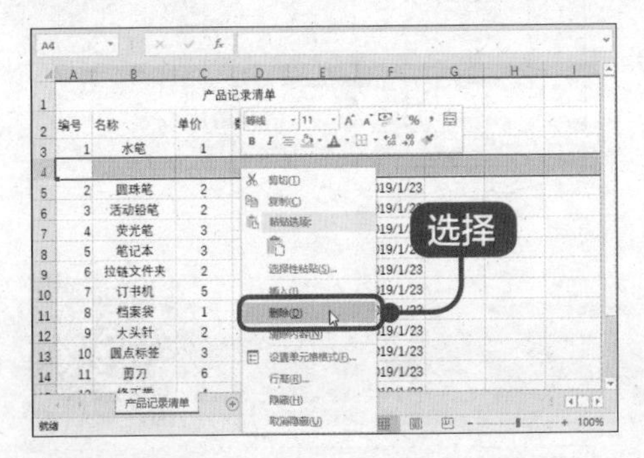

2 查看效果

选择的行被删除，如右栏图所示。

> **提示**
>
> 使用同样的方法，可以插入或删除工作表的列，这里不赘述。

5.7.6 隐藏行和列

在 Excel 工作表中，有时需要将一些数据隐藏起来。Excel 提供了将整行或整列隐藏起来的功能。

1 设置隐藏

选择要隐藏的行或列，如选择第 4 行，单击【开始】➢【单元格】➢【格式】按钮 格式，在弹出的快捷菜单中选择【隐藏和取消隐藏】➢【隐藏行】命令（见下图）。

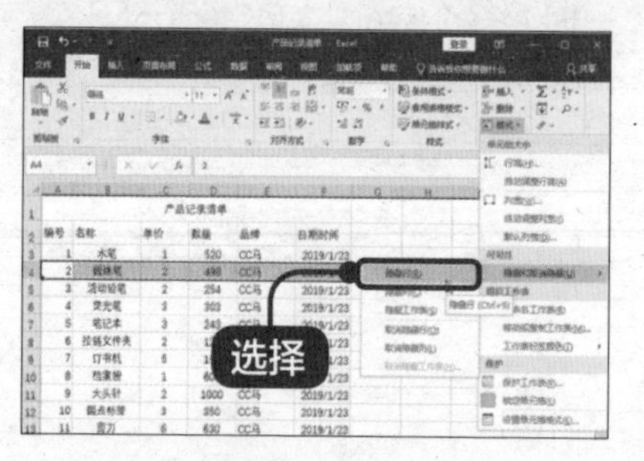

2 查看效果

隐藏第 4 行，效果如下图所示。

	产品记录清单				
编号	名称	单价	数量	品牌	日期时间
1	水笔	1	520	CC马	2019/1/23
3	活动铅笔	2	254	CC马	2019/1/23
4	荧光笔	3	303	CC马	2019/1/23
5	笔记本	3	243	CC马	2019/1/23
6	拉链文件夹	2	120	CC马	2019/1/23
7	订书机	5	150	CC马	2019/1/23
8	档案袋	1	600	CC马	2019/1/23
9	大头针	2	1000	CC马	2019/1/23
10	圆点标签	3	350	CC马	2019/1/23
11	剪刀	6	630	CC马	2019/1/23
12	修正带	4	360	CC马	2019/1/23
13	美工刀	3	200	CC马	2019/1/23

5.7.7 显示隐藏的行和列

将行或列隐藏后，这些行或列中单元格的数据就变得不可见了。如果需要查看这些数据，就需要将这些隐藏的行或列显示出来。

1 取消隐藏

选择第 3 行到第 5 行，单击鼠标右键，在弹出的快捷菜单中，选择【取消隐藏】命令（见下图）。

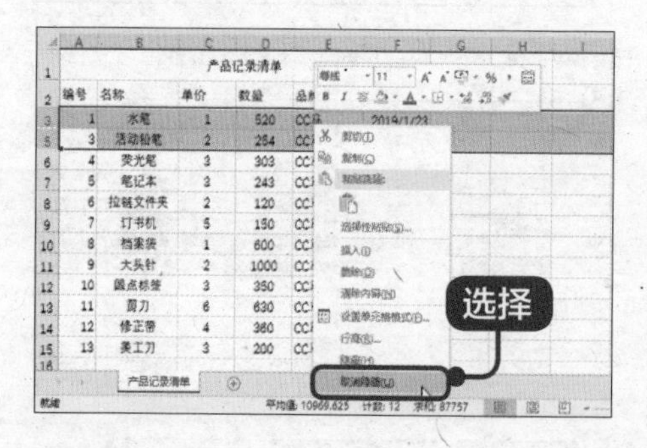

2 查看效果

第 4 行的数据内容重新显示出来，如下图所示。

在修订文档的过程中，运用相关的技巧无疑可以提高工作效率。我们可以将在操作过程中发现的技巧记录下来，方便以后使用。

技巧 1：移动与复制单元格的技巧

复制（移动）单元格或单元格区域的方法有多种，常用的方法是利用快捷键和鼠标，此外，也可以使用组合键。

1 执行剪切或复制命令

选中要移动的单元格区域，按【Ctrl+X】组合键可以剪切单元格区域；若要复制单元格区域，可以按【Ctrl+C】组合键（见下图）。

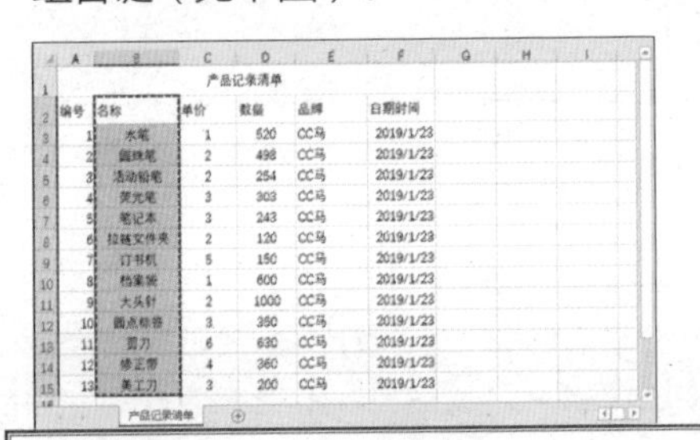

2 使用快捷键进行粘贴

选择目标位置，按【Ctrl+V】组合键可以粘贴单元格区域（见下图）。

提示

使用鼠标拖曳有以下两种情况。

（1）在不同的 Excel 表格之间拖动文件，可以复制；在同一个 Excel 表格内拖动文件，可以移动。

（2）拖曳鼠标的同时按住【Ctrl】键，可以实现复制操作；拖曳鼠标的同时按住【Shift】键，可以实现移动操作。

技巧 2：隐藏工作表中其余不用的单元格

在 Excel 工作表中，为了更方便地查看和处理表格数据，可以将数据区域外的空白区域隐藏。例如，当前数据区域为 A1:G12，那么可以采用下面的方法将其余不用的单元格区域隐藏。

1 隐藏不需要的单元格

使用鼠标选择 H 列整列，然后按【Ctrl+Shift+ 右方向键】组合键，选中 G 列以后的列区域，并在选中区域单击鼠标右键，在弹出的快捷菜单中单击【隐藏】命令（见下图）。

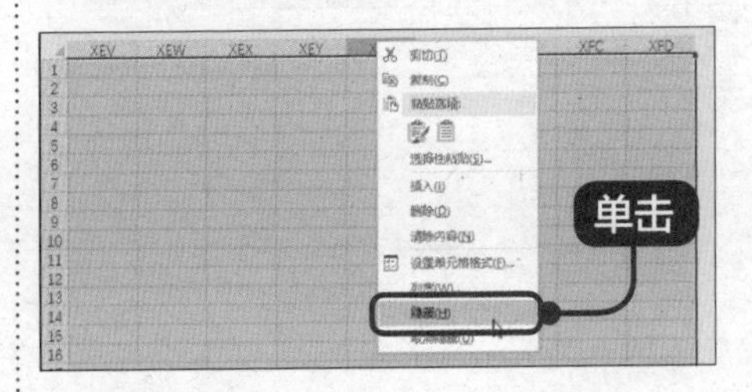

2 所选区域

隐藏所选的单元格区域，如下图所示。

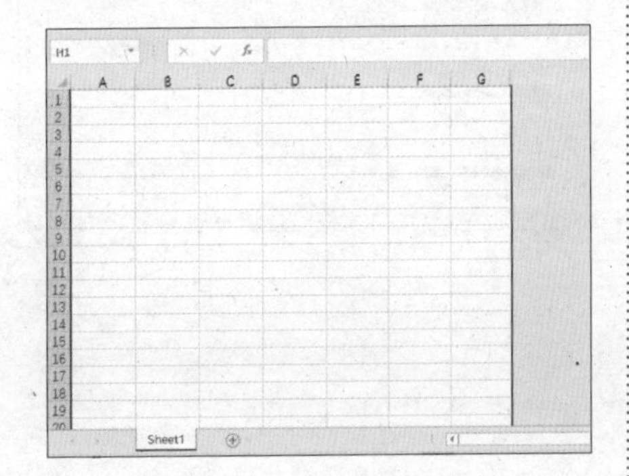

3 进行隐藏

使用鼠标选择第 13 行整行，然后按【Ctrl+Shift+ 下方向键】组合键，选择第 12 行下面的行区域，在选中区域单击鼠标右键，在弹出的快捷菜单中单击【隐藏】命令（见下图）。

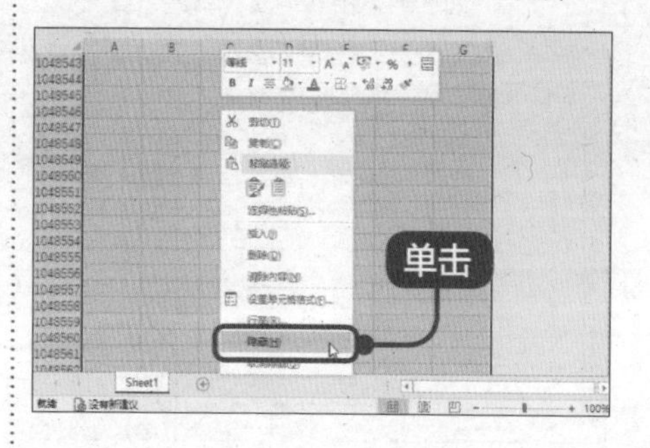

4 查看效果

隐藏所选单元格区域，如下图所示。

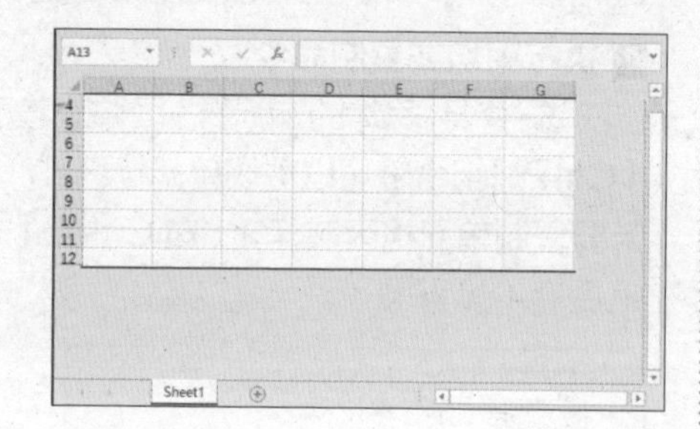

产品记录清单是办公应用中比较常用的一种表格，包括标题和内容两部分。产品记录清单的制作主要运用了 Excel 2019 快速填充表格数据、设置行宽和列高、移动和复制工作表等功能。其他类似的表格还有家庭账本、物资采购表和人员基本情况统计表等（见下图）。

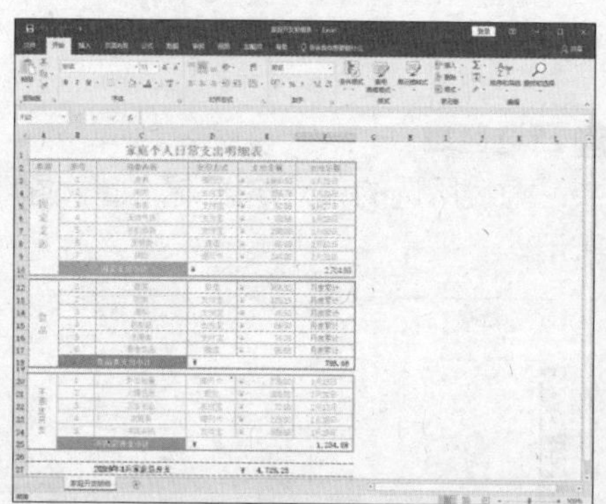

人员基本情况统计表

填写部门：人力资源部　　　填写时间：2019年3月3日

工号	姓名	性别	籍贯	民族	出生日期	学历	职位	部门	入职时间	基本工资
0001001	刘××	女	北京	汉族	1985年1月18日	硕士	人事经理	人力部	2013年6月18日	¥12,000
0001002	陈××	男	四川成都	彝族	1984年12月3日	硕士	销售经理	市场部	2014年2月14日	¥13,000
0001003	张××	男	湖北武汉	汉族	1989年8月14日	本科	技术总监	技术部	2014年8月16日	¥12,000
0001004	李××	女	浙江杭州	汉族	1990年6月11日	本科	人事副总	人力部	2015年4月23日	¥8,000
0001005	王××	男	北京	汉族	1992年8月18日	本科	研发经理	研发部	2016年8月22日	¥12,000
0001006	赵××	男	天津	汉族	1991年2月14日	大专	销售副总	市场部	2016年6月15日	¥9,000
0001007	孙××	女	山西大同	汉族	1988年1月25日	大专	人事副总	人力部	2017年7月26日	¥7,800
0001008	周××	女	甘肃兰州	回族	1991年4月30日	硕士	财务总监	财务部	2016年2月20日	¥6,500
0001009	吴××	男	河南郑州	汉族	1985年8月15日	本科	会计	财务部	2015年4月15日	¥8,500
0001010	郑××	女	上海	汉族	1995年7月13日	本科	出纳	财务部	2018年3月26日	¥4,500
0001011	冯××	男	云南昆明	傣族	1996年7月22日	本科	研发专员	研发部	2015年7月25日	¥6,500
0001012	褚××	男	上海	汉族	1988年8月23日	硕士	研发专员	研发部	2016年2月23日	¥6,300
0001013	韩××	男	山东济南	汉族	1985年3月15日	硕士	研发专员	研发部	2017年8月16日	¥6,000
0001014	杨××	女	山西太原	汉族	1992年2月10日	本科	研发专员	研发部	2018年12月3日	¥5,800
0001015	乔××	男	重庆	汉族	1981年8月19日	本科	研发专员	研发部	2019年2月24日	¥5,500
0001016	秦××	男	福建福州	畲族	1990年10月1日	本科	研发专员	研发部	2019年3月10日	¥5,500

第 6 章

工作表的修饰——制作公司值班表

本章视频教学时间 / 38 分钟

重点导读

Excel 为工作表的格式设置提供了方便的操作方法和多项设置功能，用户可以根据需要对工作表进行美化。通过本章的学习，使用 Excel 2019 制作公司值班表将会变得非常简单。

学习效果图

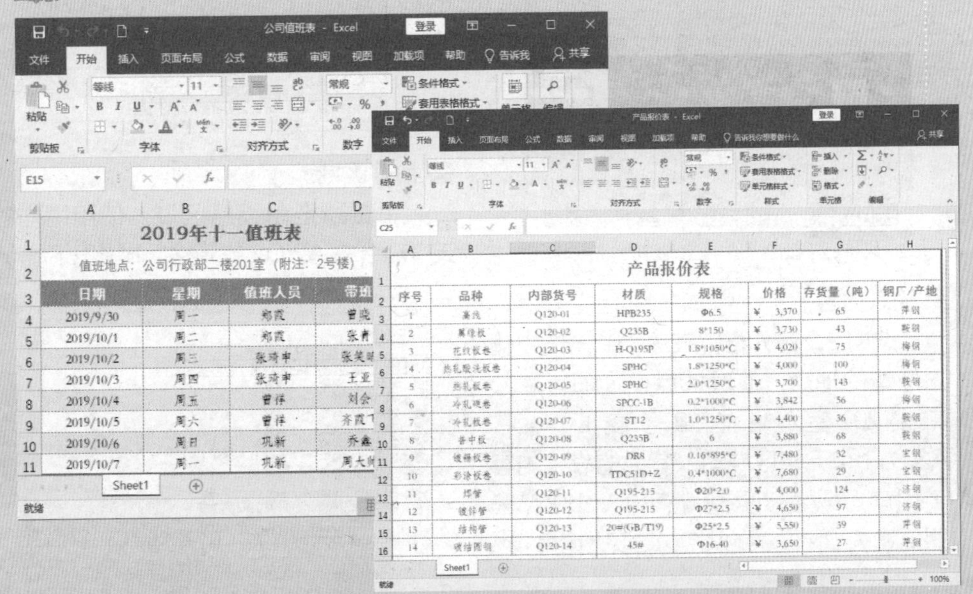

6.1 对公司值班表的分析

本节视频教学时间 / 5 分钟

如果一家公司的某个岗位，在不同的时间里需要不同的人做同样的工作，这就需要编排一个班次表，用于安排谁在什么时间或日期上班或休息等。在制作公司值班表之前，首先要了解值班人数和值班时间，然后再根据不同的个人情况进行安排。

在 Excel 2019 中完成值班表的制作之后，还可以对其进行美化修饰，使整个值班表看起来更加美观、大方。下面将制作某公司 2019 年十一假期的值班表，该值班表主要包括工作表名称、值班时间、值班地点、值班人员等内容。

1 新建工作簿

在制作公司值班表之前，首先需要新建一个工作簿。启动 Excel 2019，新建一个工作簿（见下图）。

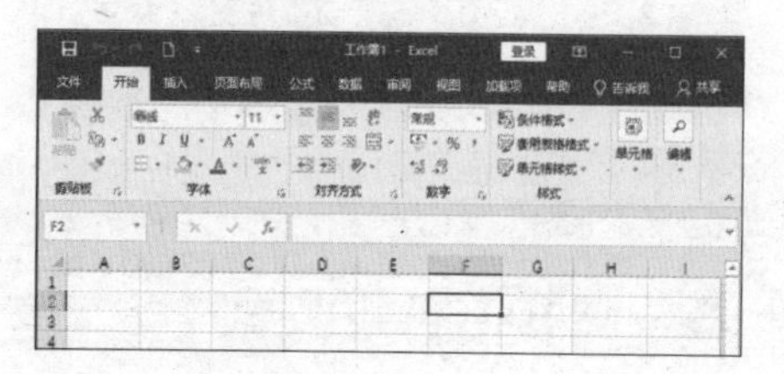

2 输入标题

选中 A1 单元格，在 A1 单元格中输入公司值班表的标题“2019 年十一值班表”（见下图）。

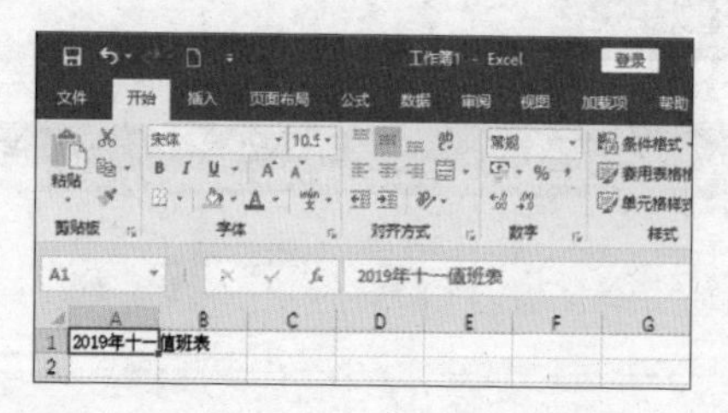

3 输入内容

选中 A2 单元格，在 A2 单元格中输入值班的地点“值班地点：公司行政部二楼 201 室（附注：2 号楼）”。在 A3:D11 单元格区域输入其他的表格内容（用户可以直接复制“素材 \ch06\ 公司值班表 .xlsx”中的内容）（见右栏图）。

2019年十一值班表
值班地点：公司行政部二楼201室（附注：2号楼）

日期	星期	值班人员	带班
2019/9/30	周一	郑薇	曾晓
2019/10/1	周二	郑薇	张青
2019/10/2	周三	张琦申	张笑晴
2019/10/3	周四	张琦申	王亚
2019/10/4	周五	曾祥	刘会
2019/10/5	周六	曾祥	齐霞飞
2019/10/6	周日	巩新	乔鑫
2019/10/7	周一	巩新	周大帅

4 选中单元格并设置对齐方式

选择 A1:D1 单元格区域，然后在【开始】选项卡中，单击【对齐方式】组中的【合并后居中】按钮（见下图）。

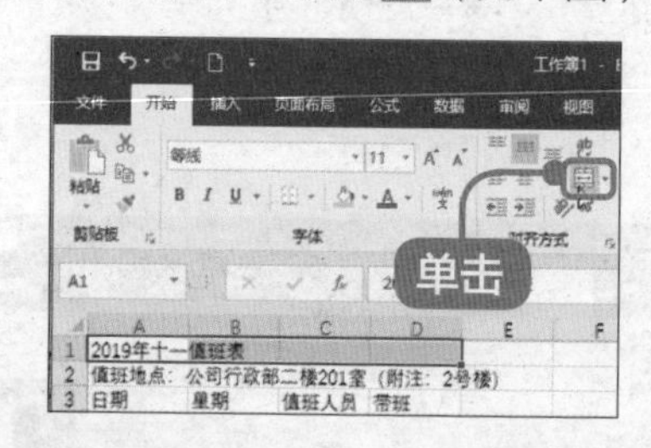

5 合并区域

合并所选单元格区域。使用同样的方法，合并 A2:D2 单元格区域（见下图）。

6 效果图

根据需要，调整各行的行高和各列的列宽，效果如右栏图所示。

2019年十一值班表			
值班地点：公司行政部二楼201室（附注：2号楼）			
日期	星期	值班人员	带班
2019/9/30	周一	郑薇	曾晓
2019/10/1	周二	郑薇	张青
2019/10/2	周三	张琦申	张笑晴
2019/10/3	周四	张琦申	王亚
2019/10/4	周五	曾祥	刘会
2019/10/5	周六	曾祥	齐薇飞
2019/10/6	周日	巩新	乔鑫
2019/10/7	周一	巩新	周大帅

6.2 美化公司值班表

本节视频教学时间 / 9 分钟

完成公司值班表的内容输入后，接下来对工作表进行美化，Excel 2019 提供了许多用于美化工作表的格式，利用这些格式，可以使工作表更清晰、形象和美观。

6.2.1 设置字体和字号

设置“公司值班表”的字体和字号是制作一份美观值班表的必要操作。

1 选择字体

选择需要设置字体的单元格 A1，在【开始】选项卡中，在【字体】组中的【字体】下拉列表中选择需要的字体（见下图）。

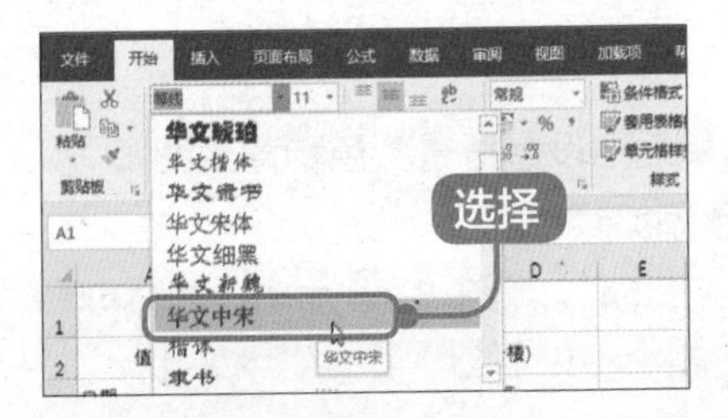

2 设置其他单元格字体

按照以上方法，根据需要设置其他单元格中字体的样式（见下图）。

2019年十一值班表			
值班地点：公司行政部二楼201室（附注：2号楼）			
日期	星期	值班人员	带班
2019/9/30	周一	郑薇	曾晓
2019/10/1	周二	郑薇	张青
2019/10/2	周三	张琦申	张笑晴
2019/10/3	周四	张琦申	王亚
2019/10/4	周五	曾祥	刘会
2019/10/5	周六	曾祥	齐薇飞
2019/10/6	周日	巩新	乔鑫
2019/10/7	周一	巩新	周大帅

3 选择字号

选择需要设置字号的单元格 A1，在【开始】选项卡中，在【字体】组中的【字号】下拉列表中选择所需的字号，这里选择“16”（见下图）。

4 查看效果

按照步骤3，设置其他单元格中字号的大小，最终效果如下图所示。

2019年十一值班表			
值班地点：公司行政部二楼201室（附注：2号楼）			
日期	星期	值班人员	带班
2019/9/30	周一	郑薇	曾晓
2019/10/1	周二	郑薇	张青
2019/10/2	周三	张琦申	张笑晴
2019/10/3	周四	张琦申	王亚
2019/10/4	周五	曾祥	刘会
2019/10/5	周六	曾祥	齐薇飞
2019/10/6	周日	巩新	乔鑫
2019/10/7	周一	巩新	周大帅

6.2.2 设置字体颜色

如果对公司值班表中字体的颜色不满意，可以更改字体的颜色。选择需要设置字体颜色的单元格 A1，在【开始】选项卡中，单击【字体】组中 按钮右侧的下拉按钮，在弹出的调色板中选择需要的字体颜色，如下图所示，此处设置字体颜色为“深红”色。

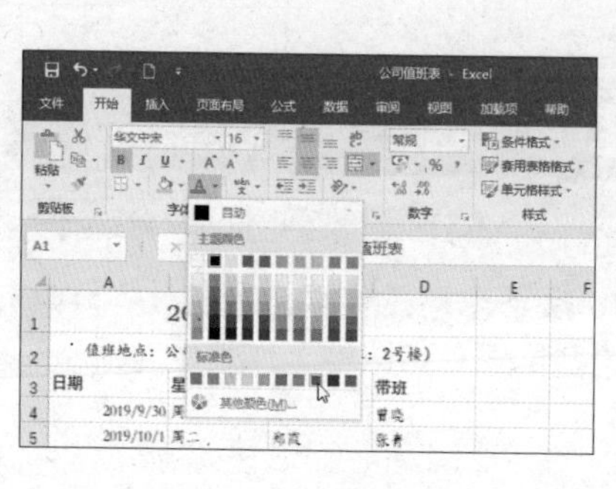

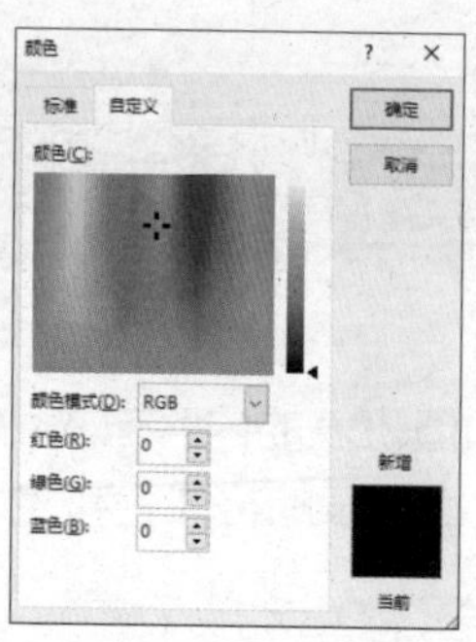

提示

如果调色板中没有所需的颜色，用户可以自定义颜色。在弹出的调色板中选择【其他颜色】选项。弹出【颜色】对话框，用户可以在【标准】选项卡下选择需要的颜色，或者在【自定义】选项卡下调整所需的颜色，单击【确定】按钮，即可应用自定义的字体颜色。

6.2.3 设置背景颜色和图案

为了使公司值班表的外观更漂亮，可以为单元格设置背景颜色和背景图案。

1 选择颜色

选中需要设置背景颜色的单元格，然后单击【开始】选项卡下【字体】组中【填充颜色】按钮右侧的下拉按钮 ，在弹出的颜色列表中选择一种颜色（见下图）。

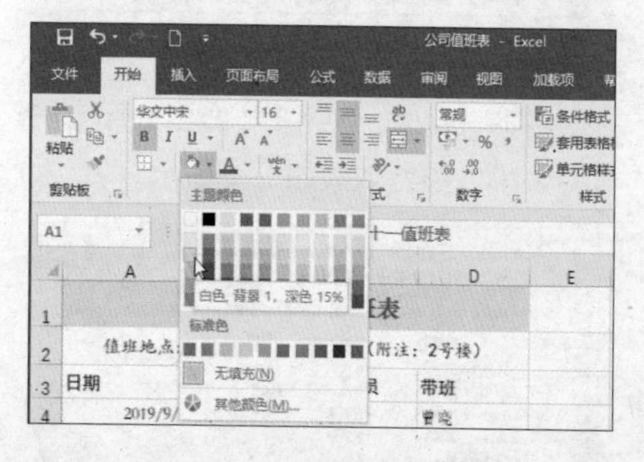

2 添加颜色

此时，选中的单元格区域添加了背景颜色（见下图）。

3 设置单元格格式

选中需要设置背景图案的单元格，然后按【Ctrl+1】组合键打开【设置单元格格式】对话框，选择【填充】选项卡，设置【图案颜色】和【图案样式】（见下页图）。

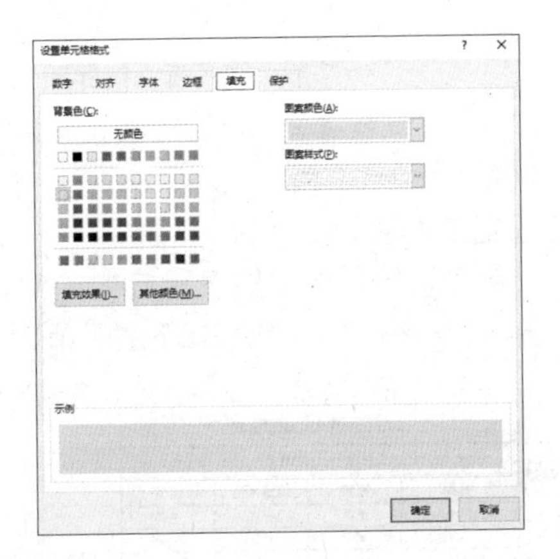

4 查看效果

单击【确定】按钮，为选定的单元格区域添加图案效果（见右栏图）。

> **提示**
>
> 用户也可以按住【Ctrl】键，然后选择不连续的单元格区域,为其填充背景颜色。

6.3 设置对齐方式

本节视频教学时间 / 2 分钟

在 Excel 2019 中，对齐方式有左对齐、右对齐和合并居中对齐等。在创建了“2019 年十一值班表”工作表之后，还可以对文本对齐方式进行设置。

1 选择区域

选择要设置对齐方式的单元格区域 A3:D11（见下图）。

2 设置对齐方式

单击【对齐方式】组中的【垂直居中】按钮和【居中】按钮，选择区域的数据被居中，如下图所示。

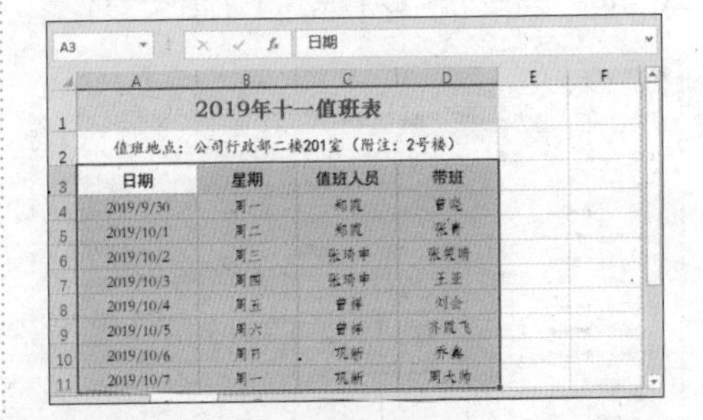

6.4 设置边框线

本节视频教学时间 / 6 分钟

Excel 2019 工作表默认显示的表格线是灰色的，打印不出来。如果需要打印出表格线，就需要对表格边框进行设置。

6.4.1 使用功能区进行设置

使用功能区【字体】选项组中的【边框】按钮，可以设置单元格的边框。下面介绍设置公司值班表的边框线的方法，具体操作步骤如下。

1 设置边框

选择要设置边框的单元格区域，在【开始】选项卡中，单击【字体】组中【边框】按钮 右侧的下拉按钮，在弹出的【边框】下拉列表中，根据需要选择【所有框线】选项（见下图）。

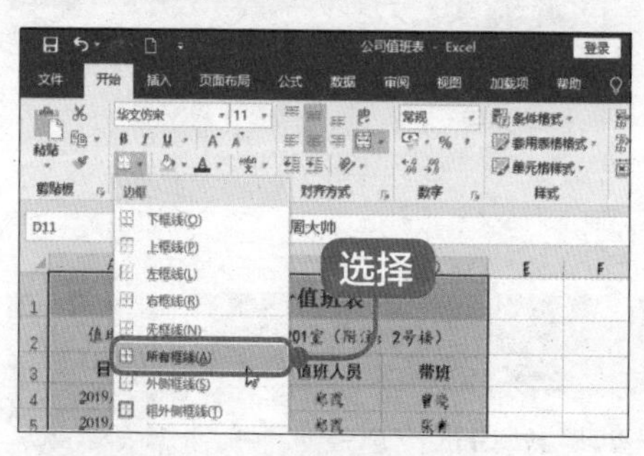

2 设置工作表

单元格区域被设置了相应的边框，设置所有框线后的工作表如下图所示。

2019年十一值班表			
值班地点：公司行政部二楼201室（附注：2号楼）			
日期	星期	值班人员	带班
2019/9/30	周一	郑茂	曾晓
2019/10/1	周二	郑茂	张青
2019/10/2	周三	张琦申	张笑晴
2019/10/3	周四	张琦申	王亚
2019/10/4	周五	曾祥	刘会
2019/10/5	周六	曾祥	齐鹏飞
2019/10/6	周日	巩新	乔鑫
2019/10/7	周一	巩新	周大帅

提示

如果要应用边框的线条样式，可以选择【线型】选项；要应用边框的线条颜色，可以选择【线条颜色】选项。

6.4.2 设置边框线型

为“公司值班表”设置边框线型的具体操作步骤如下。

1 单击【边框】选项卡

选择要设置边框线型的单元格区域，按【Ctrl+1】组合键，打开【设置单元格格式】对话框，单击【边框】选项卡（见下图）。

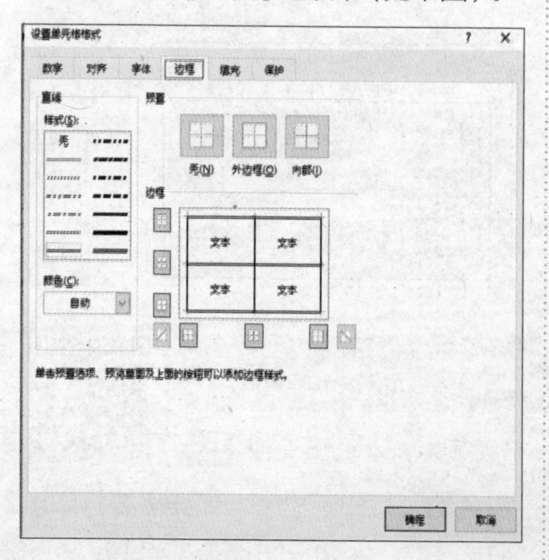

2 设置样式

设置边框线的样式和颜色，然后单击右侧【预置】区域中的【外边框】按钮（见下图）。

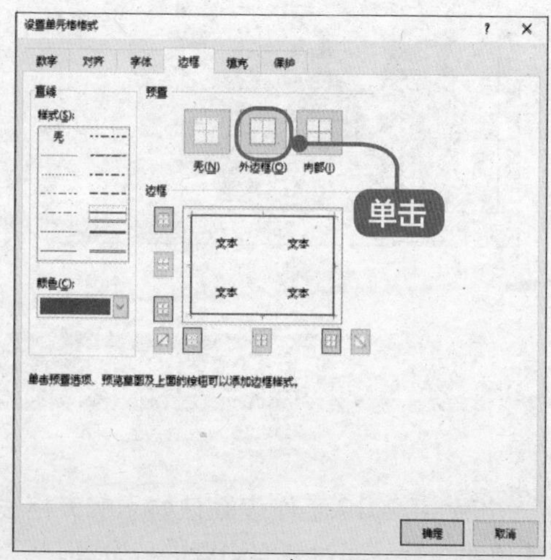

3 设置线型

选择一种线型和颜色，单击右侧【预置】区域中的【内部】按钮（见下图）。

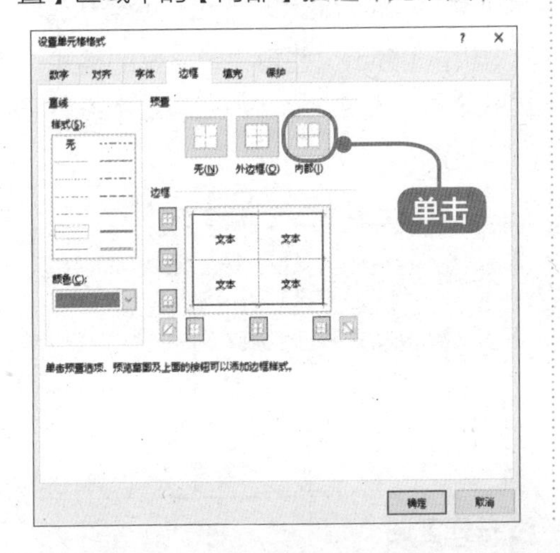

4 查看效果

单击【确定】按钮，应用边框线型，效果如下图所示。

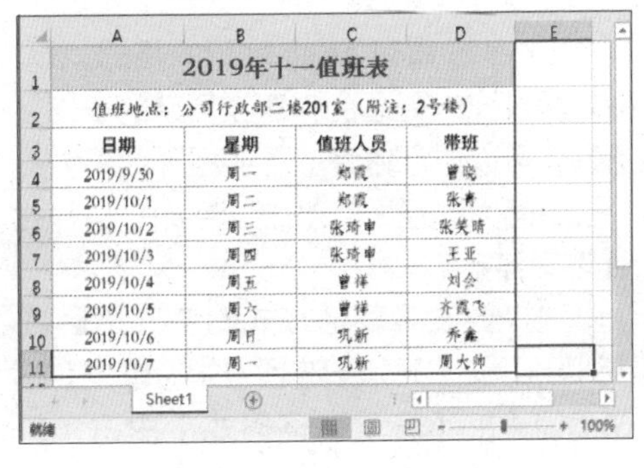

2019年十一值班表			
值班地点：公司行政部二楼201室（附注：2号楼）			
日期	星期	值班人员	带班
2019/9/30	周一	郑霞	曾晓
2019/10/1	周二	郑霞	张青
2019/10/2	周三	张琦申	张笑晴
2019/10/3	周四	张琦申	王亚
2019/10/4	周五	曾祥	刘会
2019/10/5	周六	曾祥	齐霞飞
2019/10/6	周日	巩新	乔鑫
2019/10/7	周一	巩新	周大帅

6.5 套用单元格样式

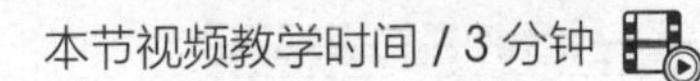

本节视频教学时间 / 3 分钟

下面为“公司值班表”套用单元格样式，具体操作步骤如下。

1 选择单元格样式

选择要套用单元格样式的单元格区域，如选择 A2 单元格。然后单击【开始】➢【样式】➢【单元格样式】按钮，在弹出的下拉列表中，单击要应用的单元格样式（见下图）。

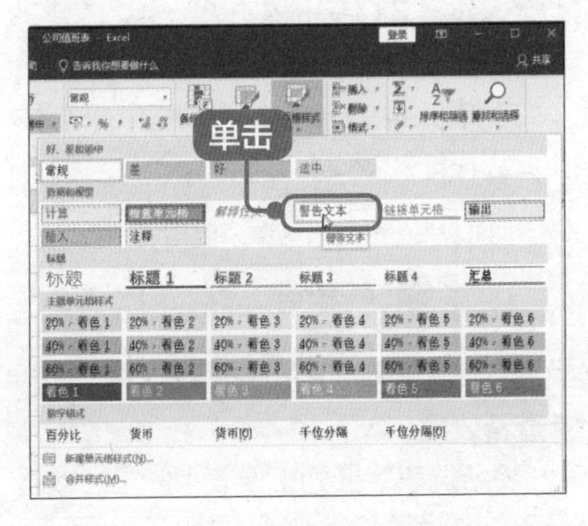

2 查看效果

设置好单元格样式后，效果如下图所示。

2019年十一值班表			
值班地点：公司行政部二楼201室（附注：2号楼）			
日期	星期	值班人员	带班
2019/9/30	周一	郑霞	曾晓
2019/10/1	周二	郑霞	张青
2019/10/2	周三	张琦申	张笑晴
2019/10/3	周四	张琦申	王亚
2019/10/4	周五	曾祥	刘会
2019/10/5	周六	曾祥	齐霞飞
2019/10/6	周日	巩新	乔鑫
2019/10/7	周一	巩新	周大帅

提示

在 Excel 2019 的内置单元格样式中，还可以创建自定义单元格样式。若要在一个表格中应用多种样式，可以使用自动套用单元格样式功能。

6.6 快速使用表格样式

本节视频教学时间 / 5 分钟

Excel 预置有 60 种常用的格式，用户可以自由地套用这些预先定义好的格式。中等深浅样式更适合内容较复杂的表格，在套用深色样式时，为了将字体显示得更加清楚，可以对字体添加“加粗”效果。

下面为“公司值班表”添加表格样式。

1 选择样式

选择要设置表格样式的单元格区域 A3:D11。在【开始】选项卡中，单击【样式】组中的【套用表格格式】按钮，在弹出的下拉菜单中选择【中等色】样式中的一种（见下图）。

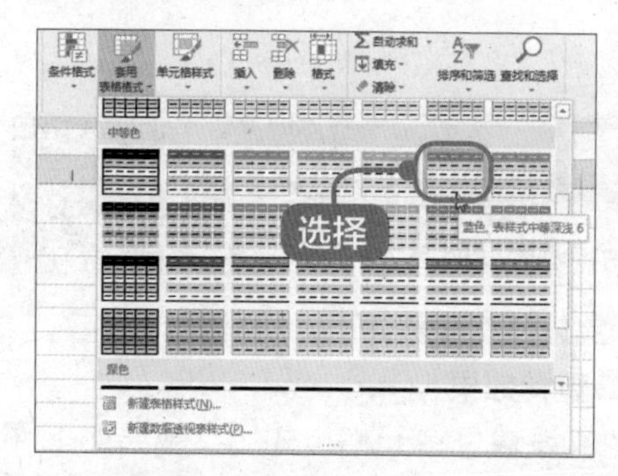

2 确定样式

弹出【套用表格式】对话框，单击【确定】按钮（见下图）。

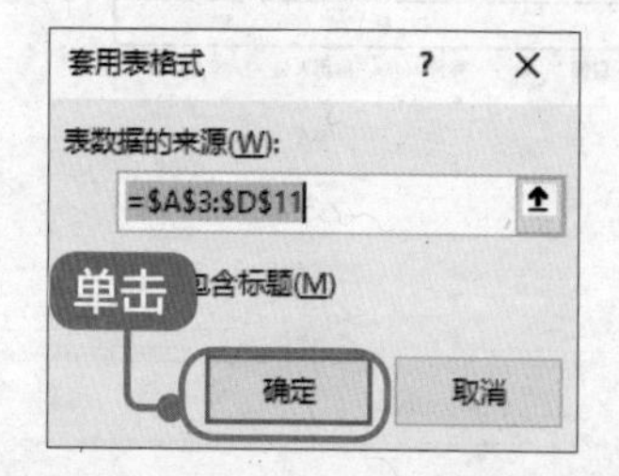

3 查看效果

套用表格样式后的效果如右栏图所示。

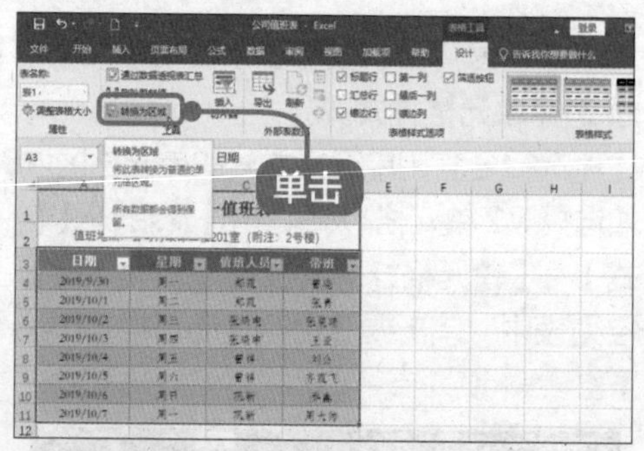

4 选择区域

选中单元格区域 A3:D11，单击【表格工具】➤【设计】➤【工具】➤【转换为区域】按钮（见下图）。

5 进行确认

在弹出的提示框中，单击【是】按钮（见下图）。

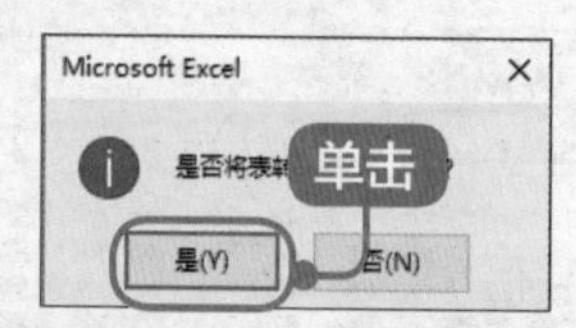

6 查看效果

将所选表转换为工作表上的常规数据区域，方便阅读和操作，效果如下页图所示。

2019年十一值班表			
值班地点：公司行政部二楼201室（附注：2号楼）			
日期	星期	值班人员	带班
2019/9/30	周一	郑霞	曾晓
2019/10/1	周二	郑霞	张青
2019/10/2	周三	张琦申	张晓琦
2019/10/3	周四	张琦申	王亚
2019/10/4	周五	曾伟	刘会
2019/10/5	周六	曾伟	齐霞飞
2019/10/6	周日	巩新	孙鑫
2019/10/7	周一	巩新	周大帅

此时，公司值班表制作完成，可以将其保存为“公司值班表 .xlsx”。

技巧 1：在 Excel 中绘制斜线表头

在制作 Excel 工作表时，往往需要制作斜线表头来表示二维表的不同内容，下面介绍斜线表头的制作技巧。

1 输入文字

在 A1 单元格中输入文字“项目”，按【Alt+Enter】组合键换行，然后输入文字“编号”，并设置内容“左对齐”显示（见下图）。

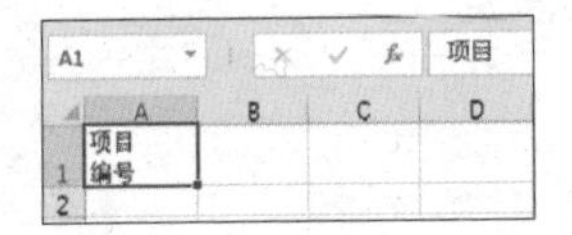

2 设置单元格格式

选中 A1 单元格，按【Ctrl+1】组合键，打开【设置单元格格式】对话框，选择【边框】选项卡，选择右下角的【斜线】样式，然后单击【确定】按钮（见下图）。

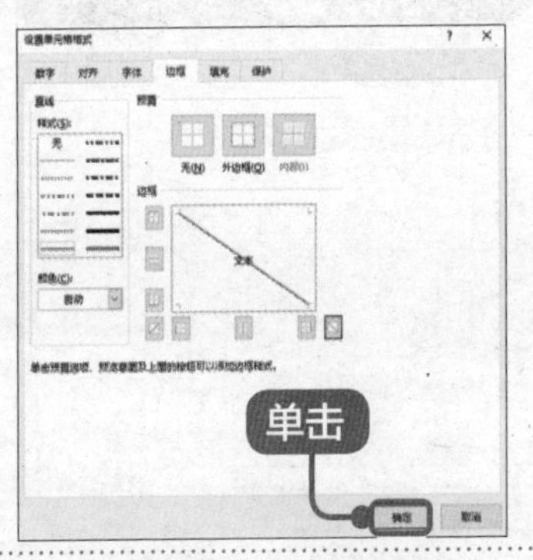

3 添加空格

将鼠标光标放在“项目”前面，添加空格，调整效果后如下图所示。

	A	B	C	D
1	项目 编号			
2				
3				

4 添加表头

如果要添加三栏斜线表头，可以在 A2 单元格中，通过换行和空格，输入如下内容。

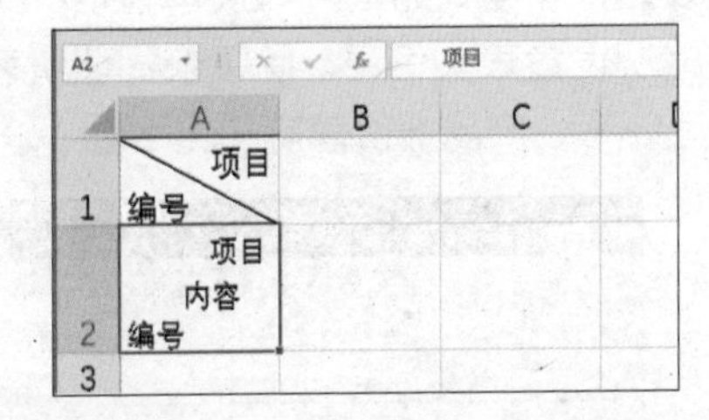

5 选择形状

单击【插入】➢【插图】➢【形状】按钮，选择【直线】形状（见下页图）。

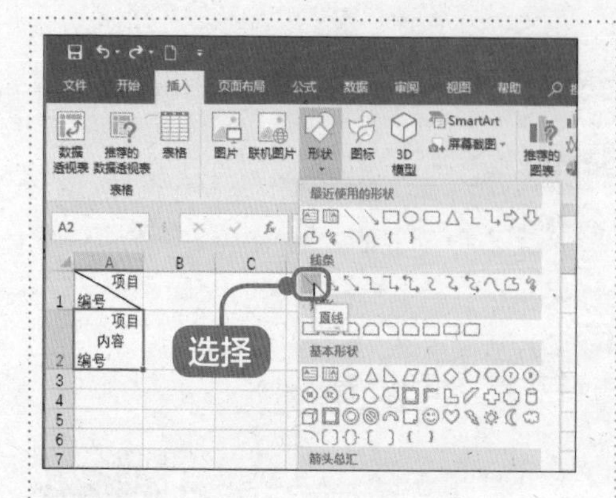

6 用鼠标绘制两条直线

从单元格的左上角开始用鼠标绘制两条直线，即可完成三栏斜线表头的绘制，如下图所示。

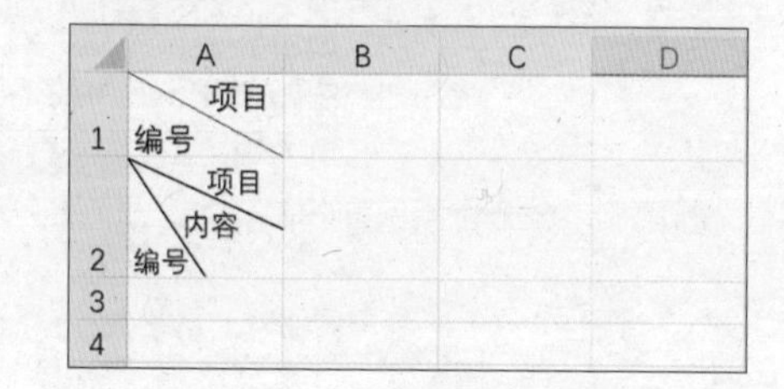

技巧 2：Excel 自动换行技巧

可以设置单元格格式为自动换行，但应注意的是要先设置好所需的宽度。

1 新建文档

新建一个 Excel 空白文档，输入文字，如果输入的文字过长，就会显示在后面的单元格中（见下图）。

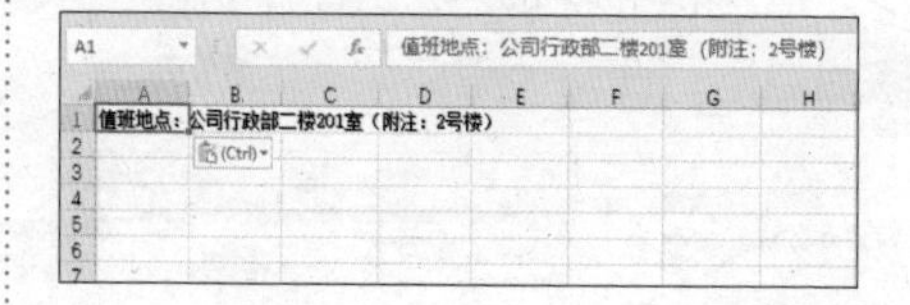

2 单击【自动换行】按钮

选择要设置文本换行的单元格 A1，单击【开始】➢【对齐方式】➢【自动换行】按钮，所选文本即会自动换行，效果如下图所示。

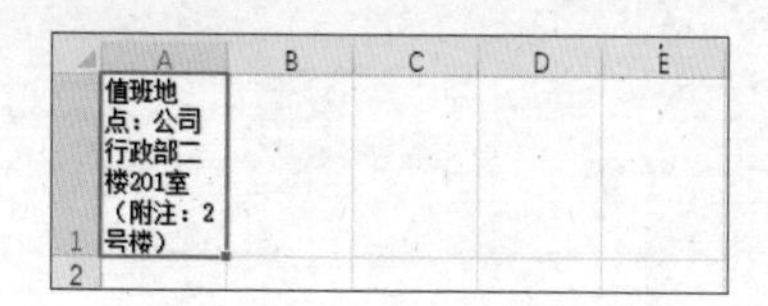

制作公司值班表的步骤非常简单，主要包括工作表内容的设置、边框线的设置、表样式的套用以及单元格样式的使用。不同公司的值班表可以根据实际情况设置表头信息。除了公司值班表，还可以参照本章的操作制作并美化员工工资表、产品报价表等（见下图）。

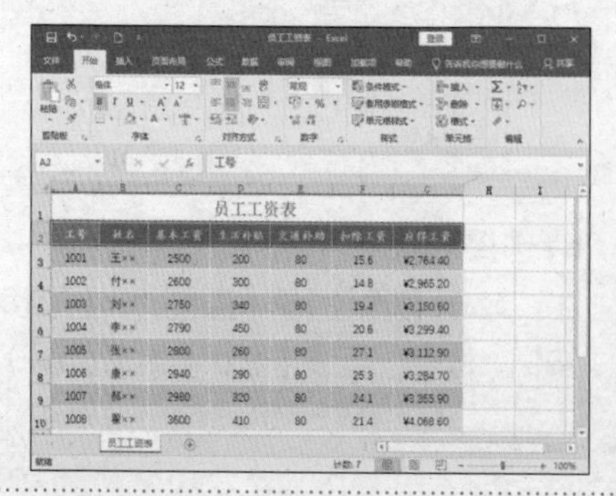

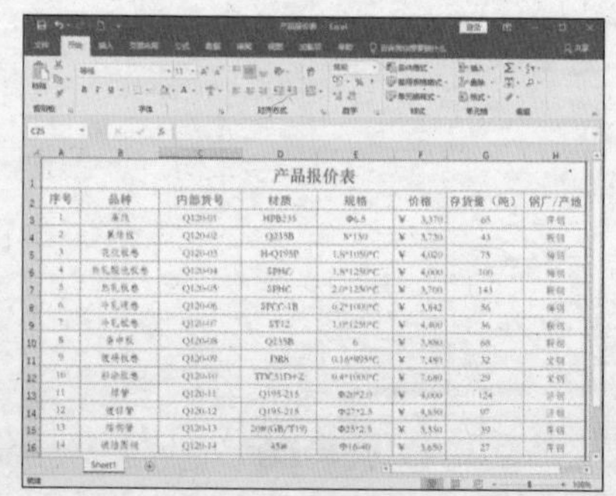

第 7 章

公式和函数的应用——设计公司员工工资计算表

本章视频教学时间 / 2 小时 13 分钟

重点导读

函数是 Excel 的重头戏，大部分的数据自动化处理都需要使用函数。Excel 2019 中提供了大量实用的函数，用好函数是 Excel 中高效便捷地处理数据的保证。

学习效果图

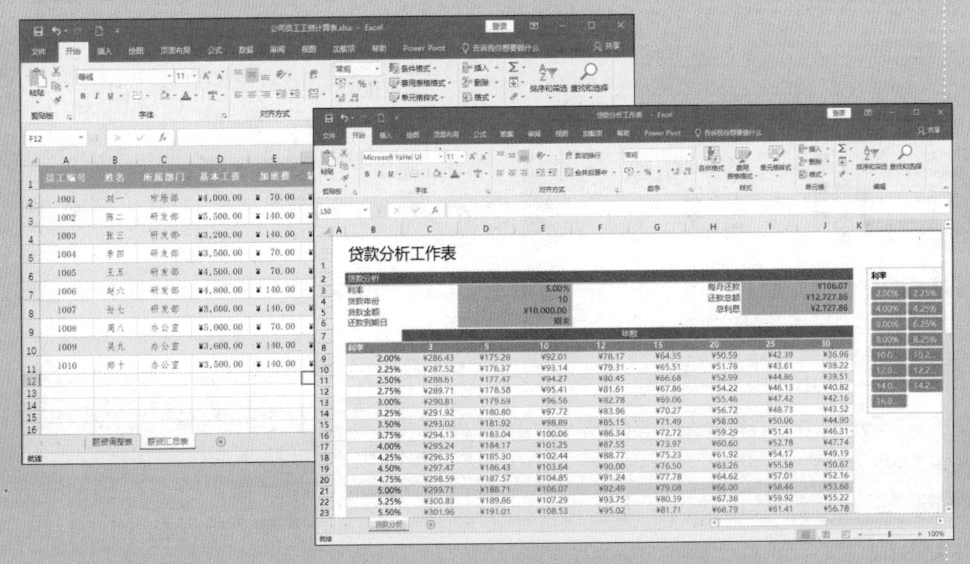

7.1 员工工资计算表的必备要素

本节视频教学时间 / 3 分钟

人事部门需要对企业员工的薪资进行管理，做薪资管理时，需要对大量的数据进行统计汇总，工作非常繁杂。在设计薪资管理系统时，应该建立员工出勤管理表、业绩表、年度考核表以及薪资系统表等，所有的表中应该分类将员工的所有基本信息以及应得薪资和应扣除的薪资标清楚。例如，根据销售额计算奖金、基本工资、工龄工资等。需要注意的是，在标注员工基本信息时应保证每个表格中的员工编号一致。最后，我们通过函数的调用进行薪资的计算。

使用 Excel 2019 制作的薪资管理系统适合中小型企业或者大型企业部门间的薪资管理。制作薪资管理系统前，首先需要了解 Excel 2019 的函数。

7.2 公式的应用

本节视频教学时间 / 16 分钟

在 Excel 中，公式是数据计算的重要方式，它可以使数据处理变得方便，如对数值进行加、减、乘、除等运算。

7.2.1 认识公式

在认识公式之前，首先看下图，要计算总支出金额，只需将各项支出金额相加即可。如果我们手动计算，或使用计算器，效率会非常低，也无法确保准确率。

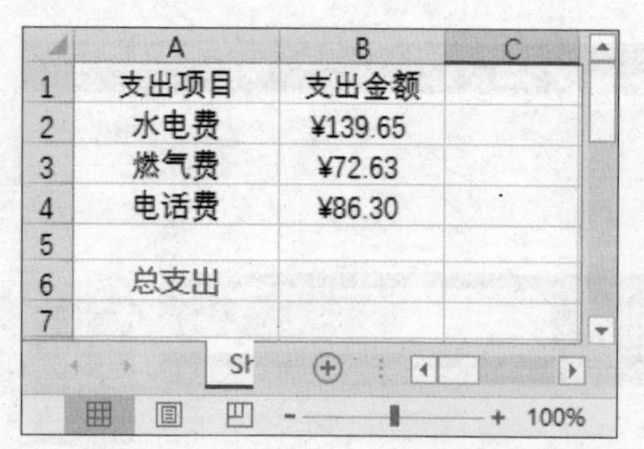

在 Excel 中，用单元格表示就是“B2+B3+B4”，它是一个表达式，如果使用“=”作为开头连接这个表达式，那么就形成了一个 Excel 公式，也可以视为一个数学公式。在使用公式时必须以等号“=”开头，后面紧接数据和运算符。为了方便理解，下面列举几个应用公式的例子。

=2018+1

=SUM（A1:A9）

= 现金收入 - 支出

上面的例子体现了 Excel 公式的语法，即公式以等号“=”开头，后面紧接着运算数和运算符，运算数可以是常数、单元格引用、单元格名称和工作表函数等。

在单元格中输入公式，会进行计算，然后返回结果。公式使用数学运算符来处理数值、文本、工作表函数及其他函数，在一个单元格中计算出一个数值。数值和文本可以位于其他单元格中，这样可以方便地更改数据，赋予工作表动态特征。

> **提示**
> 函数是Excel软件内置的一段程序，可以完成预定的计算功能。公式是用户根据数据统计、处理和分析的实际需要，利用函数式、引用、常量等参数，通过运算符号连接起来，完成用户所需的计算功能的一种表达式。

输入单元格中的数据由下列几个元素组成。

（1）运算符，如“+”（相加）或“*”（相乘）。

（2）单元格引用（包含了定义名称的单元格和区域）。

（3）数值和文本。

（4）工作表函数（如SUM函数或AVERAGE函数）。

在单元格中输入公式后，单元格中会显示公式计算的结果。当选中单元格的时候，公式本身会出现在编辑栏里。下表给出了几个公式的例子。

=2019*0.5	公式只使用了数值且不是很有用，建议使用单元格与单元格相乘
=A1+A2	把单元格A1和A2中的值相加
=Income-Expenses	用单元格Income（收入）的值减去单元格Expenses（支出）的值
=SUM(A1:A12)	从A1到A12所有单元格中的数值相加
=A1=C12	比较单元格A1和C12。如果相等，公式返回值为TRUE；反之则为FALSE

7.2.2 对单元格进行简单的计算

在Excel中进行数据计算时，需要在单元格或编辑栏中输入相应的公式。在输入公式时，首先需要输入“=”符号作为开头，然后再输入公式的表达式。例如，在单元格C1中输入公式“=A1+B1”，具体操作步骤如下。

1 打开工作簿

打开“素材\ch07\公司利润表.xlsx”工作簿，选择F3单元格，输入“=”（见下图）。

2 单击单元格

单击单元格B3，单元格周围会显示一个活动虚框，同时单元格引用会出现在单元格F3和编辑栏中（见下图）。

3 添加实线边框

输入“加号（+）”，单击单元格C3。单元格B3的虚线边框会变为实线边框（见下图）。

C3 | =B3+C3

2018年年度总利润统计表

项目 \ 季度	第1季度	第2季度	第3季度	第4季度	总利润
图书	¥231,000	¥36,520	¥74,100	¥95,100	=B3+C3
电器	¥523,300	¥165,200	¥185,200	¥175,300	
汽车	¥962,300	¥668,400	¥696,300	¥586,100	
总计					

4 选择 D3 和 E3 单元格

重复步骤3，依次选择 D3 和 E3 单元格，效果如下图所示。

E3 | =B3+C3+D3+E3

2018年年度总利润统计表

项目 \ 季度	第1季度	第2季度	第3季度	第4季度	总利润
图书	¥231,000	¥36,520	¥74,100	¥95,100	=B3+C3+D3+E3
电器	¥523,300	¥165,200	¥185,200	¥175,300	
汽车	¥962,300	¥668,400	¥696,300	¥586,100	
总计					

5 进行计算

按【Enter】键或单击【输入】按钮✓，即可计算出结果（见下图）。

F3 | =B3+C3+D3+E3

2018年年度总利润统计表

项目 \ 季度	第1季度	第2季度	第3季度	第4季度	总利润
图书	¥231,000	¥36,520	¥74,100	¥95,100	¥436,720
电器	¥523,300	¥165,200	¥185,200	¥175,300	
汽车	¥962,300	¥668,400	¥696,300	¥586,100	
总计					

6 填充单元格

使用填充功能，向下填充到 F5 单元格，计算结果如下。

F3 | =B3+C3+D3+E3

2018年年度总利润统计表

项目 \ 季度	第1季度	第2季度	第3季度	第4季度	总利润
图书	¥231,000	¥36,520	¥74,100	¥95,100	¥436,720
电器	¥523,300	¥165,200	¥185,200	¥175,300	¥1,049,000
汽车	¥962,300	¥668,400	¥696,300	¥586,100	¥2,913,100
总计					

7 输入公式

选择 E6 单元格，然后输入公式“=F3+F4+F5”（见下图）。

SUMIFS | =F3+F4+F5

2018年年度总利润统计表

项目 \ 季度	第1季度	第2季度	第3季度	第4季度	总利润
图书	¥231,000	¥36,520	¥74,100	¥95,100	¥436,720
电器	¥523,300	¥165,200	¥185,200	¥175,300	¥1,049,000
汽车	¥962,300	¥668,400	¥696,300	¥586,100	¥2,913,100
总计				=F3+F4+F5	

8 计算结果

按【Enter】键，即可计算出结果（见下图）。

E6 | =F3+F4+F5

2018年年度总利润统计表

项目 \ 季度	第1季度	第2季度	第3季度	第4季度	总利润
图书	¥231,000	¥36,520	¥74,100	¥95,100	¥436,720
电器	¥523,300	¥165,200	¥185,200	¥175,300	¥1,049,000
汽车	¥962,300	¥668,400	¥696,300	¥586,100	¥2,913,100
总计				¥4,398,820.00	

7.3 认识函数

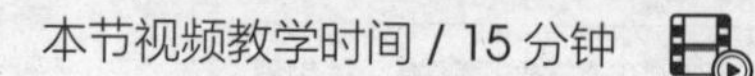

Excel 函数是一些已经定义好的公式，这些公式通过参数接收数据并返回结果。大多数情况下，函数返回的是计算的结果，此外，也可以返回文本、引用、逻辑值、数组或者工作表的信息。

7.3.1 函数的概念

Excel 中所提到的函数其实是一些预定义的公式，它们使用一些被称为参数的特定数值，按特定的顺序或结构进行计算。每个函数描述都包括一个语法行，它是一种特殊的公式，所有的函数必须以等号“=”开始，它是预定义的内置公式，必须按语法的特定顺序进行计算。

【插入函数】对话框为用户提供了一个使用半自动方式输入函数及其参数的方法。使用【插入函数】对话框，可以保证函数名拼写正确、参数的顺序和数量无误。

1. 打开【插入函数】对话框的方法有以下 3 种。

（1）在【公式】选项卡中，单击【函数库】组中的【插入函数】按钮 f_x 插入函数（见下图）。

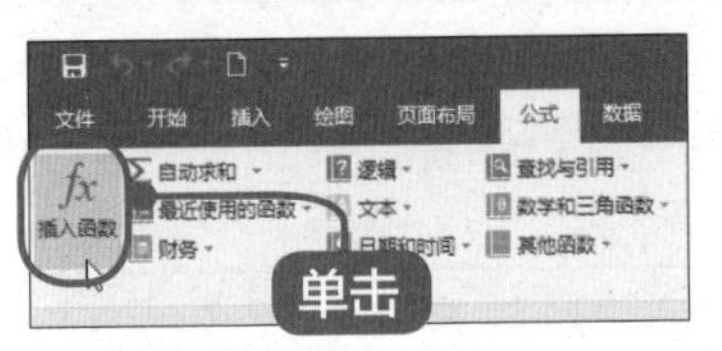

（2）单击编辑栏中的【插入函数】按钮 f_x（见下图）。

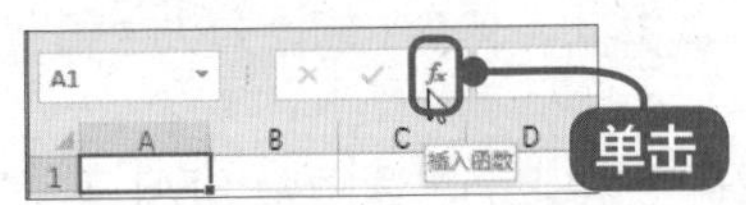

（3）按【Shift+F3】组合键。

2. 如果要使用内置函数，可以在【插入函数】对话框中的【或选择类别】下拉列表中选择一种类别，该类别中所有的函数会出现在【选择函数】列表框中，如选择函数类别“文本”（见下图）。

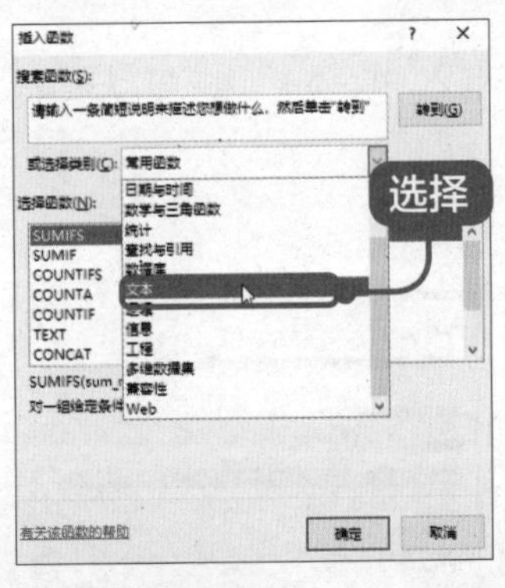

3. 如果不确定需要哪一类函数，可以使用对话框顶部的【搜索函数】文本框搜索相应的函数。输入搜索项，单击【转到】按钮，即可得到一个相关函数的列表，如搜索函数类别“引用”（见下图）。

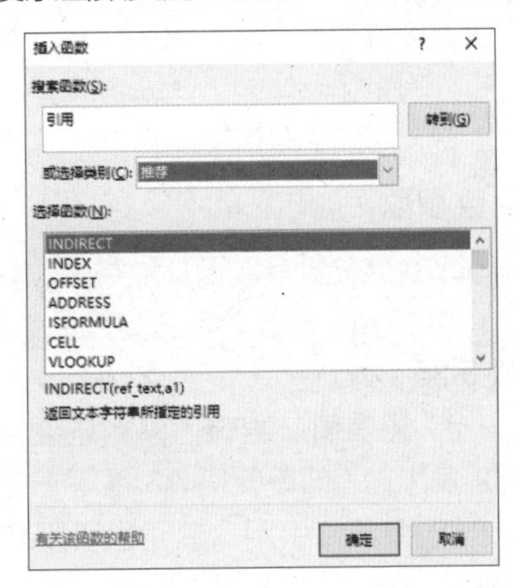

4. 选择函数后单击【确定】按钮，Excel 会显示【函数参数】对话框，可以直接输入参数，也可以单击参数文本框后的【折叠】按钮来选择参数，设定所有的函数参数后，单击【确定】按钮（见下图）。

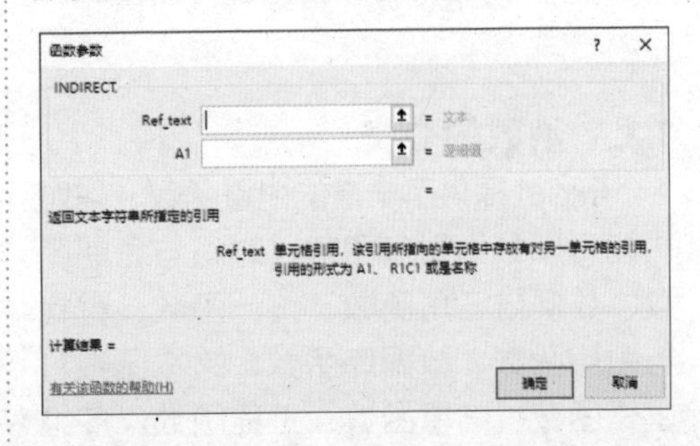

7.3.2 函数的组成

在 Excel 中，一个完整的函数式通常由 3 部分构成，其格式为标识符函数名称（函数参数）。

1. 标识符

在单元格中输入计算函数时，必须先输入“=”，这个“=”称为函数的标识符。

> **提示**
> 如果不输入“=”，Excel 通常会将输入的函数式作为文本处理，不返回运算结果。如果输入“+”或“-”，Excel 也可以返回函数式的运算结果，确认输入后，Excel 在函数式的前面会自动添加标识符“=”。

2. 函数名称

函数标识符后面的英文是函数名称。

> **提示**
> 大多数函数名称是对应英文单词的缩写。有些函数名称是由多个英文单词（或缩写）组合而成的，例如，条件求和函数 SUMIF 是由求和 SUM 和条件 IF 组成的。

3. 函数参数

函数参数主要有以下几种类型。

（1）常量。常量参数主要包括数值（如 123.45）、文本（如计算机）和日期（如 2010-5-25）等。

（2）逻辑值。逻辑值参数主要包括逻辑真（TRUE）、逻辑假（FALSE）以及逻辑判断表达式（如单元格 A3 不等于空表示为“A3<>()”）的结果等。

（3）单元格引用。单元格引用参数主要包括单个单元格的引用和单元格区域的引用等。

（4）名称。在工作簿文档中各个工作表中自定义的名称，可以作为本工作簿内的函数参数直接引用。

（5）其他函数式。用户可以用一个函数式的返回结果作为另一个函数式的参数。对于这种形式的函数式，通常称为“函数嵌套”。

（6）数组参数。数组参数可以是一组常量（如 2、4、6），也可以是单元格区域的引用。

7.3.3 函数的分类

Excel 提供了丰富的内置函数，按照功能可以分为财务函数、时间与日期函数、数学与三角函数、统计函数、查找与引用函数、数据库函数、文本函数、逻辑函数、信息函数、工程函数、多维数据集、兼容性函数和 Web 函数等（见右栏图）。

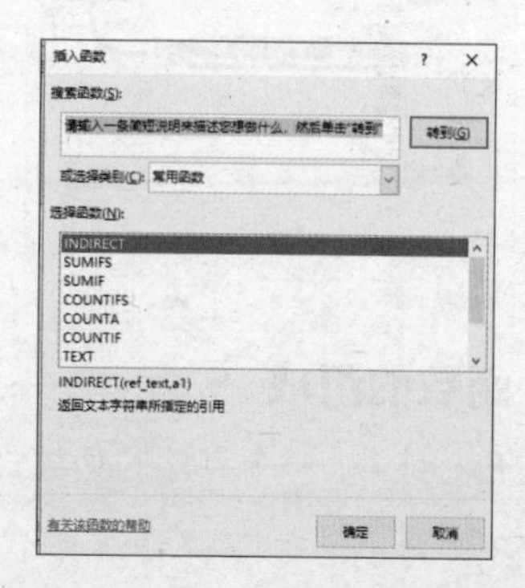

7.4 输入函数并自动更新工资

在设计薪资管理系统之前，需要新建“薪资管理”工作簿并输入数据。

1 创建工作表并命名

新建工作簿，创建一个“Sheet2”工作表，分别将当前工作表重命名为“薪资调整表”“薪资汇总表”（见下图）。

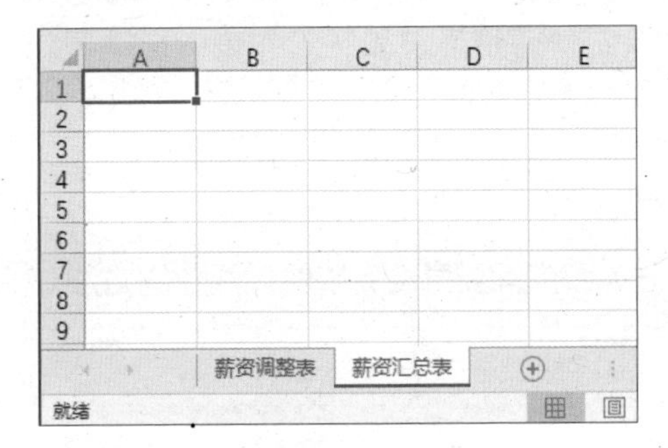

2 输入表头并设置对齐方式

选择“薪资调整表”工作表，在其中输入下图所示的内容。并将其对齐方式设置为“居中”。

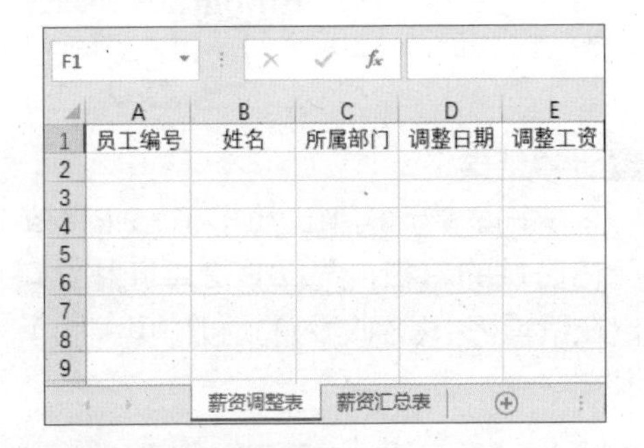

3 设置“薪资汇总表”

选择“薪资汇总表”工作表，在其中输入右栏图所示的内容。并将其对齐方式设置为“居中”。

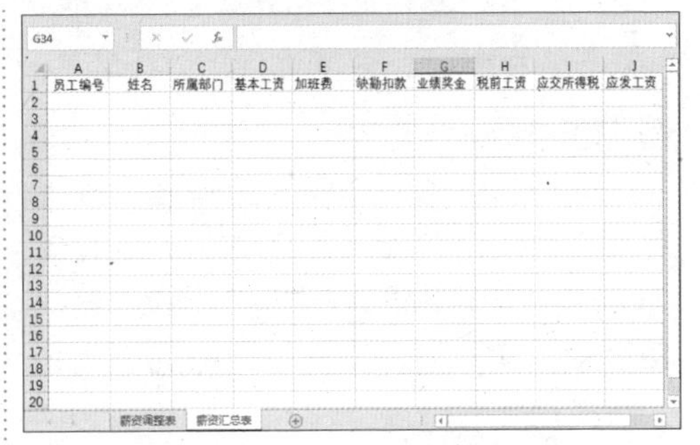

4 保存表格

按【Ctrl+S】组合键，在弹出的【另存为】对话框中输入“公司员工工资表.xlsx”，单击【保存】按钮（见下图）。

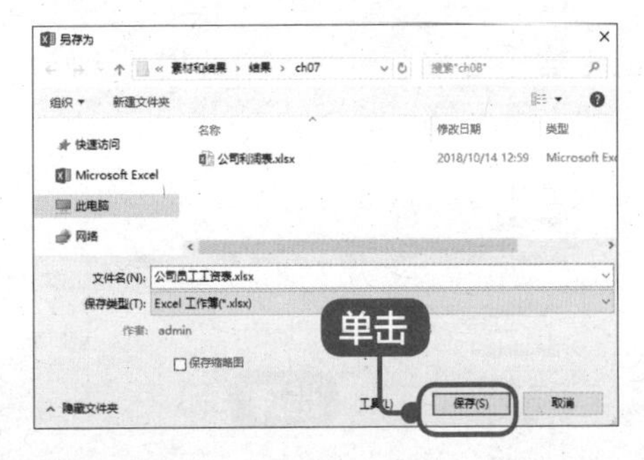

5 输入内容

选择“薪资调整表”工作表，然后选择 A2：E11 单元格区域，将其对齐方式设置为“居中”，再选择 D2:D10 单元格区域，设置其单元格格式为“日期”，接着选择 E2:E10 单元格区域，设置其单元格格式为“货币”，并保留 2 位小数。设置完成后，输入下图所示的内容（用户也可以直接复制“素材 \ch07\ 公司员工工资表.xlsx”中的数据）（见下页图）。

员工编号	姓名	所属部门	调整日期	调整工资
1001	刘一	市场部	2019/1/10	¥4,000.00
1002	陈二	研发部	2019/1/10	¥5,500.00
1003	张三	研发部	2019/1/10	¥3,200.00
1004	李四	研发部	2019/1/10	¥3,500.00
1005	王五	研发部	2019/1/14	¥4,500.00
1006	赵六	研发部	2019/1/15	¥4,800.00
1007	孙七	研发部	2019/1/16	¥3,600.00
1008	周八	办公室	2019/1/17	¥5,000.00
1009	吴九	办公室	2019/1/18	¥3,600.00
1010	郑十	办公室	2019/1/20	¥3,500.00

6 调整参数

选择“薪资汇总表”工作表，选择 A2:C11 单元格区域，将其对齐方式设置为“居中”，并输入下图所示的内容，然后根据实际情况调整单元格的行高和列宽（见下图）。

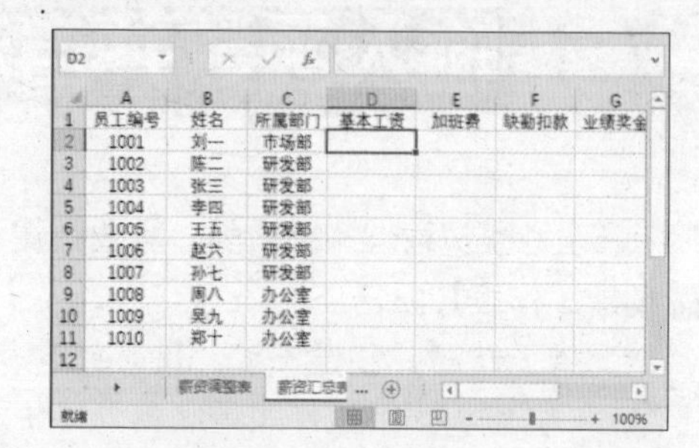

员工编号	姓名	所属部门	基本工资	加班费	缺勤扣款	业绩奖金
1001	刘一	市场部				
1002	陈二	研发部				
1003	张三	研发部				
1004	李四	研发部				
1005	王五	研发部				
1006	赵六	研发部				
1007	孙七	研发部				
1008	周八	办公室				
1009	吴九	办公室				
1010	郑十	办公室				

完成数据输入后，即可输入函数，并在“薪资汇总表”工作表中自动更新基本工资数据。

7.4.1 输入函数

下面介绍设计薪资管理系统的方法，首先，我们需要学会完整输入函数的方法。

1 选择函数

在“薪资调整表”工作表中选择 E12 单元格，单击编辑栏中的 *fx* 按钮，在打开的【插入函数】对话框中选择“SUM”函数（见下图）。

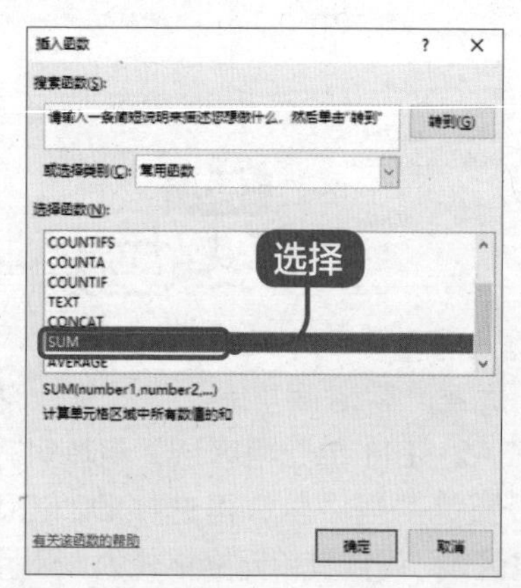

2 输入函数参数

单击【确定】按钮，在打开的【函数参数】对话框的【Number1】文本框中输入“E2:E11”，单击【确定】按钮（见右栏图）。

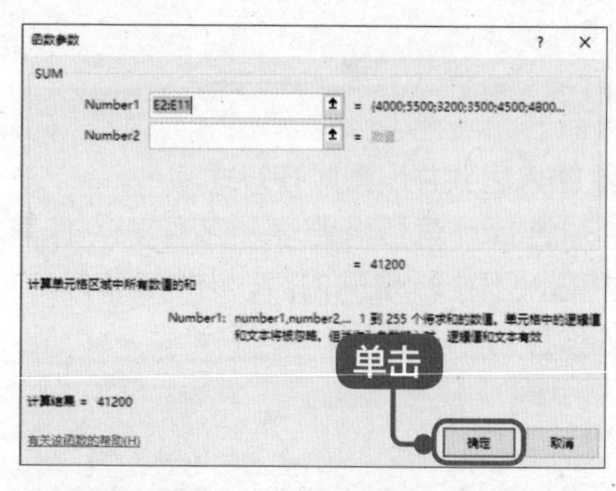

3 计算结果

在 E12 单元格中计算出了 E2:E11 单元格区域的总和，选择 E12 单元格，可以在编辑栏中看到输入的函数（见下图）。

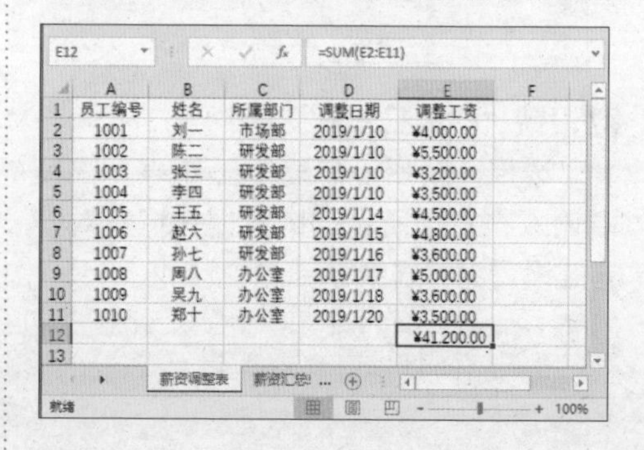

员工编号	姓名	所属部门	调整日期	调整工资
1001	刘一	市场部	2019/1/10	¥4,000.00
1002	陈二	研发部	2019/1/10	¥5,500.00
1003	张三	研发部	2019/1/10	¥3,200.00
1004	李四	研发部	2019/1/10	¥3,500.00
1005	王五	研发部	2019/1/14	¥4,500.00
1006	赵六	研发部	2019/1/15	¥4,800.00
1007	孙七	研发部	2019/1/16	¥3,600.00
1008	周八	办公室	2019/1/17	¥5,000.00
1009	吴九	办公室	2019/1/18	¥3,600.00
1010	郑十	办公室	2019/1/20	¥3,500.00
				¥41,200.00

4 修改函数

如果要修改函数，只需要双击 E12 单元格，使 E12 单元格处于可编辑状态，按【Delete】键或【Backspace】键删除错误内容，输入其他正确内容即可（见下图）。

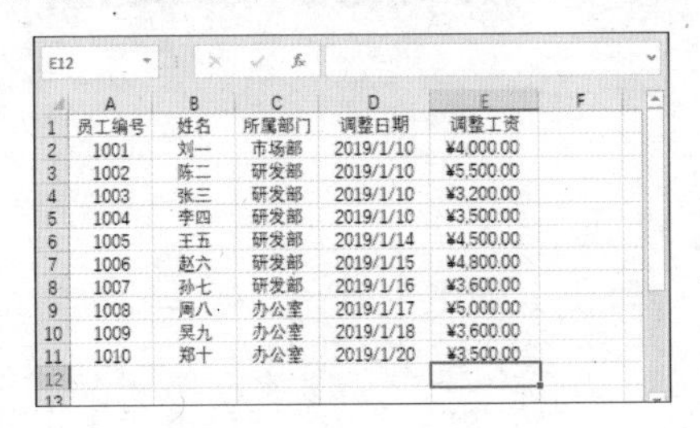

	A	B	C	D	E
1	员工编号	姓名	所属部门	调整日期	调整工资
2	1001	刘一	市场部	2019/1/10	¥4,000.00
3	1002	陈二	研发部	2019/1/10	¥5,500.00
4	1003	张三	研发部	2019/1/10	¥3,200.00
5	1004	李四	研发部	2019/1/10	¥3,500.00
6	1005	王五	研发部	2019/1/14	¥4,500.00
7	1006	赵六	研发部	2019/1/15	¥4,800.00
8	1007	孙七	研发部	2019/1/16	¥3,600.00
9	1008	周八	办公室	2019/1/17	¥5,000.00
10	1009	吴九	办公室	2019/1/18	¥3,600.00
11	1010	郑十	办公室	2019/1/20	¥3,500.00
12					

提示

如果要删除单元格中的函数值，只需要单击要删除函数的单元格，按【Delete】键即可。本节以求所有员工的基本工资的总和为例，介绍输入函数的方法。

7.4.2 自动更新基本工资

在“薪资调整表”工作表中对基本工资数据进行更新后，可以通过函数的调用使“薪资汇总表”工作表的基本工资所在的 D 列数据进行自动更新。

1 定义名称

选择“薪资调整表”工作表，选择单元格区域 A2:E11，在【公式】选项卡中，单击【定义的名称】组中的【定义名称】按钮 定义名称（见下图）。

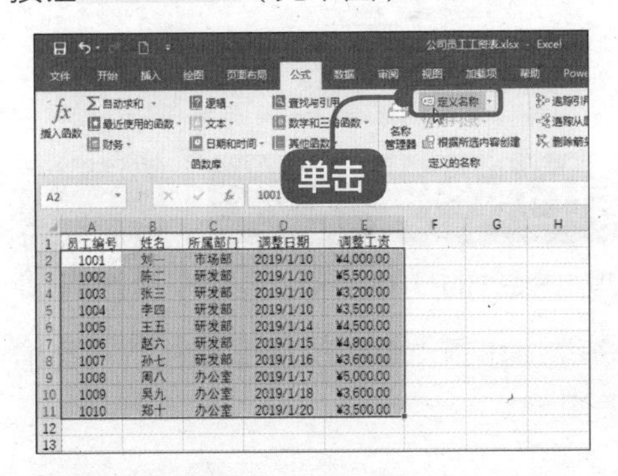

2 设置【新建名称】对话框

弹出【新建名称】对话框，在【名称】文本框中输入“薪资调整”，在【范围】下拉列表中选择【工作簿】选项，在【引用位置】文本框中输入“= 薪资调整 !$A$2:$E$11”（见右栏图）。

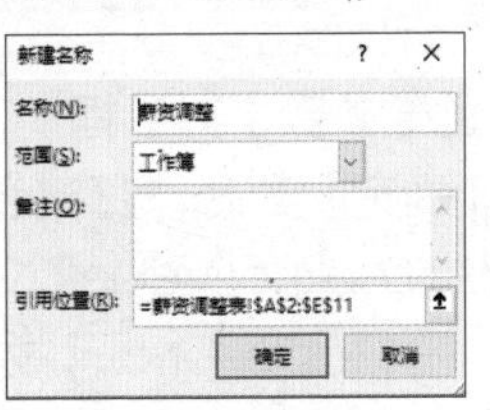

3 显示定义的范围名称

单击【确定】按钮，名称框中会显示定义的范围名称“薪资调整”（见下图）。

	A	B	C	D	E
1	员工编号	姓名	所属部门	调整日期	调整工资
2	1001	刘一	市场部	2019/1/10	¥4,000.00
3	1002	陈二	研发部	2019/1/10	¥5,500.00
4	1003	张三	研发部	2019/1/10	¥3,200.00
5	1004	李四	研发部	2019/1/10	¥3,500.00
6	1005	王五	研发部	2019/1/14	¥4,500.00
7	1006	赵六	研发部	2019/1/15	¥4,800.00
8	1007	孙七	研发部	2019/1/16	¥3,600.00
9	1008	周八	办公室	2019/1/17	¥5,000.00
10	1009	吴九	办公室	2019/1/18	¥3,600.00
11	1010	郑十	办公室	2019/1/20	¥3,500.00

4 选择函数

切换到“薪资汇总表”工作表，选择单元格 D2，单击编辑栏中的【插入函数】按钮，打开【插入函数】对话框，在【或选择类别】下拉列表中选择【查找与引用】选项，在下方的列表中选择【VLOOKUP】选项（见下图）。

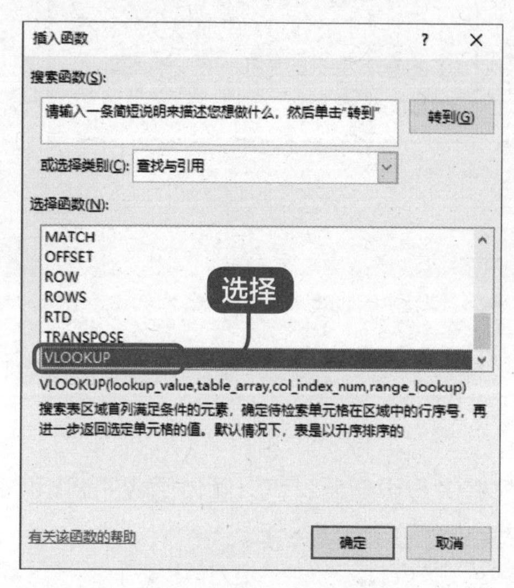

5 设置【函数参数】对话框

单击【确定】按钮，打开【函数参数】对话框，在【Lookup_value】文本框中输入“A2”，在【Table_array】文本框中输入“薪资调整”，在【Col_index_num】文本框中输入“5”（见右栏图）。

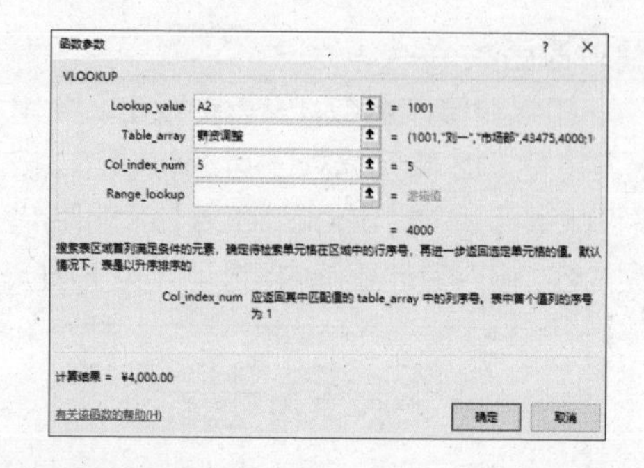

6 复制公式

单击【确定】按钮，在单元格中显示计算结果，将鼠标指针放在单元格 D2 右下角的填充柄上，当指针变为✚形状时拖动鼠标，将公式复制到该列的其他单元格中（见下图）。

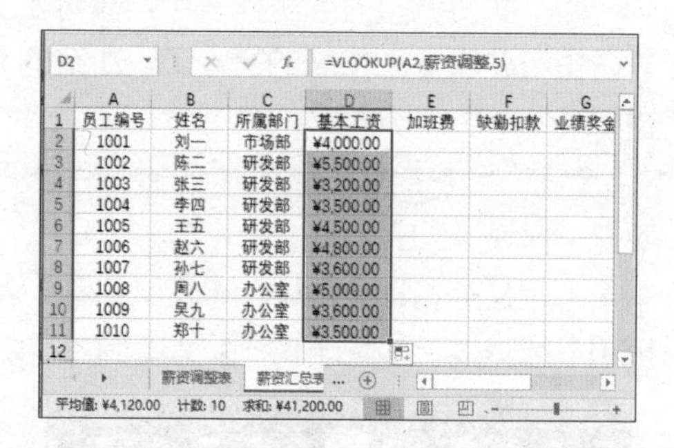

	A	B	C	D	E	F	G
1	员工编号	姓名	所属部门	基本工资	加班费	缺勤扣款	业绩奖金
2	1001	刘一	市场部	¥4,000.00			
3	1002	陈二	研发部	¥5,500.00			
4	1003	张三	研发部	¥3,200.00			
5	1004	李四	研发部	¥3,500.00			
6	1005	王五	研发部	¥4,500.00			
7	1006	赵六	研发部	¥4,800.00			
8	1007	孙七	研发部	¥3,600.00			
9	1008	周八	办公室	¥5,000.00			
10	1009	吴九	办公室	¥3,600.00			
11	1010	郑十	办公室	¥3,500.00			
12							

7.5 奖金及扣款数据的链接

本节视频教学时间 / 13 分钟

Excel 2019 中有一个非常好用的功能——数据链接，这项功能最大的优点是结果会随着数据源的变化而自动更新。

1. 打开素材文件

打开“素材 \ch07\ 员工出勤管理表 .xlsx”文件和“素材 \ch07\ 业绩表 .xlsx”文件。“员工出勤管理表 .xlsx”文件要计算出加班费和缺勤扣款，“业绩表 .xlsx”文件要计算出业绩奖金金额。

2. 设置“加班费”链接

下面设置“薪资汇总表”工作表中“加班费”的链接。

1 选择单元格

选择“薪资汇总表”工作表，然后选择单元格E2（见下图）。

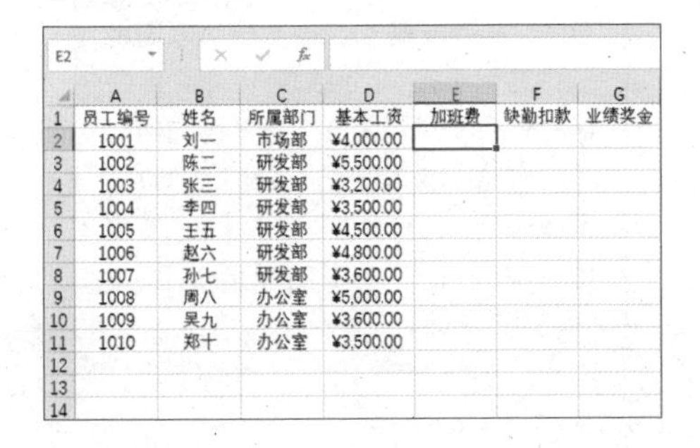

	A	B	C	D	E	F	G
1	员工编号	姓名	所属部门	基本工资	加班费	缺勤扣款	业绩奖金
2	1001	刘一	市场部	¥4,000.00			
3	1002	陈二	研发部	¥5,500.00			
4	1003	张三	研发部	¥3,200.00			
5	1004	李四	研发部	¥3,500.00			
6	1005	王五	研发部	¥4,500.00			
7	1006	赵六	研发部	¥4,800.00			
8	1007	孙七	研发部	¥3,600.00			
9	1008	周八	办公室	¥5,000.00			
10	1009	吴九	办公室	¥3,600.00			
11	1010	郑十	办公室	¥3,500.00			

2 选择函数

单击编辑栏中的【插入函数】按钮，打开【插入函数】对话框，在【或选择类别】下拉列表中选择【查找与引用】选项，在下方的列表框中选择【VLOOKUP】选项（见下图）。

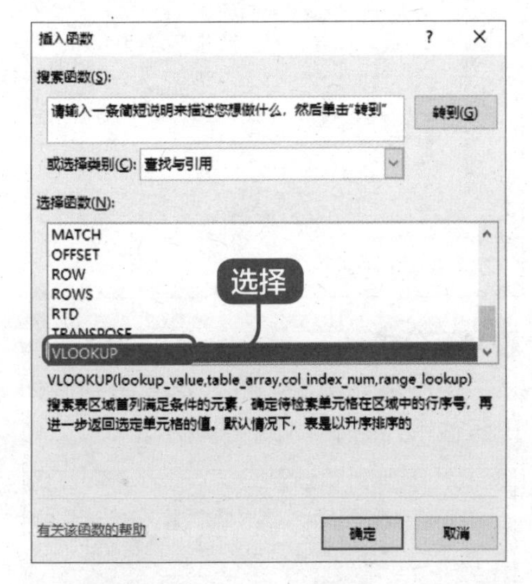

3 设置【函数参数】对话框

单击【确定】按钮，打开【函数参数】对话框，在【Lookup_value】文本框中输入“A2”，在【Table_array】文本框中输入“(员工出勤管理表.xlsx)加班记录!$B$2:$G$10”，在【Col_index_num】文本框中输入“6”（见右栏图）。

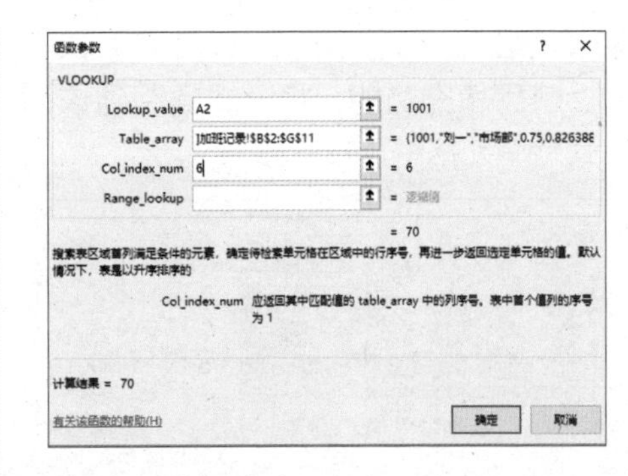

4 复制公式

单击【确定】按钮，显示计算结果，将鼠标指针放在单元格E2右下角的填充柄上，当指针变为+形状时拖动鼠标，将公式复制到该列的其他单元格中（见下图）。

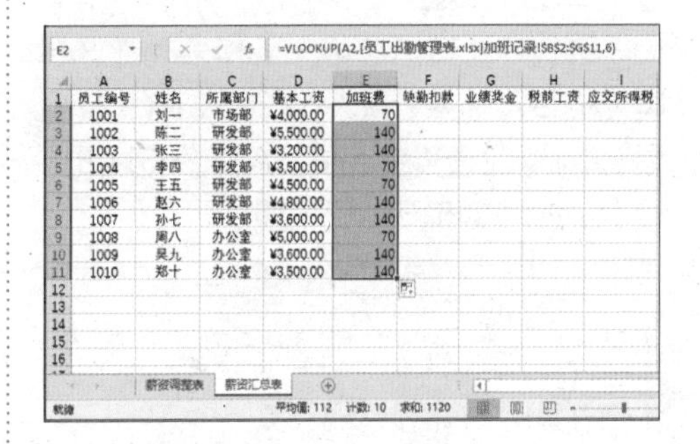

	A	B	C	D	E	F	G	H	I
1	员工编号	姓名	所属部门	基本工资	加班费	缺勤扣款	业绩奖金	税前工资	应交所得税
2	1001	刘一	市场部	¥4,000.00	70				
3	1002	陈二	研发部	¥5,500.00	140				
4	1003	张三	研发部	¥3,200.00	140				
5	1004	李四	研发部	¥3,500.00	70				
6	1005	王五	研发部	¥4,500.00	70				
7	1006	赵六	研发部	¥4,800.00	140				
8	1007	孙七	研发部	¥3,600.00	140				
9	1008	周八	办公室	¥5,000.00	70				
10	1009	吴九	办公室	¥3,600.00	140				
11	1010	郑十	办公室	¥3,500.00	140				

3. 设置“缺勤扣款”链接

下面设置“薪资汇总表”工作表中“缺勤扣款”的链接。

1 计算缺勤扣款

选择“薪资汇总表”工作表，然后选择单元格F2，输入公式“=VLOOKUP(A2,(员工出勤管理表.xlsx)缺勤记录!$A$2:$K$11,11)”，按【Enter】键确认（见下图）。

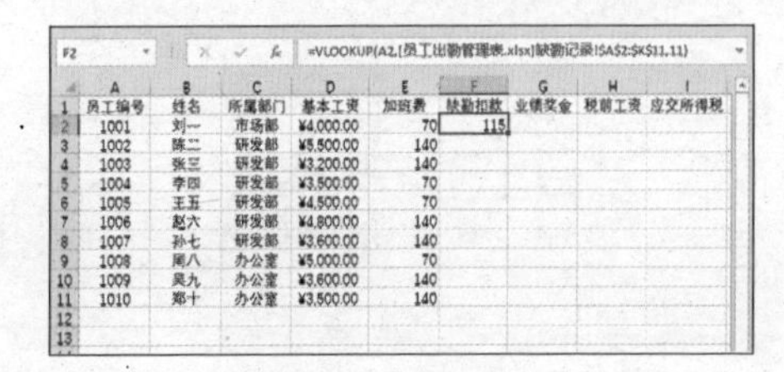

	A	B	C	D	E	F	G	H	I
1	员工编号	姓名	所属部门	基本工资	加班费	缺勤扣款	业绩奖金	税前工资	应交所得税
2	1001	刘一	市场部	¥4,000.00	70	115			
3	1002	陈二	研发部	¥5,500.00	140				
4	1003	张三	研发部	¥3,200.00	140				
5	1004	李四	研发部	¥3,500.00	70				
6	1005	王五	研发部	¥4,500.00	70				
7	1006	赵六	研发部	¥4,800.00	140				
8	1007	孙七	研发部	¥3,600.00	140				
9	1008	周八	办公室	¥5,000.00	70				
10	1009	吴九	办公室	¥3,600.00	140				
11	1010	郑十	办公室	¥3,500.00	140				

2 填充公式

使用填充功能，将公式复制到该列的其他单元格中，如下图所示。

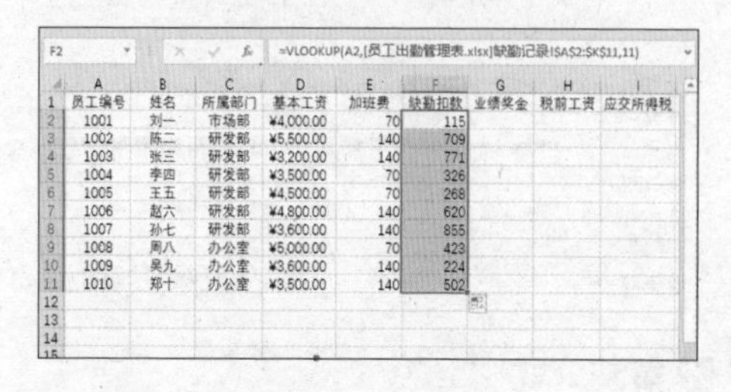

F2 =VLOOKUP(A2,[员工出勤管理表.xlsx]缺勤记录!$A$2:$K$11,11)

员工编号	姓名	所属部门	基本工资	加班费	缺勤扣款	业绩奖金	税前工资	应交所得税
1001	刘一	市场部	¥4,000.00	70	115			
1002	陈二	研发部	¥5,500.00	140	709			
1003	张三	研发部	¥3,200.00	140	771			
1004	李四	研发部	¥3,500.00	70	326			
1005	王五	研发部	¥4,500.00	70	268			
1006	赵六	研发部	¥4,800.00	140	620			
1007	孙七	研发部	¥3,600.00	140	855			
1008	周八	办公室	¥5,000.00	70	423			
1009	吴九	办公室	¥3,600.00	140	224			
1010	郑十	办公室	¥3,500.00	140	502			

4. 设置“业绩奖金”链接

下面设置“薪资汇总表”工作表中“业绩奖金”的链接。

1 计算业绩奖金

选择“薪资汇总表”工作表，并选择单元格G2。输入公式“=VLOOKUP(A2,(业绩表.xlsx)业绩奖金评估!$A$2:$H$11,8)”，按【Enter】键确认（见下图）。

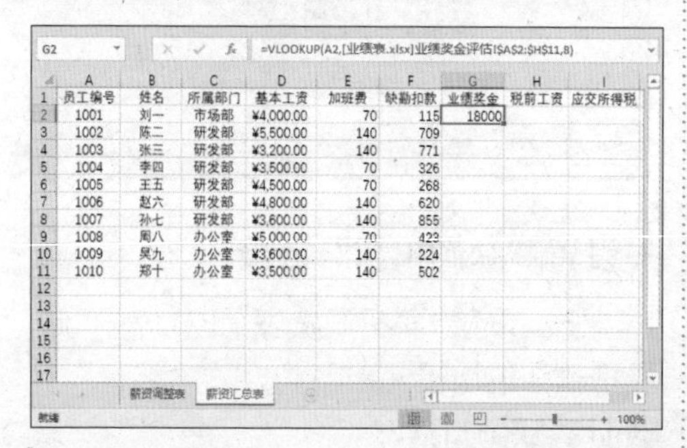

G2 =VLOOKUP(A2,[业绩表.xlsx]业绩奖金评估!$A$2:$H$11,8)

员工编号	姓名	所属部门	基本工资	加班费	缺勤扣款	业绩奖金	税前工资	应交所得税
1001	刘一	市场部	¥4,000.00	70	115	18000		
1002	陈二	研发部	¥5,500.00	140	709			
1003	张三	研发部	¥3,200.00	140	771			
1004	李四	研发部	¥3,500.00	70	326			
1005	王五	研发部	¥4,500.00	70	268			
1006	赵六	研发部	¥4,800.00	140	620			
1007	孙七	研发部	¥3,600.00	140	855			
1008	周八	办公室	¥5,000.00	70	423			
1009	吴九	办公室	¥3,600.00	140	224			
1010	郑十	办公室	¥3,500.00	140	502			

2 填充公式

使用填充功能，将公式复制到该列的其他单元格中，如下图所示。

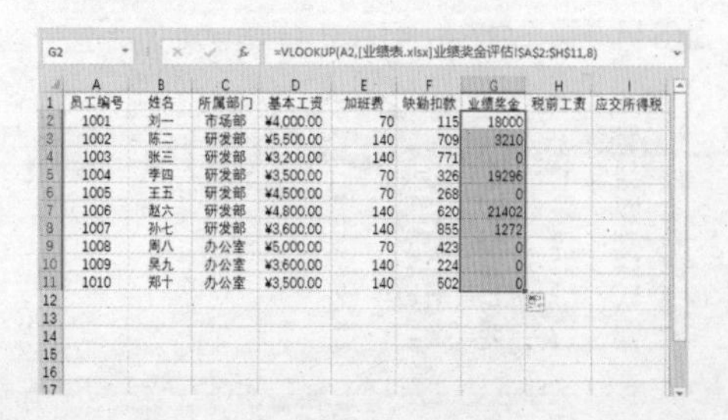

G2 =VLOOKUP(A2,[业绩表.xlsx]业绩奖金评估!$A$2:$H$11,8)

员工编号	姓名	所属部门	基本工资	加班费	缺勤扣款	业绩奖金	税前工资	应交所得税
1001	刘一	市场部	¥4,000.00	70	115	18000		
1002	陈二	研发部	¥5,500.00	140	709	3210		
1003	张三	研发部	¥3,200.00	140	771	0		
1004	李四	研发部	¥3,500.00	70	326	19296		
1005	王五	研发部	¥4,500.00	70	268	0		
1006	赵六	研发部	¥4,800.00	140	620	21402		
1007	孙七	研发部	¥3,600.00	140	855	1272		
1008	周八	办公室	¥5,000.00	70	423	0		
1009	吴九	办公室	¥3,600.00	140	224	0		
1010	郑十	办公室	¥3,500.00	140	502	0		

> **提示**
>
> 在公式“=VLOOKUP(A2,[业绩表.xlsx]业绩奖金评估!$A$2:$H$11,8)”中，将第3个参数设置为“8”，表示取满足条件的记录在“[业绩表.xlsx]奖金评估!$B$2:$H$11”区域中第8列的值，“[业绩表.xlsx]加班记录!$B$2:$H$11”区域就是“业绩表.xlsx”中的“奖金评估”工作表中的单元格区域$B$2:$H$11。

5. 计算“税前工资”

下面计算税前工资。

1 输入计算公式

选择“薪资汇总表”工作表，并选择单元格H2，输入公式“=D2+E2-F2+G2”，按【Enter】键确认（见下图）。

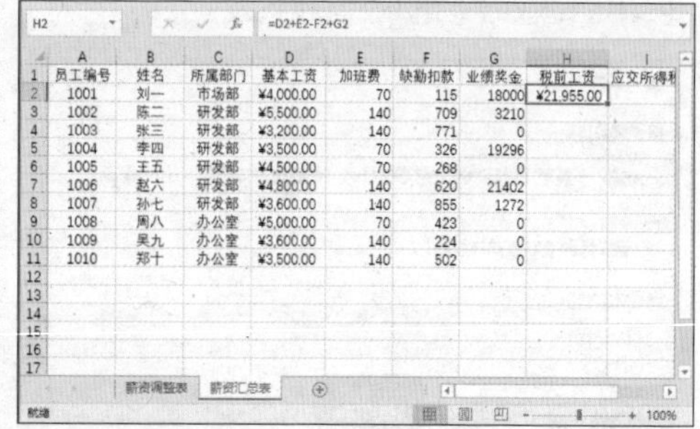

H2 =D2+E2-F2+G2

员工编号	姓名	所属部门	基本工资	加班费	缺勤扣款	业绩奖金	税前工资	应交所得税
1001	刘一	市场部	¥4,000.00	70	115	18000	¥21,955.00	
1002	陈二	研发部	¥5,500.00	140	709	3210		
1003	张三	研发部	¥3,200.00	140	771	0		
1004	李四	研发部	¥3,500.00	70	326	19296		
1005	王五	研发部	¥4,500.00	70	268	0		
1006	赵六	研发部	¥4,800.00	140	620	21402		
1007	孙七	研发部	¥3,600.00	140	855	1272		
1008	周八	办公室	¥5,000.00	70	423	0		
1009	吴九	办公室	¥3,600.00	140	224	0		
1010	郑十	办公室	¥3,500.00	140	502	0		

2 填充公式

使用填充功能，将公式复制到该列的其他单元格中，如下图所示。

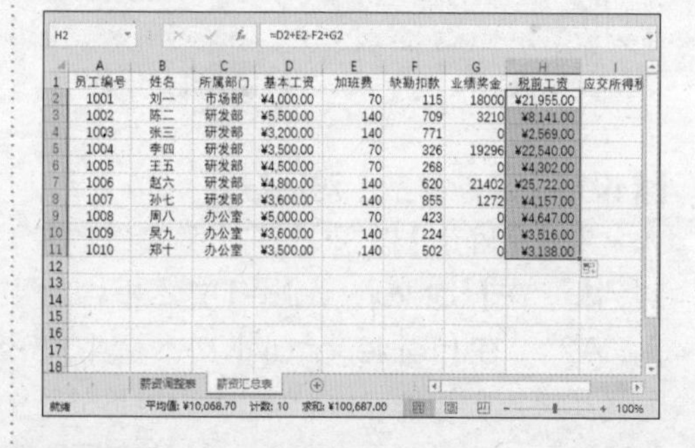

H2 =D2+E2-F2+G2

员工编号	姓名	所属部门	基本工资	加班费	缺勤扣款	业绩奖金	税前工资	应交所得税
1001	刘一	市场部	¥4,000.00	70	115	18000	¥21,955.00	
1002	陈二	研发部	¥5,500.00	140	709	3210	¥8,141.00	
1003	张三	研发部	¥3,200.00	140	771	0	¥2,569.00	
1004	李四	研发部	¥3,500.00	70	326	19296	¥22,540.00	
1005	王五	研发部	¥4,500.00	70	268	0	¥4,302.00	
1006	赵六	研发部	¥4,800.00	140	620	21402	¥25,722.00	
1007	孙七	研发部	¥3,600.00	140	855	1272	¥4,157.00	
1008	周八	办公室	¥5,000.00	70	423	0	¥4,647.00	
1009	吴九	办公室	¥3,600.00	140	224	0	¥3,516.00	
1010	郑十	办公室	¥3,500.00	140	502	0	¥3,138.00	

7.6 计算个人所得税

本节视频教学时间 / 6 分钟

一般在计算应纳税额时用的是超额累进税率，计算起来比较麻烦和烦琐，而使用 Excel 2019 的速算扣除数计算法功能，可以使计算变得比较简便。

1 打开文件

打开“素材 \ch07\ 所得税计算表 .xlsx”文件（见下图）。

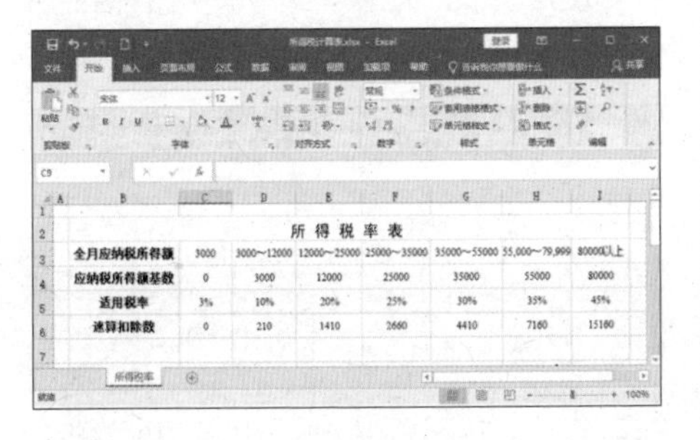

所 得 税 率 表

全月应纳税所得额	3000	3000~12000	12000~25000	25000~35000	35000~55000	55,000~79,999	80000以上
应纳税所得额基数	0	3000	12000	25000	35000	55000	80000
适用税率	3%	10%	20%	25%	30%	35%	45%
速算扣除数	0	210	1410	2660	4410	7160	15160

> **提示**
> 我国当前的个税起征点是 5000 元，计算公式为：应缴个人所得税 =（月应税收入 -5000）× 税率 - 速算扣除数。

2 计算应纳税款

参考此所得税率表，可以看到公司 1001、1004 和 1006 号员工适用的所得税率为 20%，扣除数为 1410。据此编辑公式，在单元格 I2 中输入“=(H2 - 5000)*20% - 1410”，按【Enter】键确认，计算出应纳税款。用同样的方法求出另外两个员工的税款（见下图）。

I7 =(H7-5000)*20%-1410

	D	E	F	G	H	I	J
1	基本工资	加班费	缺勤扣款	业绩奖金	税前工资	应交所得税	应发工资
2	¥4,000.00	70	115	18000	¥21,955.00	1981	
3	¥5,500.00	140	709	3210	¥ 8,141.00		
4	¥3,200.00	140	771	0	¥ 2,569.00		
5	¥3,500.00	70	326	19296	¥22,540.00	2098	
6	¥4,500.00	70	268	0	¥ 4,302.00		
7	¥4,800.00	140	620	21402	¥25,722.00	2734.4	
8	¥3,600.00	140	855	1272	¥ 4,157.00		
9	¥5,000.00	70	423	0	¥ 4,647.00		
10	¥3,600.00	140	224	0	¥ 3,516.00		
11	¥3,500.00	140	502	0	¥ 3,138.00		
12							
13							

3 计算其他员工应纳税款

参考所得税率表，可以看到公司 1002 号员工适用的所得税率为 10%，扣除数为 210。据此编辑公式，在单元格 I3 中输入“=(H3 - 3500)*10% - 210”，按【Enter】键确认，计算出应纳税款（见下图）。

I3 =(H3-5000)*10%-210

	D	E	F	G	H	I	J
1	基本工资	加班费	缺勤扣款	业绩奖金	税前工资	应交所得税	应发工资
2	¥4,000.00	70	115	18000	¥21,955.00	1981	
3	¥5,500.00	140	709	3210	¥ 8,141.00	104.1	
4	¥3,200.00	140	771	0	¥ 2,569.00		
5	¥3,500.00	70	326	19296	¥22,540.00	2098	
6	¥4,500.00	70	268	0	¥ 4,302.00		
7	¥4,800.00	140	620	21402	¥25,722.00	2734.4	
8	¥3,600.00	140	855	1272	¥ 4,157.00		
9	¥5,000.00	70	423	0	¥ 4,647.00		
10	¥3,600.00	140	224	0	¥ 3,516.00		
11	¥3,500.00	140	502	0	¥ 3,138.00		

4 补齐剩余单元格

参考所得税率表，其他未到纳税起征点 5000 的员工，其应交所得税为“0”（见下图）。

I17

	D	E	F	G	H	I	J
1	基本工资	加班费	缺勤扣款	业绩奖金	税前工资	应交所得税	应发工资
2	¥4,000.00	70	115	18000	¥21,955.00	1981	
3	¥5,500.00	140	709	3210	¥ 8,141.00	104.1	
4	¥3,200.00	140	771	0	¥ 2,569.00	0	
5	¥3,500.00	70	326	19296	¥22,540.00	2098	
6	¥4,500.00	70	268	0	¥ 4,302.00	0	
7	¥4,800.00	140	620	21402	¥25,722.00	2734.4	
8	¥3,600.00	140	855	1272	¥ 4,157.00	0	
9	¥5,000.00	70	423	0	¥ 4,647.00	0	
10	¥3,600.00	140	224	0	¥ 3,516.00	0	
11	¥3,500.00	140	502	0	¥ 3,138.00	0	
12							
13							
14							

薪资调整表 薪资汇总表

> **提示**
> 另外，用户也可以使用 ROUND 和 MAX 函数快速计算。公式为“=ROUND(MAX((H3-5000)*{0.03,0.1,0.2,0.25,0.3,0.35,0.45}-{0,210,1410,2660,4410,7160,15160},0),2)”。

7.7 计算个人应发工资

本节视频教学时间 / 2 分钟

完成所有数据的计算后，就可以计算每位员工的应发工资了。

提示

应发工资的计算可以使用计算完成的税前工资减去应交所得税。

1 计算工资

选择单元格 J2，输入“=H2－I2”，按【Enter】键，计算出员工编号为“1001”的员工工资（见下图）。

J2　=H2-I2

	E	F	G	H	I	J
1	加班费	缺勤扣款	业绩奖金	税前工资	应交所得税	应发工资
2	70	115	18000	¥21,955.00	3608.75	¥18,346.25
3	140	709	3210	¥8,141.00	373.2	
4	140	771	0	¥2,569.00	151.9	
5	70	326	19296	¥22,540.00	3755	
6	70	268	0	¥4,302.00	325.2	
7	140	620	21402	¥25,722.00	4550.5	
8	140	855	1272	¥4,157.00	310.7	
9	70	423	0	¥4,647.00	359.7	
10	140	224	0	¥3,516.00	246.6	
11	140	502	0	¥3,138.00	208.8	

2 填充公式

使用填充功能，将公式复制到该列的其他单元格中，如下图所示。

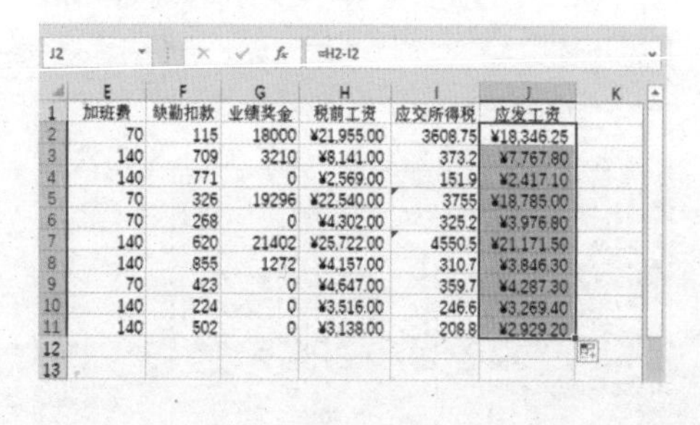
J2　=H2-I2

	E	F	G	H	I	J
1	加班费	缺勤扣款	业绩奖金	税前工资	应交所得税	应发工资
2	70	115	18000	¥21,955.00	3608.75	¥18,346.25
3	140	709	3210	¥8,141.00	373.2	¥7,767.80
4	140	771	0	¥2,569.00	151.9	¥2,417.10
5	70	326	19296	¥22,540.00	3755	¥18,785.00
6	70	268	0	¥4,302.00	325.2	¥3,976.80
7	140	620	21402	¥25,722.00	4550.5	¥21,171.50
8	140	855	1272	¥4,157.00	310.7	¥3,846.30
9	70	423	0	¥4,647.00	359.7	¥4,287.30
10	140	224	0	¥3,516.00	246.6	¥3,269.40
11	140	502	0	¥3,138.00	208.8	¥2,929.20

3 调整单元格

根据情况调整内容的单元格格式及行高列宽（见下图）。

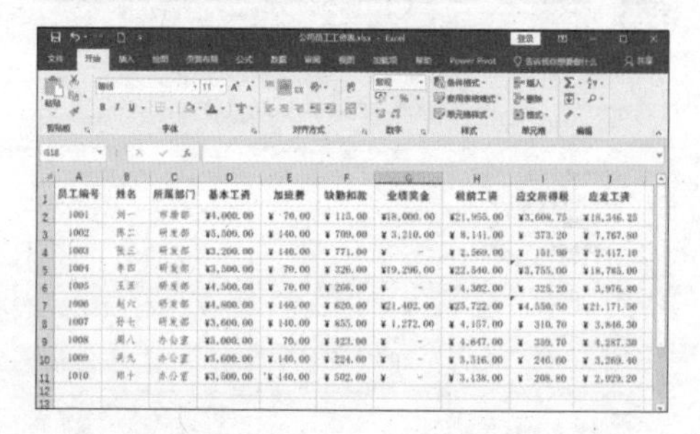

4 调整表格格式

选择 A1:J11 单元格区域，为其应用表格格式，并将该区域转换为普通区域，最终效果如下。

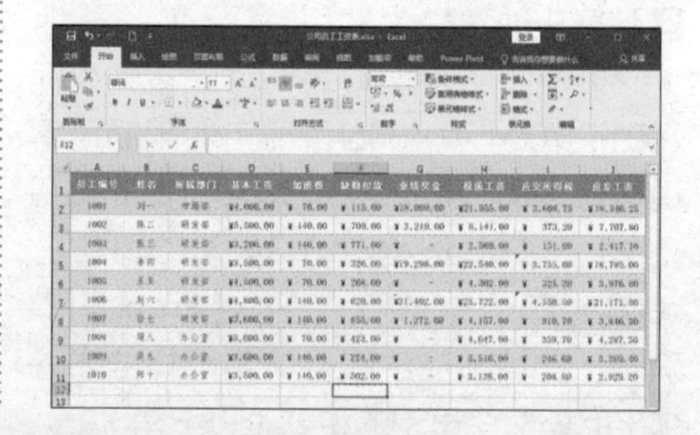

7.8 其他常用函数

本节视频教学时间 / 27 分钟

Excel 2019 中内置了 13 种类型的函数，下面介绍一些常用函数的使用方法。

7.8.1 文本函数

文本函数是用于在公式中处理文字串的函数，主要用于查找、提取文本中的特定

字符，和转换数据类型等。

1. 从身份证号码中提取出生日期

18位身份证号码的第7位到第14位、15位身份证号码的第7位到第12位，代表的是出生日期。为了节省时间，登记出生年月时可以用MID函数将出生日期提取出来。

1 打开素材并输入公式

打开“素材\ch07\Mid.xlsx”文件，选择单元格D2，在其中输入公式“=IF(LEN(C2)=15,"19"&MID(C2,7,6),MID(C2,7,8))”，按【Enter】键，即可得到该居民的出生日期（见下图）。

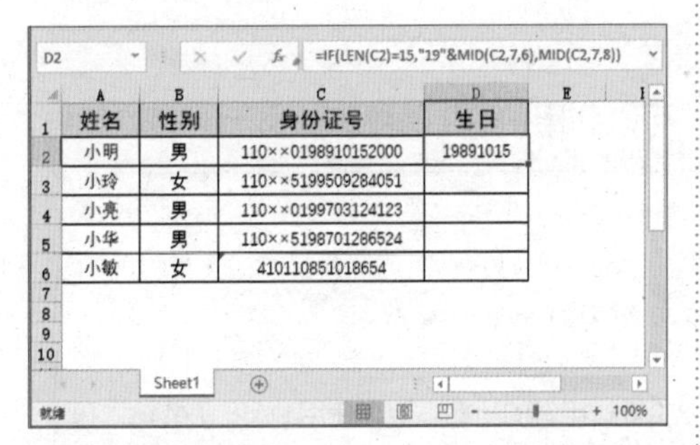

2 复制公式

将鼠标指针放在单元格D2右下角的填充柄上，当鼠标指针变为+形状时拖动鼠标，将公式复制到该列的其他单元格（见下图）。

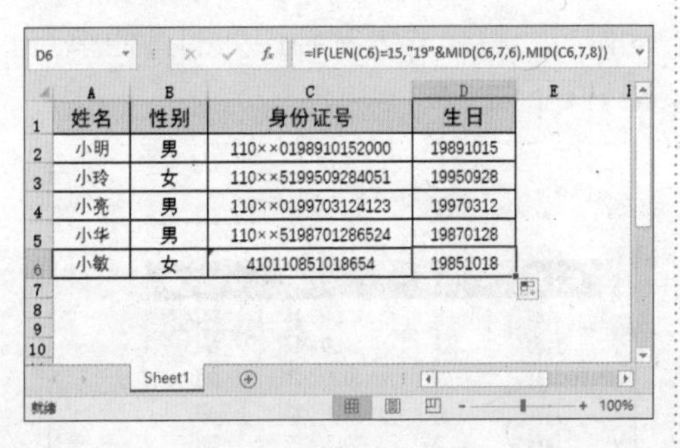

> **提示**
> MID函数
> 功能：返回文本字符串中从指定位置开始的特定个数的字符函数，该个数由用户指定。
> 语法：MID(text，start_num，num_chars)。
> 参数：text是指包含要提取的字符的文本字符串，也可以是单元格引用；start_num表示字符串中要提取字符的起始位置；num_chars表示MID从文本中返回字符的个数。

2. 按工作量结算工资

工作量按件计算，每件10元。假设员工的工资组成包括基本工资和工作量工资，月底时，公司需要把员工的工作量转换为收入，然后加上基本工资进行当月工资的核算。这需要用TEXT函数将数字转换为文本格式，并添加货币符号。

> **提示**
> TEXT函数
> 功能：设置数字格式，并将其转换为文本函数。将数值转换为按指定数字格式表示的文本。
> 语法：TEXT(value,format_text)。
> 参数：value表示数值，计算结果为数值的公式，也可以是对包含数字的单元格引用；format_text是用引号括起来的文本字符串的数字格式。

1 打开文件并输入公式

打开“素材\ch07\Text.xlsx”文件，选择单元格E3，在其中输入公式“=TEXT(C3+D3*10," ￥#.00")”，按【Enter】键即可完成“工资收入”的计算（见下页图）。

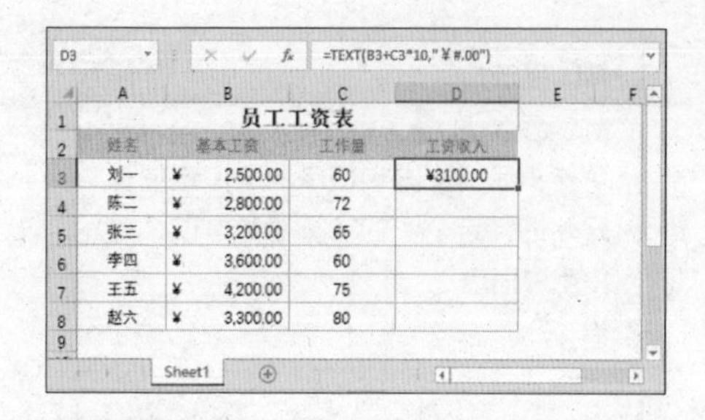
D3 =TEXT(B3+C3*10,"￥#.00")

员工工资表			
姓名	基本工资	工作量	工资收入
刘一	￥ 2,500.00	60	￥3100.00
陈二	￥ 2,800.00	72	
张三	￥ 3,200.00	65	
李四	￥ 3,600.00	60	
王五	￥ 4,200.00	75	
赵六	￥ 3,300.00	80	

2 复制公式

将鼠标指针放在单元格 D2 右下角的填充柄上，当鼠标指针变为✚形状时拖动鼠标，将公式复制到该列的其他单元格（见下图）。

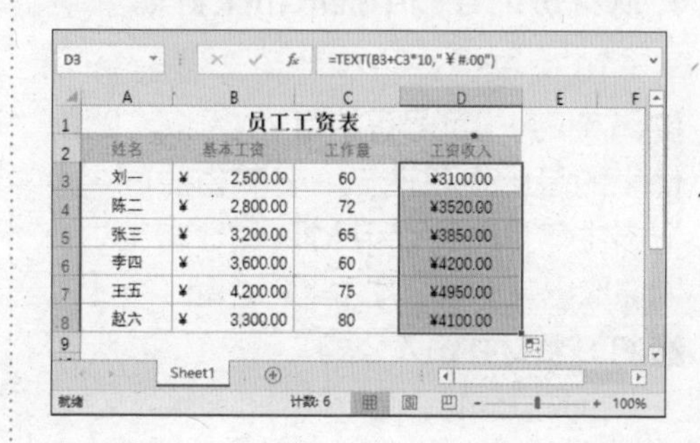
D3 =TEXT(B3+C3*10,"￥#.00")

员工工资表			
姓名	基本工资	工作量	工资收入
刘一	￥ 2,500.00	60	￥3100.00
陈二	￥ 2,800.00	72	￥3520.00
张三	￥ 3,200.00	65	￥3850.00
李四	￥ 3,600.00	60	￥4200.00
王五	￥ 4,200.00	75	￥4950.00
赵六	￥ 3,300.00	80	￥4100.00

7.8.2 日期与时间函数

日期和时间函数主要用来获取相关的日期和时间信息，经常用于日期的处理。其中，“=NOW()”可以返回当前系统的时间。

1. 统计员工上岗的年份

公司每年都有新来的员工和离开的员工，可以利用 YEAR 函数统计员工上岗的年份。

提示

YEAR 函数

功能：显示日期值或日期文本对应的年份，返回值为 1900 到 9999 的整数。

语法：YEAR(serial_number)。

参数：serial_number 为一个日期值，其中包含需要查找年份的日期。可以使用 DATE 函数输入日期，或者将函数作为其他公式或函数的结果输入。如果参数以非日期形式输入，则会返回错误值 #VALUE！。

1 打开文件并输入公式

打开“素材\ch07\Year.xlsx”文件，选择单元格 D3，在其中输入公式“=YEAR(C3)”，按【Enter】键，即可计算出“上岗年份”（见下图）。

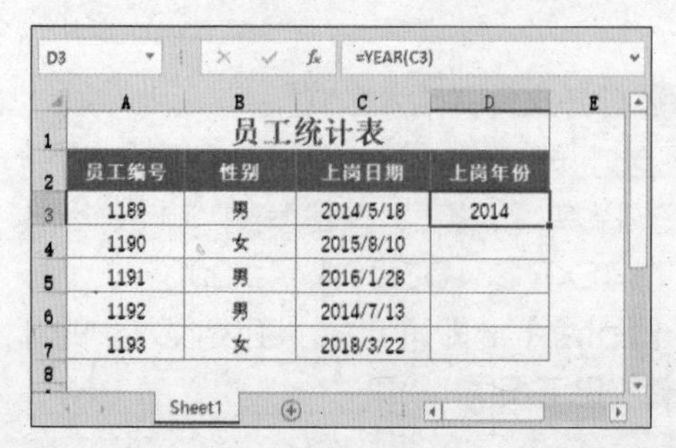
D3 =YEAR(C3)

员工统计表			
员工编号	性别	上岗日期	上岗年份
1189	男	2014/5/18	2014
1190	女	2015/8/10	
1191	男	2016/1/28	
1192	男	2014/7/13	
1193	女	2018/3/22	

2 复制公式

将鼠标指针放在单元格 D3 右下角的填充柄上，当鼠标指针变为✚形状时拖动鼠标，将公式复制到该列的其他单元格（见下图）。

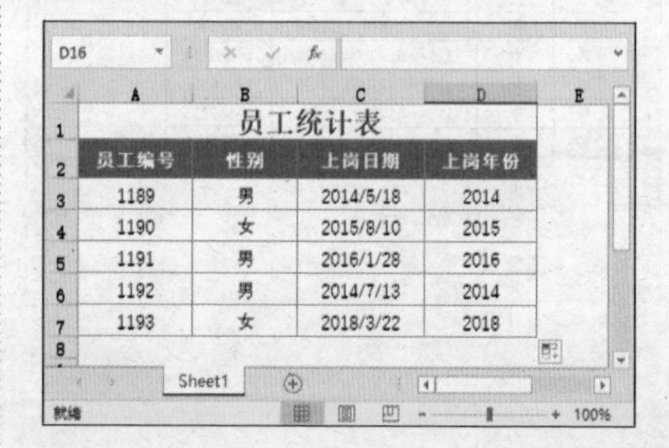

员工统计表			
员工编号	性别	上岗日期	上岗年份
1189	男	2014/5/18	2014
1190	女	2015/8/10	2015
1191	男	2016/1/28	2016
1192	男	2014/7/13	2014
1193	女	2018/3/22	2018

2. 计算停车的小时数

根据停车的开始时间和结束时间计算停车时间，不足 1 小时则舍去。使用 HOUR 函数计算。

> **提示**
>
> HOUR 函数
>
> 功能：返回时间值的小时数函数。计算某个时间值或者代表时间的序列编号对应的小时数。
>
> 语法：HOUR(serial_number)。
>
> 参数：serial_number 表示需要计算小时数的时间，这个参数的数据格式是所有 Excel 可以识别的时间格式。

1 打开文件并输入公式

打开“素材 \ch07\Hour.xlsx”文件，选择单元格 D3，在其中输入公式“=HOUR(C3-B3)”，按【Enter】键，即可计算出停车时间的小时数（见右栏图）。

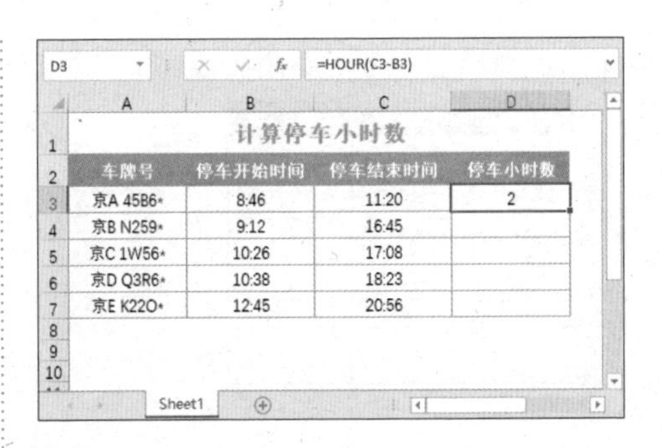

D3 =HOUR(C3-B3)

计算停车小时数

车牌号	停车开始时间	停车结束时间	停车小时数
京A 45B6*	8:46	11:20	2
京B N259*	9:12	16:45	
京C 1W56*	10:26	17:08	
京D Q3R6*	10:38	18:23	
京E K22O*	12:45	20:56	

2 复制公式

将鼠标指针放在单元格 D3 右下角的填充柄上，当鼠标指针变为+形状时拖动鼠标，将公式复制到该列的其他单元格（见下图）。

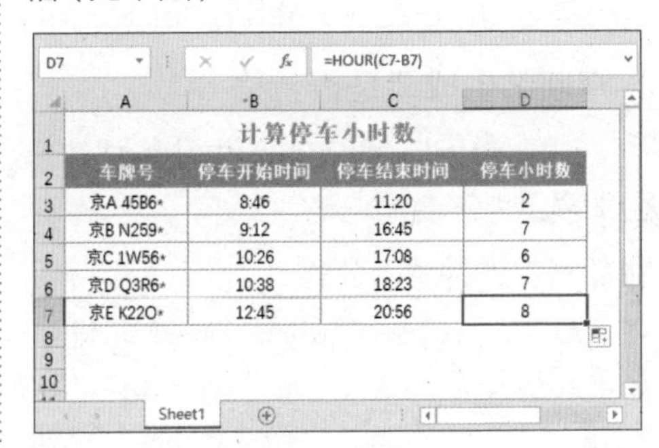

D7 =HOUR(C7-B7)

计算停车小时数

车牌号	停车开始时间	停车结束时间	停车小时数
京A 45B6*	8:46	11:20	2
京B N259*	9:12	16:45	7
京C 1W56*	10:26	17:08	6
京D Q3R6*	10:38	18:23	7
京E K22O*	12:45	20:56	8

7.8.3 统计函数

统计函数的出现方便了 Excel 用户从复杂的数据中筛选有效的数据。由于筛选的多样性，Excel 中提供了多种统计函数。

公司考勤表中记录了员工是否缺勤，如果要统计缺勤的总人数，就需使用 COUNT 函数。表格中的“正常”表示不缺勤，“0”表示缺勤。

> **提示**
>
> COUNT 函数
>
> 功能：统计参数列表中含有数值数据的单元格个数。
>
> 语法：COUNT(value1,value2……)。
>
> 参数：value1,value2…… 表示可以包含或引用各种类型数据的 1 到 255 个参数，但只有数值型的数据才会被计算。

1 打开文件

打开“素材 \ch07\Count.xlsx”文件（见下页图）。

C2

	A	B	C	D	E
1	员工编号	是否缺勤	缺勤总人数		
2	001	0			
3	002	正常			
4	003	0			
5	004	正常			
6	005	0			
7	006	0			
8	007	正常			
9	008	正常			
10	009	0			

Sheet1

2 输入公式

在单元格C2中输入公式“=COUNT(B2:B10)”，按【Enter】键，即可得到“缺勤总人数”（见下图）。

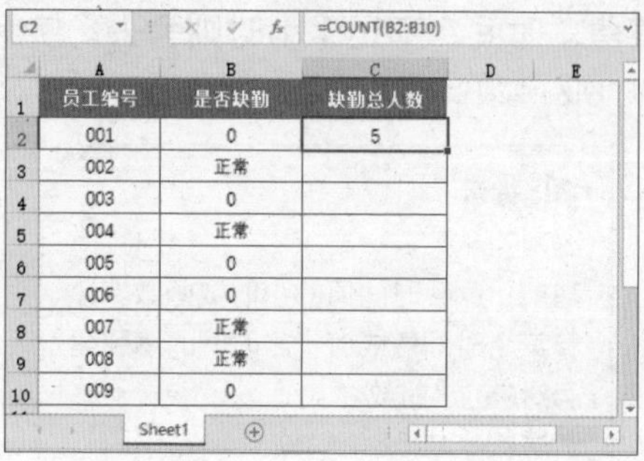

C2　=COUNT(B2:B10)

	A	B	C	D	E
1	员工编号	是否缺勤	缺勤总人数		
2	001	0	5		
3	002	正常			
4	003	0			
5	004	正常			
6	005	0			
7	006	0			
8	007	正常			
9	008	正常			
10	009	0			

Sheet1

7.8.4 逻辑函数

逻辑函数是可以根据不同的条件进行不同处理的函数。在条件格式中，使用比较运算符号指定逻辑式，并用逻辑值表示结果。

1. 判断学生成绩是否合格

这里使用IF函数来判断学生的成绩是否合格，总分大于等于200分的显示为合格，否则显示为不合格。

1 打开文件并输入公式

打开“素材\ch07\If.xlsx”文件，在单元格G2中输入公式“=IF(F2>=200,"合格","不合格")”，按【Enter】键即可显示单元格G2是否为合格（见下图）。

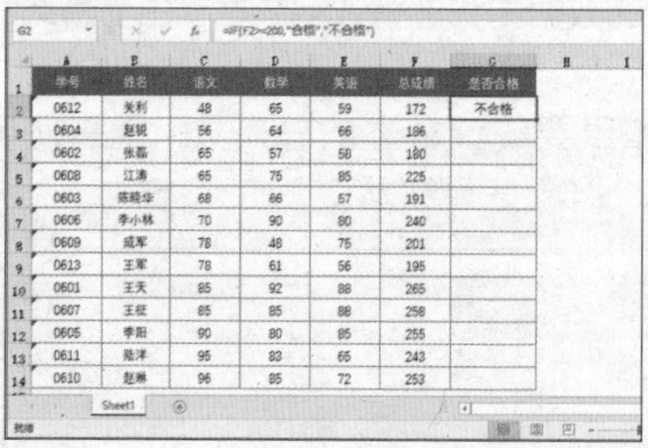

G2　=IF(F2>=200,"合格","不合格")

	A	B	C	D	E	F	G	H	I
1	学号	姓名	语文	数学	英语	总成绩	是否合格		
2	0612	关利	48	65	59	172	不合格		
3	0604	赵锐	56	64	66	186			
4	0602	张磊	65	57	58	180			
5	0608	江涛	65	75	85	225			
6	0603	陈晓华	68	66	57	191			
7	0606	李小林	70	90	80	240			
8	0609	成军	78	48	75	201			
9	0613	王军	78	61	56	195			
10	0601	王天	85	92	88	265			
11	0607	王征	85	85	88	258			
12	0605	李阳	90	80	85	255			
13	0611	陆洋	95	83	65	243			
14	0610	赵琳	96	85	72	253			

Sheet1　就绪

2 复制公式

将鼠标指针放在单元格G2右下角的填充柄上，当鼠标指针变为+形状时拖动鼠标，将公式复制到该列的其他单元格（见右栏图）。

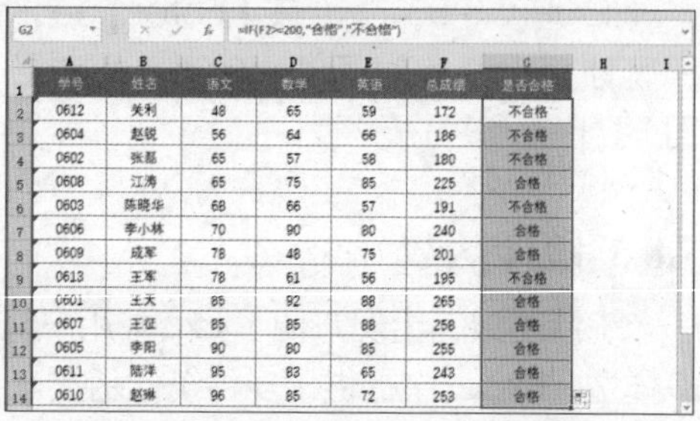

G2　=IF(F2>=200,"合格","不合格")

	A	B	C	D	E	F	G	H	I
1	学号	姓名	语文	数学	英语	总成绩	是否合格		
2	0612	关利	48	65	59	172	不合格		
3	0604	赵锐	56	64	66	186	不合格		
4	0602	张磊	65	57	58	180	不合格		
5	0608	江涛	65	75	85	225	合格		
6	0603	陈晓华	68	66	57	191	不合格		
7	0606	李小林	70	90	80	240	合格		
8	0609	成军	78	48	75	201	合格		
9	0613	王军	78	61	56	195	不合格		
10	0601	王天	85	92	88	265	合格		
11	0607	王征	85	85	88	258	合格		
12	0605	李阳	90	80	85	255	合格		
13	0611	陆洋	95	83	65	243	合格		
14	0610	赵琳	96	85	72	253	合格		

提示

IF函数

功能：根据对指定条件的逻辑判断的真假结果，返回相对应的内容。

语法：IF(Logical,Value_if_true,Value_if _false)。

参数：Logical代表逻辑判断表达式；Value_if_true表示当判断条件为逻辑“真（TRUE）”时的显示内容，如果忽略此参数，则返回“0”；Value_if_false表示当判断条件为逻辑“假（FALSE）”时的显示内容，如果忽略，则返回“FALSE”。

2. 判断员工是否完成工作量

这里使用 AND 函数判断员工是否完成工作量。每个人 4 个季度销售计算机的数量均大于 100 台为完成工作量，否则为没有完成工作量。

> **提示**
>
> IAND 函数
>
> 功能：返回逻辑值。如果所有的参数值均为逻辑“真（TRUE）”，则返回逻辑“真（TRUE）”，反之返回逻辑“假（FALSE）”。
>
> 语法：AND（logical1,logical2……）。
>
> 参数：Logical1,Logical2…… 表示待测试的条件值或表达式，最多为 255 个。

1 打开文件并输入公式

打开“素材 \ch07\And.xlsx”文件，在单元格 F2 中输入公式“=AND(B2>100,C2>100,D2>100,E2>100)”，按【Enter】键即可显示完成工作量的信息（见右栏图）。

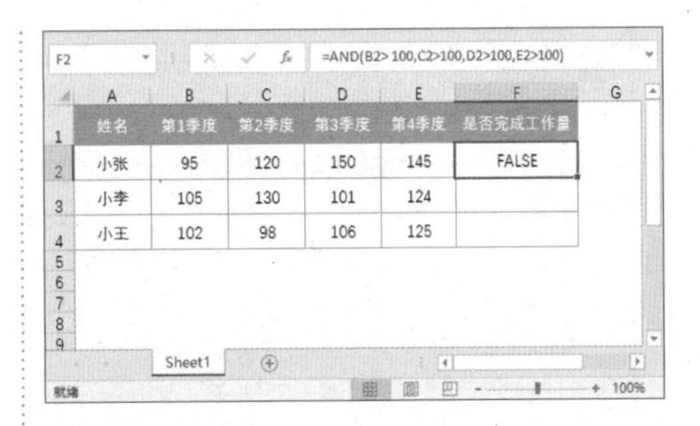

2 复制公式

将鼠标指针放在单元格 F2 右下角的填充柄上，当鼠标指针变为+形状时拖动鼠标，将公式复制到该列的其他单元格（见下图）。

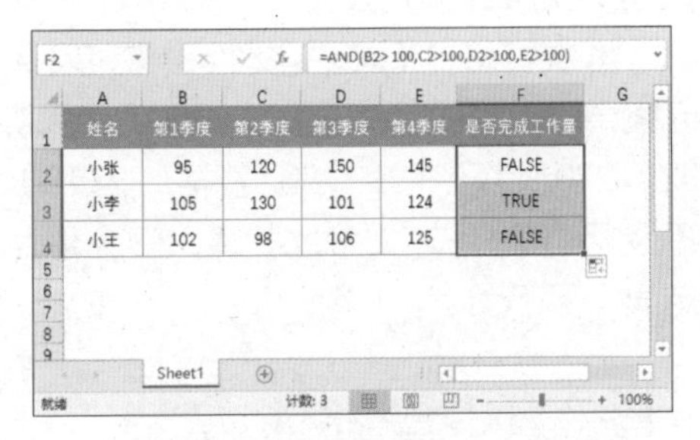

7.9 Excel 2019 新增函数的应用

本节视频教学时间 / 23 分钟

Excel 2019 中新增了一些函数，如 IFS、CONCAT、TEXTJOIN 等，下面介绍这些函数的使用方法。

7.9.1 IFS 函数

IFS 解决了复杂的 IF 嵌套的问题，IFS 函数可以根据一个或多个条件是否满足，返回第一个条件相对应的值。IFS 函数还可以嵌套多个 IF 语句，方便运算时使用多个条件。

> **提示**
>
> IFS 函数
>
> 语 法：IFS(logical_test1, value_if_true1, [logical_test2, value_if_true2], [logical_test3, value_if_true3],…)
>
> 参数：logical_test1（必需），计算结果为 TRUE 或 FALSE 的条件；value_if_true1（必需），当 logical_test1 的计算结果为 TRUE 时要返回结果，可以为空; logical_test2…logical_test127(可选)，计算结果为 TRUE 或 FALSE 的条件；value_if_true2…value_if_true127（可选），当 logical_testN 的计算结果为 TRUE 时要返回结果。每个 value_if_trueN 对应于一个条件 logical_testN，可以为空。

下面使用 IFS 函数，判断学生考试成绩的合格情况。例如，总成绩大于或等于 250 分为“优秀”，大于或等于 220 分为“良好”，大于或等于 180 分为“合格”，180 分以下为“不合格”。

1 打开文件并输入公式

再次打开“If.xlsx”文件，在 G2 单元格中输入公式“=IFS(F2>=250,"优秀",F2>=220,"良好",F2>=180,"及格",F2<180,"不及格")”，按【Enter】键，即会返回结果（见下图）。

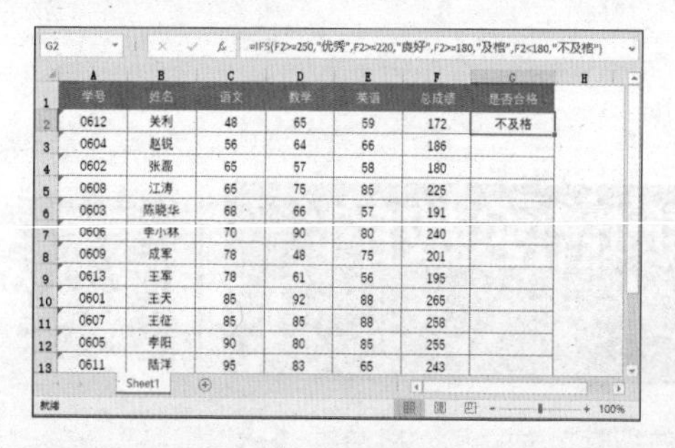
G2 =IFS(F2>=250,"优秀",F2>=220,"良好",F2>=180,"及格",F2<180,"不及格")

学号	姓名	语文	数学	英语	总成绩	是否合格
0612	关利	48	65	59	172	不及格
0604	赵锐	56	64	66	186	
0602	张磊	65	57	58	180	
0608	江涛	65	75	85	225	
0603	陈晓华	68	66	57	191	
0606	李小林	70	90	80	240	
0609	成军	78	48	75	201	
0613	王军	78	61	56	195	
0601	王天	85	92	88	265	
0607	王征	85	85	88	258	
0605	李阳	90	80	85	255	
0611	陆洋	95	83	65	243	

2 复制公式

将鼠标指针放在单元格 G2 右下角的填充柄上，当鼠标指针变为**+**形状时拖动鼠标，将公式复制到该列的其他单元格（见下图）。

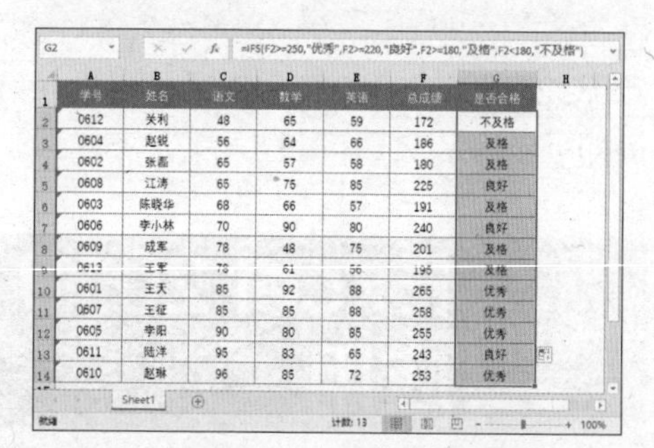
G2 =IFS(F2>=250,"优秀",F2>=220,"良好",F2>=180,"及格",F2<180,"不及格")

学号	姓名	语文	数学	英语	总成绩	是否合格
0612	关利	48	65	59	172	不及格
0604	赵锐	56	64	66	186	及格
0602	张磊	65	57	58	180	及格
0608	江涛	65	75	85	225	良好
0603	陈晓华	68	66	57	191	及格
0606	李小林	70	90	80	240	良好
0609	成军	78	48	75	201	及格
0613	王军	78	61	56	195	及格
0601	王天	85	92	88	265	优秀
0607	王征	85	85	88	258	优秀
0605	李阳	90	80	85	255	优秀
0611	陆洋	95	83	65	243	良好
0610	赵琳	96	85	72	253	优秀

7.9.2 CONCAT 函数

CONCAT 类似于 CONCATENATE 函数，不过它更简短，更方便输入，不仅支持单元格引用，还支持区域引用，可以将多个区域和字符串的文本组合起来。

> **提示**
>
> CONCAT 函数
>
> 语法：CONCAT(text1, [text2],…)
>
> 参数：text1（必需），要连接的文本项、字符串或字符串数组，如单元格区域；[text2, ...]（可选），要连接的其他文本项。文本项最多可以有 253 个文本参数，每个参数可以是一个字符串或字符串数组，如单元格区域。

下面介绍 CONCAT 函数的使用方法。

1 新建工作簿并输入公式

新建一个工作簿，在工作表中输入以下内容。然后在 A2 单元格中输入公式“=CONCAT(A1,B1,C1,D1,E1)”(见下图)。

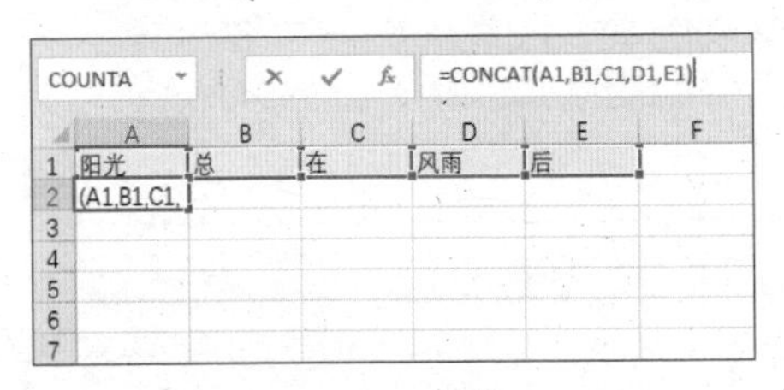

2 进行计算

按【Enter】键，返回结果，如下图所示。

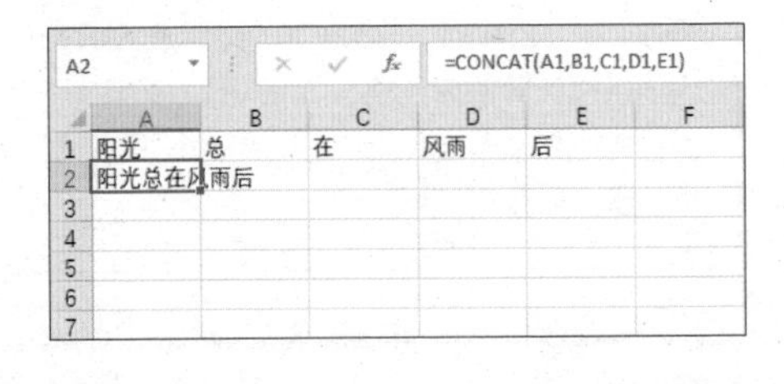

7.9.3 TEXTJOIN 函数

如果要在合并的文本之间添加分隔符，如空格或其他符号，并且可以删除合并后文本结果的空参数，则不能使用 CONCAT 函数，而需要使用 TEXTJOIN 函数。

> **提示**
>
> TEXTJOIN 函数
>
> 语法：TEXTJOIN(分隔符 , ignore_empty, text1, [text2], …)
>
> 参数：分隔符（必需），文本字符串，或为空，或用双引号引起来的一个或多个字符，或对有效文本字符串的引用，如果提供一个数字，则它将被视为文本；ignore_empty（必需），如果为 TRUE，则忽略空白单元格；text1（必需），要连接的文本项，文本字符串或字符串数组，如单元格区域；[text2，...]（可选），要连接的其他文本项目，可以为文本项目，包括 text1252 文本参数的最大值，每个可以是文本字符串或字符串数组，如单元格区域。

下面介绍 TEXTJOIN 函数的使用方法。

1 新建工作簿并输入公式

新建一个工作簿，在工作表中输入以下内容。然后在 A2 单元格中输入公式“=TEXTJOIN(",",TRUE,A5:A13)”(见下图)。

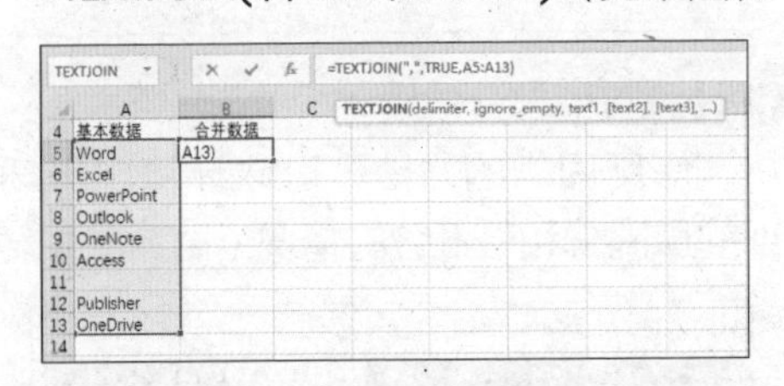

2 进行计算

按【Enter】键，计算出结果，如下图所示。

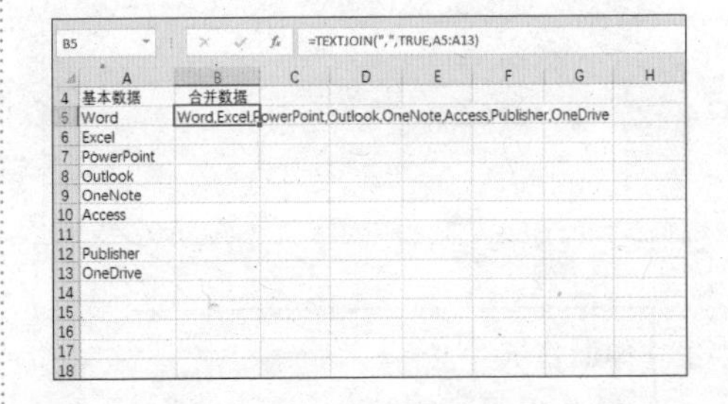

7.9.4 MAXIFS 和 MINIFS 函数

MAXIFS 函数和 MINIFS 函数会根据给定条件或指定标准的单元格，返回最大值或最小值。

提示

MAXIFS 函数

语法：MAXIFS(max_range, criteria_range1, criteria1, [criteria_range2, criteria2], ...)

参数：max_range（必需），确定最大值的实际单元格区域；criteria_range1（必需），是一组用于条件计算的单元格；criteria1（必需），用于确定哪些单元格是最大值的条件，格式为数字、表达式或文本；criteria_range2,criteria2, ...（可选），附加区域及其关联条件，最多可以输入 126 个区域 / 条件。

提示

MINIFS 函数

语法：MINIFS(min_range, criteria_range1, criteria1, [criteria_range2, criteria2], ...)

参数：min_range（必需），确定最小值的实际单元格区域；criteria_range1（必需），是一组用于条件计算的单元格；criteria1（必需），用于确定哪些单元格是最小值的条件，格式为数字、表达式或文本；criteria_range2,criteria2, ...（可选），附加区域及其关联条件。最多可以输入 126 个区域 / 条件。

下面介绍 MAXIFS 和 MINIFS 函数的使用方法。

1 打开文件并计算考核成绩最高分

打开“素材\ch07\培训成绩表.xlsx”文件，选择单元格 H2，在其中输入公式“=MAXIFS(E2:E11,C2:C11,H1)”，按【Enter】键，算出“行政部”考核成绩最高分（见下图）。

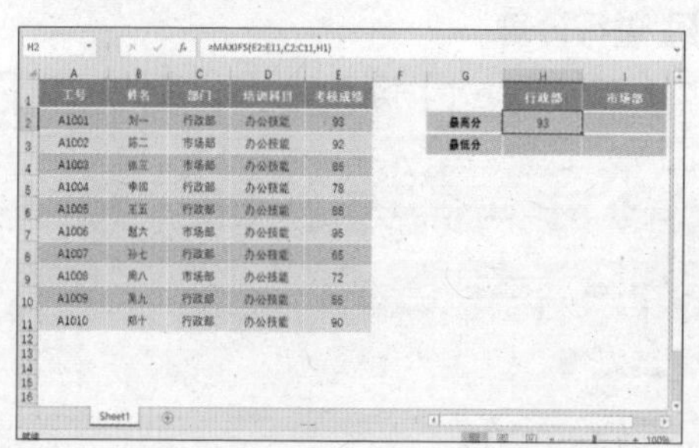

提示

输入公式“=MAXIFS(E2:E11,C2:C11,"行政部")”，也可以返回相同值。

2 计算考核成绩最低分

选择单元格 H3，在其中输入公式“=MINIFS(E2:E11,C2:C11,H1)”，然后按【Enter】键，算出“行政部”考核成绩最低分（见下图）。

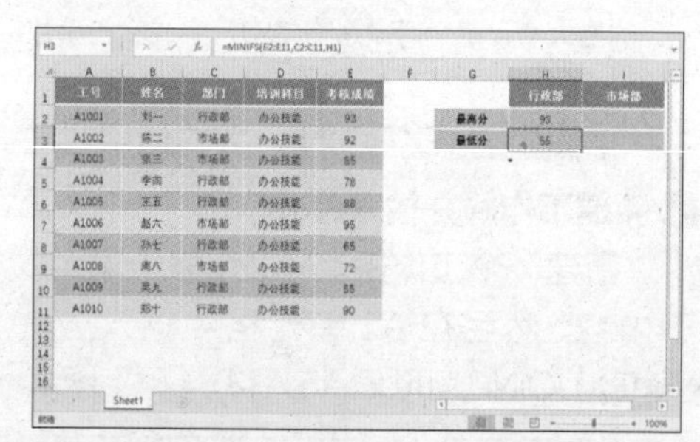

3 计算其他部分成绩

使用同样的方法，可以计算出市场部的最高分和最低分的情况（见下图）。

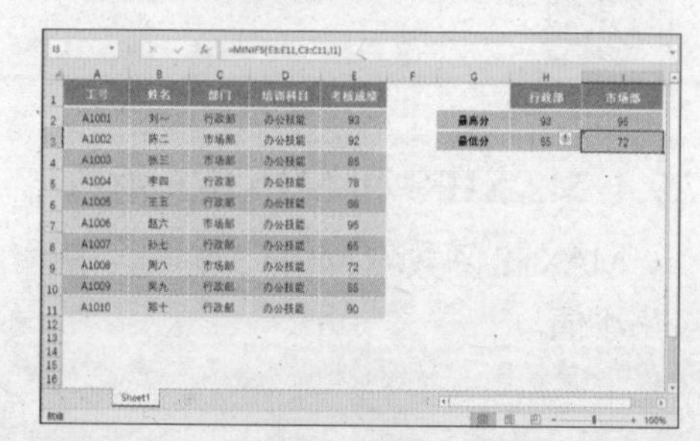

技巧 1：同时计算多个单元格数值

在 Excel 2019 中，如果要对某行或某列使用相同的公式来计算，可以采用下述方法，同时计算多个单元格的数值。

1 打开文件并输入公式

打开“素材 \ch07\ 公司利润表 .docx”文件，选择要计算的单元格区域 F3:F5，然后输入公式“=SUM(B3:E3)”（见下图）。

2018年年度总利润统计表

季度 / 项目	第1季度	第2季度	第3季度	第4季度	总利润
图书	¥231, 000	¥36, 520	¥74, 100	¥95, 100	=SUM(B3:E3)
电器	¥523, 300	¥165, 200	¥185, 200	¥175, 300	
汽车	¥962, 300	¥668, 400	¥696, 300	¥586, 100	
总计					

2 计算数值

按【Ctrl+Enter】组合键，即可计算出所选单元格区域的数值，如下表所示（见下图）。

2018年年度总利润统计表

季度 / 项目	第1季度	第2季度	第3季度	第4季度	总利润
图书	¥231, 000	¥36, 520	¥74, 100	¥95, 100	¥436, 720
电器	¥523, 300	¥165, 200	¥185, 200	¥175, 300	¥1, 049, 000
汽车	¥962, 300	¥668, 400	¥696, 300	¥586, 100	¥2, 913, 100
总计					

技巧 2：大小写字母转换技巧

与大小写字母转换相关的 3 个函数为 LOWER、UPPER 和 PROPER。

1 转换为小写字母

将字符串中所有的大写字母转换为小写字母（见下图）。

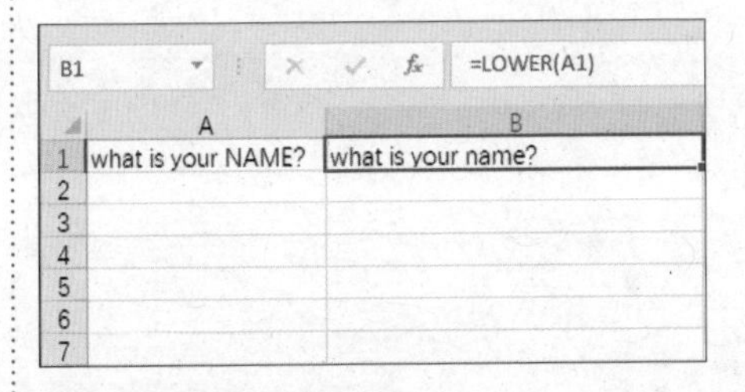

2 转换为大写字母

将字符串中所有的小写字母转换为大写字母（见右栏图）。

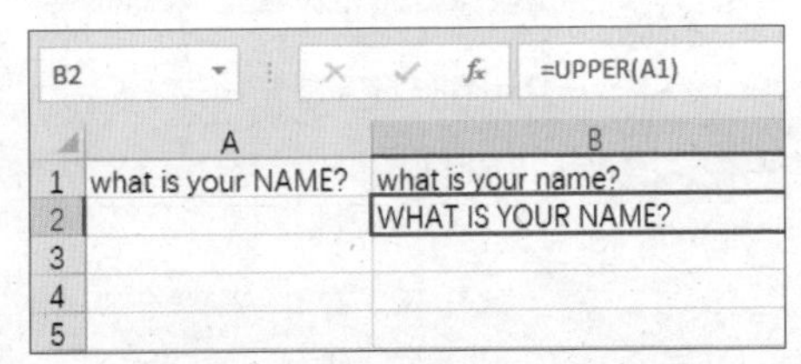

> **提示**
> 如果需要将一个字符串中的某个或几个字符转换为大写字母或小写字母，可以使用 LOWER 函数和 UPPER 函数与其他的查找函数结合进行转换。

3 转换首字母为大写

将字符串的首字母及任何非字母

字符后面的首字母转换为大写字母（见下图）。

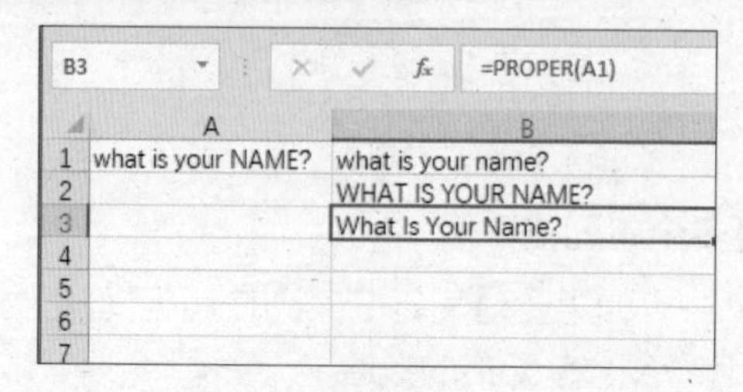

设计薪资管理系统主要是使用函数对表格中的数据进行计算。函数的使用非常广泛，类似的还有建立员工加班统计表、建立会计凭证、制作账单簿、制作分类账表、制作员工年度考核系统、制作业绩管理及业绩评估系统和员工薪资管理系统等（见下图）。

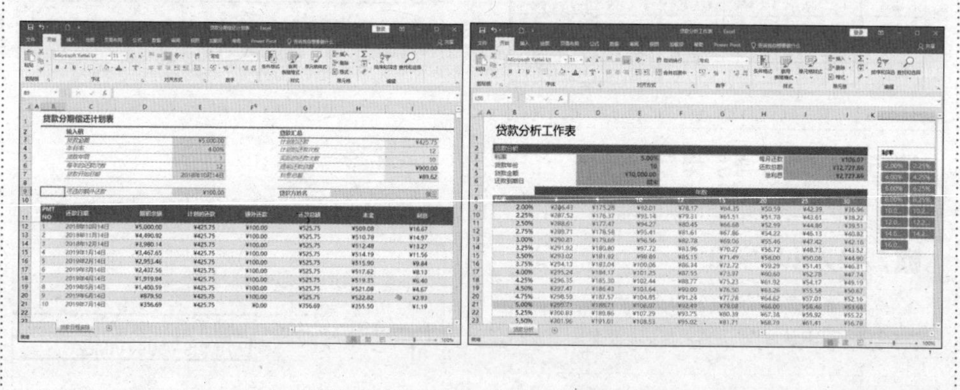

第 8 章

Excel 数据管理与分析——分析学生成绩汇总表

本章视频教学时间 / 1 小时 33 分钟

重点导读

Excel 提供了较强的数据分析功能，用户可以在 Excel 中方便且快捷地完成专业数据的分析。

学习效果图

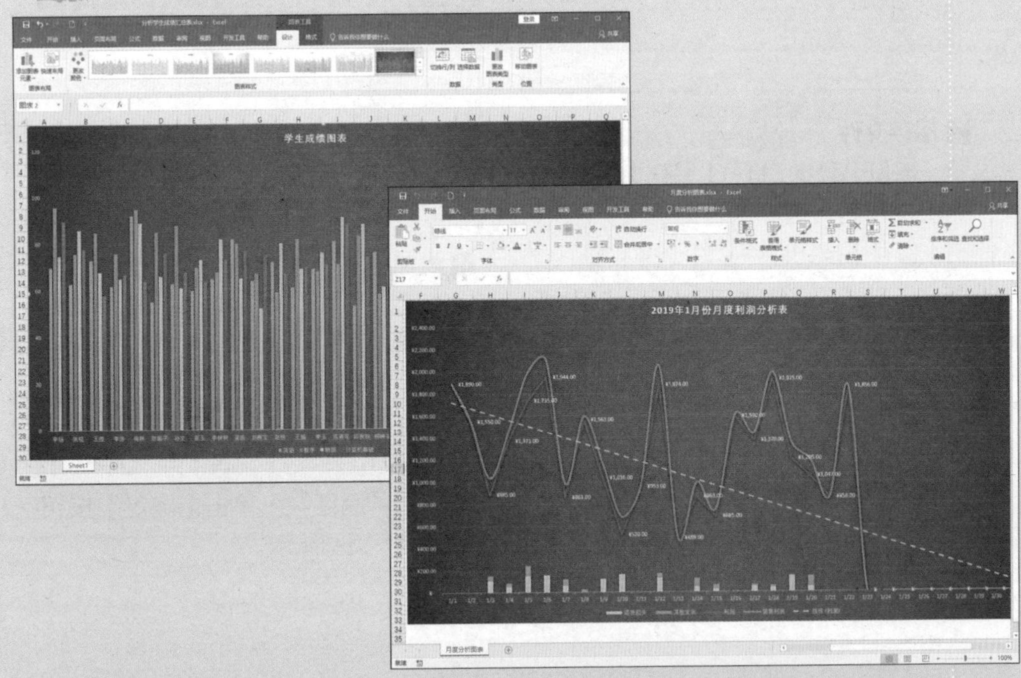

8.1 设计成绩汇总表

本节视频教学时间 / 11 分钟

直接利用 Excel 2019 设计成绩汇总表非常简单，新建一个工作簿，然后输入成绩汇总表的内容即可。设计好成绩汇总表之后，可以对成绩汇总表进行排序、挑选以及汇总等操作。

（1）内容分析：成绩汇总表主要用于记录学生（或员工）的考核成绩，其中详细描述了每个学生（或员工）的基本情况。

（2）受众分析：通过查看成绩汇总表，组织考试者或参与考试方均可快速找到自己想要的成绩信息，并且可以对数据进行纵向和横向的全面分析。

在对成绩汇总表进行相应操作之前，首先需要创建成绩汇总表。

1 新建工作簿

启动 Excel 2019，新建一个空白的工作簿，如下图所示。

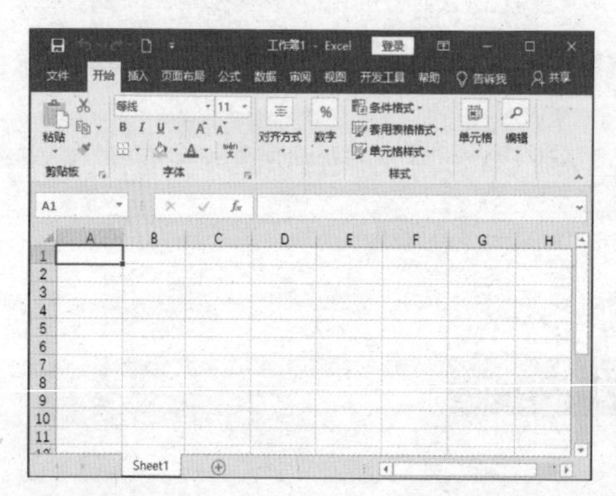

2 保存文件

按【F12】键，打开【另存为】对话框，输入文件名，选择保存的位置，然后单击【保存】按钮保存文件（见下图）。

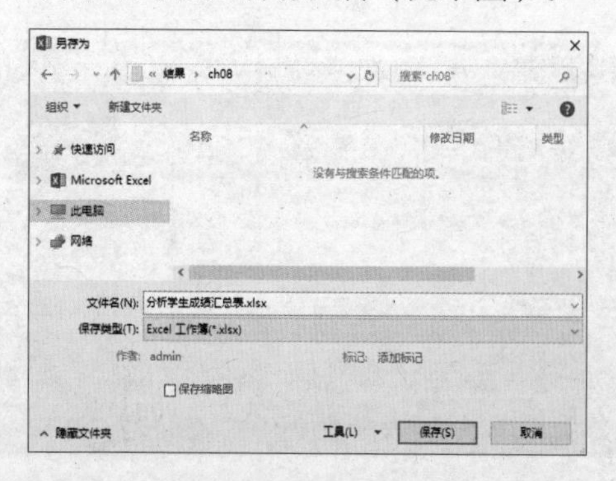

3 选择单元格

在“分析学生成绩汇总表”工作簿中单击 A1 单元格，输入文字“理工学院 2018—2019 学年度第二学期成绩汇总表”（见下图）。

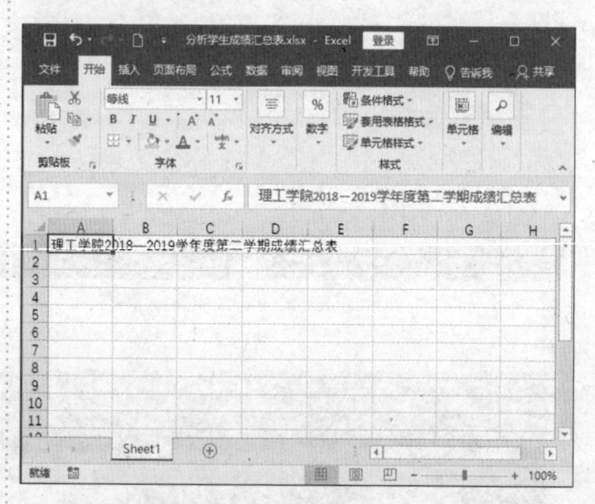

4 设置格式

选择 A1:J1 单元格区域，按【Ctrl+1】组合键，打开【设置单元格格式】对话框，选择【对齐】选项卡，将“水平对齐”设置为“跨列居中”，然后设置【字体】为“华文中宋”，【字号】为“20”，【颜色】为“深红”，单击【确定】按钮，效果如下页图所示。

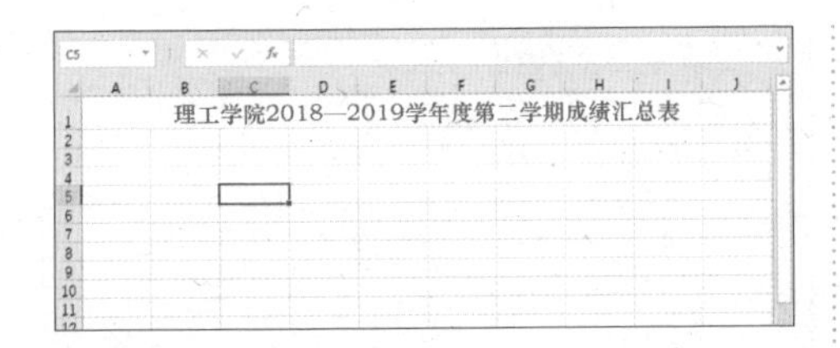

5 输入信息

在 A2:J2 单元格区域依次输入“专业”“学号”“姓名”“性别”“英语”“数学”“物理”“计算机基础”“平均分”以及“评绩”，作为表头信息（见下图）。

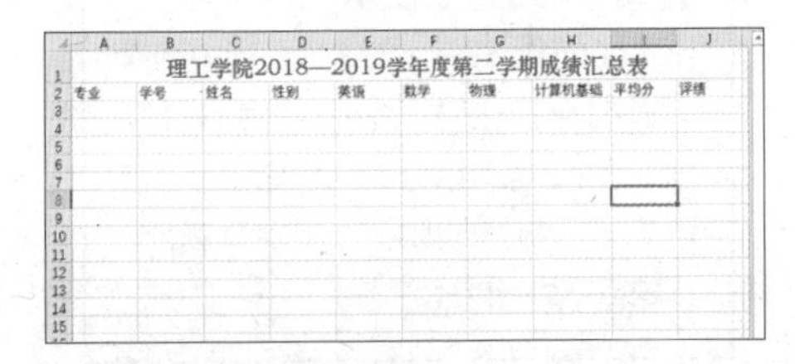

6 设置表名称和表头

选择 A2:J2 单元格区域，设置【字体】为“黑体”，【字号】为“12”，然后单击【对齐方式】组中的【居中】按钮 ，再适当调整列宽，效果如下图所示。

7 调整列宽

在 A3:J30 单元格区域输入表格内容，并根据表格内容调整表格的列宽，效果如下图所示（为方便用户输入，可以直接打开“素材\ch08\学生成绩表.xlsx”文件，复制相关数据）。

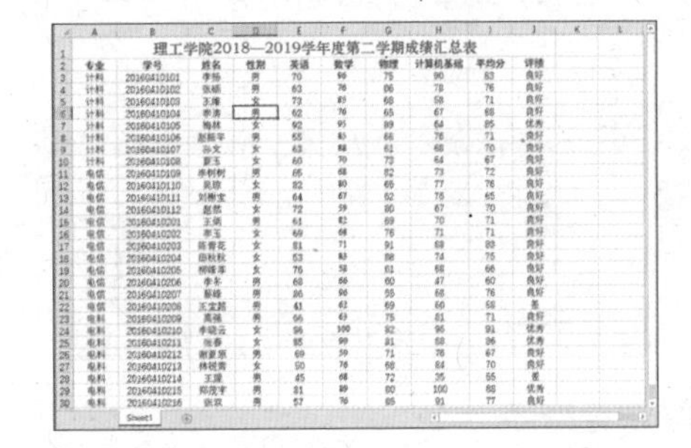

8 设置表格信息

选中 A3:J30 单元格区域，设置【字体】为“华文仿宋”，【字号】为“11”，并设置对齐方式为“居中”，将表格内容居中显示（见下图）。

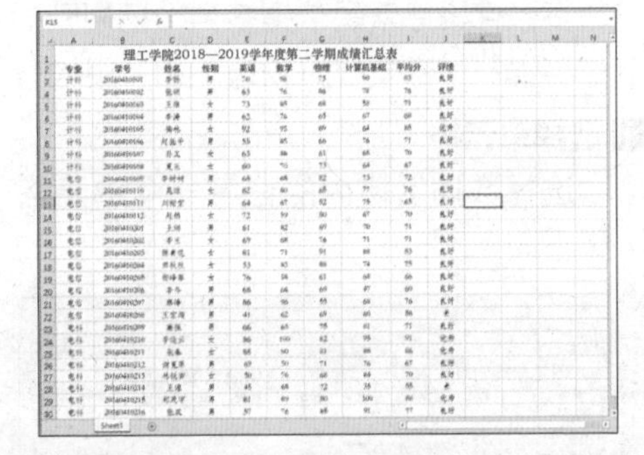

8.2 排序数据

本节视频教学时间 / 10 分钟

Excel 中提供了排序功能，本节将介绍如何根据需要对“成绩汇总表”进行排序。

8.2.1 单条件排序

单条件排序就是依据某列的数据规则对数据进行排序。对成绩汇总表中的“平均分”列进行排序的具体操作步骤如下。

1 选择单元格

在“分析学生成绩汇总表”工作簿中，选择“平均分”列中的任意一个单元格（见下图）。

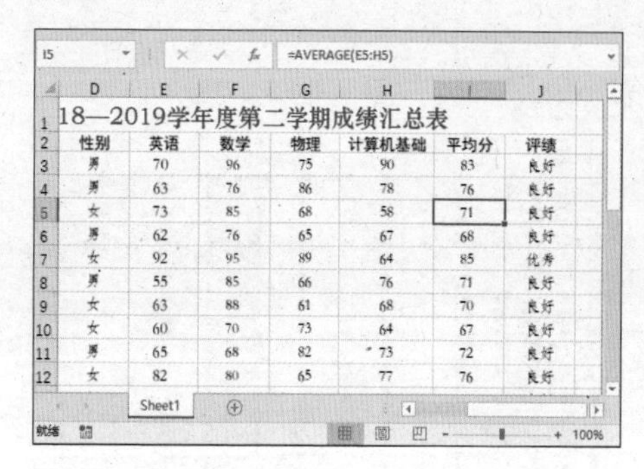

2 快速排序

切换到【数据】选项卡，单击【排序和筛选】组中的【升序】按钮（或【降序】按钮），即可快速地将平均分从低到高进行排序（见右栏图）。

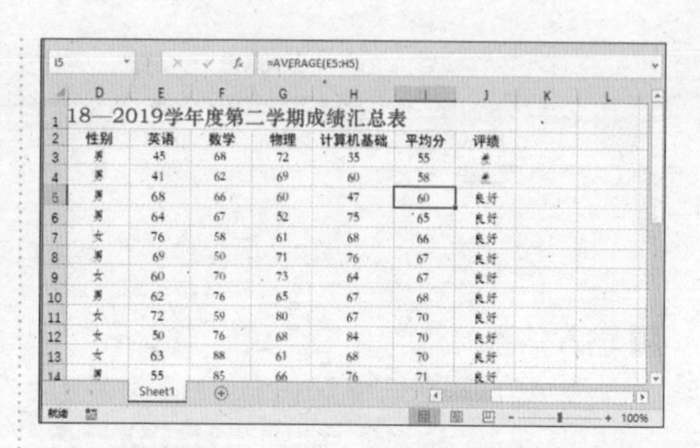

> **提示**
> 选择要排序的列的任意一个单元格，单击鼠标右键，在弹出的快捷菜单中选择【排序】➢【升序】命令或【排序】➢【降序】命令，也可以为该列数据排序。默认情况下，排序时把第1行作为标题行，标题行不参与排序。

8.2.2 多条件排序

多条件排序就是依据多列数据规则对数据表进行排序。下面介绍对成绩汇总表中的“英语”“数学”“物理”和“平均分”等成绩从高分到低分排序的操作步骤。

1 选择单元格

选择数据区域内的任意一个单元格（见下图）。

2 弹出对话框

在【数据】选项卡中，单击【排序和筛选】组中的【排序】按钮，弹出【排序】对话框（见右栏图）。

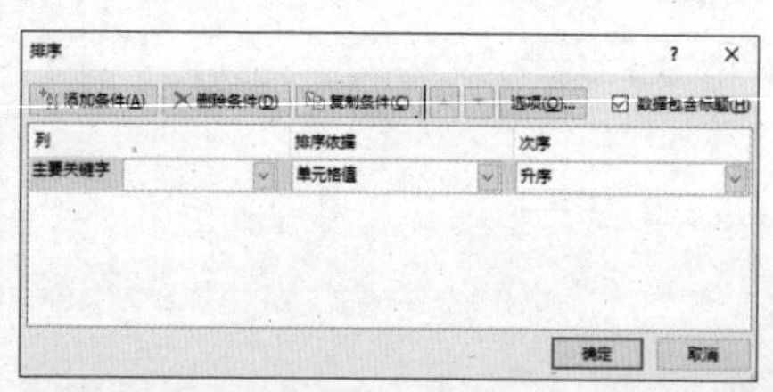

> **提示**
> 使用鼠标右键单击任意一个单元格，在弹出的快捷菜单中选择【排序】➢【自定义排序】命令，也可以弹出【排序】对话框。

3 设置关键字

在【排序】对话框中的【主要关键字】下拉列表、【排序依据】下拉列表和【次序】下拉列表中，分别进行如下页图所示的设置。单击【添加条件】按钮，可以增加条件，然后根据需要对次要关键字进行设置。

4 设置完成

全部设置完成后，单击【确定】按钮（见右栏图）。

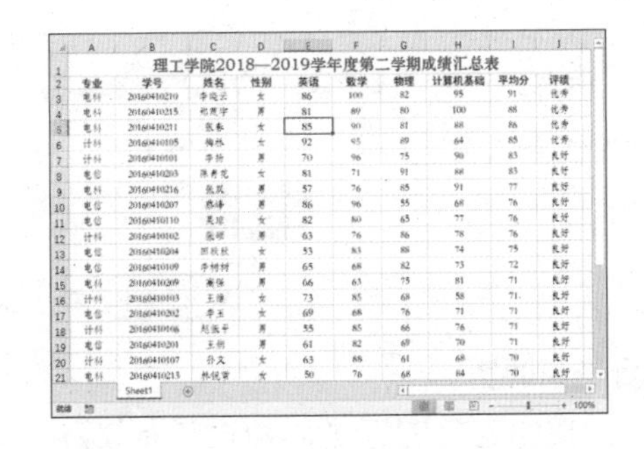

理工学院2018—2019学年度第二学期成绩汇总表

专业	学号	姓名	性别	英语	数学	物理	计算机基础	平均分	评绩
电科	20160410210	李晓云	女	86	100	82	95	91	优秀
电科	20160410215	[illegible]	男	81	89	80	100	88	优秀
电科	20160410211	张春	女	85	90	81	88	86	优秀
计科	20160410105	梅林	女	92	95	89	64	85	优秀
计科	20160410101	[illegible]	男	70	96	75	90	83	良好
电信	20160410203	[illegible]	女	81	71	91	88	83	良好
电科	20160410216	[illegible]	男	57	76	85	91	77	良好
电信	20160410207	[illegible]	男	86	96	55	68	76	良好
电信	20160410110	[illegible]	女	82	80	65	77	76	良好
计科	20160410102	[illegible]	男	63	76	86	78	76	良好
电信	20160410204	[illegible]	女	53	83	88	74	75	良好
电信	20160410109	[illegible]	男	65	68	82	73	72	良好
电科	20160410209	[illegible]	男	66	63	75	81	71	良好
计科	20160410103	[illegible]	女	73	85	68	58	71	良好
电信	20160410202	李玉	女	69	68	76	71	71	良好
计科	20160410106	[illegible]	男	55	85	66	76	71	良好
电信	20160410201	[illegible]	男	61	82	69	70	71	良好
计科	20160410107	孙文	女	63	88	61	68	70	良好
电科	20160410213	[illegible]	女	50	76	68	84	70	良好

> **提示**
>
> 在 Excel 2019 中，多条件排序可以设置 64 个关键词。如果需要排序的数据没有标题行，或者让标题行也参与排序，可以在【排序】对话框中取消选中【数据包含标题】复选框。

8.2.3 自定义排序

在 Excel 中，如果使用以上排序方法仍然达不到要求，可以使用自定义排序。在“分析成绩汇总表”工作簿中使用自定义排序的具体操作步骤如下。

1 进行自定义排序

在“分析学生成绩汇总表”工作簿中，单击【排序和筛选】组中的【排序】按钮，在打开的【排序】对话框中，单击【次序】下拉按钮，在弹出的菜单中选择【自定义序列】选项（见下图）。

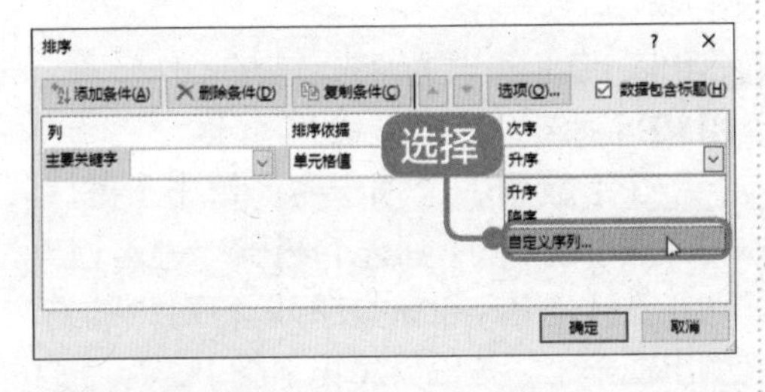

2 设置关键词

弹出【自定义序列】对话框，在【输入序列】文本框中输入右栏图所示的序列，然后单击【添加】按钮。设置完成后，单击【确定】按钮。

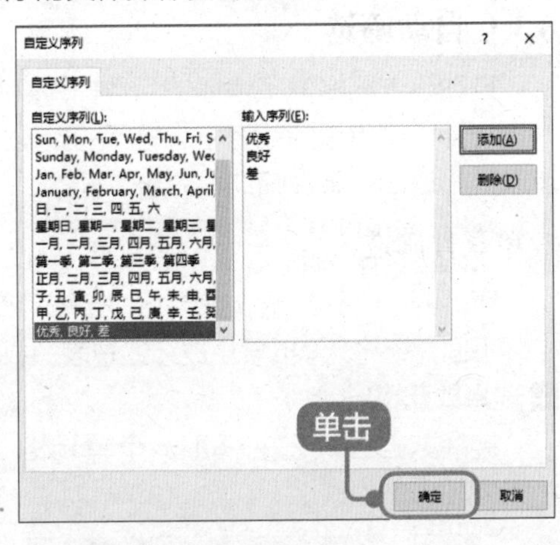

3 设置【主要关键字】

返回【排序】对话框，设置【主要关键字】为“评绩”选项，单击【确定】按钮（见下页图）。

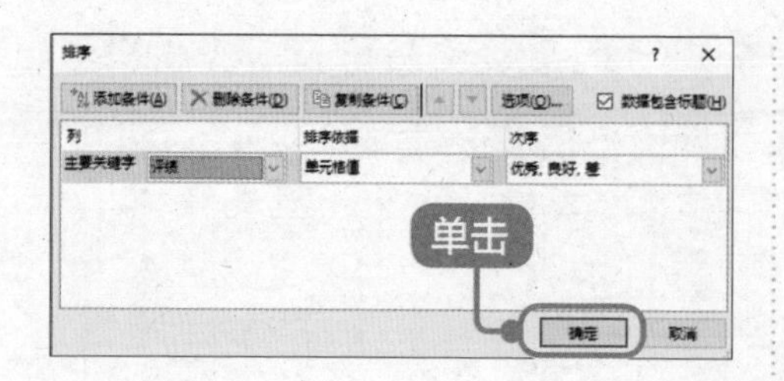

4 查看效果

按自定义的序列对数据进行排序，效果如右栏图所示。

8.3 筛选数据

本节视频教学时间 / 20 分钟

在数据清单中，如果需要查看一些特定的数据，就要对数据清单进行筛选，即从数据清单中选出符合条件的数据，将其显示在工作表中，而将不符合条件的数据隐藏起来。Excel 有自动筛选器和高级筛选器两种筛选数据的工具，使用自动筛选器筛选数据非常简便，而高级筛选器则可以规定复杂的筛选条件。

8.3.1 自动筛选

自动筛选器提供了快速访问数据列表的管理功能。通过简单的操作，用户就能够筛选掉那些不想看到或者不想打印的数据。而在使用自动筛选命令时，也可选择使用单条件筛选和多条件筛选命令。

1. 单条件筛选

所谓的单条件筛选，就是将符合一种条件的数据筛选出来。

下面介绍将“分析学生成绩汇总表”中的“电信”专业的学生筛选出来的操作步骤。

1 选择单元格

选择数据区域内的任意一个单元格（见下图）。

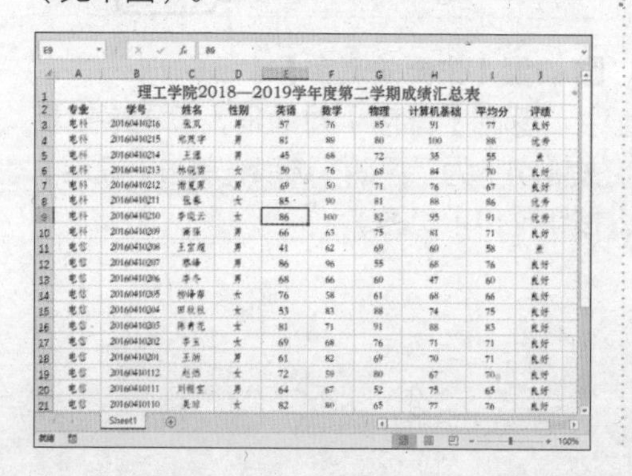

2 进行筛选

在【数据】选项卡中，单击【排序和筛选】组中的【筛选】按钮，进入【自动筛选】状态，此时在标题行每列的右侧出现一个下拉箭头（见下图）。

3 选中复选框

单击【专业】列右侧的下拉箭头，在弹出的下拉列表中取消选中【全选】复选框，选中【电科】复选框，单击【确定】按钮（见下图）。

4 查看效果

经过筛选后的数据清单如下图所示，可以看出表格中仅显示“电信”专业的学生成绩表，其他记录被隐藏。

理工学院2018—2019学年度第二学期

专业	学号	姓名	性别	英语	数学	物理
电科	20160410216	张双	男	57	76	85
电科	20160410215	郑茂宇	男	81	89	80
电科	20160410214	王湛	男	45	68	72
电科	20160410213	林锐雷	女	50	76	68
电科	20160410212	谢夏原	男	69	50	71
电科	20160410211	张春	女	85	90	81
电科	20160410210	李晓云	女	86	100	82
电科	20160410209	崔强	男	66	63	75

2. 多条件筛选

多条件筛选就是将符合多个条件的数据筛选出来。下面介绍将成绩汇总表中“平均分”为 70 分和 85 分的学生筛选出来的具体操作步骤。

1 单击【筛选】按钮

在成绩汇总表中选择数据区域内的任意一个单元格。在【数据】选项卡中，单击【排序和筛选】组中的【筛选】按钮（见右栏图）。

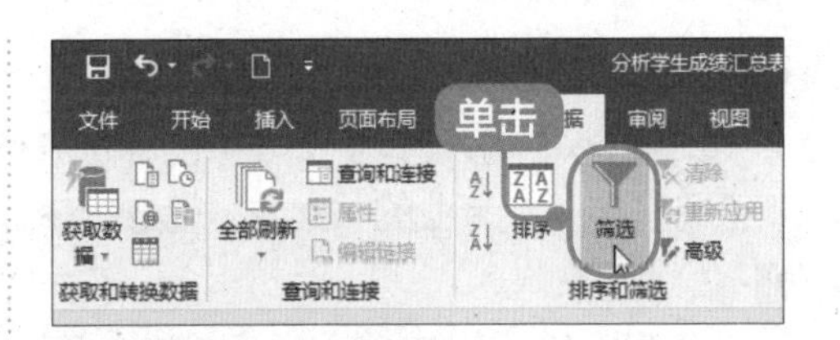

2 进入自动筛选状态

此时在标题行每列的右侧出现一个下拉箭头（见下图）。

3 选中复选框

单击【平均分】列右侧的下拉箭头，在弹出的下拉列表中取消选中【全选】复选框，选中【70】和【85】复选框，单击【确定】按钮（见下图）。

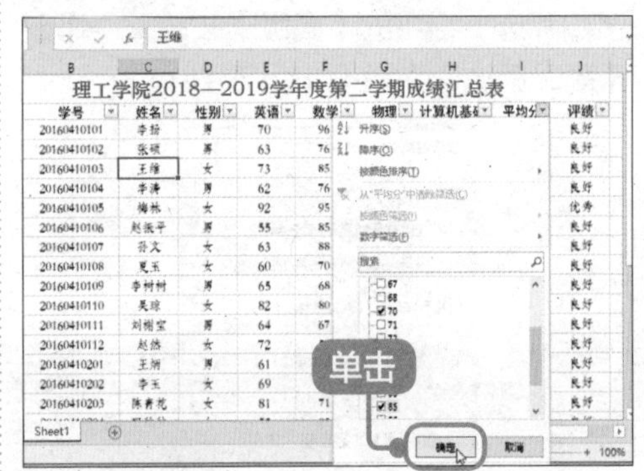

4 查看效果

筛选后的结果如下图所示。

理工学院2018—2019学年度第二学期成

专业	学号	姓名	性别	英语	数学	物理
计科	20160410105	梅林	女	92	95	89
计科	20160410107	孙文	女	63	88	61
电信	20160410112	赵然	女	72	59	80
电科	20160410213	林锐雷	女	50	76	68

8.3.2 高级筛选

如果要对字段设置多个复杂的筛选条件，可以使用 Excel 提供的高级筛选功能。下面将“电科”专业的“女生”筛选出来。

1 输入数据

在 E36 单元格中输入“专业”，在 E37 单元格中输入“电科”，在 F36 单元格中输入“性别”，在 F37 单元格中输入“女”，然后按【Enter】键（见下图）。

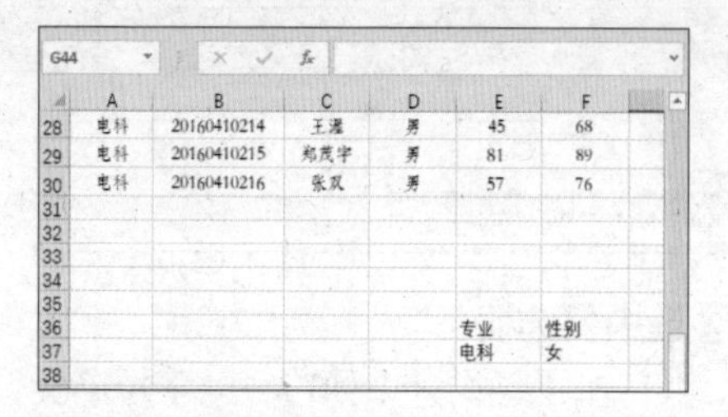

2 进行高级筛选

单击成绩汇总表中的任意一个单元格，然后在【数据】选项卡中，单击【排序和筛选】组中的【高级】按钮，弹出【高级筛选】对话框（见下图）。

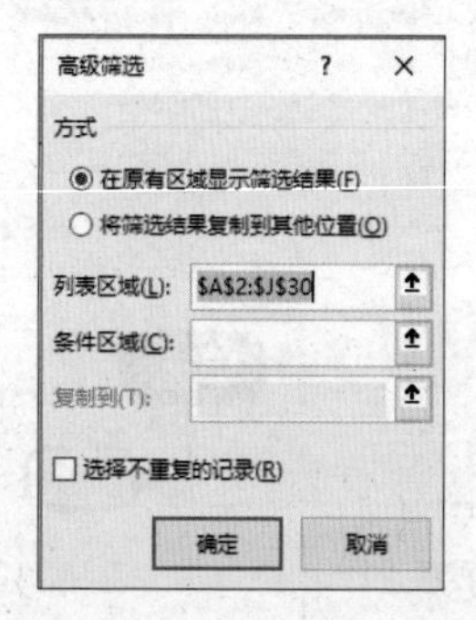

> **提示**
> 在使用高级筛选功能之前，应先建立一个条件区域，条件区域用来指定筛选的数据必须满足的条件。在条件区域中要求包含作为筛选条件的字段名，字段名下面必须有两个空行，一行用来输入筛选条件，另一空行用来把条件区域和数据区域分开。

3 设置区域

分别单击【列表区域】和【条件区域】文本框右侧的按钮，设置列表区域和条件区域。设置完成后，单击【确定】按钮（见下图）。

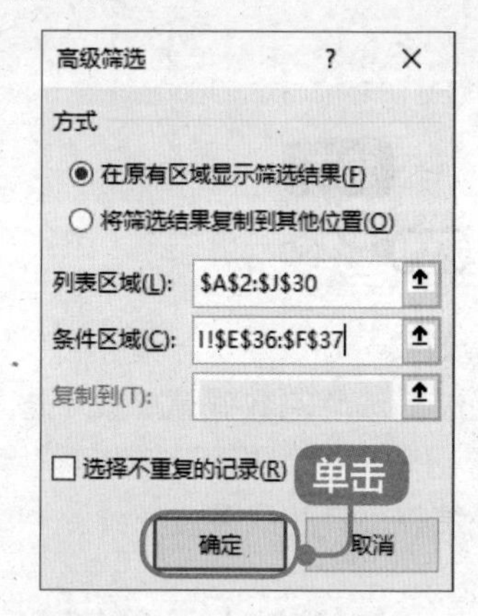

4 筛选出数据

筛选出的符合条件区域的数据如下图所示。

> **提示**
> 在【高级筛选】对话框中，单击【将筛选结果复制到其他位置】单选项，【复制到】文本框会呈高亮显示，然后选择单元格区域，筛选的结果将复制到所选的单元格区域中。

8.3.3 自定义筛选

自定义筛选分为模糊筛选、范围筛选和通配符筛选 3 类。

1. 模糊筛选

使用模糊筛选，将成绩汇总表中姓“王”的学生筛选出来。

1 选择单元格

在成绩汇总表中选择数据区域内的任意一个单元格（见下图）。

	A	B	C	D	E	F	G
10	计科	20160410108	夏玉	女	60	70	73
11	电信	20160410109	李树树	男	65	68	82
12	电信	20160410110	吴琼	女	82	80	65
13	电信	20160410111	刘榭宝	男	64	67	52
14	电信	20160410112	赵然	女	72	59	80
15	电信	20160410201	王娴	男	61	82	69
16	电信	20160410202	李玉	女	69	68	76
17	电信	20160410203	陈青花	女	81	71	91
18	电信	20160410204	田秋秋	女	53	83	88
19	电信	20160410205	柳峰菲	女	76	58	61
20	电信	20160410206	李冬	男	68	66	60

2 进入自动筛选状态

在【数据】选项卡中，单击【排序和筛选】组中的【筛选】按钮，进入自动筛选状态，此时在标题行每列的右侧会出现一个下拉箭头（见下图）。

3 选择【开头是】选项

单击【姓名】列右侧的下拉箭头，在弹出的下拉列表中选择【文本筛选】➤【开头是】选项（见右栏图）。

4 弹出对话框

弹出【自定义自动筛选方式】对话框，在【显示行】选项组中设置【开头是】【王】选项，如下图所示。

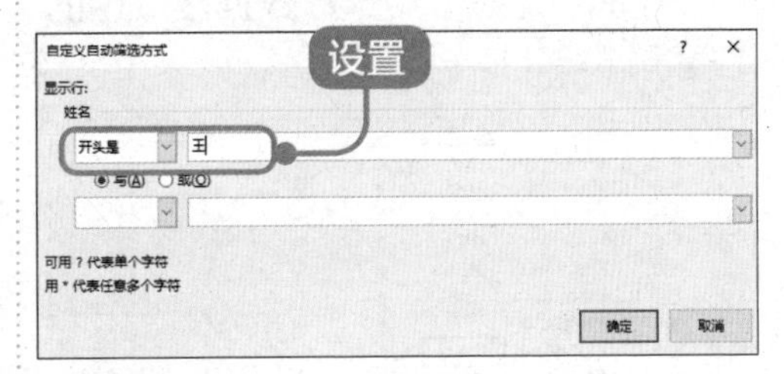

5 显示效果

单击【确定】按钮，关闭【自定义自动筛选方式】对话框，显示筛选效果（见下图）。

6 筛选结果

按照步骤1～5同样可以筛选出姓“李”的同学，筛选结果如下图所示。

2. 范围筛选

将成绩汇总表中英语成绩大于等于“70”分，小于等于“90”分的学生筛选出来。

1 选择单元格

在成绩汇总表中选择数据区域内的任意一个单元格（见下图）。

2 进入自动筛选状态

在【数据】选项卡中，单击【排序和筛选】组中的【筛选】按钮，进入自动筛选状态，此时在标题行每列的右侧会出现一个下拉箭头（见右栏图）。

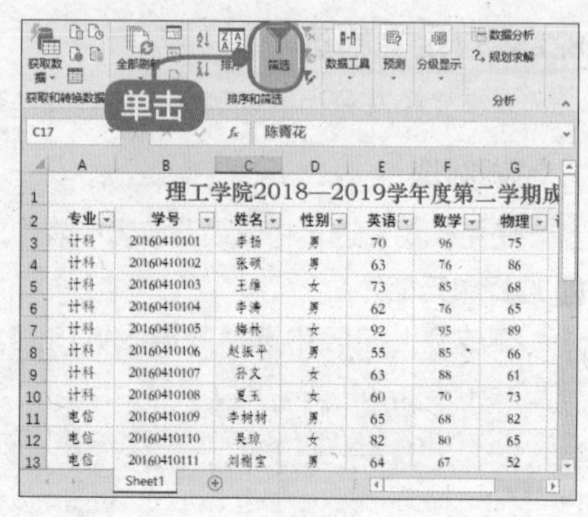

3 选择【介于】选项

单击【英语】列右侧的下拉箭头，在弹出的下拉列表中选择【数字筛选】➤【介于】选项（见下图）。

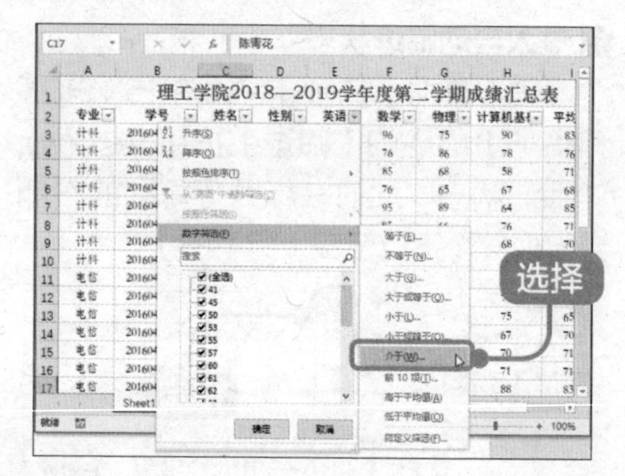

4 输入数字

弹出【自定义自动筛选方式】对话框，在【显示行】选项组中设置【大于或等于】【70】选项，如下图所示。

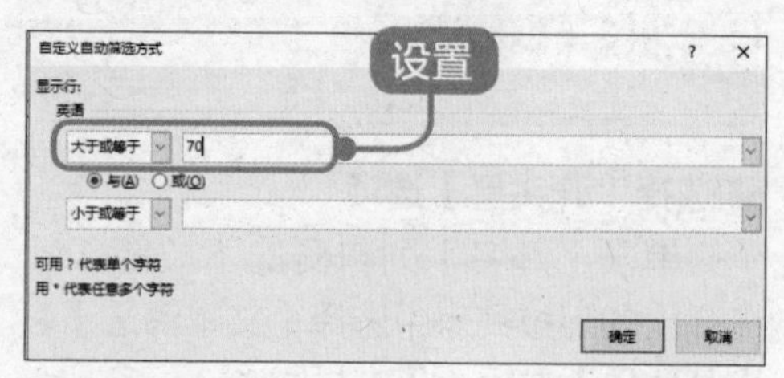

5 输入数字

单击【与】单选项，并在下方设置【小于或等于】【90】选项，如下页图所示。

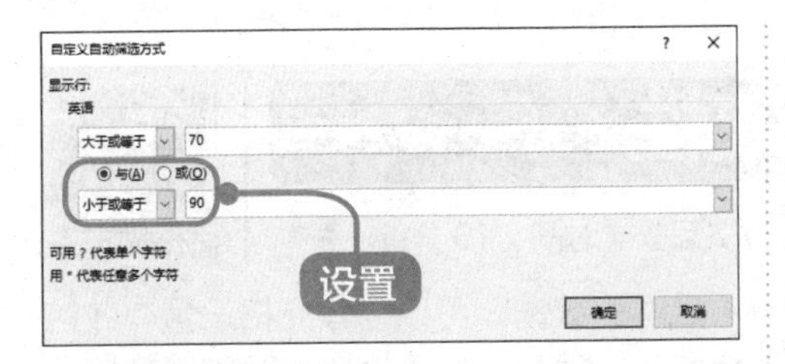

6 查看效果

单击【确定】按钮，显示筛选效果（见下图）。

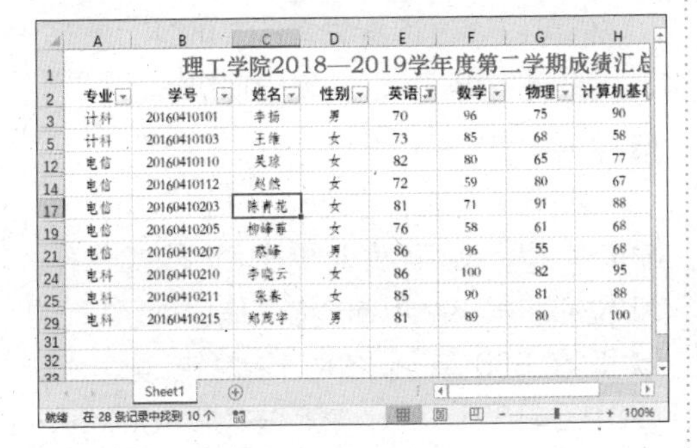

3. 通配符筛选

使用通配符筛选，将成绩汇总表中名字为两个字的姓“王”的学生筛选出来。

1 选择单元格

在成绩汇总表中选择数据区域内的任意一个单元格（见下图）。

2 选择【自定义筛选】选项

在【数据】选项卡中，单击【排序和筛选】组中的【筛选】按钮，进入自动筛选状态，此时在标题行每列的右侧会出现一个下拉箭头。单击【姓名】列右侧的下拉箭头，在弹出的下拉列表中选择【文本筛选】➤【自定义筛选】选项（见下图）。

3 输入数据

弹出【自定义自动筛选方式】对话框，在【显示行】选项组中设置【等于】【王？】选项（见下图）。

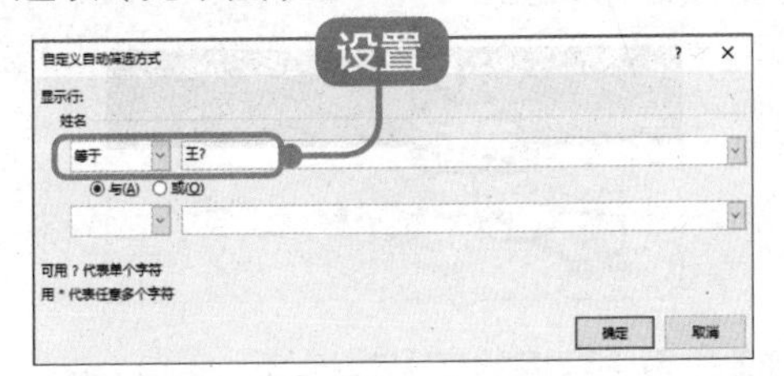

4 查看效果

单击【确定】按钮，效果如下图所示。

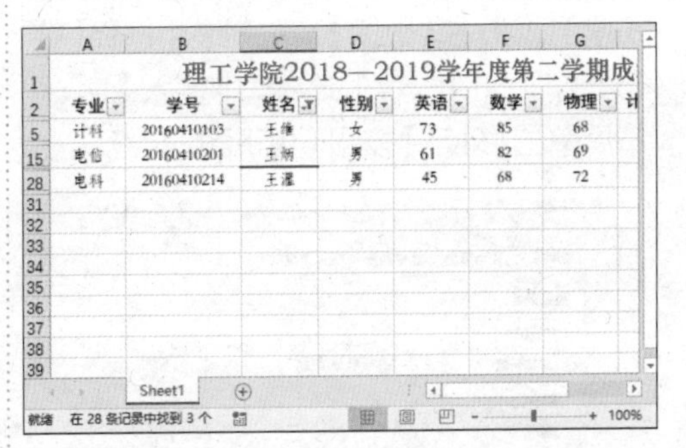

> **提示**
>
> 通常情况下，通配符“?”表示任意一个字符，“*”表示任意多个字符。“?”和“*”需要在英文输入状态下输入。

8.4 设置数据的有效性

本节视频教学时间 / 10 分钟

在向工作表中输入数据时，为了防止输入错误的数据，可以为单元格设置有效的数据范围，限制用户只能输入指定范围内的数据，这样可以极大地降低数据处理操作的复杂性。

8.4.1 设置字符长度

学生的学号通常由固定位数的数字组成，我们可以通过设置学号的有效性，实现如果多输入一位或少输入一位数字就会给出错误提示的效果，以避免出现错误。

1 单击【数据验证】按钮

选择 B3:B30 单元格区域，在【数据】选项卡中，单击【数据工具】组中的【数据验证】按钮（见下图）。

2 设置【数据验证】对话框

弹出【数据验证】对话框，选择【设置】选项卡，在【允许】下拉列表中选择【文本长度】选项，在【数据】下拉列表中选择【等于】选项，在【长度】文本框中输入“11”，然后单击【确定】按钮（见下图）。

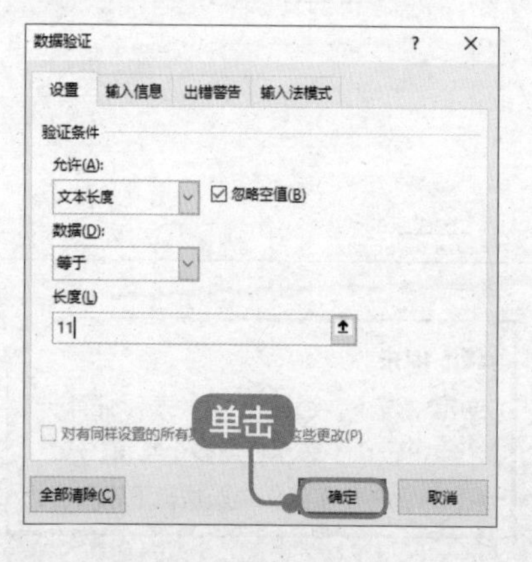

3 输入数据

返回工作表，在 B3:B30 单元格区域输入学号，如果输入少于 11 位或多于 11 位的学号，就会弹出错误信息提示框。这里在 B30 单元格中输入错误学号“201004102167”，然后按【Enter】键，弹出错误信息提示框，如下图所示。

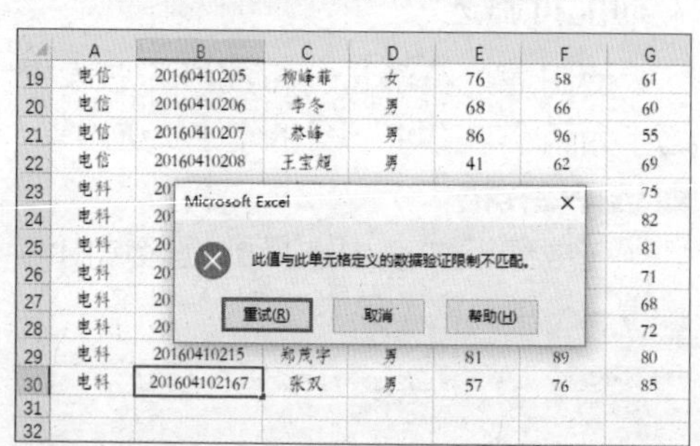

4 输入学号

只有输入 11 位数字的学号时，才不会弹出错误信息提示框（见下图）。

	A	B	C	D	E	F
25	电科	20160410211	张春	女	85	90
26	电科	20160410212	谢夏原	男	69	50
27	电科	20160410213	林锐雷	女	50	76
28	电科	20160410214	王澄	男	45	68
29	电科	20160410215	郑茂宇	男	81	89
30	电科	20160410216	张双	男	57	76
31						
32						
33						
34						
35						
36						

8.4.2 设置输入错误时的警告信息

如何才能使警告或提示的内容更具体呢？我们可以通过设置警告信息来实现。

1 单击【数据验证】按钮

接着 8.4.1 小节的操作，选择 B3:B30 单元格区域，在【数据】选项卡中，单击【数据工具】组中的【数据验证】按钮（见下图）。

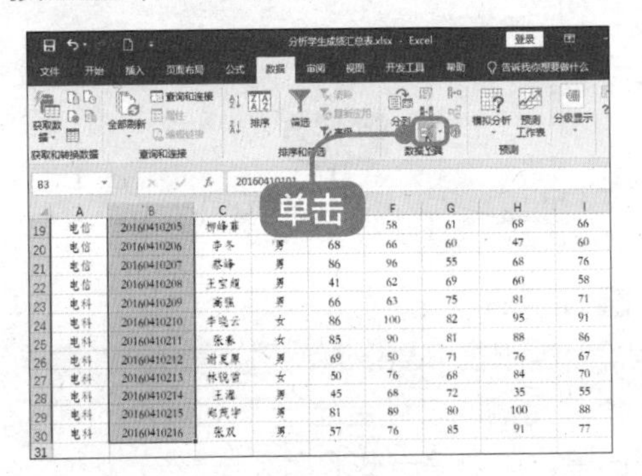

2 选择【出错警告】选项卡

在弹出的下拉列表中选择【数据验证】选项，弹出【数据验证】对话框，选择【出错警告】选项卡（见下图）。

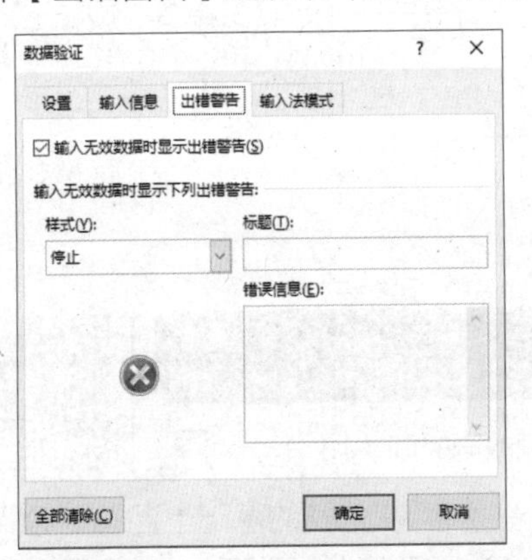

3 输入内容

在【样式】下拉列表中选择【警告】选项，在【标题】和【错误信息】文本框中输入下图所示的内容。单击【确定】按钮。

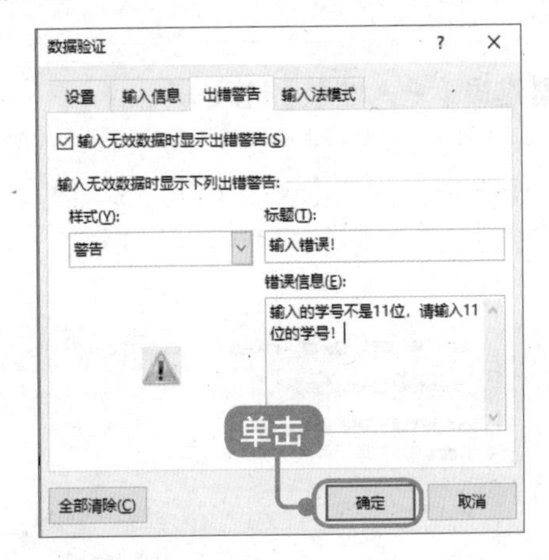

4 信息提示

将 B16 单元格的内容删除，重新输入其他学号。输入不符合要求的数字时，就会出现下图所示的警告信息。

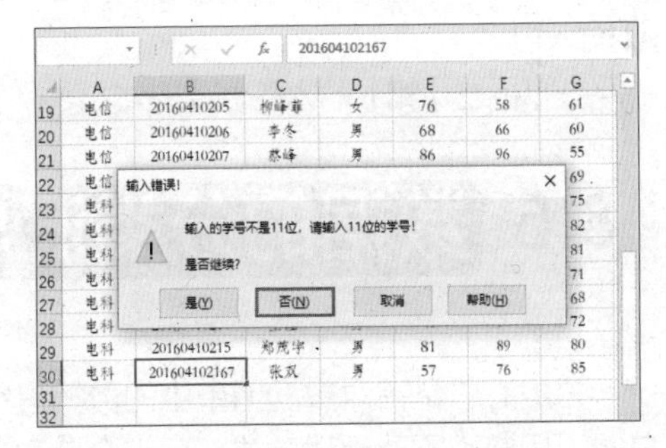

8.4.3 设置输入前的提示信息

在用户输入数据前，如果能够提示输入什么样的数据才是符合要求的，那么出错率就会大大降低。如在输入学号前，提示用户应输入 11 位数的学号。

1 单击【数据验证】按钮

在成绩汇总表中选择 B3:B30 单元格区域，在【数据】选项卡中，单击【数据工具】组中的【数据验证】按钮（见下页图）。

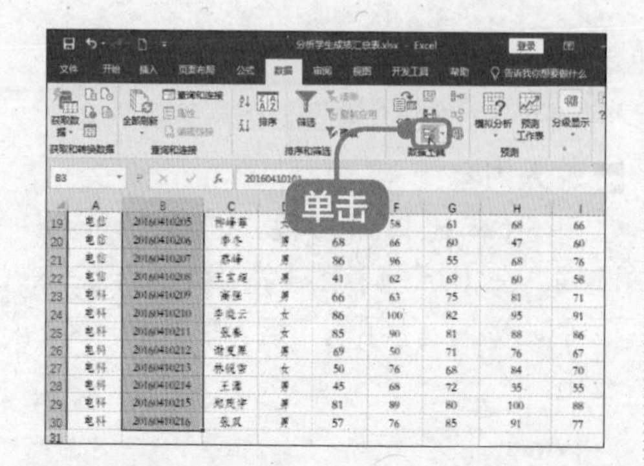

2 选择【输入信息】选项卡

在弹出的下拉列表中选择【数据验证】选项，弹出【数据验证】对话框，选择【输入信息】选项卡（见下图）。

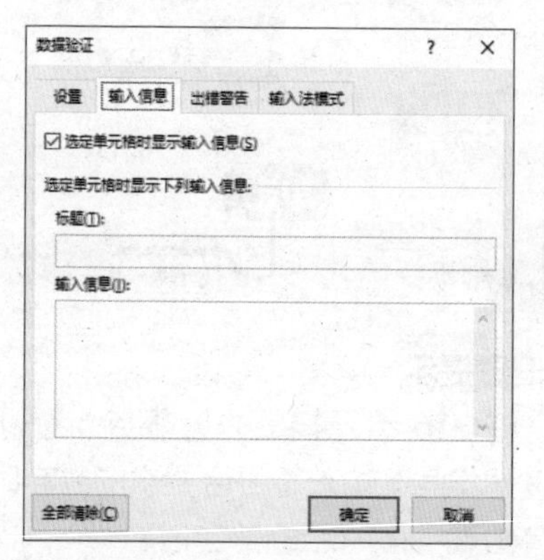

3 输入内容

在【标题】和【输入信息】文本框中，输入下图所示的内容。单击【确定】按钮，返回工作表。

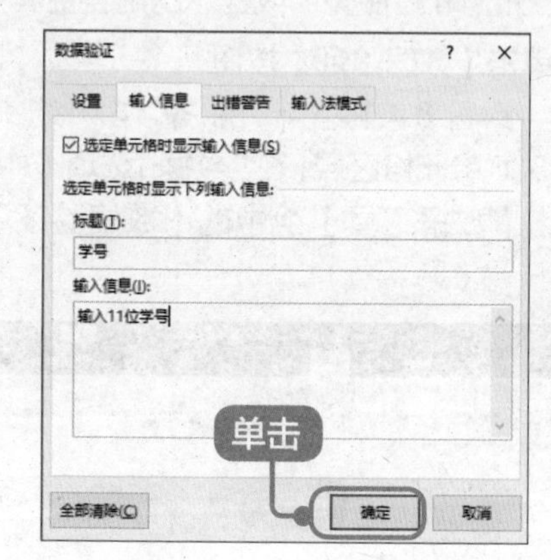

4 提示信息

当单击 B3:B30 单元格区域的任意一个单元格时，就会出现下图所示的提示信息。这里单击 B30 单元格。

8.5 数据的分类汇总

本节视频教学时间 / 13 分钟

分类汇总是指对数据清单中的数据进行分类，然后在分类的基础上汇总。分类汇总时，用户不需要创建公式，系统会自动创建公式，用以对数据清单中的字段进行求和、求平均值和求最大值等函数运算。分类汇总的计算结果，将分级显示出来。

8.5.1 简单分类汇总

使用分类汇总的数据列表，每一列数据都要有列标题。Excel 使用列标题来决定如何创建数据组，以及如何计算总和。在成绩汇总表中创建简单分类汇总的具体操作步骤如下。

1 选择单元格并单击【升序】按钮

选择 D 列中的任意一个单元格，单击【数据】选项卡下的【升序】按钮进行排序（见下图）。

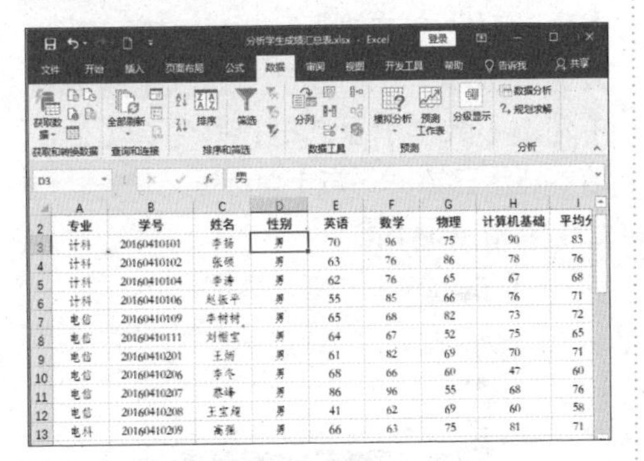

2 弹出对话框

在【数据】选项卡中，单击【分级显示】组中的【分类汇总】按钮分类汇总，弹出【分类汇总】对话框（见下图）。

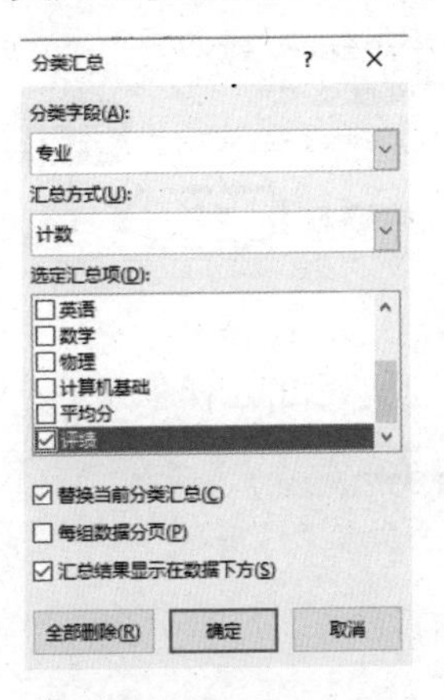

3 设置【分类汇总】对话框

在【分类字段】下拉列表中选择【性别】选项，表示以“性别”字段进行分类汇总，然后在【汇总方式】下拉列表中选择【最小值】选项，在【选定汇总项】列表框中勾选【平均分】复选框，并勾选【汇总结果显示在数据下方】复选框（见下图）。

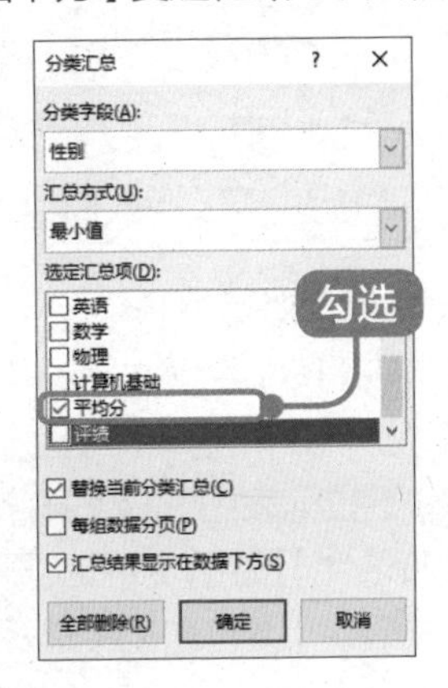

4 查看效果

单击【确定】按钮，分类汇总的效果如下图所示。

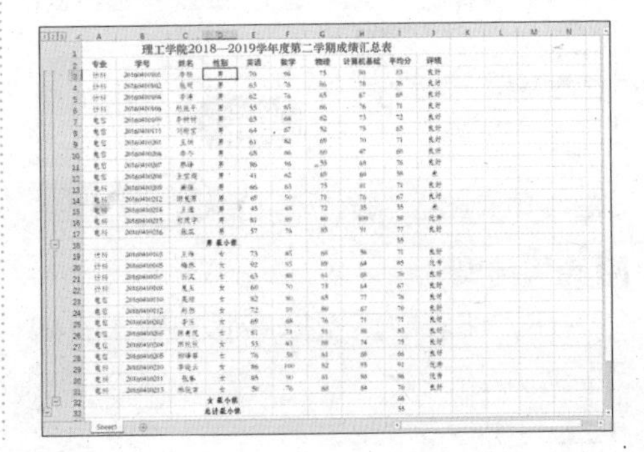

8.5.2 多重分类汇总

在 Excel 2019 中，可以根据两个或多个分类项，对工作表中的数据进行分类汇总。在成绩汇总表中进行多重分类汇总的具体操作步骤如下。

> **提示**
>
> 在对数据进行分类汇总时，需要注意：先按分类项的优先级对相关字段排序，再按分类项的优先级多次进行分类汇总。在后面进行分类汇总时，需取消勾选【分类汇总】对话框中的【替换当前分类汇总】复选框。

1 选择单元格并进行排序

在成绩汇总表中选择数据区域中的A3单元格，单击【数据】选项卡下【排序和筛选】组中的【排序】按钮，弹出【排序】对话框（见下图）。

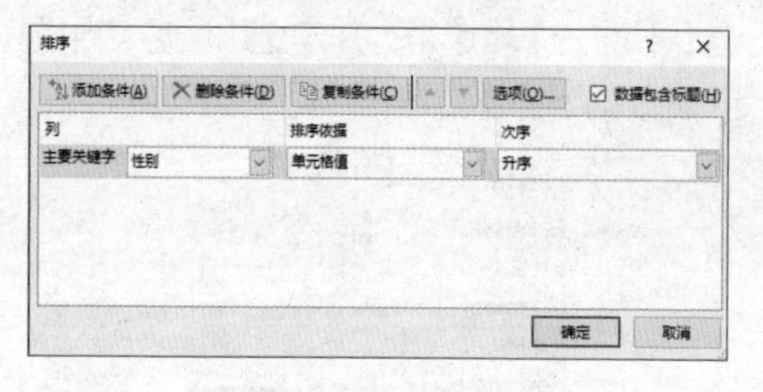

2 设置【排序】对话框

在【排序】对话框中，在【主要关键字】下拉列表中选择【专业】选项，在【次序】下拉列表中选择【升序】选项，单击【添加条件】按钮，添加次要关键字，在【次要关键字】下拉列表中选择【学号】选项，在【次序】下拉列表中选择【升序】选项，然后单击【确定】按钮（见下图）。

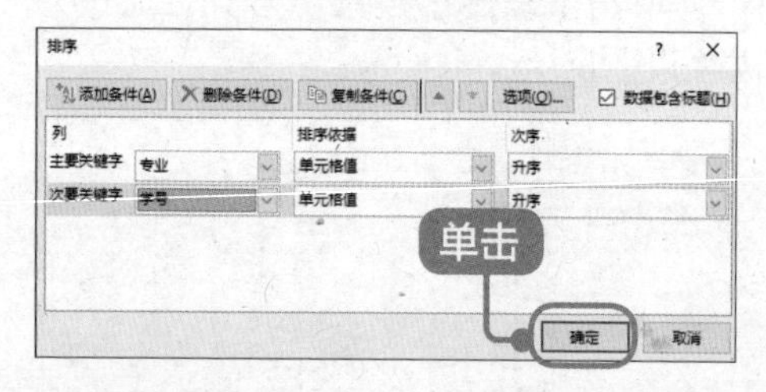

3 查看结果

在工作表中查看排序后的效果，如下图所示。

理工学院2018—2019学年度第二学期成绩汇总表

专业	学号	姓名	性别	英语	数学	物理	计算机基础	平
电科	20160410209	蒋张	男	66	63	75	81	
电科	20160410210	李晓云	女	86	100	82	95	
电科	20160410211	张春	女	85	90	81	88	
电科	20160410212	谢夏原	男	69	50	71	76	
电科	20160410213	林锐雷	女	50	76	68	84	
电科	20160410214	王濛	男	45	68	72	35	
电科	20160410215	郑茂宇	男	81	89	80	100	
电科	20160410216	张双	男	57	76	85	91	
电信	20160410109	李树树	男	65	68	82	73	
电信	20160410110	吴琼	女	82	80	65	77	
电信	20160410111	刘树宝	男	64	67	52	75	
电信	20160410112	赵然	女	72	59	80	67	
电信	20160410201	王炳	男	61	82	69	70	

4 设置【分类汇总】对话框

单击【分级显示】组中的【分类汇总】按钮，弹出【分类汇总】对话框。在【分类字段】下拉列表中选择【专业】选项，在【汇总方式】下拉列表中选择【最大值】选项，在【选定汇总项】列表框中勾选【数学】复选框，并勾选【汇总结果显示在数据下方】复选框，单击【确定】按钮（见下图）。

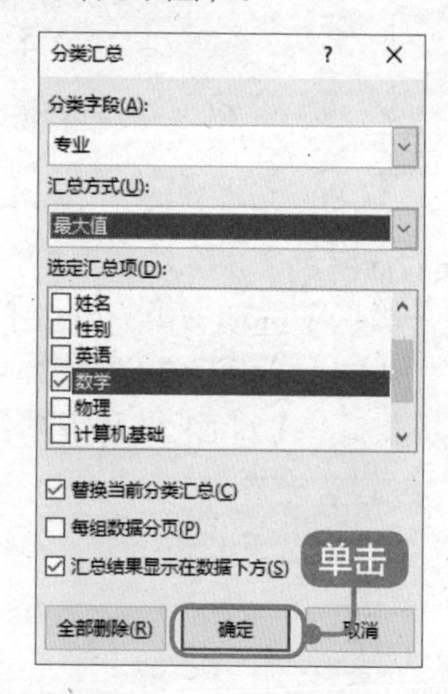

5 汇总表

分类汇总后的工作表如下图所示。

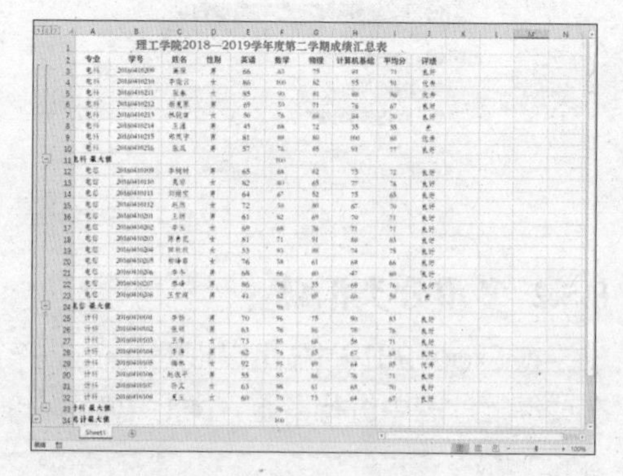

6 弹出【分类汇总】对话框

再次单击【分类汇总】按钮，弹出【分类汇总】对话框（见下页图）。

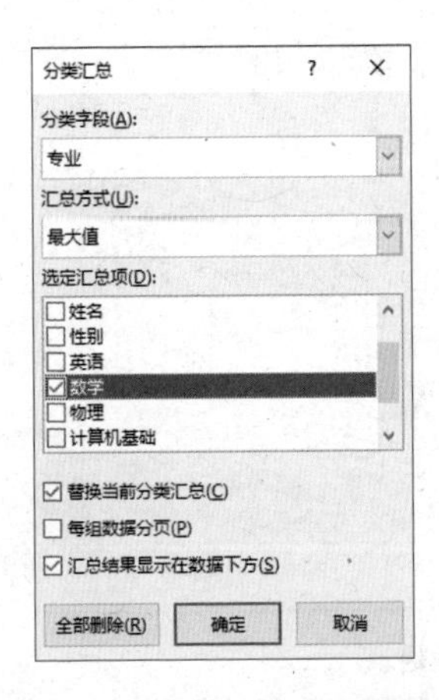

7 再次设置【分类汇总】对话框

在【分类字段】下拉列表中选择【专业】选项，在【汇总方式】下拉列表中选择【最大值】选项，在【选定汇总项】列表框中勾选【平均分】复选框，并取消勾选【替换当前分类汇总】复选框（见右栏图）。

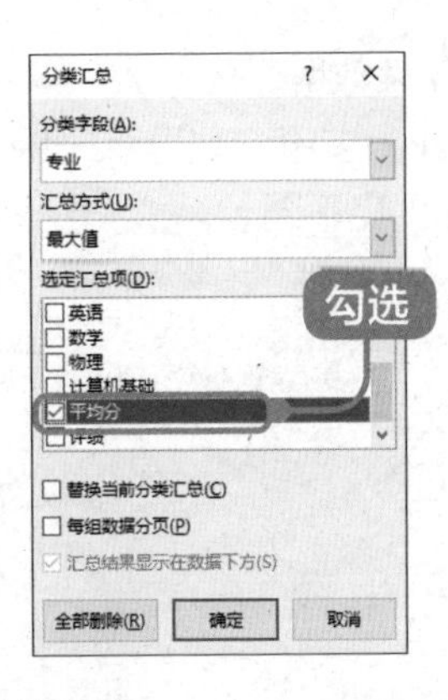

8 建立分类汇总

单击【确定】按钮，即可建立两重分类汇总（见下图）。

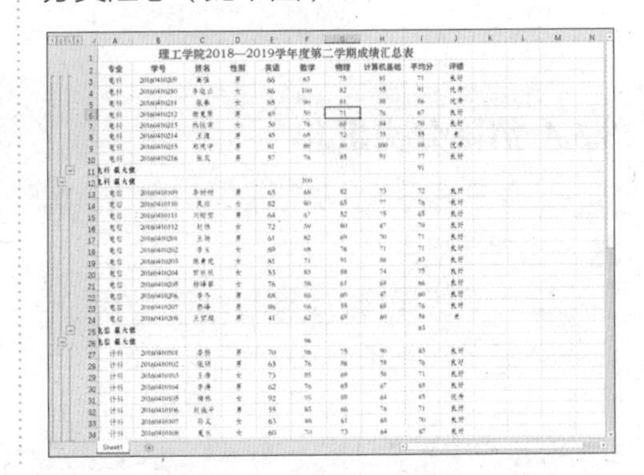

8.5.3 分级显示数据

在对工作表数据进行分类汇总后，工作表的窗口中将出现“1”“2”“3”……，以及“+”“-”和大括号，这些符号称为分级显示符号。如果对工作表进行多重分类汇总，还会出现更多的分级数据，如 8.5.2 小节中对工作表进行多重分类汇总后，在工作表的左侧列表中显示了 4 级分类。

1 显示 1 表数据

单击 1 按钮，可以直接显示一级汇总数据，一级数据为最高级（见下图）。

2 显示 2 表数据

单击 2 按钮，则显示一级和二级数据。二级数据是一级数据的明细数据，同时也是三级数据的汇总数据（见下图）。

3 显示 3 表数据

单击 3 按钮，则显示一级、二级、三级数据（见下图）。

4 显示 4 表数据

单击 4 按钮，则显示全部数据（见右栏图）。

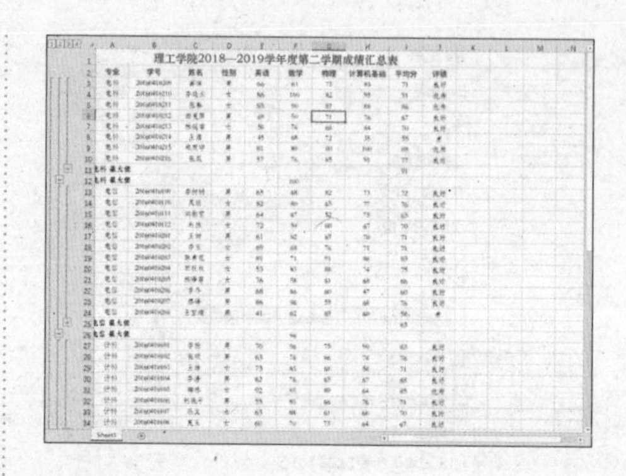

> **提示**
>
> 单击 + 按钮或 – 按钮，则会显示或隐藏明细数据。
>
> 建立分类汇总后，如果修改明细数据，汇总数据会自动更新。

8.5.4 清除分类汇总

如果不再需要分类汇总，可以将其清除。

1 弹出对话框

接上面的操作，选择分类汇总后工作表数据区域内的任意一个单元格。在【数据】选项卡中，单击【分级显示】组中的【分类汇总】按钮 分类汇总，弹出【分类汇总】对话框（见下图）。

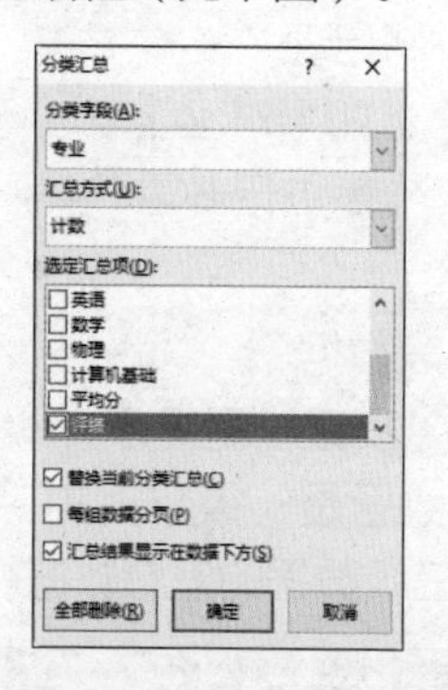

2 删除和保存

单击【全部删除】按钮，即可清除分类汇总。选择【文件】➤【保存】菜单命令，即可将其保存（见下图）。

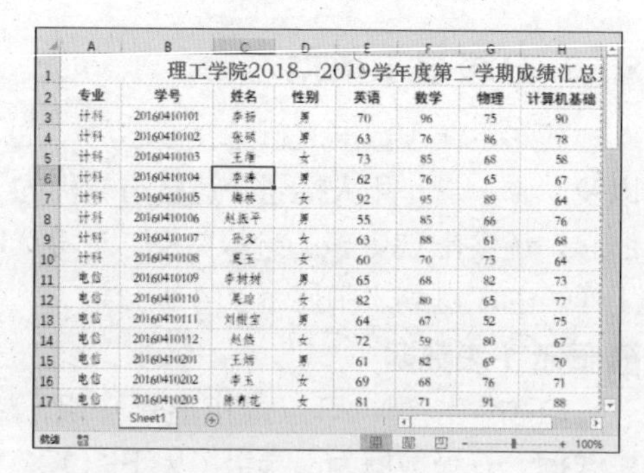

8.6 使用图表进行分析

本节视频教学时间 / 20 分钟

图表作为一种比较形象、直观的表达形式，可以表示各种数据数量的多少、数量

的增减变化情况以及部分数量同总数量之间的关系等，使读者易于理解，且更容易发现隐藏在背后的数据变化的趋势和规律。

8.6.1 认识图表的特点及其构成

图表可以非常直观地反映工作表中数据之间的关系，可以方便地对比与分析数据。用图表表达数据，可以使表达结果更加清晰、直观和易懂，为用户使用数据提供了便利。

1. 图表的特点

在 Excel 中，图表具有以下 4 个特点。

（1）直观形象

利用下面的图表可以非常直观地显示市场活动情况。

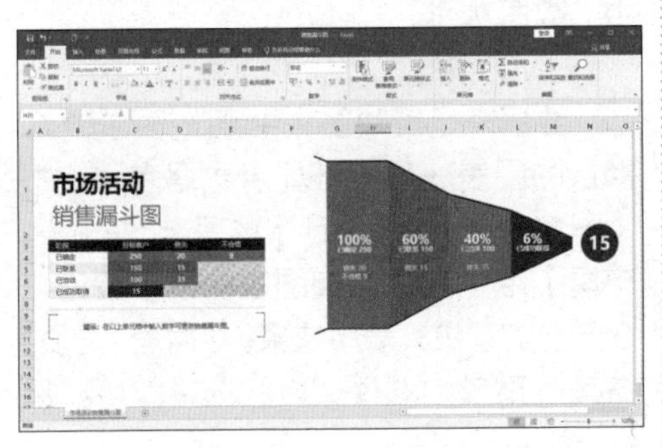

（2）种类丰富

Excel 2019 提供了 16 种内部图表类型，每一种图表类型又有多种子类型，此外，用户根据使用需要，还可以自己定义图表（见下图）。

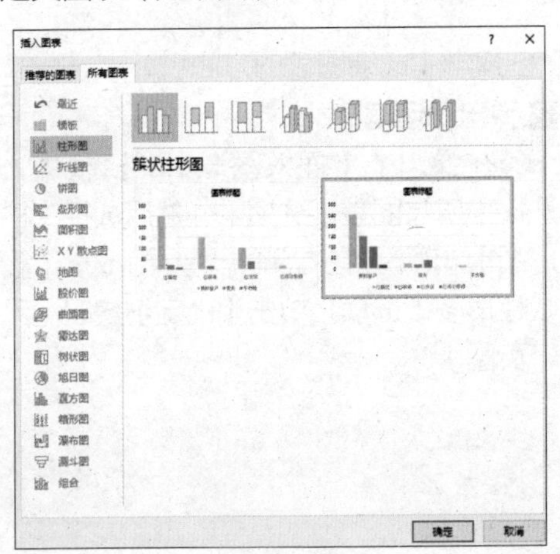

（3）双向联动

在图表上可以增加数据源，使图表和表格双向结合，更直观地表达丰富的数据含义（见下图）。

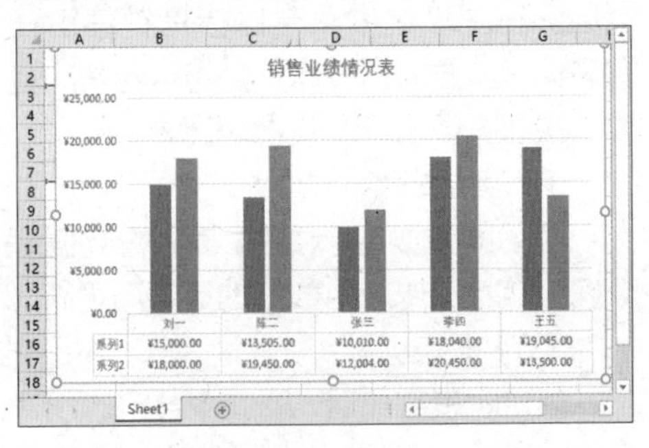

（4）二维坐标

一般情况下，图表上有两个用于对数据进行分类和度量的坐标轴，即分类（x）轴和数值（y）轴。在 x、y 轴上可以添加标题，用来明确图表所表示的含义（见下图）。

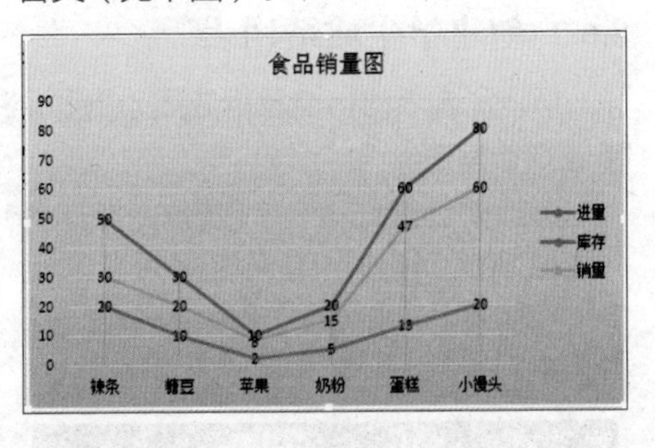

2. 认识图表的构成元素

图表主要由图表区、绘图区、标题、数据标签、坐标轴、图例、模拟运算表和背景等组成（见下页图）。

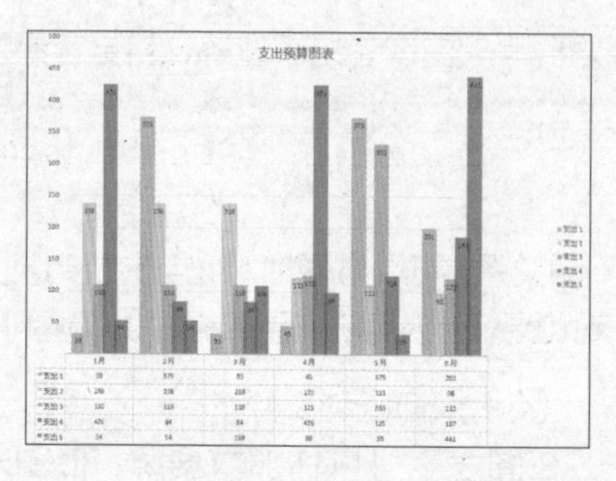

（1）图表区

整个图表以及图表中的数据称为图表区。在图表区中，当鼠标指针停留在图表元素上方时，Excel 会显示元素的名称，从而方便用户查找图表元素。

（2）绘图区

绘图区主要显示数据表中的数据，数据会随着工作表中数据的更新而更新。

（3）图表标题

创建图表完成后，图表中会自动创建标题文本框，可以在文本框中输入标题。

（4）数据标签

图表中绘制的相关数据点的数据来自数据的行和列。如果要快速标识图表中的数据，可以为图表的数据添加数据标签，在数据标签中可以显示系列名称、类别名称和百分比。

（5）坐标轴

默认情况下，Excel 会自动确定图表坐标轴中图表的刻度值，用户也可以自定义刻度，以满足使用需要。当在图表中绘制的数值涵盖范围较大时，可以将垂直坐标轴改为对数刻度。

（6）图例

图例用方框表示，用于标识图表中的数据系列所指定的颜色或图案。创建图表后，图例以默认的颜色来显示图表中的数据系列。

（7）数据表

数据表是反映图表中源数据的表格，默认的图表一般都不显示数据表。单击【图表工具】➢【设计】选项卡下【图表布局】组中的【添加图表元素】按钮，在弹出的下拉列表中选择【数据表】选项，在其子菜单中选择相应的选择即可显示数据表。

（8）背景

背景主要用于衬托图表，可以使图表更加美观。

8.6.2 创建学生成绩图表

认识了图表的特点及组成后，下面介绍了创建学生成绩图表的方法。

1 选择数据源

选择要创建图表的数据源，如选择“C2:C30,E2:H30”单元格区域，然后单击【插入】➢【图表】组中的【查看所有图表】按钮（见下图）。

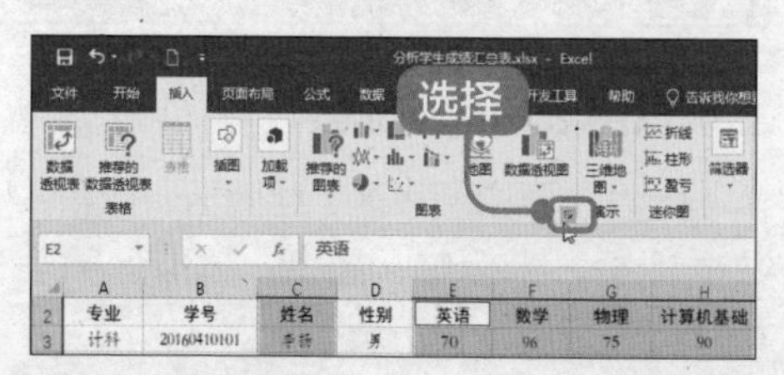

2 弹出对话框

在弹出的【插入图表】对话框中，选择【所有图表】选项卡，然后选择【柱形图】选项，并在右侧的类别中，选择【簇状柱形图】选项，单击【确定】按钮（见下页图）。

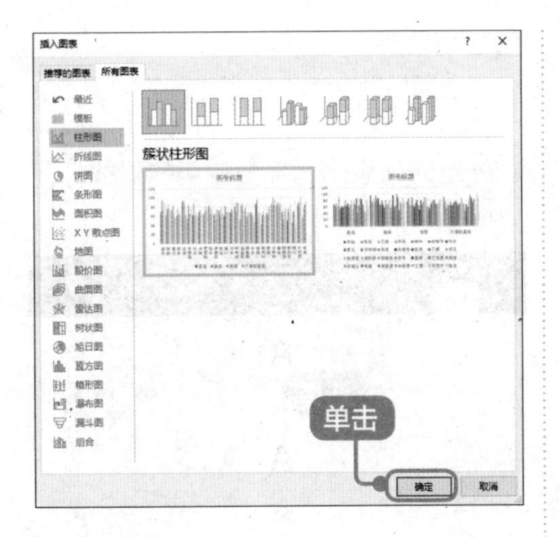

3 插入图表

在当前工作表中插入一个图表，如右栏图所示。

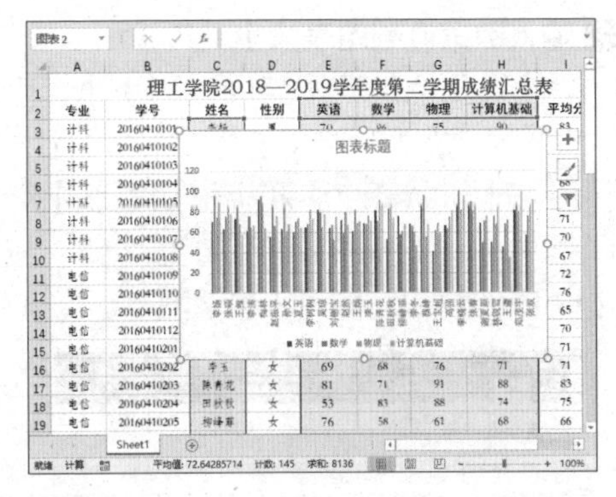

提示

用户也可以按【Alt+F1】组合键或者按【F11】键来快速创建图表。按【Alt+F1】组合键可以创建嵌入式图表；按【F11】键可以创建工作表图表。

另外，可以通过功能区快速选择要创建的图表类型，并创建图表。

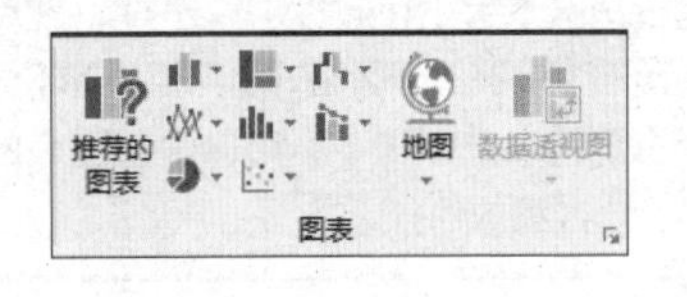

8.6.3 编辑图表

如果用户对创建的图表不满意，还可以对图表进行相应的修改。本节介绍编辑图表的方法。

1. 调整图表的大小

用户可以对已创建的图表根据不同的需求进行大小和位置的调整，具体的操作步骤如下。

1 拖曳控制点调整图表大小

选择图表，图表周围会显示浅绿色边框，同时出现 8 个控制点，将鼠标指针移动至控制点，当变成“↘”形状时，单击并拖曳控制点，可以调整图表的大小（见右栏图）。

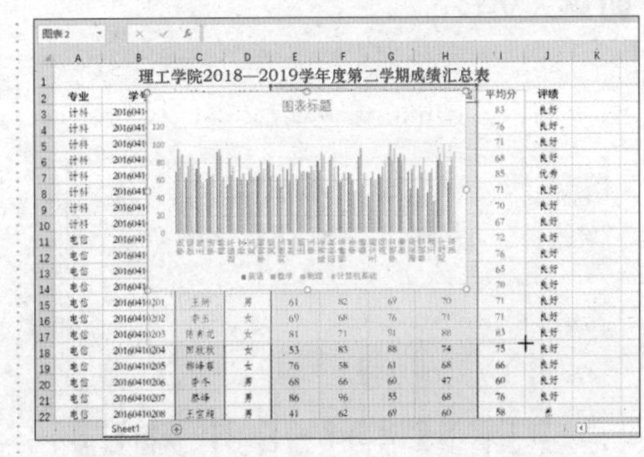

2 输入数据调整图表大小

如果要精确地调整图表的大小，可以在【格式】选项卡下选择【大小】组，然后在【形状高度】和【形状宽度】微调框中输入图表的高度和宽度值，按【Enter】键确认即可（见下图）。

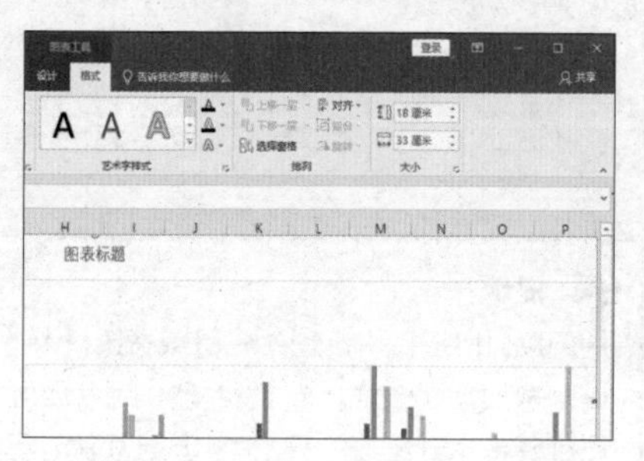

> **提示**
> 单击【格式】选项卡下【大小】组右下角的【大小和属性】按钮，在弹出的【设置图表区格式】窗格中的【大小属性】选项卡下，可以设置图表的大小或缩放百分比。

2. 设置图表标题

在创建图表时，默认会添加一个图表标题，图表会根据图表数据源自动添加标题，如果没有识别，就会显示“图表标题”字样。下面讲述如何添加和设置标题。

1 输入文字

在“图表标题”中，单击标题内容，重新输入合适的图表标题文本（见下图）。

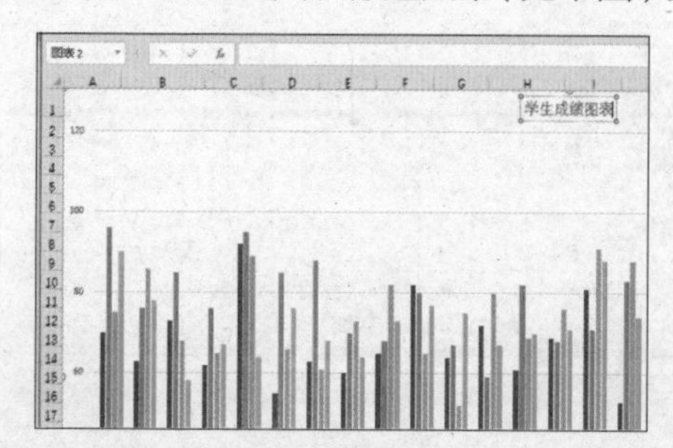

2 应用效果

选择标题文本，单击【图表工具】➢【艺术字样式】组中的【其他】按钮，在弹出的列表中选择要应用的样式，即可应用文字效果（见下图）。

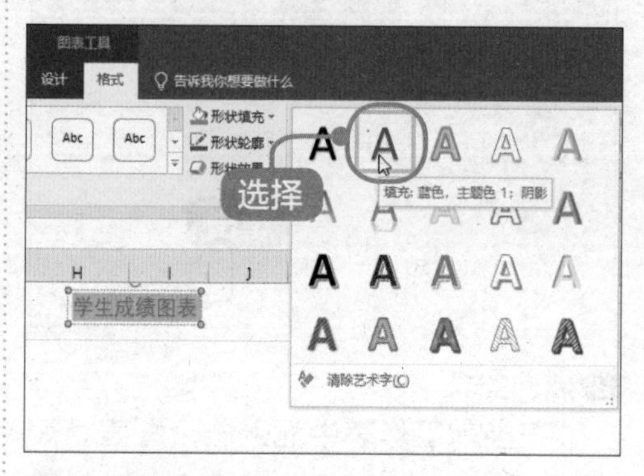

3 调整字体大小

调整字体大小，最终效果如下图所示。

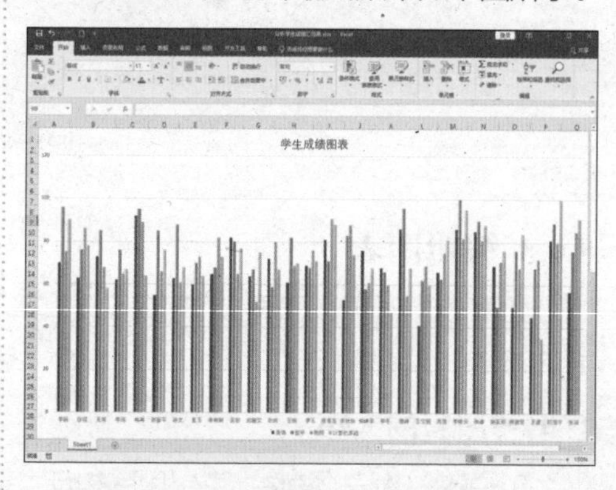

3. 设置和隐藏网格线

如果对默认的网格线不满意，可以自定义网格，具体的操作步骤如下。

1 弹出窗格

选中图表，单击【格式】选项卡下【当前所选内容】组中【图表区】右侧的按钮，在弹出的下拉列表中选择【垂直（值）轴主要网格线】选项，然后单击【设置所选内容格式】按钮 设置所选内容格式，弹出【设置主要网格线格式】窗格（见下页图）。

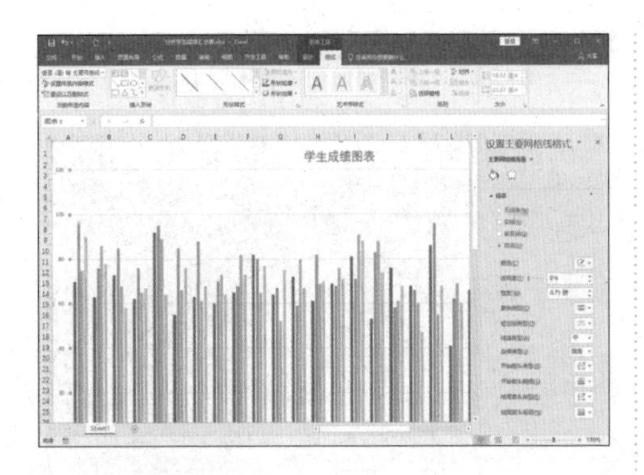

2 设置数据

在【填充线条】区域下【线条】组的【颜色】下拉列表中设置颜色为“蓝色”，在【宽度】微调框中设置宽度为“1 磅”，【短划线类型】设置为“短划线”，设置后的效果如右栏图所示。

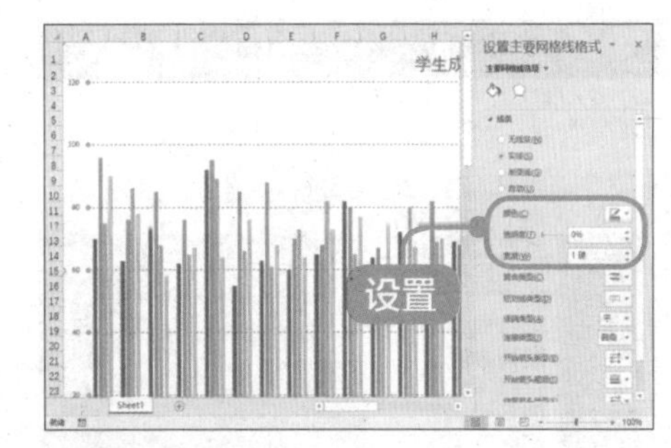

3 隐藏网格线

单击【线条】区域下的【无线条】单选项，即可隐藏所有的网格线（见下图）。

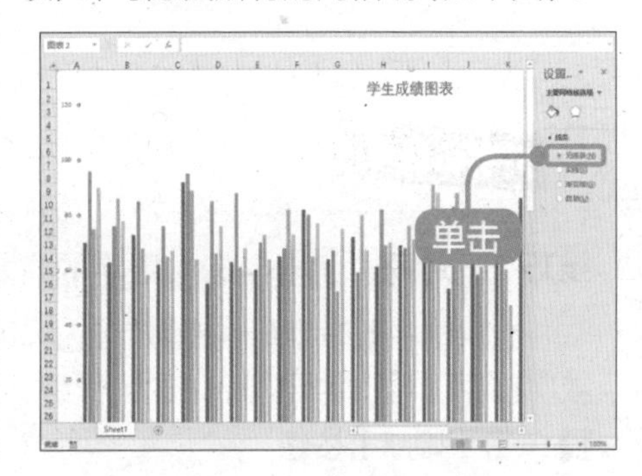

8.6.4 使用图表样式美化图表

在 Excel 2019 中创建图表后，系统会根据创建的图表，提供多种图表样式，图表样式可以起到美化图表的作用。

1 套用样式

选中图表，在【设计】选项卡下，单击【图表样式】组中的【其他】按钮，在弹出的图表样式中，单击任意一个样式，即可套用（见下图）。

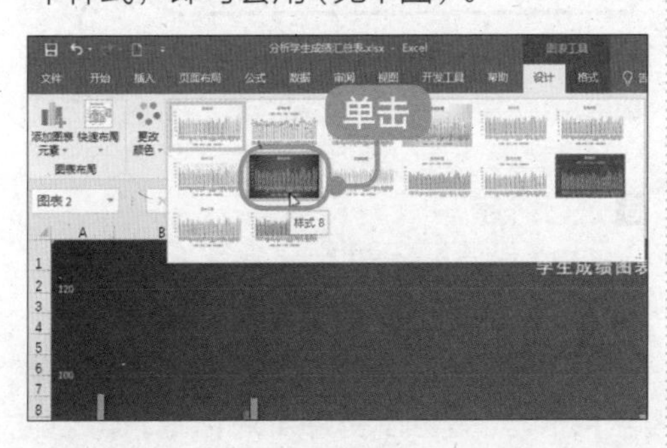

2 查看效果

应用样式后，效果如下图所示。

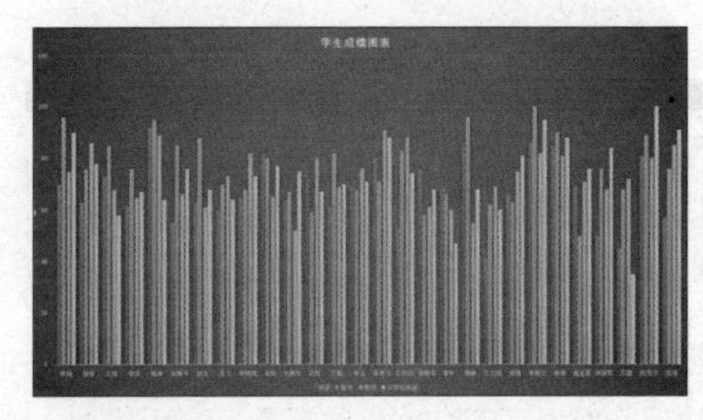

3 颜色应用

单击【更改颜色】按钮，可以为图表应用不同的颜色。这里选择“彩色调色板 4”（见下页图）。

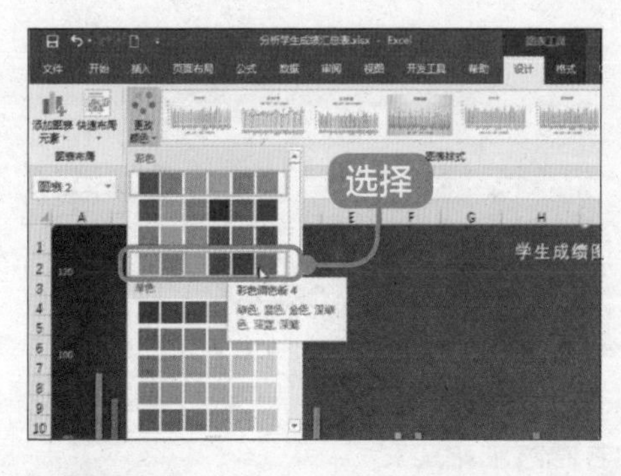

4 查看效果

最终修改后的图表如右栏图所示。

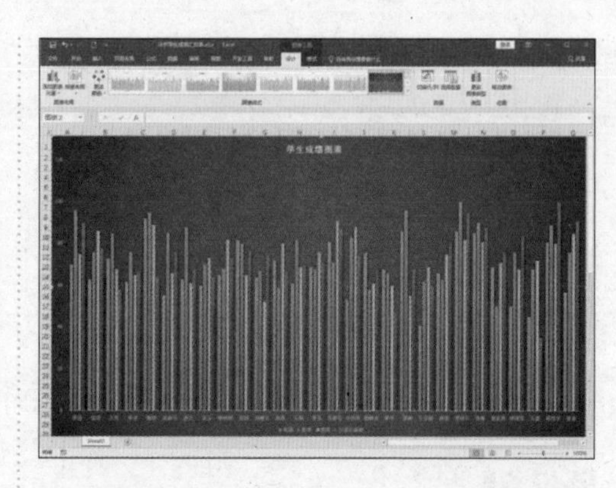

技巧 1：对同时包含字母和数字的文本进行排序

当表格中既有字母也有数字的，如果要对该表格区域进行排序，可以先按数字排序，再按字母排序，达到最终排序的效果，具体操作步骤如下。

1 单击【排序】按钮

打开“素材 \ch08\ 员工业绩销售表 .xlsx”工作簿。并在 A 列单元格中填写带字母的编号， 选择 A 列任一单元格，在【数据】选项卡的【排序和筛选】组中，单击【排序】按钮(见下图)。

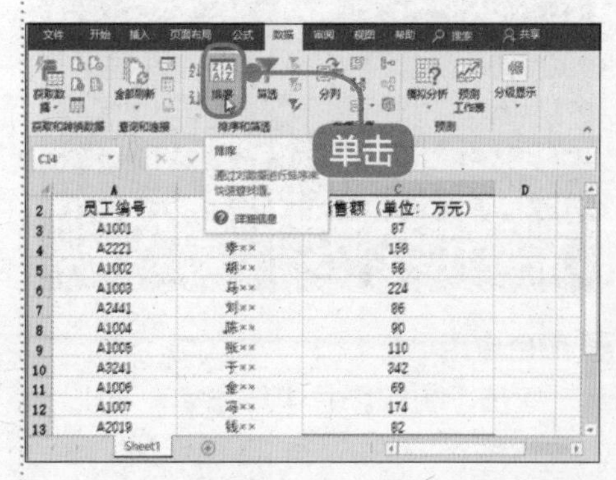

2 设置排序

在弹出的【排序】对话框中，单击【主要关键字】后的下拉按钮，在下拉列表中选择【员工编号】选项，设置【排序依据】为“数值”，设置【次序】为“升序”（见下图）。

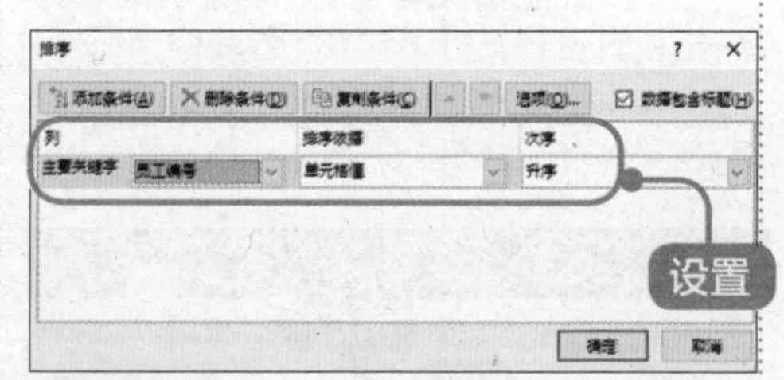

3 进行排序

在【排序】对话框中，单击【选项】按钮，打开【排序选项】对话框，单击【字母排序】单选钮，然后单击【确定】按钮，返回【排序】对话框，再按【确定】按钮，即可对【员工编号】进行排序（见下页图）。

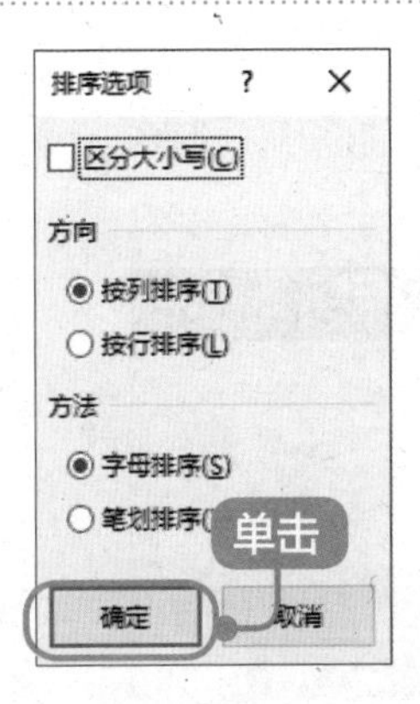

4 查看效果

最终排序后的效果如下图所示。

	A	B	C
1	2019年员工销售业绩表		
2	员工编号	员工姓名	销售额（单位：万元）
3	A1001	王××	87
4	A1002	胡××	58
5	A1003	马××	224
6	A1004	陈××	90
7	A1005	张××	110
8	A1006	金××	69
9	A1007	冯××	174
10	A2019	钱××	82
11	A2221	李××	158
12	A2441	刘××	86
13	A3241	于××	342

技巧 2：巧用漏斗图分析用户转化的情况

漏斗图又叫倒三角图，该图表是由堆积条形图演变而来的，就是由占位数把条形图挤成一个倒三角的形状而形成。漏斗图常用于显示流程中多个阶段的值。例如，可以使用漏斗图来显示销售渠道中每个阶段的销售潜在客户数及转化分析。一般情况下，值逐渐减小，从而使条形图呈现出漏斗形状。

以漏斗图反应用户转化情况的具体操作步骤如下。

1 打开文件

打开“素材 \ch08\ 客户转化情况表 .xlsx”文件，选择 A2:C7 单元格区域，在【插入】选项卡中，单击【图表】组中的【插入瀑布图、漏斗图、股价图、曲面图或雷达图】按钮，在弹出的下拉菜单中选择漏斗图图表（见下图）。

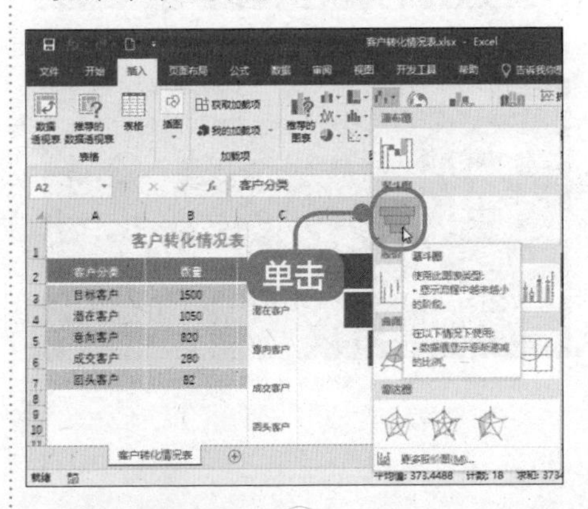

2 创建漏斗图

在当前工作表中创建一个漏斗图（见右栏图）。

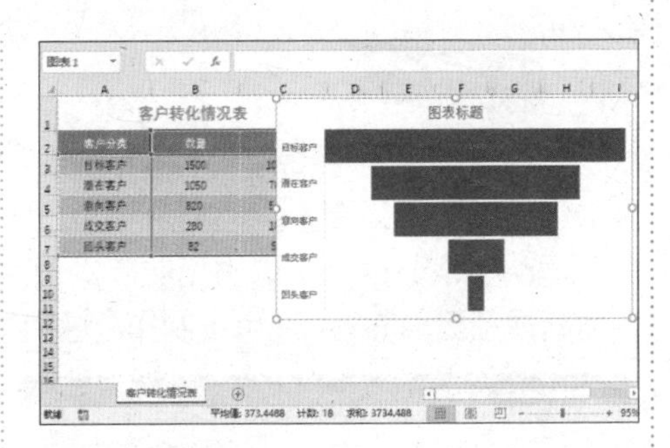

3 设置标题

在【图表工具】➤【设计】选项卡下，更改漏斗图的颜色及数据标签的颜色，并设置标题，效果如下图所示。

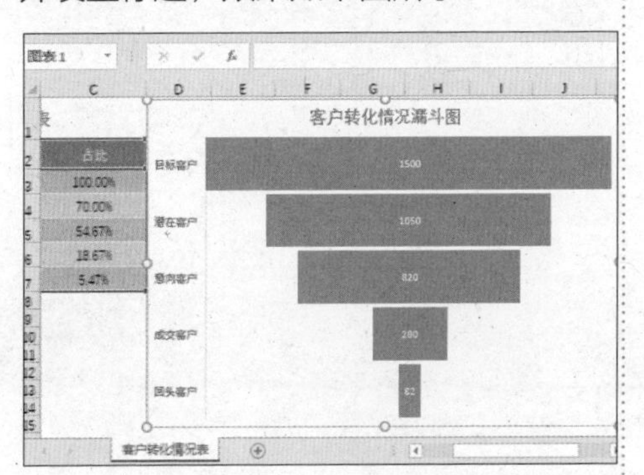

4 绘制图形

单击【插入】➤【插图】➤【形状】按钮，在弹出的形状列表中，选择【直线】形状，绘制漏斗图的图形，最终效果如下图所示。

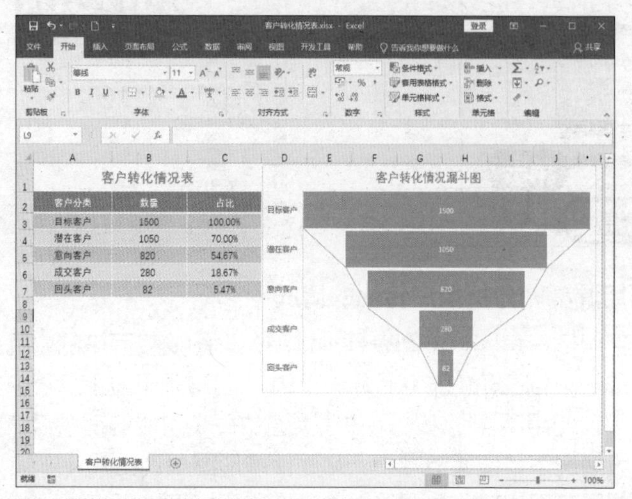

制作成绩汇总表的步骤非常简单，即在成绩汇总表的基础上，对表格中的数据进行排序、筛选、设置条件格式、设置数据的有效性以及分类汇总等操作。不同的表格数据，可以根据实际需要使用 Excel 2019 的数据分析功能。除了分析成绩汇总表外，还可以制作汇总销售记录表、月度统计分析表等（见下图）。

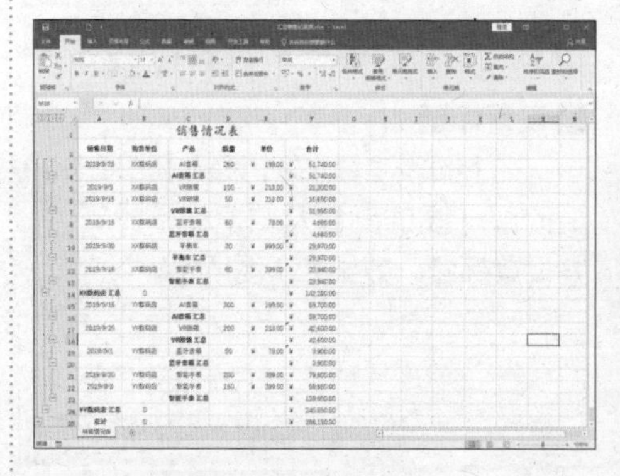

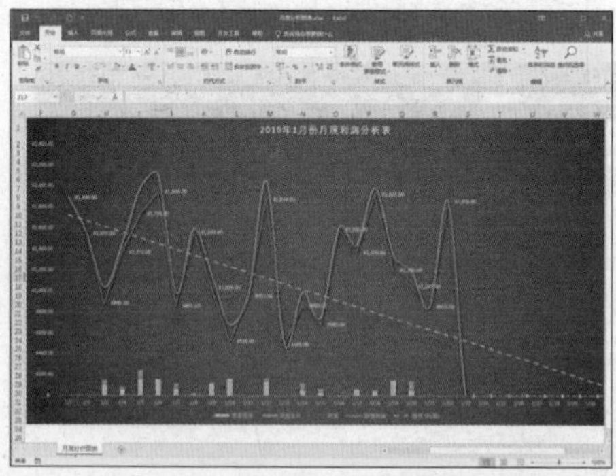

第 9 章

数据透视表/图的应用——制作年度产品销售额数据透视表及数据透视图

重点导读

本章视频教学时间 / 38 分钟

数据透视表是一种可以深入分析数值数据，快速汇总大量数据的交互式报表。

学习效果图

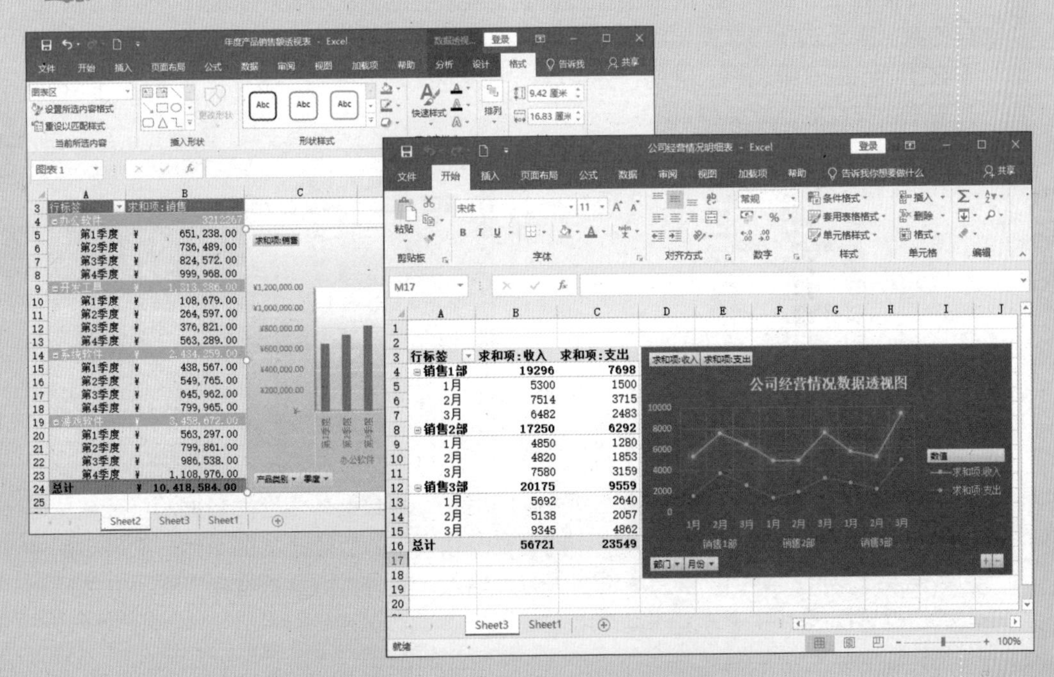

9.1 数据准备及需求分析

本节视频教学时间 / 5 分钟

数据透视表是一种对大量数据快速汇总和建立交叉列表的交互式动态表格，能够帮助用户分析、组织既有数据，是 Excel 中的数据分析利器。

用户可以从 4 种类型的数据源中创建数据透视表。

Excel 数据列表。Excel 数据列表是最常用的数据源。如果以 Excel 数据列表作为数据源，则标题行不能有空白单元格或合并的单元格，否则不能生成数据透视表，会出现如下图所示的错误提示。

外部数据源。文本文件、Microsoft SQL Server 数据库、Microsoft Access 数据库、dBASE 数据库等均可作为数据源。Excel 2000 及以上版本还可以利用 Microsoft OLAP 多维数据集创建数据透视表。

多个独立的 Excel 数据列表。数据透视表可以将多个独立的 Excel 表格中的数据汇总到一起。

其他数据透视表。创建完成的数据透视表也可以作为数据源来创建另外一个数据透视表。

在实际工作中，用户的数据往往是以二维表格的形式存在的，如下左图所示。这样的数据表无法作为数据源创建理想的数据透视表。只有把二维的数据表格转换为如下右图所示的一维表格，才能作为数据透视表的理想数据源。数据列表就是指这种以列表形式存在的数据表格。

行标签	求和项:销售
办公软件	3212267
第1季度	651238
第2季度	736489
第3季度	824572
第4季度	999968
开发工具	1313386
第1季度	108679
第2季度	264597
第3季度	376821
第4季度	563289
系统软件	2434259
第1季度	438567
第2季度	549765
第3季度	645962
第4季度	799965
游戏软件	3458672
第1季度	563297
第2季度	799861
第3季度	986538
第4季度	1108976
总计	10418584

年度产品销售额透视表

产品类别	季度	销售
系统软件	第1季度	¥ 438,567
办公软件	第1季度	¥ 651,238
开发工具	第1季度	¥ 108,679
游戏软件	第1季度	¥ 563,297
系统软件	第2季度	¥ 549,765
办公软件	第2季度	¥ 736,489
开发工具	第2季度	¥ 264,597
游戏软件	第2季度	¥ 799,861
系统软件	第3季度	¥ 645,962
办公软件	第3季度	¥ 824,572
开发工具	第3季度	¥ 376,821
游戏软件	第3季度	¥ 986,538
系统软件	第4季度	¥ 799,965
办公软件	第4季度	¥ 999,968
开发工具	第4季度	¥ 563,289
游戏软件	第4季度	¥ 1,108,976

本章将要创建年度产品销售透视表，使用 Excel 数据列表作为数据源。在数据准备的过程中，就必须注意标题行中不能有空白单元格，且表格为简单的一维表。其中的数据要根据产品类别、季度、销售等分别填入。只有做好数据准备工作，才能顺利创建数据透视表，并充分发挥其作用。

9.2 创建年度产品销售额透视表

本节视频教学时间 / 4 分钟

使用数据透视表可以深入分析数值数据，创建“年度产品销售额透视表”的具体操作步骤如下。

1 打开文件

打开 “素材 \ch09\ 年度产品销售额透视表 .xlsx”文件（见下图）。

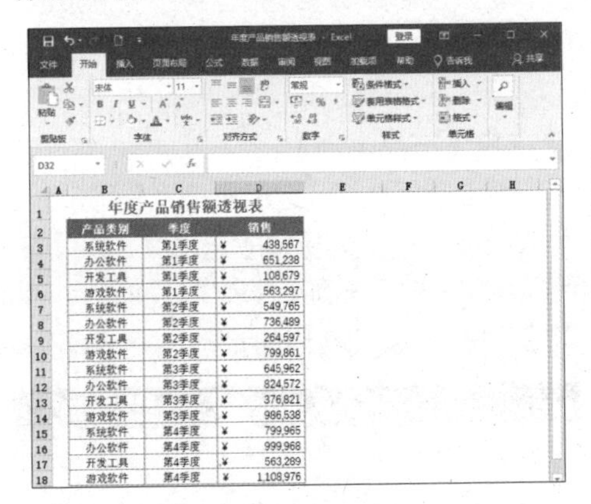

年度产品销售额透视表

产品类别	季度	销售
系统软件	第1季度	¥ 438,567
办公软件	第1季度	¥ 651,238
开发工具	第1季度	¥ 108,679
游戏软件	第1季度	¥ 563,297
系统软件	第2季度	¥ 549,765
办公软件	第2季度	¥ 736,489
开发工具	第2季度	¥ 264,597
游戏软件	第2季度	¥ 799,861
系统软件	第3季度	¥ 645,962
办公软件	第3季度	¥ 824,572
开发工具	第3季度	¥ 376,821
游戏软件	第3季度	¥ 986,538
系统软件	第4季度	¥ 799,965
办公软件	第4季度	¥ 999,968
开发工具	第4季度	¥ 563,289
游戏软件	第4季度	¥ 1,108,976

2 单击【数据透视表】按钮

单击【插入】选项卡下【表格】组的【数据透视表】按钮（见下图）。

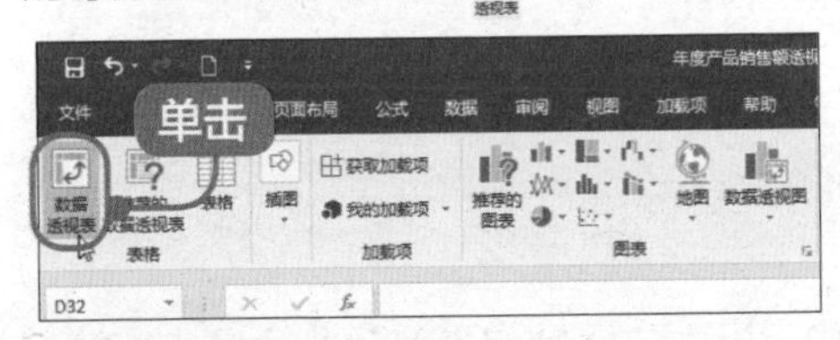

> **提示**
>
> 数据源也可以选择外部数据，放置位置也可以选择现有工作表。

3 设置【创建数据透视图】

选中【请选择要分析的数据】选项组中的【选择一个表或区域】单选项，单击【表 / 区域】文本框右侧的按钮，用鼠标拖曳选择 B2:D18 单元格区域，设置数据源。在【选择放置数据透视表的位置】选项组中单击【新工作表】单选项（见下图）。

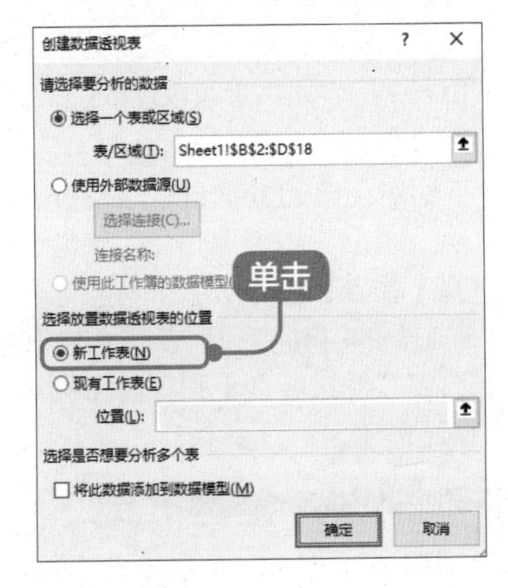

4 添加报表字段

单击【确定】按钮，弹出数据透视表的编辑界面。将“销售额”字段拖曳到【Σ 数值】列表框中，将“季度”和“产品类别”字段分别拖曳到【行标签】列表框中，注意顺序。添加好报表字段的效果如下图所示。

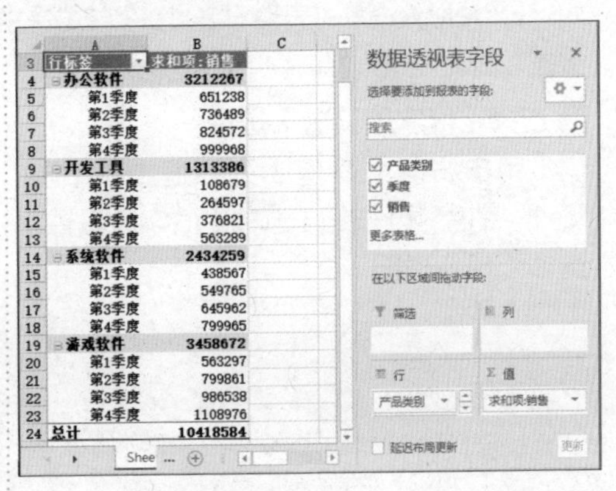

行标签	求和项:销售
办公软件	3212267
第1季度	651238
第2季度	736489
第3季度	824572
第4季度	999968
开发工具	1313386
第1季度	108679
第2季度	264597
第3季度	376821
第4季度	563289
系统软件	2434259
第1季度	438567
第2季度	549765
第3季度	645962
第4季度	799965
游戏软件	3458672
第1季度	563297
第2季度	799861
第3季度	986538
第4季度	1108976
总计	10418584

9.3 编辑数据透视表

本节视频教学时间 / 6 分钟

创建数据透视表以后，就可以对它进行编辑了。对数据透视表的编辑包括修改其布局、添加或删除字段、格式化表中的数据，以及对透视表进行复制和删除等。

9.3.1 修改数据透视表

数据透视表是显示数据信息的视图，我们不能直接修改数据透视表所显示的数据项。但表中的字段名是可以修改的，此外，我们还可以修改数据透视表的布局，从而重组数据透视表。

下面对创建的数据透视表互换行和列。

1 选择【季度】选项

在右侧的【行标签】列表框中选择【季度】选项，将其拖到【列标签】列表框中（见下图）。

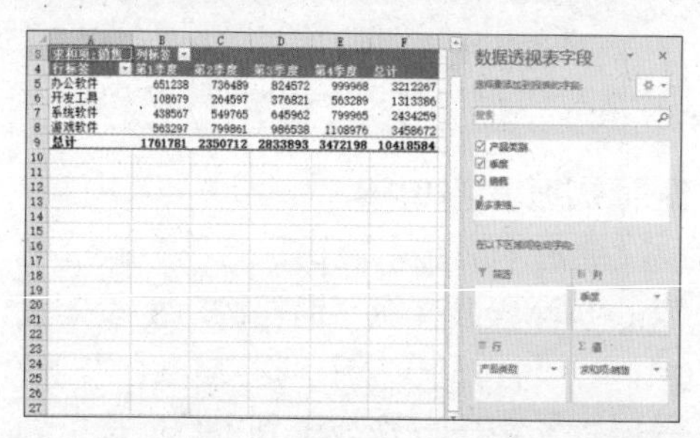

2 拖曳【产品类别】

将【产品类别】选项也拖到【列标签】列表框中，在【列标签】选项中，将【产品类别】选项拖到【季度】选项上，此时左侧的透视表如下图所示。

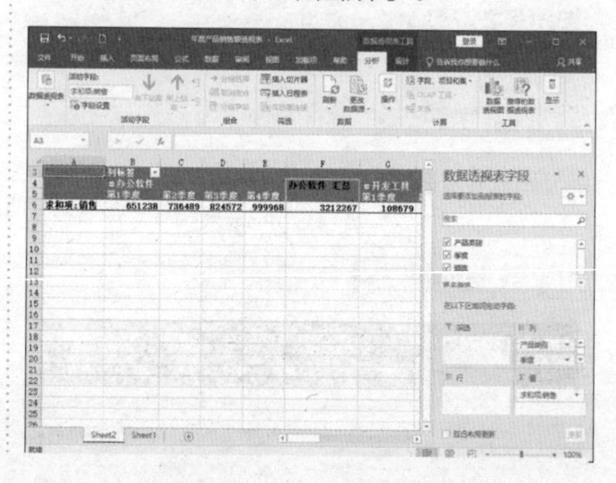

9.3.2 改变数据透视表的汇总方式

Excel 数据透视表默认的汇总方式是求和，用户可以根据需要改变数据透视表中数据项的汇总方式。

1 选择【值字段设置】选项

单击右侧【Σ 值】列表框中的【求和项: 销售额】按钮，选择【值字段设置】选项（见右栏图）。

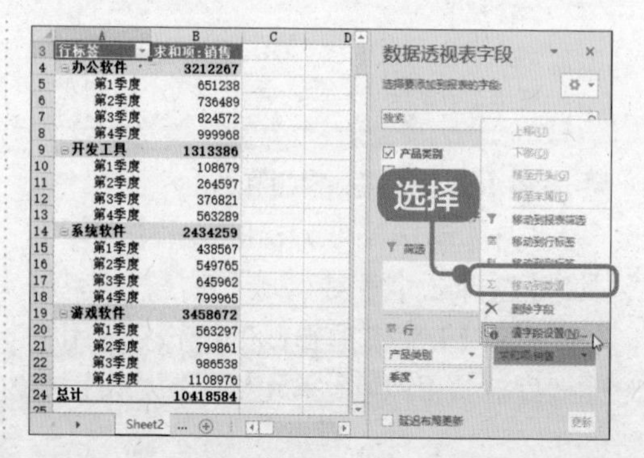

2 打开【值字段设置】对话框

弹出【值字段设置】对话框，如下图所示。

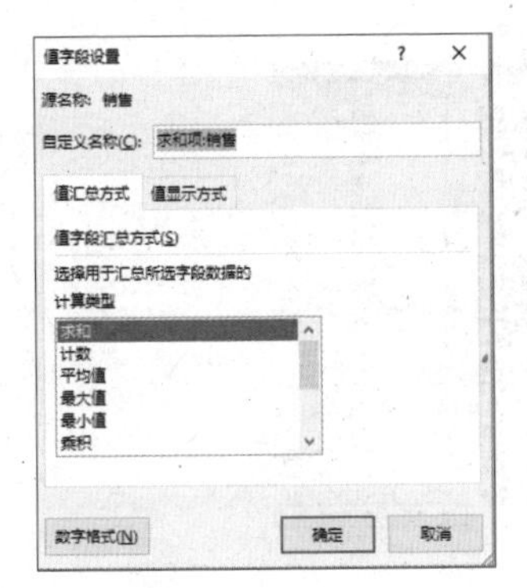

3 选择【平均值】选项

选择【选择用于汇总所选字段数据的计算类型】列表框中的【平均值】选项，单击【确定】按钮（见右栏图）。

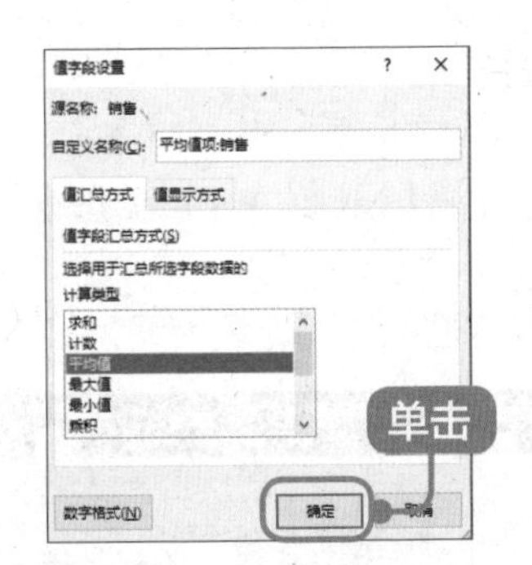

4 查看效果

更改汇总方式，效果如下图所示。

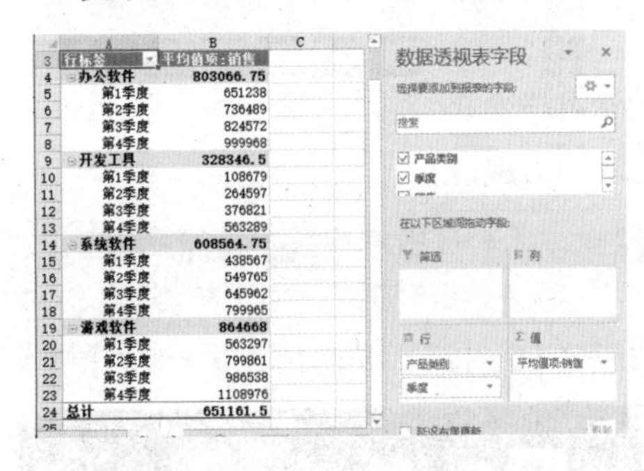

行标签	平均值项:销售
办公软件	803066.75
第1季度	651238
第2季度	736489
第3季度	824572
第4季度	999968
开发工具	328346.5
第1季度	108679
第2季度	264597
第3季度	376821
第4季度	563289
系统软件	608564.75
第1季度	438567
第2季度	549765
第3季度	645962
第4季度	799965
游戏软件	864668
第1季度	563297
第2季度	799861
第3季度	986538
第4季度	1108976
总计	651161.5

9.3.3 添加或者删除字段

用户可以根据需要随时向透视表添加或者从中删除字段。

1 取消【季度】复选框

在右侧【选择要添加到报表的字段】列表框中，取消选中【季度】复选框，可以将其从数据透视表中删除（见下图）。

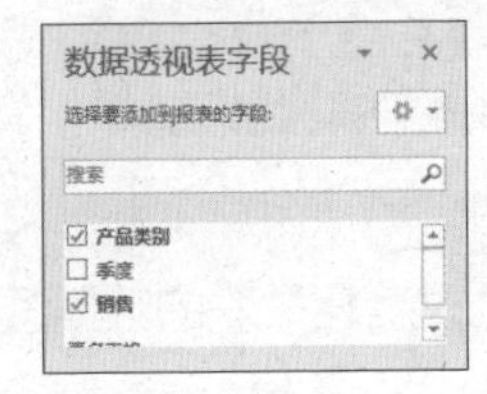

2 添加字段

在右侧【选择要添加到报表的字段】列表框中，选中要添加的字段的复选框，可以将其添加到数据透视表中（见下图）。

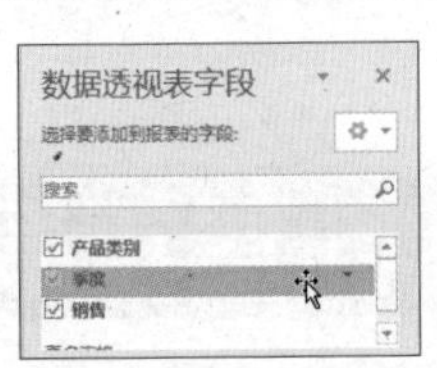

提示

在【行标签】列表框中的字段名称上单击，并将其拖到窗口外面，也可以删除字段。

9.4 美化数据透视表

本节视频教学时间 / 3 分钟

创建并编辑好数据透视表以后，可以对它进行美化，使其看起来更加美观。

1 选择样式

选中数据透视表，单击【数据透视表工具】➢【设计】➢【数据透视表样式】组中的【其他】按钮，在弹出的列表中选择要应用的样式（见下图）。

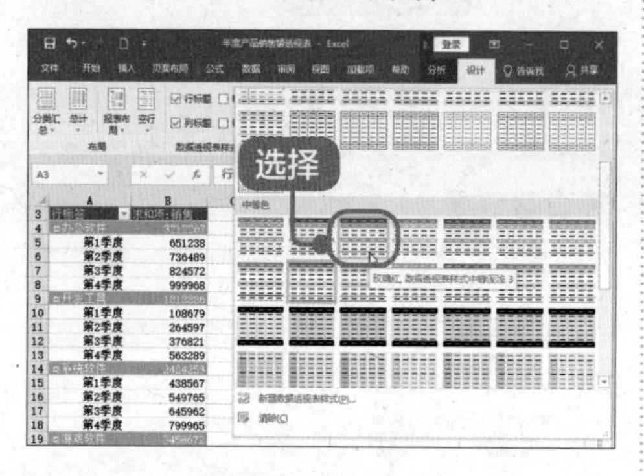

2 单击【会计数字格式】按钮

选中数据透视表，单击【开始】➢【数字】组中的【会计数字格式】按钮（见下图）。

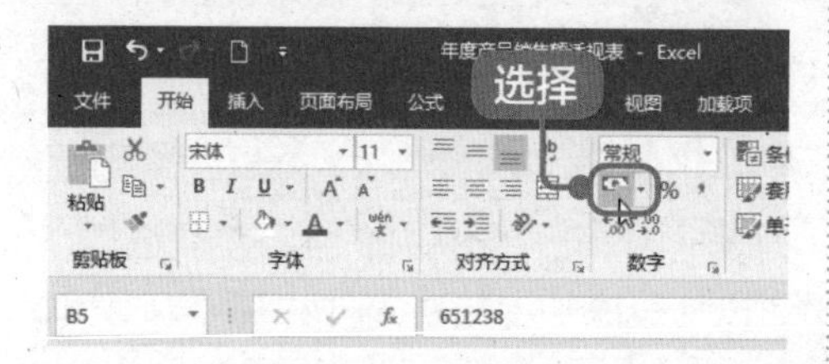

3 设置数字格式

选中数据透视表中的数字，即会设置为会计数字格式，如下图所示。

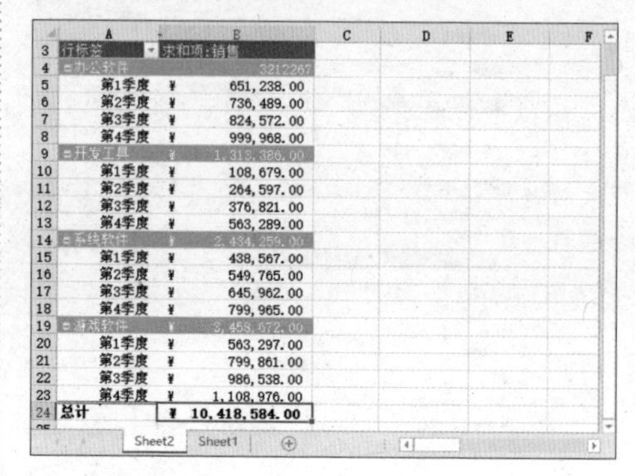

	A		B
3	行标签		求和项:销售
4	办公软件		3212267
5	第1季度	¥	651,238.00
6	第2季度	¥	736,489.00
7	第3季度	¥	824,572.00
8	第4季度	¥	999,968.00
9	开发工具	¥	1,318,386.00
10	第1季度	¥	108,679.00
11	第2季度	¥	264,597.00
12	第3季度	¥	376,821.00
13	第4季度	¥	563,289.00
14	系统软件	¥	2,434,259.00
15	第1季度	¥	438,567.00
16	第2季度	¥	549,765.00
17	第3季度	¥	645,962.00
18	第4季度	¥	799,965.00
19	游戏软件	¥	3,458,672.00
20	第1季度	¥	563,297.00
21	第2季度	¥	799,861.00
22	第3季度	¥	986,538.00
23	第4季度	¥	1,108,976.00
24	总计	¥	10,418,584.00

4 填充颜色

选中数据透视表中的任意单元格区域，单击【开始】➢【字体】组中的【填充颜色】按钮，可以填充单元格颜色（见下图）。

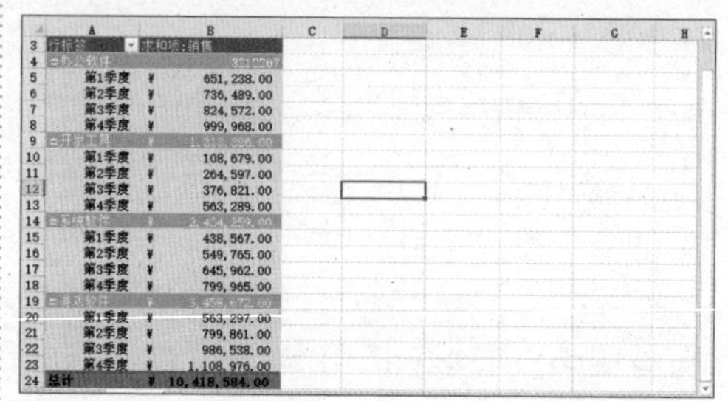

9.5 创建年度产品销售额透视图

本节视频教学时间 / 5 分钟

与数据透视表一样，数据透视图也是交互式的。当改变相关联的数据透视表中的字段布局或数据时，数据透视图也会随之变化。

创建数据透视图的方法有两种，一种是直接通过数据表中的数据创建数据透视图，另一种是通过已有的数据透视表创建数据透视图。

9.5.1 通过数据区域创建数据透视图

通过数据区域创建数据透视图的具体操作步骤如下。

1 单击【数据透视图】按钮

单击【插入】选项卡下【图表】组中的【数据透视图】按钮（见下页图）。

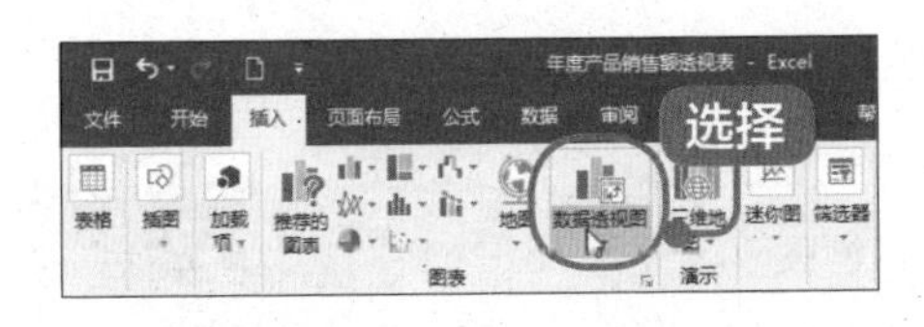

2 设置数据源

弹出【创建数据透视表】对话框，设置数据源，单击【确定】按钮（见下图）。

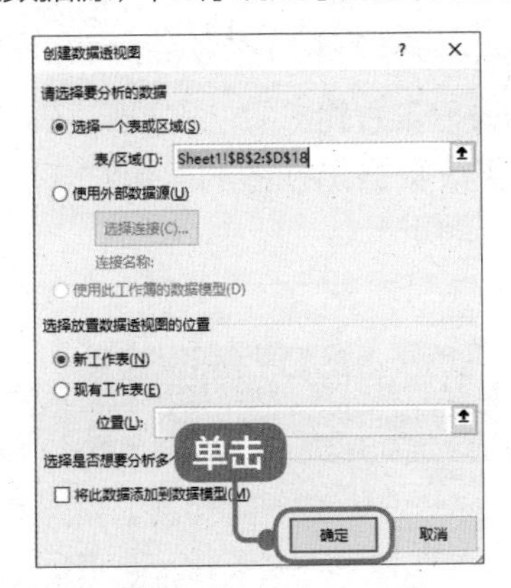

3 数据透视表的编辑界面

弹出数据透视表的编辑界面，工作表中会出现“图表 1”和“数据透视表 1”，在其右侧出现【数据透视图字段】任务窗格（见下图）。

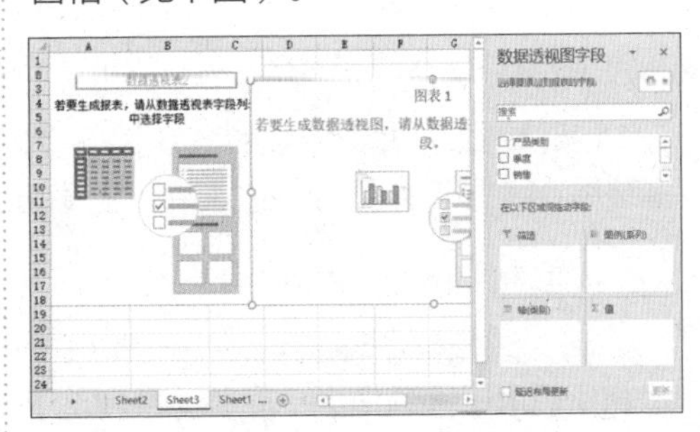

4 完成创建

在【选择要添加到报表的字段】列表框中勾选要添加到视图的字段，即可完成数据透视图的创建（见下图）。

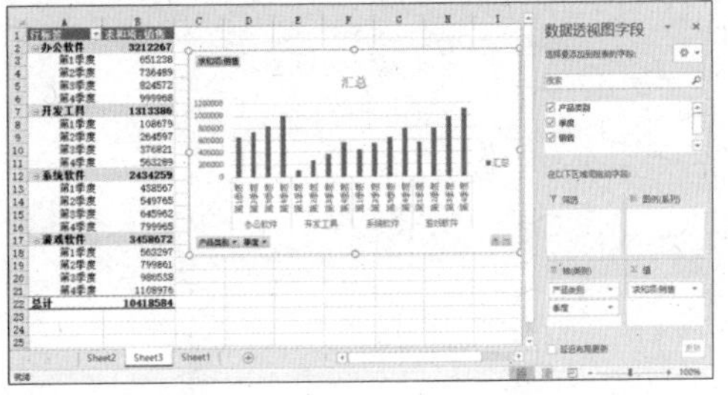

9.5.2 通过数据透视表创建数据透视图

通过数据透视表创建数据透视图的具体操作步骤如下。

1 选择图表类型

选择前面创建的透视表，单击【分析】选项卡下【工具】组中的【数据透视图】按钮，弹出【插入图表】对话框。选择柱形图图表类型，单击【确定】按钮（见下图）。

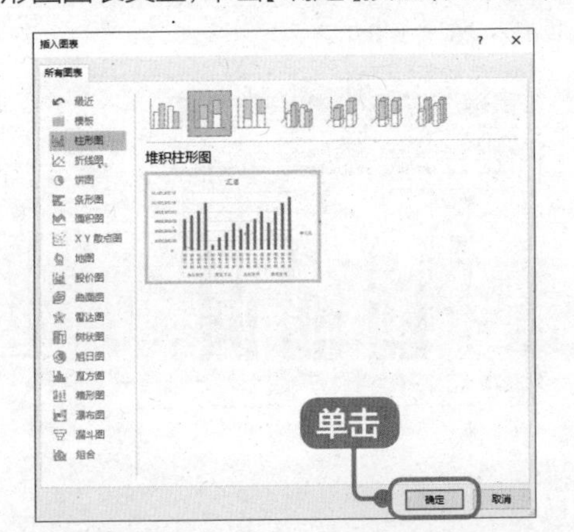

2 创建数据透视图

创建一个数据透视图，如下图所示。

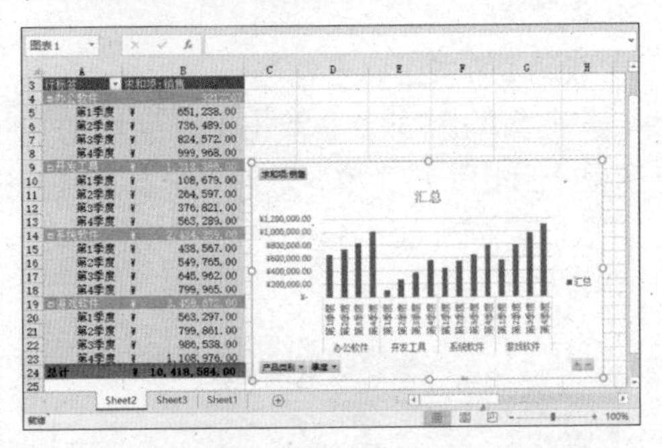

9.6 编辑数据透视图

本节视频教学时间 / 5 分钟

创建数据透视图完成后，就可以对它进行编辑了。对数据透视图的编辑包括修改其布局、数据在透视图中的排序、数据在透视图中的显示等。

9.6.1 重组数据透视图

通过修改数据透视图的布局，可以重组数据透视图。

1 将【季度】选项拖到【图例（系列）】列表框中

在右侧的【轴（类别）】列表框中单击【季度】选项，将其拖到【图例（系列）】列表框中（见下图）。

2 更改显示方式

更改数据透视图的显示方式后，效果如下图所示。

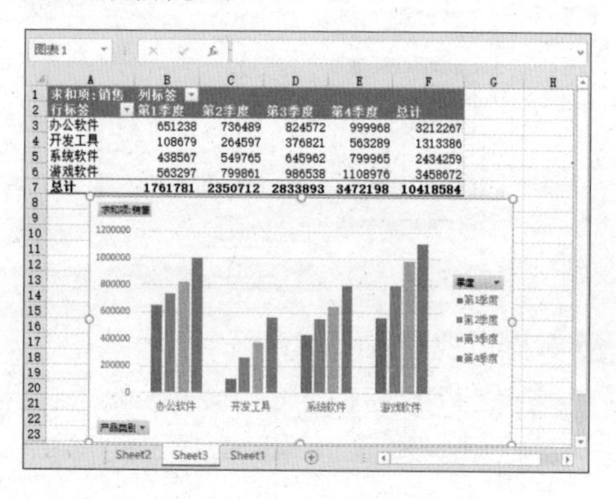

求和项:销售	列标签				
行标签	第1季度	第2季度	第3季度	第4季度	总计
办公软件	651238	736489	824572	999968	3212267
开发工具	108679	264597	376821	563289	1313386
系统软件	438567	549765	645962	799965	2434259
游戏软件	563297	799861	986538	1108976	3458672
总计	1761781	2350712	2833893	3472198	10418584

9.6.2 删除数据透视图中的某些数据

用户可以根据需要，删除数据透视图中的某些数据，使其在数据透视图中不显示出来。

1 取消【开发工具】勾选

在数据透视图上单击【产品类别】按钮，弹出下拉菜单，取消【开发工具】复选框前面的勾选状态，然后单击【确定】按钮（见下图）。

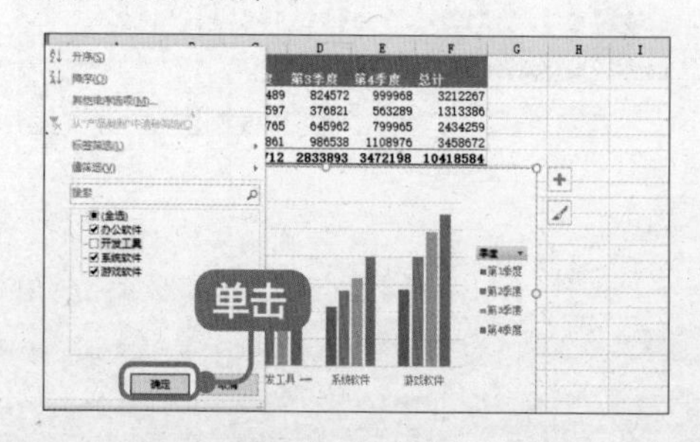

2 查看效果

删除开发工具销售额在透视图中的显示，如下图所示。

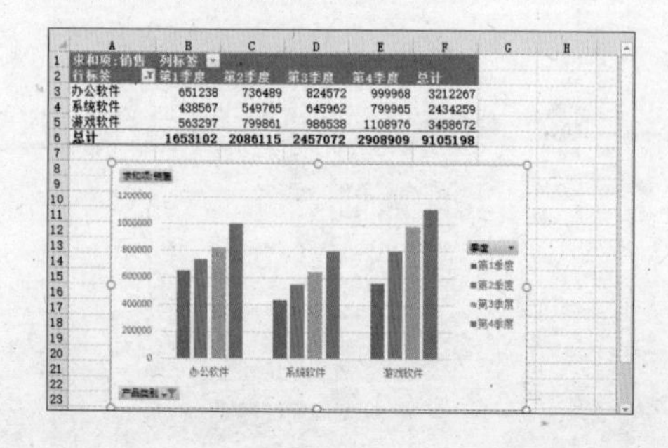

求和项:销售	列标签				
行标签	第1季度	第2季度	第3季度	第4季度	总计
办公软件	651238	736489	824572	999968	3212267
系统软件	438567	549765	645962	799965	2434259
游戏软件	563297	799861	986538	1108976	3458672
总计	1653102	2086115	2457072	2908909	9105198

9.6.3 更改数据透视图排序

数据透视图创建完成后,为了方便查看,可根据需要将数据透视图中的数据进行排序。

1 选中【开发软件】复选框

单击【产品类别】按钮，弹出下拉菜单，勾选【开发软件】复选框前面的复选框，然后单击【确定】按钮，接着选择数据透视表中任意一个单元格，单击【数据】选项卡下【排序和筛选】组中的【排序】按钮（见下图）。

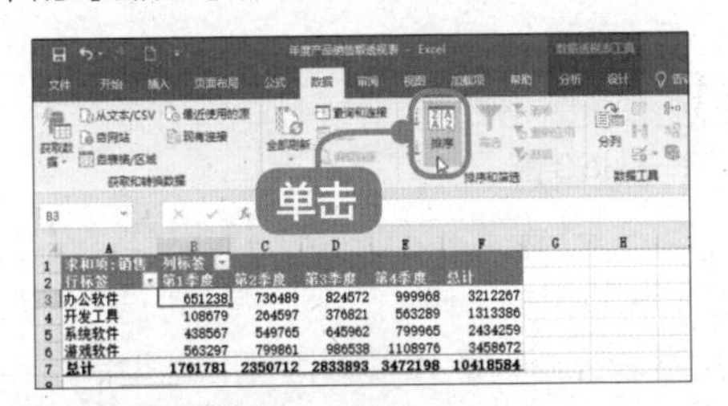

2 设置排序选项和方向

在弹出的【按值排序】对话框中，单击【排序选项】选项组中的【升序】单选项，再单击【排序方向】选项组中的【从左到右】单选项，然后单击【确定】按钮（见下图）。

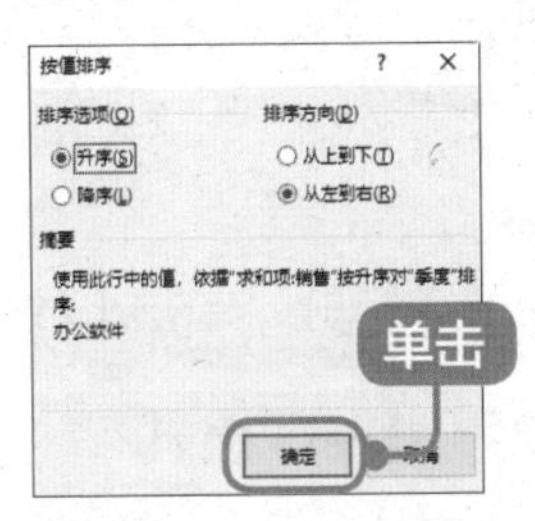

3 查看效果

按季度升序排序后,效果如下图所示。

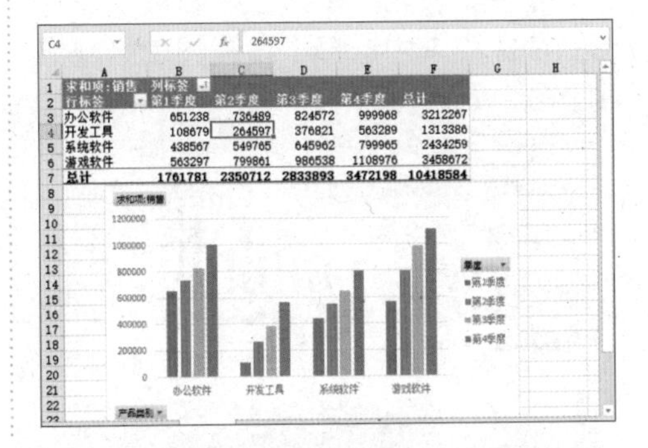

9.7 美化数据透视图

本节视频教学时间 / 6 分钟

创建数据透视图并编辑好以后，可以对它进行美化，使其看起来更加美观。下面通过介绍设置图表标题、设置图表区格式、设置绘图区格式来讲解美化数据透视图的方法。

9.7.1 设置图表标题

图表标题是说明性的文本，可以自动与坐标轴对齐或在图表顶部居中，包括图表标题和坐标轴标题两种。

1 选择图表并设置

选择“Sheet2”工作表，并创建“柱形图”数据透视图，然后单击图表标题文本框，删除文字“汇总”，输入文字“年度产品销售额透视图”，并设置字体大小（见下页图）。

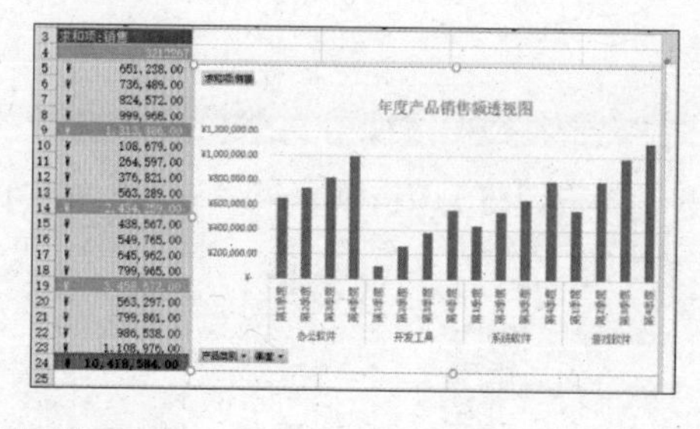

2 效果图

选中图表标题，单击【数据透视图工具】➤【格式】➤【艺术字样式】组中的【其他】按钮，为标题应用艺术字样式，效果如下图所示。

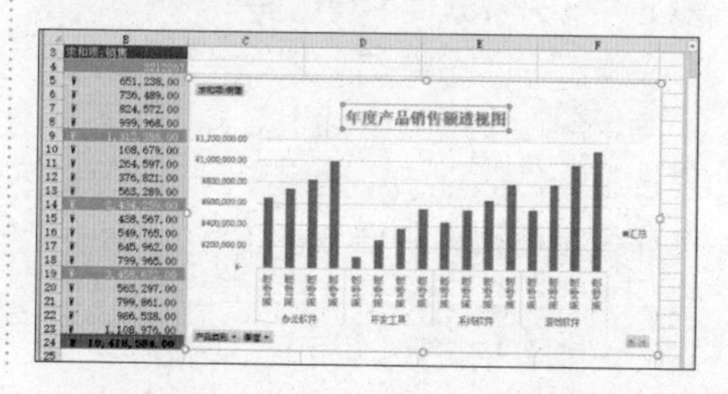

9.7.2 设置图表区格式

整个图表及图表中的数据称为图表区，设置图表区格式的具体操作步骤如下。

1 选择【设置图表区域格式】命令

选中图表区，单击鼠标右键，在弹出的快捷菜单中选择【设置图表区域格式】命令（见下图）。

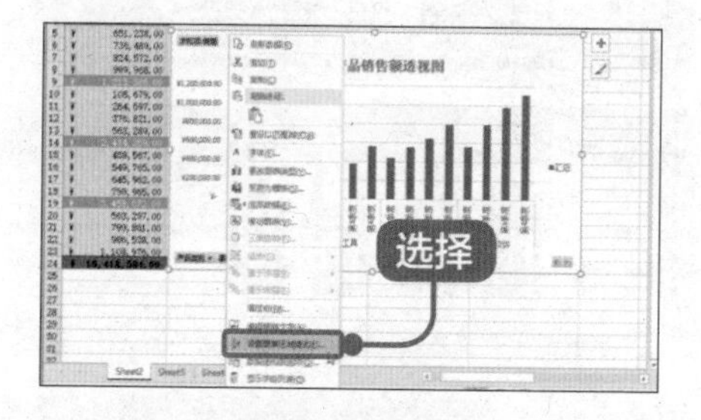

2 完成设置

打开【设置图表区格式】对话框，在【填充】选项组中单击【渐变填充】单选项，并设置填充样式，如预设渐变、类型等，完成图表区格式的设置（见下图）。

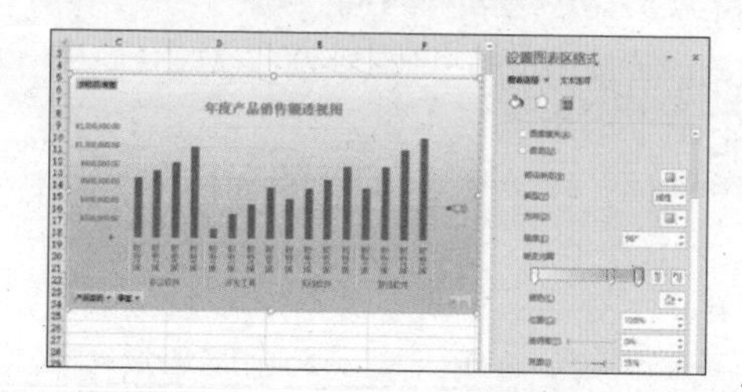

9.7.3 设置绘图区格式

绘图区主要显示数据表中的数据，设置绘图区格式的具体操作步骤如下。

1 选择【设置绘图区格式】命令

选中绘图区，单击鼠标右键，在弹出的快捷菜单中选择【设置绘图区格式】命令，弹出【设置绘图区格式】对话框（见下图）。

2 设置参数

在【填充与线条】选项卡中设置填充为渐变填充。单击【效果】选项，并单击【三维格式】选项卡，在【棱台】选项组中将顶部和底部的宽、高分别设置为“6磅”，然后单击【关闭】按钮（见下图）。

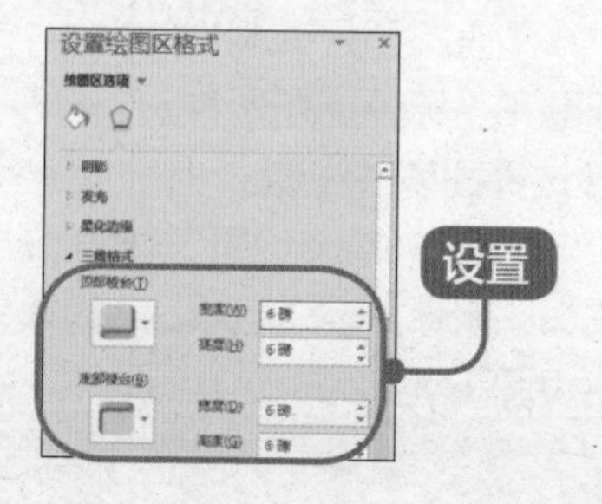

3 查看效果

完成绘图区的设置，如下图所示。

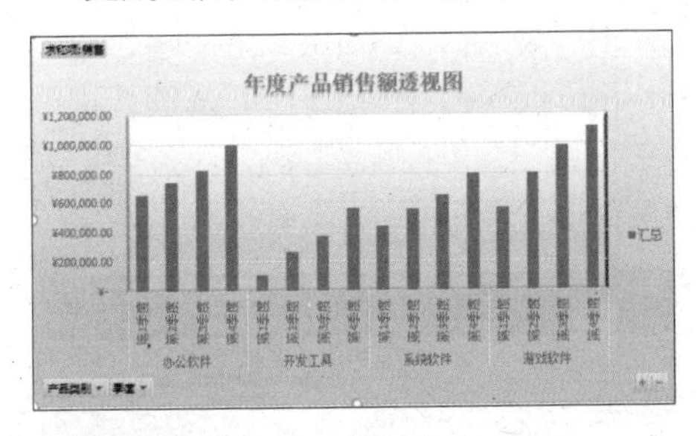

4 保存工作表

完成工作表的制作后，单击【保存】按钮，可直接保存工作表（见下图）。

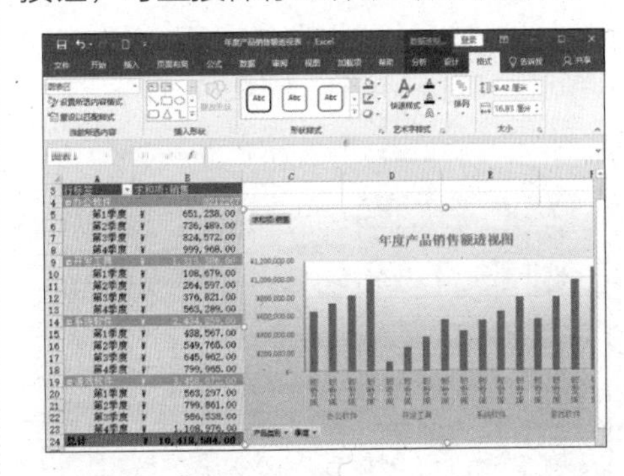

技巧 1：移动数据透视表

数据透视表可以移动到指定的位置，具体操作步骤如下。

1 选择透视表

选择整个数据透视表，单击【数据透视表工具】➢【分析】选项卡下【操作】组中的【移动数据透视表】按钮，弹出【移动数据透视表】对话框（见下图）。

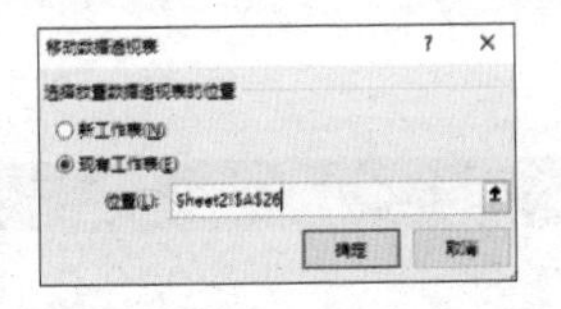

> **提示**
>
> 在【移动数据透视表】对话框中，单击【选择放置数据透视表的位置】选项组中的【新工作表】单选项，然后单击【确定】按钮，数据透视表就会移动到另一个工作表中。

2 移动位置

选择放置数据透视表的位置后，单击【确定】按钮，即可将数据透视表移动到新的位置（见下图）。

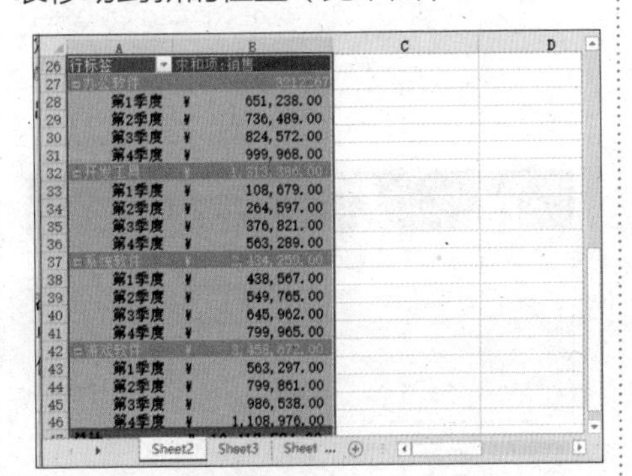

技巧 2：将数据透视表转换为静态图片

将数据透视表变为图片，在某些情况下可以发挥特有的作用，如发布到网页上或粘贴到演示文稿中。

1 复制图表

选择整个数据透视表，然后按【Ctrl+C】组合键复制图表（见下图）。

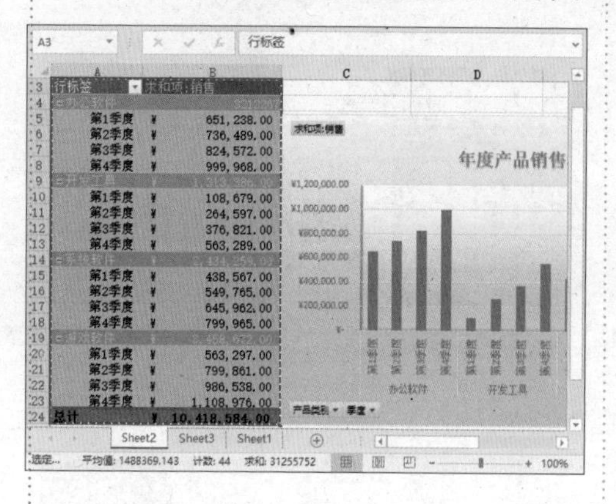

2 查看效果

单击【开始】选项卡下【剪贴板】组中的【粘贴】按钮的下拉按钮，在弹出的列表中选择【图片】选项，将图表以图片的形式粘贴到工作表中，效果如下图所示。

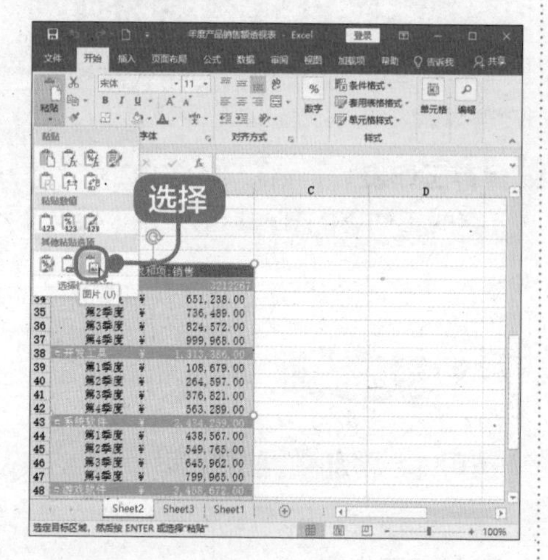

制作数据透视表相对来说较简单，就是将数据变成表格的形式呈现出来，让数据的分类更加简单、明了。除了年度产品销售额透视表以外，还可以参照本章操作制作各类透视表（见下图）。

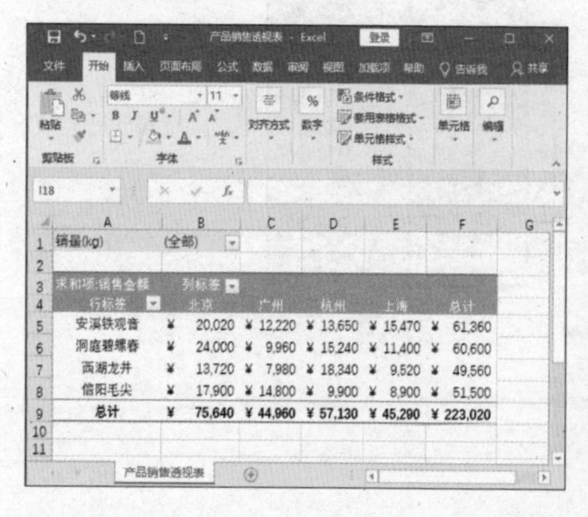

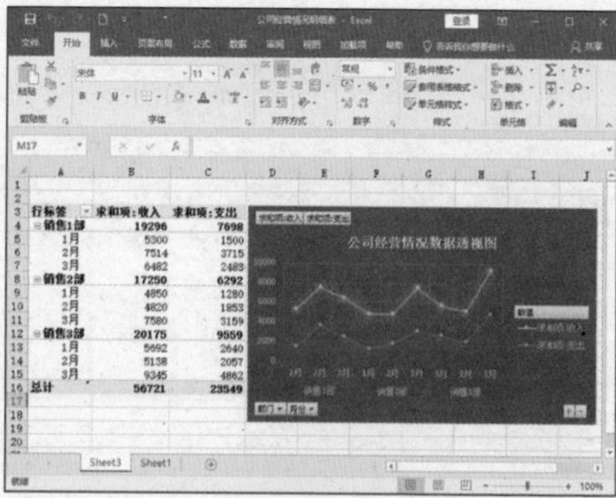

第 10 章

查看与打印工作表——公司年销售清单

本章视频教学时间 / 51 分钟

重点导读

要学习 Excel，首先要会查看和打印报表。掌握报表的各种查看方式，可以快速地找到自己想要的信息；了解报表的打印方法，可以将编辑好的文档快速打印出来。

学习效果图

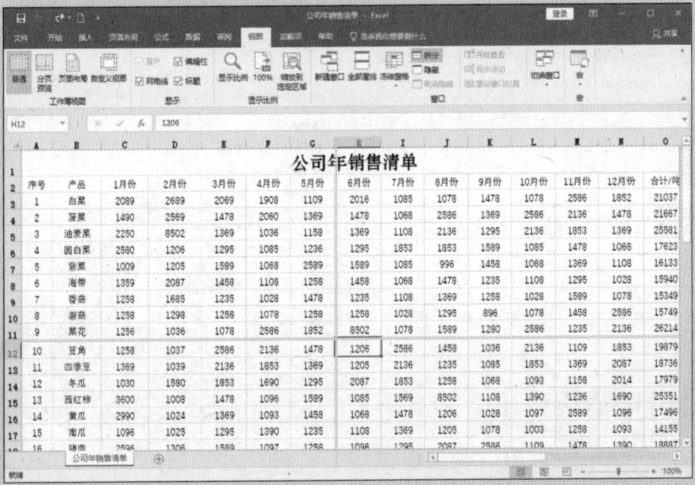

公司年销售清单

序号	产品	1月份	2月份	3月份	4月份	5月份	6月份	7月份	8月份	9月份	10月份	11月份	12月份	合计/吨
1	白菜	2089	2689	2069	1908	1109	2016	1085	1078	1478	1078	2586	1852	21037
2	菠菜	1490	2569	1478	2060	1369	1478	1068	2586	1369	2586	2136	1478	21667
3	油麦菜	2250	8502	1369	1036	1158	1369	1108	2136	1295	2136	1853	1369	25581
4	圆白菜	2580	1206	1295	1085	1236	1295	1853	1853	1589	1085	1478	1068	17623
5	紫菜	1009	1205	1589	1068	2589	1589	1085	996	1458	1068	1369	1108	16133
6	海带	1359	2087	1458	1108	1258	1458	1068	1478	1235	1108	1295	1028	15940
7	香菇	1258	1685	1235	1028	1478	1235	1108	1369	1258	1028	1589	1078	15349
8	蘑菇	1258	1298	1258	1078	1258	1258	1028	1295	896	1078	1458	2586	15749
9	菜花	1256	1036	1078	2586	1852	8502	1078	1589	1280	2586	1235	2136	26214
10	豆角	1258	1037	2586	2136	1478	1206	2586	1458	1036	2136	1109	1853	19879
11	四季豆	1369	1039	2136	1853	1369	1205	2136	1235	1085	1853	1369	2087	18736
12	冬瓜	1030	1580	1853	1690	1295	2087	1853	1258	1068	1093	1158	2014	17979
13	西红柿	3600	1008	1478	1096	1589	1085	1569	8502	1108	1390	1236	1690	25351
14	黄瓜	2990	1024	1369	1093	1458	1068	1478	1206	1028	1097	2589	1096	17496
15	南瓜	1096	1025	1295	1390	1235	1108	1369	1205	1078	1003	1258	1093	14155
16	猪肉	2596	1306	1589	1097	1258	1096	1295	2087	2586	1109	1478	1390	18887

10.1 分析与设计公司年销售清单

本节视频教学时间 / 4 分钟

Excel 是一个功能强大的表格设计软件，下面我们根据某蔬菜公司每年销售、进货和出货等情况，设计该公司的年销售清单。

10.1.1 新建公司年销售清单

销售清单是每个公司都需要制作的，下面我们来制作一份公司年销售清单。

1 创建工作簿

启动 Excel 2019，创建一个新工作簿（见下图）。

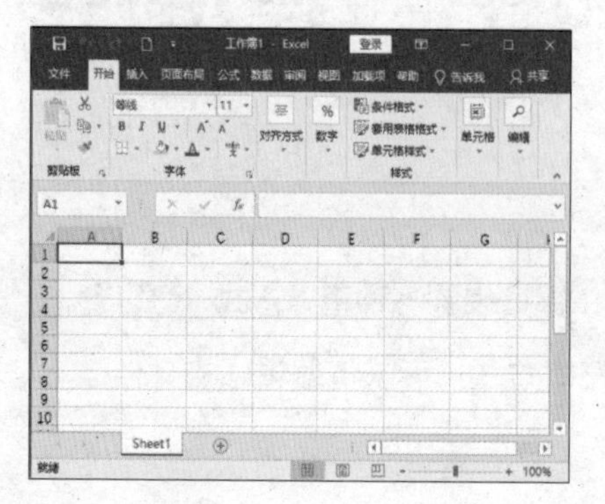

2 命名工作簿

选择“Sheet1”工作表，将工作表重命名为“公司年销售清单”（见下图）。

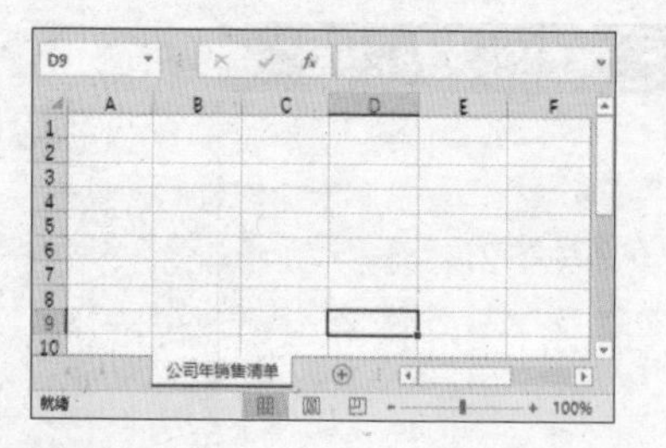

3 复制素材

依次选择各个单元格，输入内容（为方便用户操作,可直接复制“素材 \ch10\ 公司年销售清单 .xlsx” 的数据，然后继续后面关键内容的学习），如下图所示。

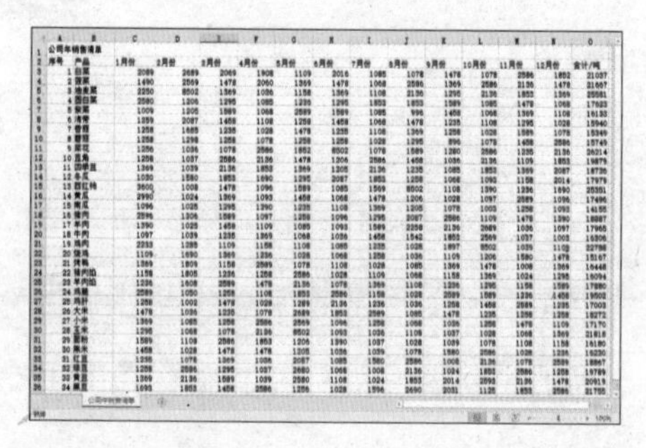

4 保存工作簿

单击【保存】按钮，打开【另存为】对话框，选择保存位置，并命名为“公司年销售清单 .xlsx”，单击【保存】按钮（见下图）。

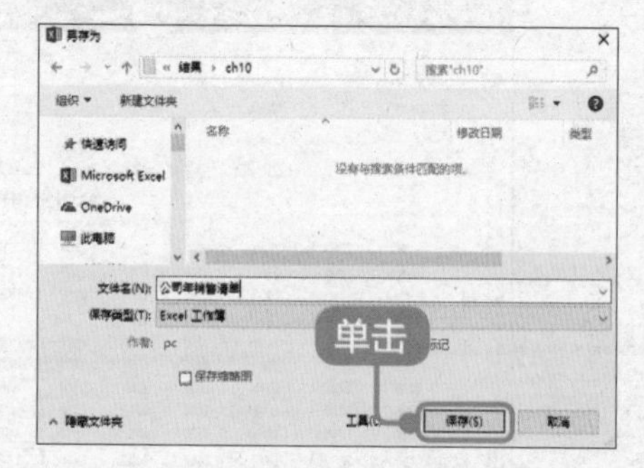

10.1.2 设计公司年销售清单

输入信息后，对表格内容进行调整设置。

1 设置单元格

在工作簿中，选择单元格区域A1:O1。在【开始】选项卡中，单击【对齐方式】组中的【合并后居中】按钮 ，并设置字体格式和行高（见下图）。

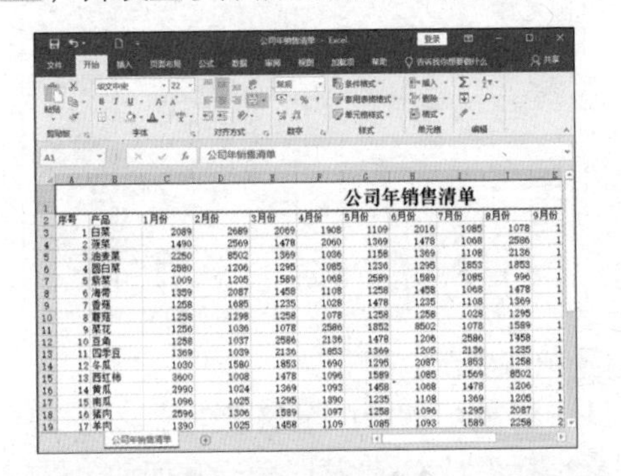

2 查看效果

在工作簿中，选择单元格区域A2:O36的内容，并设置内容的字体及行高等，其效果如下图所示。

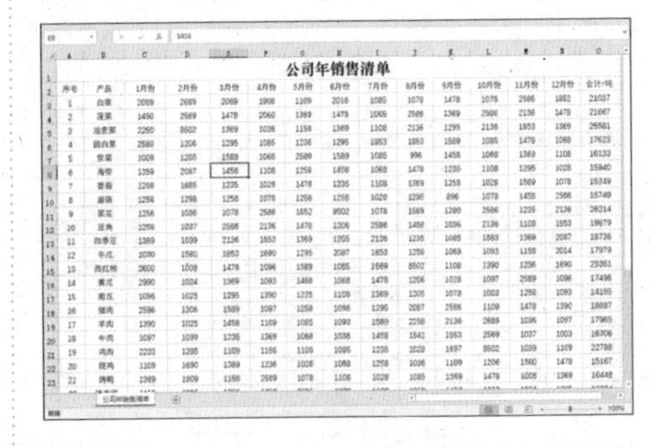

10.2 使用视图方式查看

本节视频教学时间 / 3 分钟

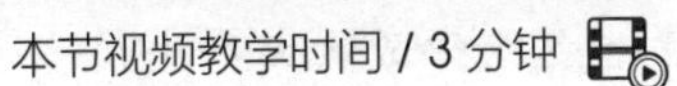

在 Excel 2019 中，我们可以通过各种视图方式查看工作表。

10.2.1 普通查看

普通视图是默认的显示方式，即对工作表的视图不做任何修改。我们可以使用右侧的垂直滚动条和下方的水平滚动条来浏览当前窗口显示不完全的数据。

1 浏览下方数据

在当前窗口单击右侧的垂直滚动条并向下拖动，可以浏览下面的数据（见下图）。

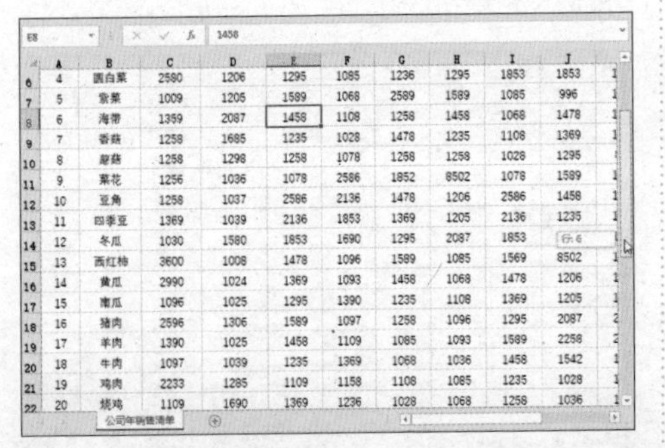

2 浏览右侧数据

单击下方的水平滚动条并向右拖动，可以浏览右侧的数据（见下图）。

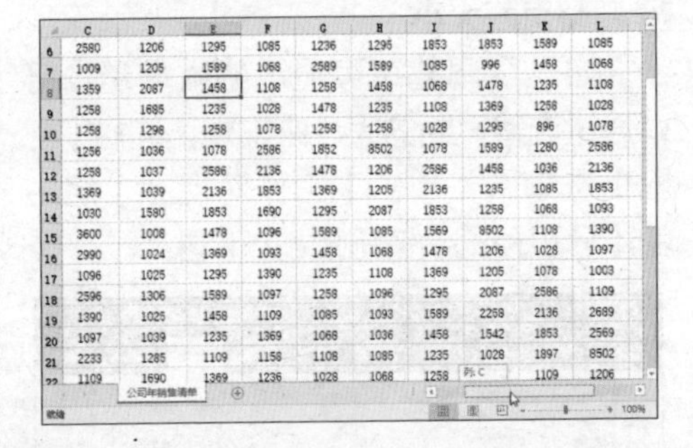

10.2.2 按页面查看

用户可以使用页面布局视图查看工作表，显示的页面布局就是打印出来的工作表形式，用户可以在打印前查看每页数据的起始位置和结束位置。

1 设置布局

选择【视图】选项卡，单击【工作簿视图】组中的【页面布局】按钮 页面布局 ，可以将工作表设置为页面布局形式（见下图）。

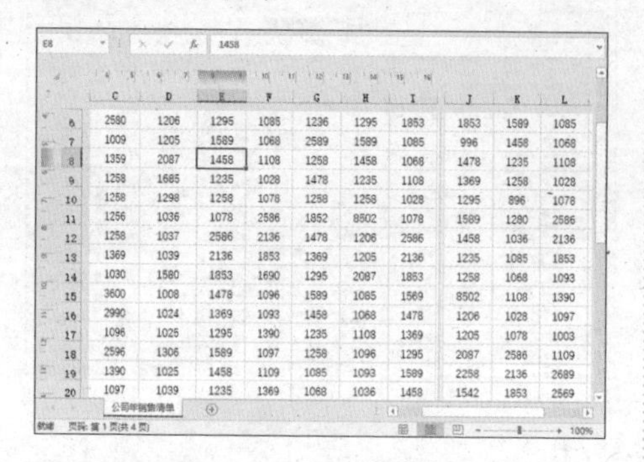

2 显示数据

将鼠标指针移动到页面的中缝处，鼠标指针变成“隐藏空格”形状时单击，可以隐藏空白区域，只显示有数据的部分（见下图）。

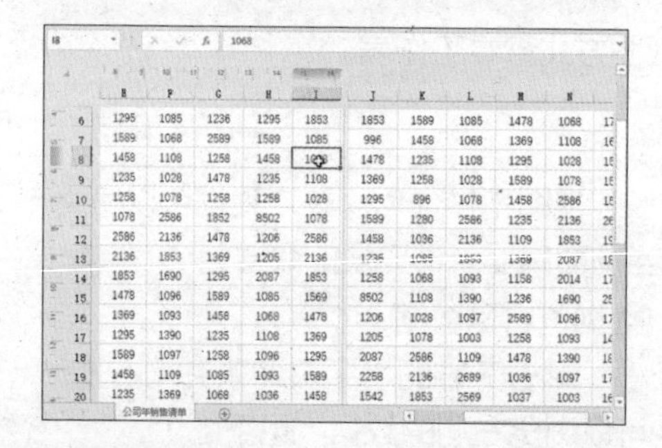

3 调整页面大小

如果要调整每页显示的数据量，可以通过调整页面的大小来实现。选择【视图】选项卡，单击【工作簿视图】组中的【分页预览】按钮（见下图）。

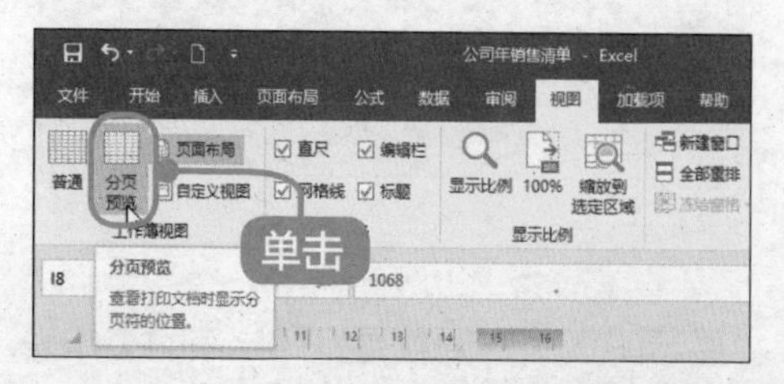

4 切换视图

视图切换为“分页预览”视图（见下图）。

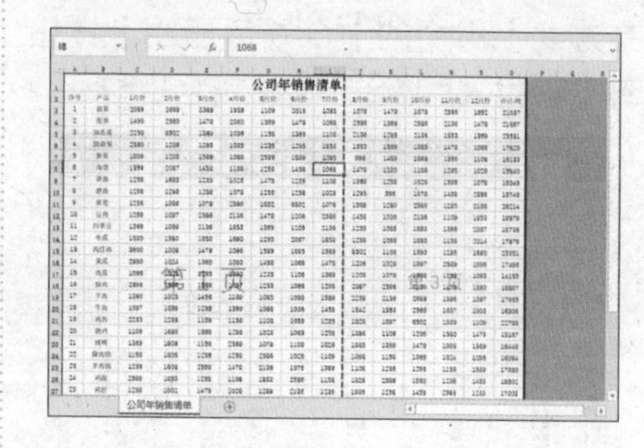

5 调整显示范围

将鼠标指针放至蓝色的虚线处，鼠标指针变成↔形状时单击并拖动，可以调整每页的显示范围（见下图）。

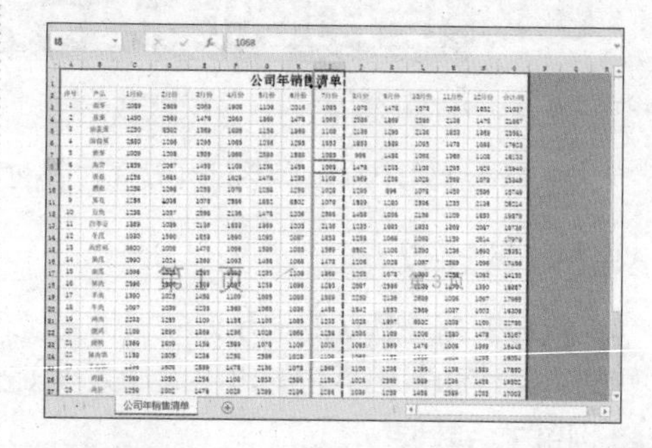

6 显示情况

再次切换到“页面布局”视图，即可显示为新的分页情况（见下图）。

10.3 对比查看数据

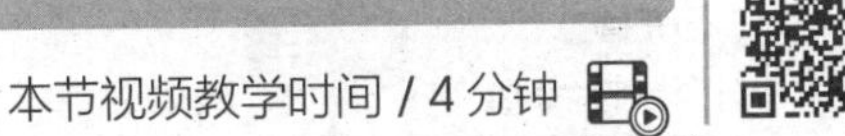

本节视频教学时间 / 4 分钟

如果需要对比不同区域中的数据，可以使用在多窗口中查看和拆分查看。

10.3.1 在多窗口中查看

我们可以通过新建一个同样的工作簿窗口，将两个窗口并排来查看并比较数据。

1 创建窗口

选择【视图】选项卡，单击【窗口】组中的【新建窗口】按钮，可以新建一个名为“公司年销售清单 .xlsx:2”的窗口，源窗口名称会自动改为“公司年销售清单 .xlsx:1”（见下图）。

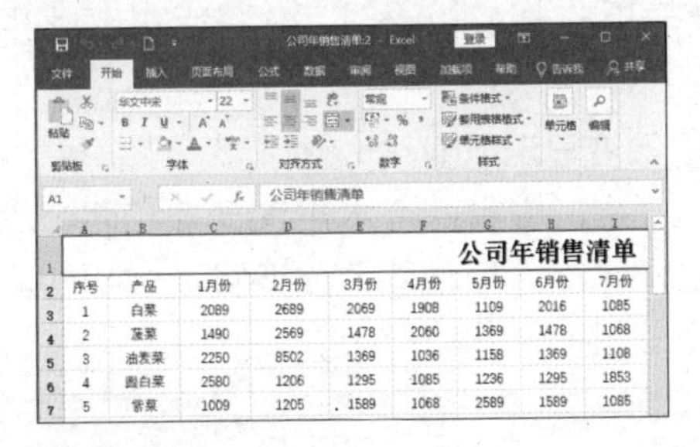

2 并排放置窗口

选择【视图】选项卡，单击【窗口】组中的【并排查看】按钮，即可将两个窗口并排放置（见下图）。

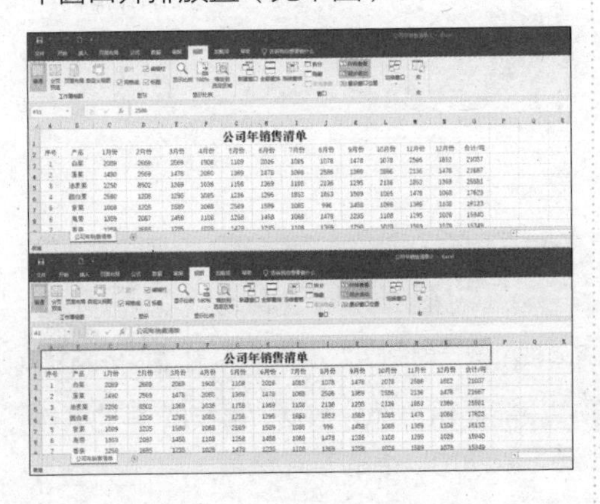

3 同时滚动

单击【窗口】组中的【同步滚动】按钮，拖动其中 1 个窗口的滚动条时，另一个也会同步滚动（见下图）。

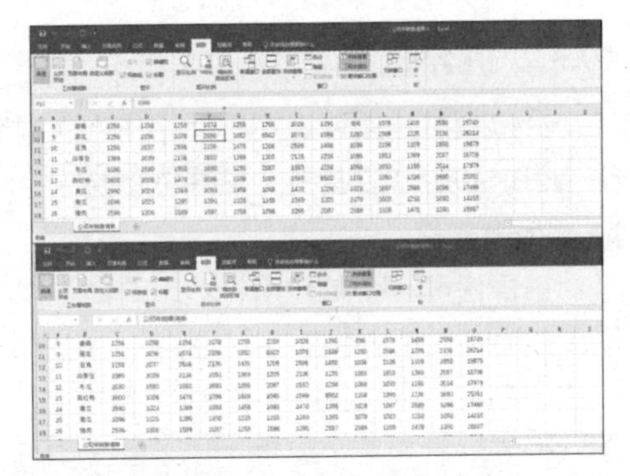

4 设置排列方式

单击【全部重排】按钮，弹出【重排窗口】对话框，从中可以设置窗口的排列方式（见下图）。

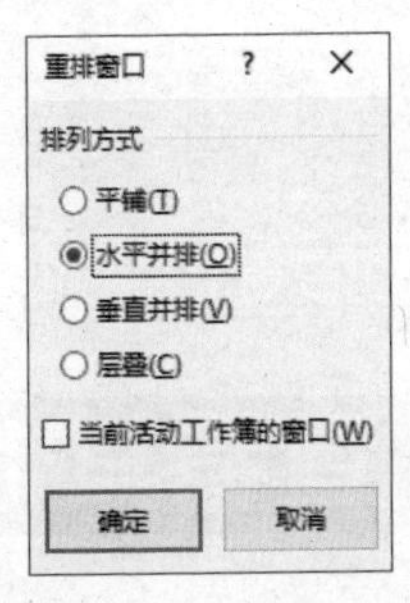

5 查看窗口

单击【垂直并排】单选项，可以使用垂直方式排列窗口（见下页图）。

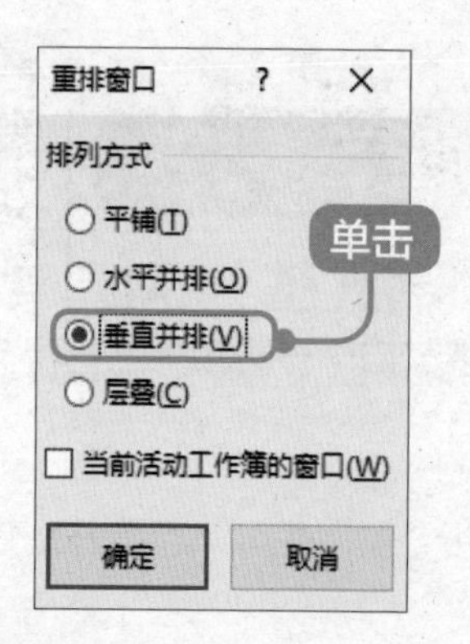

6 保存窗口

单击【确定】按钮，显示垂直排列方式窗口（见右栏图）。

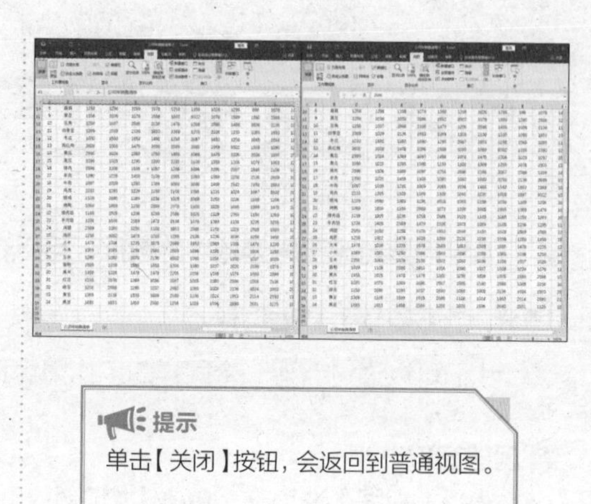

> **提示**
>
> 单击【关闭】按钮，会返回到普通视图。

10.3.2 拆分查看

拆分查看是指在选定单元格的左上角处将表拆分为 4 个窗格，可以分别拖动水平和垂直滚动条来查看各个窗格的数据。

1 选择单元格

选择任意一个单元格，然后选择【视图】选项卡，单击【窗口】组中的【拆分】按钮 拆分 ，即可在选择的单元格的左上角处将表拆分为 4 个窗格（见下图）。

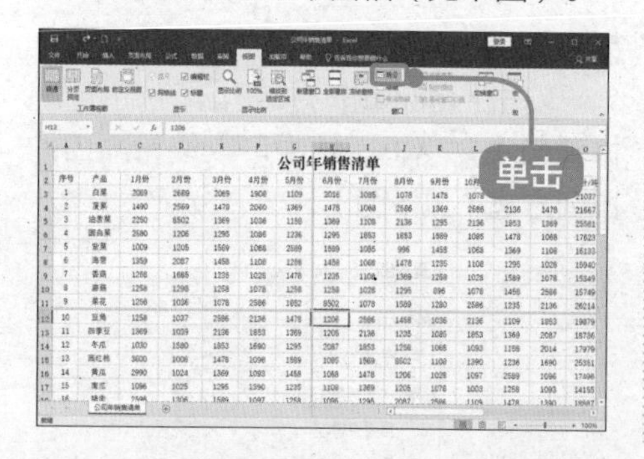

2 改变显示范围

窗口中有两个水平滚动条和两个垂直滚动条，拖动即可改变各个窗格的显示范围（见下图）。

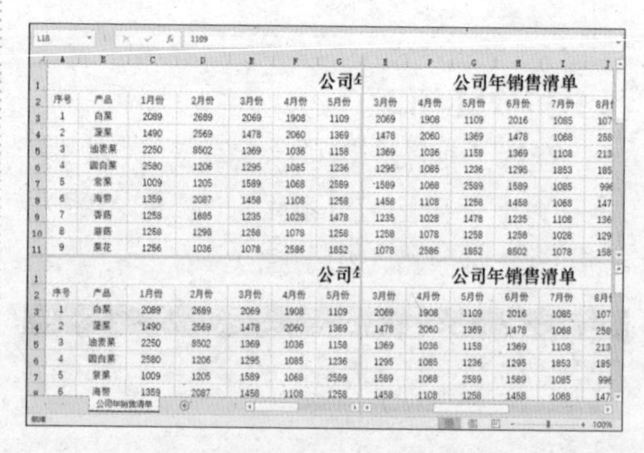

10.4 查看其他区域的数据

本节视频教学时间 / 7 分钟

如果工作表中的数据过多，而当前屏幕中只能显示一部分数据，要浏览其他区域的数据，除了使用普通视图中的滚动条外，还可以使用以下的方式查看。

10.4.1 冻结让标题始终可见

冻结查看是指将指定区域冻结、固定，滚动条只对其他区域的数据起作用。

1 选择【冻结首行】选项

选择【视图】选项卡，单击【窗口】组中的【冻结窗格】按钮，在弹出的下拉列表中选择【冻结首行】选项（见下图）。

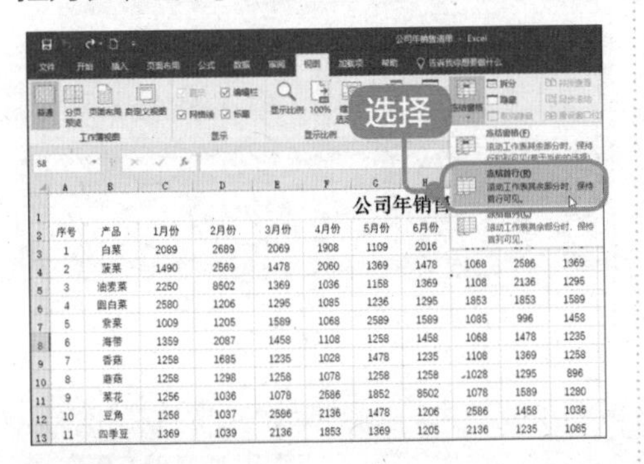

2 冻结首行

在首行下方会显示1条黑线，冻结首行（见下图）。

3 拖动滚动条

向下拖动垂直滚动条，首行会一直显示在当前窗口中（见下图）。

4 取消冻结

在【冻结窗格】下拉列表中选择【取消冻结窗格】选项，恢复到普通状态（见下图）。

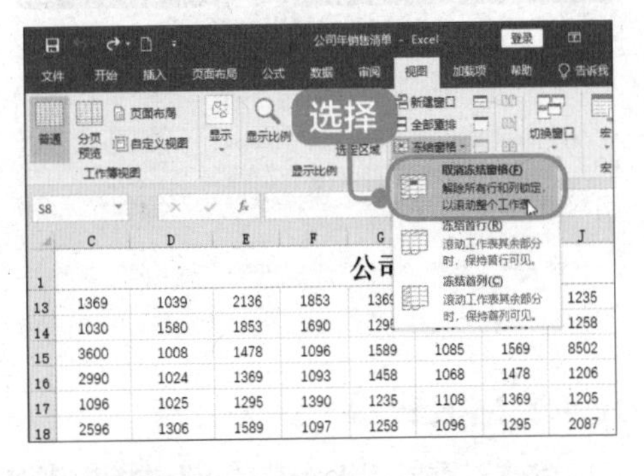

5 冻结首列

在【冻结窗格】下拉列表中选择【冻结首列】选项，在首列右侧会显示1条黑线，冻结首列（见下图）。

6 显示首列

向右拖动垂直滚动条，首列会一直显示在当前窗口中（见下图）。

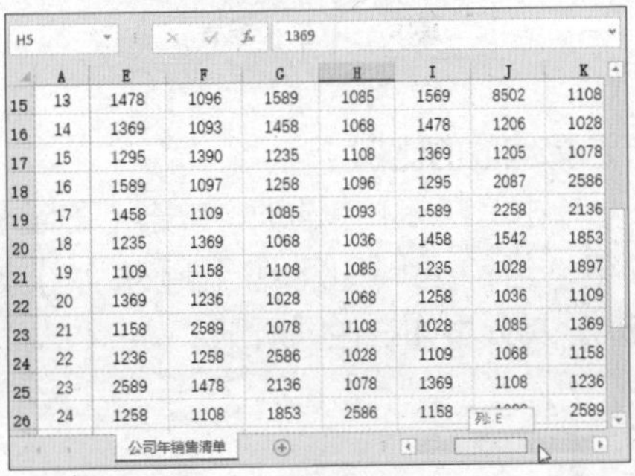

7 选择 C3 单元格

选择【取消冻结窗格】选项，然后选择 C3 单元格，在【冻结窗格】下拉列表中选择【冻结窗格】选项（见下图）。

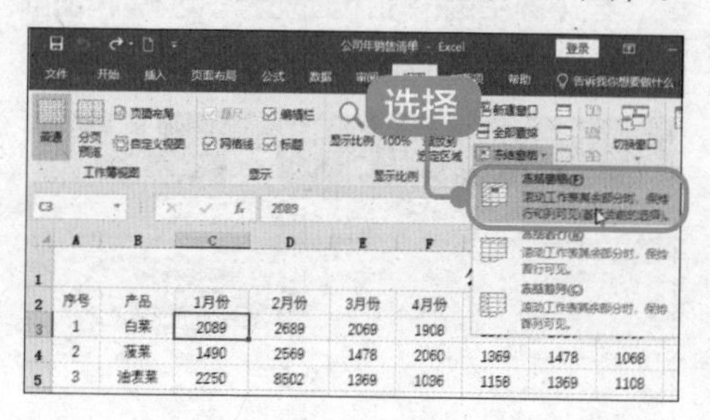

8 查看效果

此时，冻结的是 C3 单元格上面的行和左侧的列（见下图）。再次单击【冻结窗格】按钮，在下拉列表中可取消冻结。

10.4.2 缩放查看

缩放查看是指将所有的区域或选定的区域缩小或放大，以便显示需要的数据信息。

1 【显示比例】对话框

选择【视图】选项卡，单击【显示比例】组中的【显示比例】按钮，弹出【显示比例】对话框（见下图）。

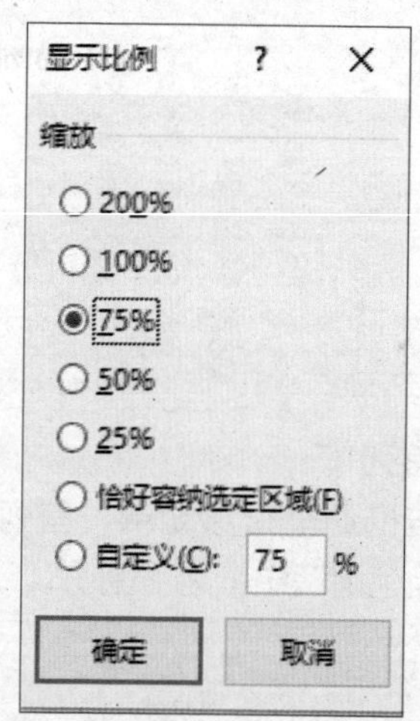

2 选择缩放的比例

单击【75%】单选项，单击【确定】按钮，当前区域即可缩至原来大小的 75%，其效果如右栏图所示。

3 窗口最大化

在工作表中选择一部分区域，在【显示比例】对话框中选中【恰好容纳选定区域】单选项，则选择的区域最大化地显示在当前窗口中（见下图）。

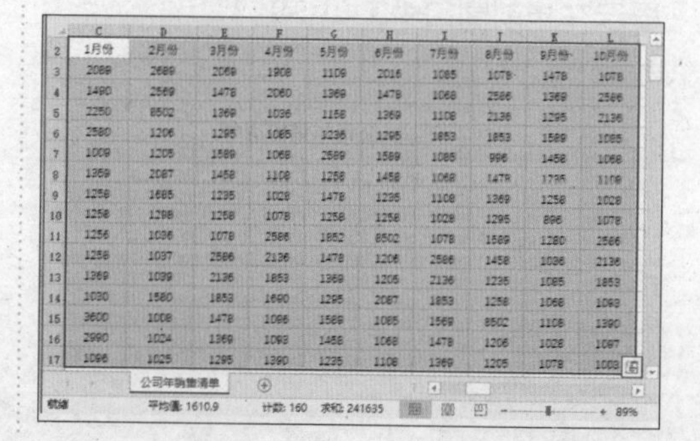

4 查看效果

选定一部分区域，然后单击【显示比例】组中的【缩放到选定区域】按钮，则会将选定的区域最大化地显示在当前窗口中（见右栏图）。

	C	D	E	F	G	H
2	1月份	2月份	3月份	4月份	5月份	6月份
3	2089	2689	2069	1908	1109	2016
4	1490	2569	1478	2060	1369	1478
5	2250	8502	1369	1036	1158	1369
6	2580	1206	1295	1085	1236	1295
7	1009	1205	1589	1068	2589	1589
8	1359	2087	1458	1108	1258	1458
9	1258	1685	1235	1028	1478	1235
10	1258	1298	1258	1078	1258	1258
11	1256	1036	1078	2586	1852	8502

10.4.3 隐藏和查看隐藏

我们可以将不需要显示的行或列暂时隐藏起来，等需要时再显示出来。

1 选择【隐藏】命令

在“公司年销售清单”中选择B、C、D列，在选择的列中的任意地方单击鼠标右键，在弹出的快捷菜单中选择【隐藏】命令（见下图）。

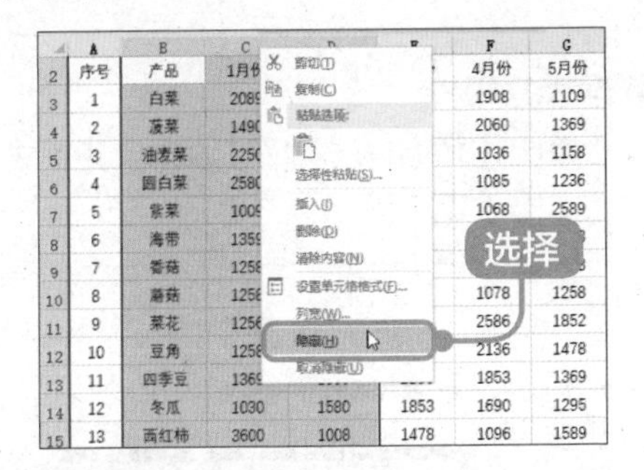

2 查看效果

B、C、D列隐藏，效果如右栏图所示。

B2 产品

	A	E	F	G	H	I	J
2	序号	3月份	4月份	5月份	6月份	7月份	8月份
3	1	2069	1908	1109	2016	1085	1078
4	2	1478	2060	1369	1478	1068	2586
5	3	1369	1036	1158	1369	1108	2136
6	4	1295	1085	1236	1295	1853	1853
7	5	1589	1068	2589	1589	1085	996
8	6	1458	1108	1258	1458	1068	1478
9	7	1235	1028	1478	1235	1108	1369
10	8	1258	1078	1258	1258	1028	1295
11	9	1078	2586	1852	8502	1078	1589
12	10	2586	2136	1478	1206	2586	1458

公司年销售清单

提示

如果需要显示出隐藏的内容，可以选择A、E列并单击鼠标右键，在弹出的快捷菜单中选择【取消隐藏】命令，可以显示隐藏的内容。

10.5 安装打印机

本节视频教学时间 / 3分钟

连接打印机后，计算机如果没有检测到新硬件，可以按照如下方法安装打印机的驱动程序。

1 选择【查看设备和打印机】选项

打开【控制面板】窗口，选择【硬件和声音】列表中的【查看设备和打印机】选项（见下页图）。

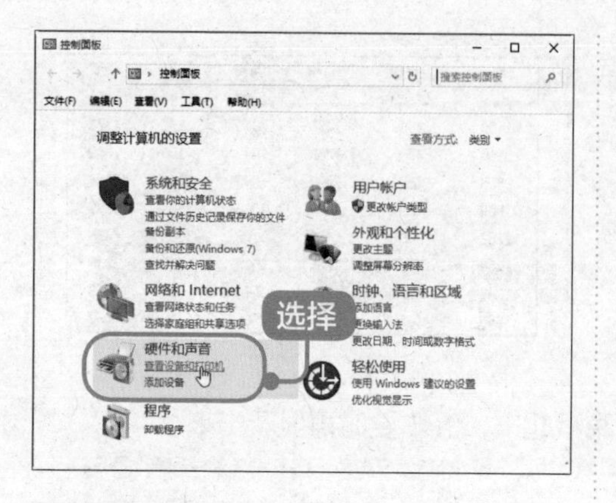

2 添加打印机

弹出【设备和打印机】窗口，单击【添加打印机】按钮（见下图）。

3 搜索打印机

打开【添加设备】对话框，系统会自动搜索网络内的可用打印机，选择搜索到的打印机名称，单击【下一步】按钮（见下图）。

> **提示**
>
> 如果需要安装的打印机不在列表内，可以单击下方的【我所需的打印机为列出】链接，在打开的【按其他选项查找打印机】对话框中选择其他的打印机。
>
> 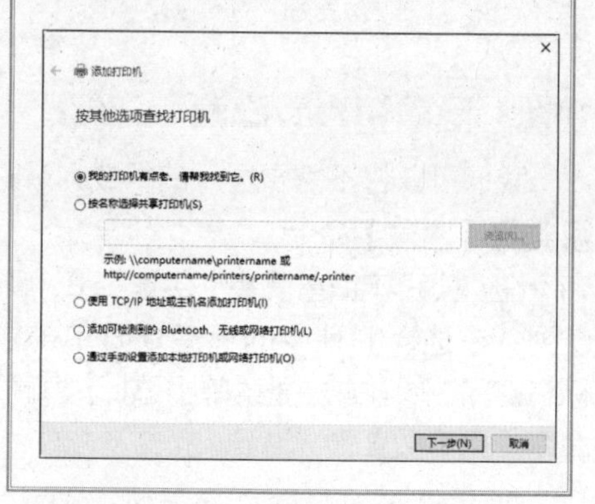

4 连接打印机

弹出【添加设备】对话框，进行打印机连接（见下图）。

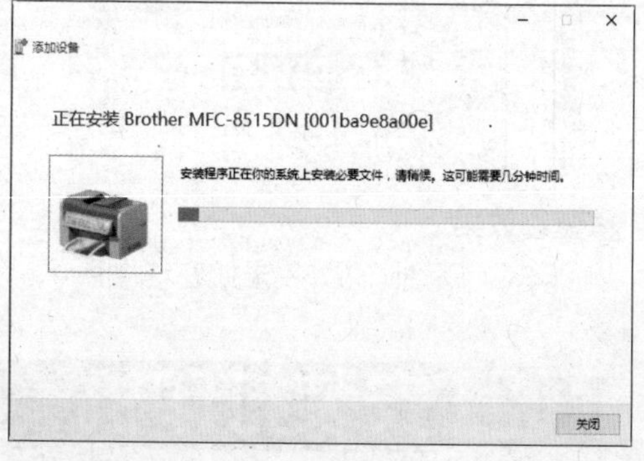

5 完成安装

提示完成添加打印机。如需要打印测试页，单击【打印测试页】按钮，可以打印测试页。单击【完成】按钮，就完成了打印机的安装（见下页图）。

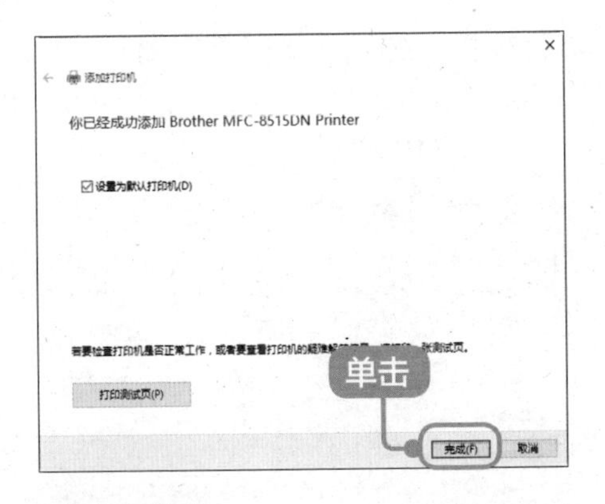

6 查看打印机

在【设备和打印机】窗口中，用户可以看到新添加的打印机（见右栏图）。

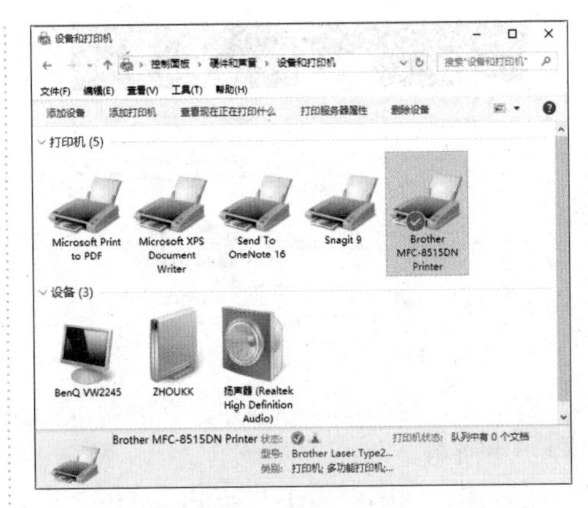

> **提示**
> 如果有驱动光盘，直接运行光盘，然后双击 Setup.exe 文件即可。

10.6 设置打印页面

本节视频教学时间 / 19 分钟

设置打印页面是指对已经编辑好的文档进行版面设置，以使其达到满意的打印输出效果。合理的版面设置不仅可以提高版面的品位，而且可以节约办公的开支。

10.6.1 页面设置

在对页面进行设置时，可以对工作表的比例、打印方向等进行设置。

在【页面布局】选项卡中，单击【页面设置】组中的按钮，可以对页面进行相应的设置。

（1）【页边距】按钮：可以设置整个文档或当前页面边距的大小。

（2）【纸张方向】按钮：可以切换页面的纵向布局和横向布局。

（3）【纸张大小】按钮：可以选择当前页的页面大小。

（4）【打印区域】按钮：可以标记要打印的特定工作表区域。

（5）【分隔符】按钮：在所选内容的左上角插入分页符。

（6）【背景】按钮：可以选择一幅图像作为工作表的背景。

（7）【打印标题】按钮：可以指定在每个打印页重复出现的行和列。

除了可以使用以上 7 个按钮进行页面设置外，还可以在【页面设置】对话框中对页面进行设置。具体的操作步骤如下。

1 进入页面设置

在【页面布局】选项卡中，单击【页面设置】组右下角的按钮（见下页图）。

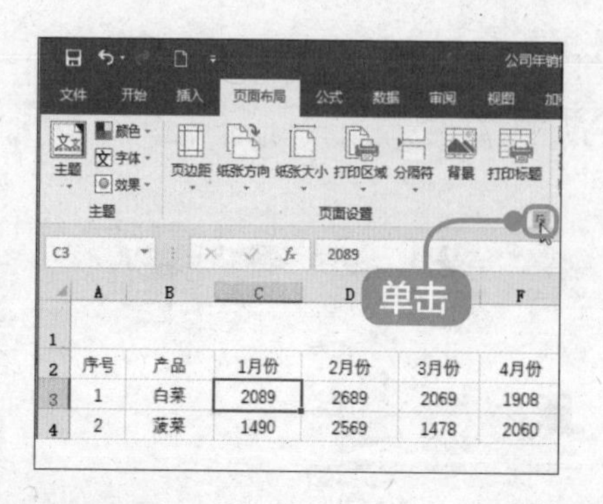

2 页面设置

弹出【页面设置】对话框，选择【页面】选项卡，然后进行相应的页面设置，最后单击【确定】按钮（见下图）。

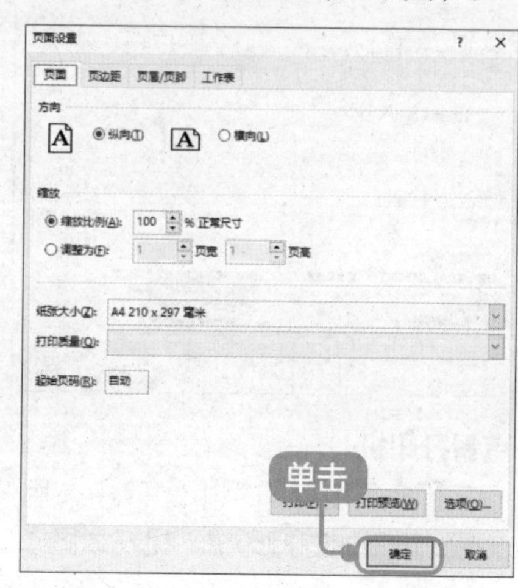

10.6.2 设置页边距

页边距是指纸张上打印内容的边界与纸张边沿间的距离。

1 设置页边距

在【页面设置】对话框中，选择【页边距】选项卡，可以对页边距进行多项设置，如下图所示。

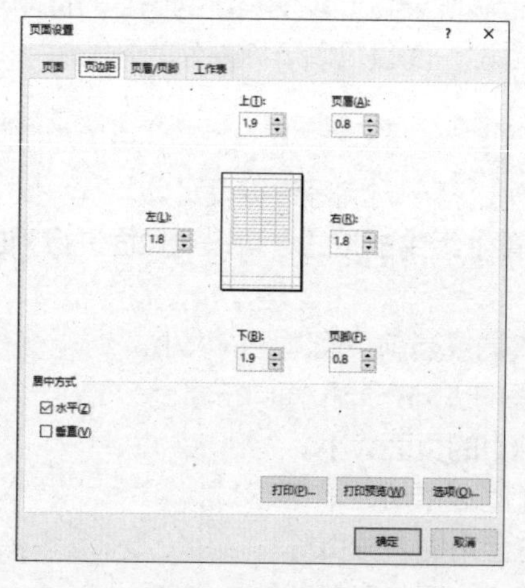

2 快速设置

在【页面布局】选项卡中，单击【页面设置】组中的【页边距】按钮，在弹出的下拉菜单中选择一种内置的布局方式，也可以快速地设置页边距（见下图）。

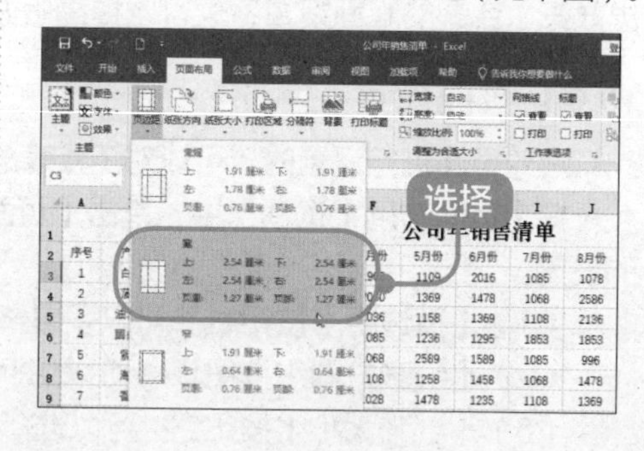

10.6.3 设置页眉页脚

页眉位于页面的顶端，用于标明名称和报表标题。页脚位于页面的底部，用于标明页号、打印日期和时间等。下面介绍设置页眉和页脚的方法。

1 进入页面设置

单击【页面布局】选项卡下【页面设置】组右下方的 ⧉ 按钮（见下页图）。

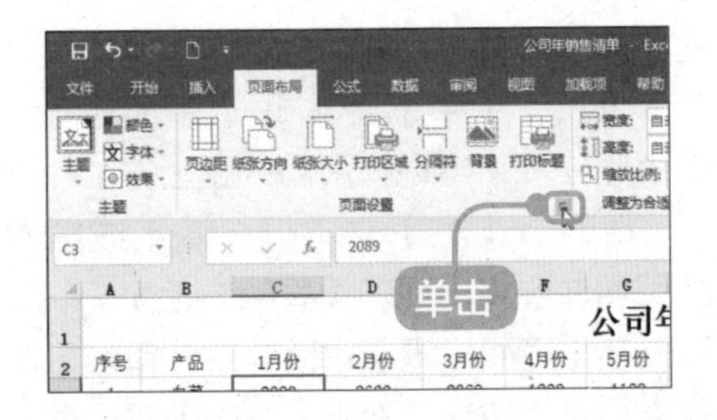

2 页眉 / 页脚

弹出【页面设置】对话框，选择【页眉 / 页脚】选项卡，从中可以添加、删除、更改和编辑页眉 / 页脚（见下图）。

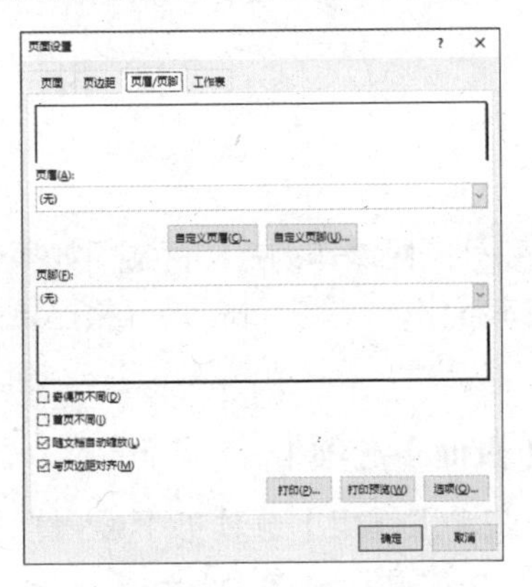

1. 使用内置页眉页脚

Excel 提供了多种页眉和页脚的格式。如果要使用内部提供的页眉和页脚的格式，可以在【页眉】和【页脚】下拉列表中选择需要的格式（见下图）。

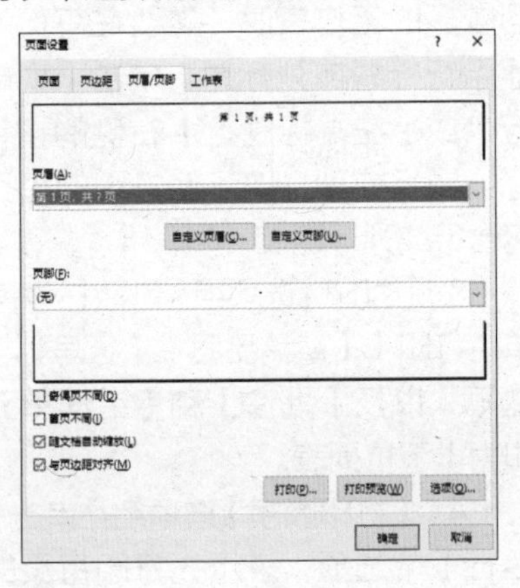

> **提示**
>
> 页眉和页脚并不是实际工作表的一部分，设置的页眉和页脚不显示在普通视图中，但可以打印出来。

2. 自定义页眉页脚

如果现有的页眉和页脚格式不能满足需要，用户可以自定义页眉和页脚进行个性化设置。

在【页面设置】对话框中，选择【页眉 / 页脚】选项卡，单击【自定义页眉】按钮，弹出【页眉】对话框（见下图）。

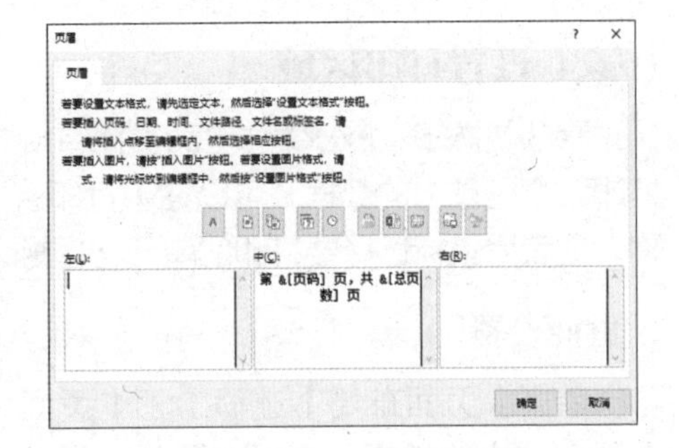

【页眉】对话框中各个按钮和文本框的作用如下。

（1）【格式文本】按钮：单击该按钮，弹出【字体】对话框，可以设置字体、字号、下划线和特殊效果等。

（2）【插入页码】按钮：单击该按钮，可以在页眉中插入页码，添加或者删除工作表时，Excel 会自动更新页码。

（3）【插入页数】按钮：单击该按钮，可以在页眉中插入总页数，添加或者删除工作表时，Excel 会自动更新总页数。

（4）【插入日期】按钮：单击该按钮，可以在页眉中插入当前日期。

（5）【插入时间】按钮：单击该按钮，可以在页眉中插入当前时间。

（6）【插入文件路径】按钮：单击

该按钮，可以在页眉中插入当前工作簿的绝对路径。

（7）【插入文件名】按钮：单击该按钮，可以在页眉中插入当前工作簿的名称。

（8）【插入数据表名称】按钮：单击该按钮，可以在页眉中插入当前工作表的名称。

（9）【插入图片】按钮：单击该按钮，弹出【插入图片】对话框，从中可以选择需要插入到页眉中的图片。

（10）【左】文本框：输入或插入的页眉注释将出现在页眉的左上角。

（11）【中】文本框：输入或插入的页眉注释将出现在页眉的正上方。

（12）【右】文本框：输入或插入的页眉注释将出现在页眉的右上角。

在【页面设置】对话框中，单击【自定义页脚】按钮，弹出【页脚】对话框。

该对话框中的各个选项的作用可以参考【页眉】对话框中各个选项的作用。

10.6.4 设置打印区域

默认状态下，Excel 会自动选择有文字的行和列的区域作为打印区域。如果希望打印某个区域内的数据，可以在【打印区域】文本框中输入要打印的单元格区域的名称，或者用鼠标选择要打印的单元格区域。

1. 页面设置

单击【页面布局】选项卡下【页面设置】组中的按钮，弹出【页面设置】对话框，选择【工作表】选项卡（见下图）。

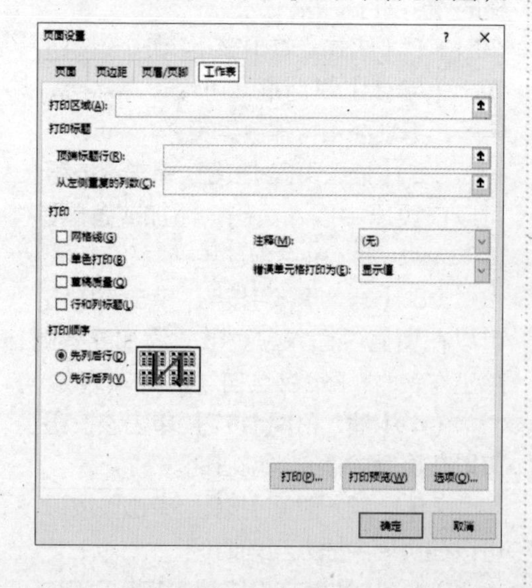

2.【页面】选项卡

在【工作表】选项卡下设置相关的选项，然后单击【确定】按钮。

【工作表】选项卡中各个按钮和文本框的作用如下。

（1）【打印区域】文本框：用于选定工作表中要打印的区域。

（2）【打印标题】选项组：当打印内容较多的工作表时，需要在每页的上部显示行标题或列标题。单击【顶端标题行】或【左端标题行】右侧的按钮，选择标题行或列，即可使打印的每页上都包含行或列标题。

（3）【打印】选项组：包括【网格线】【单色打印】【草稿品质】【行号列标】复选框，以及【批注】和【错误单元格打印为】下拉列表。

（4）【打印顺序】选项组：单击【先列后行】单选项，表示先打印每页的左边部分，再打印右边部分。选中【先行后列】单选项，表示在打印下页的左边部分之前，先打印本页的右边部分（见下图）。

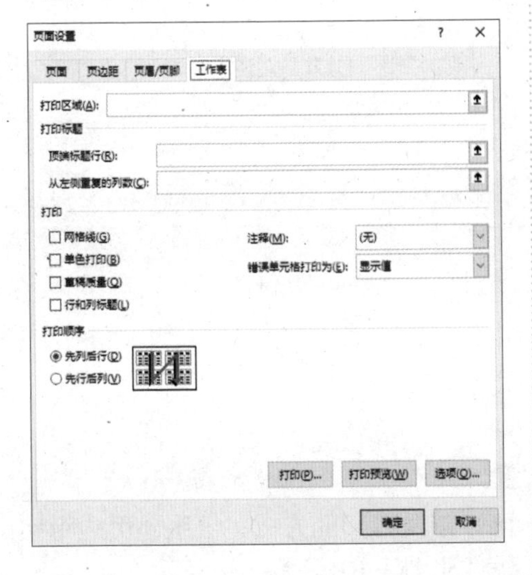

> **提示**
>
> 在工作表中选择需要打印的区域，单击【页面布局】选项卡下【页面设置】组中的【打印区域】按钮，在弹出的下拉列表中选择【设置打印区域】选项，可以快速将此区域设置为打印区域。如果要取消打印区域设置，选择【取消打印区域】选项即可。
>
> 【网格线】复选框：设置是否显示描绘单元格的网格线。
>
> 【单色打印】复选框：指定在打印过程中忽略工作表的颜色。如果是彩色打印机，选中该复选框可以减少打印的时间。
>
> 【草稿品质】复选框：快速的打印方式，打印过程中不打印网格线、图形和边界，同时也会降低打印的质量。
>
> 【行号列标】复选框：设置是否打印窗口中的行号和列标。默认情况下，这些信息是不打印的。
>
> 【批注】下拉列表：用于设置打印单元格批注，可以在下拉列表中选择打印的方式。

10.7 打印工作表

打印的功能是指将编辑好的文本通过打印机打印到纸面上。我们可以通过打印预览来查看打印效果。如果我们对打印的效果不满意，还可以重新对打印页面进行编辑和修改。

10.7.1 打印预览

用户可以在打印之前可以查看文档的版面布局。

1 预览效果

单击【文件】选项卡，在弹出的下拉列表中选择【打印】选项，在窗口的右侧可以看到预览效果（见右栏图）。

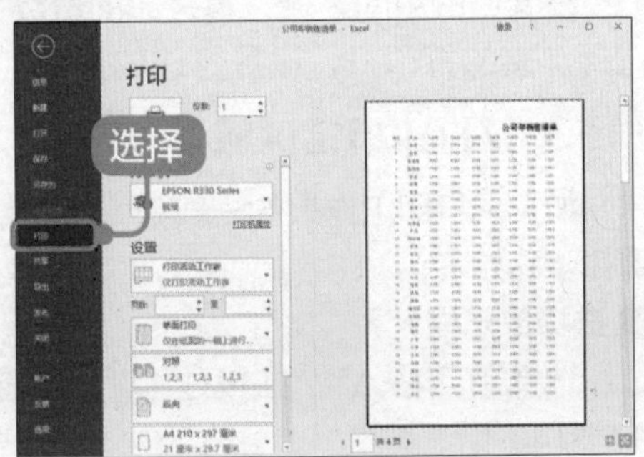

2 调整效果

单击窗口右下角的【显示边距】按钮▥，可以开启或关闭页边距、页眉和页脚边距以及列宽的控制线，拖动边界和列间隔线可以调整输出效果（见下图）。

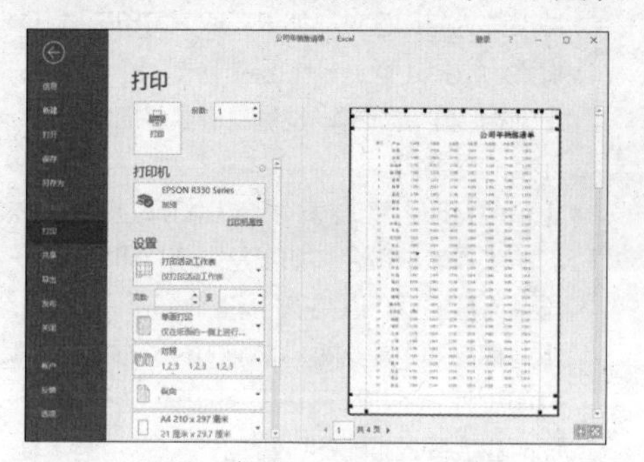

> **提示**
> 在预览窗口的下面，会显示当前的页数和总页数。单击【下一页】按钮或【上一页】按钮，可以预览每一页的打印内容。

10.7.2 打印当前工作表

在打印之前，还需要进行打印选项的设置。

1 选择【打印】选项

单击【文件】选项卡，在弹出的下拉列表中选择【打印】选项（见下图）。

2 设置参数

在窗口的中间区域设置打印的份数，选择连接的打印机，设置打印的页码范围，以及打印的方式、纸张、页边距和缩放比例等（见下图）。

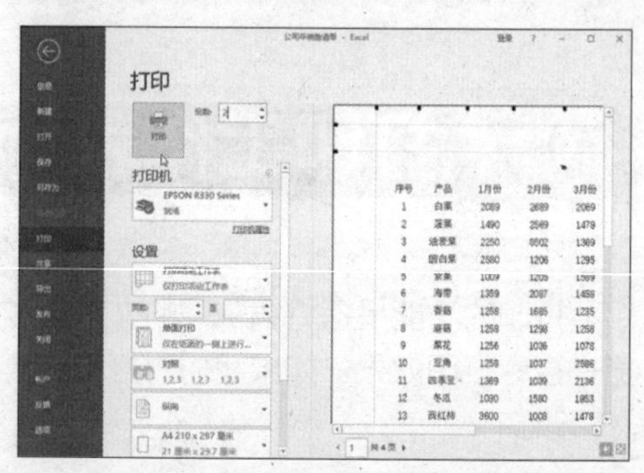

> **提示**
> 设置完成后，单击【打印】按钮，会出现正在打印的提示。

10.7.3 仅打印指定区域

如果只打印工作表的一部分，可以对当前工作表进行设置。设置打印指定区域的具体步骤如下。

1 选择单元格

选择单元格 A1，在按住【Shift】键的同时单击单元格 H14，选择单元格区域 A1:H14（见下页图）。

	公司年销售清单									
序号	产品	1月份	2月份	3月份	4月份	5月份	6月份	7月份	8月份	9月
1	白菜	2089	2689	2069	1908	1109	2016	1085	1078	14
2	菠菜	1490	2569	1478	2060	1369	1478	1068	2586	13
3	油麦菜	2250	8502	1369	1036	1158	1369	1108	2136	12
4	圆白菜	2580	1206	1295	1085	1236	1295	1853	1853	15
5	紫菜	1009	1205	1589	1068	2589	1589	1085	996	14
6	海带	1359	2087	1458	1108	1258	1458	1068	1478	12
7	香菇	1258	1685	1235	1028	1478	1235	1108	1369	12
8	蘑菇	1258	1298	1258	1078	1258	1258	1028	1295	89
9	菜花	1256	1036	1078	2586	1852	8502	1078	1589	12
10	豆角	1258	1037	2586	2136	1478	1206	2586	1458	10
11	四季豆	1369	1039	2136	1853	1369	1205	2136	1235	10
12	冬瓜	1030	1580	1853	1690	1295	2087	1853	1258	10
13	西红柿	3600	1008	1478	1096	1589	1085	1569	8502	11
14	黄瓜	2990	1024	1369	1093	1458	1068	1478	1206	10
15	南瓜	1096	1025	1295	1390	1235	1108	1369	1205	10

2 选择【打印】选项

选择【文件】选项卡，在弹出的下拉列表中选择【打印】选项（见下图）。

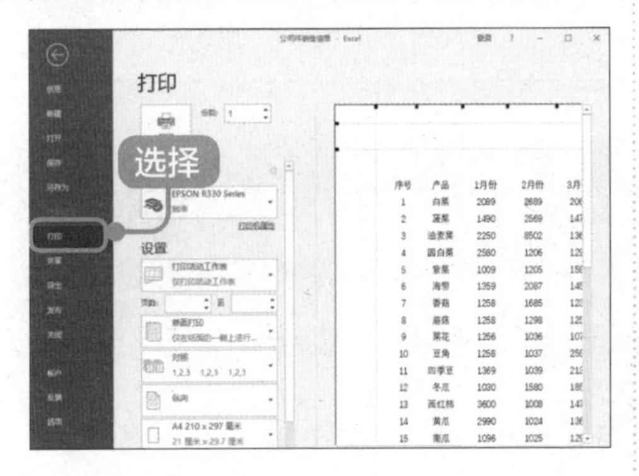

> **提示**
>
> 如果需要打印部分数据，可以直接用鼠标拖曳或用【Shift】键辅助选择的方式来选择要打印的单元格区域。

3 选定区域

在中间的【设置】选项组中选择【打印选定区域】选项（见下图）。

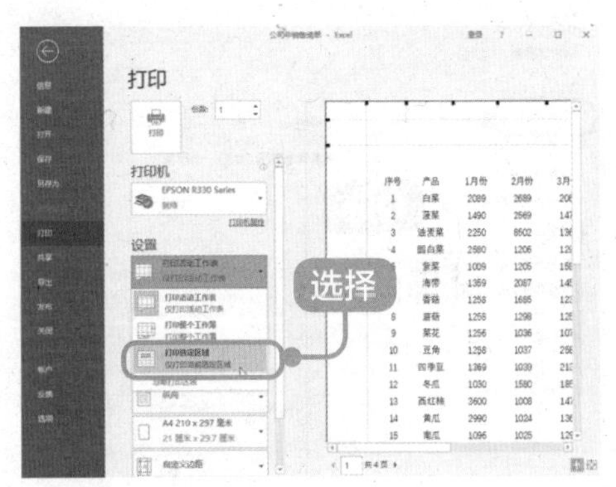

4 打印选定的区域

单击【打印】按钮，打印选定的区域（见下图）。

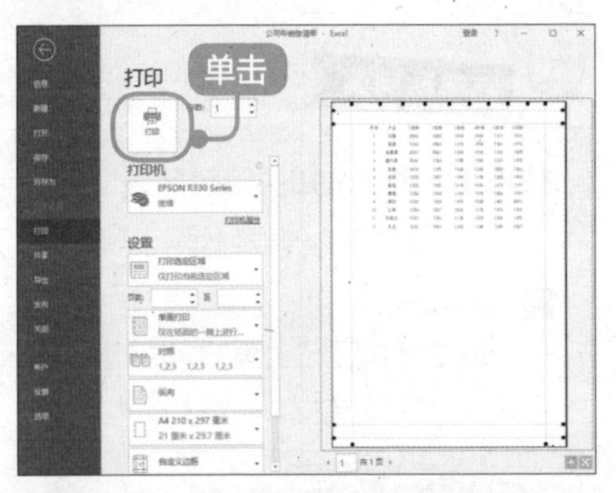

10.7.4 打印网格线

在打印 Excel 工作表时，一般打印出的效果是没有网格线的，如果需要将网格线打印出来，可以进行相关设置。

1 勾选【网络线】复选框

在【页面布局】选项卡中，单击【页面设置】组中的【页面设置】按钮，在弹出的【页面设置】对话框中，选择【工作表】选项卡，勾选【网格线】复选框（见下页图）。

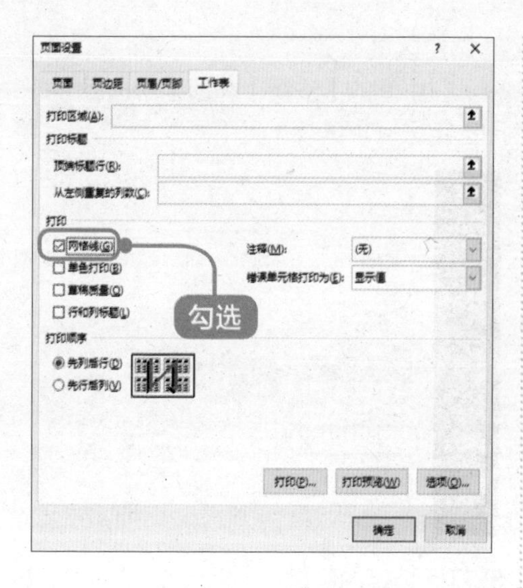

2 打印预览

单击【打印预览】按钮，进入【打印】页面，在其右侧区域中可以看到带有网格线的工作表（见下图）。

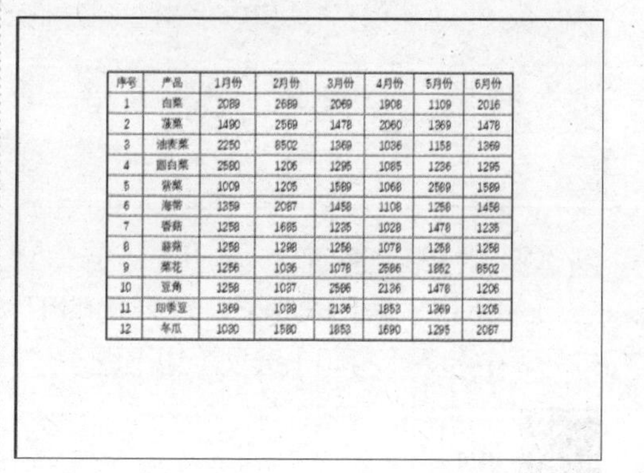

序号	产品	1月份	2月份	3月份	4月份	5月份	6月份
1	白菜	2089	2689	2069	1908	1109	2016
2	菠菜	1490	2569	1478	2060	1369	1478
3	油麦菜	2250	8502	1369	1036	1158	1369
4	圆白菜	2580	1206	1295	1085	1236	1295
5	紫菜	1009	1205	1589	1068	2589	1589
6	海带	1359	2087	1458	1108	1258	1458
7	香菇	1258	1685	1235	1028	1478	1235
8	蒜苗	1258	1298	1258	1078	1258	1258
9	菜花	1256	1036	1078	2586	1852	8502
10	豆角	1258	1037	2586	2136	1478	1206
11	四季豆	1369	1039	2136	1853	1369	1205
12	冬瓜	1030	1580	1853	1690	1295	2087

技巧 1：显示未知的隐藏区域

如果要将隐藏的行或列显示出来，可以通过下面几种方法来实现。

1 选择单元格

单击工作区左上角的 按钮，可以选择所有的单元格（见下图）。

公司年销售清单								
序号	2月份	3月份	4月份	5月份	6月份	7月份	8月份	9月份
1	2689	2069	1908	1109	2016	1085	1078	1478
2	2569	1478	2060	1369	1478	1068	2586	1369
3	8502	1369	1036	1158	1369	1108	2136	1295
4	1206	1295	1085	1236	1295	1853	1853	1589
5	1205	1589	1068	2589	1589	1085	996	1458
6	2087	1458	1108	1258	1458	1068	1478	1235
7	1685	1235	1028	1478	1235	1108	1369	1258
8	1298	1258	1078	1258	1258	1028	1295	896
9	1036	1078	2586	1852	8502	1078	1589	1280
10	1037	2586	2136	1478	1206	2586	1458	1036
11	1039	2136	1853	1369	1205	2136	1235	1085
12	1580	1853	1690	1295	2087	1853	1258	1068

2 显示隐藏列

将鼠标指针放在两列列标之间，当鼠标指针变成形状时单击，并拖动到合适的大小，即可显示隐藏的列（见下图）。

3 显示隐藏行

将鼠标指针放在两行之间，当鼠标指针变成形状时单击，并拖动到合适的大小，即可显示隐藏的行（见下页图）。

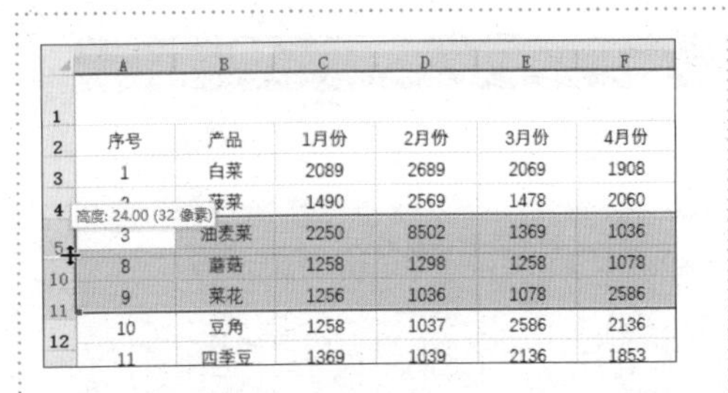

4 取消隐藏

选择隐藏的列（或行）前后的列（或行）单元格区域，单击鼠标右键，在弹出的快捷菜单中选择【取消隐藏】选项即可取消隐藏（见右栏图）。

技巧 2：打印行号、列标

在日常工作中，通常会遇到要打印工作表的行号和列标的情况，此时就需要对工作表进行相应的页面设置，具体操作步骤如下。

1 选中【行和列标题】复选框

打开【页面设置】对话框，选择【工作表】选项卡，在【打印】区域下选中【行和列标题】复选框，单击【确定】按钮（见下图）。

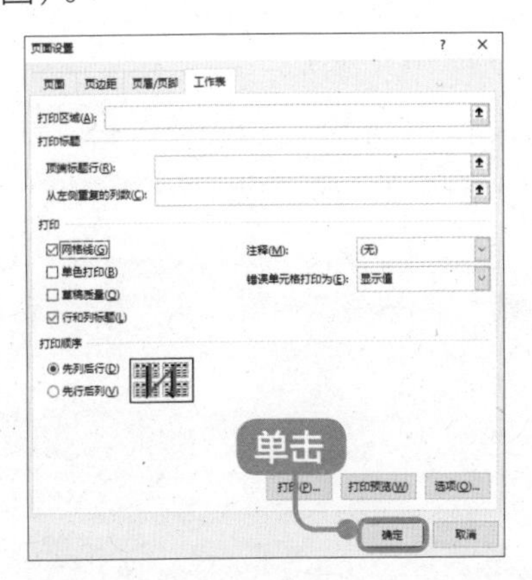

2 查看工作表

单击【打印预览】按钮，进入【打印】页面，在其右侧区域中可以看到带有行号和列标的工作表（见下图）。

打印是工作中经常使用的功能，掌握查看和打印的相关技巧，能更方便快捷地使用 Excel 2019（见下页图）。

会议签到表

姓名	职务	电话	家庭地址	是否准时到达
李子	销售助理	135********	朝阳路**号	是
席新泉	销售助理	132********	黄河路**号	是
林岚璟	销售助理	158********	人民路**号	是
周评	销售助理	159********	新华路**号	是
赵淼	销售代表	156********	建设路**号	是
刘佳	销售代表	132********	东风路**号	是
李司棋	销售代表	131********	解放路**号	否
钟离	销售副总	186********	中山路**号	否
冯天宇	销售助理	182********	文明路**号	否
赵红坡	销售代表	186********	健康路**号	是
齐忆述	销售代表	135********	长江路**号	是
舒谨	销售代表	136********	工人路**号	是

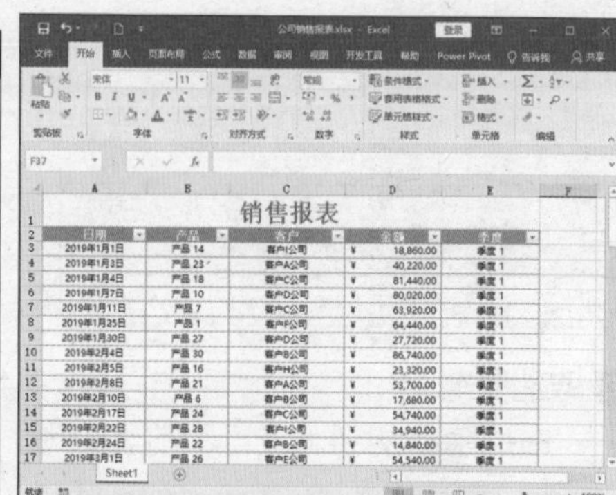

销售报表

日期	产品	客户	金额	季度
2019年1月1日	产品 14	客户I公司	¥ 18,860.00	季度 1
2019年1月3日	产品 23	客户A公司	¥ 40,220.00	季度 1
2019年1月4日	产品 18	客户C公司	¥ 81,440.00	季度 1
2019年1月7日	产品 10	客户D公司	¥ 80,020.00	季度 1
2019年1月11日	产品 7	客户C公司	¥ 63,920.00	季度 1
2019年1月25日	产品 1	客户F公司	¥ 64,440.00	季度 1
2019年1月30日	产品 27	客户D公司	¥ 27,720.00	季度 1
2019年2月4日	产品 30	客户B公司	¥ 86,740.00	季度 1
2019年2月5日	产品 16	客户H公司	¥ 23,320.00	季度 1
2019年2月8日	产品 21	客户A公司	¥ 53,700.00	季度 1
2019年2月10日	产品 6	客户B公司	¥ 17,680.00	季度 1
2019年2月17日	产品 24	客户C公司	¥ 54,740.00	季度 1
2019年2月22日	产品 28	客户I公司	¥ 34,940.00	季度 1
2019年2月24日	产品 22	客户B公司	¥ 14,840.00	季度 1
2019年3月1日	产品 26	客户E公司	¥ 54,540.00	季度 1

第 11 章

PowerPoint 2019 的基本操作——制作演讲与口才实用技巧演示文稿

重点导读

PowerPoint 2019 是微软公司推出的 Office 2019 办公系列软件的一个重要组成部分，主要用于幻灯片的制作。本章中介绍的“大学生演讲与口才实用技巧演示文稿”是较简单的幻灯片，通过该幻灯片，我们主要介绍演示文稿制作的基本操作。

学习效果图

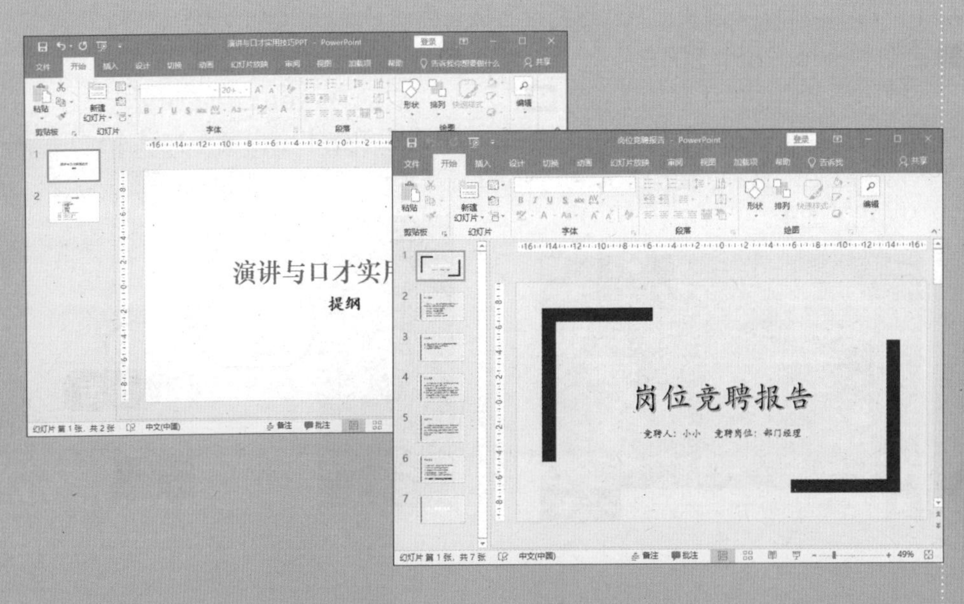

11.1 演示文稿制作的流程

本节视频教学时间 / 6 分钟

演示文稿的制作，不仅靠技术，而且靠创意、理念及内容的展现方式。以下是制作演示文稿的最佳流程，在掌握了基本操作之后，再结合这些流程，进一步融合独特的想法和创意，就可以制作出令人惊叹的演示文稿了。

（1）在纸质上列出提纲——不要开计算机，不要查资料。

（2）将提纲写到演示文稿中——不要使用模板，每页一个提纲。

（3）根据提纲添加内容——查阅资料并添加到演示文稿中，将重点内容标注出来。

（4）设计内容——文字能做成图的尽量做成图，无法做成图的提炼出要表达的内容，并采用大号且醒目的字体。

（5）选择合适的母版——根据演示文稿要表现出的特点选用不同的色彩搭配，如果觉得 office 自带的母版不合适，可以自己在母版视图中进行调整，可以自己加背景图、Logo、装饰图等，选择母版后根据需要调整标题、文本位置。

（6）美化幻灯片——根据母版的色调，将图进行美化，调整颜色、阴影、立体、线条，美化表格，突出文字等。

（7）动画和切换效果——为幻灯片添加动画和切换效果。

（8）放映——检查、修改。

11.2 启动 PowerPoint 2019

本节视频教学时间 / 4 分钟

启动 PowerPoint 2019 软件之后，系统会自动创建一个演示文稿。一般可以通过【开始】菜单和桌面快捷方式这两种方法来启动 PowerPoint 2019 软件。

1 启动 PowerPoint 2019

单击任务栏中的【开始】按钮，在弹出的【所有应用】列表中，选择【PowerPoint】选项，启动 PowerPoint 2019（见下图）。

2 创建演示文稿

启动 PowerPoint 2019 后，在打开的界面单击【空白演示文稿】选项，新建一个空白演示文稿（见下图）。

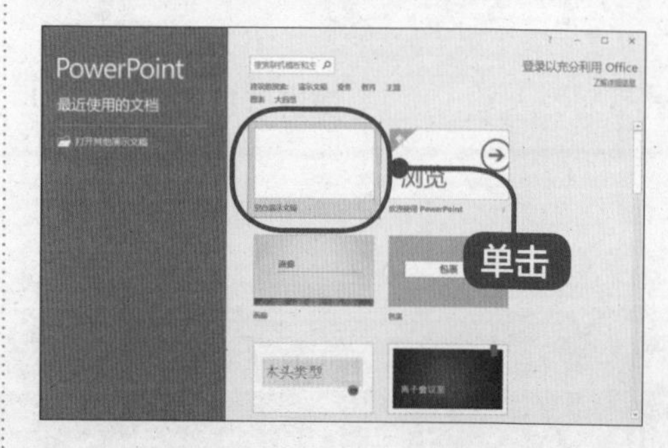

提示

双击桌面上的快捷图标或者演示文稿都可以启动 PowerPoint 2019。

11.3 认识 PowerPoint 2019 的工作界面

本节视频教学时间 / 15 分钟

PowerPoint 2019 的工作界面由【文件】选项卡、快速访问工具栏、标题栏、功能区、【帮助】按钮、工作区、【幻灯片 / 大纲】窗格、状态栏和视图栏等组成，如下图所示。

1. 快速访问工具栏

快速访问工具栏位于 PowerPoint 2019 工作界面的左上角，由最常用的工具按钮组成。如【保存】按钮、【撤销】按钮和【恢复】按钮等。单击快速访问工具栏的按钮，可以快速实现相应的功能（见下图）。

2. 标题栏

标题栏位于快速访问工具栏的右侧，主要用于显示正在使用的文档名称、程序名称及窗口控制按钮等（见下图）。

在上图所示的标题栏中，“演示文稿 1”即为正在使用的文档名称，正在使用的程序名称是 Microsoft PowerPoint。当文档被重命名后，标题栏中显示的文档名称也会改变。

位于标题栏右侧的窗口控制按钮包括【登录】按钮、【功能区显示选项】按钮、【最小化】按钮、【最大化】按钮（或【向下还原】按钮）和【关闭】按钮。单击【登录】按钮，可以快速登录【Microsoft】账户；单击【功能区显示选项】按钮，可以显示或隐藏功能区选项。当 PowerPoint 2019 的工作界面最大化时，【最大化】按钮显示为【向下还原】按钮；当 PowerPoint 2019 工作界面被缩小时，【向下还原】按钮则显示为【最大化】按钮。

3.【文件】选项卡

【文件】选项卡位于功能区选项卡的左侧，单击该选项卡，弹出下图所示的下拉菜单。主要包括【打开】【关闭】【信息】【新建】【保存】【另存为】【历史记录】【打印】【共享】【导出】【关闭】和【账户】等选项（见下图）。

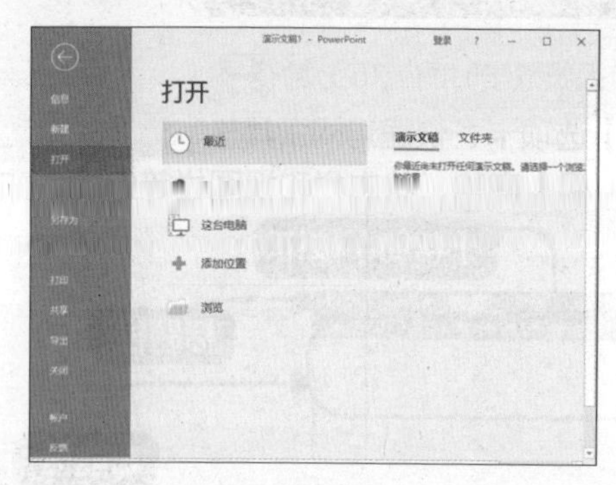

> **提示**
>
> 这里将演示文稿的名称保存为“演讲与口才实用技巧 PPT”，以方便后面的使用。

> **提示**
>
> 在【文件】选项卡下，选择【保存】选项，再选择存储位置，并单击【浏览】按钮，在弹出的【另存为】对话框中输入文件名称“演讲与口才实用技巧 PPT”，并设置保存位置，单击【保存】按钮，即可完成保存演示文稿的操作。

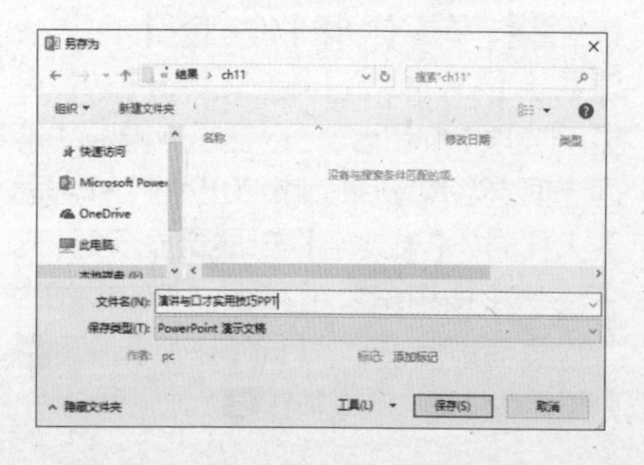

4. 功能区

在 PowerPoint 2019 中，PowerPoint 2003 及更早版本中的菜单栏和工具栏上的命令和其他菜单项已被功能区取代。功能区位于快速访问工具栏的下方，通过功能区，可以快速找到完成某项任务所需要的命令。

功能区主要包括功能区中的选项卡、各选项卡所包含的组及各组中所包含的命令或按钮。除了【文件】选项卡，主要包括【开始】【插入】【设计】【切换】【动画】【幻灯片放映】【审阅】【视图】等选项卡（见下图）。

5. 工作区

PowerPoint 2019 的工作区包括位于左侧的【幻灯片】窗格、位于右侧的编辑区域和下方的【备注】窗格（见下图）。

6.【幻灯片】窗格

【幻灯片】窗格显示的是每个完整大小幻灯片的缩略图版本。使用缩略图可以方便地查看演示文稿，并观看各种设计效果。

7. 状态栏和视图栏

状态栏和视图栏位于当前窗口的最

下方，用于显示当前文档页、总页数、该幻灯片使用的主题、输入法状态、视图按钮组、显示比例和调节页面显示比例的控制杆等（见下图）。

在状态栏上单击鼠标右键，可以根据需要自定义状态栏（见右栏图）。

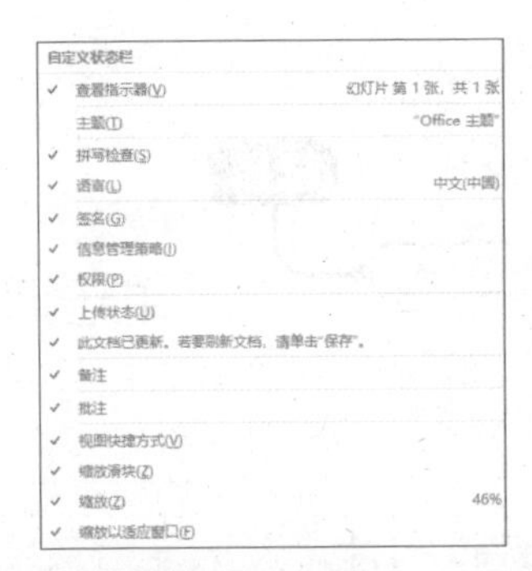

11.4 幻灯片的基本操作

本节视频教学时间 / 6 分钟

将演示文稿保存为“大学生演讲[illegible]灯片进行相关操作，如新建幻灯片、为幻灯片应用布局等。

11.4.1 新建幻灯片

在创建的演示文稿中，默认只有一张幻灯片，我们可以根据需要，创建多张幻灯片。

1. 通过功能区的【开始】选项卡新建幻灯片

1 选择幻灯片样式

单击【开始】选项卡，在【幻灯片】组中单击【新建幻灯片】按钮的下拉按钮，在弹出的下拉列表中选择一种幻灯片样式（见下图）。

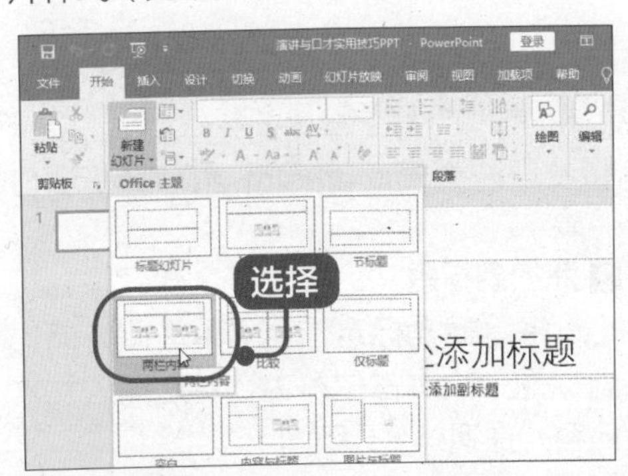

2 创建新幻灯片

系统自动创建一个新的幻灯片，且其缩略图显示在【幻灯片】窗格中（见右栏图）。

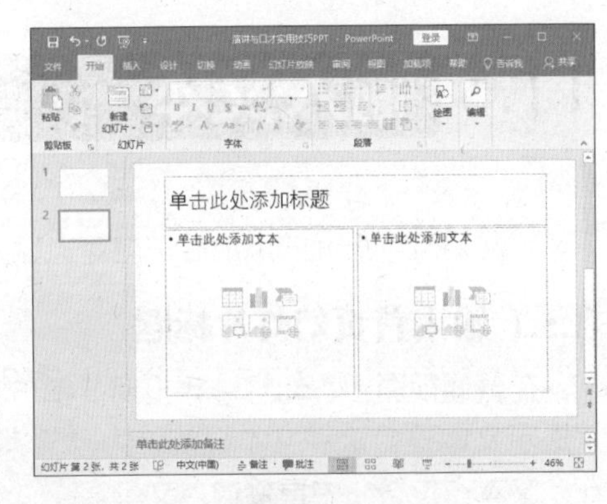

2. 使用鼠标右键新建幻灯片

1 选择【新建幻灯片】选项

在【幻灯片】窗格下的缩略图上或空白位置单击鼠标右键，在弹出的快捷菜单中选择【新建幻灯片】选项（见下页图）。

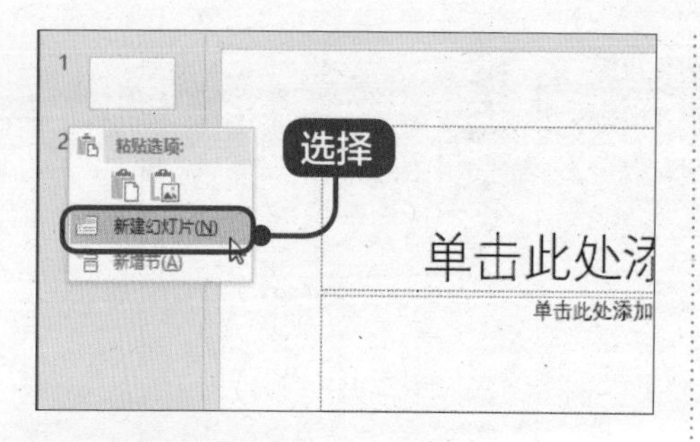

2 创建新幻灯片

系统自动创建一个新幻灯片，且其缩略图显示在【幻灯片】窗格中（见右栏图）。

11.4.2 删除幻灯片

创建幻灯片后，如果发现不需要那么多张幻灯片，可以在【幻灯片】窗格中选择不需要的幻灯片，按【Delete】键将其删除。也可以在要删除的幻灯片的缩略图上单击鼠标右键，在弹出的菜单中选择【删除幻灯片】命令，将幻灯片删除（见右栏图）。

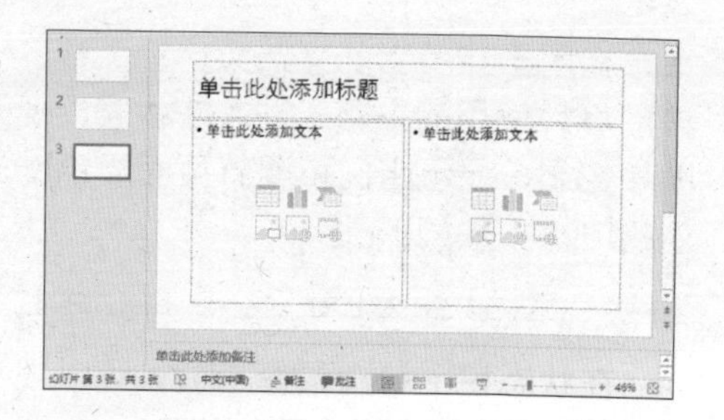

3. 使用快捷键新建幻灯片

使用【Ctrl+M】组合键也可以快速创建新的幻灯片。

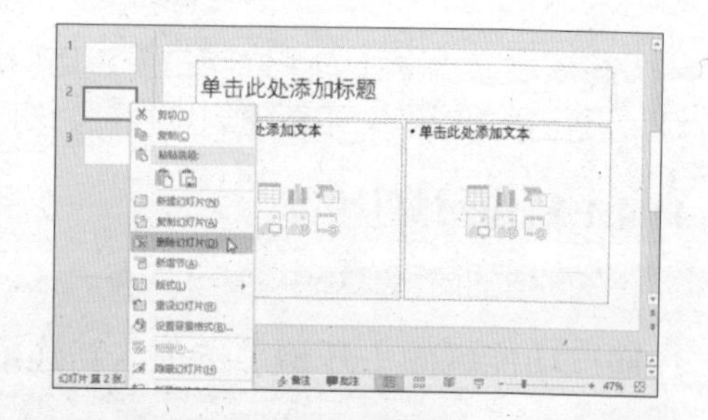

11.5 输入文本

本节视频教学时间 / 11 分钟

完成幻灯片页面的添加后，就可以输入文本内容了。

11.5.1 输入首页幻灯片标题

在普通视图中，幻灯片会出现“单击此处添加标题”或“单击此处添加副标题”等提示文本框。这种文本框统称为“文本占位符”。在 PowerPoint 2019 中，可以在“文本占位符”中直接输入文本。

1 添加标题

在幻灯片页面中将鼠标光标定位至“单击此处添加标题”文本占位符内，即可直接输入文本内容（见下图）。

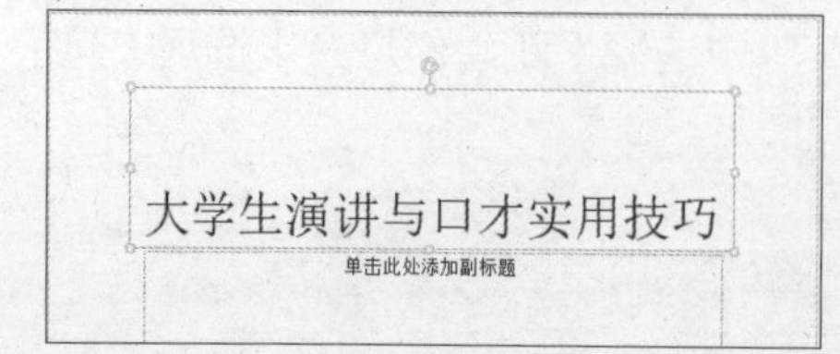

2 添加副标题

将鼠标光标定位至“单击此处添加副标题”文本占位符内，然后输入文本内容“提纲”（见下图）。

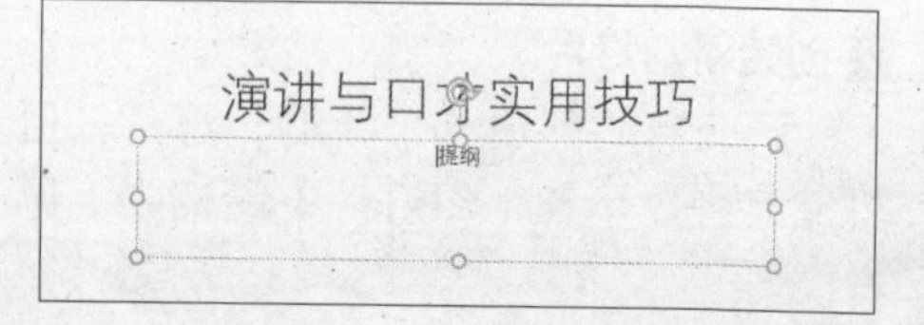

> **提示**
>
> 在【文本占位符】中输入文本是最基本也最方便的一种输入方式。

11.5.2 在文本框中输入文本

幻灯片中【文本占位符】的位置是固定的，如果想在幻灯片的其他位置输入文本，可以通过绘制一个新的文本框来实现。在插入和设置文本框后，就可以在文本框中输入文本了。

[illegible]

> **提示**
>
> 如果一张幻灯片中有多个文本占位符，可以按住【Shift】键的同时选择多个占位符。

2 创建文本框

单击【插入】选项卡下【文本】组中的【文本框】按钮，在弹出的下拉菜单中选择【绘制横排文本框】选项，然后将光标移至幻灯片中，当光标变为向下的箭头时，按住鼠标左键并拖动，即可创建一个文本框（见右栏图）。

3 输入文本内容

单击文本框，直接输入文本内容，这里输入“演讲大纲”4 个字（见下图）。

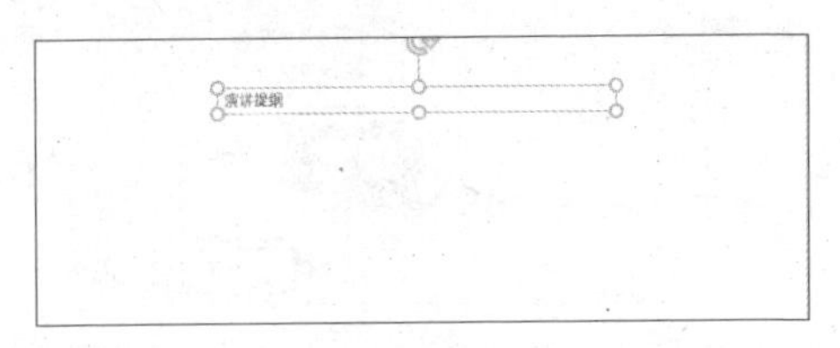

4 再次输入文本框并输入文中内容

再次插入横排文本框，然后输入文本内容，输入后的效果如下图所示。

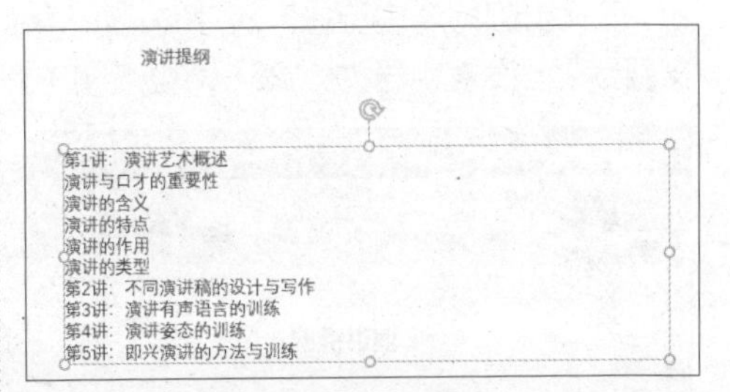

11.6 文字设置

本节视频教学时间 / 13 分钟

对文字进行字号、大小和颜色的设置，可以让幻灯片的内容层次有别，而且更醒目。

11.6.1 字体设置

在“演讲提纲”幻灯片中，我们可以通过多种方法完成字体的设置。

1 设置字体

选择“演讲大纲”4 个字，然后单击鼠标右键，在弹出的快捷菜单中选择【字体】命令，弹出【字体】对话框。设置中文字体类型为“微软雅黑”，字号为“40”，字体样式为“加粗”，设置后单击【确定】按钮（见下图）。

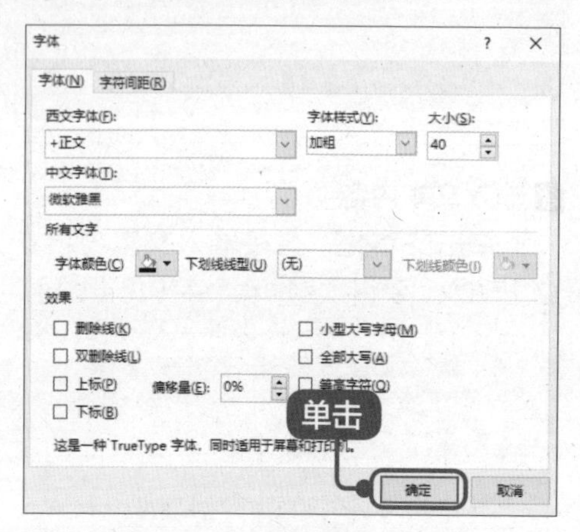

2 选择字体并设置字号

选择要设置同样字体的文本，单击【字体】选项组中【字体】右侧的下拉按钮，在弹出的列表中选择一种字体，如“华文新魏”，设置字号为“28”（见下图）。

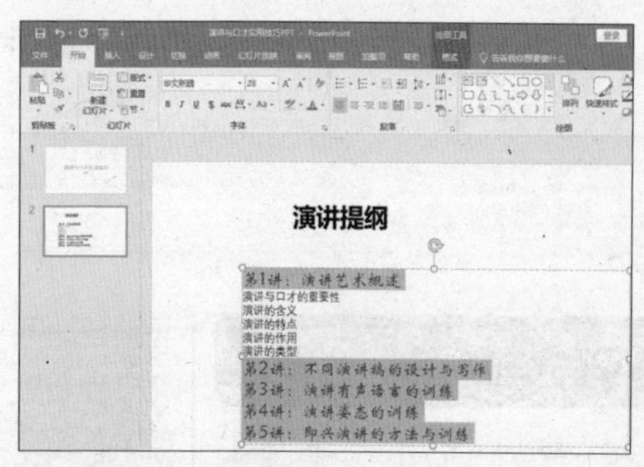

3 设置其他文本

选择其他文本后，在弹出的快捷菜单中设置文本字体为“幼圆”，字号为“20”（见下图）。

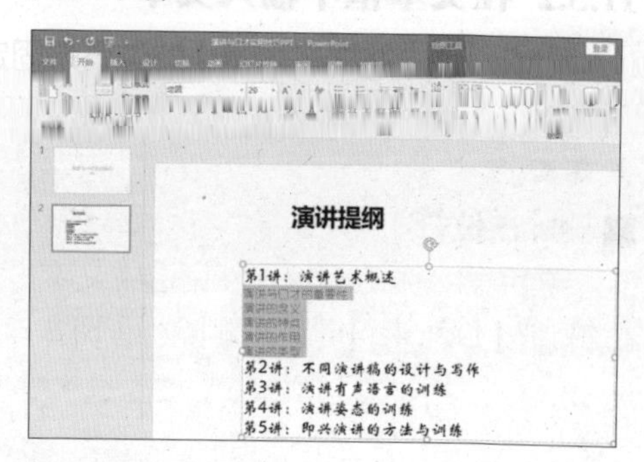

4 查看效果

设置字体样式后，即可查看幻灯片的效果（见下图）。

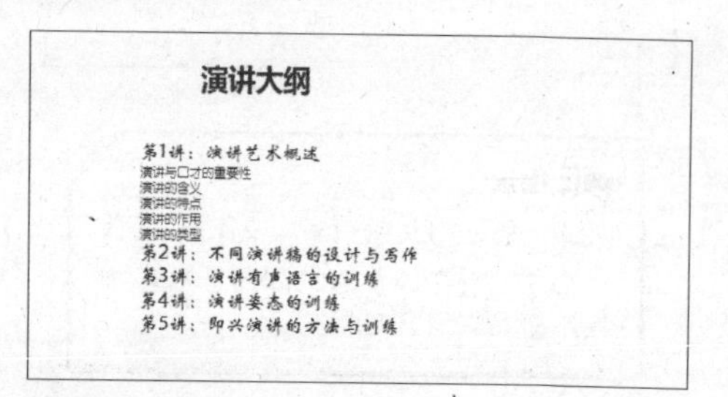

5 调整后效果

选择绘制的文本框，将鼠标光标放置在文本框上，即可调整文本框的位置，调整后的效果如下图所示。

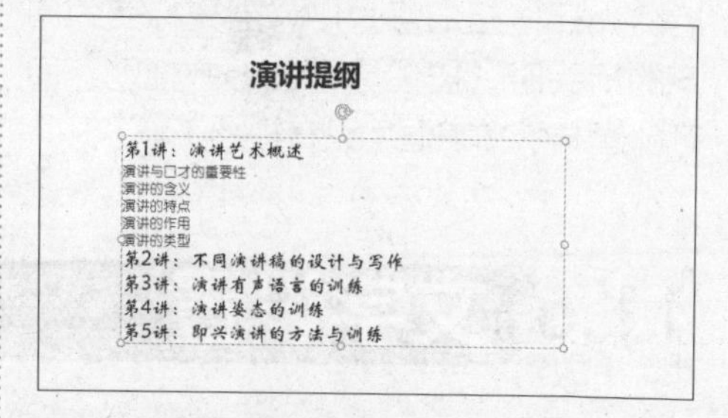

6 设置第一张幻灯片

使用同样的方法，设置第一张幻灯片页面中的字体，效果如下页图所示。

演讲与口才实用技巧

提纲

11.6.2 颜色设置

PowerPoint 2019 默认的文字颜色为黑色。我们可以根据需要将文本设置为其他颜色。如果需要设定字体的颜色，可以先选中文本，单击【字体颜色】按钮，然后在弹出的下拉菜单中选择所需要的颜色。

1. 颜色

【字体颜色】下拉列表中包括【主题颜色】【标准色】和【其他颜色】3 个区域的选项（见下图）。

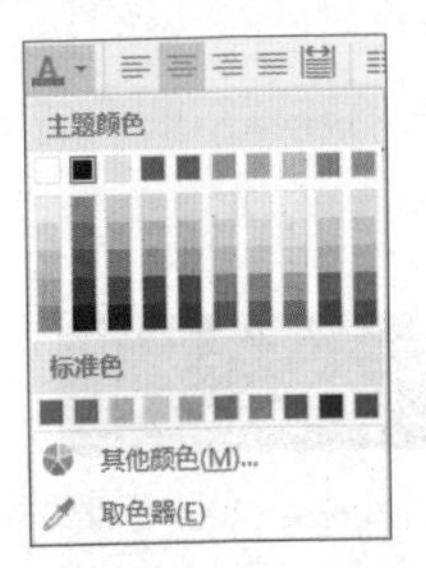

单击【主题颜色】和【标准色】区域的颜色块可以直接选择所需要的颜色。单击【其他颜色】选项，会弹出【颜色】对话框。该对话框中包括【标准】和【自定义】两个选项卡。在【标准】选项卡下，可以直接单击颜色球来选择颜色（见下图）。

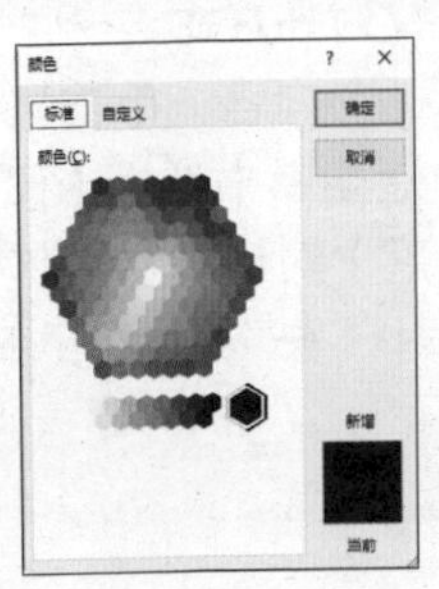

单击【自定义】选项卡，既可以在【颜色】区域选择要使用的颜色，也可以在【红色】【绿色】和【蓝色】文本框中直接输入数值确定颜色。其中，【颜色模式】下拉列表中包括【RGB】和【HSL】两个选项（见下图）。

提示

RGB 色彩模式和 HSL 色彩模式都是工业界的颜色标准，也是目前使用最广的颜色系统。RGB 色彩模式是通过对红(R)、绿(G)、蓝(B)3 个颜色通道的变化及它们相互之间的叠加来得到各种颜色的，RGB 代表红、绿、蓝 3 个通道的颜色；HSL 色彩模式是通过对色调(H)、饱和度(S)、亮度(L)3 个颜色通道的变化及它们相互之间的叠加来得到各种颜色的，HSL 代表色调、饱和度、亮度 3 个通道的颜色。

2. 设置字体颜色

设置字体颜色的方法也有很多，与字体的设置相似。

1 设置标题

切换到第1张幻灯片，选择标题文字后单击【字体】组中的【字体颜色】按钮，在弹出的颜色列表中选择需要的颜色。用同样的方法可以设置副标题的文本颜色（见下图）。

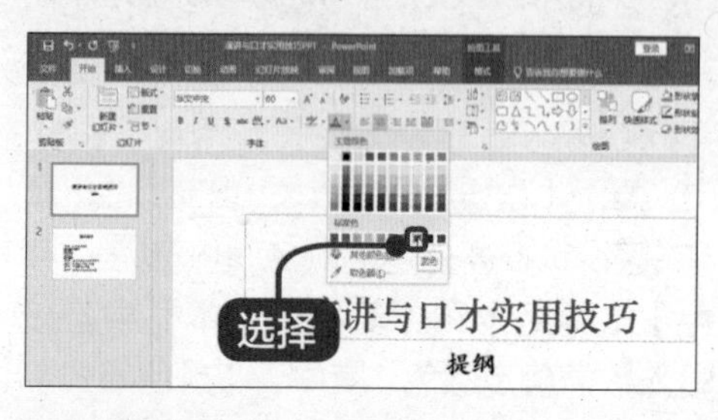

2 选择颜色

切换到第2张幻灯片，选择“演讲提纲”后，在弹出的快捷菜单中，单击【字体颜色】右侧的下拉按钮，在弹出的列表中选择一种颜色（见下图）。

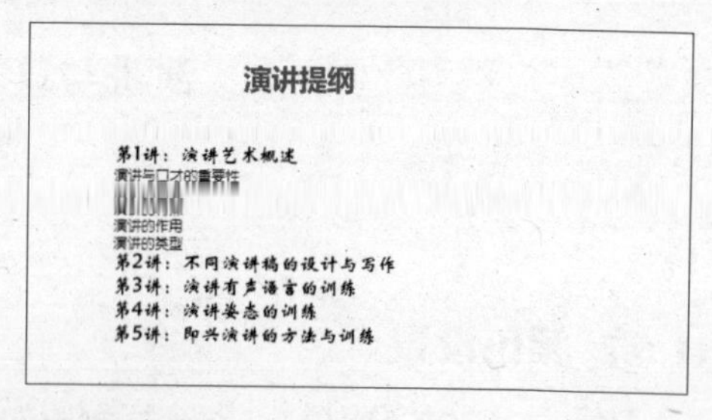

3 调整颜色

使用同样的方法，调整其他文本的颜色（见下图）。

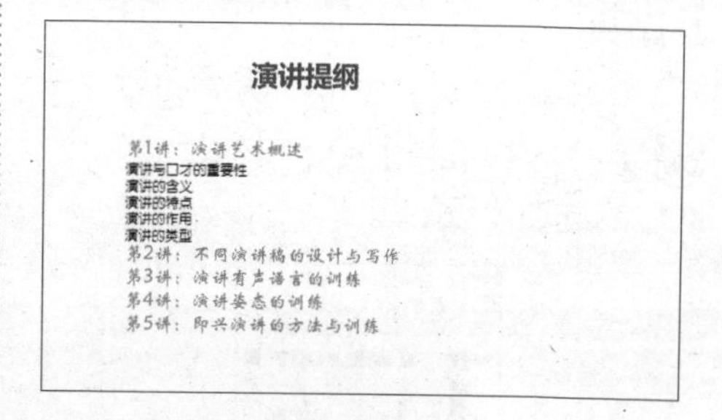

11.7 设置段落样式

本节视频教学时间 / 8 分钟

设置段落格式包括对对齐方式、缩进及间距与行距等方面的设置。

11.7.1 对齐方式设置

段落对齐方式包括左对齐、右对齐、居中对齐、两端对齐和分散对齐等。在“大学生演讲与口才实用技巧 PPT”文稿中，我们将标题设置为居中对齐，正文内容设置为左对齐。

1 设置标题对齐方式

切换到第2张幻灯片，选择标题所在的文本框，然后在【段落】选项组中单击【居中对齐】按钮（见下图）。

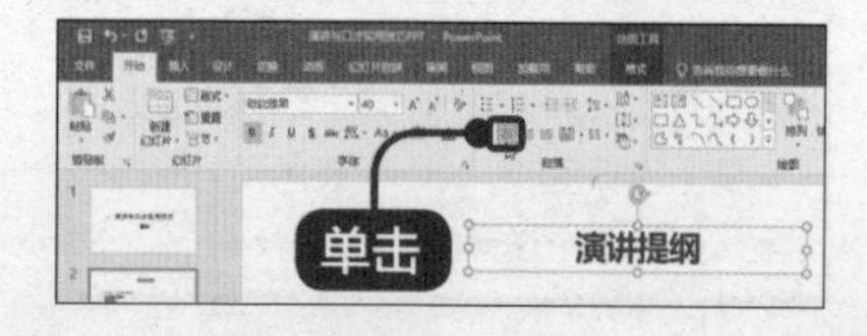

2 设置正文对齐方式

选择正文内容，单击鼠标右键，在弹出的快捷菜单中选择【段落】命令，弹出【段落】对话框，在其中设置段落对齐方式为“左对齐”（见下页图）。

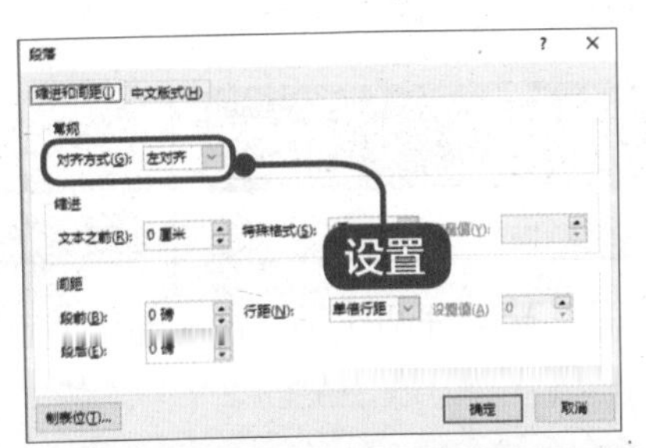

提示

使文本左对齐的快捷键为【Ctrl+L】；居中对齐的快捷键为【Ctrl+E】；右对齐的快捷键为【Ctrl+R】。

11.7.2 设置文本段落缩进和间距

段落缩进指的是段落中的行相对于页面左边界或右边界的位置。段落缩进的方式主要包括左缩进、右缩进、悬挂缩进和首行缩进等。悬挂缩进是指段落首行的左边界不变，其他各行的左边界相对于页面左边界向右缩进一段距离；首行缩进是指将段落的第一行从左向右缩进一定的距离，首行外的各行都保持不变。

段落间距可以调整文字的段前和段后的间隔。下面介绍设置文本段落缩进和间距的方法。

1 设置段落缩进

选择第 1 行以及第 7 行至第 10 行的文本，单击鼠标右键，在弹出的快捷菜单中选择【段落】命令，弹出【段落】对话框，设置段落缩进为“1 厘米”（见下图）。

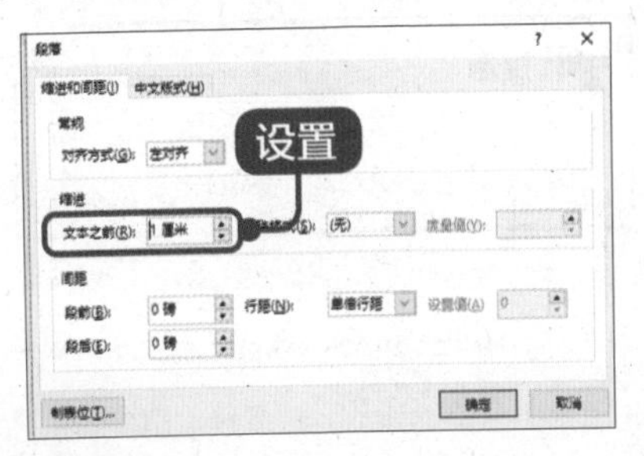

2 设置间距

设置【间距】区域中的【行距】为“固定值”，并设置值为“40 磅”，单击【确定】按钮（见下图）。

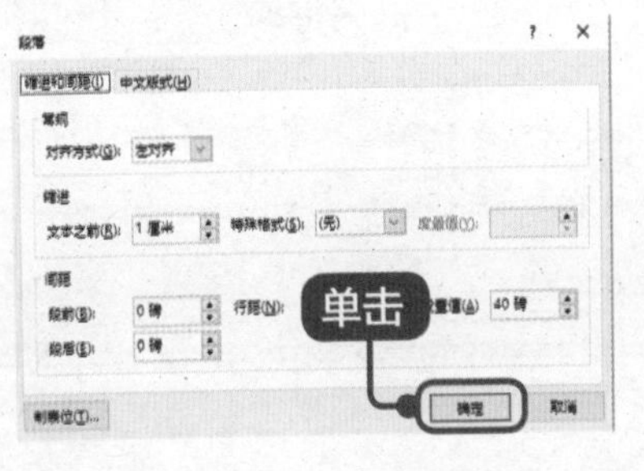

3 查看效果

完成段落的缩进和间距的设置，效果如下图所示。

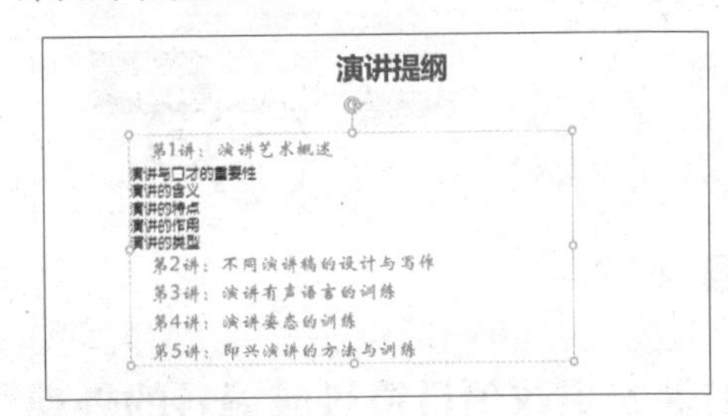

4 设置其他文本

选择第 2 至第 6 行的文本，使用同样的方法将其段落缩进设置为文本之前“4.5 厘米”，设置【行距】为“固定值”，值为“32 磅”，最终效果如下图所示。

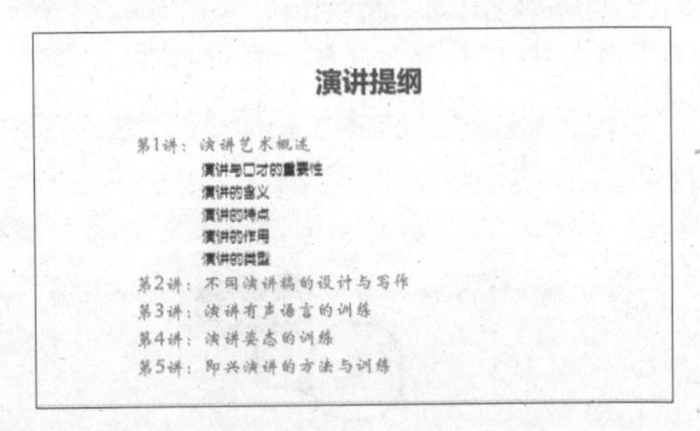

11.8 添加项目符号或编号

本节视频教学时间 / 4 分钟

项目符号和编号是放在文本前的点或其他符号，起到强调作用。合理使用项目符号和编号，可以使文档的层次结构更清晰、更有条理。

11.8.1 为文本添加项目符号或编号

在幻灯片中，经常要为文本添加项目符号或编号。在“大学生演讲与口才实用技巧 PPT”中添加项目符号或编号，可以让文档的条理更清晰。

1 选择项目符号

在第 2 张幻灯片中，选择要添加项目符号的文本，单击【开始】选项卡下【段落】组中的【项目符号】按钮，在弹出的列表中，选择要应用的项目符号（见下图）。

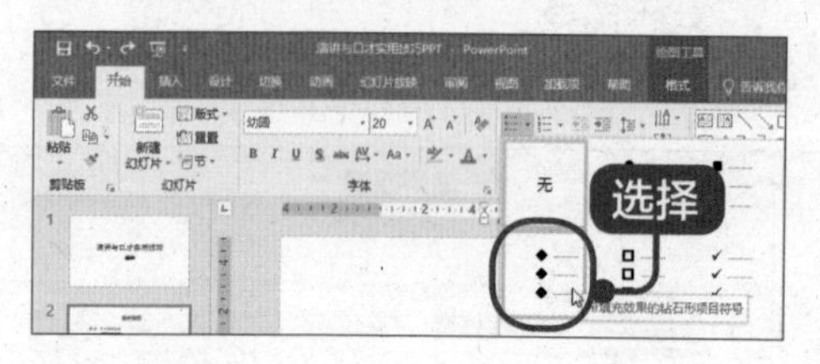

2 查看效果

为文本添加项目符号后的效果如下图所示。

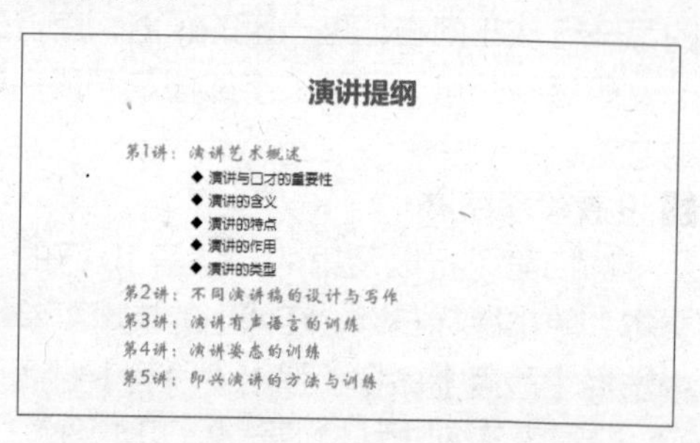

> **提示**
> 单击【开始】选项卡下【段落】组中的【编号】按钮，可以为文本添加编号。

11.8.2 更改项目符号或编号的外观

如果为文本添加的项目符号或编号的外观不是自己所需要的，可以更改项目符号或编号的外观。

1 选择项目编号

选择已添加项目符号或编号的文本，这里选择添加项目编号的文本。单击【开始】选项卡下【段落】组中的【项目编号】的下拉按钮，从弹出的下拉列表中选择需要的项目编号（见下图）。

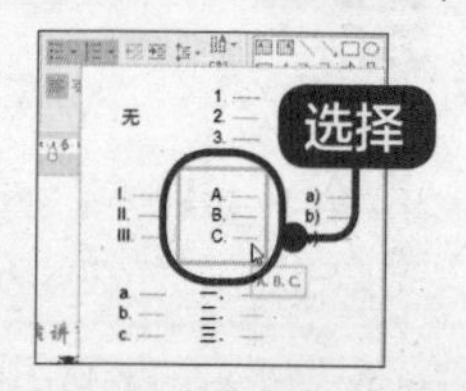

2 查看效果

更改项目编号的外观后的效果如下图所示。

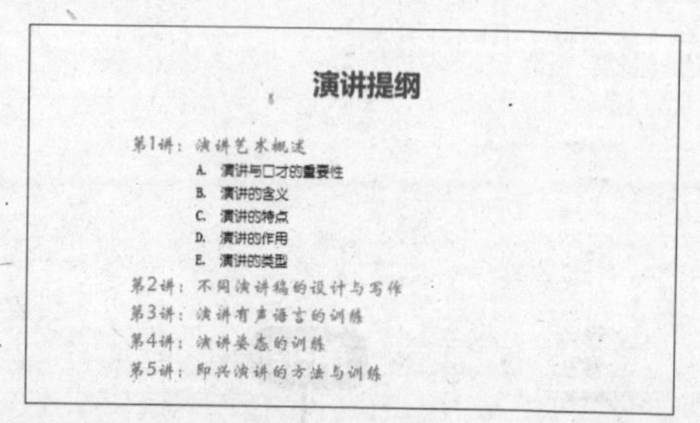

11.9 保存设计好的文稿

本节视频教学时间 / 2 分钟

演示文稿制作完成后可以将其保存起来，方便使用。

1 保存文件

选择【文件】选项卡，在弹出的快捷菜单中选择【保存】选项，即可保存文件（见下图）。

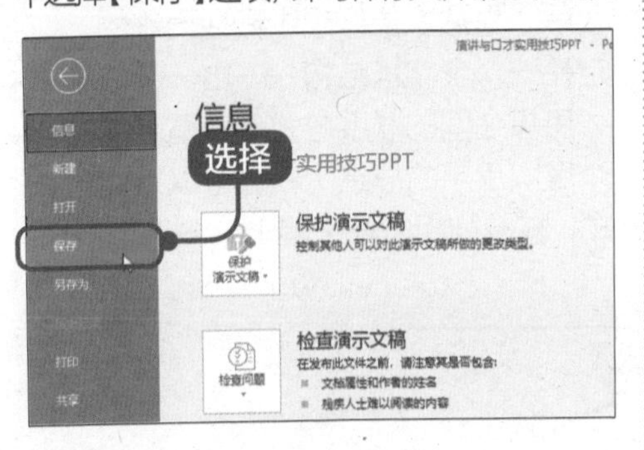

2 快速保存

直接单击快速访问栏中的【保存】按钮，可以快速保存文件（见下图）。

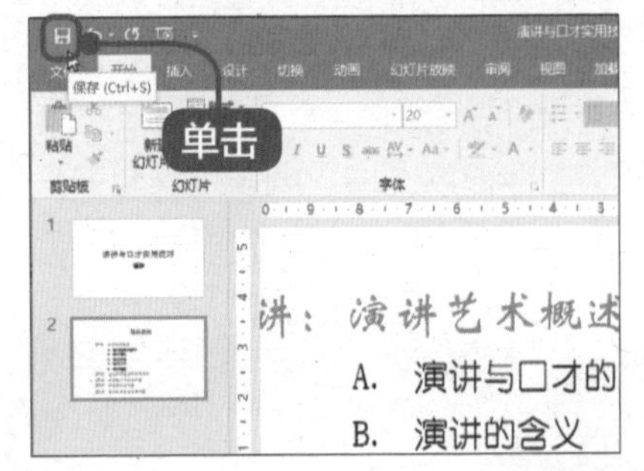

技巧 1：减少文本框的边空

在幻灯片文本框中输入文字时，文字离文本框上下左右的边空是默认设置好的。其实，可以通过减少文本框的边空，来获得更大的设计空间。

1 选择命令

选中要减少文本框边空的文本框，然后使用鼠标右键单击文本框的边框，在弹出的快捷菜单中选择【设置形状格式】命令（见下图）。

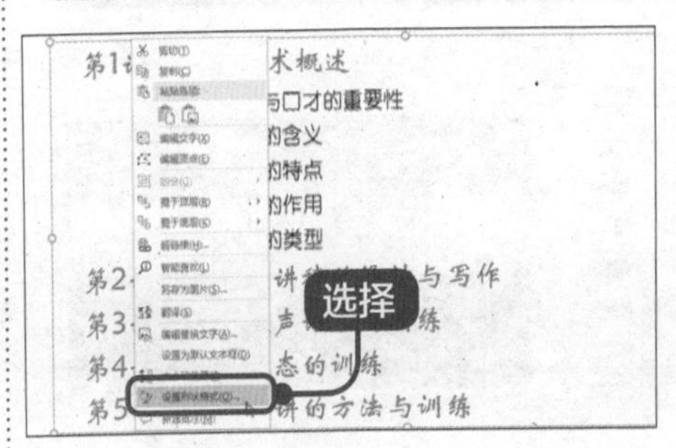

2 设置参数

在弹出的【设置形状格式】窗格中选择【大小属性】选项卡，展开【文本框】选项。在【内部边距】区域的【左边距】【右边距】【上边距】和【下边距】文本框中，将数值重新设置为“0厘米”，单击【关闭】按钮，完成文本框边空的设置（见下图）。

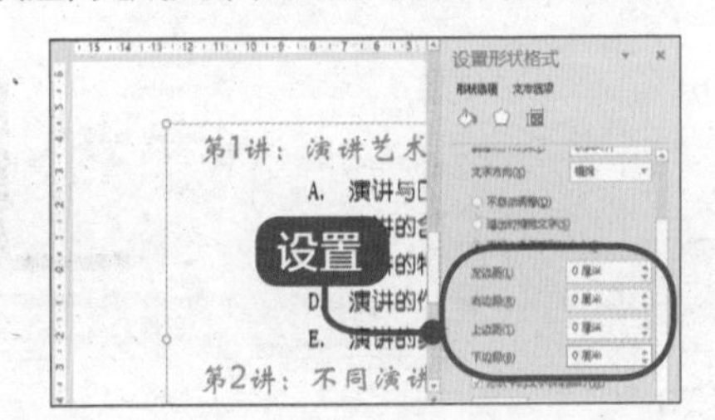

技巧 2：巧妙体现演示文稿的逻辑内容

如果你的逻辑思维混乱，就不可能制作出条理清晰的演示文稿，观众看演示文稿时也会一头雾水、不知所云，所以演示文稿中内容的逻辑性非常重要，逻辑内容是演示文稿的灵魂。

在制作演示文稿前，首先要梳理演示文稿的观点，如果出现逻辑混乱的情况，可以尝试使用金字塔原理来创建思维导图。

“金字塔原理”是在 1973 年由麦肯锡国际管理咨询公司的咨询顾问芭芭拉 • 明托（Barbara Minto）发明的，旨在阐述写作过程的组织原理，提倡按照读者的阅读习惯改善写作效果。因为主要思想是从次要思想中概括出来的，文章中所有思想的理想组织结构，也就必定是一个金字塔结构——由一个总的思想统领多组思想。在这种金字塔结构中，思想之间的联系方式可以是纵向的（即任何一个层次的思想都是对其下面一个层次思想的总结），也可以是横向的（即多个思想因共同组成一个逻辑推断式，被并列组织在一起）。

金字塔原理图如下所示。

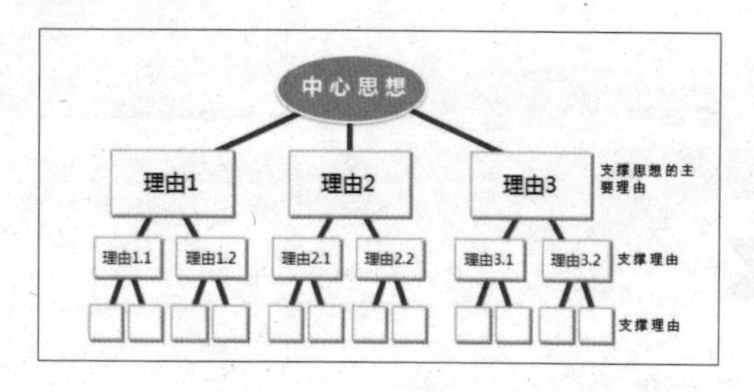

学会制作实用演示文稿之后，就可以根据基本操作步骤制作其他类型的演示文稿了，其中比较常见的有销售宣传演示文稿、论文答辩演示文稿、会议演示文稿以及根据公司实际需要制作的演示文稿等（见下图）。

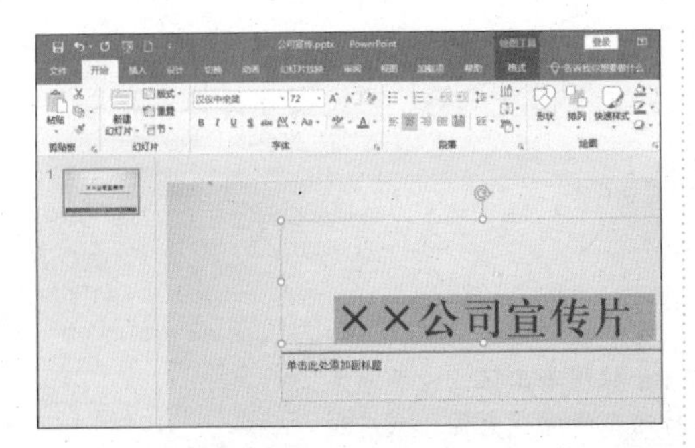

4 **选择艺术字样**

单击【绘图工具】➤【格式】➤【艺术字样式】组中的【其他】按钮，在弹出的艺术字列表中，选择要应用的艺术字样式（见下图）。

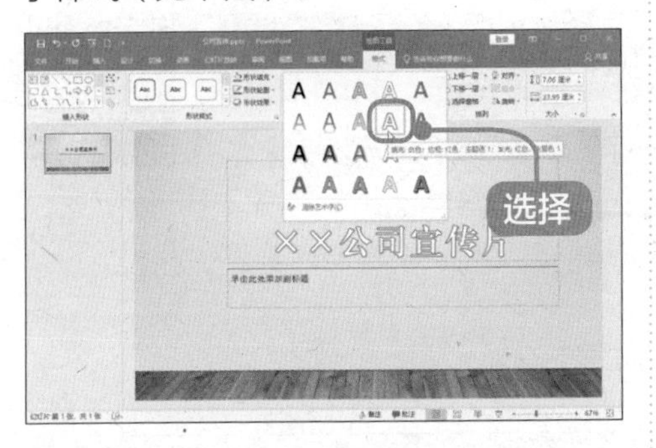

5 **选择文本效果**

单击【文本效果】按钮，在弹出的效果中，选择【阴影】➤【偏移：中】选项（见下图）。

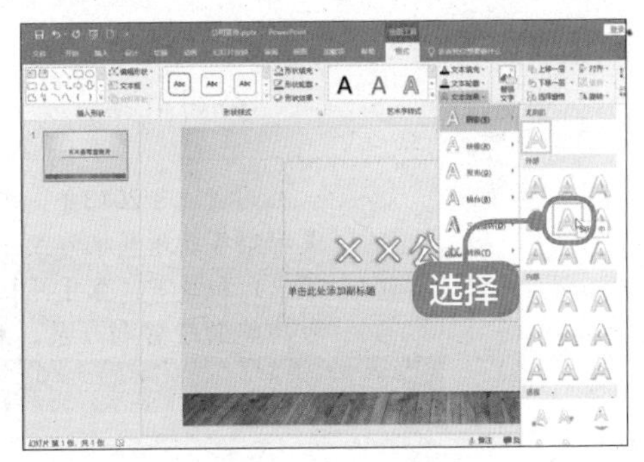

6 **设置副标题**

输入副标题，设置字体样式，调整其位置，效果如下图所示。

12.3 输入文本

本节视频教学时间 / 2 分钟

公司概况是公司宣传演示文稿中很重要的一项，是对公司的整体介绍和说明。

1 **新建幻灯片并输入标题**

新建样式为“标题和内容”的幻灯片，在第一个“单击此处添加标题”处输入“一、公司概括”，并根据需要设置文字样式（见右栏图）。

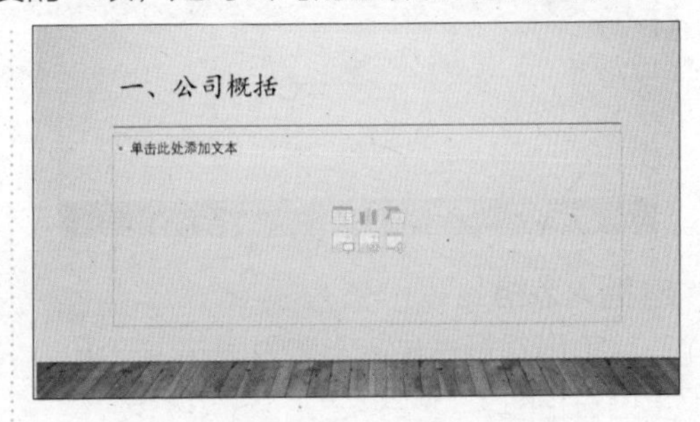

2 设置正文

在第二个“单击此处添加文本”处输入公司的概况内容，并设置字体样式和段落样式，效果如下图所示。

一、公司概括

公司成立于2013年，坐落于杭州萧山区，主要以生成和销售蓝牙耳机为主，打通了线上（天猫、京东和苏宁）和线下（蓝牙耳机专卖）销售渠道，双管齐下，为品牌的经营和发展，树立了良好的基础。

12.4 在幻灯片中使用表格

本节视频教学时间 / 7 分钟

在 PowerPoint 2019 中，可以通过表格来组织幻灯片的内容。

12.4.1 创建表格

在使用表格之前，需要在演示文稿中创建表格。

1 设置标题

新建标题和内容幻灯片，并输入该幻灯片的标题“二、1 月份各渠道销售情况表”，并设置标题的字体格式，如下图所示。

2 插入表格

单击幻灯片中的【插入表格】按钮（见右栏图）。

3 输入行数和列数

弹出【插入表格】对话框，分别在【列数】和【行数】微调框中输入列数和行数，单击【确定】按钮（见下图）。

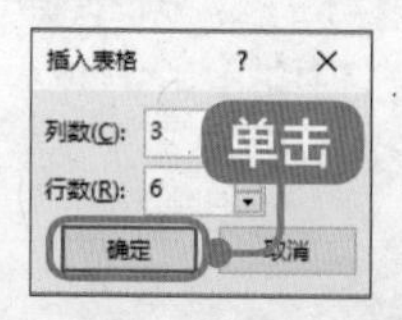

4 创建表格

创建一个表格后，效果如下图所示。

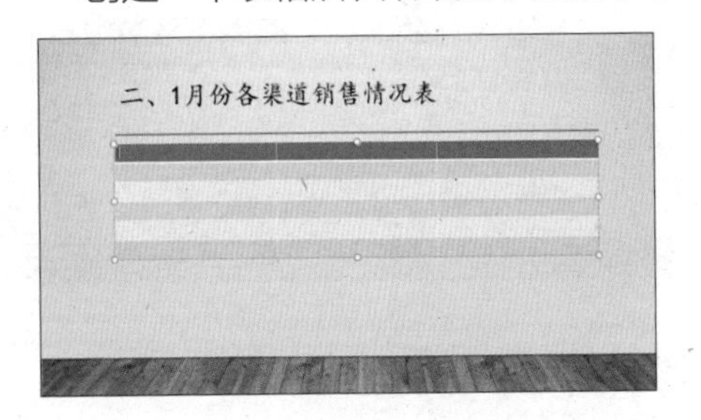

> **提示**
>
> 除了上述方法外，还可以单击【插入】➤【表格】➤【表格】按钮 来创建表格，方法和在 Word 中创建表格的方法一致，此处不赘述。

12.4.2 在表格中输入文字

创建表格后，需要在表格中输入文字，具体操作步骤如下。

1 输入内容

选中要输入文字的单元格，输入相应的内容（见下图）。

2 合并单元格

用鼠标拖曳选中第一列第二行到第四行的单元格，单击鼠标右键，在弹出的快捷菜单中，选择【合并单元格】命令（见下图）。

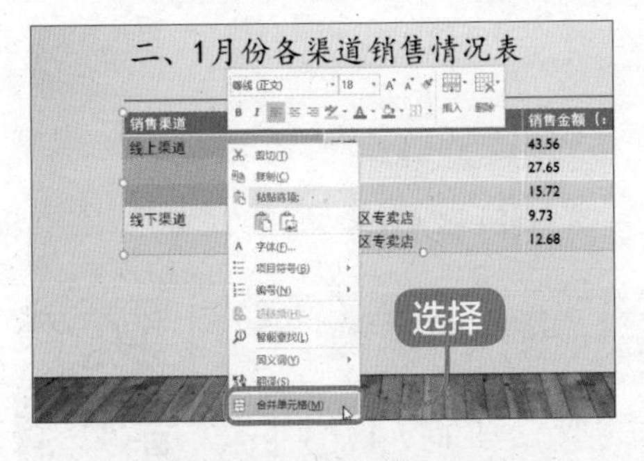

3 查看效果

合并选中的单元格，效果如下图所示。

4 合并其他单元格并设置对齐方式

重复上面的操作步骤，合并单元格，并将所有文本设置为“居中”和“垂直居中”，最终效果如下图所示。

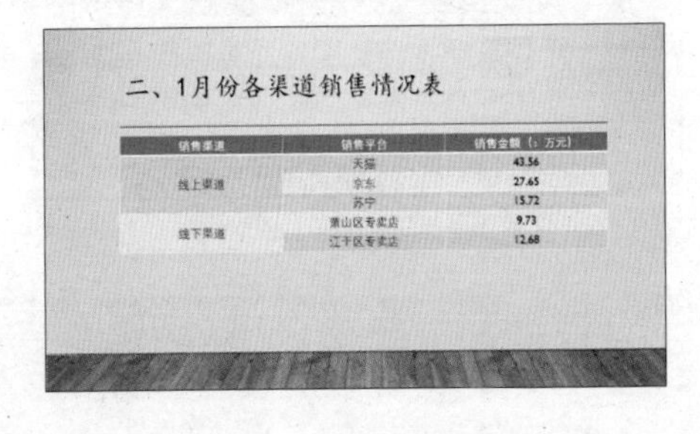

12.4.3 调整表格的行与列

在表格中输入文字后，我们可以调整表格的行高与列宽，具体操作步骤如下。

1 选择表格并设置高度

选择表格，单击【表格工具】➤【布局】选项卡下【表格尺寸】组中的【高度】文本框后端的调整按钮，或直接在【高度】文本框中输入新的高度值（见下图）。

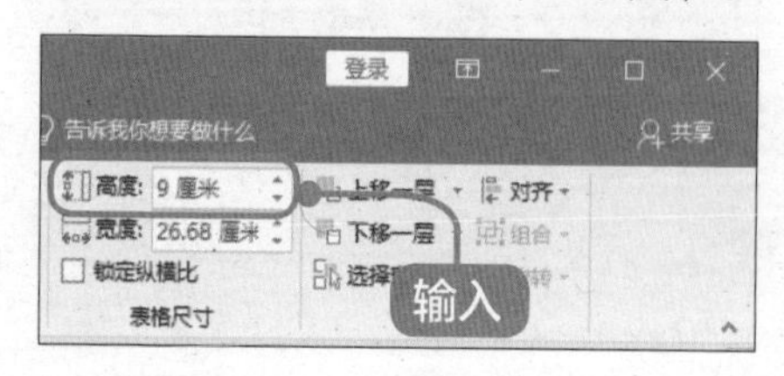

2 查看效果

调整表格行高后，效果如右栏图所示。

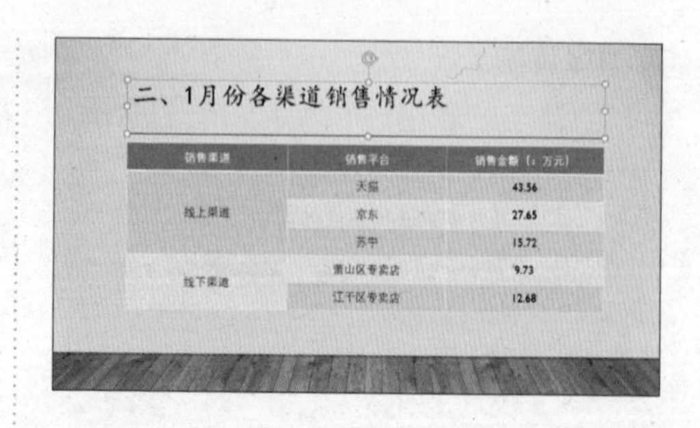

二、1月份各渠道销售情况表

销售渠道	销售平台	销售金额（万元）
线上渠道	天猫	43.56
	京东	27.65
	苏宁	15.72
线下渠道	萧山区专卖店	9.73
	江干区专卖店	12.68

提示

用户也可以把鼠标光标放在要调整的单元格的边框线上，当鼠标指针变成 ⟺ 形状时，单击鼠标左键并拖曳，即可调整表格的行与列。

12.4.4 设置表格样式

调整表格的行与列之后，用户还可以设置表格的样式，使表格看起来更加美观，具体操作步骤如下。

1 选择表格样式

选中表格，单击【表格工具】➤【设计】选项卡下【表格样式】组中的【其他】按钮，在弹出的下拉列表中选择一种表格样式（见下图）。

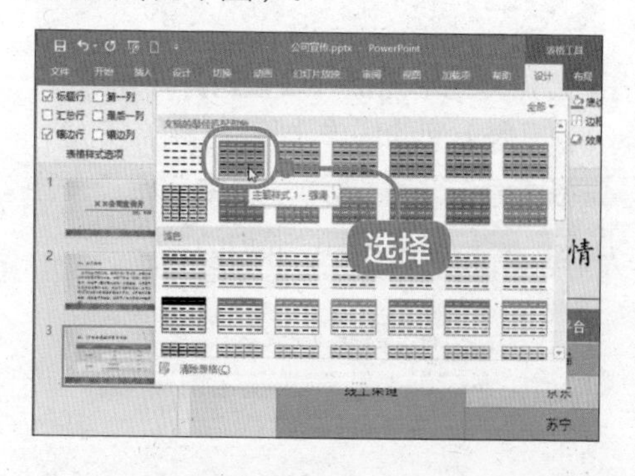

2 应用样式

把选中的表格样式应用到表格中（见下图）。

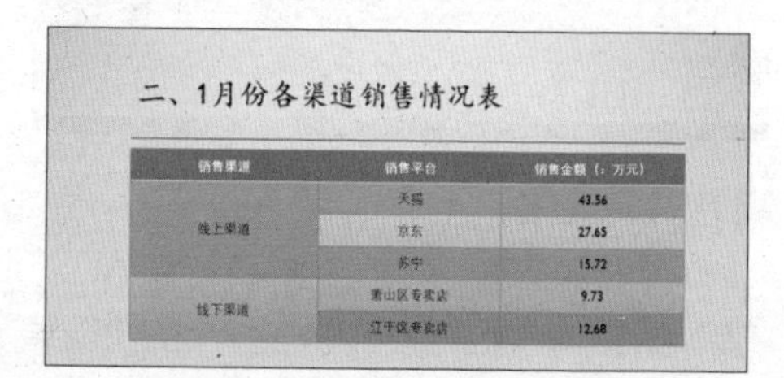

二、1月份各渠道销售情况表

销售渠道	销售平台	销售金额（万元）
线上渠道	天猫	43.56
	京东	27.65
	苏宁	15.72
线下渠道	萧山区专卖店	9.73
	江干区专卖店	12.68

12.5 插入图片

本节视频教学时间 / 4 分钟

在制作幻灯片时，适当插入一些图片，可以达到图文并茂的效果。

12.5.1 插入图片

在幻灯片中插入图片的具体操作步骤如下。

1 设置标题

在第 3 张幻灯片后，新建标题和内容幻灯片页面，输入并设置标题后，单击幻灯片中的【图片】按钮（见下图）。

2 插入图片

弹出【插入图片】对话框，选择要插入幻灯片的图片，单击【插入】按钮（见下图）。

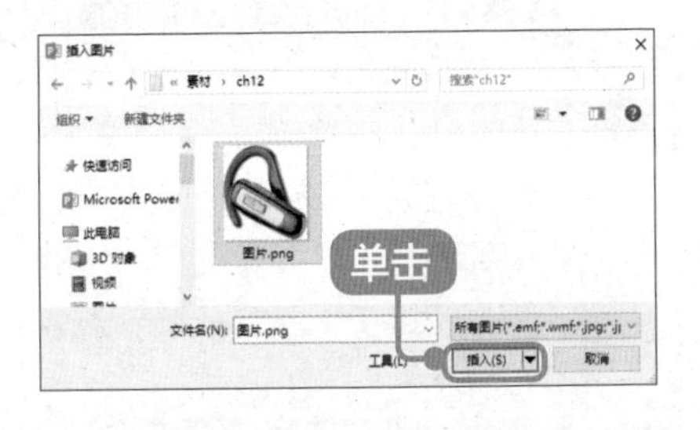

3 查看效果

将图片插入到幻灯片中，效果如下图所示。

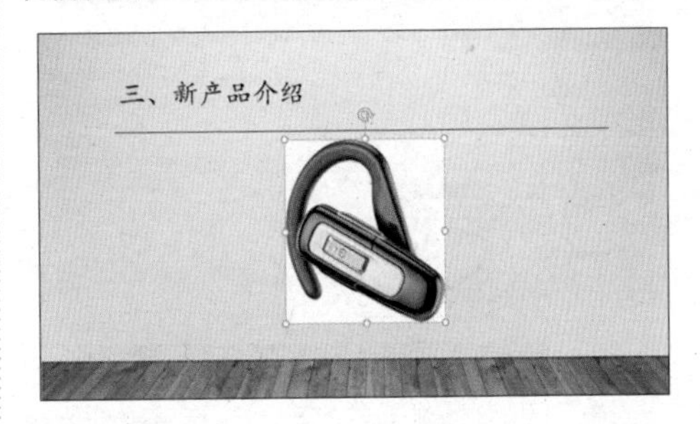

4 移动图片

将图片移动到合适的位置，效果如下图所示。

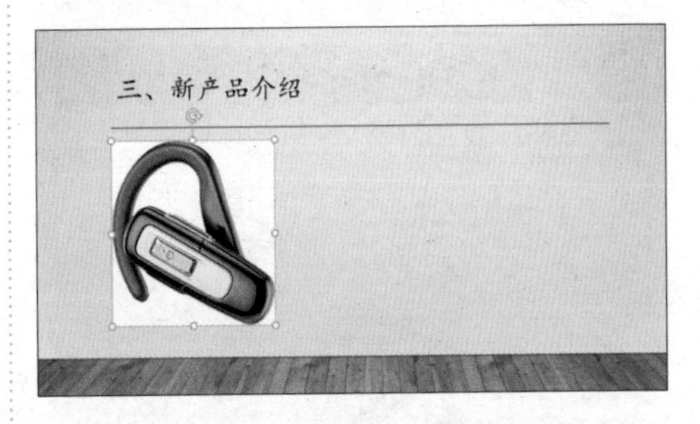

12.5.2 编辑图片

插入图片后，用户可以对图片进行编辑，编辑图片的具体操作步骤如下。

1 删除背景

选中插入的图片，单击【图片工具】➤【格式】➤【删除背景】按钮（见右栏图）。

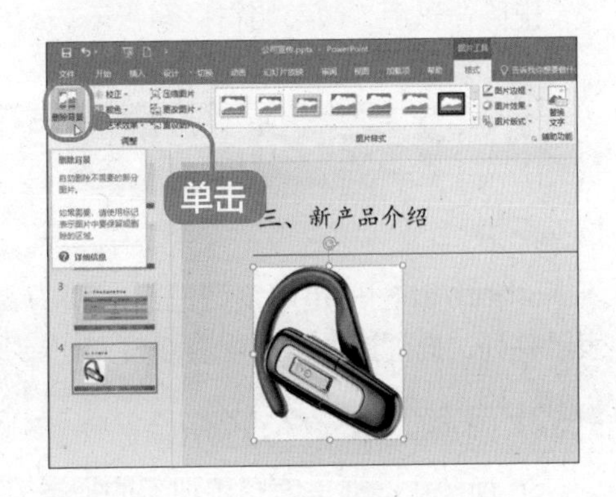

2 修改区域

进入【背景消除】页面，单击【标记要保留的区域】按钮和【标记要删除的区域】按钮，对要删除的区域和保留的区域进行修改（见下图）。

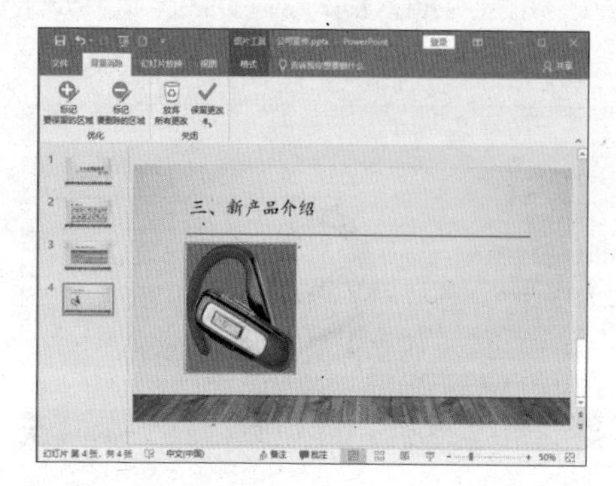

3 保留更改

修改完成后，单击【保留更改】按钮（见下图）。

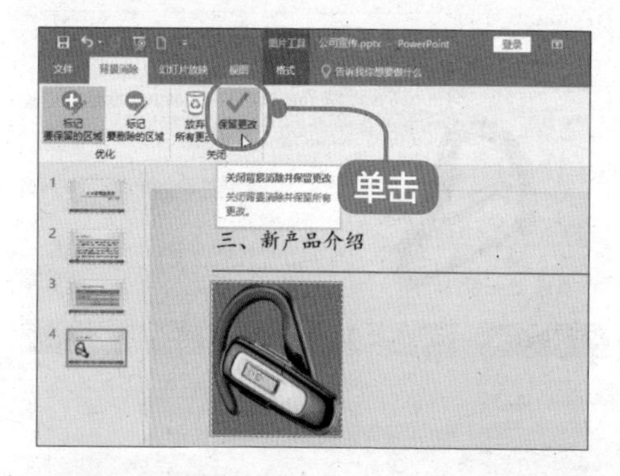

4 查看效果

删除背景后，效果如右栏图所示。

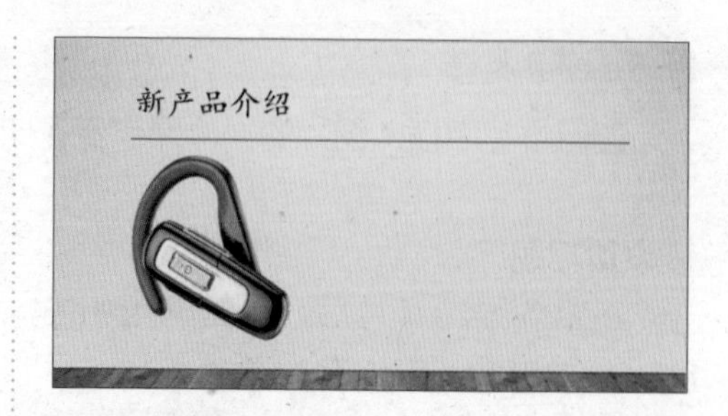

5 校正数据

单击【图片工具】➤【格式】➤【调整】组中的【校正】按钮，在弹出的列表中，可以校正图片的亮度和锐化（见下图）。

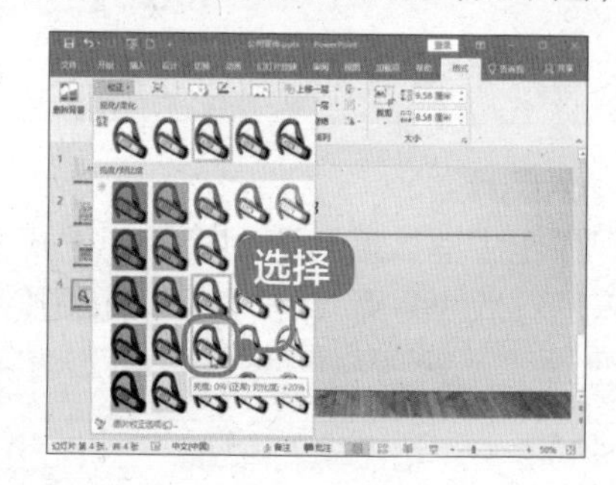

6 添加文字

根据需要在图片右侧添加文字，最终效果如下图所示。

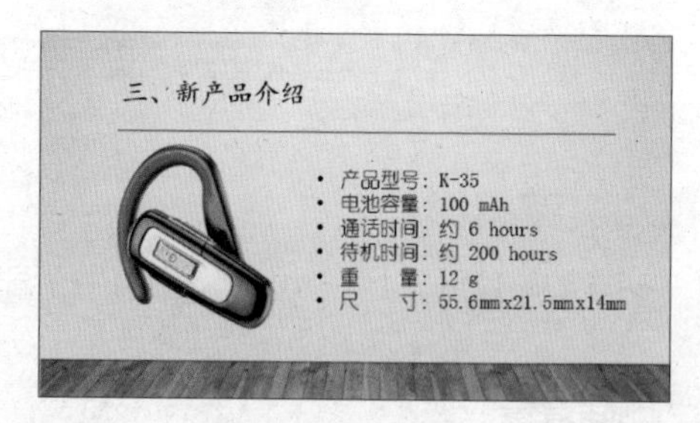

12.6 SmartArt 图形

本节视频教学时间 / 7 分钟

SmartArt 图形是一系列已经成型的表示某种关系的逻辑图、组织结构图。可以表示并列、推理递进、发展演变及对比等关系。

12.6.1 了解 SmartArt 图形

SmartArt 图形是信息和观点的视觉表现形式。通过创建 SmartArt 图形，可以快速、轻松和有效地传达信息。

PowerPoint 演示文稿通常包含带有项目符号列表的幻灯片。使用 PowerPoint 时，可以将幻灯片文本转换为 SmartArt 图形。此外，还可以向 SmartArt 图形添加动画。

12.6.2 创建推广管理流程图

新产品的推广管理流程是产品发布与推广的重要工作，下面通过 SmartArt 图形来创建推广管理流程图。

1 设置标题

新建标题和内容幻灯片页面，输入并设置标题后，单击幻灯片中的【插入 SmartArt 图形】按钮（见下图）。

2 选择图形

在弹出的【选择 SmartArt 图形】对话框中，选择要插入的 SmartArt 图形，如选择“基本蛇形流程”选项，单击【确定】按钮（见右栏图）。

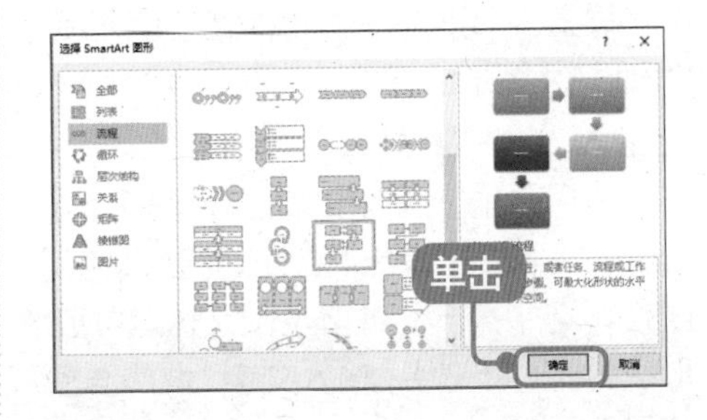

3 插入图形

在幻灯片中插入 SmartArt 图形，如下图所示。

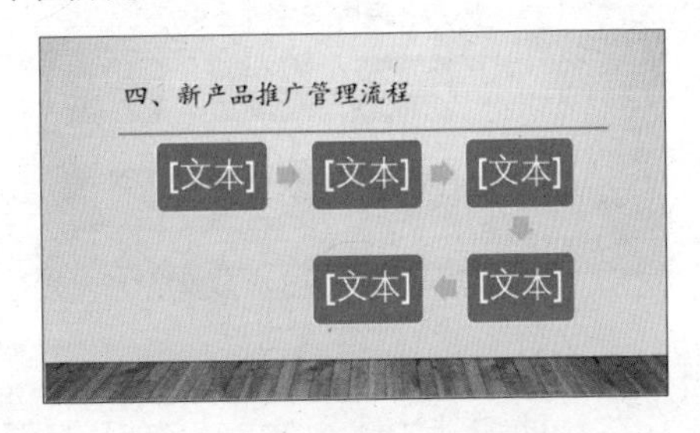

12.6.3 添加与删除形状

插入的 SmartArt 图形一般都是固定的形状，可能不符合要求，我们可以通过添加和删除操作来改变它的形状。

1 选择命令

单击第 5 个形状，再单击鼠标右键，然后选择【添加形状】➤【在后面添加形状】命令（见右栏图）。

2 查看效果

在形状后面添加形状，效果如下页图所示。

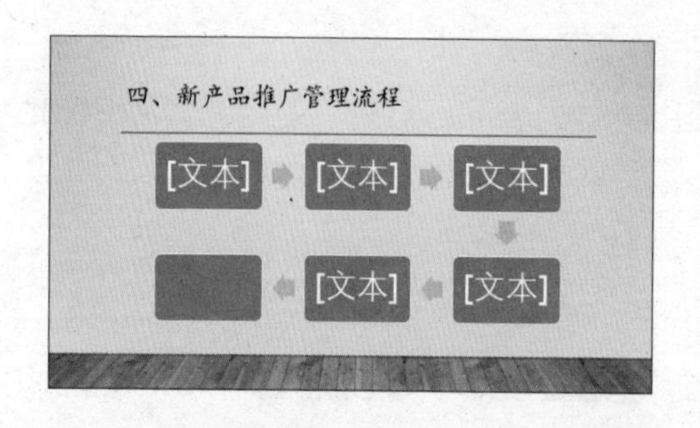

> **提示**
> 如果要删除形状，直接选择要删除的形状，然后按【Delete】键。

12.6.4 编辑和美化 SmartArt 图形

设置完成插入的 SmartArt 图形后，接下来为 SmartArt 图形编辑文字并设置 SmartArt 图形的样式。

1 输入“推广准备”

选择要输入文字的图形，单击图形左侧的 < 按钮，弹出【在此处键入文字】窗格，选中第一个文本框，右侧对应的形状会同时被选中，输入文字“推广准备”（见下图）。

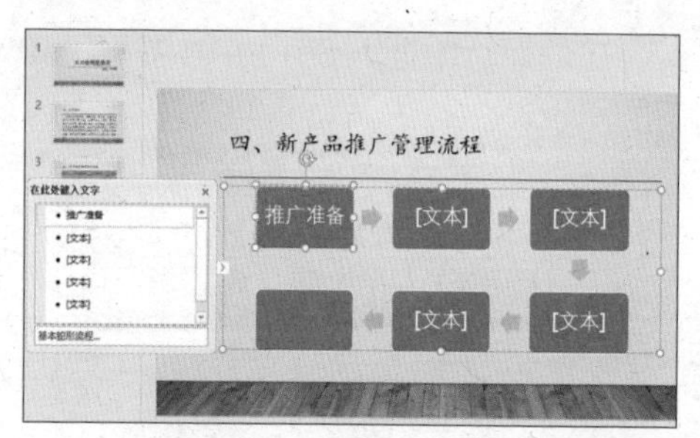

2 输入其他文字

在其他形状中输入文字，效果如下图所示。

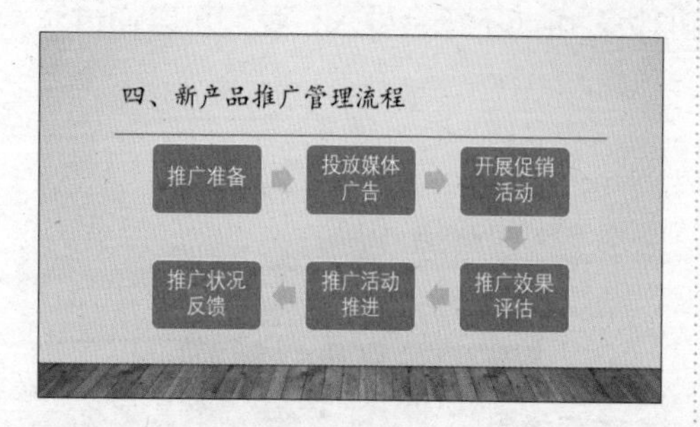

3 修改 SmartArt 颜色

选择创建的SmartArt图形，单击【设计】选项卡下【SmartArt 样式】组中【更改颜色】按钮中的下拉按钮，在弹出的下拉列表中选择一种颜色（见下图）。

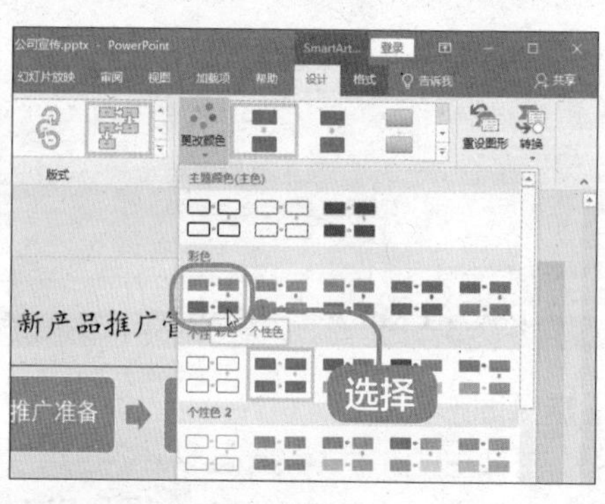

4 应用颜色后的效果

更改颜色后，效果如下图所示。

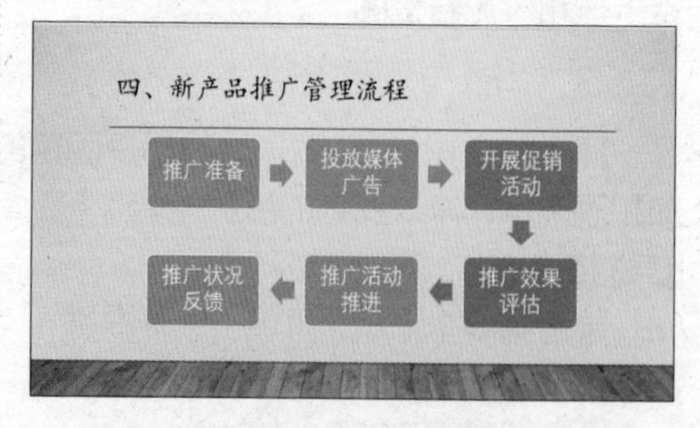

5 应用 SmartArt 外观样式

再次选择 SmartArt 图形，单击【设计】选项卡下【SmartArt 样式】组中的【其他】按钮，在弹出的下拉列表中选择一种样式（见下页图）。

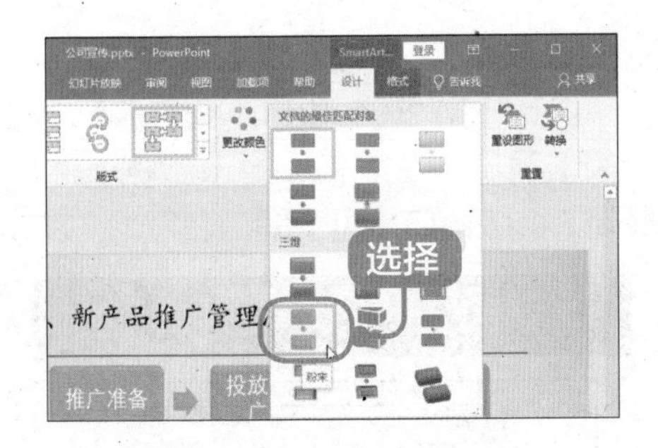

6 最终效果

更改样式后，根据需要调整 SmartArt 图形的大小，最终效果如下图所示。

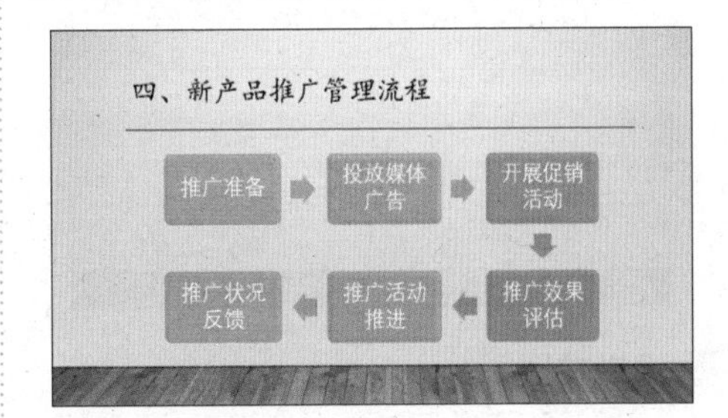

12.7 使用图表

本节视频教学时间 / 7 分钟

在“公司宣传”演示文稿中，我们可以用图表来展示公司的营业情况。

12.7.1 了解图表

形象直观的图表与文字数据相比更容易让人理解，在幻灯片中插入图表可以使显示效果更加清晰。

在 PowerPoint 2019 中，可以插入幻灯片中的图表包括柱形图、折线图、饼图、条形图、面积图、XY（散点图）、地图、股价图和曲面图等。在【插入图表】对话框中，可以了解图表的分类情况（见右栏图）。

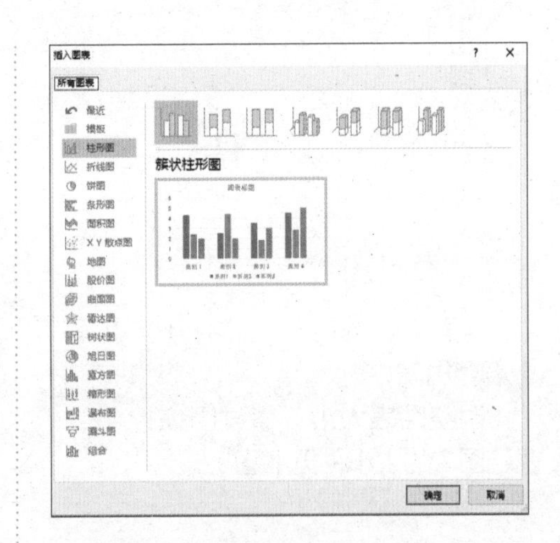

12.7.2 插入图表

柱形图表是用于显示数据趋势以及比较相关数据的一种图表，经常用于表示以行和列排列的数据。最常用的布局是将信息类型放在横坐标轴上，将数值项放在纵坐标轴上。

1 设置标题并单击【插入 SmartArt 图形】按钮

新建标题和内容幻灯片页面，输入并设置标题后，单击幻灯片中的【插入 SmartArt 图形】按钮（见下页图）。

2 选择柱形图

弹出【插入图表】对话框，选择【柱形图】中的【簇状柱形图】，然后单击【确定】按钮（见下图）。

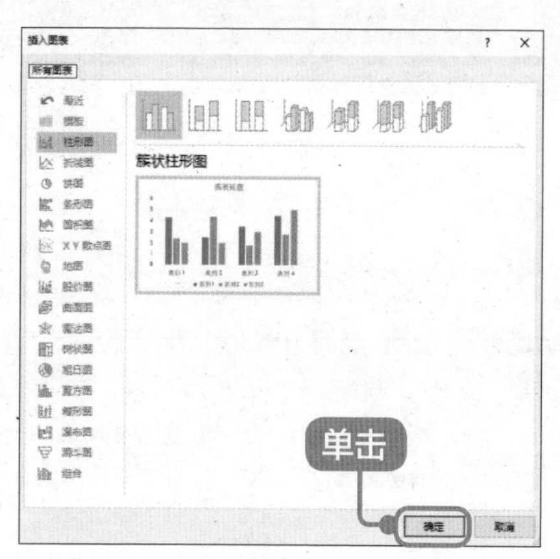

3 更改数据

弹出【Microsoft PowerPoint 中的图表】窗口，在表格中更改数据，然后关闭 Excel 窗口（见下图）。

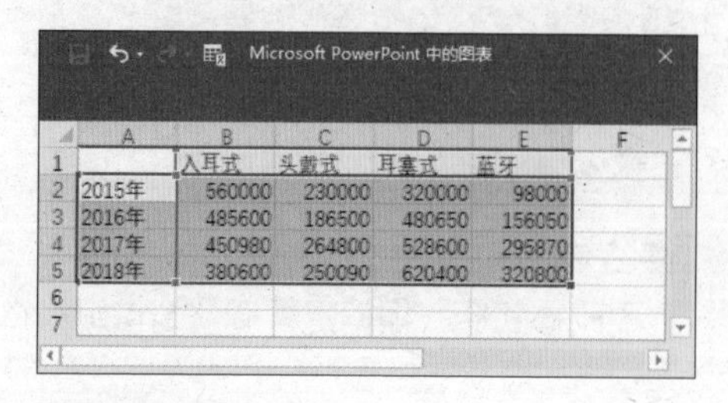
Microsoft PowerPoint 中的图表

	A	B	C	D	E	F
1		入耳式	头戴式	耳塞式	蓝牙	
2	2015年	560000	230000	320000	98000	
3	2016年	485600	186500	480650	156050	
4	2017年	450980	264800	528600	295870	
5	2018年	380600	250090	620400	320800	
6						
7						

4 查看效果

最终效果如下图所示。

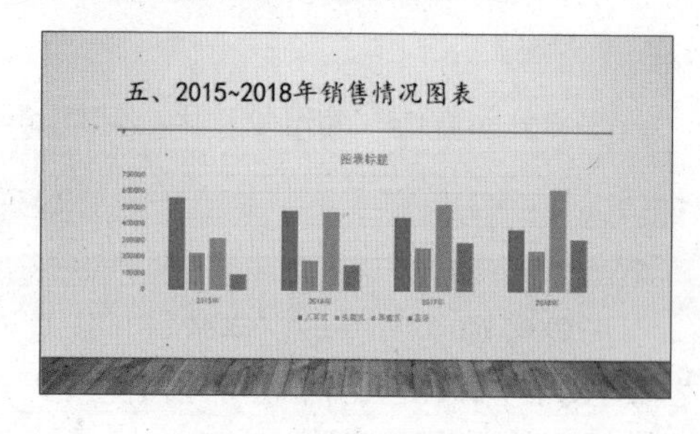

12.7.3 编辑图表

图表添加完毕后，可以对插入的图表进行适当的美化。

1 调整图表

调整图表大小。通过图表控制点，调整图表的大小（见下图）。

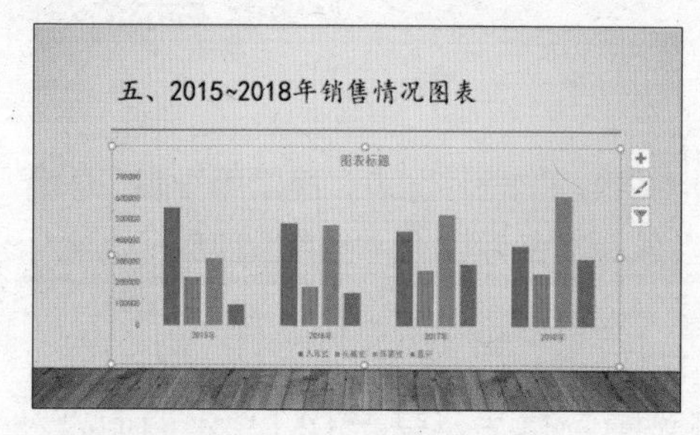

2 选择样式

设置图表样式。选择图表，单击【图表工具】➤【设计】➤【图表样式】组中的【其他】按钮，在弹出的样式列表中，选择要应用的样式（见下图）。

3 应用样式

应用所选样式，效果如下页图所示。

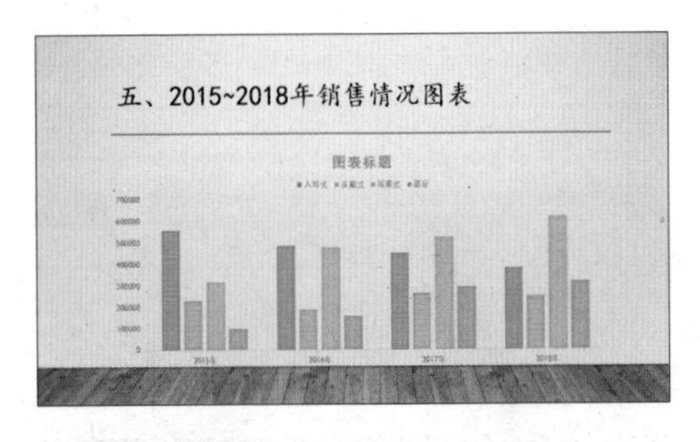

4 **查看效果**

添加图表标题。单击“图表标题”，命名图表标题并设置字体大小及格式，效果如下图所示。

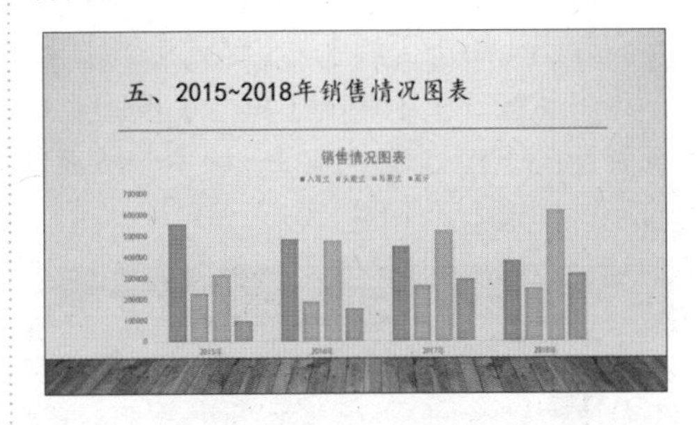

12.8 使用形状

本节视频教学时间 / 11 分钟

在幻灯片中添加一个形状或合并多个形状可以生成一个绘图或一个更为复杂的形状。添加一个或多个形状后，还可以在其中添加文字、项目符号、编号和快速样式等内容。

1 **设置标题**

新建标题和内容幻灯片页面，输入并设置标题，然后删除内容文本框（见下图）。

2 **选择形状**

单击【开始】选项卡下【绘图】组中的【形状】按钮，在弹出的下拉列表中选择【箭头总汇】区域中的【箭头：上】形状（见右栏图）。

3 **绘制“箭头：上”形状**

此时鼠标指针在幻灯片中的形状显示为+，在幻灯片空白位置处单击，按住鼠标左键并拖曳到适当位置，释放鼠标左键。绘制的“箭头：上”形状如下图所示。

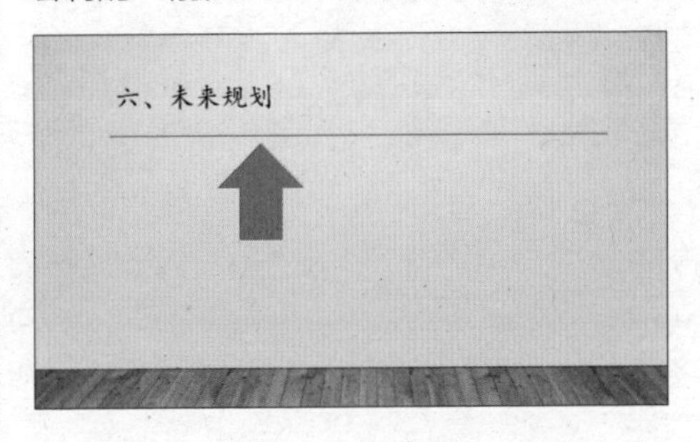

4 应用样式

单击【绘图工具】➤【格式】选项卡下【形状样式】组中的【其他】按钮，在弹出的下拉列表中选择一种主题填充，应用该样式（见下图）。

5 设置形状格式

重复上面的操作步骤，插入矩形形状，并设置形状格式（见下图）。

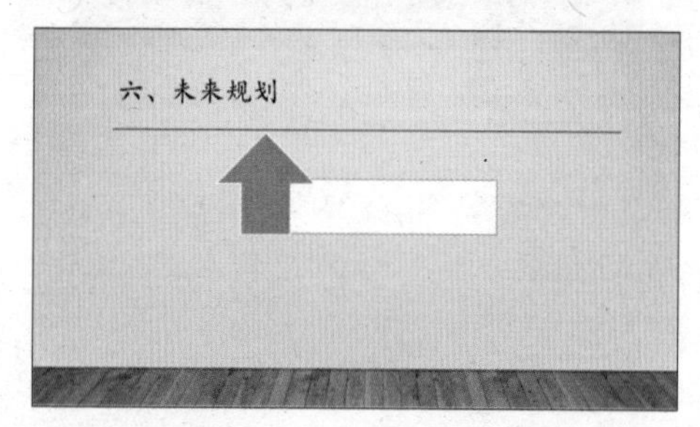

6 调整位置

选择插入的图形并复制粘贴 2 次，然后调整图形的位置，重复上面的操作步骤，设置图形的格式（见右栏图）。

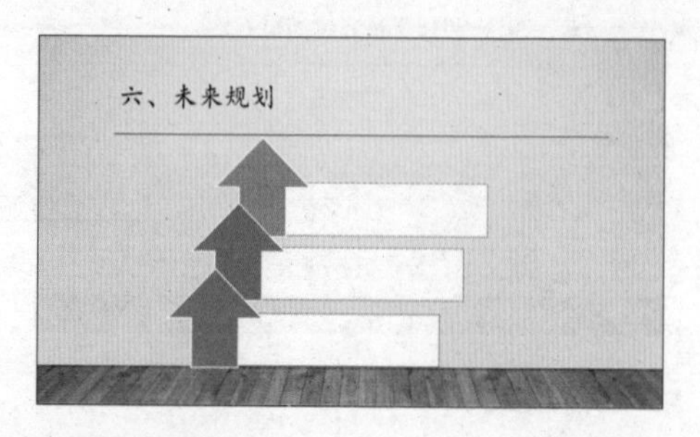

7 最终效果

在图形中输入文字，并根据需要设置文字样式，最终效果如下图所示。

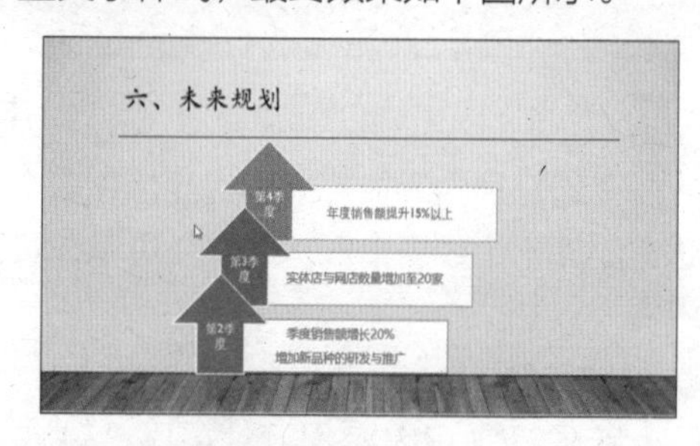

8 新建幻灯片并设置

新建空白幻灯片页面，输入艺术字，并输入“谢谢观看！”，根据需要设置艺术字样式，制作完成的结束页幻灯片页面如下图所示。

至此，公司宣传演示文稿制作完毕，按【Ctrl+S】组合键，保存演示文稿即可。

技巧1：使用取色器为演示文稿配色

PowerPoint 2019 可以对图片的任何颜色进行取色，以更好地搭配文稿颜色，具体操作步骤如下。

1 应用主题

打开 PowerPoint 2019 软件，并应用任意一种主题（见下图）。

2 选择取色器

在标题文本框中输入任意文字，然后单击【开始】➢【字体】组中的【字体颜色】按钮，在弹出的【字体颜色】面板中选择【取色器】选项（见下图）。

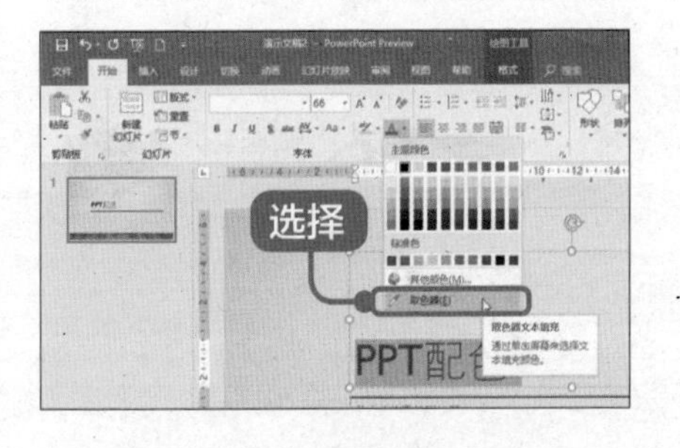

3 显示颜色值

在幻灯片上任意一点单击，即可拾取颜色，并显示其颜色值（见下图）。

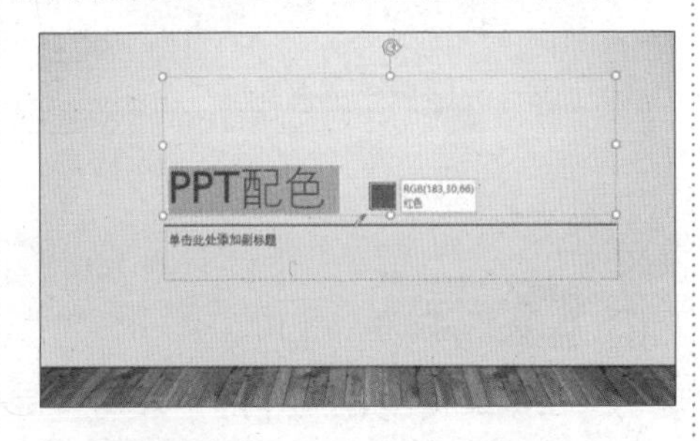

4 查看效果

单击应用选中的颜色（见下图）。

另外，在演示文稿的制作过程中，幻灯片的背景、图形的填充也可以使用取色器进行配色。

技巧2：将自选图形保存为图片格式

对于在幻灯片中插入的自选图形，可以将其保存为图片格式，具体的操作步骤如下。

1 选择命令

打开一个新的演示文稿，并插入一个笑脸形状，选中形状，单击鼠标右键，在弹出的快捷菜单中选择【另存为图片】命令（见下图）。

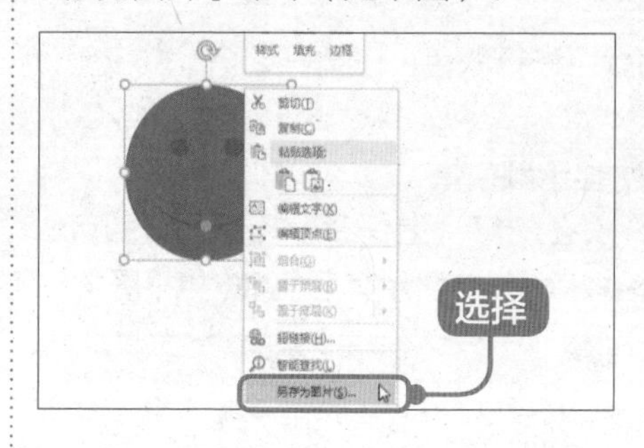

2 保存图片

弹出【另存为图片】对话框，选择保存位置，单击【保存】按钮，即可将其保存为图片（见下图）。

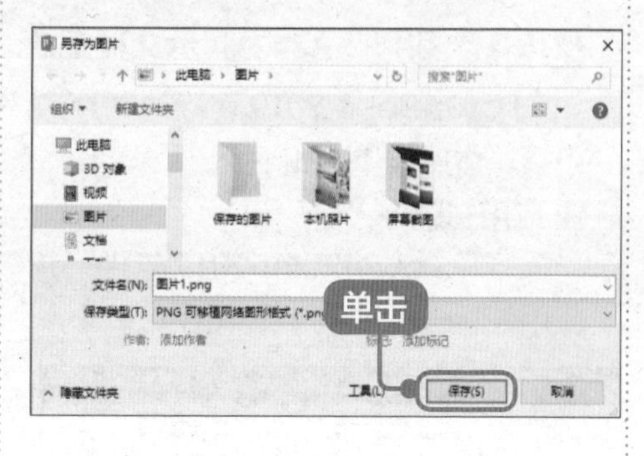

在本章中我们制作的“公司宣传”演示文稿，主要涉及了 PowerPoint 2019 的插入图片、剪贴画和表格等功能。制作出来的演示文稿一般为展示说明型的，主要向他人介绍或展现某个产品或某个事物。除了公司宣传类演示文稿外，类似的演示文稿还有食品营养报告、花语集、个人简历、艺术欣赏、汽车展销会等（见下图）。

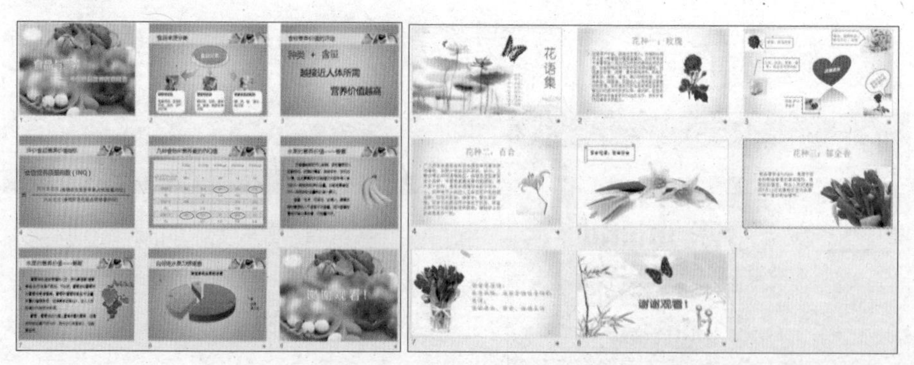

第 13 章

为幻灯片设置动画及交互效果——制作市场季度报告演示文稿

本章视频教学时间 / 32 分钟

重点导读

在演示文稿中添加一些合适的动画，可以使演示文稿的播放效果更加形象。

学习效果图

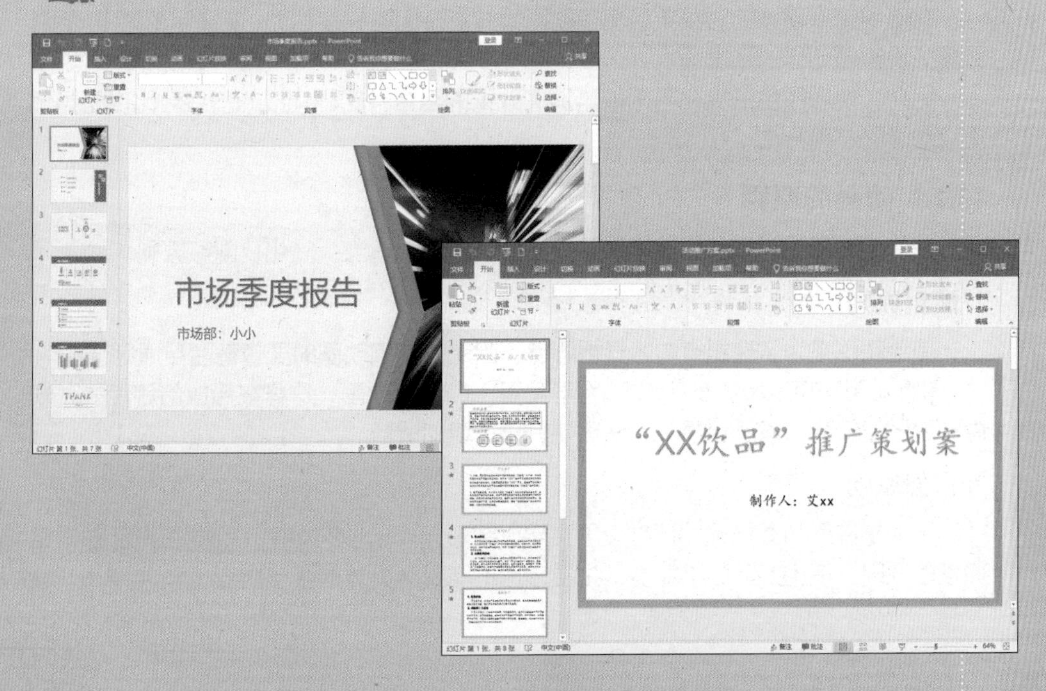

13.1 动画使用要素及原则

本节视频教学时间 / 5 分钟

在制作演示文稿时，使用动画效果可以大大提高演示文稿的表现力，在动画展示的过程中起到画龙点睛的作用。

13.1.1 动画的要素

动画可以给文本或对象添加特殊视觉或声音效果。例如，动画可以使文本项目符号逐个从左侧飞入，或在显示图片时播放掌声。

1. 过渡动画

使用颜色和图片可以引导章节过渡，学习了动画之后，也可以使用翻页动画这个新手段来实现章节之间的过渡。

通过翻页动画，可以提示观众过渡到了新一章或新一节。要注意的是，选择翻页动画时不能用太复杂的动画。

2. 重点动画

用动画来强调重点内容被普遍运用在演示文稿的制作中。在日常的演示文稿制作中，重点动画能占到演示文稿动画的 80%。讲到某重点内容时使用相应的动画，在用鼠标单击或鼠标经过该重点内容时使其产生一定的动作，会更容易吸引观众的注意力。

在使用强调效果强调重点动画的时候，可以使用进入动画效果进行设置。

在使用重点动画的时候要避免使动画太过复杂而影响表达力，谨慎使用蹦字动画，尽量少设置慢动作的动画速度。

另外，使用颜色的变化与出现、消失效果的组合，这样构成的前后对比也是强调重点动画的一种方法。

13.1.2 动画的原则

在使用动画的时候，要遵循动画的醒目、自然、适当、简化及创意原则。

1. 醒目原则

使用动画是为了使重点内容显得醒目，因此在使用动画时要遵循醒目原则。

例如，用户可以给幻灯片中的图形设置【加深】动画，这样在播放幻灯片的时候中间的图形就会加深颜色显示，从而使其显得更加醒目。

2. 自然原则

无论是使用动画样式，还是设置文字、图形元素出现的顺序，都要在设计时遵循自然的原则。使用的动画不能显得生硬，也不能脱离具体的演示内容。

3. 适当原则

在演示文稿中使用动画要遵循适当原则，既不可以每页每行都有动画，造成动画满天飞、滥用动画的情况，也不可以在整个演示文稿中不使用任何动画。

动画满天飞容易分散观众的注意力，打乱正常的演示流程，也容易给人一种是在展示 PPT 的软件功能，而不是通过演讲表达信息的感觉。而不使用任何动画的行为，也会使观众觉得枯燥无味，同时有些问题也不容易解释清楚。因此，在演示文稿中使用动画要适当，要结合演示文稿传达的意思来使用动画。

4. 简化原则

有些时候演示文稿中某页幻灯片中的构成元素会比较繁杂，如大型的组织结构图、流程图等，即使使用简单的文字、清晰的脉络去展示，还是会显得复杂。这个时候如果使用恰当的动画将这些大型的图表化繁为简，运用逐步出现、讲解、再出现、再讲解的方法，则可以将观众的注意力集中在讲解的内容上。

5. 创意原则

为了吸引观众的注意力，在演示文稿中使用动画是必不可少的。并非任何动画都可以吸引观众，如果质量粗糙或者使用不当，很容易分散观众对演示文稿内容的注意力。因此，使用动画的时候，要有创意。例如，在扔出扑克牌的时候使用魔术师变出扑克牌的动画，会产生更好的效果。

13.2 为幻灯片创建动画

本节视频教学时间 / 5 分钟

使用动画可以让观众将注意力集中在要点和信息流上，还可以提高观众对演示文稿的兴趣。可以将动画效果应用于个别幻灯片上的文本或对象、幻灯片母版上的文本或对象，或者自定义幻灯片版式上的占位符。

13.2.1 创建进入动画

可以为对象创建进入动画。例如，使对象从边缘飞入幻灯片或跳入视图中。

1 打开文件

打开“素材\ch13\市场季度报告.pptx”文件（见下图）。

2 创建文字效果

选择第一页幻灯片中要创建进入动画效果的文字，单击【动画】选项卡下【动画】组中的【其他】按钮，弹出动画下拉列表（见下页图）。

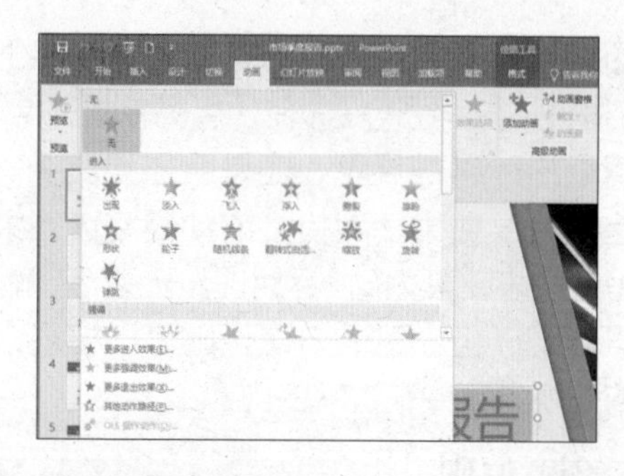

3 创建动画效果

在下拉列表的【进入】区域中选择【飞入】选项，创建进入动画效果（见下图）。

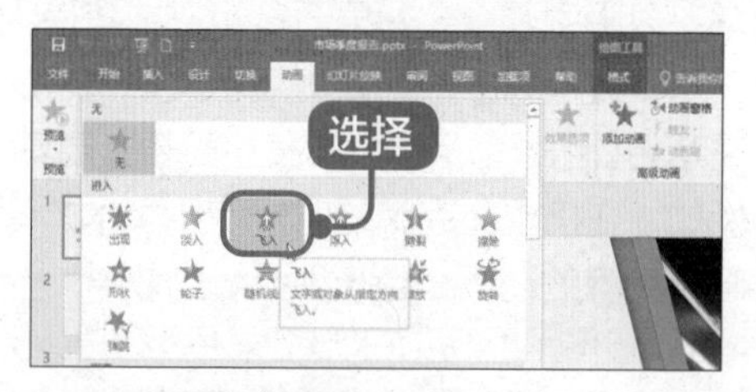

4 显示标记

添加动画效果后，文字对象前面将显示一个动画编号标记 1 （见下图）。

> **提示**
>
> 创建动画后，幻灯片中的动画编号标记在打印时不会被打印出来。

13.2.2 创建强调动画

可以为对象创建强调动画，效果示例包括使对象缩小或放大、更改颜色或沿着其中心旋转等。

1 创建文字

选择幻灯片中要创建强调动画效果的文字“市场部：小小”（见下图）。

2 添加动画

单击【动画】选项卡下【动画】组中的【其他】按钮，在弹出的下拉列表的【强调】区域中选择【放大/缩小】选项，即可添加动画（见下图）。

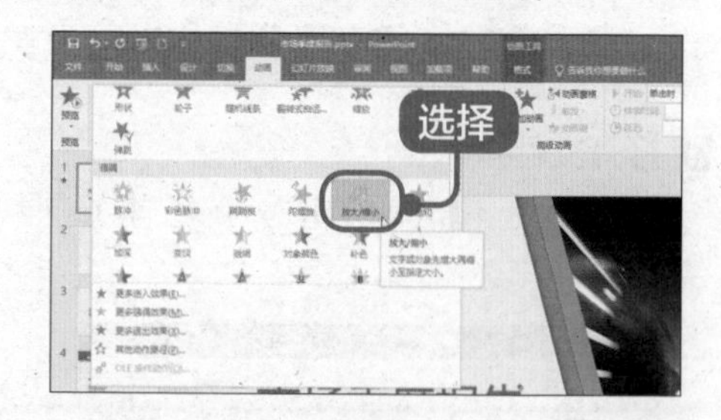

13.2.3 创建路径动画

可以为对象创建动作路径动画，效果示例包括使对象上下、左右移动或者沿着星形、圆形图案移动。

1 选择幻灯片并选择动画效果

选择第 2 张幻灯片，选择幻灯片中要创建路径动画效果的对象，单击【动画】选项卡下【动画】组中的【其他】按钮，在弹出的下拉列表的【路径】区域中选择【弧形】选项（见下图）。

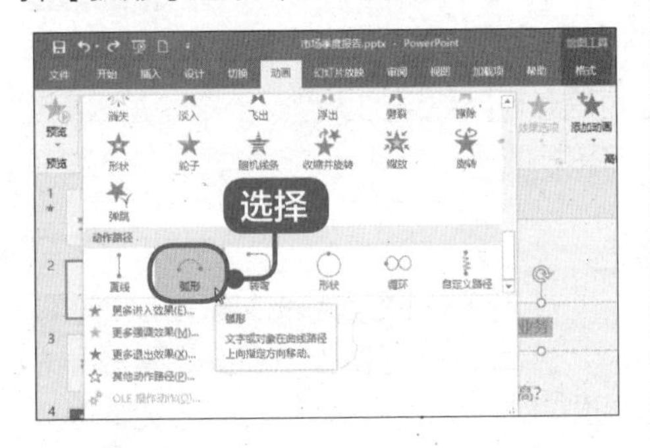

2 创建效果

为此对象创建"弧形"效果的路径动画，如下图所示。

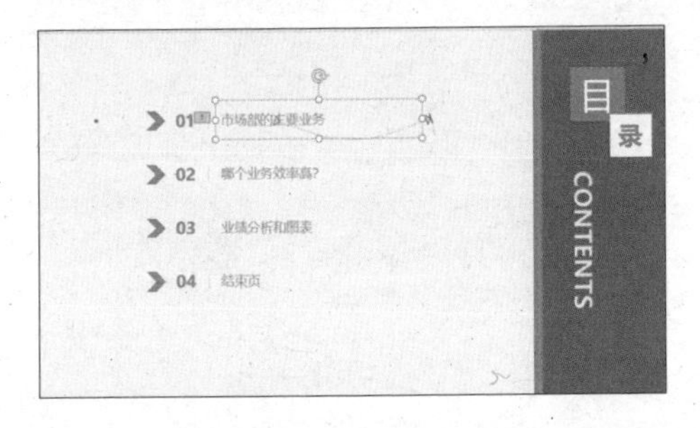

3 自定义路径

选择要自定义路径的文本，然后在动画列表中的【路径】组中单击【自定义路径】按钮（见下图）。

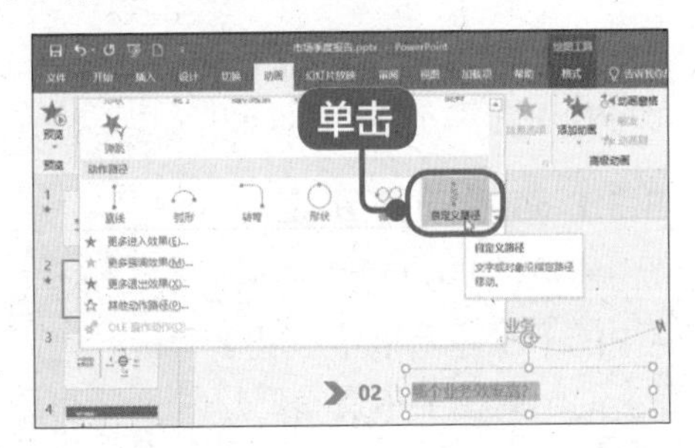

4 绘制路径

此时，光标变为"十"形状，在幻灯片上绘制出动画路径后按【Enter】键即可（见下图）。

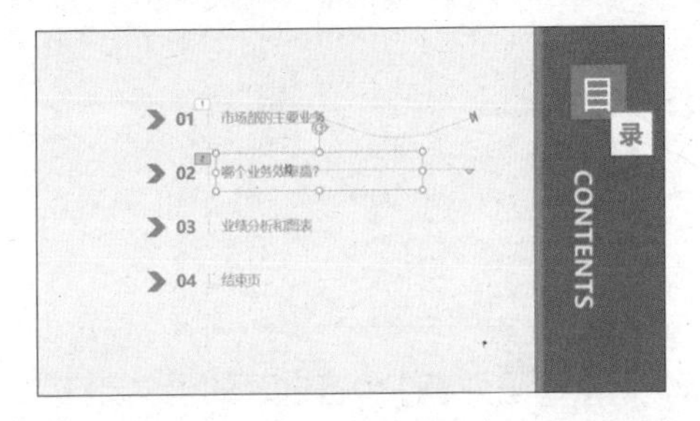

13.2.4 创建退出动画

可以为对象创建退出动画，这些效果包括使对象飞出幻灯片、从视图中消失或者从幻灯片旋出等。

1 切换幻灯片

切换到第7张幻灯片，选择"THANK"图形对象（见下图）。

2 创建效果

单击【动画】选项卡下【动画】组中的【其他】按钮，在弹出的下拉列表的【退出】区域中选择【弹跳】选项，即可为对象创建"弹跳"动画效果（见下图）。

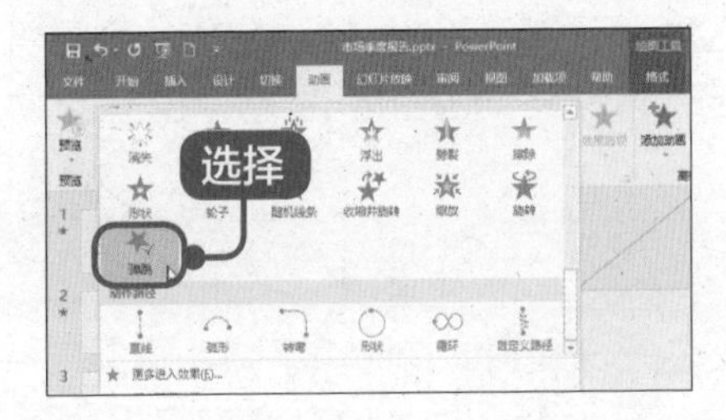

13.3 设置动画

本节视频教学时间 / 5 分钟

【动画窗格】显示了有关动画效果的重要信息，如效果的类型、多个动画效果之间的相对顺序、受影响对象的名称以及效果的持续时间等。

13.3.1 查看动画列表

单击【动画】选项卡下【高级动画】组中的【动画窗格】按钮，可以在【动画窗格】中查看幻灯片上所有动画的列表（见下图）。

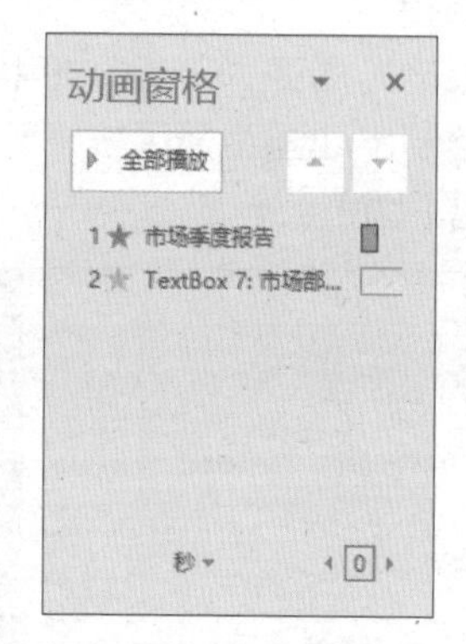

【动画列表】中各选项的含义如下。

（1）编号：表示动画效果的播放顺序，此编号与幻灯片上显示的不可打印的编号标记是相对应的。

（2）时间线：代表效果的持续时间。

（3）图标颜色：代表动画效果的类型。

（4）菜单图标：选择列表中的项目后会看到相应的菜单图标（向下箭头），单击该图标会弹出下图所示的下拉菜单。

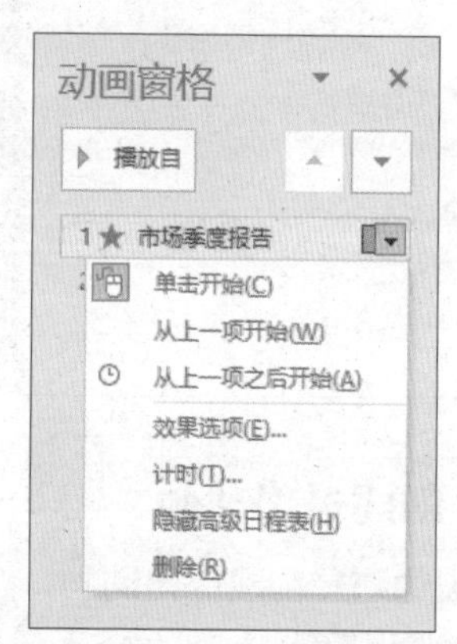

13.3.2 调整动画顺序

在放映过程中，也可以对幻灯片播放的顺序进行调整。

1 选择幻灯片并单击【动画窗格】按钮

选择第 1 张幻灯片，单击【动画】选项卡下【高级动画】组中的【动画窗格】按钮，弹出【动画窗格】窗格（见右栏图）。

2 选择动画

选择【动画窗格】窗口中需要调整顺序的动画，如选择动画3，然后单击【动画窗格】窗格上方的向上按钮 或向下按钮 进行调整（见下图）。

> **提示**
> 除了可以使用【动画窗格】调整动画顺序外，也可以使用【动画】选项卡调整动画顺序。

3 选中标题动画并单击【向前移动】按钮

选择第1张幻灯片，并选中标题动画，单击【动画】选项卡下【计时】组中【对动画重新排序】区域的【向前移动】按钮（见下图）。

4 移动次序

将此动画顺序向前移动一个次序，在【幻灯片】窗格中可以看到此动画前面的编号发生改变（见下图）。

13.3.3 设置动画时间

创建动画之后，可以在【动画】选项卡中为动画指定开始、持续时间或者延迟计时。

1 选择所需的开始方式

选择第2张幻灯片中的弧形动画，在【计时】组中单击【开始】菜单右侧的下拉箭头，然后从弹出的下拉列表中选择所需的开始方式（见下图）。

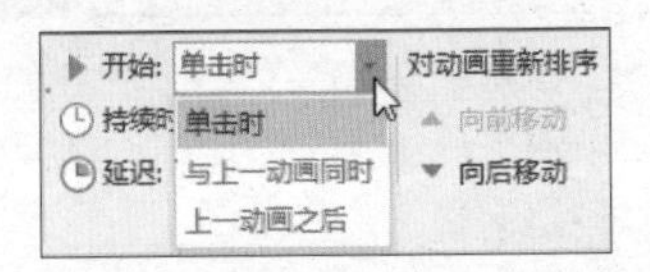

2 设置延迟时间

在【计时】组中的【持续时间】文本框中输入所需的时间，或者单击【持续时间】微调框的微调按钮来调整动画要运行的持续时间，在【延迟】微调框中可以设置动画的延迟时间（见下图）。

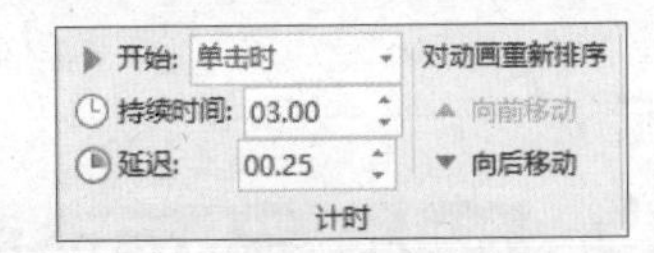

13.4 触发动画

本节视频教学时间 / 1 分钟

触发动画是设置动画的特殊开始条件。

1 选择动画效果

选择结束幻灯片的动画，单击【动画】选项卡下【高级动画】组中的【触发】按钮，在弹出的下拉菜单的【通过单击】子菜单中选择【矩形 4】选项（见下图）。

2 显示动画效果

创建触发动画后的动画编号变为图标，在放映幻灯片时，用鼠标指针单击设置过动画的对象后，即可显示动画效果（见下图）。

13.5 复制动画效果

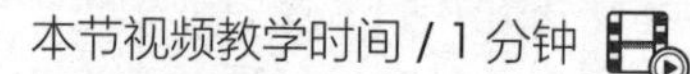

本节视频教学时间 / 1 分钟

在 PowerPoint 2019 中，可以使用动画刷复制一个对象的动画，并将其应用到另一个对象。

1 单击【动画刷】按钮

选择要复制动画的对象，单击【动画】选项卡下【高级动画】组中的【动画刷】按钮，此时幻灯片中的鼠标指针变为动画刷的形状（见下图）。

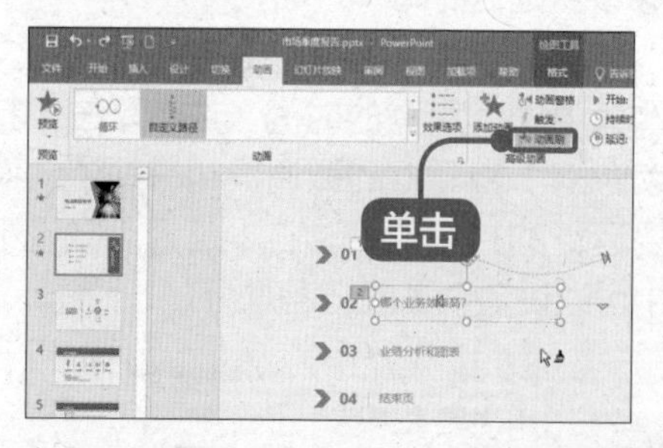

2 复制动画效果

在幻灯片中，用动画刷单击要复制动画的对象，即可复制动画效果（见下图）。

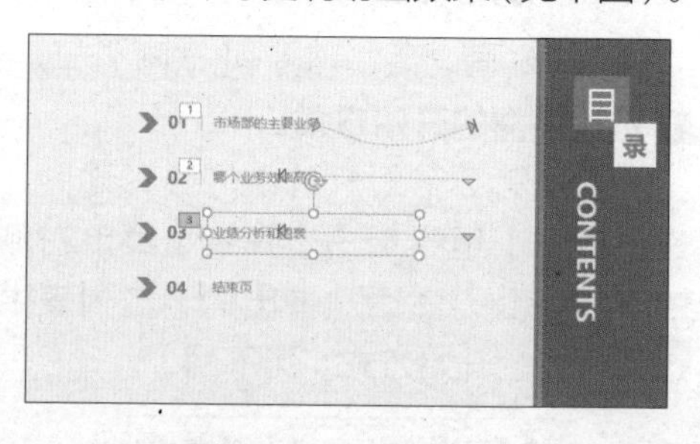

13.6 测试动画

本节视频教学时间 / 1 分钟

为文字或图形对象添加动画效果后，可以单击【动画】选项卡下【预览】组中的【预览】按钮，验证它们是否起作用。单击【预览】按钮下方的下拉按钮，弹出下拉列表，包括【预览】和【自动预览】两个选项。如果勾选【自动预览】复选框，那么每次为对象创建完动画，可以自动在【幻灯片】窗格中预览动画效果（见下图）。

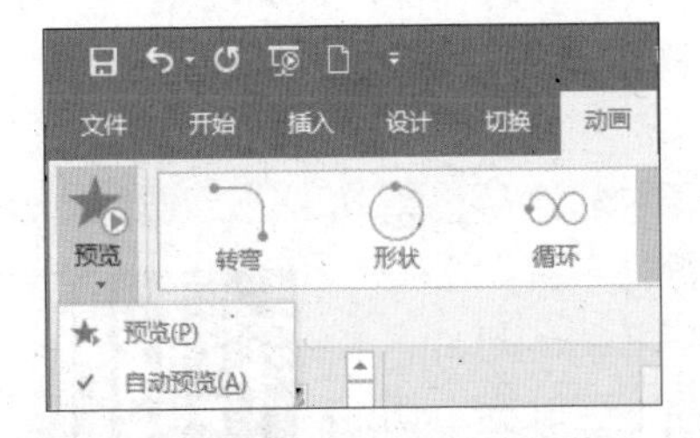

13.7 移除动画

本节视频教学时间 / 2 分钟

为对象创建动画效果后，也可以根据需要删除动画。删除动画的方法有以下 3 种。

（1）单击【动画】选项卡下【动画】组中的【其他】按钮 ，在弹出的下拉列表的【无】区域中选择【无】选项。

（2）单击【动画】选项卡下【高级动画】组中的【动画窗格】按钮，在弹出的【动画窗格】中选择要移除动画的选项，然后单击菜单图标（向下箭头），在弹出的下拉列表中选择【删除】选项即可（见下图）。

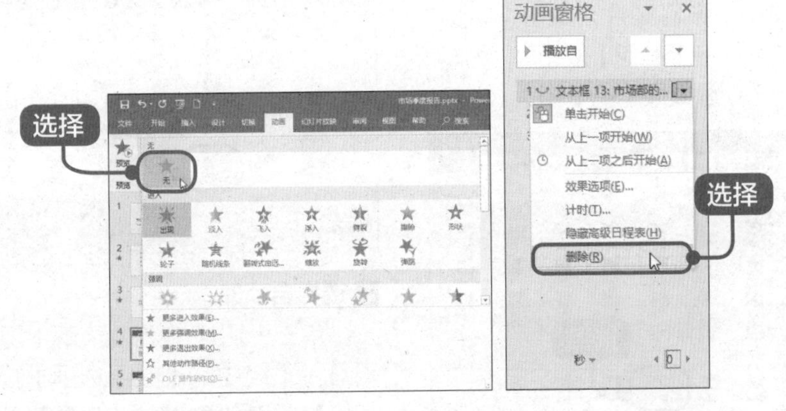

（3）选择添加动画的对象前的图标，按【Delete】键，也可删除添加的动画效果。

13.8 为幻灯片添加切换效果

本节视频教学时间 / 4 分钟

幻灯片切换效果是指在演示期间，从一张幻灯片移到下一张幻灯片时，【幻灯片放映】视图中出现的动画效果。

13.8.1 添加切换效果

幻灯片切换时产生的类似动画的效果，可以使幻灯片在放映时更加生动形象。添加切换效果的具体操作步骤如下。

1 选择切换效果

选择要添加切换效果的幻灯片，单击【切换】选项卡右下侧的【其他】按钮，这里选择文件中的第1张幻灯片，在弹出的下拉列表中选择【百叶窗】切换效果（见下图）。

2 预览效果

设置完毕，可以预览该效果（见下图）。

13.8.2 设置切换效果

为幻灯片添加切换效果后，如果对之前的效果不是很满意，也可以更改效果。

1 添加【旋转】效果

选择第2张幻灯片，单击【切换】选项卡右下侧的【其他】按钮，为其添加【旋转】动画效果（见下图）。

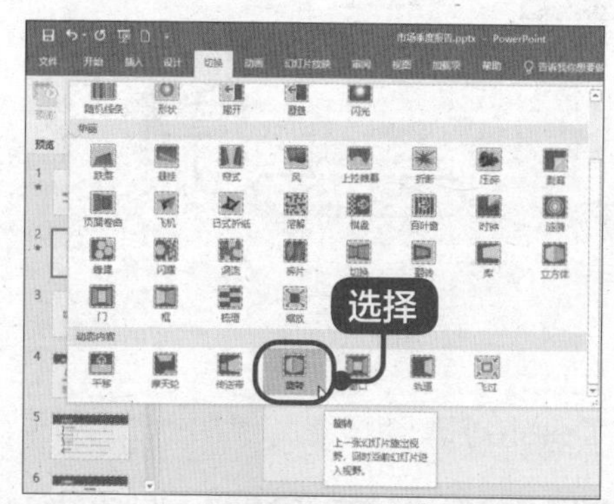

2 设置【涡流】效果

重复步骤1，这次选择【涡流】选项，即可将切换效果设置为【涡流】（见右栏图）。

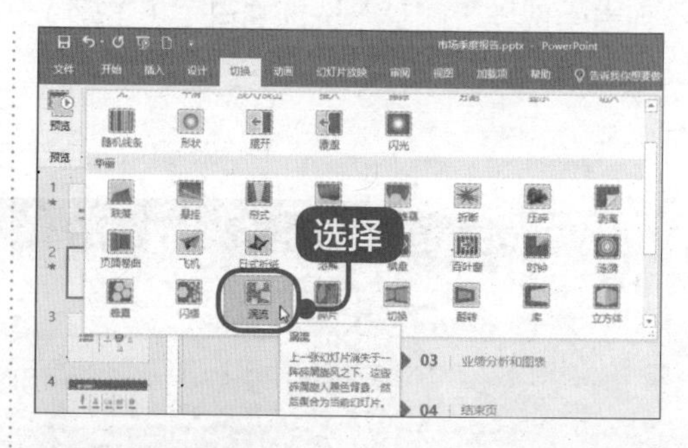

3 选择自顶部

单击【切换】选项卡下【切换到此幻灯片】组中的【效果选项】按钮，在弹出的下拉列表中选择【自顶部】选项（见下图）。

4 查看效果

单击【预览】按钮，即可看到设置切换效果后的效果（见下图）。

13.8.3 添加切换方式

设置幻灯片的切换方式后，可以使演示文稿在放映时按照设置的方式进行切换。切换方式包括【单击鼠标时】和【设置自动换片时间】这两种（见下图）。

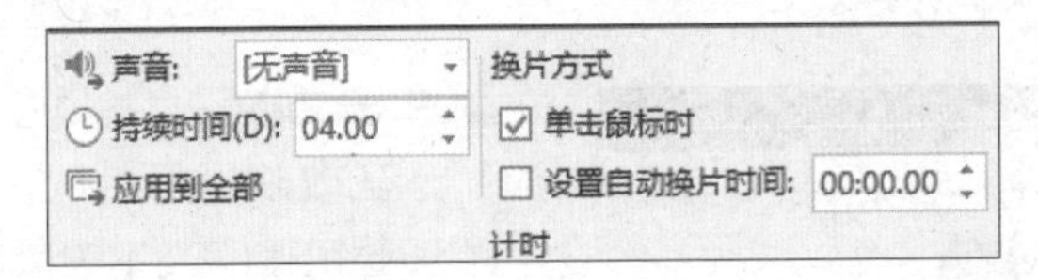

在【切换】选项卡下【计时】组的【换片方式】区域可以设置幻灯片的切换方式。勾选【单击鼠标时】复选框，即可设置在每张幻灯片中单击鼠标时切换至下一张幻灯片。

勾选【设置自动换片时间】复选框，在【设置自动换片时间】文本框中输入自动换片的时间，可以实现幻灯片的自动切换。

> **提示**
> 【单击鼠标时】复选框和【设置自动换片时间】复选框可以同时勾选，这样既可以单击鼠标切换，也可以在设置自动换片时间后切换。

13.9 创建超链接和使用动作

本节视频教学时间 / 5 分钟

使用超链接可以从一张幻灯片转至另一张幻灯片，这里介绍使用创建超链接和创建动作的方法为幻灯片添加超链接。在播放演示文稿时，通过超链接可以将幻灯片快速转至需要的页面。

13.9.1 创建超链接

超链接可以是同一演示文稿中从一张幻灯片到另一张幻灯片的链接，也可以是从一张幻灯片到不同演示文稿中的幻灯片、电子邮件地址、网页或文件的链接。

1 选中幻灯片

在普通视图中选择要用作超链接的文本，如选中第 2 张幻灯片中的文字“市场部的主要业务”（见下图）。

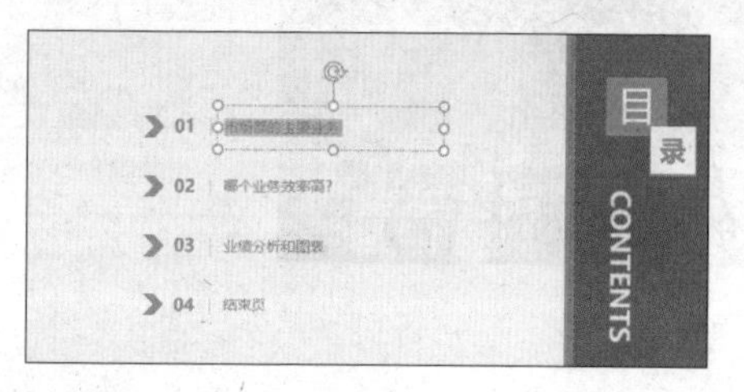

2 单击【链接】按钮

单击【插入】选项卡下【链接】组中的【链接】按钮（见下图）。

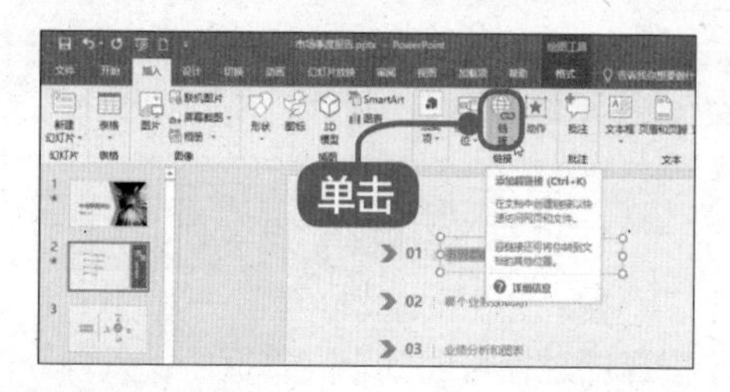

3 选择文档

在弹出的【插入超链接】对话框左侧的【链接到】列表框中选择【本文档中的位置】选项，在右侧【请选择文档中的位置】列表中选择【3. 幻灯片 3】选项，单击【确定】按钮（见下图）。

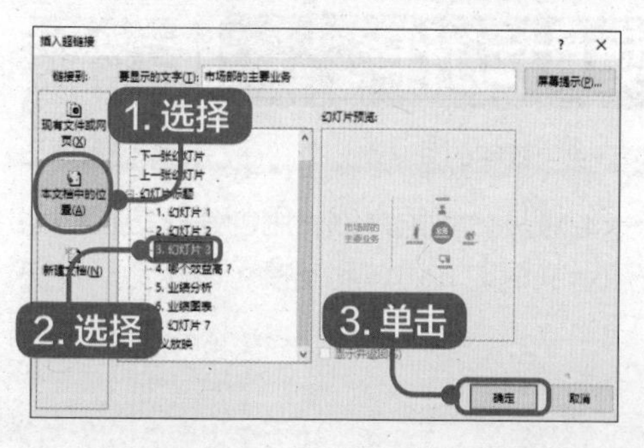

4 跳转链接

将选中的文档链接到幻灯片中。添加超链接后的文本以不同的颜色、下划线显示，放映幻灯片时，单击添加过超链接的文本即可链接到相应的文件（见下图）。

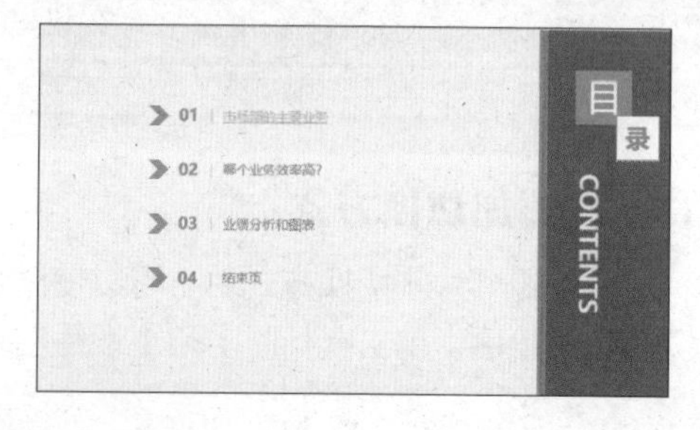

5 单击文本

在放映幻灯片时，将鼠标光标放到添加超链接的文本中单击（见下图）。

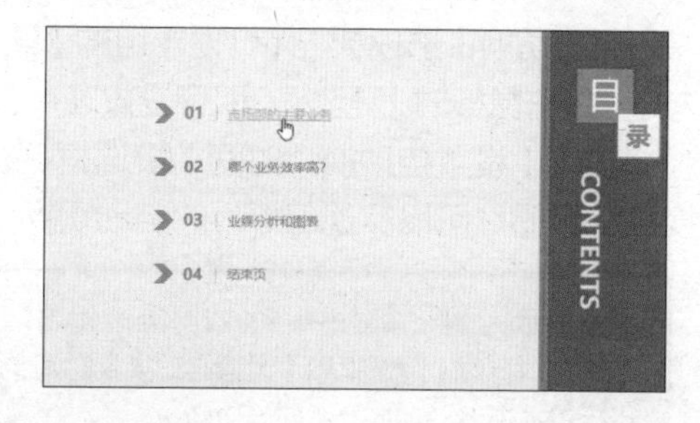

6 查看效果

跳转到链接的幻灯片，如下图所示。

13.9.2 创建动作

在 PowerPoint 中，可以为幻灯片、幻灯片中的文本或对象创建动作。

1. 为文本或图形添加动作

为幻灯片中的文本或图形添加动作的具体操作步骤如下。

1 选择【下一张幻灯片】选项

选择要添加动作的文本，这里选择“销售目标”，单击【插入】选项卡下【链接】组中的【动作】按钮，在弹出的【操作设置】对话框中选择【单击鼠标】选项卡，在【单击鼠标时的动作】区域中单击选中【超链接到】单选项，并在其下拉列表中选择【下一张幻灯片】选项（见下图）。

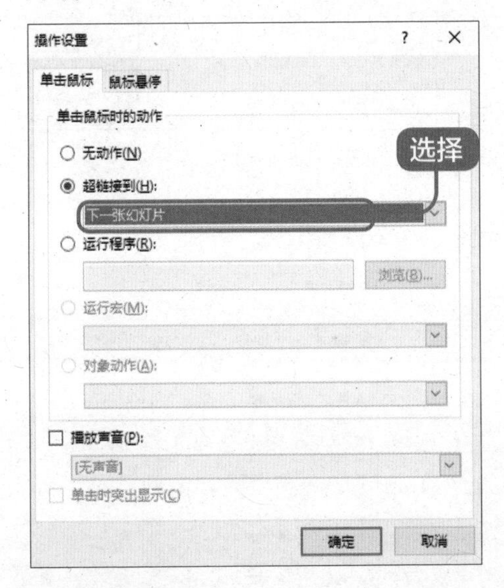

2 完成添加动作

单击【确定】按钮，完成为文本添加动作的操作。添加动作后的文本以不同的颜色、下划线显示。放映幻灯片时，单击添加过动作的文本即可进行相应的动作操作（见右栏图）。

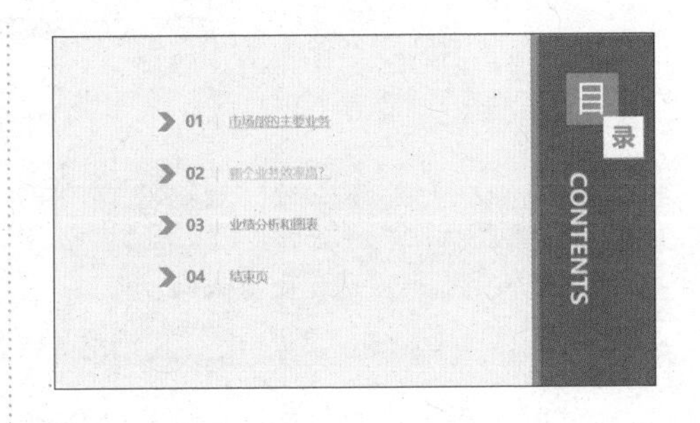

2. 创建动作按钮

向幻灯片中的文本或图形添加动作按钮的具体操作步骤如下。

1 选择图标

单击【插入】选项卡下【插图】组中的【形状】按钮，在弹出的下拉列表中选择【动作按钮】区域的【动作按钮：转到主页】图标（见下图）。

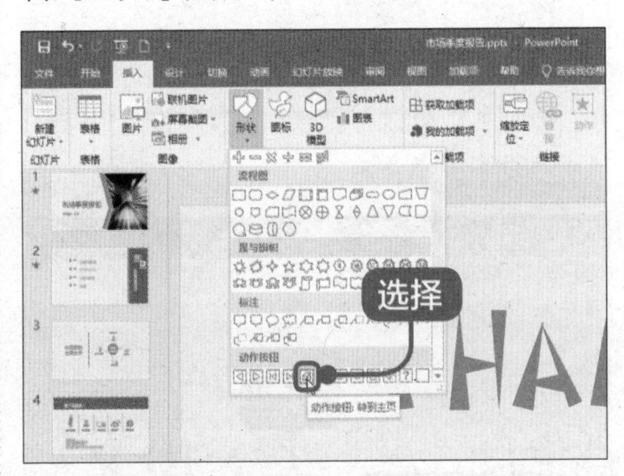

2 创建动作按钮

在幻灯片的适当位置单击并拖动左键绘制图形，释放左键后，弹出【动作设置】对话框，选择【单击鼠标】选项卡，单击【超链接到】单选项，并在其下拉列表中选择【结束放映】选项，单击【确定】按钮，完成动作按钮的创建（见下图）。

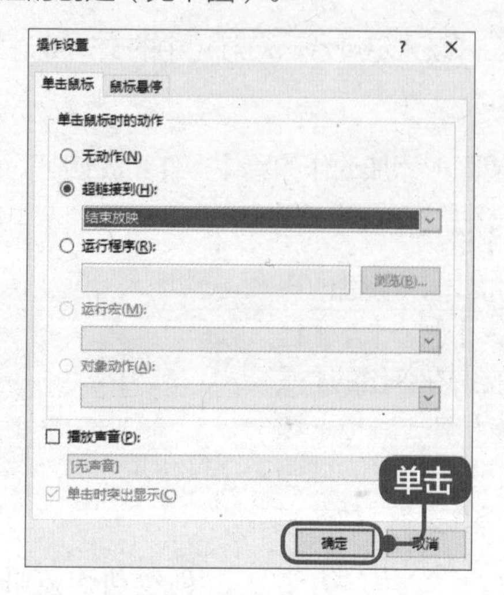

高手私房菜

技巧 1：制作电影字幕

在 PowerPoint 2019 中，可以轻松设置电影字幕的动画效果。

1 选择【更多退出效果】选项

选择要创建动画的内容，在【动画】下拉列表中选择【更多退出效果】选项（见下图）。

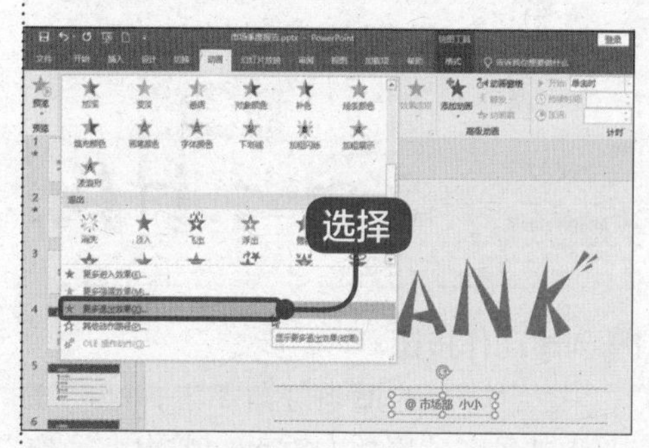

2 退出对话框

弹出【更多退出效果】对话框（见右栏图）。

3 添加动画效果

在【更改退出效果】对话框中选择【华丽型】区域的【字幕式】选项，单击【确定】按钮，即可为文本对象添加字幕式动画效果（见下页图）。

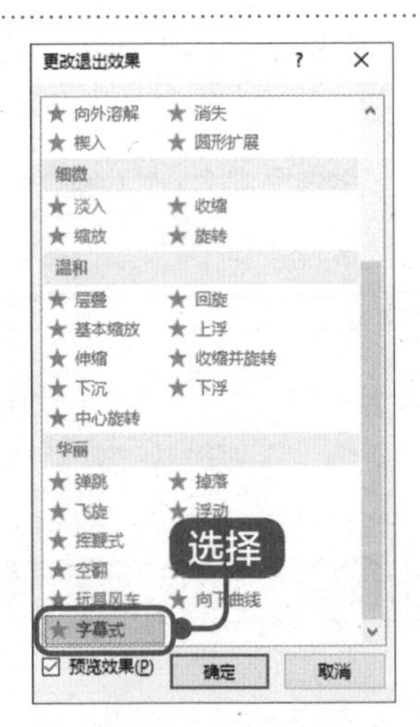

4 应用效果

单击【预览】按钮，即可应用“字幕式”效果，如下图所示。

技巧 2：切换声音持续循环播放

我们不但可以为切换效果添加声音，还可以使切换的声音持续循环播放直至幻灯片放映结束，具体操作步骤如下。

1 选择【鼓掌】效果

打开“市场季度报告 .pptx”文件，选择第 1 张幻灯片，然后在【切换】选项卡下【计时】组中单击【声音】按钮，在下拉列表中选择【鼓掌】效果（见下图）。

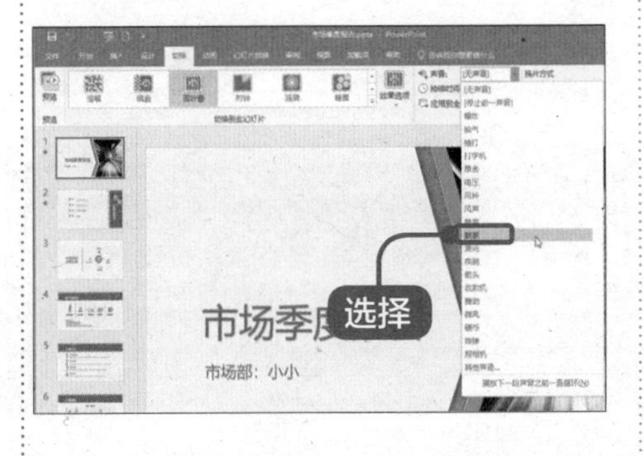

2 循环播放声音

再次在【切换】选项卡下【计时】组中单击【声音】按钮，从弹出的下拉列表中勾选【播放下一段声音之前一直循环】复选框。播放幻灯片时，该声音会在下一段声音出现前循环播放（见下图）。

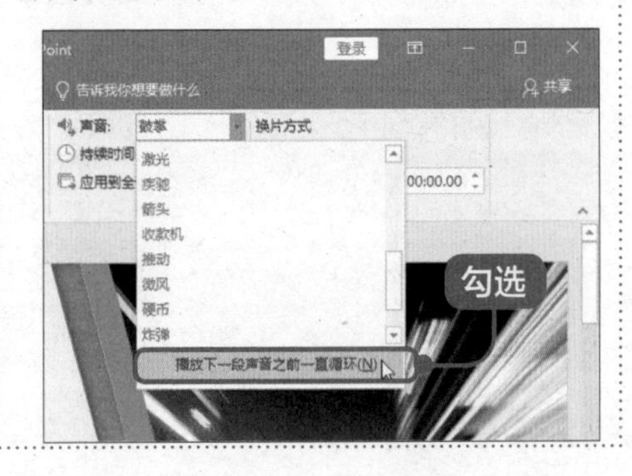

一般地，公司在制作市场报告 PPT 时，为了使演讲不那么枯燥，都会选择向演示文稿中插入一些动画元素，这样可以使得演示文稿更加活泼、生动、形象。

一般在制作销售业绩报告时也会这样做。目的在于增强演示效果，吸引观众的注意力（见下图）。

第 14 章

演示文稿演示
——放映员工培训演示文稿

本章视频教学时间 / 33 分钟

重点导读

我们制作的演示文稿主要用来向观众进行演示，掌握幻灯片播放的方法与技巧并灵活使用，可以达到意想不到的放映效果。本章主要介绍演示文稿的演示原则与技巧、演示文稿的演示操作等内容。

学习效果图

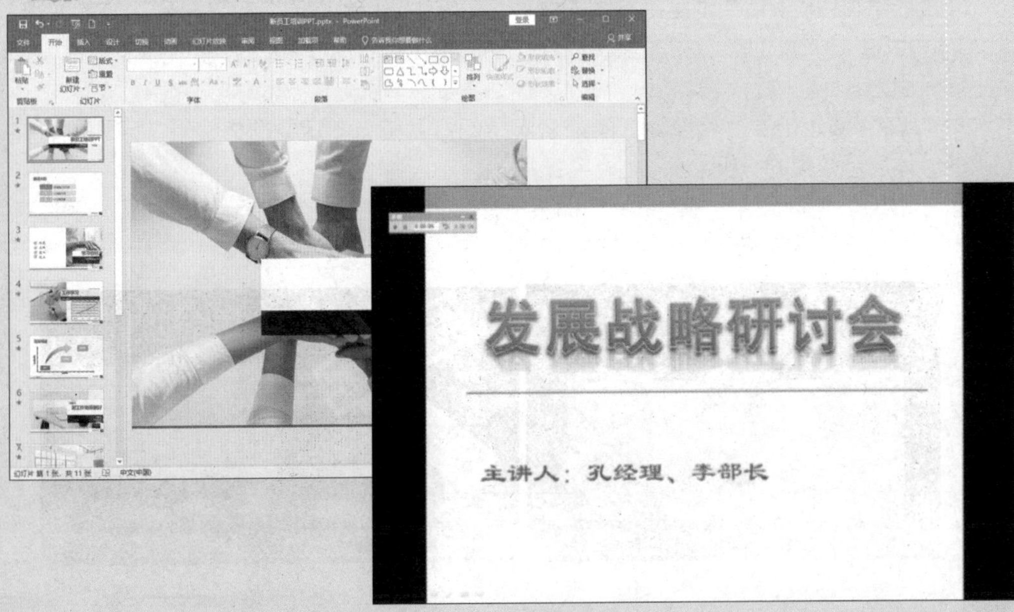

14.1 演示文稿演示原则与技巧

本节视频教学时间 / 6 分钟

在介绍演示文稿的演示之前，先来介绍演示文稿演示时应遵循的原则和技巧。

14.1.1 演示文稿的演示原则

为了让制作的演示文稿更加出彩，效果更加满意，既要关注演示文稿制作的要领，也要遵循演示文稿演示的原则。

1. 10 种使用 PowerPoint 的方法

（1）采用强有力的材料支持演示者的演示。

（2）简单化。不需要太复杂，只需要使用易于理解的图表和反映演讲内容的图形。

（3）最小化幻灯片数量。演示文稿的魅力在于能够以简明的方式传达观点和支持演讲者的讲解，因此幻灯片的数量并不是越多越好。

（4）不要照念演示文稿。演示文稿与扩充性和讨论性的口头评论搭配才能达到最佳演示效果。

（5）安排评论时间。在展示新幻灯片时，先要给观众阅读和理解幻灯片内容的机会，然后再加以评论，拓展并增补屏幕内容。

（6）要有一定的间歇。演示文稿是口头讲解最有效的视觉搭配。经验丰富的演示文稿演示者会不失时机地将屏幕转为空白或黑屏，这样不仅可以使观众得到视觉上的休息，还可以有效地将注意力集中到更需要口头强调的内容中，如分组讨论或问答环节等。

（7）使用鲜明的颜色。文字、图表和背景颜色的强烈反差在传达信息和情感方面是非常有效的，恰当地运用鲜明的颜色，在传达演示意图时会起到事半功倍的效果。

（8）导入其他影像和图表。使用外部影像（如视频）和图表能增强多样性和视觉吸引力。

（9）演示前要严格编辑。向公众演示幻灯片前，一定要严格编辑，因为这是完善总体演示效果的好机会。

（10）在演示结尾分发讲义，而不是在演示过程中。这样有利于集中观众的注意力，从而充分发挥演示文稿的意义。

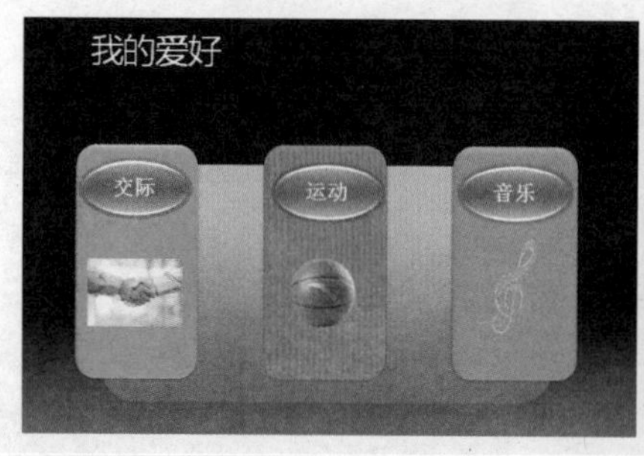

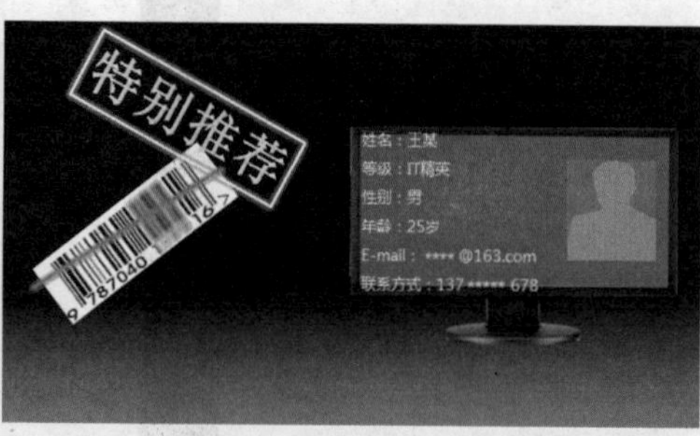

2. PowerPoint 10/20/30 原则

演示文稿的演示原则可以总结为 PowerPoint 的 10/20/30 原则。

简单地说，PowerPoint 的 10/20/30 原则，就是一个 PowerPoint 演示文稿，应该只有 10 页幻灯片，持续时间不超过 20 分钟，字号不小于 30 磅。这一原则可适用于任何能达成协议的陈述，如募集资本、推销、建立合作关系等。

（1）演示文稿演示原则——10。

10，是 PowerPoint 演示中最理想的幻灯片页数。一个普通人在一次会议里很难理解 10 个以上的概念。这就要求在制作演示文稿的过程中，要做到让幻灯片一目了然，包括文字内容要突出关键、化繁为简等。简练的说明在吸引观众的眼球和博取听众的赞许方面是很有帮助的。

（2）演示文稿演示原则——20。

20，是指必须在 20 分钟里介绍你的 10 页幻灯片。事实上很少有人能在很长时间内保持注意力集中，你必须抓紧时间。在 20 分钟内完成你的 PPT 介绍，就可以留下较多时间进行讨论。

（3）演示文稿演示原则——30。

30，是指演示文稿文本内容的文本字号尽可能大。

大多数演示文稿都使用不超过 20 磅字体的文本，并试图在一页幻灯片里挤进尽可能多的文本。每页幻灯片里都挤满字号很小的文本，一方面说明演示者对自己的材料不够熟悉，另一方面说明文本无说服力。这样的幻灯片往往抓不住观众的眼球，无法锁住观众的注意力。

因此在制作演示文稿时，要注意同一页幻灯片中文本内容不宜过多，且字号不宜过小，最好使用雅黑、黑体、幼圆和 Arial 等笔画较均匀的字体。

14.1.2 演示文稿的演示技巧

在演示 PPT 前，演讲者需要做精心的策划与细致的准备，同时必须对演示文稿演讲的技巧有所了解。

1. PowerPoint 自动黑屏

在使用 PowerPoint 做报告时，有时候需要进行互动讨论，这时为了避免屏幕上的图片或小动画影响观众的注意力，可以按一下键盘上的【B】键，此时屏幕将会黑屏，待讨论完后再按一下【B】键，屏幕会恢复正常。

也可以在播放的演示文稿中单击鼠标右键，在弹出的快捷菜单中选择【屏幕】命令，然后在其子菜单中选择【黑屏】或【白屏】命令。

如果要退出黑屏或白屏，可以在转换为黑屏或白屏的页面上单击鼠标右键，在弹出的快捷菜单中选择【屏幕】命令，然后在其子菜单中选择【屏幕还原】命令即可（见下图）。

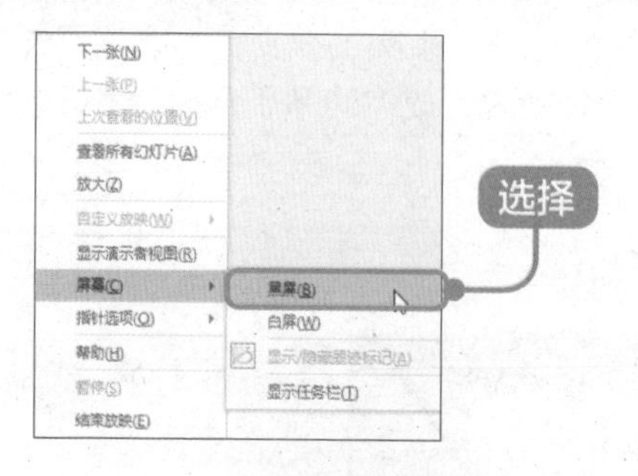

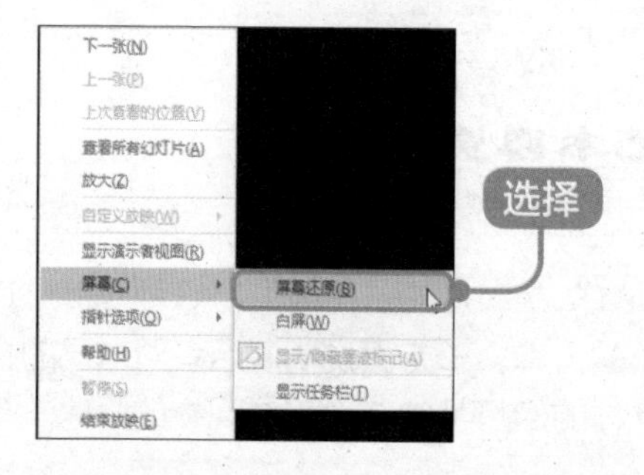

2. 快速定位放映中的幻灯片

在播放 PowerPoint 演示文稿时，如果要快进到或退回到第 5 张幻灯片，可以按数字【5】键，然后再按【Enter】键即可。

若要从任意位置返回到第一张幻灯片，同时按下鼠标左右键并停留 2 秒以上即可。

3. 在放映幻灯片时显示快捷方式

在放映幻灯片时，如果想用快捷键，但一时又忘了快捷键的操作，可以按下【F1】键（或【Shift+?】组合键），在弹出的【幻灯片放映帮助】对话框中，会显示快捷键的操作提示（见下图）。

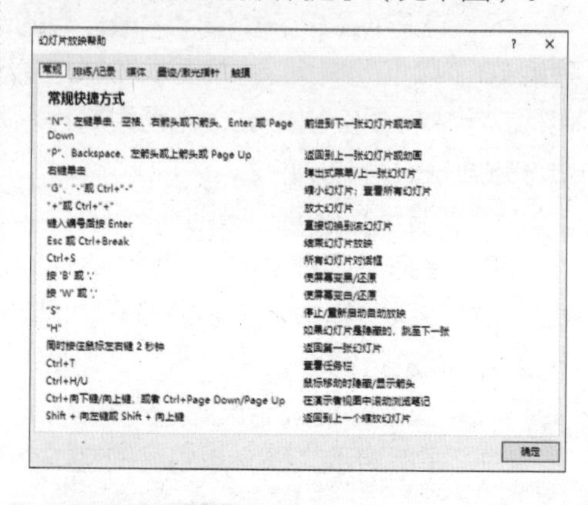

4. 让幻灯片自动播放

要让 PowerPoint 的幻灯片自动播放，而非打开 PPT 再播放，方法是在打开文稿前将该文件的扩展名从“.pptx”改为“.pps”。

在将扩展名从“.pptx”改为“.pps”时，会弹出【重命名】对话框，提示是否确实要更改，单击【是】按钮即可。

5. 保存特殊字体

为了获得好的展示效果，人们通常会在幻灯片中使用一些非常漂亮的字体，可是将幻灯片复制到演示现场进行播放时，这些字体变成了普通字体，甚至还因字体而导致格式变得不整齐，严重影响演示效果。

我们在 PowerPoint 中可以将这些特殊字体保存下来以供使用。

单击【文件】选项卡，在弹出的下拉菜单中选择【另存为】选项，弹出【另存为】对话框。在该对话框中单击【工具】按钮，从弹出的下拉列表中选择【保存选项】选项（见下图）。

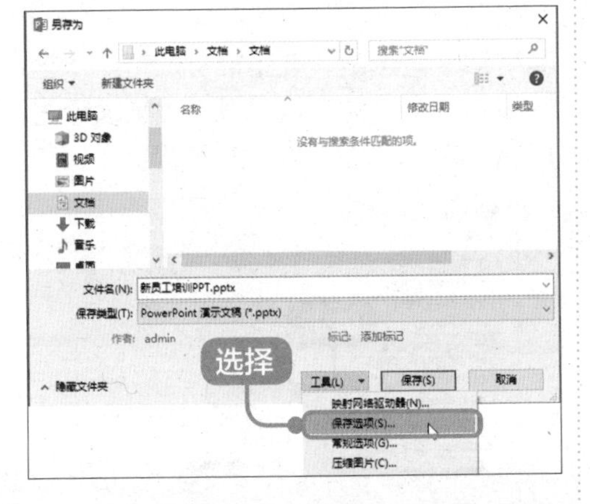

在弹出的【PowerPoint 选项】对话框中，勾选【将字体嵌入文件】复选框，然后根据需要单击【仅嵌入演示文稿中使用的字符（适于减小文件大小）】或【嵌入所有字符（适于其他人编辑）】单选项，最后单击【确定】按钮，保存该文件即可（见下图）。

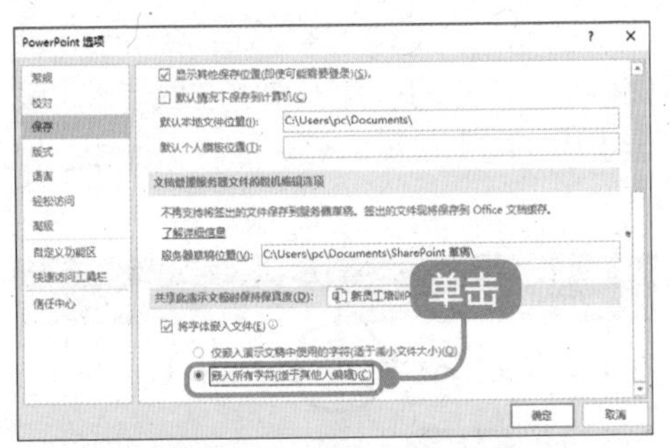

14.2 演示方式

本节视频教学时间 / 6 分钟

在 PowerPoint 2019 中，演示文稿的放映类型包括演讲者放映、观众自行浏览和在展台浏览这 3 种。

单击【幻灯片放映】选项卡下【设置】组中的【设置幻灯片放映】按钮，在弹出的【设置放映方式】对话框中，可以进行放映类型、放映选项及换片方式等的设置（见下图）。

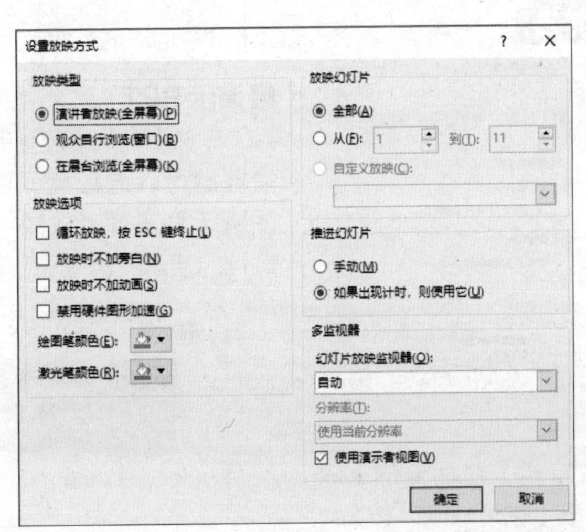

14.2.1 演讲者放映

演示文稿放映方式中的演讲者放映是指由演讲者一边讲解一边放映幻灯片，此演示方式一般用于比较正式的场合，如专题讲座、学术报告等。

将演示文稿的放映方式设置为演讲者放映的具体操作步骤如下。

1 打开文件并单击【设置幻灯片放映】按钮

打开“素材 \ch14\ 员工培训 .pptx”文件。单击【幻灯片放映】选项卡下【设置】组中的【设置幻灯片放映】按钮（见下图）。

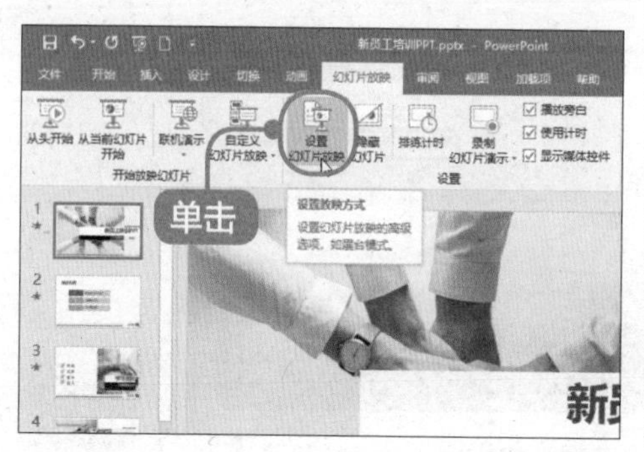

2 设置放映方式

弹出【设置放映方式】对话框，在【放映类型】区域中单击【演讲者放映（全屏幕）】单选项，即可将放映方式设置为演讲者放映（见下图）。

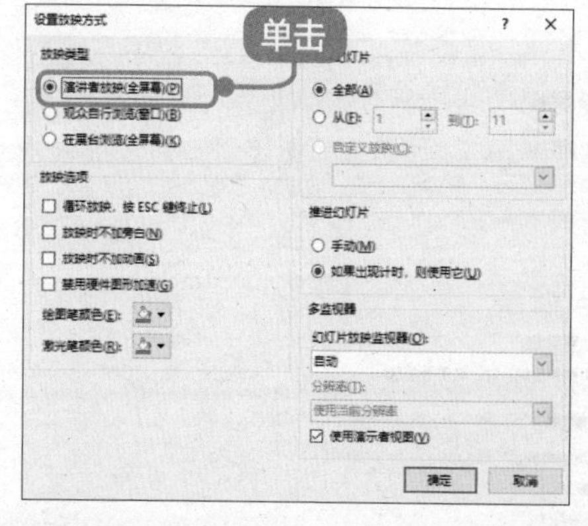

3 设置换片方式

在【设置放映方式】对话框的【放映选项】区域中勾选【循环放映，按 Esc 键终止】复选框，在【推进幻灯片】区域中勾选【手动】复选框，设置演示过程中推进方式为手动，如下图所示。

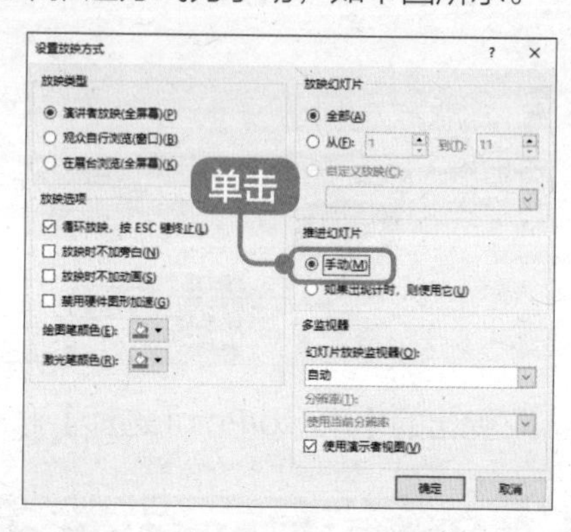

> **提示**
>
> 勾选【循环放映，按 Esc 键终止】复选框，可以设置在最后一张幻灯片放映结束后，自动返回到第一张幻灯片继续放映，直到按下盘上的【Esc】键结束放映。勾选【放映时不加旁白】复选框，表示在放映时不播放在幻灯片中添加的声音。勾选【放映时不加动画】复选框，表示在放映时原来设定的动画效果将被屏蔽。

4 演示 PPT

单击【确定】按钮完成设置，按【F5】快捷键可以进行全屏幕的 PPT 演示。下图所示为演讲者放映方式下的第 2 页幻灯片的演示状态（见下图）。

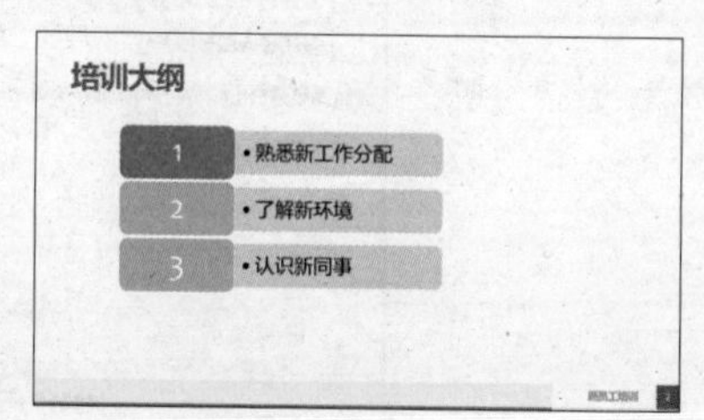

提示

在【推进幻灯片】区域中单击【如果出现计时，则使用它】单选项，这样多媒体报告在放映时便能自动换页。如果单击【手动】单选项，则在放映多媒体报告时，必须单击鼠标才能切换幻灯片。

14.2.2 观众自行浏览

观众自行浏览是指由观众自己动手使用计算机观看幻灯片。如果希望让观众自己浏览多媒体报告，可以将多媒体报告的放映方式设置成观众自行浏览。

下面介绍设置观众自行浏览“员工培训”幻灯片的具体操作步骤。

1 设置自行浏览

单击【幻灯片放映】选项卡下【设置】组中的【设置幻灯片放映】按钮，弹出【设置放映方式】对话框。在【放映类型】区域中单击【观众自行浏览（窗口）】单选项 在【放映幻灯片】区域中单击选中【从…到…】单选项，并在第 2 个文本框中输入“5”，设置从第 1 页到第 5 页的幻灯片的放映方式为观众自行浏览（见下图）。

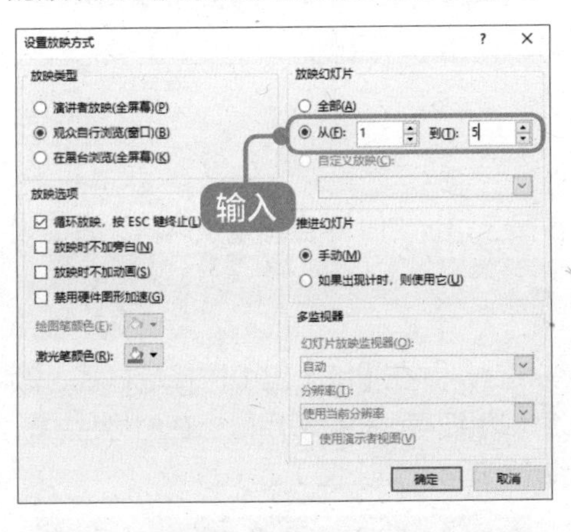

2 结束放映状态

单击【确定】按钮完成设置，按【F5】快捷键进行演示文稿的演示。可以看到设置后的前 5 页幻灯片以窗口的形式出现，并且在最下方显示状态栏。按【Esc】键可结束放映状态（见下图）。

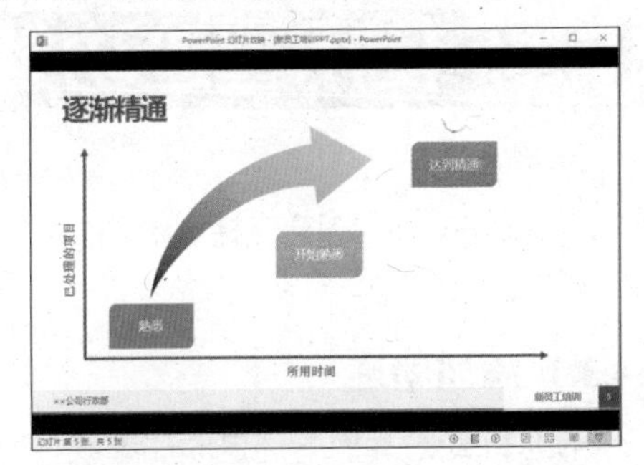

提示

单击状态栏中的【下一张】按钮和【上一张】按钮也可以切换幻灯片。单击状态栏右侧的其他视图按钮，可以将演示文稿由演示状态切换到其他视图状态。

14.2.3 在展台浏览

在展台浏览的放映方式可以让多媒体报告自动放映，而不需要演讲者操作。有些场合需要让多媒体报告自动放映，如放在展览会的产品展示等。

打开演示文稿后，单击【幻灯片放映】选项卡下【设置】组中的【设置幻灯片放映】按钮，在弹出的【设置放映方式】对话框的【放映类型】区域中单击【在展台浏览（全屏幕）】单选项，即可将演示方式设置为在展台浏览（见下页图）。

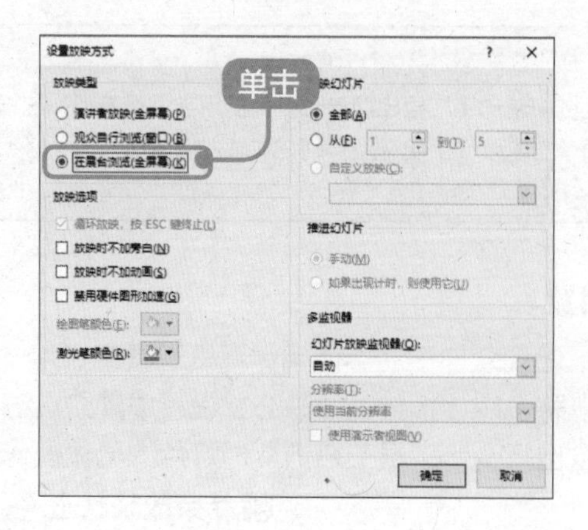

提示

可以将展台演示文稿设置为当参观者查看完整个演示文稿后，或演示文稿保持闲置状态达到一段时间后，自动返回至演示文稿首页。这样，就不必时刻守着展台了。

14.3 使用墨迹功能

本节视频教学时间 / 5 分钟

PowerPoint 2019 支持墨迹功能，用户可以使用鼠标绘制添加墨迹，方便添加注释、突出显示文本。

14.3.1 添加墨迹

在放映幻灯片时，通过添加墨迹，可以在员工培训 PPT 中突出重点内容，方便观看者注意和学习。

添加墨迹的具体操作步骤如下。

1 单击【开始墨迹书写】按钮

单击【审阅】➤【墨迹】组中的【开始墨迹书写】按钮（见下图）。

2 选择笔的样式

在显示的【墨迹书写工具】➤【笔】选项卡下，选择【写入】组中的【笔】按钮，并在【笔】组中选择笔样式、颜色和粗细等，即可使用鼠标在幻灯片中，进行书写（见下图）。

3 移动文字

当书写完成后，可以按【停止墨迹书写】按钮或按【Esc】键，停止书写，切换笔光标为鼠标光标。单击【套索选择】按钮，围绕要书写或绘图的部分绘制一个圆，围绕所选部分会显示一个淡色虚线选择区域。完成后，选中套索的部分，即可移动（见下图）。

4 突出重点

单击【荧光笔】按钮，可以在文字或重点内容上，进行绘画，以突出重点内容（见下图）。

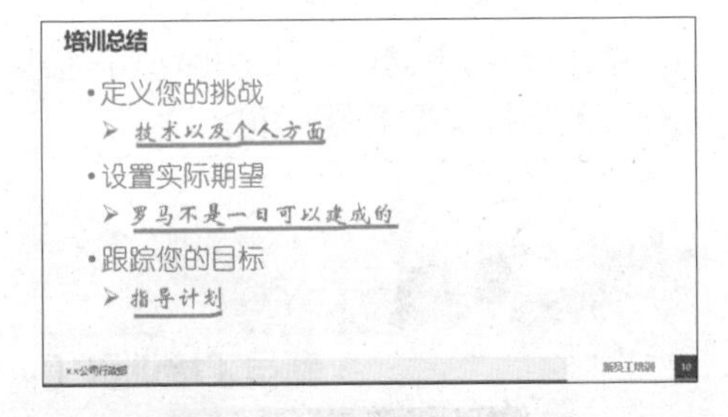

5 清除墨迹

如果要删除书写的墨迹，可以单击【橡皮擦】按钮，在弹出的列表中，选择橡皮擦的尺寸，用鼠标选择要清除的墨迹即可（见右栏图）。

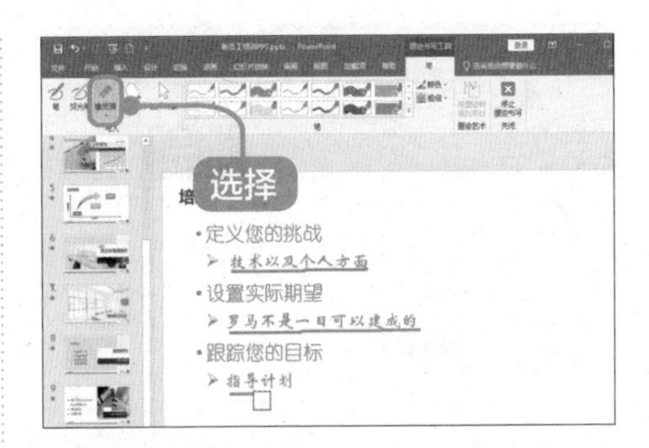

6 退出墨迹书写

另外，在【墨迹书写工具】➢【笔】选项卡下，单击【将墨迹转换为形状】按钮，然后在幻灯片上绘制形状，PowerPoint会自动将绘图转换为最相似的形状，如绘制一个长方形。单击【停止墨迹书写】按钮，即可退出墨迹书写（见下图）。

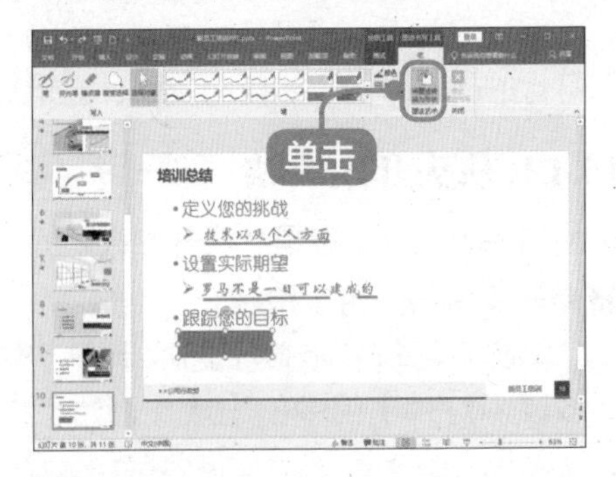

> **提示**
>
> 将墨迹转换为形状功能，在绘制形状或流程图时非常方便，可以快速绘制基本图形。另外，如果要隐藏幻灯片中的墨迹，可以单击【审阅】➢【墨迹】组中的【隐藏墨迹】按钮。

14.3.2 隐藏墨迹

添加墨迹后，用户可以根据需要显示或隐藏墨迹，下面介绍具体操作步骤。

1 单击【隐藏墨迹】按钮

单击【审阅】➢【墨迹】组中的【隐藏墨迹】按钮（见下图）。

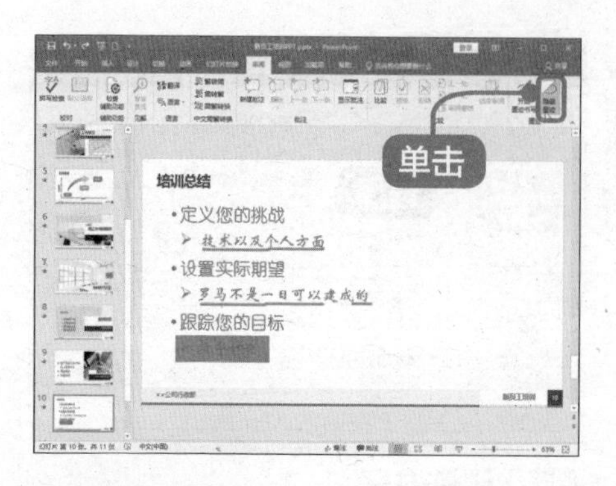

2 重新显示墨迹

隐藏文档中的所有墨迹，如右栏图所示。再次单击【隐藏墨迹】按钮，会重新显示墨迹。

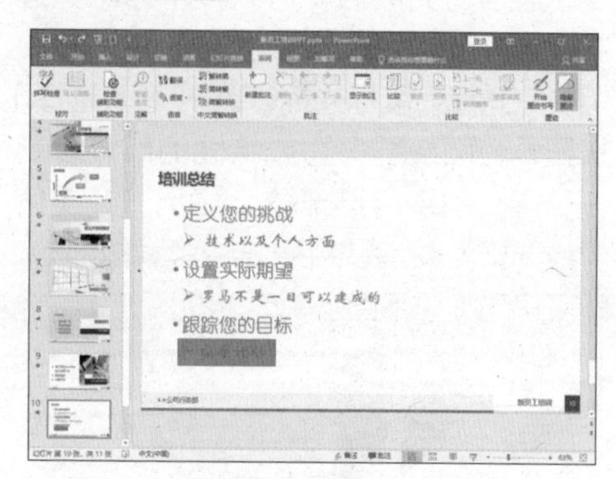

14.4 开始演示幻灯片

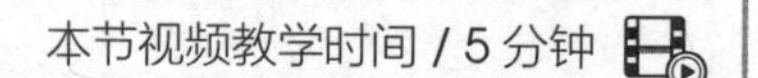
本节视频教学时间 / 5 分钟

默认情况下，幻灯片的放映方式为普通手动放映。读者可以根据实际需要，设置幻灯片的放映方式，如自动放映、自定义放映和排列计时放映等。

14.4.1 从头开始放映

放映幻灯片一般是从头开始放映的，设置从头开始放映的具体操作步骤如下。

1 单击【从头开始】按钮

单击【幻灯片放映】选项卡下【开始放映幻灯片】组中的【从头开始】按钮（见下图）。

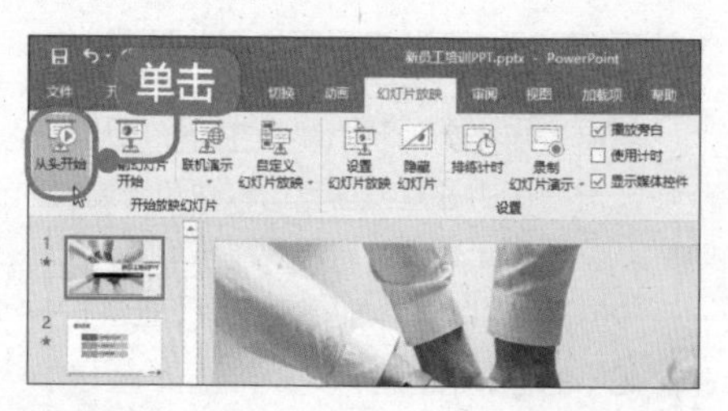

2 切换幻灯片

系统从头开始播放幻灯片，单击鼠标、按【Enter】键或空格键即可切换到下一张幻灯片（见下图）。

> **提示**
> 按键盘上的上、下、左、右方向键也可以向上或向下切换幻灯片。

14.4.2 从当前幻灯片开始放映

在放映“员工培训”幻灯片时，可以从选定的当前幻灯片开始放映，具体操作步骤如下。

1 选中幻灯片

选中第 3 张幻灯片，单击【幻灯片放映】选项卡下【开始放映幻灯片】组中的【从当前幻灯片开始】按钮（见下图）。

2 切换幻灯片

系统从当前幻灯片开始播放，按【Enter】键或空格键，可以切换到下一张幻灯片（见下图）。

14.4.3 自定义多种放映方式

利用 PowerPoint 的【自定义幻灯片放映】功能，可以为幻灯片设置多种自定义放映方式。设置“员工培训”演示文稿自动放映的具体操作步骤如下。

1 选择【自定义放映】菜单命令

单击【幻灯片放映】选项卡下【开始放映幻灯片】组中的【自定义幻灯片放映】按钮，在弹出的下拉菜单中选择【自定义放映】菜单命令（见下图）。

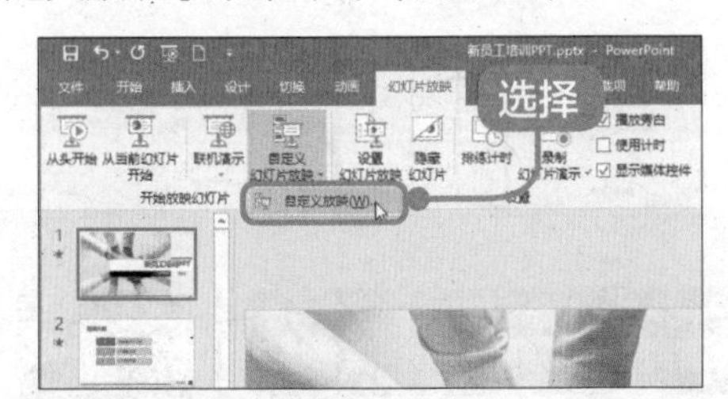

2 单击【新建】按钮

弹出【自定义放映】对话框，单击【新建】按钮（见下图）。

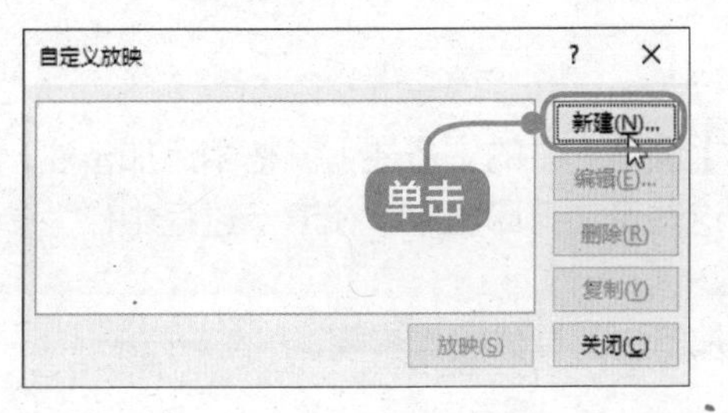

3 【定义自定义放映】对话框

弹出【定义自定义放映】对话框，如下图所示。

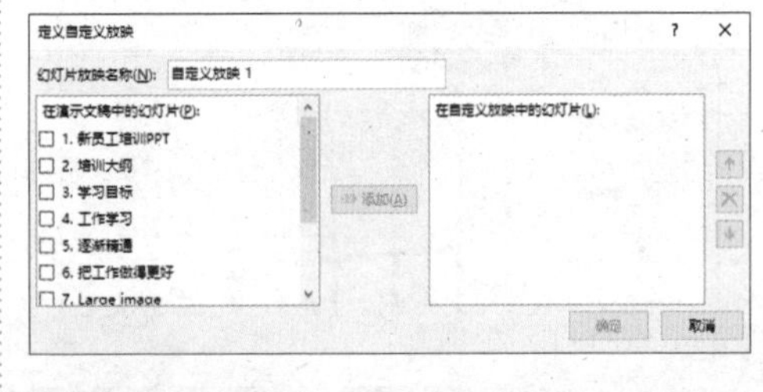

4 选择幻灯片

在【在演示文稿中的幻灯片】列表框中选择需要放映的幻灯片，然后单击【添加】按钮，即可将选中的幻灯片添加到【在自定义放映中的幻灯片】列表框中，单击【确定】按钮（见下图）。

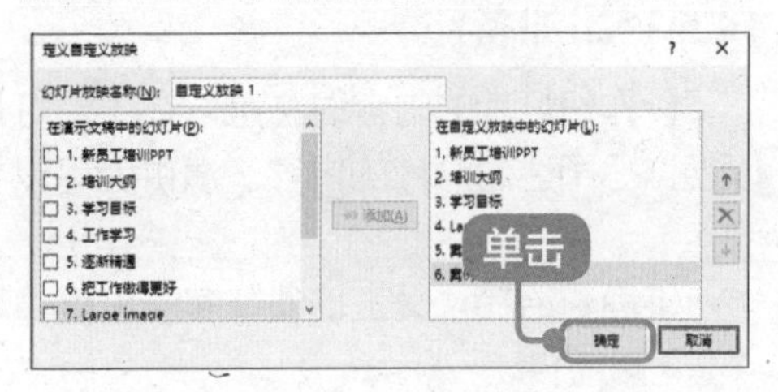

5 自定义放映

返回到【自定义放映】对话框，单击【放映】按钮（见下图）。

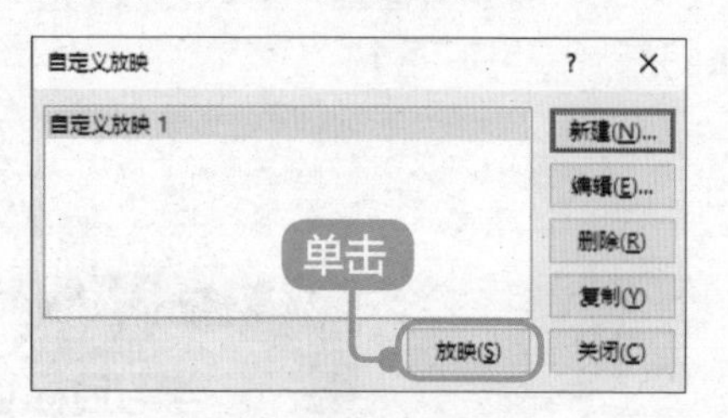

6 查看效果

查看自动放映效果，如下图所示。

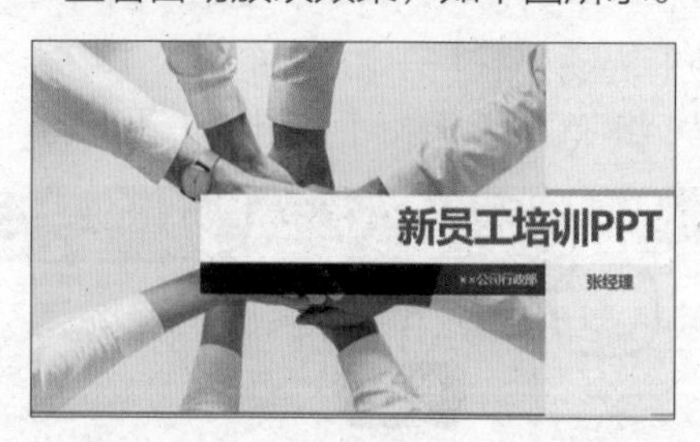

14.4.4 放映时隐藏指定幻灯片

在演示文稿中可以将一张或多张幻灯片隐藏，这样在全屏放映幻灯片时就可以不显示隐藏的幻灯片。

1 选中幻灯片

选中第 7 张幻灯片，单击【幻灯片放映】选项卡下【设置】组中的【隐藏幻灯片】按钮（见下图）。

2 隐藏幻灯片

在【幻灯片】窗格的缩略图中可以看到第 7 张幻灯片编号显示为隐藏状态，这样在放映幻灯片时，第 7 张幻灯片就会被隐藏起来（见下图）。

14.5 添加演讲者备注

本节视频教学时间 / 3 分钟

使用演讲者备注可以详尽阐述幻灯片中的要点，好的备注既可帮助演示者引领观众的思绪，又可以防止幻灯片上的文本泛滥。

14.5.1 添加备注

创作幻灯片的内容时，可以在【幻灯片】窗格下方的【备注】窗格中添加备注，以便详尽阐述幻灯片的内容。演讲者可以将这些备注打印出来，在演示过程中作为参考。

下面介绍在“员工培训”演示文稿中添加备注的具体操作步骤。

1 选中幻灯片

选中第1张幻灯片，单击状态栏中的【备注】按钮，打开【备注】窗格后，在"单击此处添加备注"处单击，输入下图所示的备注内容。

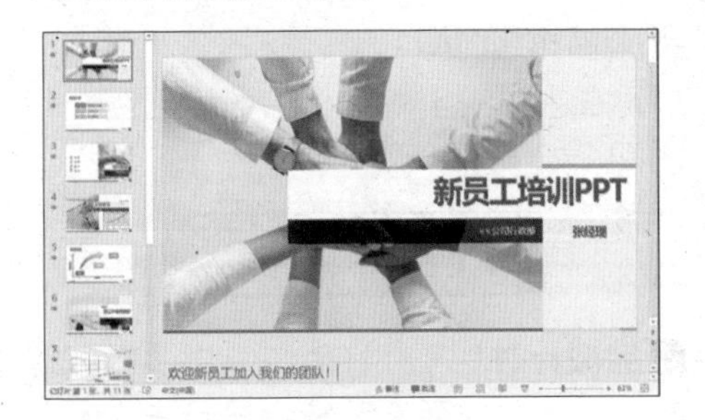

2 变化形状

将鼠标指针指向【备注】窗格的上边框，当指针变为⇕形状后，向上拖动边框以增大备注空间（见下图）。

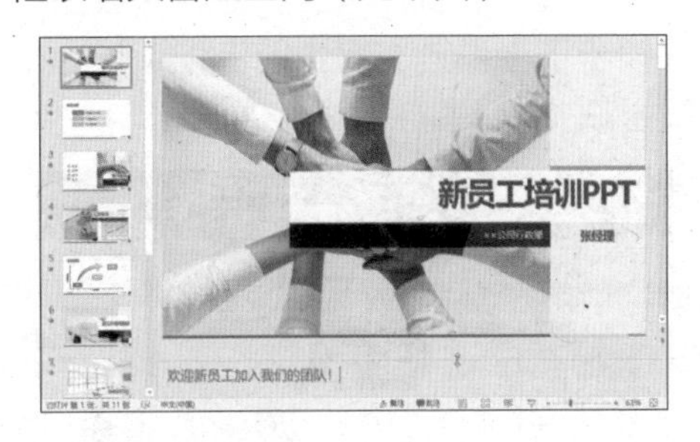

14.5.2 使用演示者视图

为演示文稿添加备注后，在为观众放映幻灯片时，演示者可以使用演示者视图在另一台监视器上查看备注内容。

在使用演示者视图放映时，演示者可以通过预览文本浏览下一次单击显示在屏幕上的内容，并可以将演讲者备注内容以清晰的大字显示，以便演示者查看。

> **提示**
> 使用演示者视图，必须保证进行演示的计算机能够支持两台以上的监视器，且PowerPoint对于演示文稿最多支持使用两台监视器。

勾选【幻灯片放映】选项卡下【监视器】组中的【使用演示者视图】复选框，即可使用演示者视图放映幻灯片。

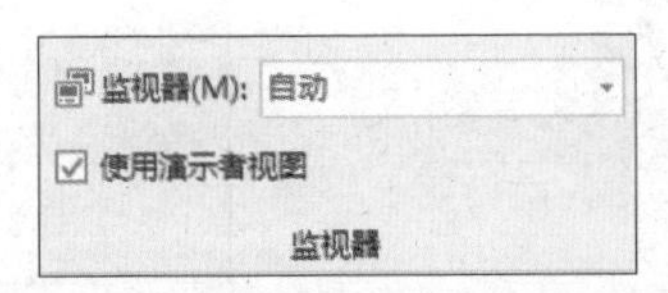

14.6 让演示文稿自动演示

本节视频教学时间 / 6分钟

在公共场合进行演示文稿的演示时，需要掌握好演示文稿演示的时间，以便达到整个展示或演讲预期的效果。

14.6.1 排练计时

在公共场合演示PPT时需要掌握好演示的时间，为此需要测定幻灯片放映时的停留时间。设置“员工培训”演示文稿排练计时的具体操作步骤如下。

1 单击【排练计时】按钮

打开素材后，单击【幻灯片放映】选项卡下【设置】组中的【排练计时】按钮（见下图）。

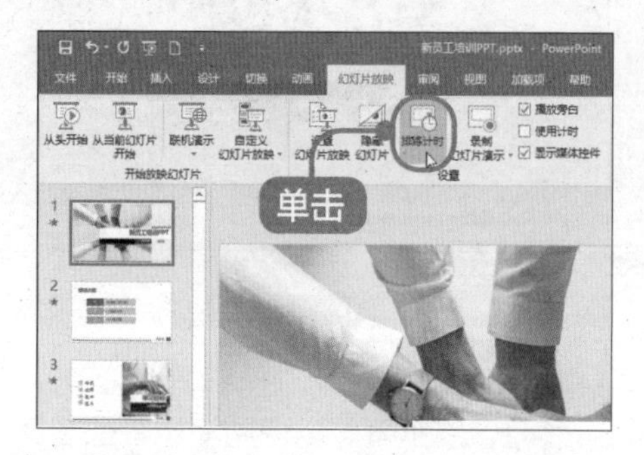

2 切换模式

系统会自动切换到放映模式，并弹出【录制】对话框，在【录制】对话框中，会自动计算出当前幻灯片的排练时间，时间的单位为秒（见下图）。

> **提示**
> 如果演示文稿的每一张幻灯片都需要设置“排练计时”，则可以定位于演示文稿的第一张幻灯片中。

3 查看排练时间

在【录制】对话框中可以看到排练时间，如下图所示。

4 完成计时

排练完成后，系统会显示一个警告的消息框，显示当前幻灯片放映的总时间，单击【是】按钮，完成幻灯片排练计时的设置（见下图）。

> **提示**
> 通常在放映过程中，如果需要临时查看或跳到某一张幻灯片，可以通过【录制】对话框中的按钮来实现。
> （1）【下一项】：切换到下一张幻灯片。
> （2）【暂停】：暂时停止计时，再次单击会恢复计时。
> （3）【重复】：重复排练当前幻灯片。

14.6.2 录制幻灯片演示

录制幻灯片演示是 PowerPoint 2019 新增的一项功能，该功能可以记录幻灯片的放映时间，同时，允许用户使用鼠标或激光笔为幻灯片添加注释。也就是制作者对 PowerPoint 2019 一切相关的注释都可以使用录制幻灯片演示功能记录下来，从而大大地提高幻灯片的互动性。

1 开始录制

单击【幻灯片放映】选项卡下【设置】组中的【录制幻灯片演示】的下拉按钮，在弹出的下拉列表中选择【从头开始录制】或【从当前幻灯片开始录制】选项。本例中选择【从头开始录制】选项（见下页图）。

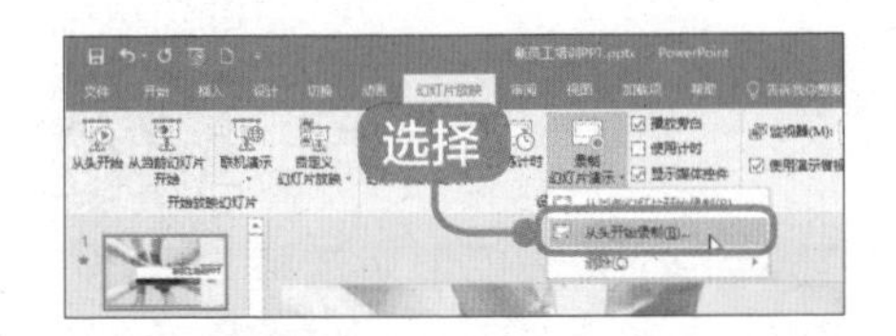

2 进入录制界面

进入如下图所示的录制界面，单击【录制】按钮（见下图）。

3 录入数据

幻灯片开始录制，此时可以使用笔和荧光笔，绘制重点，还可以使用麦克风和照相机设备进行声音和图像的录入（见下图）。

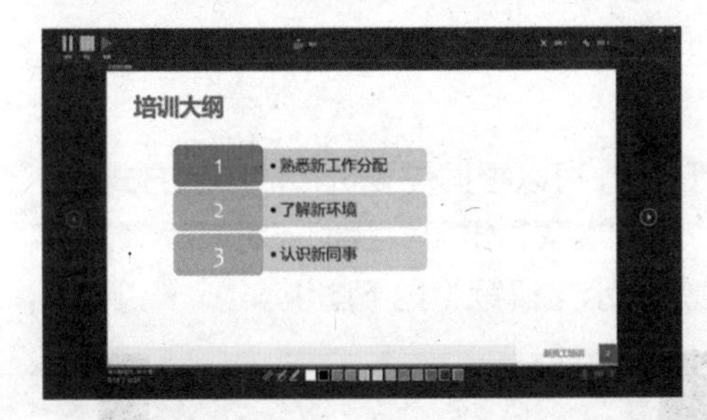

4 结束录制

录制结束后，可以单击【停止】按钮，结束录制（见下图）。

5 重播录制

单击【重播】按钮，可以重播录制的演示（见下图）。

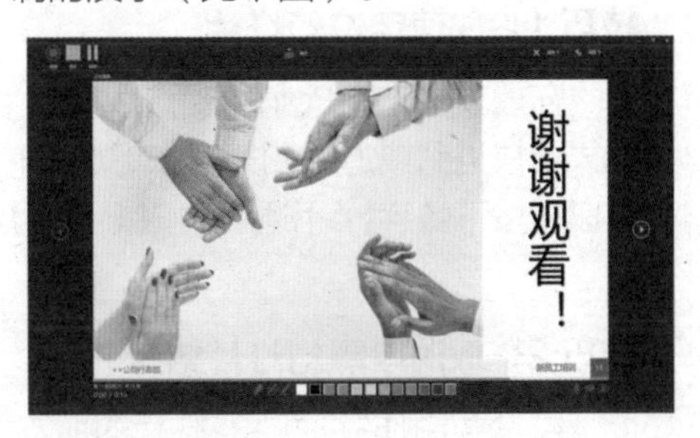

6 显示计时时间

返回到演示文稿窗口，切换到幻灯片浏览视图。在该窗口中，显示了每张幻灯片的演示计时时间（见下图）。

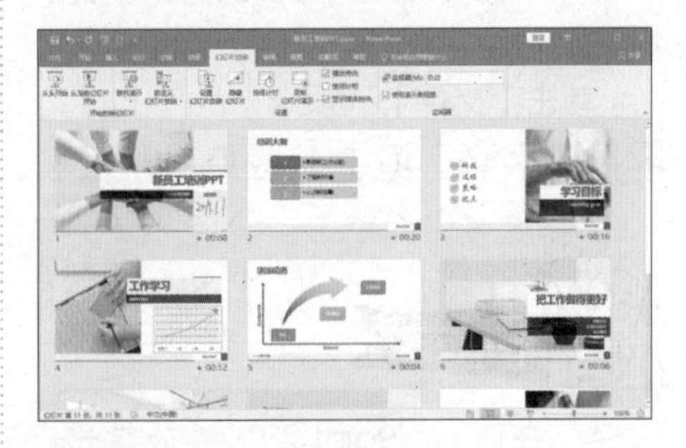

7 清除幻灯片中的计时

如果要清除幻灯片中的计时，可以单击【幻灯片放映】➤【设置】➤【录制幻灯片演示】按钮，在下拉菜单中选择【清除】选项（见下图）。

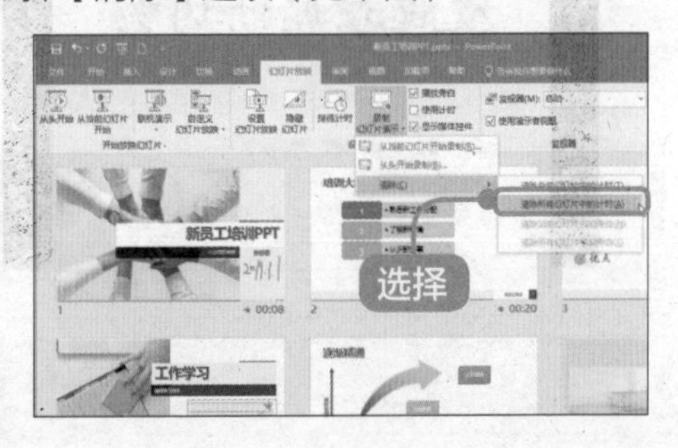

技巧 1：快速定位幻灯片

在播放PowerPoint演示文稿时，如果要快进到或退回到第6张幻灯片，可以先按下数字【6】键，再按【Enter】键。

技巧 2：取消以黑幻灯片结束

经常要制作并放映幻灯片的朋友都知道，每次幻灯片放映完后，屏幕总会显示为黑屏，如果此时接着放映下一组幻灯片的话，就会影响观赏效果。下面介绍取消以黑幻灯片结束幻灯片放映的方法。

单击【文件】选项卡，从弹出的菜单中选择【选项】选项，弹出【PowerPoint 选项】对话框。选择左侧的【高级】选项卡，在右侧的【幻灯片放映】区域中撤销勾选【以黑幻灯片结束】复选框。单击【确定】按钮，即可取消以黑幻灯片结束放映的操作（见下图）。

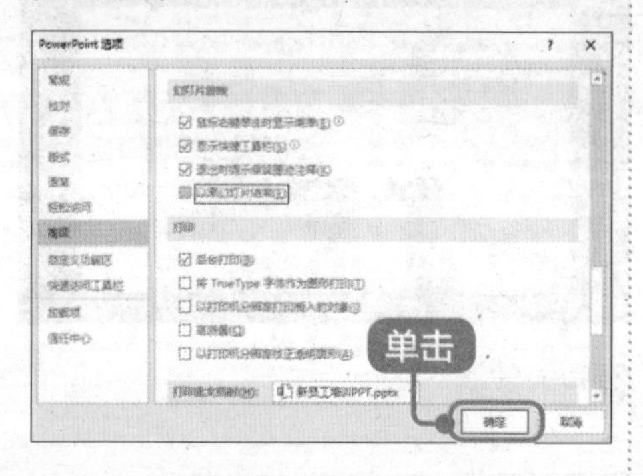

在PowerPoint 2019中放映员工幻灯片时，可以根据需要选择放映的方式、添加演讲者备注或者让PPT自动演示等。通过本章的学习，我们还可以简单设置放映发展战略研讨会演示文稿、艺术欣赏演示文稿等（见下图）。

第 15 章

Office 2019 的行业应用——行政办公

本章视频教学时间 / 32 分钟

重点导读

熟练操作 Office 2019 系列应用软件，可以大大提高行政工作者的工作效率和质量。

学习效果图

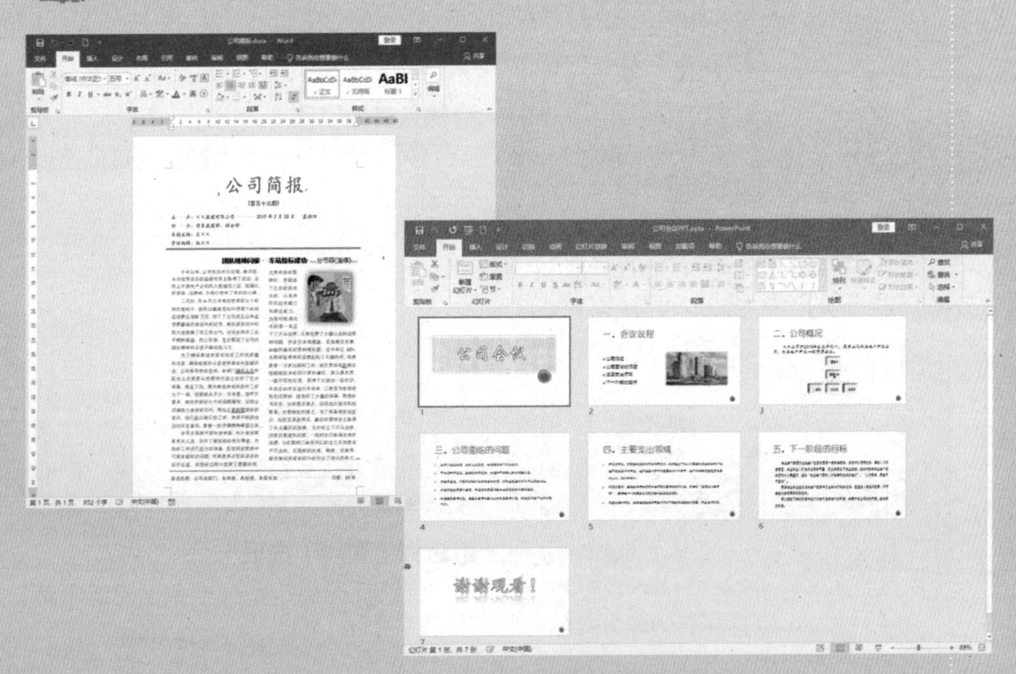

15.1 制作“公司简报”

本节视频教学时间 /7 分钟

公司简报是传递公司信息的较简短的内部小报，它简短、灵活、快捷，具有汇报性、交流性和指导性的特征。简报可以认为是简要的调查报告、情况报告、工作报告、消息报道等。一份好的公司简报能够及时准确地传递公司内部的消息。

15.1.1 制作报头

简报的报头由简报名称、期号、编印单位以及印发日期组成。下面介绍一下如何制作简报的报头。

1 新建文档并选择艺术字样式

新建一个 Word 文档，并将其另存为“公司简报 .docx”。单击【插入】选项卡下【文本】组中的【艺术字】按钮，在弹出的下拉列表中选择一种艺术字样式（见下图）。

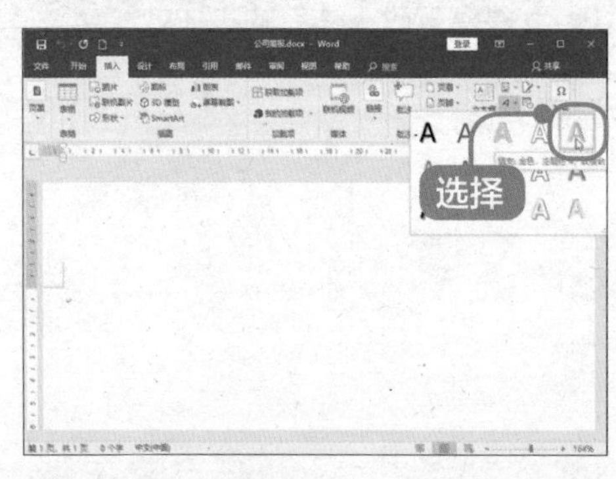

2 设置艺术字布局

在艺术字文本框中输入“公司简报”，并将【布局选项】设置为【嵌入型】（见下图）。

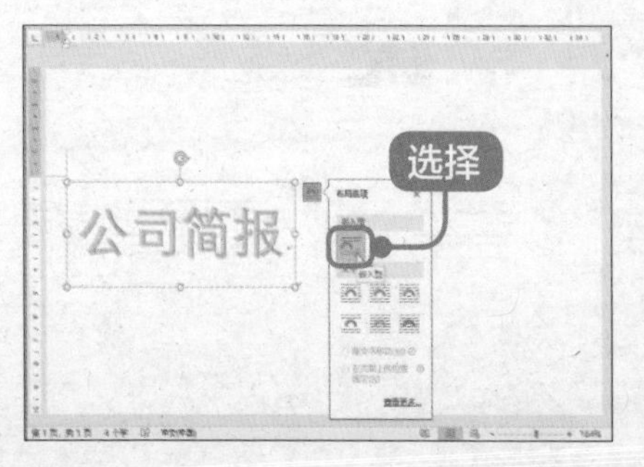

3 设置插入的艺术字

选择插入的艺术字，设置其【字体】为“楷体”，【字号】为“44”，【字体颜色】为“红色”，并单击【居中】按钮，使艺术字居中显示（见下图）。

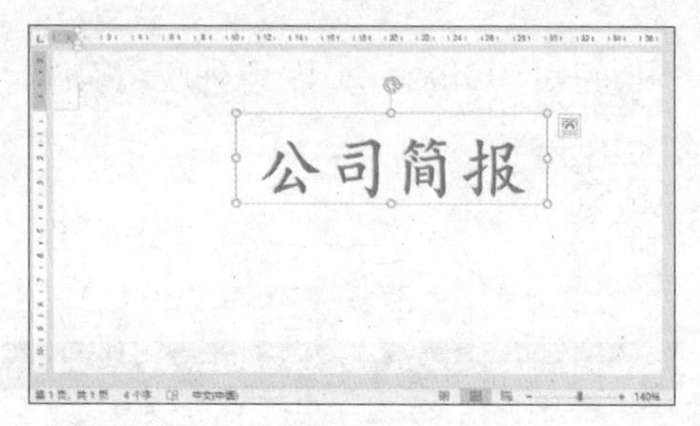

4 输入其他信息

按【Enter】键，输入报头的其他信息，并进行版式设计（见下图）。

5 选择【直线】选项

将鼠标光标定位在报头信息的下方，

单击【插入】选项卡下【插图】组中的【形状】按钮，在弹出的下拉列表中选择【直线】选项（见下图）。

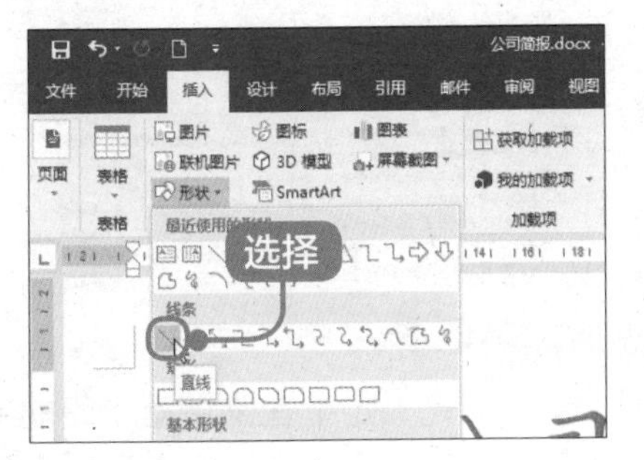

6 绘制横线

在报头文字下方按住【Shift】键绘制一条横线（见下图）。

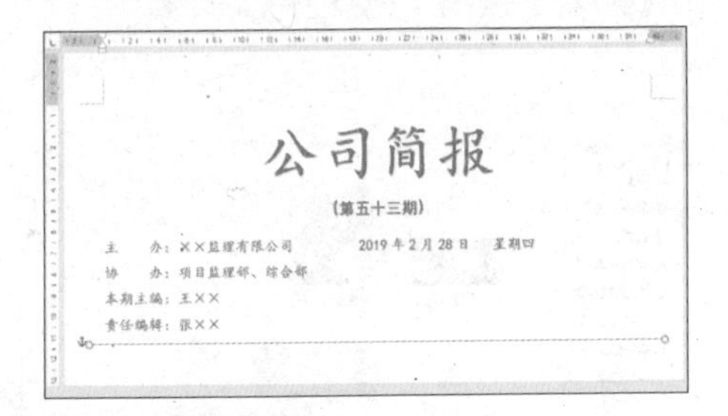

7 设置横线颜色

选择绘制的横线，然后单击【绘图工具】➤【格式】选项卡下【形状样式】组中的【形状轮廓】按钮的下拉按钮 形状轮廓▾，在弹出的下拉列表中选择【红色】选项，将线条颜色设置为红色（见下图）。

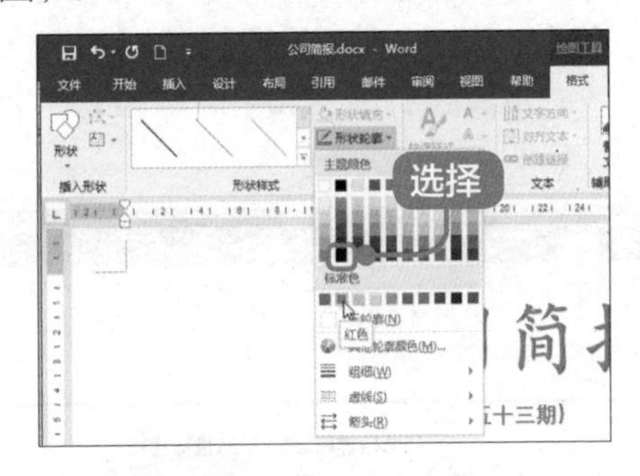

8 设置横线粗细

设置形状的【粗细】为"3 磅"，设置完成后，效果如下图所示。

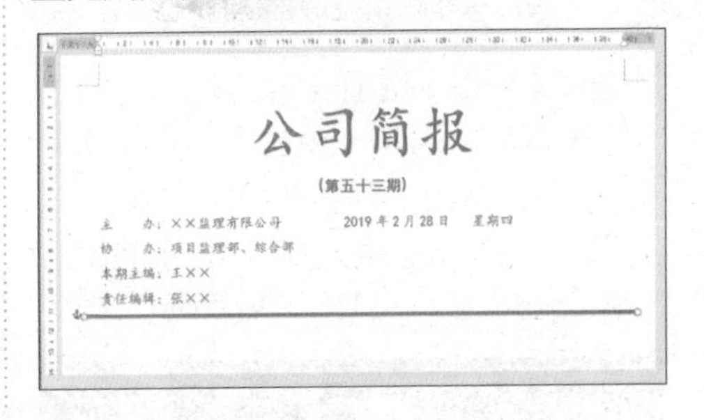

15.1.2 制作报核

报核，即简报所刊载的一篇或几篇文章。下面以"素材 \ch05\ 简报资料 .docx"文档中所提供的简报内容为例，介绍制作报核的方法。

1 放置光标

将鼠标光标定位在报头的下方（见下图）。

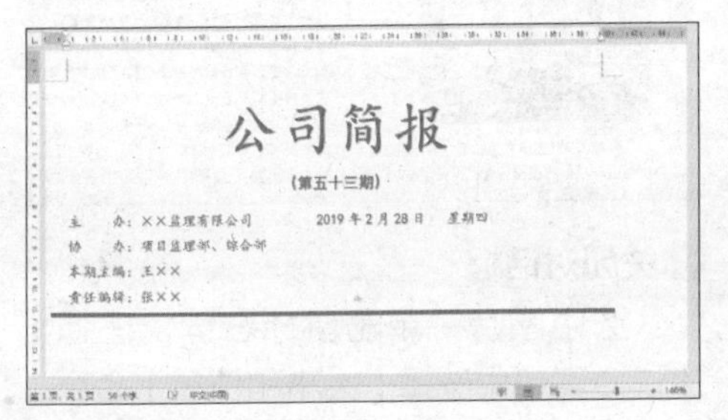

2 打开文档并复制内容

打开"素材 \ch15\ 简报资料 .docx"文档，复制文章的相关内容到当前文档中（见下图）。

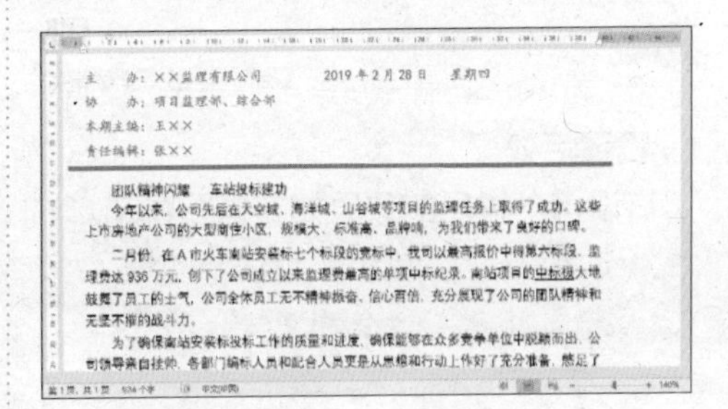

主　办：××监理有限公司　2019 年 2 月 28 日　星期四
协　办：项目监理部、综合部
本期主编：王××
责任编辑：张××

团队精神闪耀　车站投标建功

今年以来，公司先后在天空城、海洋城、山谷城等项目的监理任务上取得了成功。这些上市房地产公司的大型商住小区，规模大、标准高、品种响，为我们带来了良好的口碑。

二月份，在 A 市火车南站安装标七个标段的竞标中，我司以最高报价中得第六标段，监理费达 936 万元，创下了公司成立以来监理费最高的单项中标纪录。南站项目的中标极大地鼓舞了员工的士气，公司全体员工无不精神振奋、信心百倍，充分展现了公司的团队精神和无坚不摧的战斗力。

为了确保南站安装标投标工作的质量和进度，确保能够在众多竞争单位中脱颖而出，公司领导亲自挂帅，各部门编标人员和配合人员更是从思想和行动上作好了充分准备，感足了

3 设置标题

选择文章标题，在【开始】选项卡的【字体】组中，设置【字体】为“黑体”，【字号】为“四号”，单击【加粗】按钮，并单击【开始】选项卡下【段落】组中的【居中】按钮，然后设置【段前】为“0.5行”，【段后】为“0.5行”，设置完成后效果如下图所示。

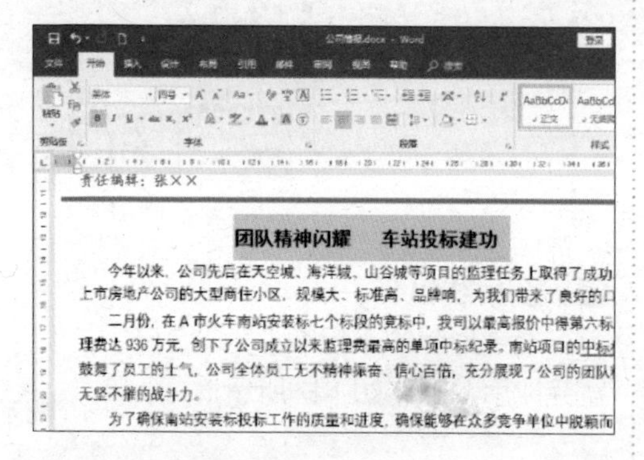

4 选择【两栏】选项

选中正文内容，单击【布局】选项卡下【页面设置】组中的【栏】按钮，在弹出的下拉列表中选择【两栏】选项（见下图）。

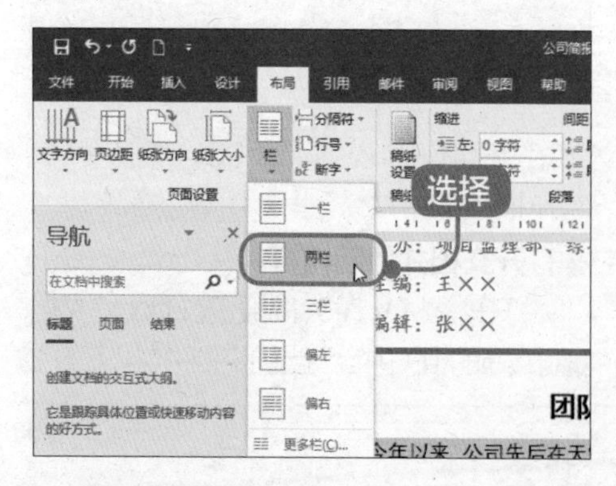

5 设置后效果

设置分栏后的效果如右栏图所示。

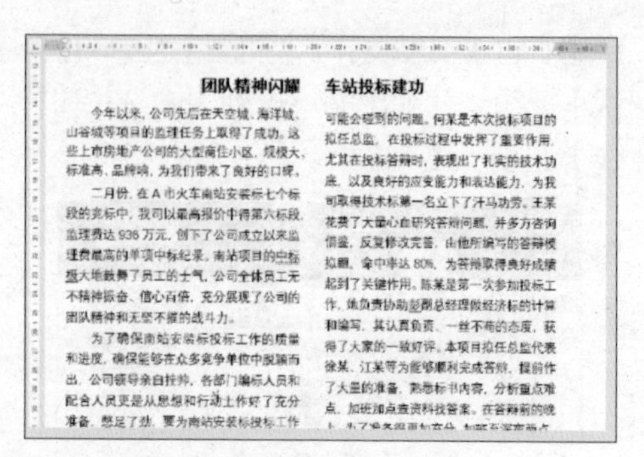

6 插入图片

将鼠标光标定位在文章第1段的前面，单击【插入】选项卡下【插图】组中的【图片】按钮，在弹出的【插入图片】对话框中选择要插入文档的图片，并单击【插入】按钮（见下图）。

7 查看效果

插入图片后的效果如下图所示。

8 关闭对话框

选中图片并单击鼠标右键，在弹出的快捷菜单中选择【大小和位置】命令，弹出【布局】对话框，单击【文字环绕】选项卡，设置【环绕方式】为“紧密型”。单击【确定】按钮，关闭【布局】对话框（见下图）。

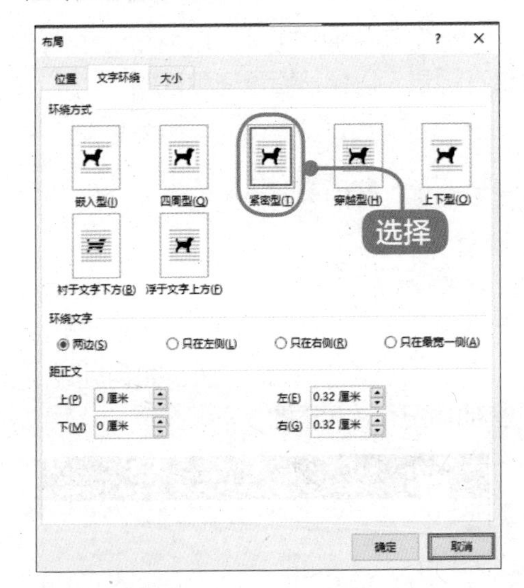

9 调整大小

拖曳图片至合适的位置，并调整图片的大小，效果如右栏图所示。

团队精神闪耀　车站投标建功

以来，公司先后在天空城、海洋城、项目的监理任务上取得了成功。这地产公司的大型商住小区，规模大、品牌响，为我们带来了良好的口碑。份，在 A 市火车南站安装标七个标中，我司以最高报价中得第六标段，936 万元，创下了公司成立以来监的单项中标纪录。南站项目的中标舞了员工的士气，公司全体员工无奋、信心百倍，充分展现了公司的和无坚不摧的战斗力。

确保南站安装标投标工作的质量确保能够在众多竞争单位中脱颖而领导亲自挂帅，各部门编标人员和

尤其在投标答辩时，表现出了扎实的技术功底，以及良好的应变能力和表达能力，为我司取得技术标第一名立下了汗马功劳。

王某花费了大量心血研究答辩问题，并多方咨询借鉴，反复修改完善，由他所编写的答辩模拟题，命中率达 80%，为答辩取得良好成绩起到了关键作用。陈某是第一次参加投标工作，她负责协助彭副总经理做经济标的计算和编写，其认真负责、一丝不苟的态度，

10 设置图片样式

在【格式】选项卡下的【调整】和【图片样式】组中，根据需要设置图片的样式，最终效果如下图所示。

团队精神闪耀　车站投标建功

以来，公司先后在天空城、海洋城、项目的监理任务上取得了成功。这地产公司的大型商住小区，规模大、品牌响，为我们带来了良好的口碑。份，在 A 市火车南站安装标七个标中，我司以最高报价中得第六标段，936 万元，创下了公司成立以来监的单项中标纪录。南站项目的中标舞了员工的士气，公司全体员工无奋、信心百倍，充分展现了公司的和无坚不摧的战斗力。

确保南站安装标投标工作的质量确保能够在众多竞争单位中脱颖而领导亲自挂帅，各部门编标人员和

尤其在投标答辩时，表现出了扎实的技术功底，以及良好的应变能力和表达能力，为我司取得技术标第一名立下了汗马功劳。王某花费了大量心血研究答辩问题，并多方咨询借鉴，反复修改完善，由他所编写的答辩模拟题，命中率达 80%，为答辩取得良好成绩起到了关键作用。陈某是第一次参加投标工作，她负责协助彭副总经理做经济标的计算和编写，其认真负责、

15.1.3 制作报尾

在简报最后一页的下部，用一条横线将报尾与报核隔开，横线下方的左侧写明发送范围，右侧写明印刷份数。制作报尾的具体操作步骤如下。

1 绘制横线并设置

在文章的底部绘制一条横线，设置线条的【颜色】为“红色”，【粗细】为“1.5 磅”，效果如下图所示。

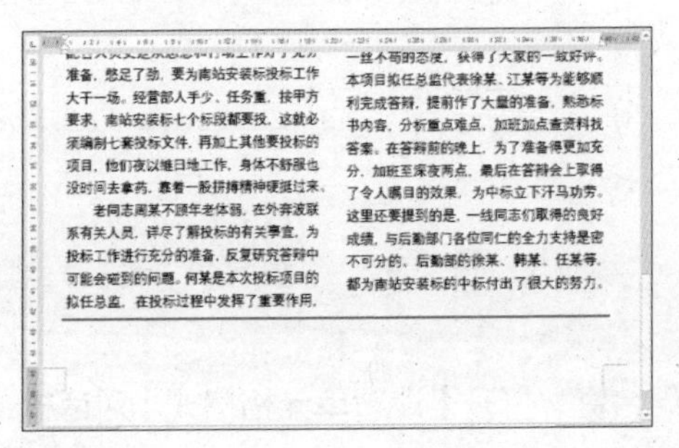

准备，憋足了劲，要为南站安装标投标工作大干一场。经营部人手少、任务重，按甲方要求，南站安装标七个标段都要投，这就必须编制七套投标文件，再加上其他要投标的项目，他们夜以继日地工作，身体不舒服也没时间去拿药，靠着一股拼搏精神硬挺过来。

老同志周某不顾年老体弱，在外奔波联系有关人员，详尽了解投标的有关事宜，为投标工作进行充分的准备，反复研究答辩中可能会碰到的问题。何某是本次投标项目的拟任总监，在投标过程中发挥了重要作用。

一丝不苟的态度，获得了大家的一致好评。本项目拟任总监代表徐某、江某等为能够顺利完成答辩，提前作了大量的准备，熟悉标书内容，分析重点难点，加班加点查资料找答案。在答辩前的晚上，为了准备得更加充分，加班至深夜两点，最后在答辩会上取得了令人瞩目的效果，为中标立下汗马功劳。这里还要提到的是，一线同志们取得的良好成绩，与后勤部门各位同仁的全力支持是密不可分的。后勤部的徐某、韩某、任某等，都为南站安装标的中标付出了很大的努力。

2 添加文字

在横线下方的左侧输入“派送范围：公司各部门、各科室、各经理、各组长处”，在右侧输入“印数：50 份”，最终效果如下图所示。

公司简报

15.2 设计办公室来电记录表

本节视频教学时间 / 9 分钟

在行政管理中难免有电话来往，甚至有些业务工作要通过电话来联络和处理，这样就有必要设计来电记录表来对接听的电话进行记录，以便日后查询和管理。

15.2.1 输入记录表内容

要设计办公室来电记录表，首先需要新建记录表，并向表内输入相关内容。

1 新建工作簿

打开 Excel 2019，新建一个工作簿，如下图所示。

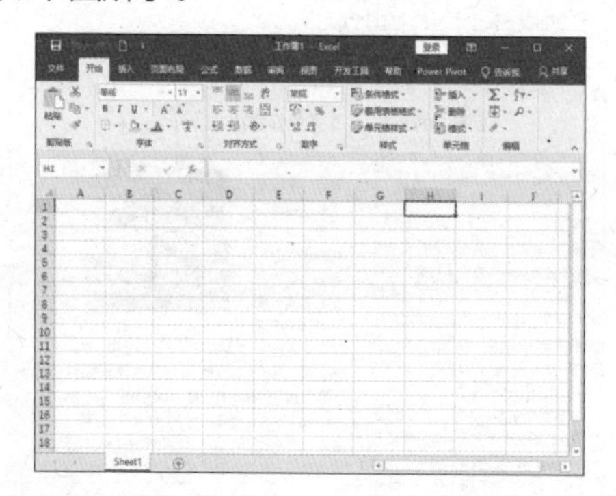

2 输入表名

选择 A1:I1 单元格区域，单击【合并及居中】按钮，输入文本“办公室来电记录表”（见下图）。

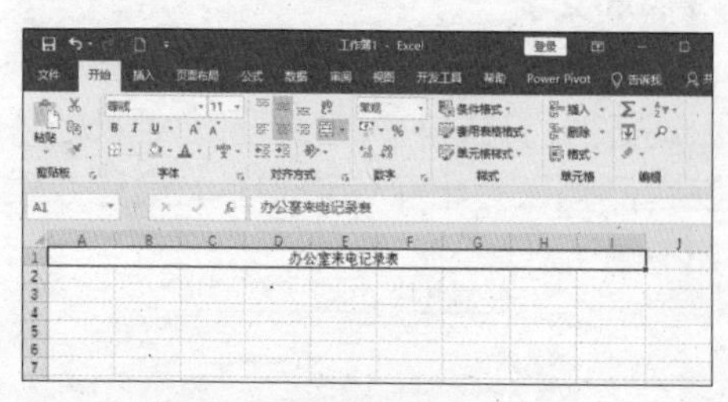

3 输入表头

依次选择 A2 至 I2 单元格，分别输入表头“日期、时间、来电人、来电单位、找何人、内容、联系电话、如何处理、其他情况”（见下图）。

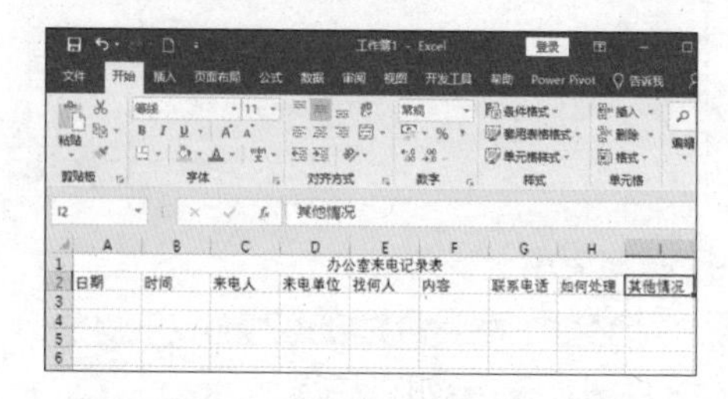

4 调整宽度

选择 A2:I2 单元格区域，单击【居中】按钮。将鼠标光标分别移至各列中间，拖曳鼠标，调整各列的宽度（见下图）。

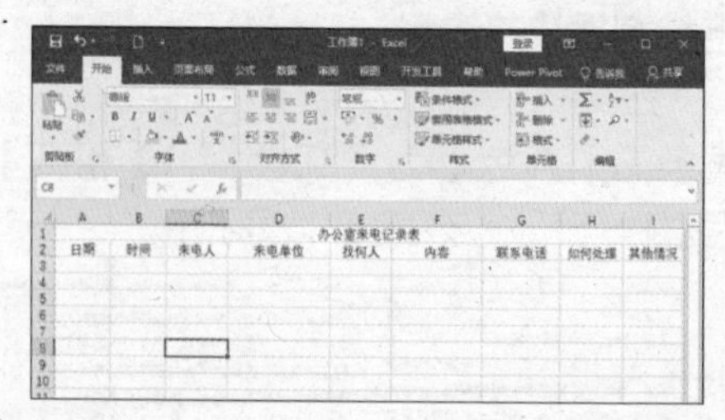

15.2.2 设置表格边框

下面学习如何设计表格边框。

1 选择区域

选择 A2:I14 单元格区域，按【Ctrl+1】组合键，打开【设置单元格格式】对话框，选择【边框】选项卡（见下页图）。

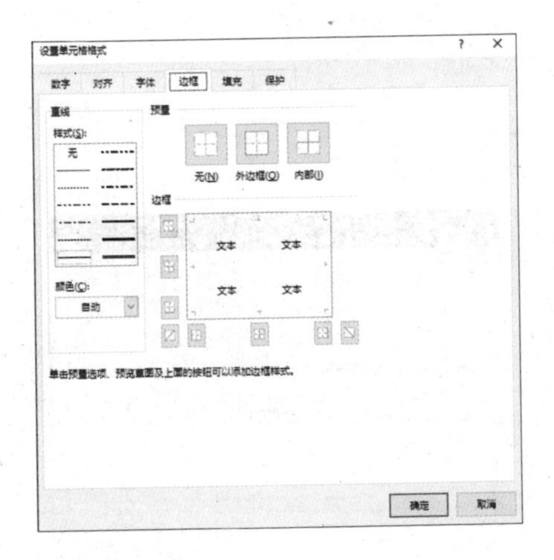

2 预览边框

在【样式】列表框中选择第 2 列的“双线”，在【颜色】下拉列表中选择一种颜色，然后单击【预置】区域中的【外边框】按钮，这时预览草图中显示的单元格区域添加了外边框（见下图）。

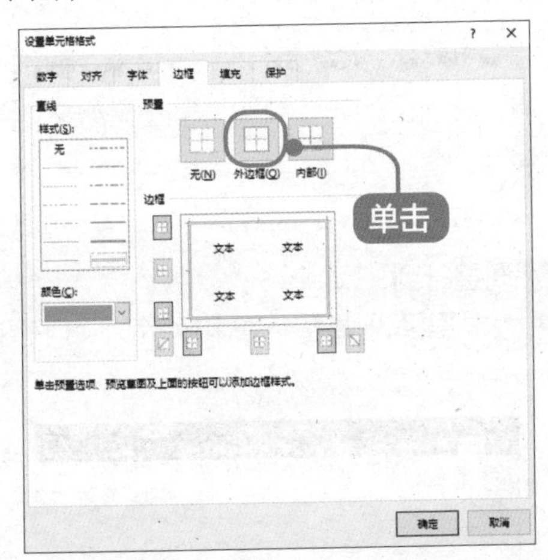

> **提示**
> 为单元格添加边框时，应先选定线条样式，再在【预置】区域中选择要添加的边框类型：无、外边框或内部。

3 添加内边框

按照同样的方法添加内边框。在【样式】列表框中选择一种线条样式，在【颜色】下拉列表中选择一种颜色，然后单击【预置】区域中的【内部】按钮，这时预览草图中显示的单元格区域添加了内边框（见下图）。

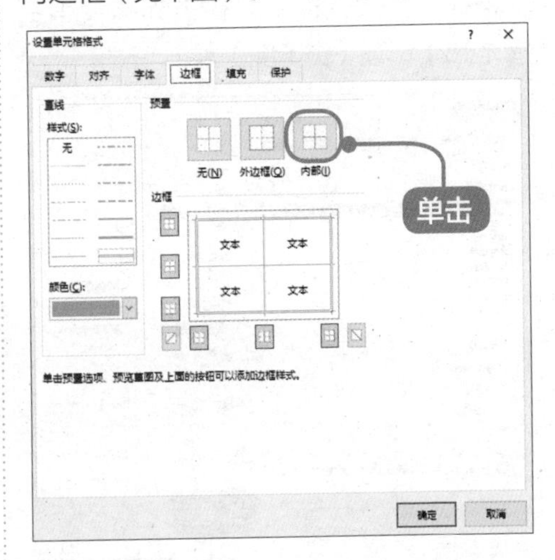

4 显示内外边框

单击【确定】按钮，设置的单元格区域显示出内外框线（见下图）。

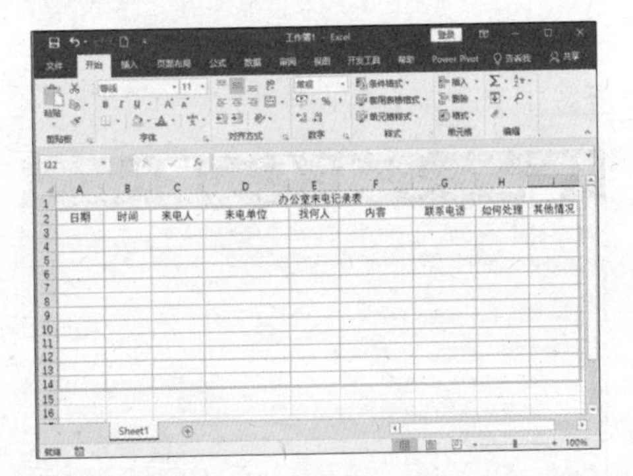

> **提示**
> 如果对设置的结果不满意，可以按上面的操作步骤重新设置边框。

15.2.3 设置文字格式

下面学习如何设计文字格式。

1 选择单元格

选择 A1 单元格，按【Ctrl+1】组合键，打开【设置单元格格式】对话框，选择【字体】选项卡，在【字体】列表框中选择【华文楷体】选项，在【字号】列表框中选择【18】选项（见下图）。

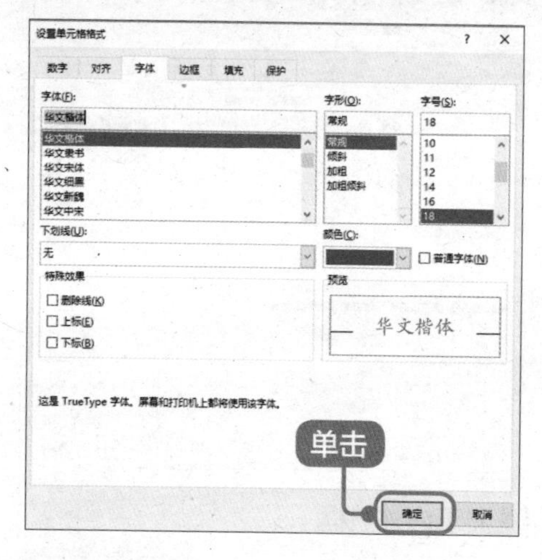

2 返回工作表

单击【确定】按钮，返回工作表中，可以看到文本“办公室来电记录表”已经发生了改变（见下图）。

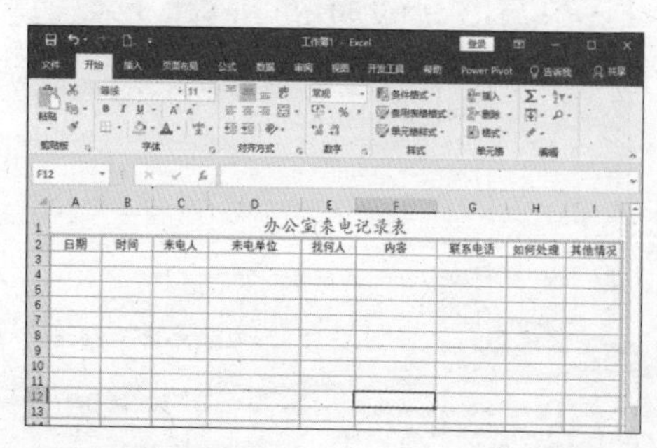

3 设置后效果

选择 A2:I2 单元格区域，将【字体】设置为“华文细黑”，【字形】设置为“加粗”，【字号】设置为“12”，设置完成后，效果如下图所示。

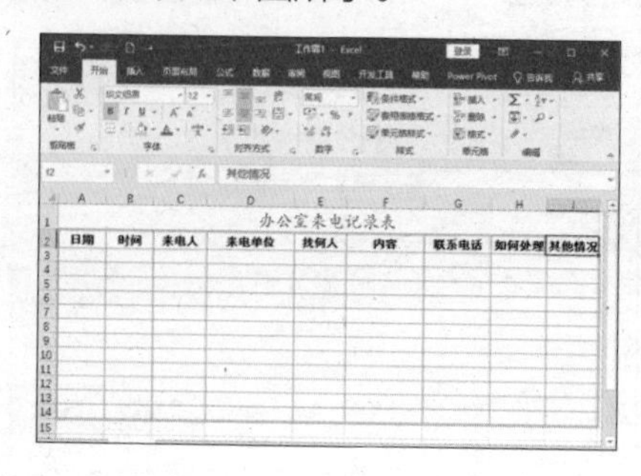

4 填充颜色

选择 A2:I2 单元格区域，单击【填充】按钮，为该区域填充一种颜色，效果如下图所示。

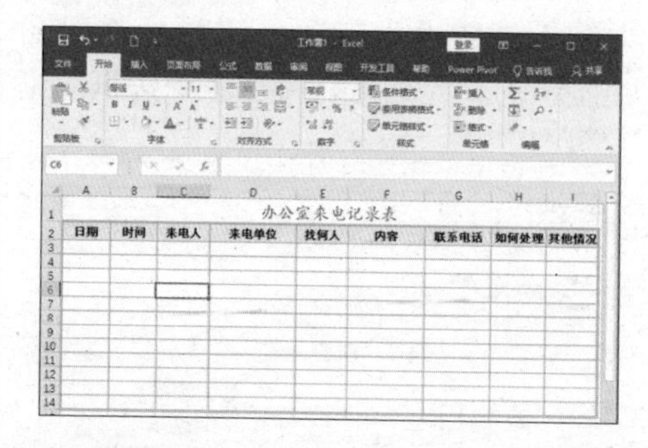

5 调整行列

根据情况调整行高和列宽，如下图所示。

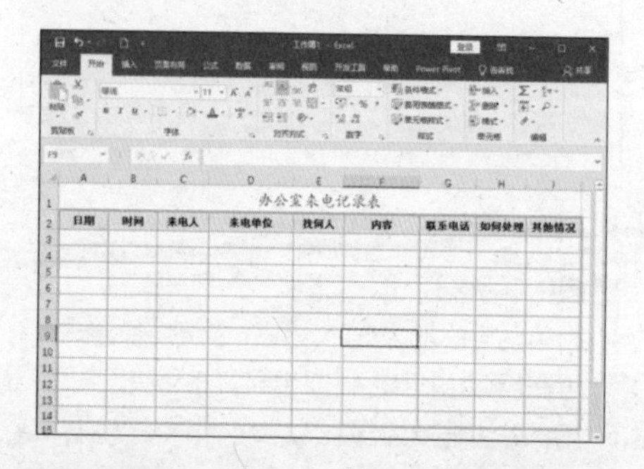

6 保存文件

按【F12】键，打开【另存为】对话框，

在【文件名】下拉列表中输入“办公室来电记录表 .xlsx”，然后单击【保存】按钮保存文件（见下图）。

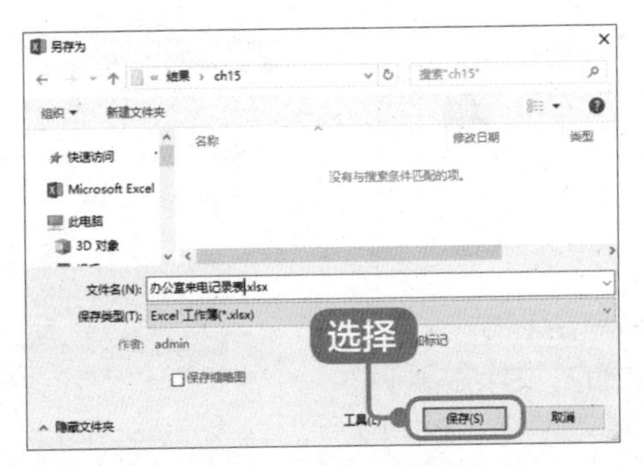

15.3 设计“公司会议”演示文稿

本节视频教学时间 / 16 分钟

会议是人们为了解决某些问题而聚集在一起进行讨论、交流的活动。制作会议 PPT 首先要确定会议的议程，提出会议的目的或要解决的问题，随后对这些问题进行讨论，最后还要以总结性的内容或给出新的目标来结束幻灯片。

15.3.1 设计幻灯片首页页面

创建公司会议演示文稿首页幻灯片页面的具体操作步骤如下。

1 新建演示文稿并选择【木头类型】选项

新建演示文稿，并将其另存为“公司会议 PPT.pptx”，单击【设计】选项卡下【主题】组中的【其他】按钮，在弹出的下拉菜单中选择【木头类型】选项（见下图）。

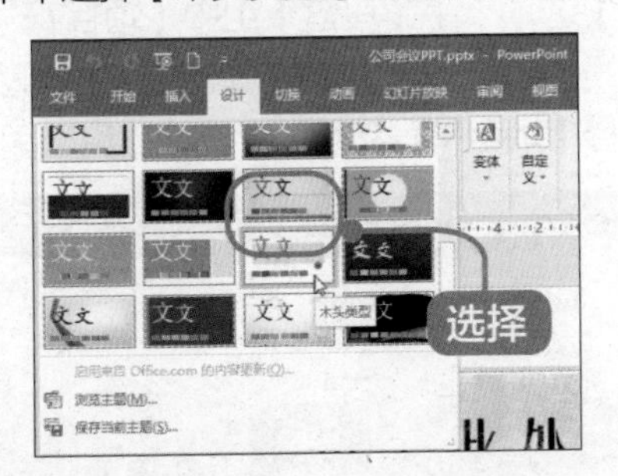

2 选择艺术字选项

为幻灯片应用【木头类型】主题效果，删除幻灯片中的所有文本框，单击【插入】选项卡下【文本】组中的【艺术字】按钮，在弹出的下拉列表中选择所需的艺术字选项（见下图）。

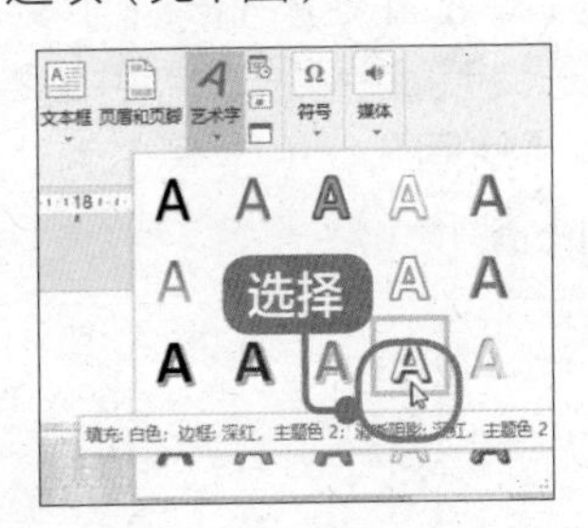

3 设置艺术字

在插入的艺术字文本框中输入“公司会议”文本内容，并设置其【字体】为“华文行楷”，【字号】为“115”，根据需要调整艺术字文本框的位置（见下页图）。

4 完成制作

选中艺术字，然后单击【格式】选项卡下【艺术字样式】组中的【文字效果】按钮，在弹出的下拉列表中选择【棱台】➢【圆形】选项，效果如下图所示，完成首页的制作。

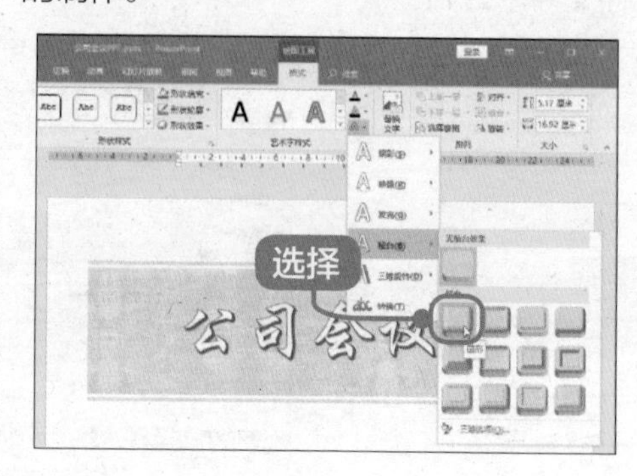

15.3.2 设计幻灯片议程页面

创建会议议程幻灯片页面的具体操作步骤如下。

1 新建幻灯片

新建一个【标题和内容】幻灯片（见下图）。

2 输入标题并设置

在【单击此处添加标题】文本框中输入“一、会议议程”文本，并设置其【字体】为“幼圆”，【字号】为“54”，效果如下图所示。

3 设置幻灯片内容

打开“素材\ch15\公司会议.txt”文件，将“议程”下的内容复制到幻灯片页面中，设置其【字体】为“幼圆”，【字号】为“28”，【行距】为“1.5 倍行距”，效果如下图所示。

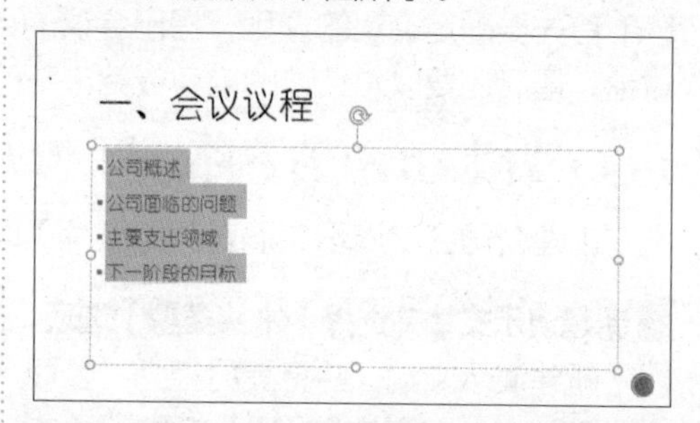

4 选择【项目符号和编号】选项

选择该幻灯片中的正文内容，单击【开始】选项卡下【段落】组中【项目符号】按钮的下拉按钮，在弹出的下拉列表中选择【项目符号和编号】选项（见下图）。

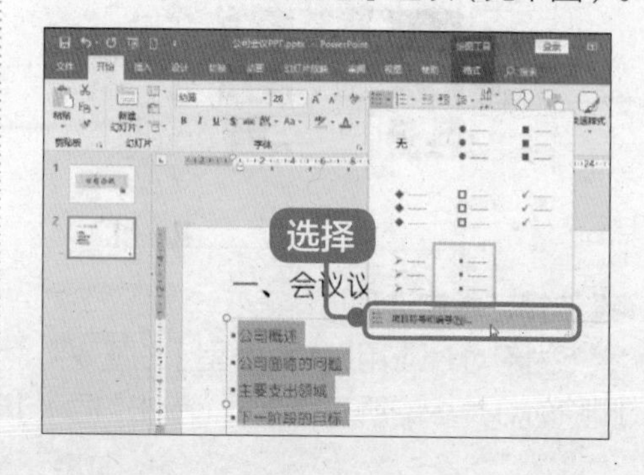

5 单击【自定义】按钮

弹出【项目符号和编号】对话框，单击【自定义】按钮（见下图）。

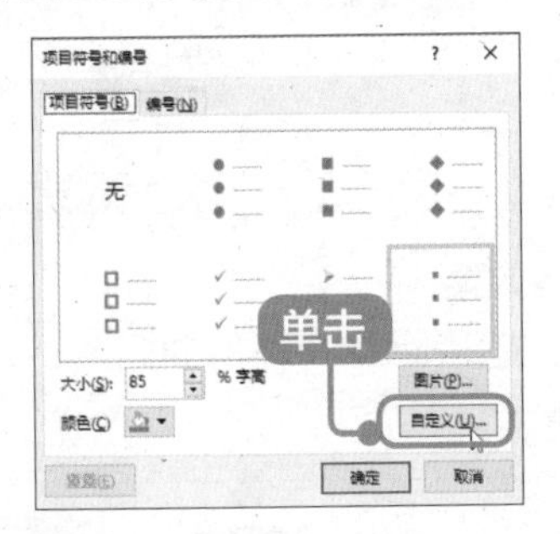

6 选择符号

弹出【符号】对话框，选择一种符号，单击【确定】按钮（见下图）。

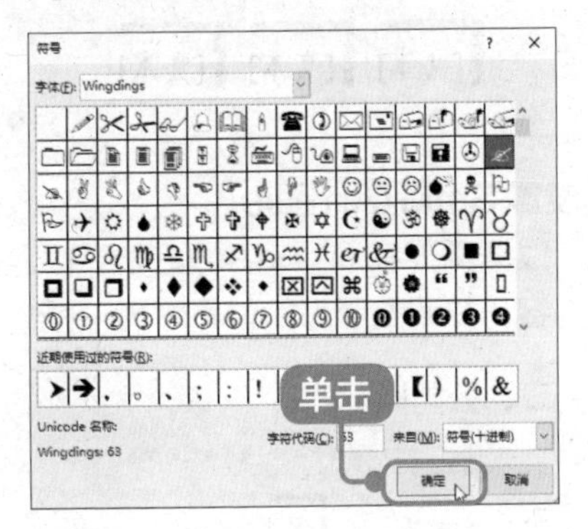

7 查看效果

返回至【项目符号和编号】对话框，单击【确定】按钮，完成项目符号的添加，效果如下图所示。

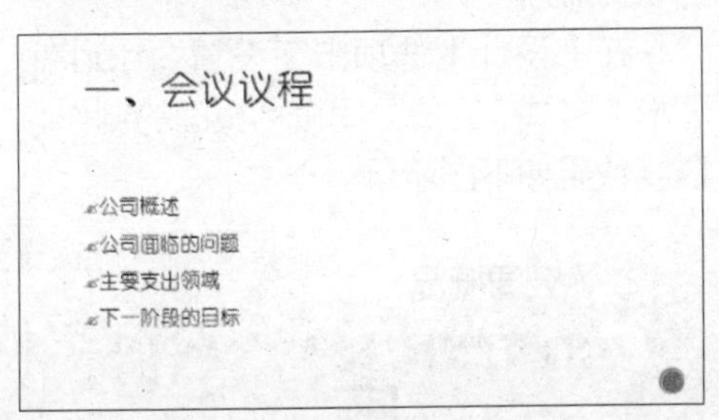

8 插入图片

单击【插入】选项卡下【图像】组中的【图片】按钮，弹出【插入图片】对话框，选择“素材 \ch15\ 公司宣传 .jpg”，单击【插入】按钮（见下图）。

9 查看效果

插入图片后，效果如下图所示。

10 调整图片

选择插入的图片，根据需要设置图片的样式，并调整图片的位置，完成会议议程幻灯片页面的制作，最终效果如下图所示。

15.3.3 设计幻灯片内容页面

设置会议内容幻灯片页面的具体操作步骤如下。

1. 制作公司概括幻灯片页面

1 新建幻灯片并设置标题

新建【标题和内容】幻灯片，并输入文本“二、公司概况”。设置其【字体】为“幼圆”，【字号】为“54”，效果如下图所示。

2 设置幻灯片内容

将“素材 \ch15\ 公司会议 .txt”文件中“二、公司概括”下的内容复制到幻灯片页面中，设置其【字体】为“楷体”，【字号】为“28”，并设置其【特殊格式】为“首行缩进”，【度量值】为“1.7 厘米”，效果如下图所示。

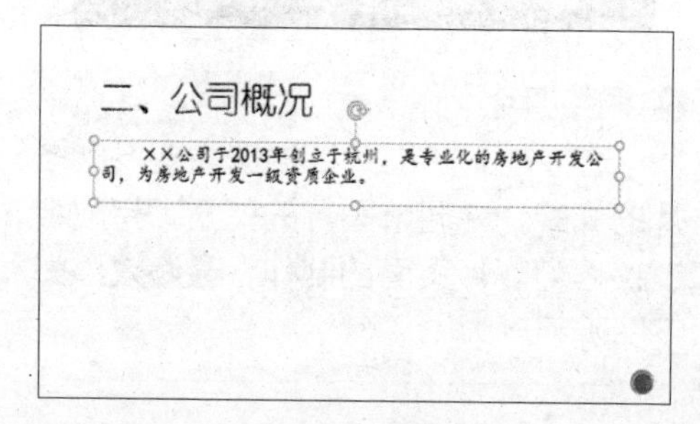

3 选择【组织结构图】类型

单击【插入】选项卡下【插图】组中的【SmartArt】按钮，打开【选择 SmartArt 图形】对话框，选择【层次结构】选项卡中的【组织结构图】类型，单击【确定】按钮（见右栏图）。

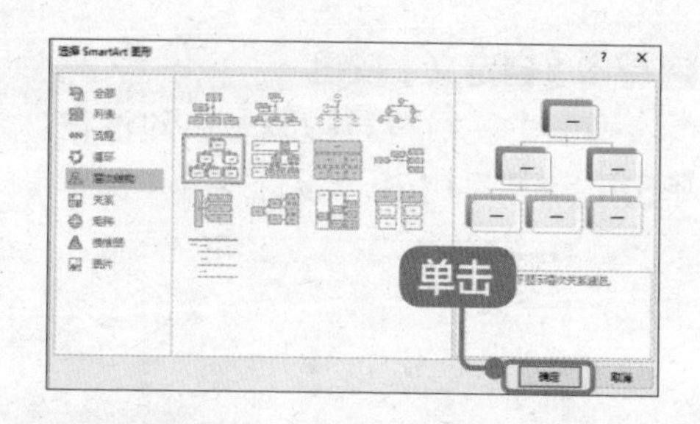

4 查看效果

完成 SmartArt 图形的插入，效果如下图所示。

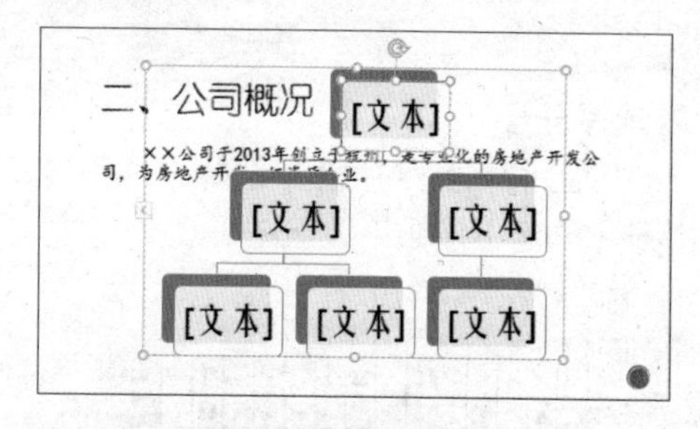

5 设置 SmartArt 图形

根据需要在 SmartArt 图形中输入文本内容，并调整图形的位置（见下图）。

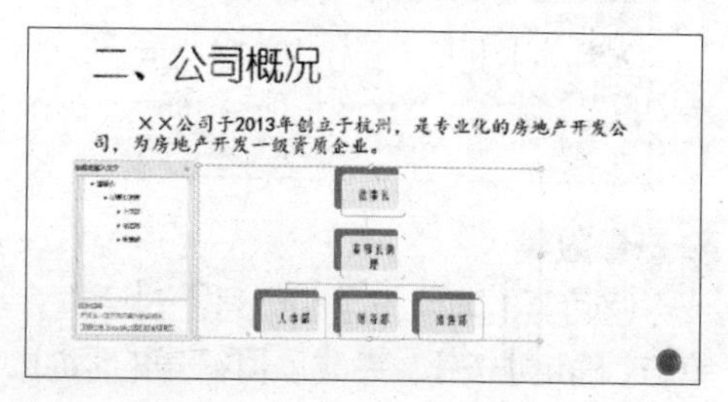

6 完成制作

在【设计】选项卡下设置 SmartArt 图形的样式，完成公司概括页面的制作，最终效果如下图所示。

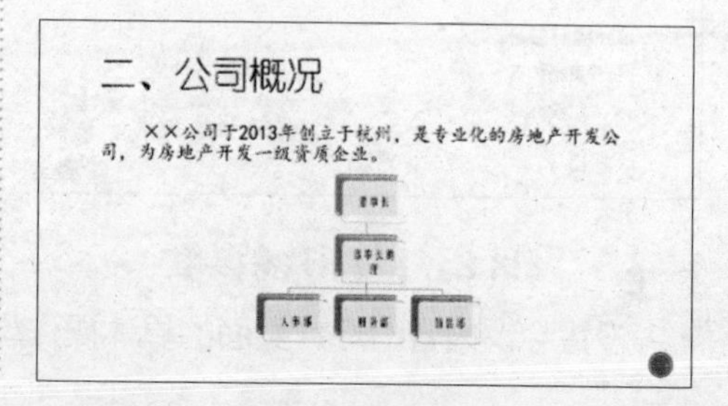

2. 制作公司面临的问题幻灯片页面

1 新建幻灯片并设置标题

新建【标题和内容】幻灯片，并输入文本“三、公司面临的问题”。设置其【字体】为“幼圆”，【字号】为“54”，效果如下图所示。

2 设置幻灯片内容

将“素材 \ch15\ 公司会议 .txt”文件中“三、公司面临的问题”下的内容复制到幻灯片页面中，设置其【字体】为“楷体”，【字号】为“20”，并设置其段落行距，效果如下图所示。

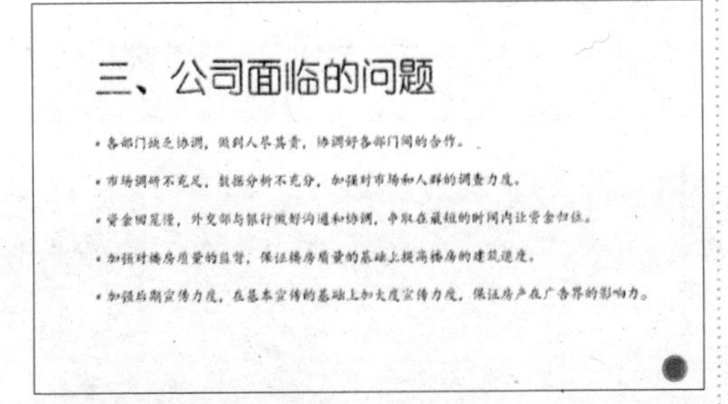

3 选择编号样式

选择正文内容，单击【开始】选项卡下【段落】组中【编号】按钮的下拉按钮，在弹出的下拉列表中选择一种编号样式（见右栏图）。

4 查看效果

添加编号完成后，效果如下图所示。

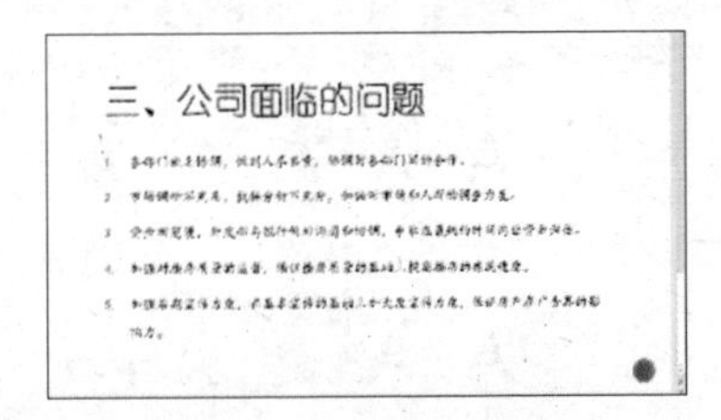

3. 设置其他幻灯片页面

1 制作“主要支出领域”幻灯片

重复上面的操作，制作“主要支出领域”幻灯片页面，最终效果如下图所示。

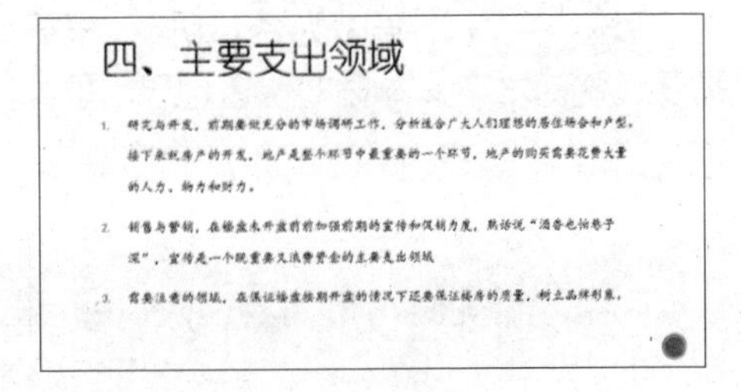

2 制作“下一阶段的目标”幻灯片

重复上面的操作，制作“下一阶段的目标”幻灯片页面，最终效果如下图所示。

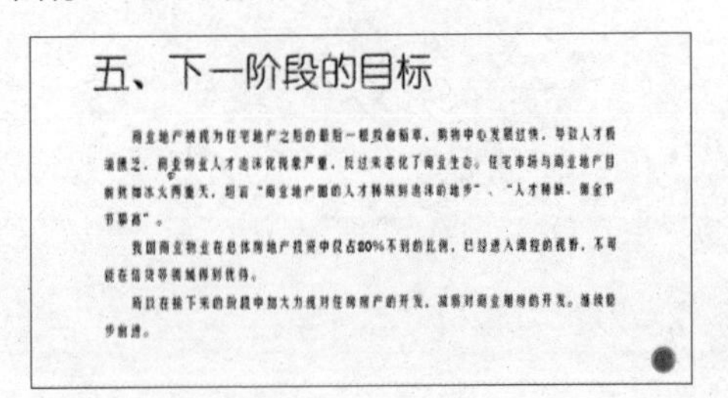

15.3.4 设计幻灯片结束页面

制作结束幻灯片页面的具体操作步骤如下。

1 新建幻灯片并选择艺术字样式

新建【空白】幻灯片，单击【插入】选项卡下【文本】组中的【艺术字】按钮，在弹出的下拉列表中选择一种艺术字样式（见下图）。

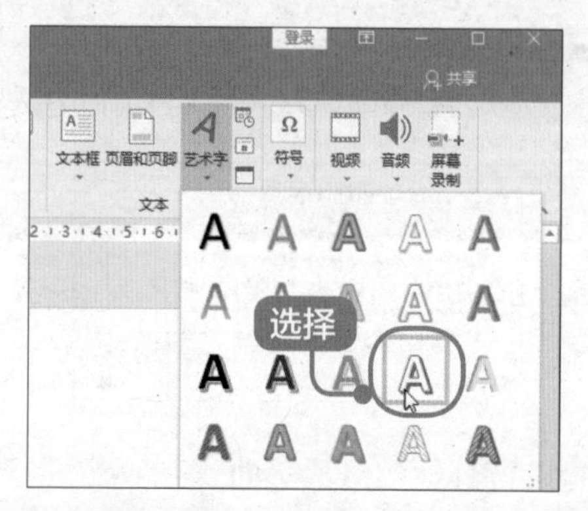

2 设置艺术字

在插入的艺术字文本框中输入文本内容“谢谢观看！”，并设置其【字体】为“楷体”，【字号】为“120”，根据需要调整艺术字文本框的位置（见下图）。

3 为艺术字选择文字效果

选中艺术字，单击【格式】选项卡下【艺术字样式】组中的【文字效果】按钮，在弹出的下拉列表中选择【映像】➤【紧密映像：8 磅 偏移量】选项（见下图）。

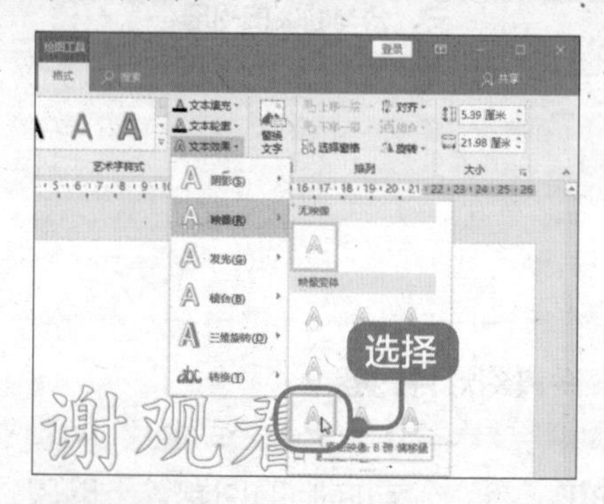

4 查看效果

设置艺术字样式后的效果如下图所示。至此，就完成了公司会议演示文稿的制作。

第 16 章

Office 2019 的行业应用——人力资源管理

本章视频教学时间 / 50 分钟

重点导读

人力资源管理是一项复杂、烦琐的工作，借助于 Office 2019，可以提高人力资源管理部门员工的工作效率。

学习效果图

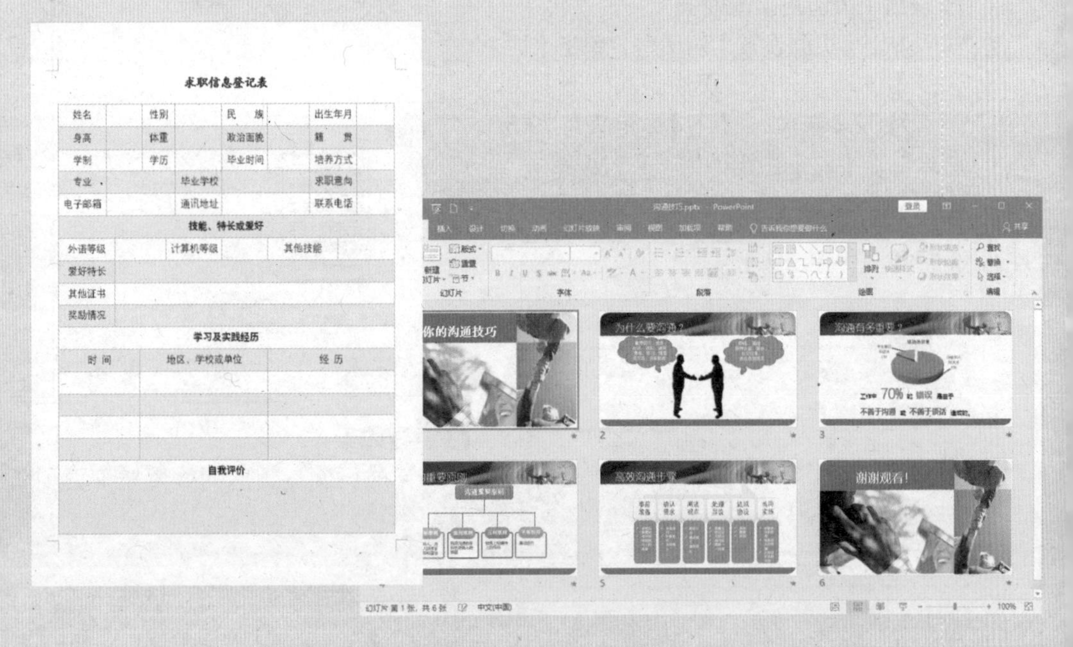

求职信息登记表

姓名		性别		民　族		出生年月	
身高		体重		政治面貌		籍　贯	
学制		学历		毕业时间		培养方式	
专业			毕业学校			求职意向	
电子邮箱			通讯地址			联系电话	
技能、特长或爱好							
外语等级		计算机等级		其他技能			
爱好特长							
其他证书							
奖励情况							
学习及实践经历							
时　间		地区、学校或单位			经　历		
自我评价							

16.1 制作“求职信息登记表”

本节视频教学时间 / 6 分钟

人力资源管理部门通常会根据需要制作求职信息登记表并打印出来，要求求职者填写。

16.1.1 页面设置

制作求职信息登记表之前，首先需要设置页面，具体操作步骤如下。

1 新建文档并单击【页面设置】按钮

新建一个 Word 文档，命名为“求职信息登记表.docx”，并将其打开。单击【布局】选项卡下【页面设置】组中的【页面设置】按钮（见下图）。

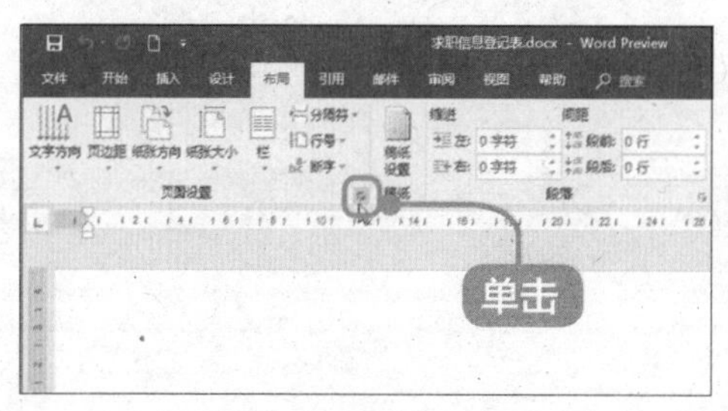

2 设置【页边距】选项卡

弹出【页面设置】对话框，单击【页边距】选项卡，设置页边距的【上】边距值为“2.5 厘米”，【下】边距值为“2.5 厘米”，【左】边距值为“1.5 厘米”，【右】边距值为“1.5 厘米”（见下图）。

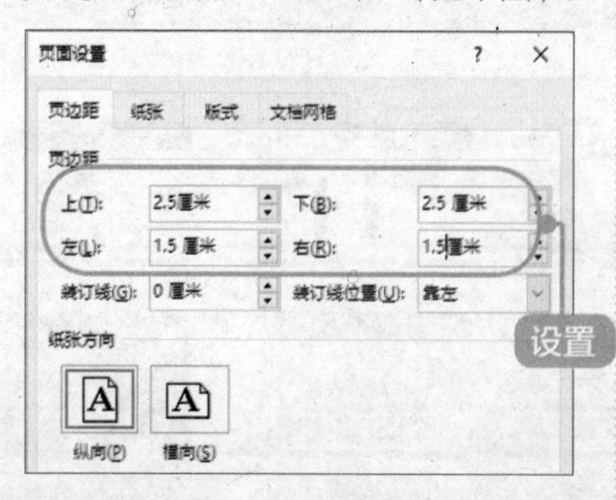

3 设置【纸张】选项卡

单击【纸张】选项卡，在【纸张大小】区域设置【宽度】为“20.5 厘米”，【高度】为“28.6 厘米”，单击【确定】按钮，完成页面的设置（见下图）。

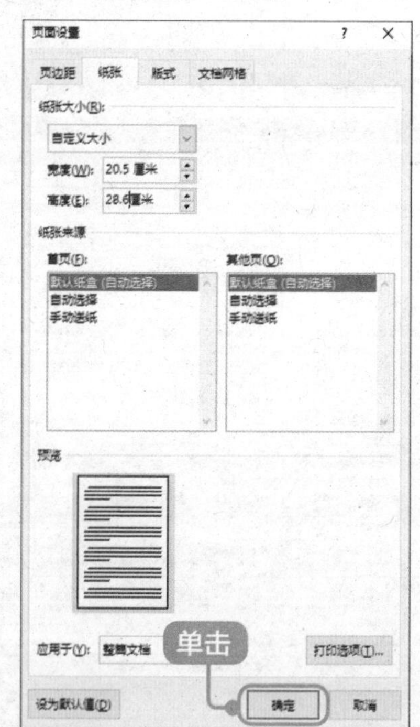

4 查看效果

完成页面设置后的效果如下页图所示。

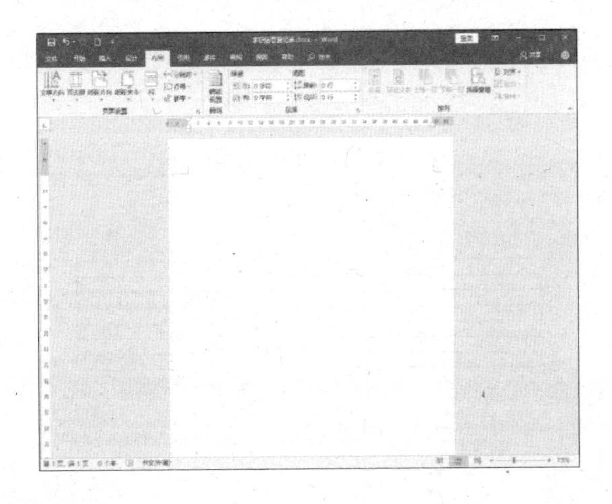

16.1.2 绘制整体框架

如果要用表格来制作求职信息登记表，首先需要绘制表格的整体框架，具体操作步骤如下。

1 设置标题

在绘制表格前，需要先输入求职信息表的标题，这里输入文本“求职信息登记表”，设置文本的【字体】为“楷体”，【字号】为“小二”，然后设置“加粗”并“居中”显示，效果如下图所示。

2 选择【插入表格】选项

将标题进行左对齐，然后单击【插入】选项卡下【表格】组中的【表格】按钮，在弹出的下拉列表中选择【插入表格】选项（见右栏图）。

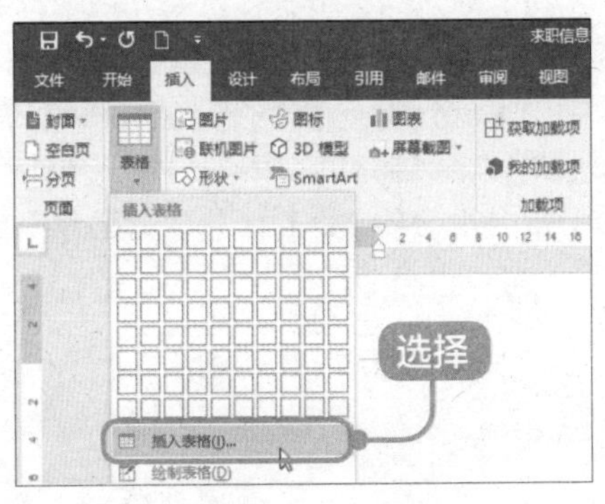

3 设置行列

弹出【插入表格】对话框，在【表格尺寸】区域中设置【列数】为“1”，【行数】为“7”，单击【确定】按钮（见下图）。

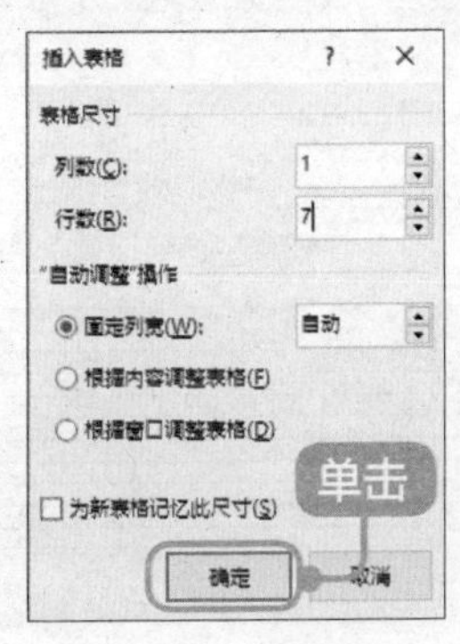

4 插入表格

插入一个 7 行 1 列的表格（见下图）。

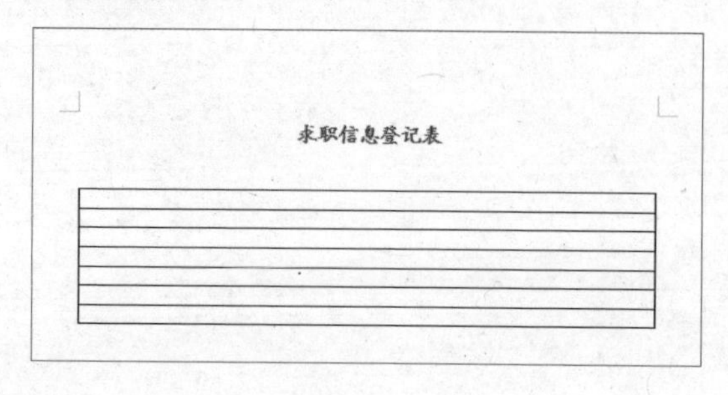

16.1.3 细化表格

绘制完成表格的整体框架后，就可以通过拆分单元格的形式细化表格了，具体操作步骤如下。

1 设置拆分的列数和行数

将鼠标光标置于第 1 行单元格中，单击【表格工具】➢【布局】选项卡下【合并】组中的【拆分单元格】按钮 拆分单元格，在弹出的【拆分单元格】对话框中，设置【列数】为“8”，【行数】为“5”，单击【确定】按钮（见下图）。

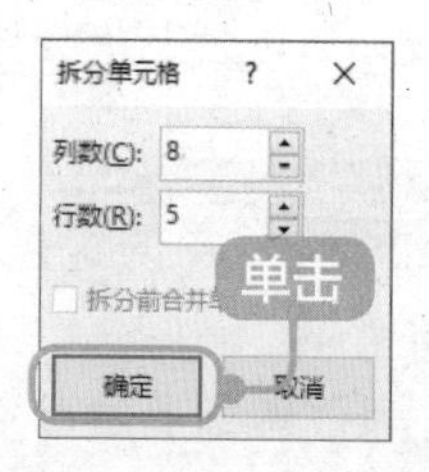

2 拆分效果

完成第 1 行单元格的拆分，效果如下图所示。

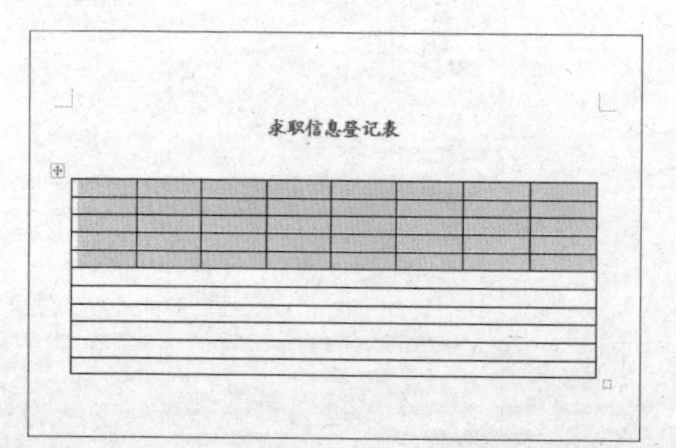

3 对单元格进行合并

选择第 4 行的第 2 列和第 3 列单元格，单击【表格工具】➢【布局】选项卡下【合并】组中的【合并单元格】按钮 合并单元格，将其合并为一个单元格，效果如下图所示。

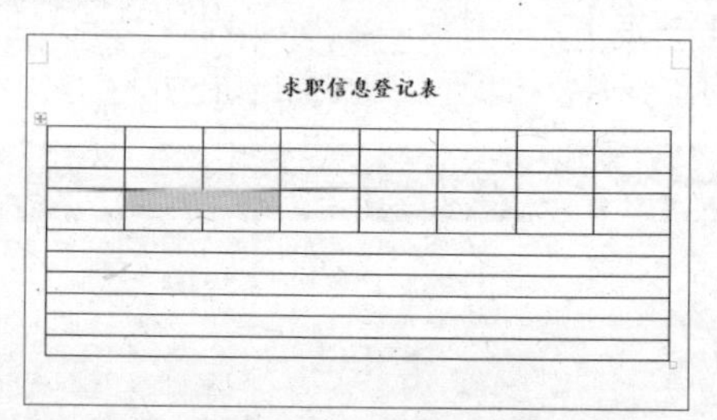

4 对表格先后进行行合并、拆分操作

在【布局】选项卡中，使用同样的方法合并第 5 列和第 6 列。之后，对第 5 行单元格进行同样的合并操作，将第 7 行单元格拆分为 4 行 6 列，效果如下图所示。

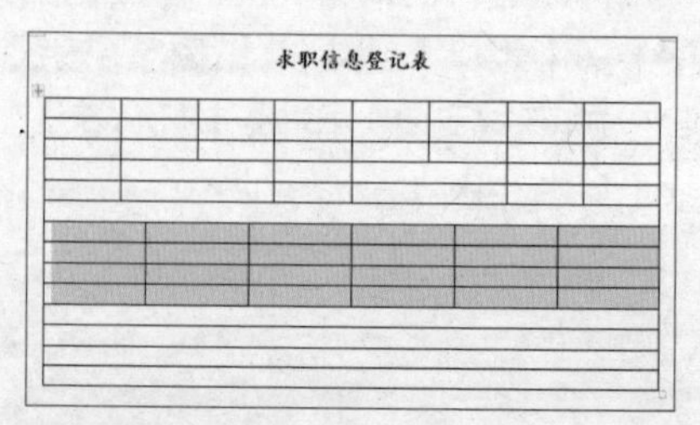

5 对第 8 行、第 9 行、第 10 行进行合并操作

合并第 8 行单元格的第 2 列至第 6 列，之后对第 9 行、第 10 行进行同样的操作，效果如下图所示。

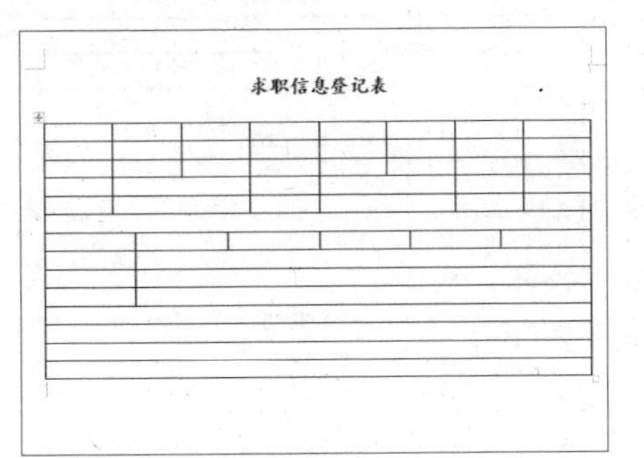

6 拆分第 12 行并细化表格

将第 12 行单元格拆分为 5 行 3 列，完成表格的细化操作，最终效果如下图所示。

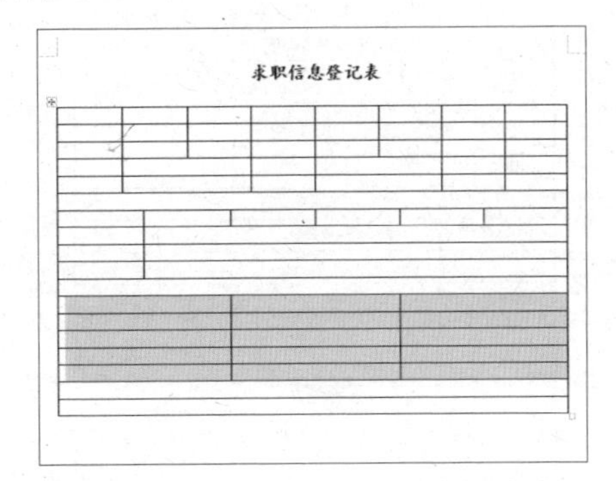

16.1.4 输入文本内容

对表格进行整体框架的绘制和单元格的划分后，接下来根据需要向单元格中输入相应的文本内容。

1 输入内容

打开“素材\ch16\登记表.docx”文件，根据登记表中的内容，在“求职信息登记表.docx”文件中输入相应的内容（见下图）。

2 设置文本

选择表格内的所有文本，设置【字体】为“等线”，【字号】为“四号”，【对齐方式】为“居中”，效果如右栏图所示。

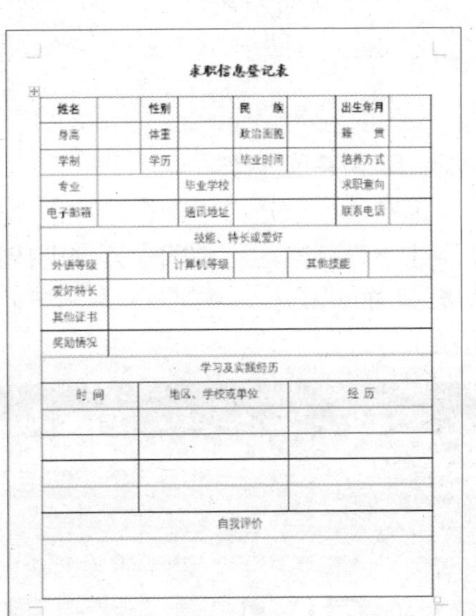

3 加粗效果

为第 6 行、第 11 行和第 17 行中的文字应用“加粗”效果，效果如下页图所示。

求职信息登记表

姓名		性别		民　族		出生年月	
身高		体重		政治面貌		籍　贯	
学制		学历		毕业时间		培养方式	
专业		毕业学校				求职意向	
电子邮箱		通讯地址				联系电话	
技能、特长或爱好							
外语等级		计算机等级		其他技能			
爱好特长							
其他证书							
奖励情况							
学习及实践经历							
时　间		地区、学校或单位			经　历		
自我评价							

4 调整布局

最后根据需要调整表格的行高及列宽，使其布局更合理，并占满整个页面，效果如下图所示。

求职信息登记表

姓名		性别		民　族		出生年月	
身高		体重		政治面貌		籍　贯	
学制		学历		毕业时间		培养方式	
专业		毕业学校				求职意向	
电子邮箱		通讯地址				联系电话	
技能、特长或爱好							
外语等级		计算机等级		其他技能			
爱好特长							
其他证书							
奖励情况							
学习及实践经历							
时　间		地区、学校或单位			经　历		
自我评价							

16.1.5 美化表格

制作完成求职信息登记表后，可以对表格进行美化，具体操作步骤如下。

1 选中表格并选择样式

选中整个表格，单击【设计】选项卡下【表格样式】组中的【其他】按钮 ，在弹出的下拉列表中选择一种样式（见下图）。

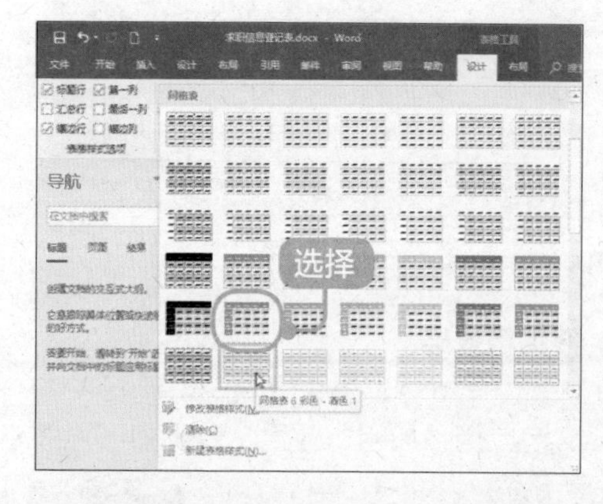

2 查看效果

设置表格样式后的效果如右栏图所示。

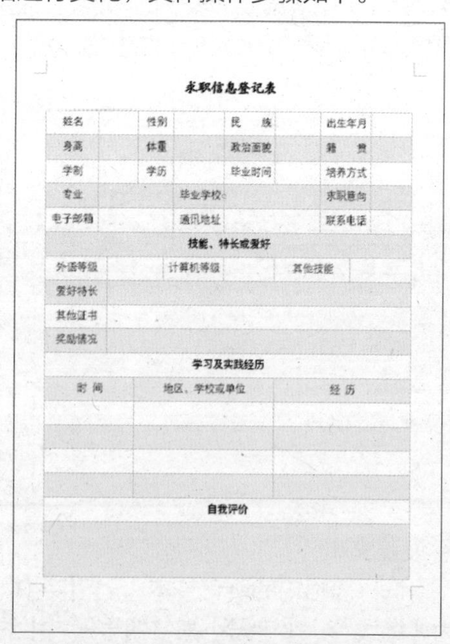

求职信息登记表

姓名		性别		民　族		出生年月	
身高		体重		政治面貌		籍　贯	
学制		学历		毕业时间		培养方式	
专业		毕业学校				求职意向	
电子邮箱		通讯地址				联系电话	
技能、特长或爱好							
外语等级		计算机等级		其他技能			
爱好特长							
其他证书							
奖励情况							
学习及实践经历							
时　间		地区、学校或单位			经　历		
自我评价							

至此，就完成了求职信息登记表的制作。

16.2 制作“员工年度考核”系统

本节视频教学时间 / 10 分钟

人事部门一般都会在年终或季度末对员工的表现进行一次考核，这不但可以对员工的工作进行督促和检查，还可以根据考核的情况发放年终和季度奖金。

16.2.1 设置数据验证

设置数据验证的具体操作步骤如下。

1 打开工作簿

打开“素材\ch16\员工年度考核.xlsx”工作簿，其中包含两个工作表，分别为“年度考核表”和“年度考核奖金标准”（见下图）。

2 选择【数据验证】选项

选中“年度考核表”工作表中“出勤考核”所在的 D 列，单击【数据】选项卡下【数据工具】组中的【数据验证】按钮右侧的下拉按钮，在弹出的下拉列表中选择【数据验证】选项（见下图）。

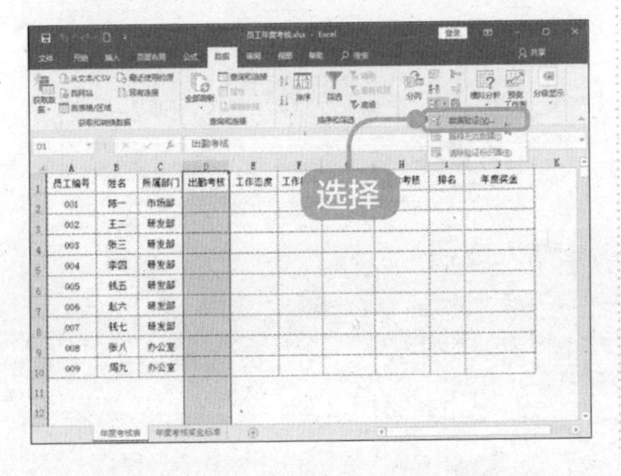

3 设置【设置】选项卡

弹出【数据验证】对话框，选择【设置】选项卡，在【允许】下拉列表中选择“序列”选项，在【来源】文本框中输入“6,5,4,3,2,1”（见下图）。

> **提示**
>
> 假设企业对员工的考核成绩分为 6、5、4、3、2 和 1 这 6 个等级，从 6 到 1 依次降低。在输入“6,5,4,3,2,1”时，中间的逗号要在英文状态下输入。

4 设置【输入信息】选项卡

切换到【输入信息】选项卡，勾选【选定单元格时显示输入信息】复选框，在【标题】文本框中输入“请输入考核成绩”，在【输入信息】列表框中输入“可以在下拉列表中选择”（见下页图）。

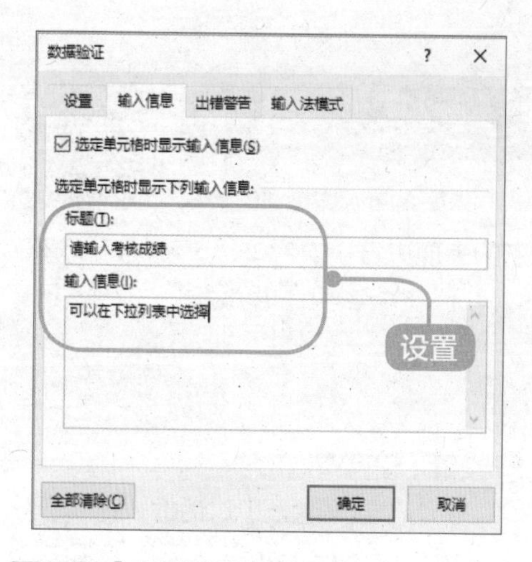

5 设置【出错警告】选项卡

切换到【出错警告】选项卡，勾选【输入无效数据时显示出错警告】复选框，在【样式】下拉列表中选择【停止】选项，在【标题】文本框中输入“考核成绩错误”，在【错误信息】列表框中输入“请到下拉列表中选择！”（见下图）。

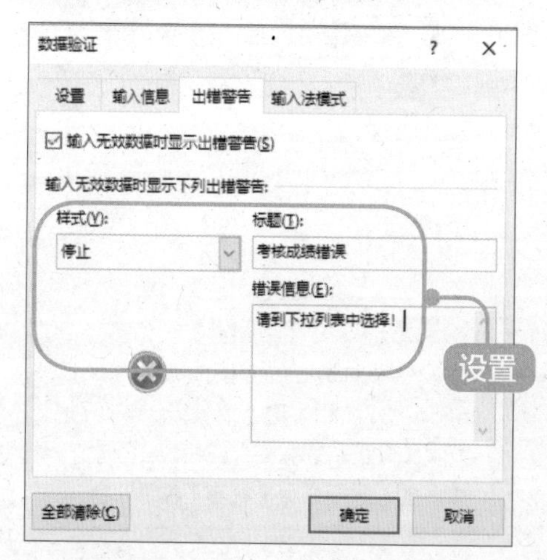

6 关闭英文模式

切换到【输入法模式】选项卡，在【模式】下拉列表中选择【关闭（英文模式）】选项，以保证在该列输入内容时始终不是英文输入法，单击【确定】按钮（见右栏图）。

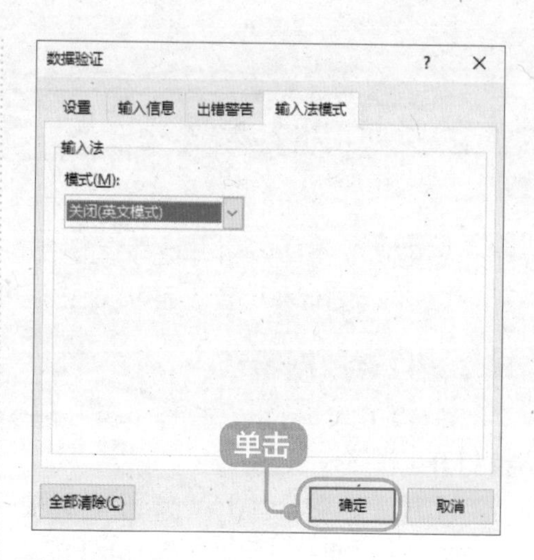

7 完成设置

完成数据验证的设置。单击单元格D2，将会显示黄色的信息框（见下图）。

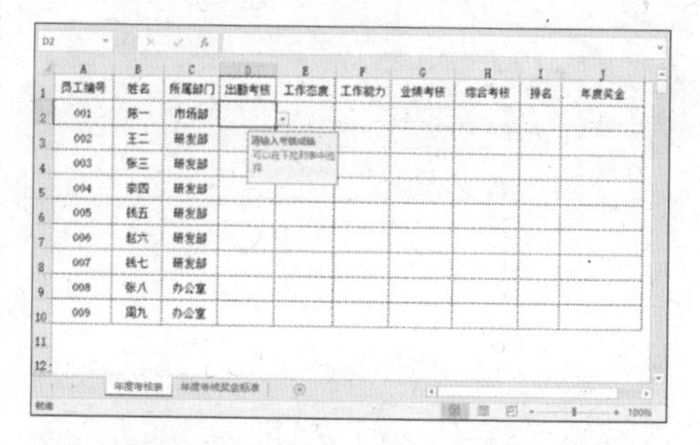

员工编号	姓名	所属部门	出勤考核	工作态度	工作能力	业绩考核	综合考核	排名	年度奖金
001	陈一	市场部							
002	王二	研发部							
003	张三	研发部							
004	李四	研发部							
005	钱五	研发部							
006	赵六	研发部							
007	钱七	研发部							
008	张八	办公室							
009	周九	办公室							

8 输入数字

在单元格D2中输入“8”，按【Enter】键，会弹出【考核成绩错误】提示框。如果单击【重试】按钮，则可重新输入（见下图）。

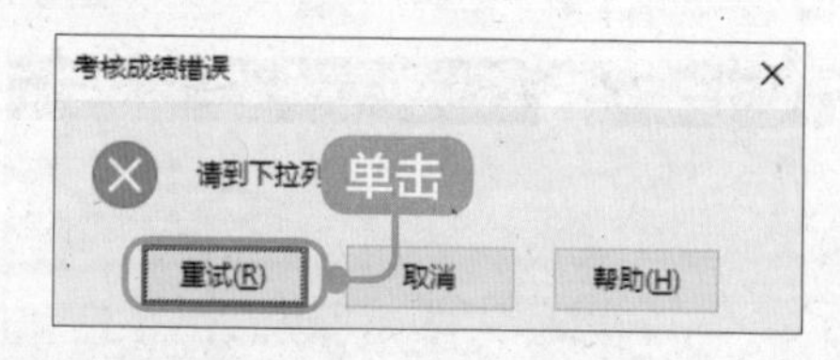

9 输入成绩

参照步骤1～7，设置E、F、G等列的数据有效性，并依次输入员工的成绩（见下页图）。

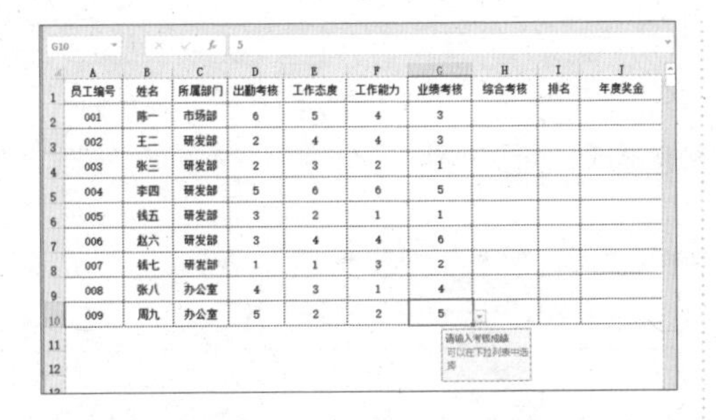

员工编号	姓名	所属部门	出勤考核	工作态度	工作能力	业绩考核	综合考核	排名	年度奖金
001	陈一	市场部	6	5	4	3			
002	王二	研发部	2	4	4	3			
003	张三	研发部	2	3	2	1			
004	李四	研发部	5	6	6	5			
005	钱五	研发部	3	2	1	1			
006	赵六	研发部	3	4	4	6			
007	钱七	研发部	1	1	3	2			
008	张八	办公室	4	3	1	4			
009	周九	办公室	5	2	2	5			

10 计算成绩

计算综合考核成绩。选择 H2:H10 单元格区域，输入“=SUM(D2:G2)”，按组合键【Ctrl+Enter】确认，可以计算出员工的综合考核成绩（见下图）。

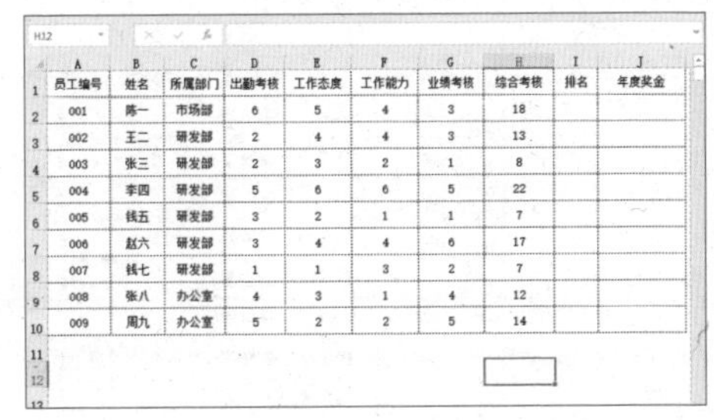

员工编号	姓名	所属部门	出勤考核	工作态度	工作能力	业绩考核	综合考核	排名	年度奖金
001	陈一	市场部	6	5	4	3	18		
002	王二	研发部	2	4	4	3	13		
003	张三	研发部	2	3	2	1	8		
004	李四	研发部	5	6	6	5	22		
005	钱五	研发部	3	2	1	1	7		
006	赵六	研发部	3	4	4	6	17		
007	钱七	研发部	1	1	3	2	7		
008	张八	办公室	4	3	1	4	12		
009	周九	办公室	5	2	2	5	14		

16.2.2 设置条件格式

设置条件格式的具体操作步骤如下。

1 选择区域并选择【新建规则】选项

选择单元格区域 H2:H10，单击【开始】选项卡下【样式】组中的【条件格式】按钮 条件格式，在弹出的下拉菜单中选择【新建规则】选项（见下图）。

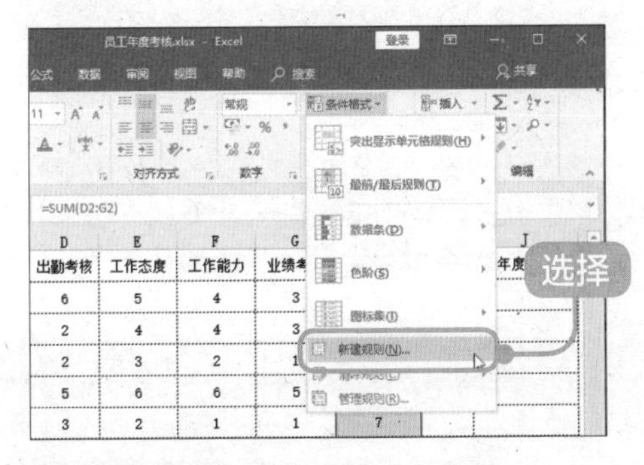

2 设置【新建格式规则】对话框

弹出【新建格式规则】对话框，在【选择规则类型】列表框中选择【只为包含以下内容的单元格设置格式】选项。在【编辑规则说明】区域的第 1 个下拉列表中选择【单元格值】选项，在第 2 个下拉列表中选择【大于或等于】选项，在右侧的文本框中输入“18”，然后单击【格式】按钮（见右栏图）。

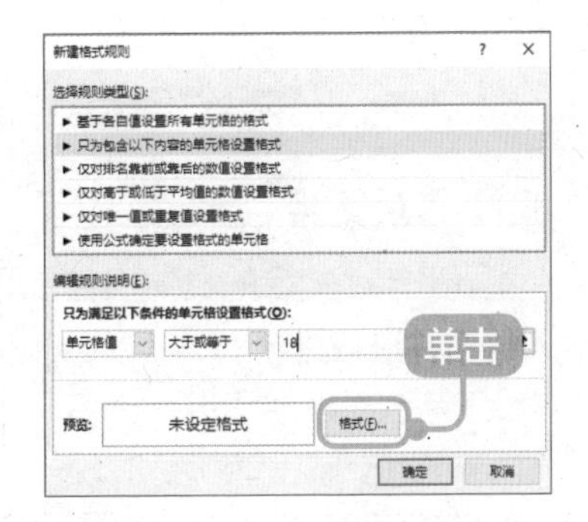

3 选择颜色

打开【设置单元格格式】对话框，选择【填充】选项卡，在【背景色】列表框中选择一种颜色，在【示例】区域可以预览效果，单击【确定】按钮（见下图）。

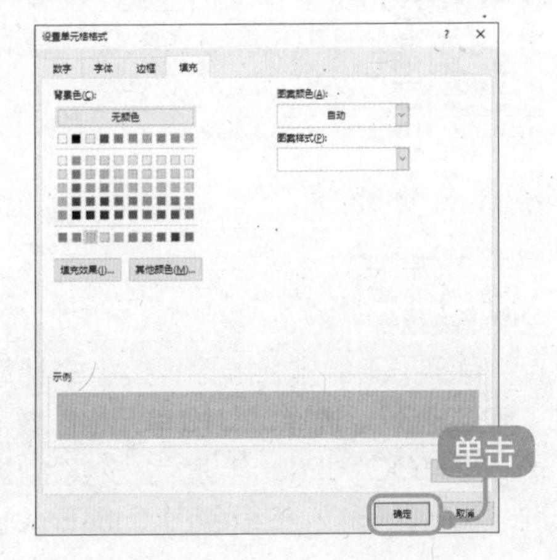

4 设置背景色

返回【新建格式规则】对话框，单击【确定】按钮。可以看到 18 分及 18 分以上的员工的“综合考核”将会以设置的背景色显示（见下图）。

员工编号	姓名	所属部门	出勤考核	工作态度	工作能力	业绩考核	综合考核	排名	年度奖金
001	陈一	市场部	6	5	4	3	18		
002	王二	研发部	2	4	4	3	13		
003	张三	研发部	2	3	2	1	8		
004	李四	研发部	5	6	6	5	22		
005	钱五	研发部	3	2	1	1	7		
006	赵六	研发部	3	4	4	6	17		
007	钱七	研发部	1	1	3	2	7		
008	张八	办公室	4	3	1	4	12		
009	周九	办公室	5	2	2	5	14		

16.2.3 计算员工年终奖金

计算员工年终奖金的具体操作步骤如下。

1 输入数据并进行排名

对员工综合考核成绩进行排名。选择 I2:I10 单元格区域，然后输入公式“=RANK(H2,$H$2:$H$10,0)”，按组合键【Ctrl+Enter】确认，可以看到在 I2:I10 单元格区域中显示出了排名（见下图）。

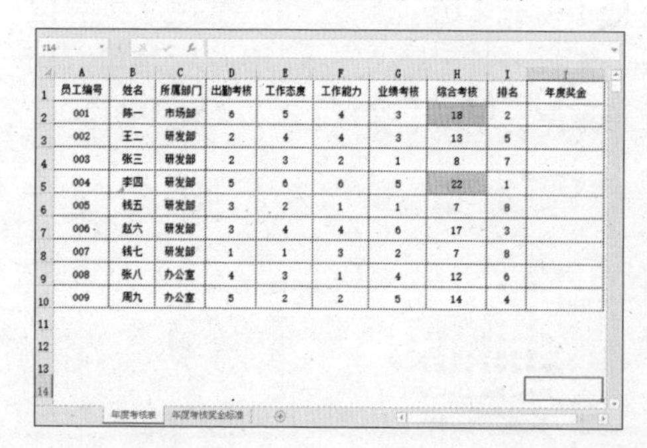

员工编号	姓名	所属部门	出勤考核	工作态度	工作能力	业绩考核	综合考核	排名	年度奖金
001	陈一	市场部	6	5	4	3	18	2	
002	王二	研发部	2	4	4	3	13	5	
003	张三	研发部	2	3	2	1	8	7	
004	李四	研发部	5	6	6	5	22	1	
005	钱五	研发部	3	2	1	1	7	8	
006	赵六	研发部	3	4	4	6	17	3	
007	钱七	研发部	1	1	3	2	7	8	
008	张八	办公室	4	3	1	4	12	6	
009	周九	办公室	5	2	2	5	14	4	

2 计算结果

有了员工的排名顺序，接下来计算“年终奖金”。选择 J2:J10 单元格区域，输入“=LOOKUP(I2,年度考核奖金标准!$A$2:$B$5)”，按组合键【Ctrl+Enter】确认，可以计算出员工的“年终奖金”（见下图）。

员工编号	姓名	所属部门	出勤考核	工作态度	工作能力	业绩考核	综合考核	排名	年度奖金
001	陈一	市场部	6	5	4	3	18	2	7000
002	王二	研发部	2	4	4	3	13	5	4000
003	张三	研发部	2	3	2	1	8	7	2000
004	李四	研发部	5	6	6	5	22	1	10000
005	钱五	研发部	3	2	1	1	7	8	2000
006	赵六	研发部	3	4	4	6	17	3	7000
007	钱七	研发部	1	1	3	2	7	8	2000
008	张八	办公室	4	3	1	4	12	6	2000
009	周九	办公室	5	2	2	5	14	4	4000

> **提示**
>
> 企业对年度考核排在前几名的员工给予奖金奖励，标准如下：第 1 名奖金 10000 元；第 2、3 名奖金 7000 元；第 4、5 名奖金 4000 元；第 6 ~ 10 名奖金 2000 元。

至此，就完成了员工年度考核系统的制作，最终只需要将制作完成的工作簿保存下来即可。

16.3 设计“沟通技巧培训”演示文稿

本节视频教学时间 / 34 分钟

沟通是人与人之间、人与群体之间思想与感情的传递和反馈的过程，是社会交际中必不可少的技能，沟通的成效会直接影响工作或事业的成功与否。

16.3.1 设计幻灯片母版

此演示文稿中除了首页和结束页外，其他的幻灯片中都需要在标题处放置一张关于沟通交际的图片。为了使版面更美观，可以将四角设置为弧形。设计幻灯片母版的操作步骤如下。

1 另存文档

启动 PowerPoint 2019，进入其工作界面，将新建文档另存为“沟通技巧.pptx”（见下图）。

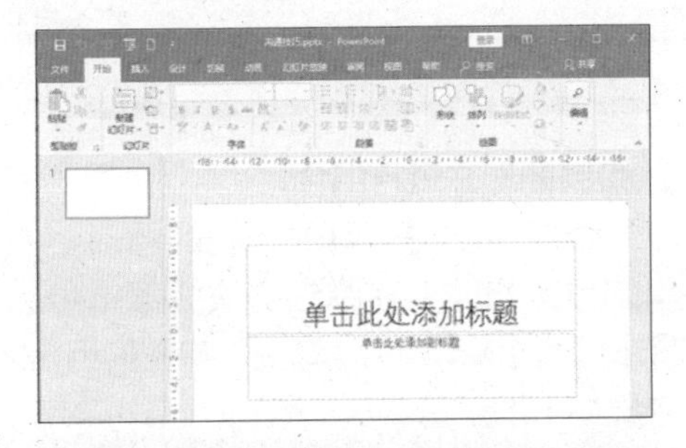

2 切换幻灯片母版视图并单击幻灯片

单击【视图】选项卡下【母版视图】中的【幻灯片母版】按钮，切换到幻灯片母版视图，并在左侧列表中单击第 1 张幻灯片（见下图）。

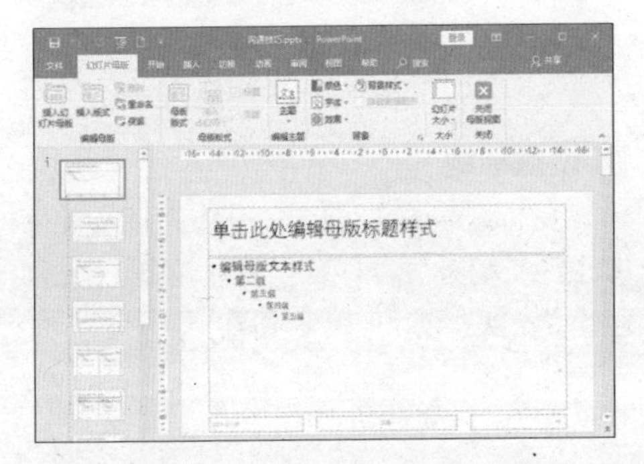

3 插入图片

单击【插入】选项卡下【图像】组中的【图片】按钮，在弹出的对话框中选择“素材\ch16\背景 1.png”文件，单击【插入】按钮（见下图）。

4 调整图片位置

插入图片后，调整图片的位置，效果如下图所示。

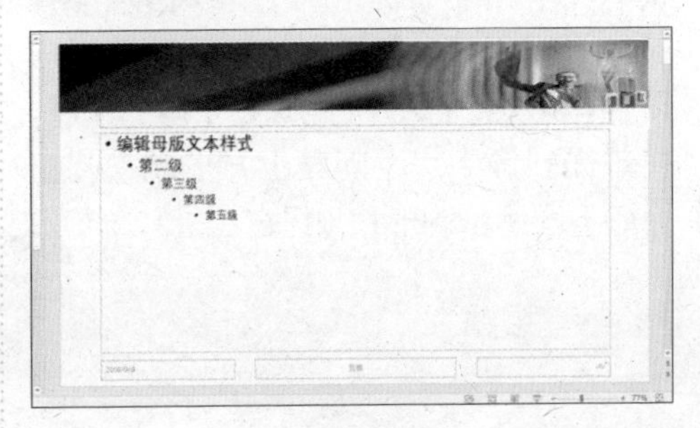

5 填充颜色

使用形状工具在幻灯片底部绘制 1 个矩形框，并填充颜色为蓝色（R:29，G:122，B:207）（见下图）。

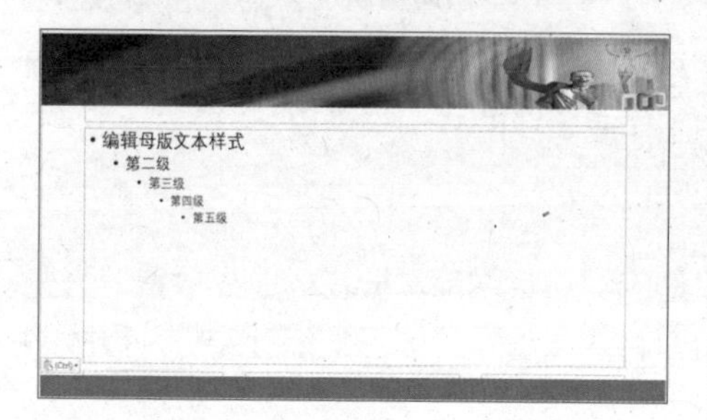

6 绘制圆角矩形并设置

使用形状工具绘制 1 个圆角矩形，并拖动圆角矩形左上方的黄点，调整圆角角度。设置【形状填充】为“无填充颜色”，【形状轮廓】为“白色”，【粗细】为“4.5 磅”（见下图）。

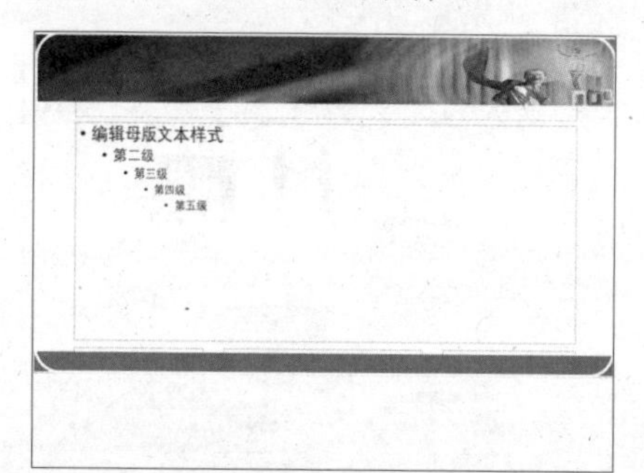

7 绘制正方形并设置

在左上角绘制 1 个正方形，设置【形状填充】和【形状轮廓】为“白色”并单击鼠标右键，在弹出的快捷菜单中选择【编辑顶点】命令，删除右下角的顶点，并单击斜边中点，向左上方拖动，调整为如下图所示的形状（见右栏图）。

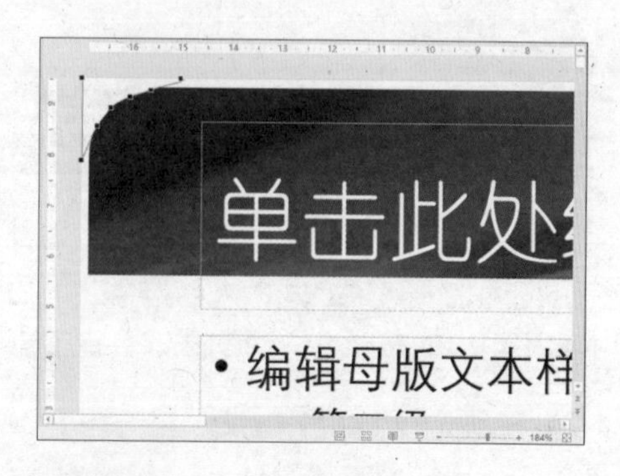

8 调整形状

重复上面的操作，绘制并调整幻灯片其他角的形状（见下图）。

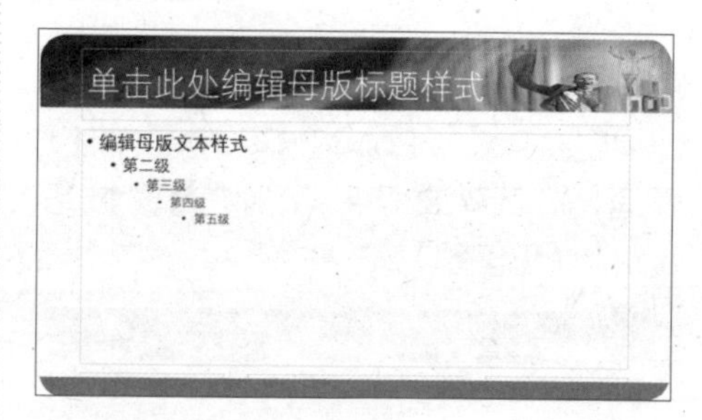

9 绘制图形并进行组合

选择步骤 6 ~ 8 中绘制的图形，并单击鼠标右键，在弹出的快捷菜单中选择【组合】➢【组合】命令，将图形组合，效果如下图所示。

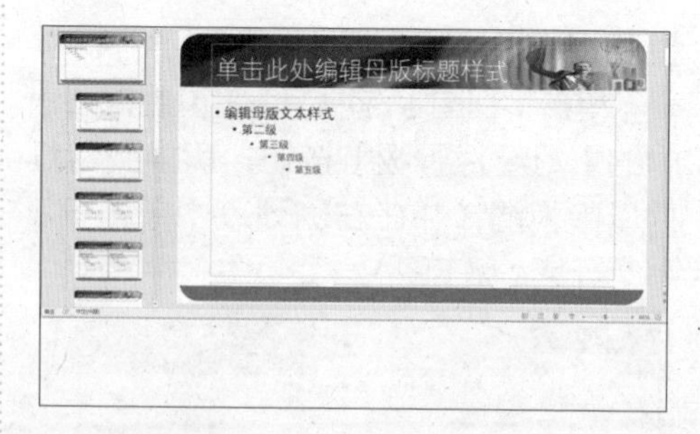

10 设置标题

将标题框置于顶层，并设置内容【字体】为“幼圆”，【字号】为“40”，【颜色】为“白色”（见下页图）。

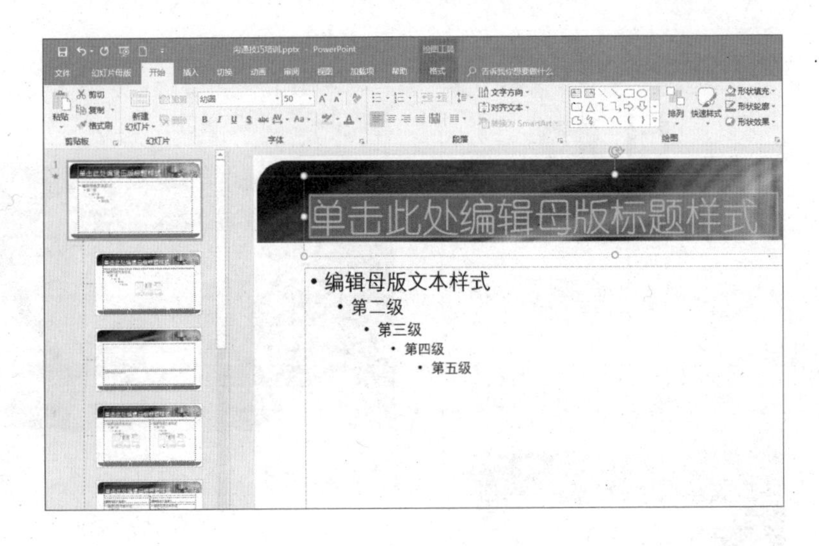

16.3.2 设计幻灯片首页

幻灯片首页由能够体现沟通交际的背景图和标题组成，设计幻灯片首页的具体操作步骤如下。

1 选择幻灯片

在幻灯片母版视图中选择左侧列表的第 2 张幻灯片（见下图）。

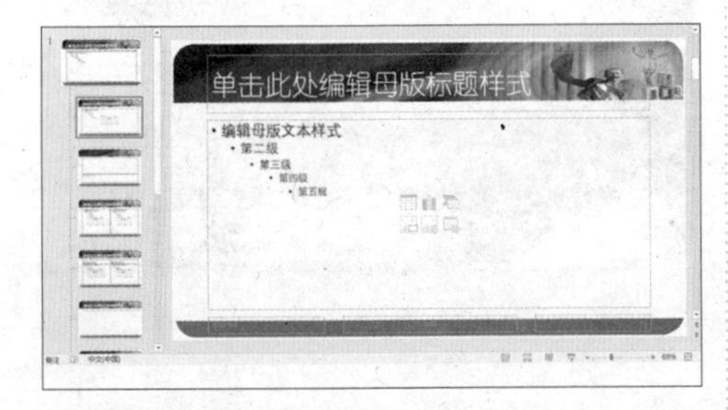

2 隐藏背景

勾选【幻灯片母版】选项卡下【背景】组中的【隐藏背景图形】复选框，将背景隐藏（见下图）。

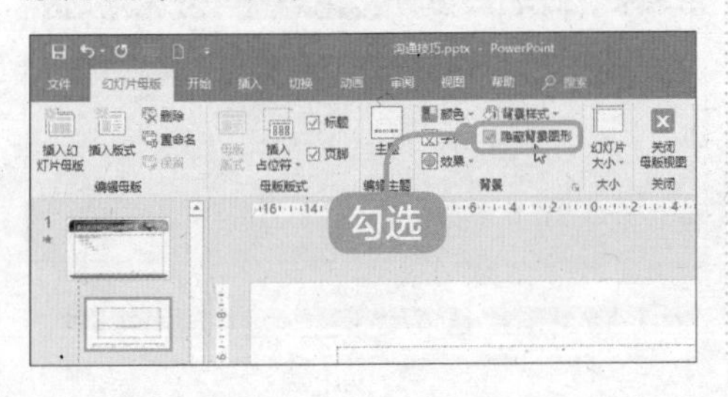

3 设置背景格式

单击【背景】组右下角的【设置背景格式】按钮 ，弹出【设置背景格式】窗格，单击【填充】区域中的【图片或纹理填充】单选项，并单击【文件】按钮（见下图）。

4 插入图片

在弹出的【插入图片】对话框中选择“素材 \ch16\ 首页 .jpg”，单击【插入】按钮（见下页图）。

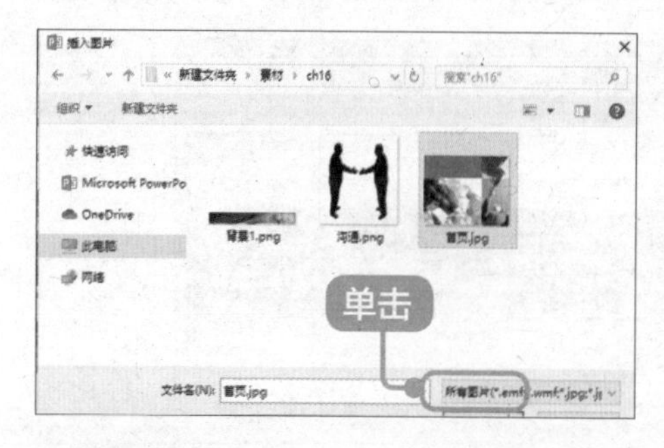

5 设置背景

设置背景后的幻灯片如下图所示。

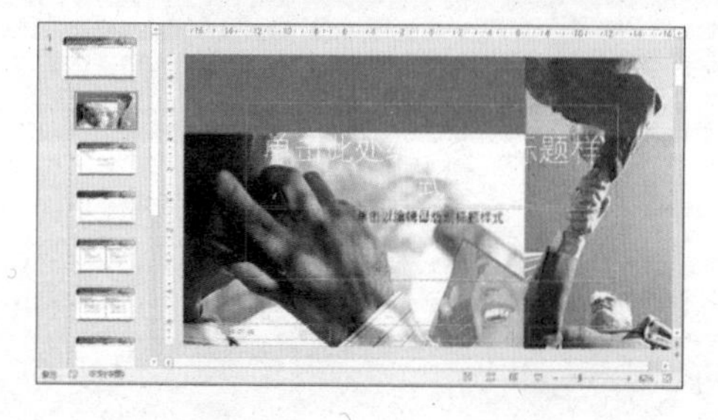

6 组合效果图

按照 16.3.1 节步骤6 ~9 的操作，绘制图形，并将其组合，效果如下图所示。

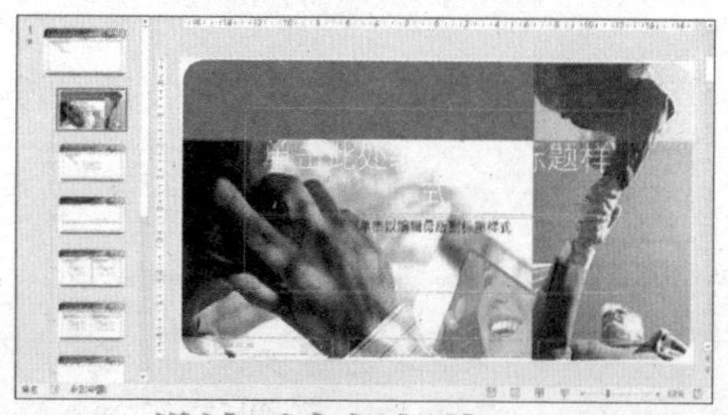

7 返回普通视图

单击【关闭母版视图】按钮，返回普通视图（见下图）。

8 设置标题

在幻灯片的标题文本占位符中输入文本“提升你的沟通技巧”，设置【字体】为“华文中宋”并“加粗”，调整文本框的大小与位置，删除副标题文本占位符，制作完成的幻灯片首页如下图所示。

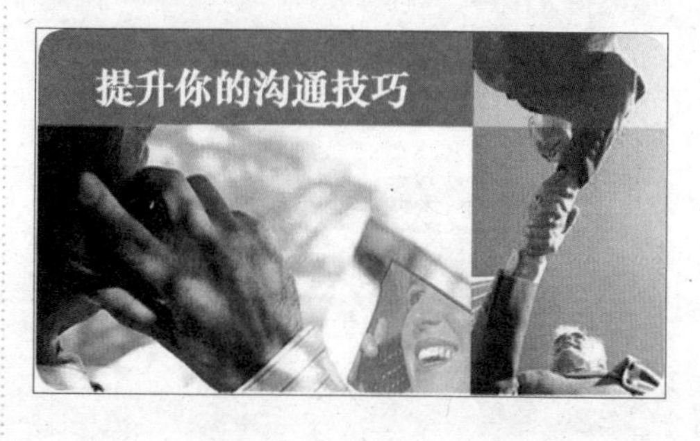

16.3.3 设计图文幻灯片

图文幻灯片的目的是将图形和文字结合来形象地说明沟通的重要性，设计图文幻灯片页面的具体操作步骤如下。

1 新建幻灯片并输入标题

新建 1 张【仅标题】幻灯片，并输入标题“为什么要沟通？”（见右栏图）。

2 **插入图片并调整图片位置**

单击【插入】选项卡下【图像】组中的【图片】按钮，插入"素材\ch16\沟通.png"，并调整图片的位置（见下图）。

3 **插入图形**

使用形状工具插入两个"思想气泡：云"图形（见下图）。

4 **输入文字**

在云形图形上单击鼠标右键，在弹出的快捷菜单中选择【编辑文字】命令，并输入如下文字，然后根据需要设置字体样式（见下图）。

5 **新建幻灯片并输入标题**

新建1张【标题和内容】幻灯片，并输入标题"沟通有多重要？"（见下图）。

6 **选择图表类型**

单击内容文本框中的图表按钮，在弹出的【插入图表】对话框中选择【饼图】选项卡，单击【确定】按钮（见下图）。

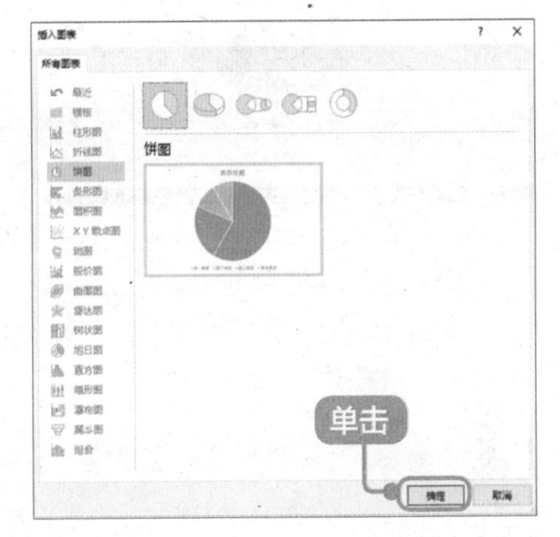

7 **打开工作簿**

在打开的【Microsoft PowerPoint 中的图表】工作簿中修改数据，如下图所示。

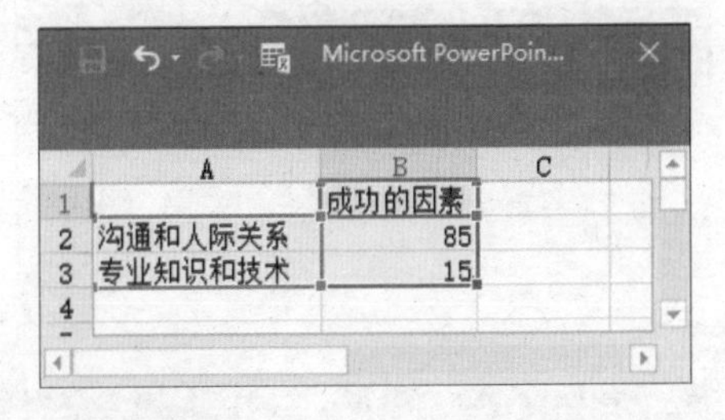
Microsoft PowerPoin...

	A	B	C
1		成功的因素	
2	沟通和人际关系	85	
3	专业知识和技术	15	
4			

8 **插入图表**

关闭【Microsoft PowerPoint 中的图表】工作簿，即可在幻灯片中插入图表（见下页图）。

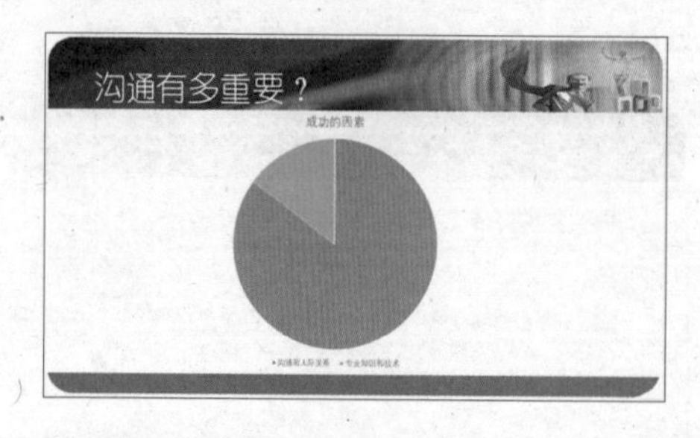

9 修改后效果

根据需要修改图表的样式，效果如下图所示。

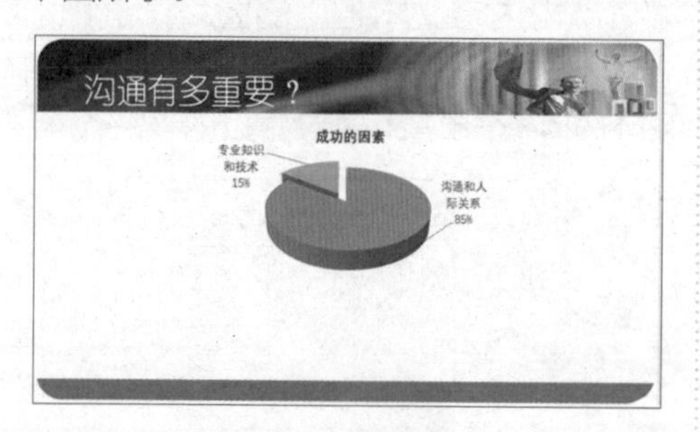

10 最终效果

在图表下方插入 1 个文本框，输入内容，并调整文本的字体、字号和颜色，最终效果如下图所示。

16.3.4 设计图形幻灯片

下面使用各种形状图形和 SmartArt 图形直观地展示沟通的重要原则和高效沟通的步骤，具体操作步骤如下。

第 1 步：设计“沟通重要原则”幻灯片。

1 新建幻灯片并输入标题

新建 1 张【仅标题】幻灯片，并输入标题内容“沟通的重要原则”（见下图）。

2 应用样式

使用形状工具绘制 5 个圆角矩形，调整圆角矩形的圆角角度，并分别应用一种形状样式（见下图）。

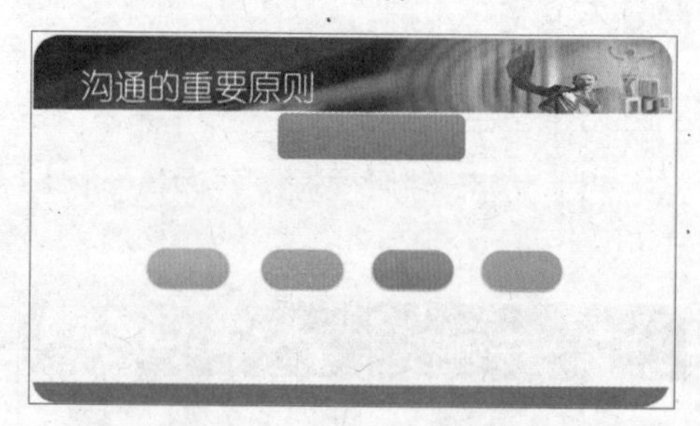

3 连接图形

再绘制 4 个圆角矩形，设置【形状填充】为“无填充颜色”，分别设置【形状轮廓】为绿色、红色、蓝色和橙色，将其置于底层，然后绘制直线将图形连接起来（见下页图）。

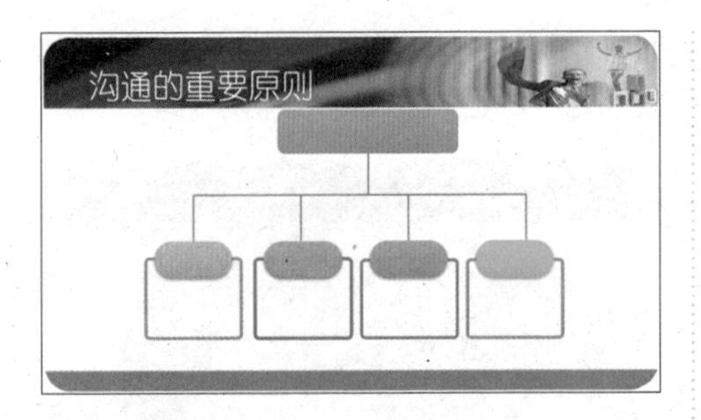

4 输入文字

在形状上单击鼠标右键，在弹出的快捷菜单中选择【编辑文字】命令，根据需要输入文字，效果如下图所示。

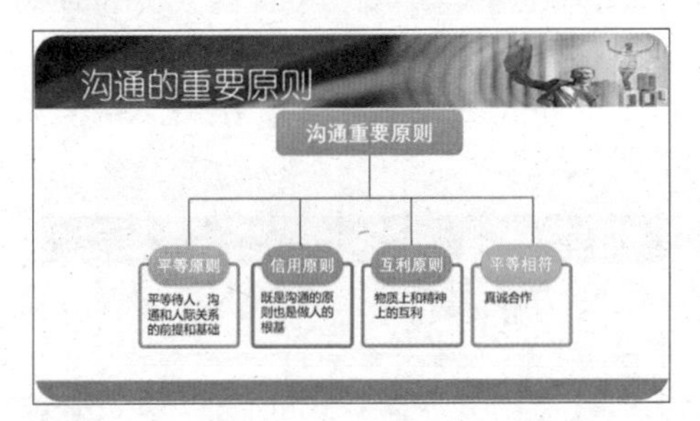

第 2 步：设计“高效沟通步骤”幻灯片。

1 新建幻灯片并输入标题

新建 1 张【仅标题】幻灯片，并输入标题“高效沟通步骤”（见下图）。

2 输入图形并输入文字

单击【插入】选项卡下【插图】组中的【SmartArt】按钮，在弹出的【选择 SmartArt 图形】对话框中选择【连续块状流程】图形，单击【确定】按钮。在 SmartArt 图形中输入文字，如右栏图所示。

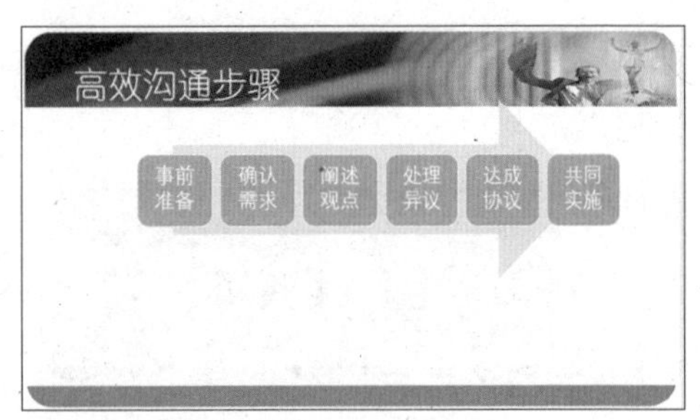

3 选择图形并更改颜色

选择 SmartArt 图形，单击【设计】选项卡下【SmartArt 样式】组中的【更改颜色】按钮，在下拉列表中选择【彩色轮廓 - 个性色 3】选项（见下图）。

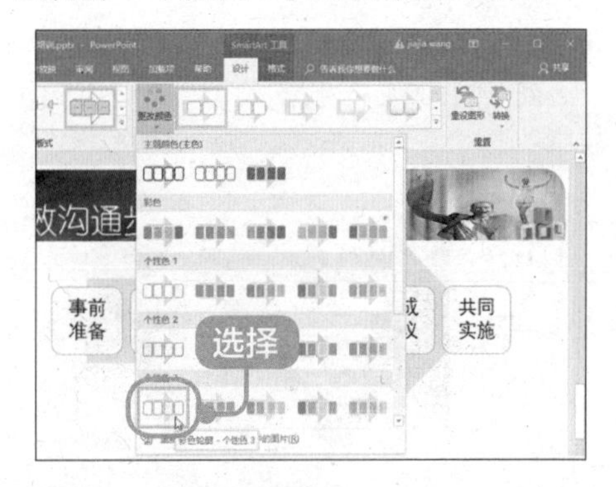

4 选择【嵌入】选项

单击【SmartArt 样式】组中的【其他】按钮，在下拉列表中选择【嵌入】选项（见下图）。

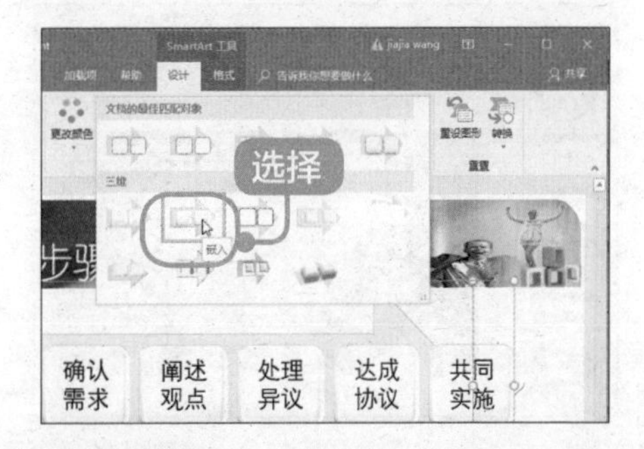

5 应用样式

在 SmartArt 图形下方绘制 6 个圆角矩形，并应用蓝色形状样式（见下页图）。

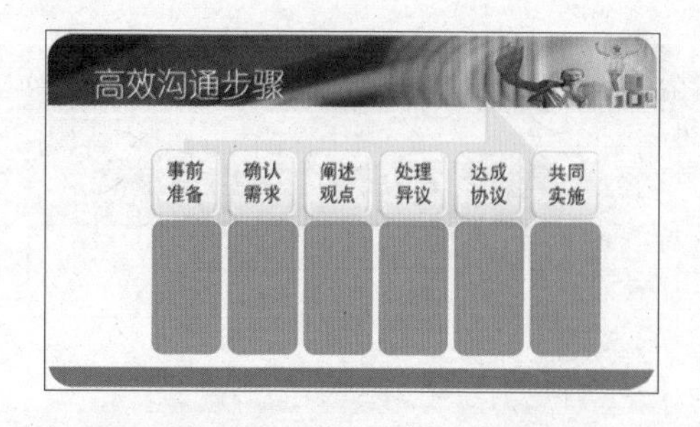

6 设置颜色

在圆角矩形中输入文字，为文字添加“√”形式的项目符号，并设置字体颜色为“白色”，如下图所示。

16.3.5 设计幻灯片结束页

结束页幻灯片和首页幻灯片的背景一致，只是标题内容不同，设计结束页的具体操作步骤如下。

1 新建幻灯片

新建 1 张【标题幻灯片】，如下图所示。

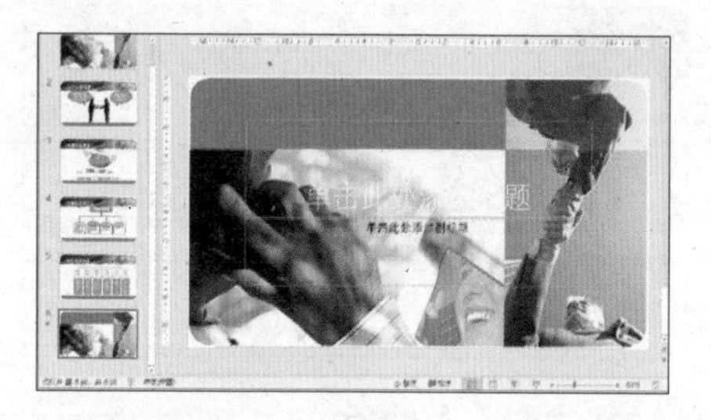

2 设置标题

在标题文本框中输入“谢谢观看！”，并设置字体和调整位置（见下图）。

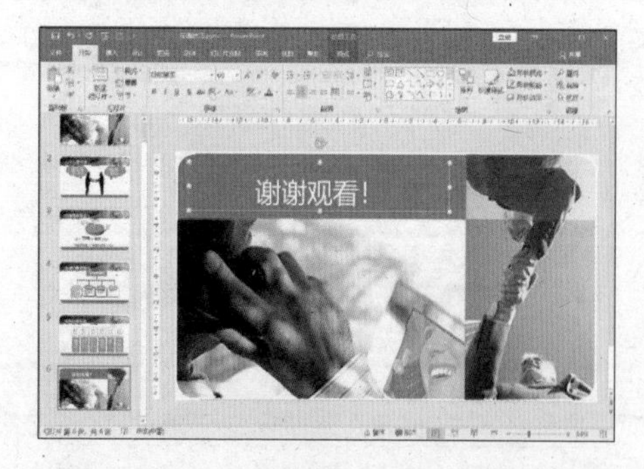

3 应用【淡入 / 淡出】效果

选择第 1 张幻灯片，单击【切换】选项卡下【切换到此幻灯片】组中的【其他】按钮 ，应用【淡入 / 淡出】效果（见下图）。

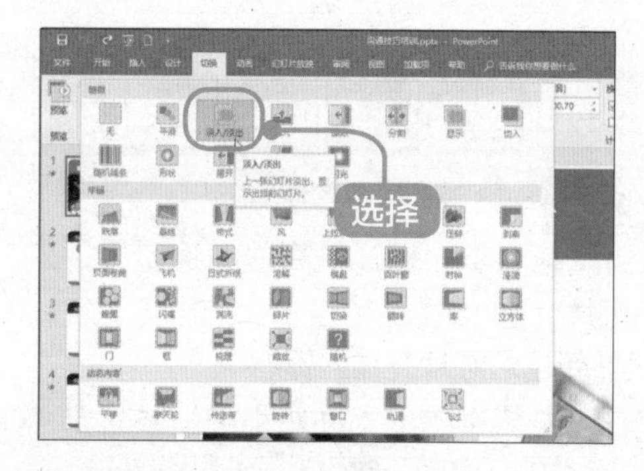

4 为其他幻灯片应用效果

分别为其他幻灯片应用切换效果（见下图）。

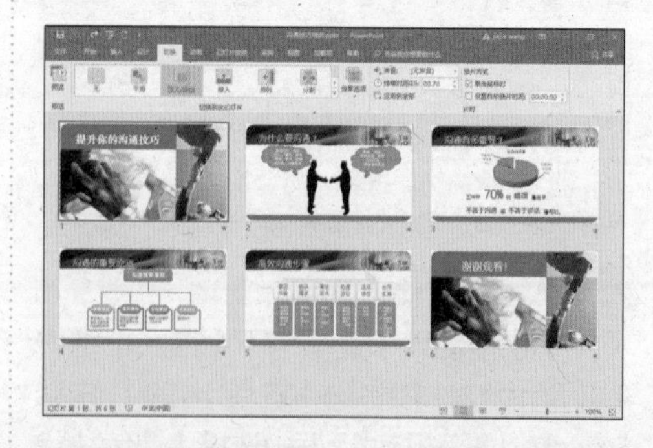

至此，沟通技巧演示文稿就制作完成了。

第 17 章

Office 2019 的行业应用——市场营销

本章视频教学时间 / 58 分钟

重点导读

在市场营销领域，可以使用 Word 2019 编排产品使用说明书，使用 Excel 2019 的数据透视表功能分析员工销售业绩，使用 PowerPoint 2019 设计产品销售计划演示文稿等。

学习效果图

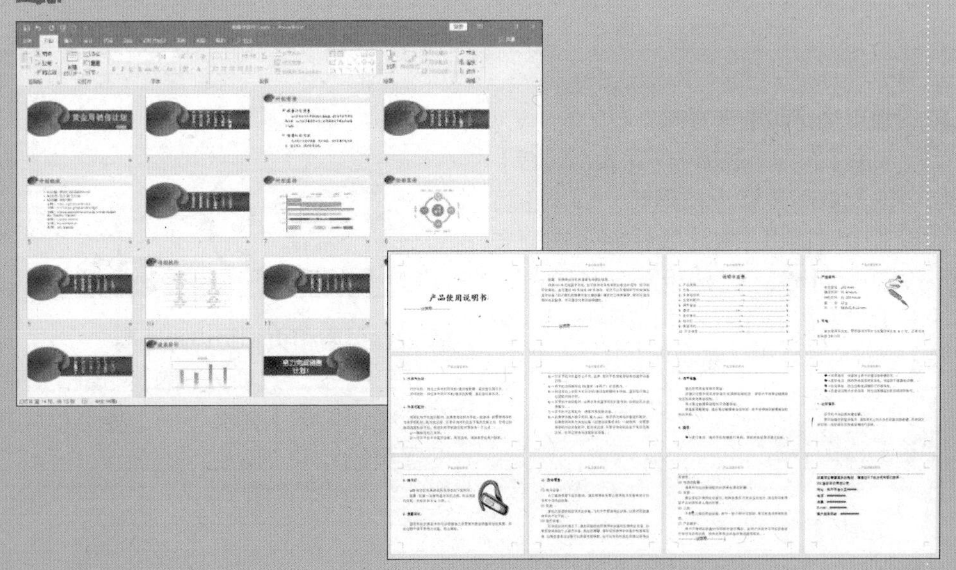

17.1 制作“产品使用说明书”

本节视频教学时间 / 16 分钟

产品功能说明书是一种常见的说明文，是生产厂家向消费者全面且明确地介绍产品名称、用途、性质、性能、原理、构造、规格、使用方法、保养维护、注意事项等内容而写的准确、简明的文字材料，可以起到宣传产品和传播知识的作用。

17.1.1 设计页面大小

新建一个 Word 空白文档，默认情况下使用的纸张为“A4”。编排产品使用说明书时首先要设置页面的大小，设置页面大小的具体操作步骤如下。

1 新建空白文档

新建空白文档，然后打开“素材 \ch17\ 产品使用说明书 .docx”文档，将其中的内容粘贴至新建文档中（见下图）。

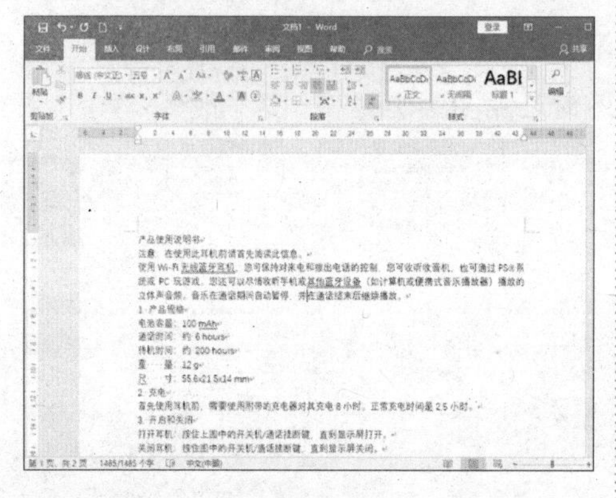

2 设置页边距和纸张方向

单击【布局】选项卡下【页面设置】组中的【页面设置】按钮，弹出【页面设置】对话框，在【页边距】选项卡下设置【上】和【下】边距为“1.4 厘米”，【左】和【右】边距为“1.3 厘米”，设置【纸张方向】为“横向”（见右栏图）。

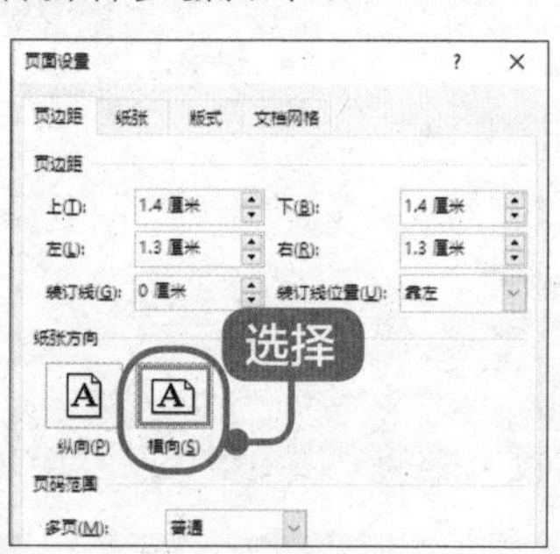

3 设置纸张大小

在【纸张】选项卡下的【纸张大小】下拉列表中选择【自定义大小】选项，并设置宽度为“14.8 厘米”，高度为“10.5 厘米”（见下图）。

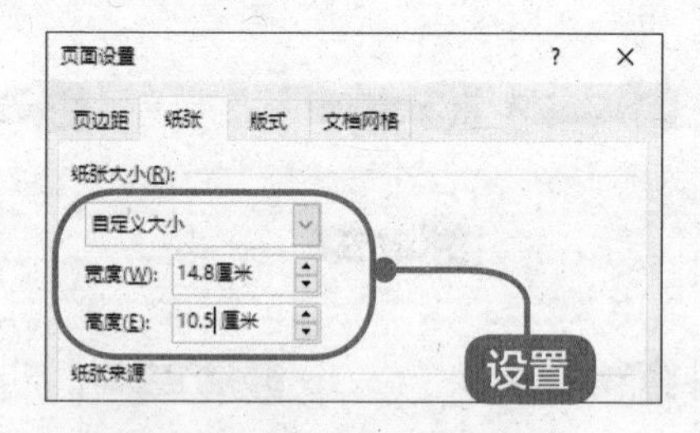

4 设置页眉和页脚距边距距离

在【版式】选项卡下的【页眉和页脚】区域中，勾选【首页不同】复选框，并设置页眉和页脚距边界的距离均为“1 厘米”（见下页图）。

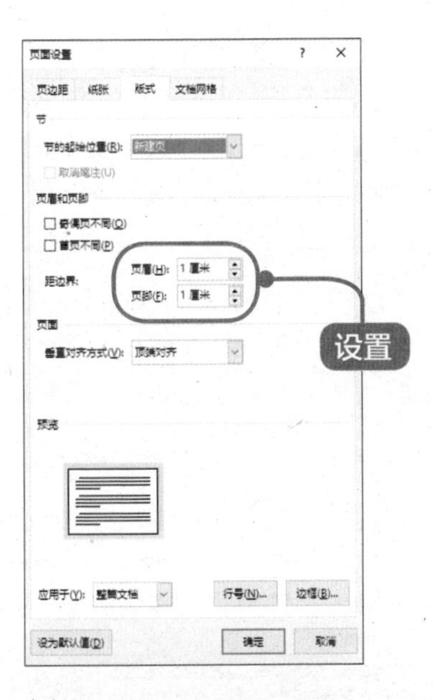

5 完成设置

单击【确定】按钮，完成页面的设置，设置后的效果如下图所示。

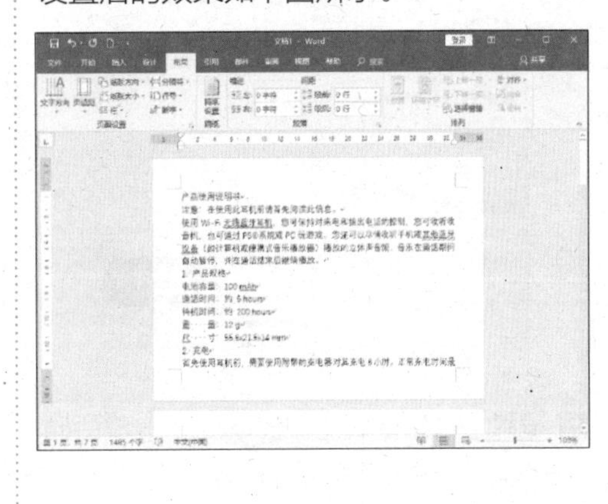

17.1.2 说明书内容的格式化

输入说明书的内容后，就可以根据需要分别格式化标题和正文内容了。说明书内容格式化的具体操作步骤如下。

第 1 步：设置标题样式。

1 选择【标题】样式

选择第 1 行的标题，单击【开始】选项卡下【样式】组中的【其他】标题按钮 ，在弹出的【样式】下拉列表中选择【标题】样式（见下图）。

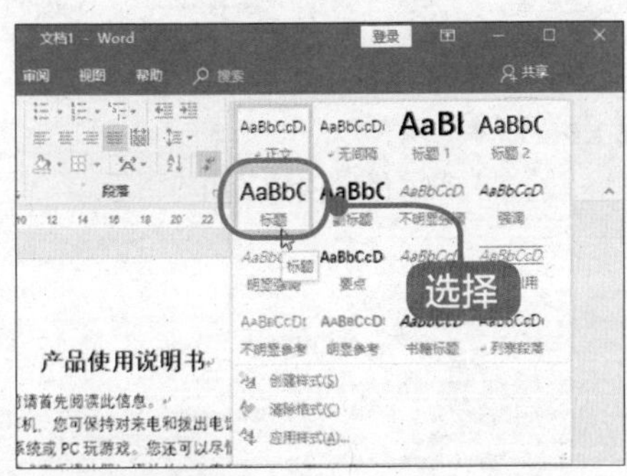

2 设置字体样式

根据需要设置标题的字体样式，效果如右栏图所示。

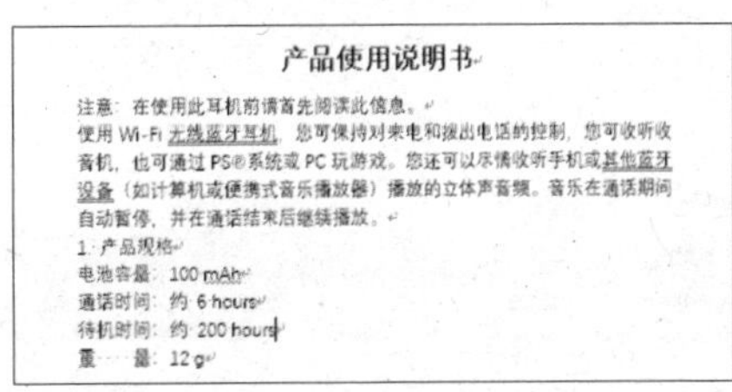

产品使用说明书

注意：在使用此耳机前请首先阅读此信息。

使用 Wi-Fi 无线蓝牙耳机，您可保持对来电和拨出电话的控制，您可收听收音机，也可通过 PS®系统或 PC 玩游戏。您还可以尽情收听手机或其他蓝牙设备（如计算机或便携式音乐播放器）播放的立体声音频。音乐在通话期间自动暂停，并在通话结束后继续播放。

1. 产品规格

电池容量：100 mAh

通话时间：约 6 hours

待机时间：约 200 hours

重　量：12 g

3 选择【创建样式】选项

将鼠标光标定位在“1. 产品规格”段落内，单击【开始】选项卡下【样式】组中的【其他】按钮 ，在弹出的【样式】下拉列表中选择【创建样式】选项（见下图）。

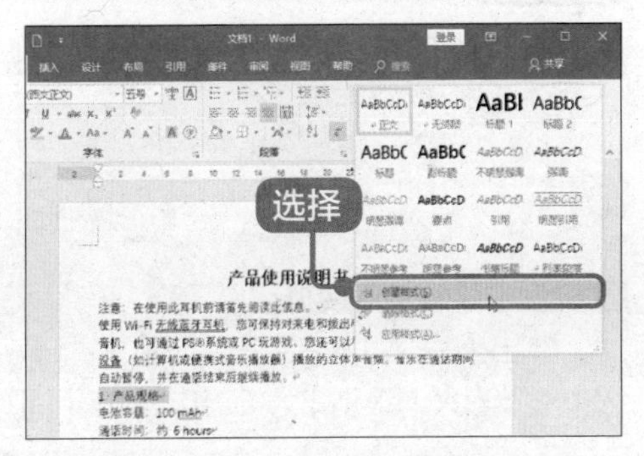

4 修改样式名称

弹出【根据格式化创建新样式】对话框，在【名称】文本框中输入样式名称，单击【修改】按钮（见下图）。

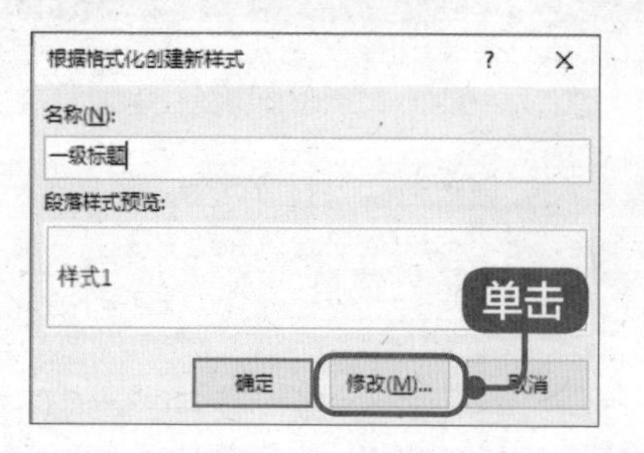

5 设置【根据格式化创建新样式】对话框

弹出【根据格式化创建新样式】对话框下面的窗格，在【样式基准】下拉列表中选择【正文】选项，设置【字体】为“黑体”，【字号】为“五号”，单击左下角的【格式】按钮，在弹出的下拉列表中选择【段落】选项（见下图）。

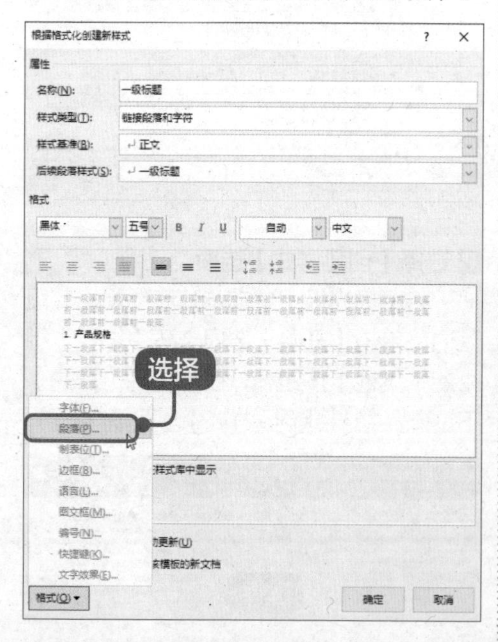

6 设置【段落】对话框

弹出【段落】对话框，在【常规】组中设置【大纲级别】为“1级”，在【间距】区域中设置【段前】为“1行”、【段后】为“0.5行”、行距为“单倍行距”，单击【确定】按钮，返回至【根据格式化创建新样式】对话框中，单击【确定】按钮（见下图）。

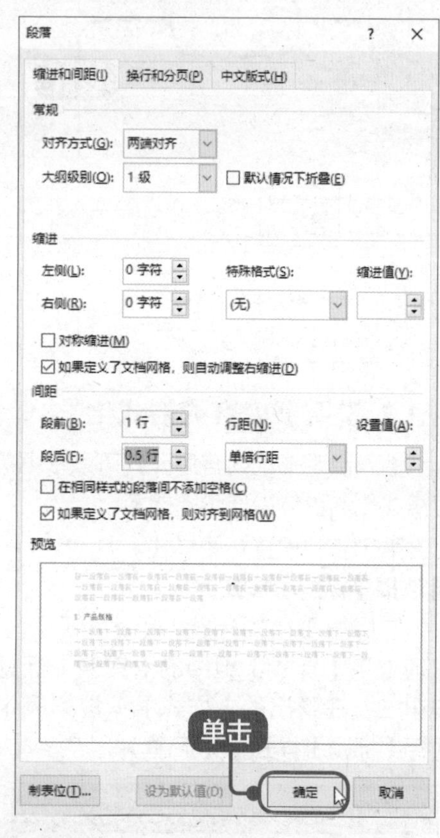

7 查看效果

设置样式后的效果如下图所示。

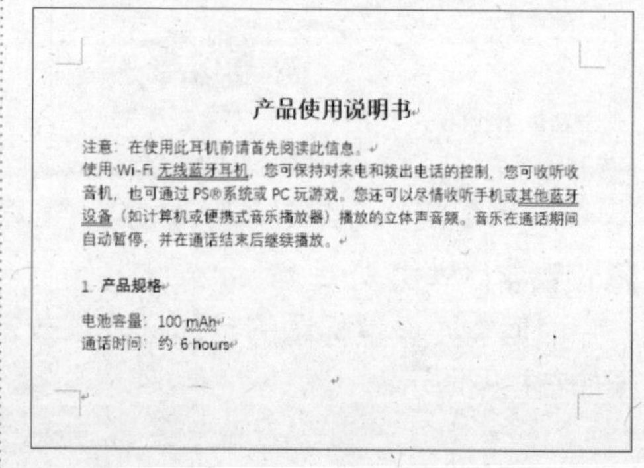

8 双击【格式刷】按钮

双击【开始】选项卡下【剪贴板】组中的【格式刷】按钮，使用格式刷设置其他标题的格式。设置完成后，按【Esc】键结束格式刷命令（见下图）。

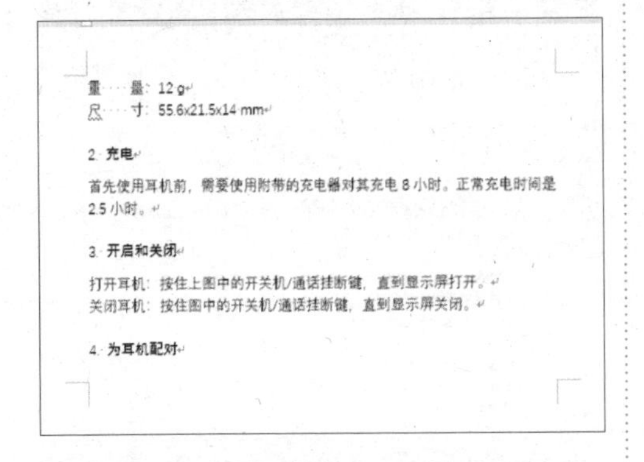

第 2 步：设置正文字体及段落样式。

1 设置字体和字号

选中第 2 段和第 3 段的内容，在【开始】选项卡下的【字体】组中根据需要设置正文的字体和字号（见下图）。

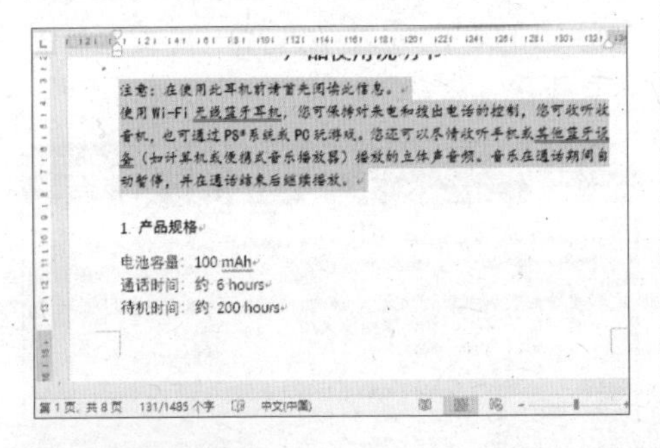

2 设置段落格式

单击【开始】选项卡下【段落】组中的【段落】按钮，在弹出的【段落】对话框的【缩进和间距】选项卡中设置【特殊格式】为“首行缩进”，【缩进值】为“2 字符”，设置完成后单击【确定】按钮（见右栏图）。

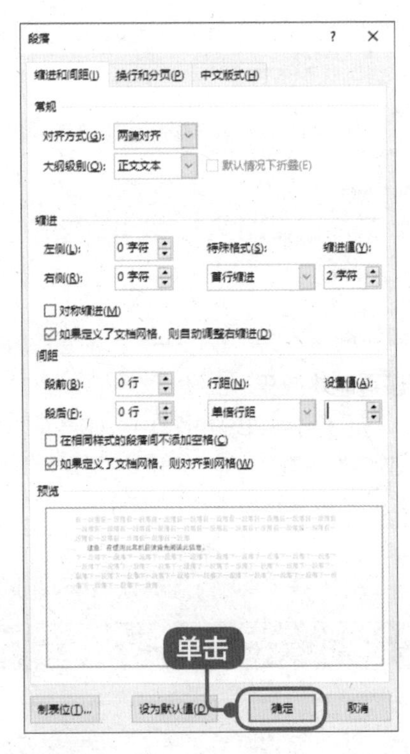

3 查看效果

设置段落样式后的效果如下图所示。

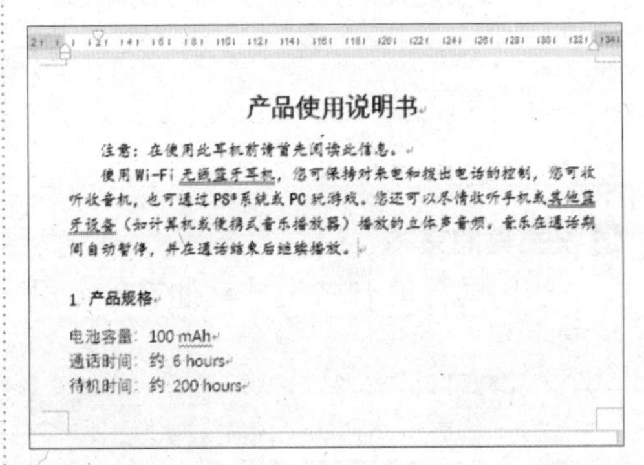

4 使用格式刷

使用格式刷设置其他正文段落的样式（见下页图）。

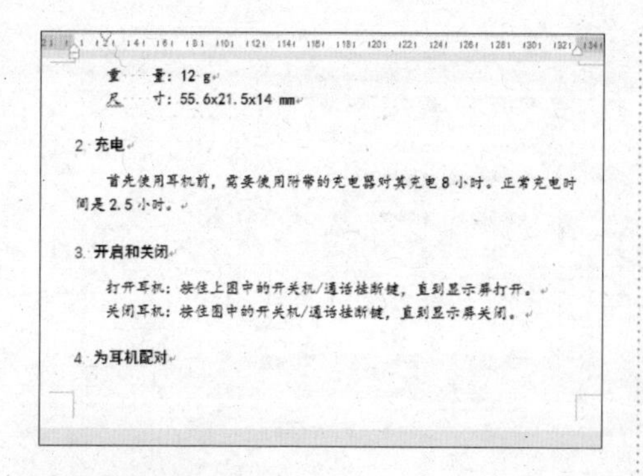

5 设置字体效果

在设置说明书的过程中，如果有需要用户特别注意的地方，可以将其用特殊的字体或颜色显示出来。选择第一页的文本“注意：”，将其【字体颜色】设置为“红色”，并将其【加粗】显示（见下图）。

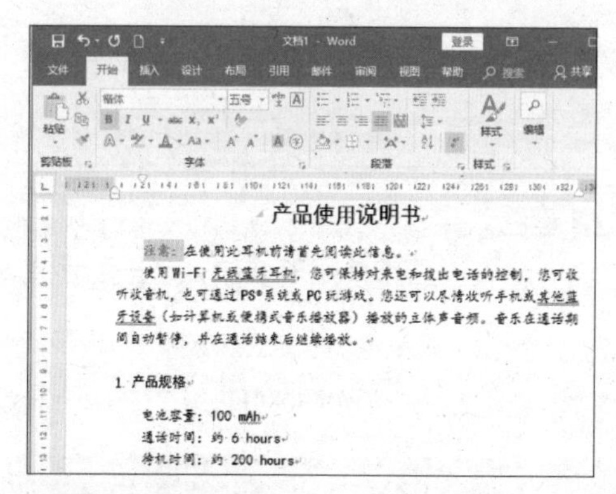

6 设置其他文本

使用同样的方法设置其他文本（见下图）。

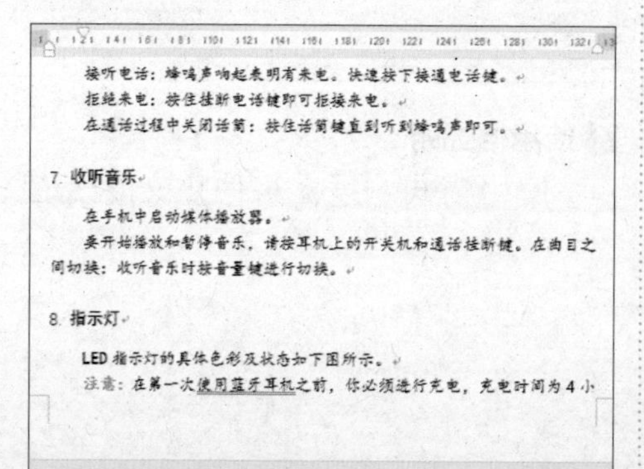

7 设置字体字号

选择最后的 7 段文本，将其【字体】设置为“华文中宋”，【字号】设置为“五号”（见下图）。

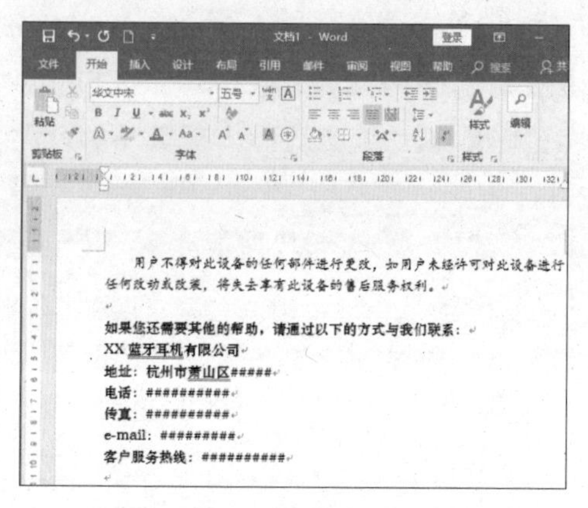

第 3 步：添加项目符号和编号。

1 选择编号样式

选中“4. 为耳机配对”标题下的部分内容，单击【开始】选项卡下【段落】组中【编号】按钮右侧的下拉按钮，在弹出的下拉列表中选择一种编号样式（见下图）。

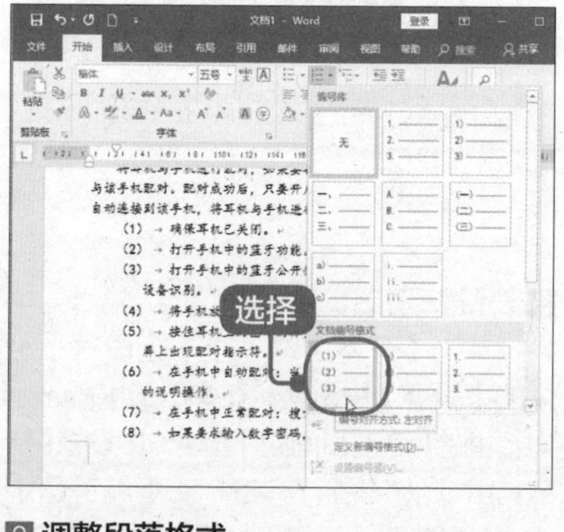

2 调整段落格式

添加编号后，可以根据情况调整段落格式，调整后的效果如下页图所示。

将耳机与手机进行配对，如果要将耳机与手机一起使用，则需要将耳机与该手机配对。配对成功后，只要开启耳机且处于有效范围之内，它将立即自动连接到该手机，将耳机与手机进行配对需参考一下几点：

（1）确保耳机已关闭。

（2）打开手机中的蓝牙功能。有关说明，请参阅手机用户指南。

（3）打开手机中的蓝牙公开性。这样，您的手机就能够被其他蓝牙设备识别。

（4）将手机放在距耳机 20 厘米（8 英寸）的范围内。

（5）按住耳机上的图中的开关机/通话挂断键约 5 秒钟，直到显示屏上出现配对指示符。

（6）在手机中自动配对：当要求添加蓝牙耳机的型号时，按照出现的说明操作。

（7）在手机中正常配对：搜索并添加新设备。

（8）如果要求输入数字密码，输入 111，将耳机与其他设备进行配对，

3 选择项目符号样式

选中“6. 通话”标题下的部分内容，单击【开始】选项卡下【段落】组中【项目符号】按钮右侧的下拉按钮 ，在弹出的下拉列表中选择一种项目符号样式（见右栏图）。

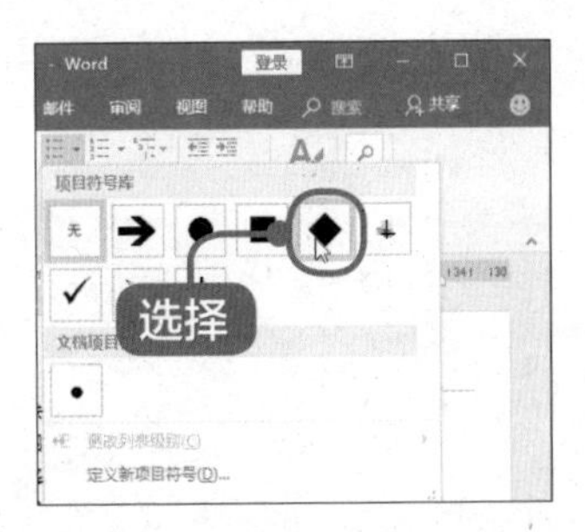

4 查看效果

添加项目符号后的效果如下图所示。

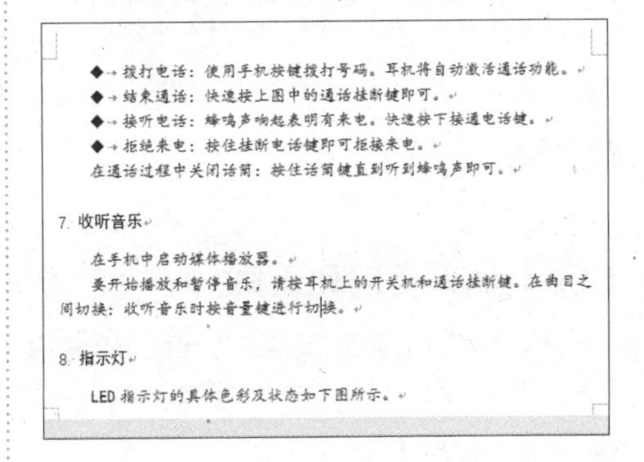

◆→拨打电话：使用手机按键拨打号码。耳机将自动激活通话功能。

◆→结束通话：快速按上图中的通话挂断键即可。

◆→接听电话：蜂鸣声响起表明有来电。快速按下接通电话键。

◆→拒绝来电：按住挂断电话键即可拒接来电。

在通话过程中关闭话筒：按住话筒键直到听到蜂鸣声即可。

7. 收听音乐

在手机中启动媒体播放器。

要开始播放和暂停音乐，请按耳机上的开关机和通话挂断键。在曲目之间切换：收听音乐时按音量键进行切换。

8. 指示灯

LED 指示灯的具体色彩及状态如下图所示。

17.1.3 设置图文混排

在产品功能说明书文档中添加图片不仅能够直观地展示文字描述效果，便于用户阅读，还可以起到美化文档的作用。

1 选择要插入的图片

将鼠标光标定位至“2. 充电”文本后，单击【插入】选项卡下【插图】组中的【图片】按钮，弹出【插入图片】对话框，选择“素材 \ch17\ 图片01.png”文件，单击【插入】按钮（见下图）。

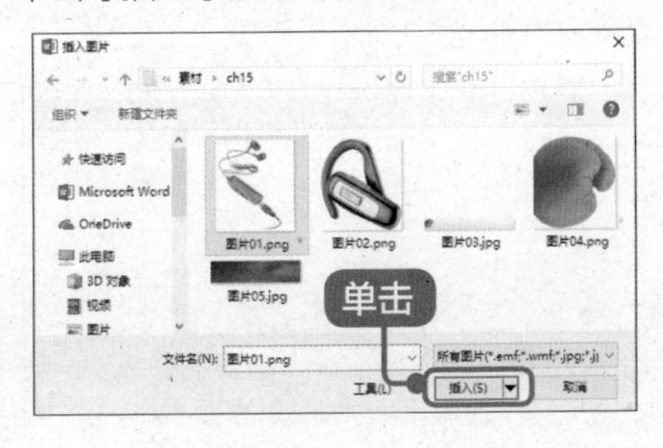

2 插入图片

将选择的图片插入到文档中（见下图）。

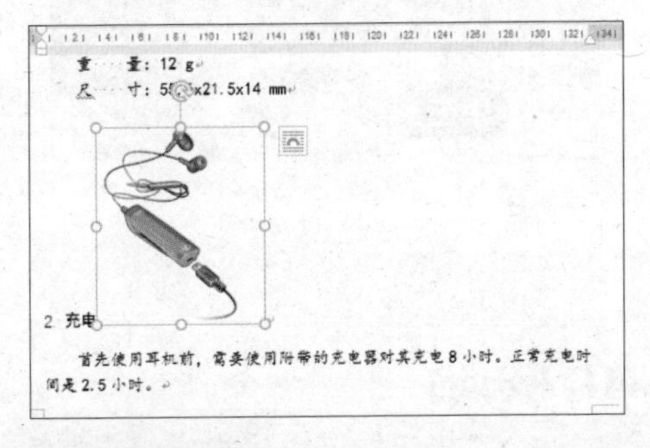

3 设置图片布局

选中插入的图片，单击图片右侧的【布局选项】按钮 ，将图片布局设置

为【四周型】，并调整图片的位置，如下图所示。

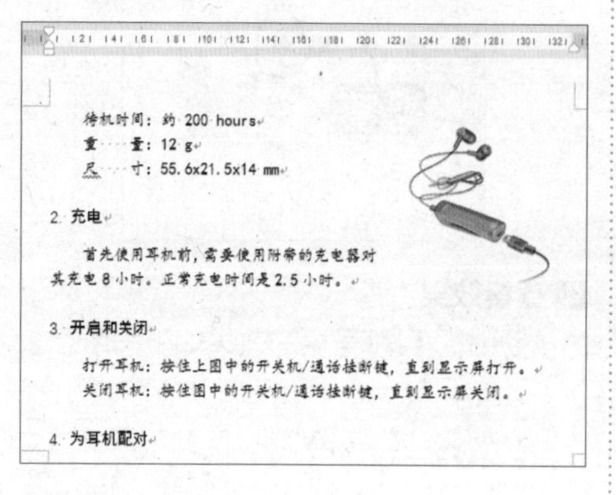

4 调整图片大小

将鼠标光标定位至“8. 指示灯”文本后，重复步骤 1~4，插入“素材\ch17\图片02.png”文件，并适当调整图片的大小（见下图）。

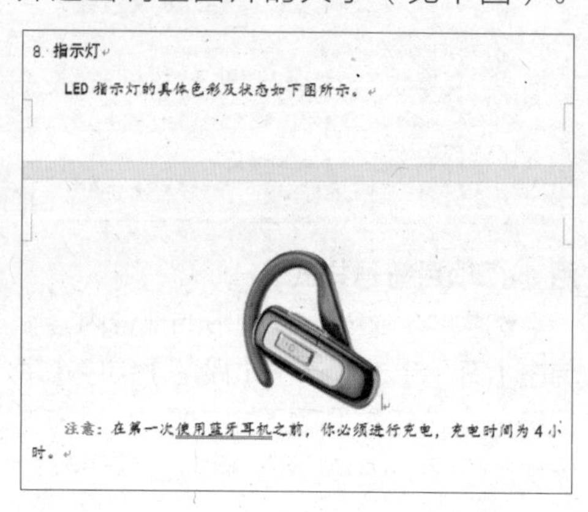

17.1.4 插入页眉和页脚

页眉和页脚可以向用户传递文档信息，方便用户阅读。插入页眉和页脚的具体操作步骤如下。

1 单击【分页】按钮

制作使用说明书时，需要将某些特定的内容单独一页显示，这时就需要插入分页符。将鼠标光标定位在“产品使用说明书”后方，单击【插入】选项卡下【页面】组中的【分页】按钮 分页（见下图）。

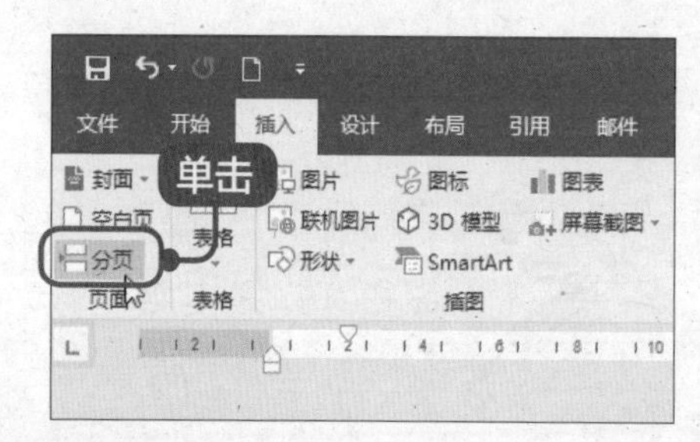

2 插入分页符

插入分页符后，可看到标题单独在一页显示的效果（见右栏图）。

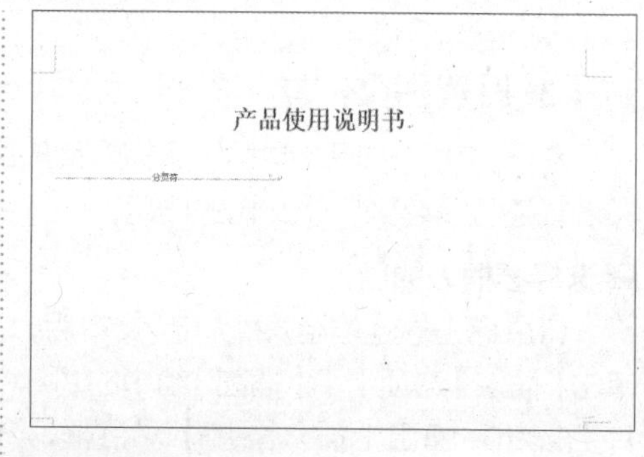

3 调整文本位置

调整“产品使用说明书”文本的位置，使其位于页面中间（见下图）。

4 插入分页符

使用同样的方法，在其他需要单独一页显示的内容前插入分页符（见下图）。

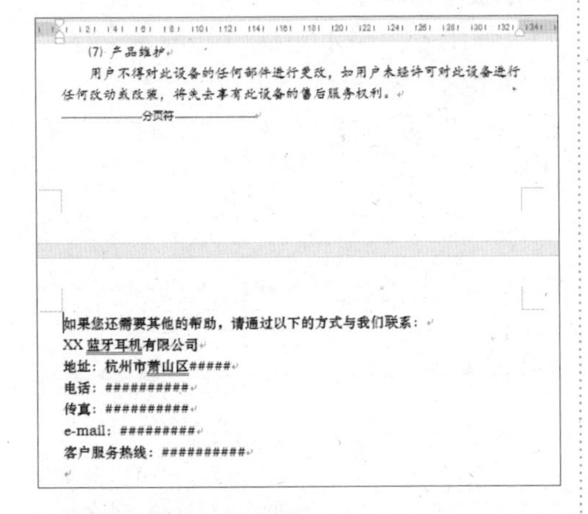

5 选择【空白】选项

将鼠标光标定位在第 2 页中，单击【插入】选项卡下【页眉和页脚】组中的【页眉】按钮，在弹出的下拉列表中选择【空白】选项（见下图）。

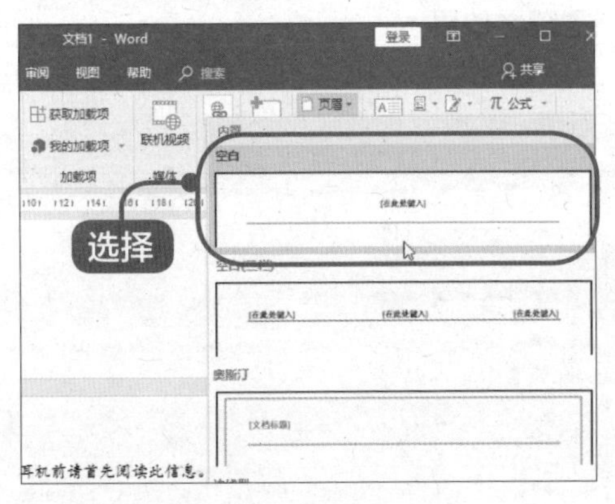

6 单击【关闭页眉和页脚】按钮

在页眉的【标题】文本域中输入“产品使用说明书”，然后单击【页眉和页脚】工具下【设计】选项卡下【关闭】组中的【关闭页眉和页脚】按钮（见右栏图）。

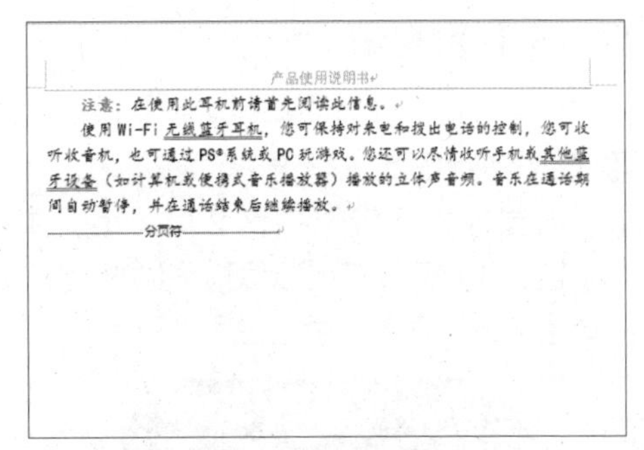

7 选择【普通数字 2】选项

单击【插入】选项卡下【页眉和页脚】组中的【页码】按钮，在弹出的下拉列表中选择【页面底端】➤【普通数字 2】选项（见下图）。

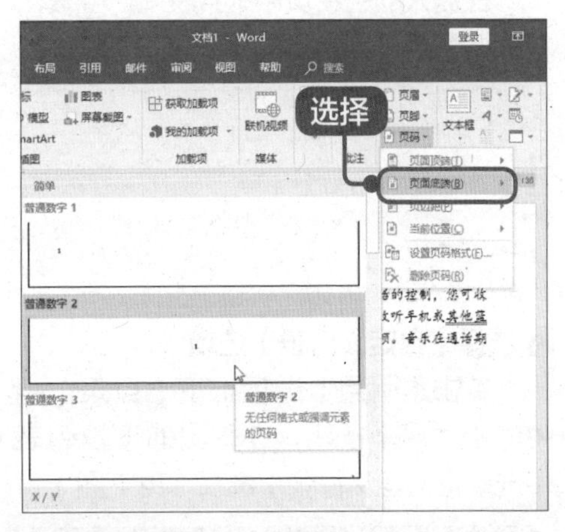

8 查看效果

添加页眉和页脚后的效果如下图所示。

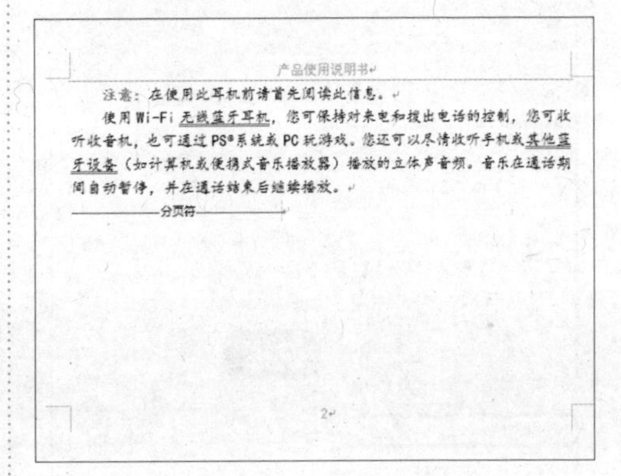

17.1.5 提取目录

设置段落大纲级别并且添加页码后，就可以提取目录了。提取目录的具体操作步骤如下。

1 插入空白页

将鼠标光标定位在第 2 页最后，单击【插入】选项卡下【页面】组中的【空白页】按钮，插入一页空白页（见下图）。

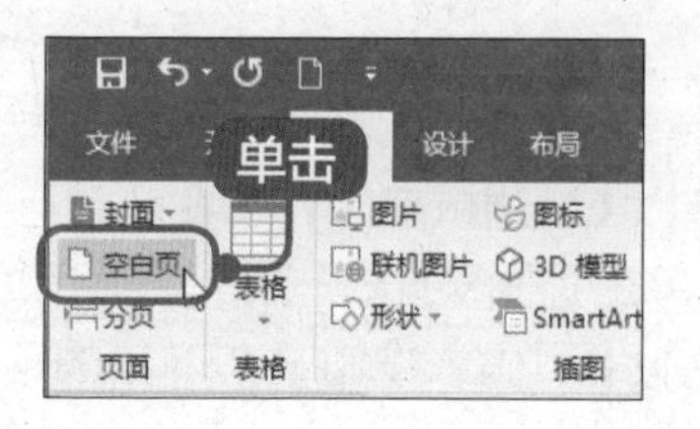

2 输入文本

在插入的空白页中输入文本“目录”，并根据需要设置字体的样式（见下图）。

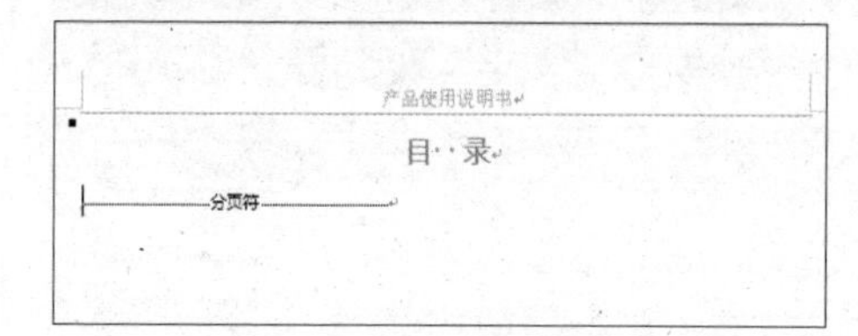

3 选择【自定义目录】选项

单击【引用】选项卡下【目录】组中的【目录】按钮，在弹出的下拉列表中选择【自定义目录】选项（见下图）。

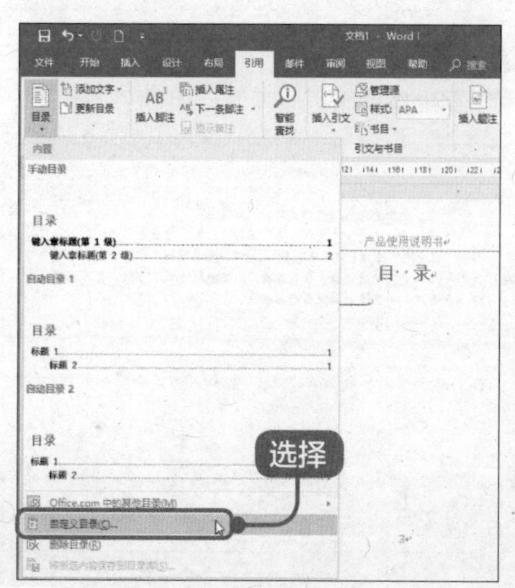

4 设置【目录】

弹出【目录】对话框，设置【显示级别】为“2”，勾选【显示页码】【页码右对齐】复选框，单击【确定】按钮（见下图）。

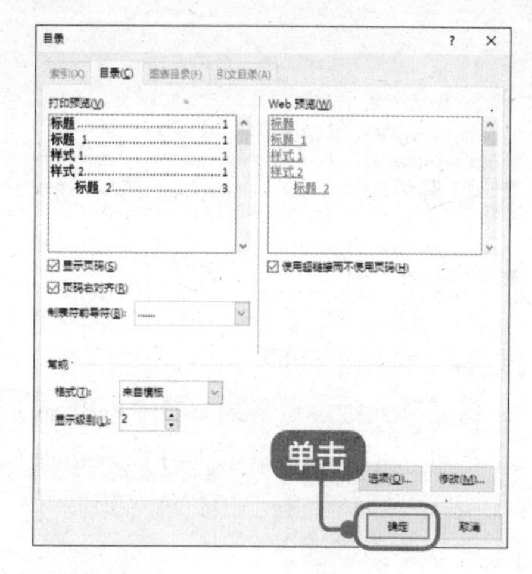

5 查看效果

提取说明书目录后的效果如下图所示。

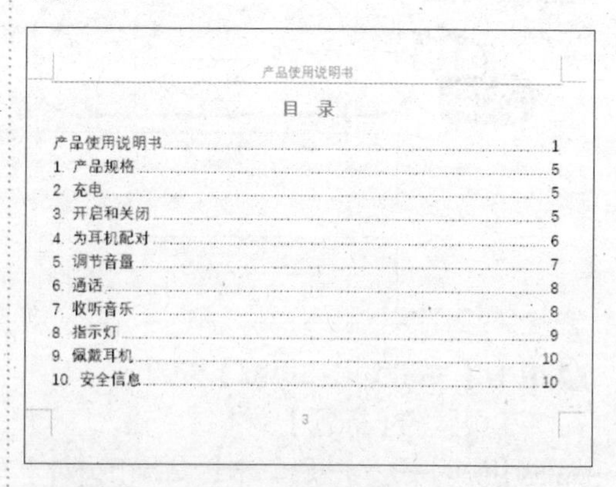

产品使用说明书

目 录

产品使用说明书 1
1. 产品规格 5
2. 充电 5
3. 开启和关闭 5
4. 为耳机配对 6
5. 调节音量 7
6. 通话 8
7. 收听音乐 8
8. 指示灯 9
9. 佩戴耳机 10
10. 安全信息 10

3

6 取消目录中显示的部分内容

在首页中的文本“产品使用说明书”设置了大纲级别，所以在提取目录时会将其以标题的形式突出。如果要取消其在目录中显示，可以选择文本，单击鼠标右键，在弹出的快捷菜单中选择【段落】命令，打开【段落】对话框，在【常规】中设置【大纲级别】为“正文文本”，单击【确定】按钮（见下图）。

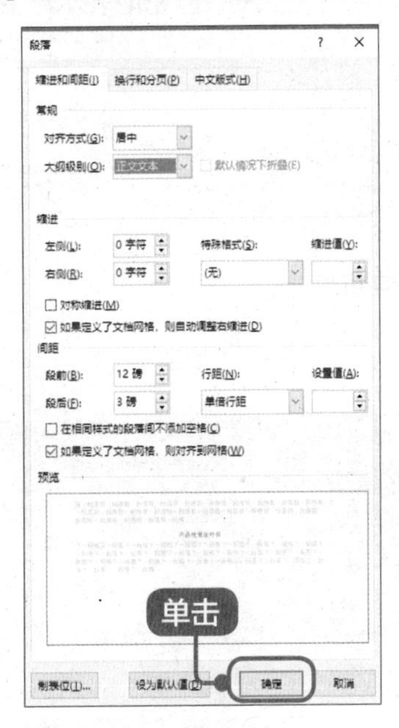

7 选择【更新域】选项

选择目录，并单击鼠标右键，在弹出的快捷菜单中选择【更新域】选项（见右栏图）。

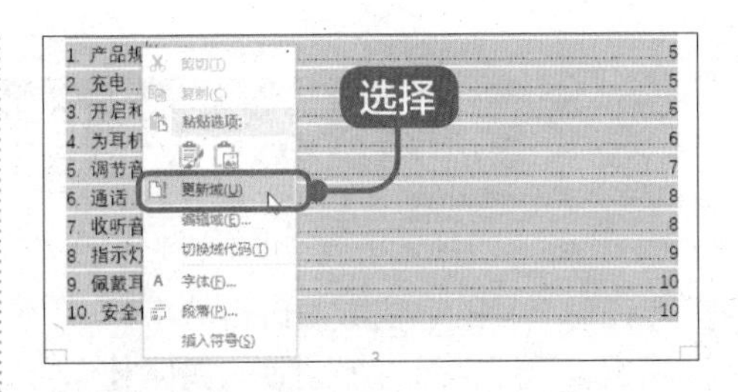

8 更新目录

弹出【更新目录】对话框，单击【更新整个目录】单选钮，单击【确定】按钮（见下图）。

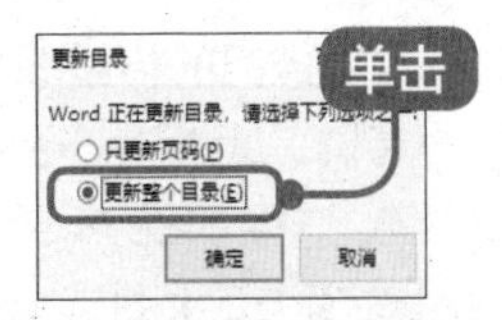

9 查看效果

更新目录后的效果如下图所示。

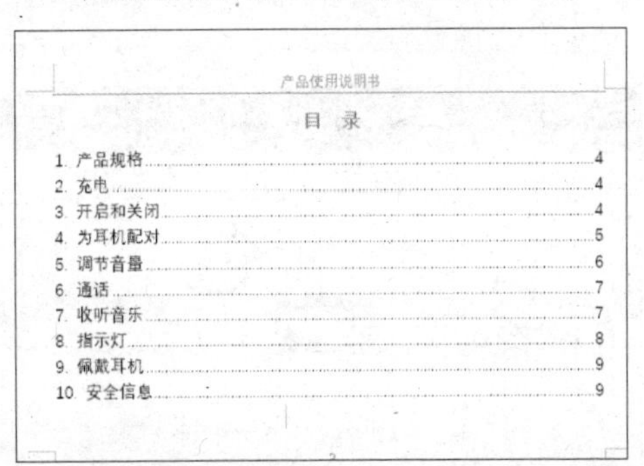
产品使用说明书

目 录

10 最终效果

根据需要适当地调整文档，并保存调整后的文档，最终效果如下图所示。

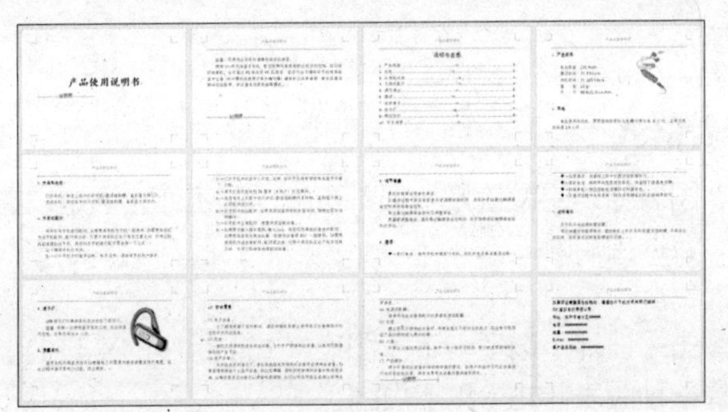

至此，就完成了编排产品功能说明书的操作。

17.2 制作产品销售分析图表

本节视频教学时间 / 10 分钟

在对产品的销售数据进行分析时，我们经常需要使用图表来直观地表示产品的销售情况，产品销售分析图表的具体制作步骤如下。

17.2.1 插入销售图表

对数据进行分析时，图表是 Excel 中最常用的呈现方式，图表可以更直观地表现数据在不同条件下的变化及趋势。

1 选择【带数据标记的折线图】选项

打开"素材 \ch17\ 产品销售统计表 .xlsx"文件，选择 B2:B11 单元格区域。单击【插入】选项卡下【图表】组中的【插入折线图或面积图】按钮，在弹出的下拉列表中选择【带数据标记的折线图】选项（见下图）。

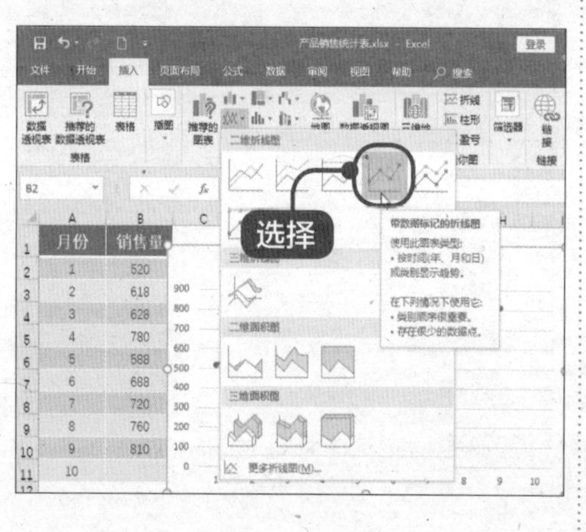

2 调整图表位置

在工作表中插入图表，调整图表的位置，如下图所示。

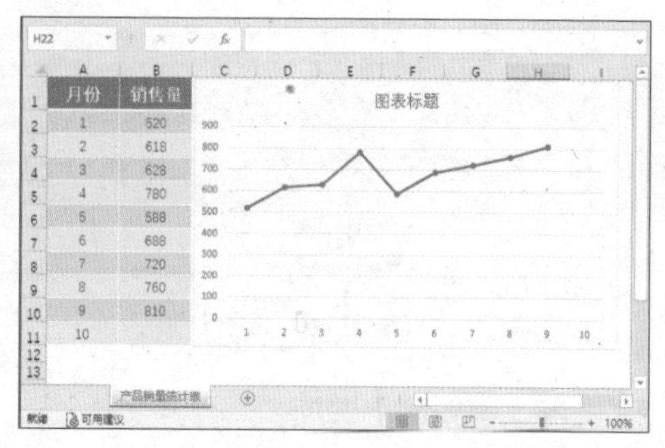

17.2.2 设置图表格式

插入图表后，图表格式的设置是一项不可缺少的工作，通过设置图表的格式，可以使图表更美观，数据更清晰。

1 选择图表样式

选择图表，单击【设计】选项卡下【图表样式】组中的【其他】按钮，在弹出的下拉列表中选择一种图表样式（见下页图）。

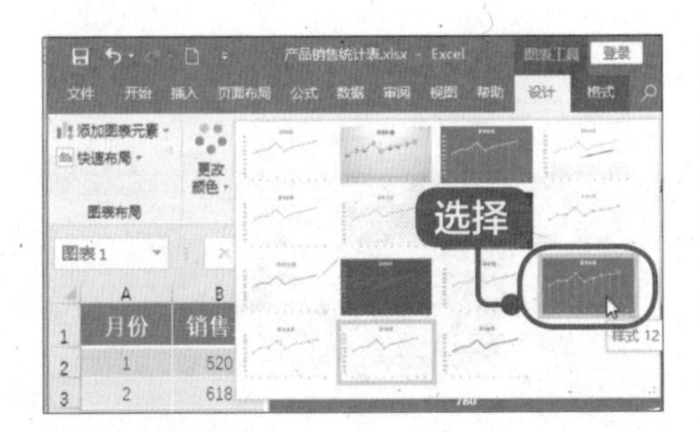

2 更改图表样式

设置图表样式后的效果如下图所示。

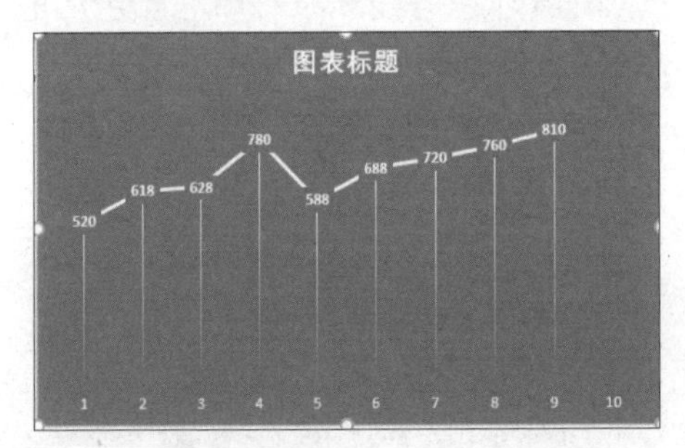

3 选择艺术字样式

选择图表的标题文字，单击【格式】选项卡下【艺术字样式】组中的【其他】按钮，在弹出的下拉列表中选择一种艺术字样式（见下图）。

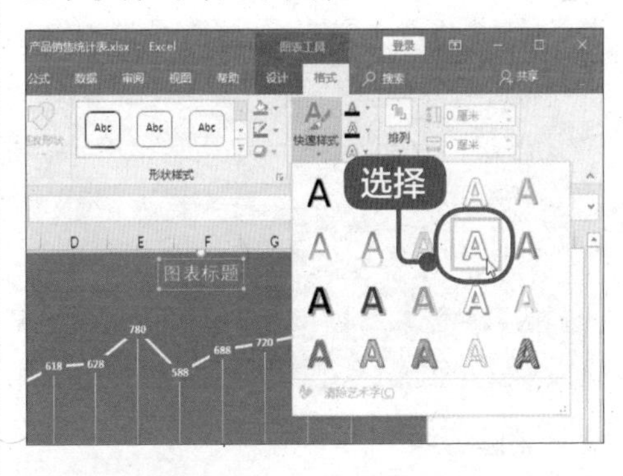

4 查看效果

将图表标题命名为“产品销售分析图表”，添加艺术字后的效果如下图所示。

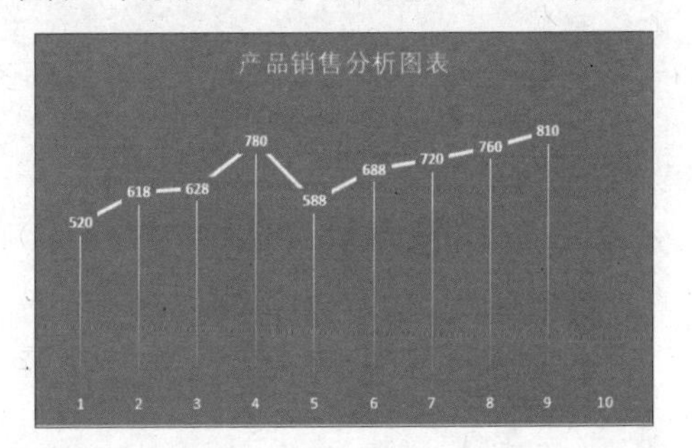

17.2.3 添加趋势线

在分析图表时，我们经常会通过趋势线对数据进行预测研究。下面通过前 9 个月的销售情况，对 10 月份的销量进行分析和预测。

1 选择【线性】选项

选择图表，单击【设计】选项卡下【图表布局】组中的【添加图表元素】按钮，在弹出的下拉列表中选择【趋势线】➤【线性】选项（见下图）。

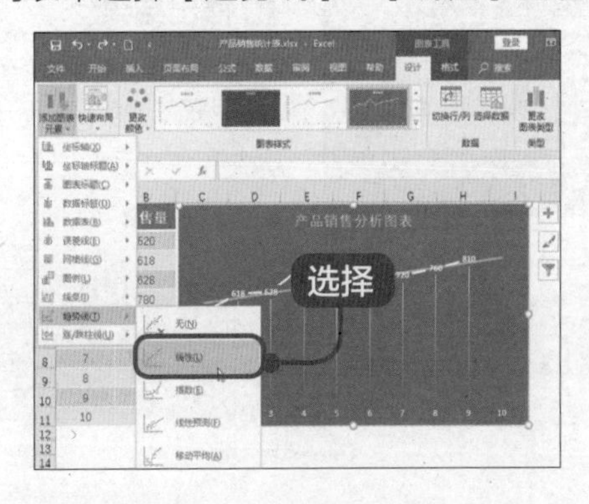

2 添加趋势线

为图表添加线性趋势线，如下图所示。

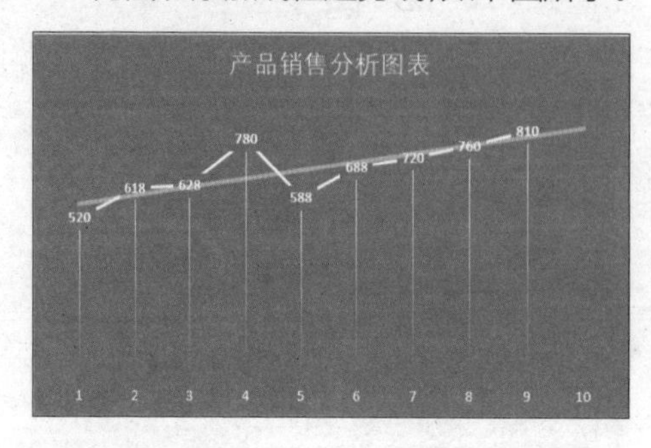

3 设置趋势线

双击趋势线，工作表右侧弹出【设置趋势线格式】窗格，在此窗格中，可以设置趋势线的填充线条、效果等（见右栏图）。

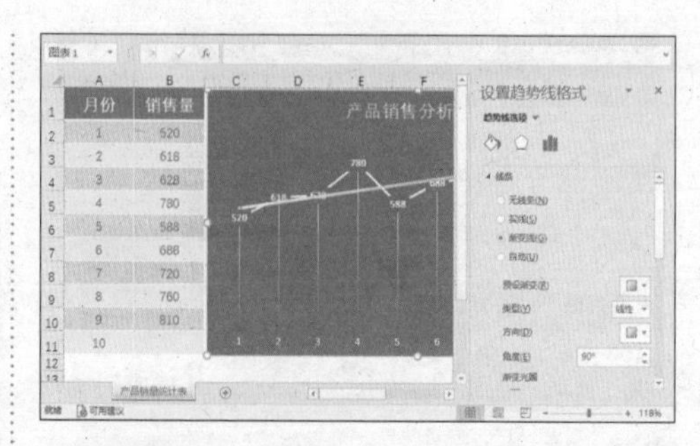

4 查看效果

设置好趋势线线条并填充颜色后的最终图表效果如下图所示。

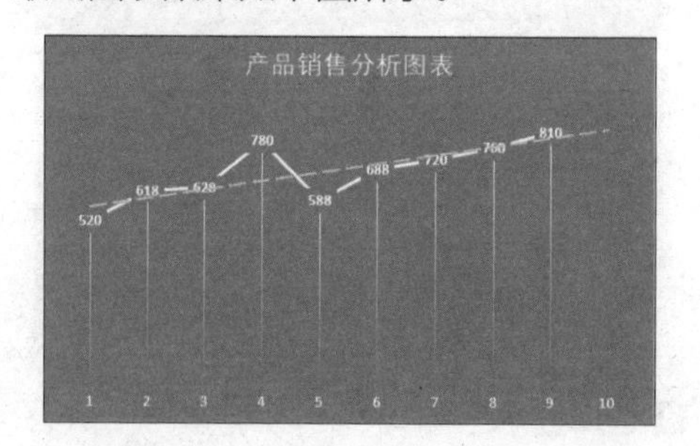

17.2.4 预测趋势量

我们可以通过添加趋势线来预测销量，也可以通过使用预测函数来计算趋势量。下面通过使用“FORECAST”函数，计算10月份的销量。

1 输入公式

选择单元格B11，输入公式“=FORECAST(A11,B2:B10,A2:A10)”（见下图）。

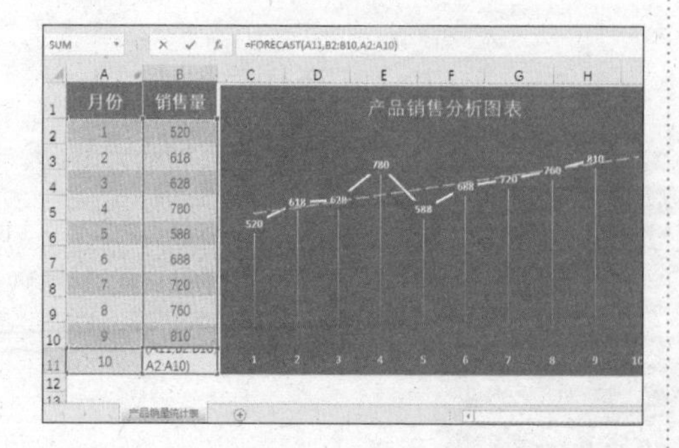

> **提示**
>
> 公式“=FORECAST(A11,B2:B10,A2:A10)”是根据已有的数值计算或预测未来值。“A11”为预测的数据点，“B2:B10”为因变量数组或数据区域，“A2:A10”为自变量数组或数据区域。

2 得出结果

10月份销售量的预测结果以整数形式显示，如下图所示。

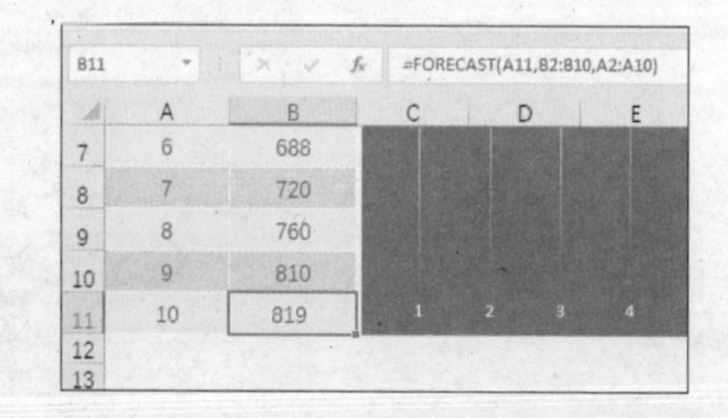

	A	B
7	6	688
8	7	720
9	8	760
10	9	810
11	10	819
12		
13		

3 最终效果

产品销售分析图的最终效果如下图所示，保存制作好的产品销售分析图。

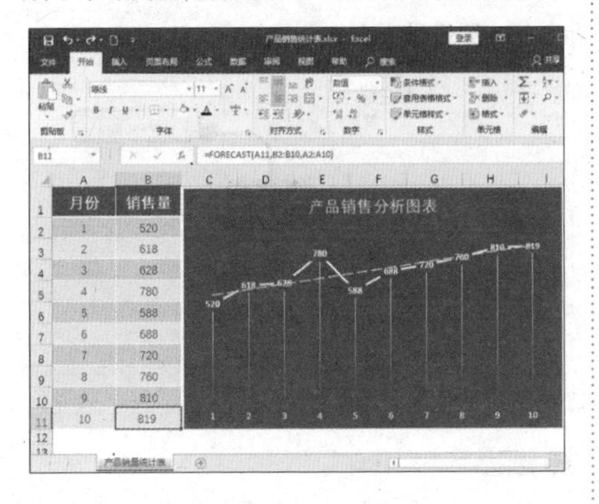

4 预测数据趋势

除了可以使用 FORECAST 函数预测销售量外，还可以通过单击【数据】➤【预测】组中的【预测工作表】按钮来创建新的工作表，预测数据的趋势（见下图）。

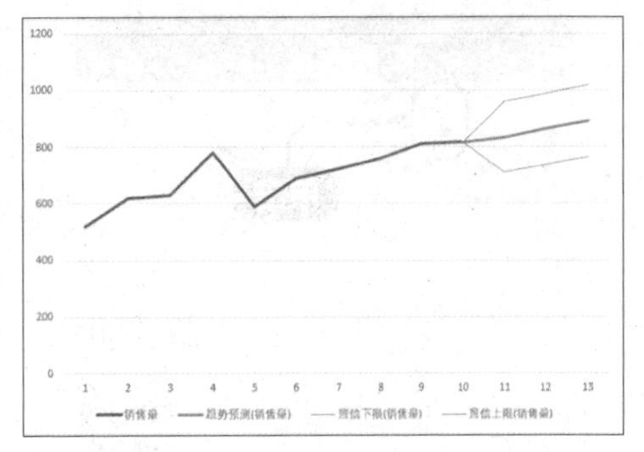

至此，产品销售分析图表制作完成，保存制作好的图表即可。

17.3 设计“产品销售计划”演示文稿

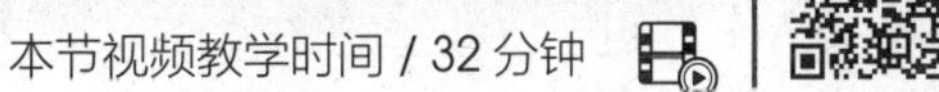
本节视频教学时间 / 32 分钟

产品销售计划是指不同的主体对某产品的销售推广做出的规划。从不同的层面可以将产品销售计划分为不同的类型：如果从时间长短来分，可以分为周销售计划、月度销售计划、季度销售计划、年度销售计划等；如果从范围大小来分，可以分为企业总体销售计划、分公司销售计划、个人销售计划等。

17.3.1 设计幻灯片母版

制作产品销售计划 PPT 时，首先需要设计幻灯片母版，具体操作步骤如下。

第 1 步：设计幻灯片母版。

1 单击【幻灯片母版】按钮

启动 PowerPoint 2019，新建幻灯片，并将其保存为“销售计划 PPT.pptx”。单击【视图】选项卡下【母版视图】组中的【幻灯片母版】按钮（见右栏图）。

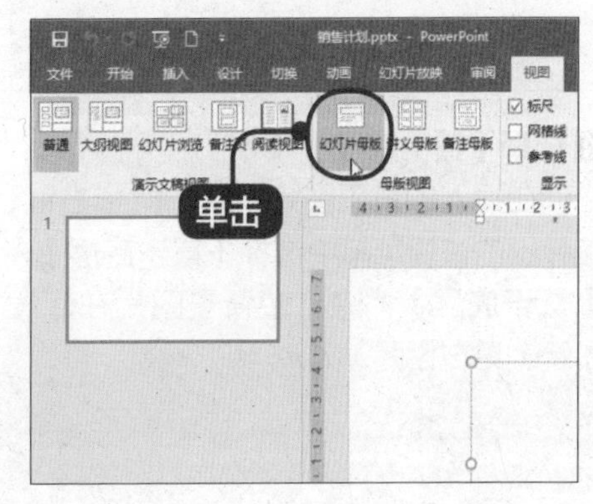

2 单击【图片】按钮

切换到幻灯片母版视图，在左侧列表中单击第 1 张幻灯片，单击【插入】选项卡下【图像】组中的【图片】按钮（见下图）。

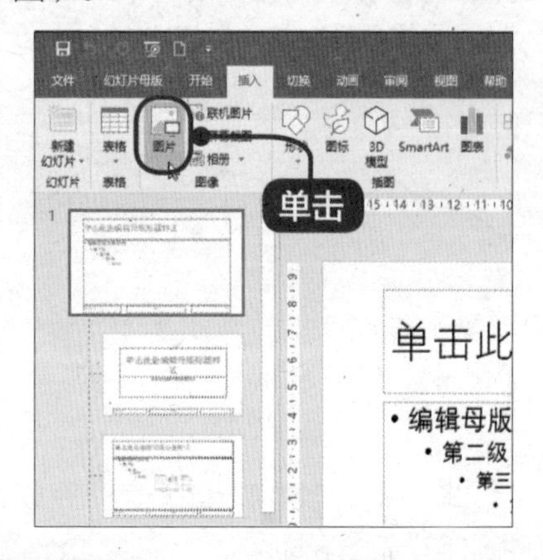

3 插入图片

在弹出的【插入图片】对话框中，选择“素材 \ch17\ 图片 3.jpg”文件，单击【插入】按钮，将选择的图片插入幻灯片中，选择插入的图片，根据需要调整图片的大小及位置（见下图）。

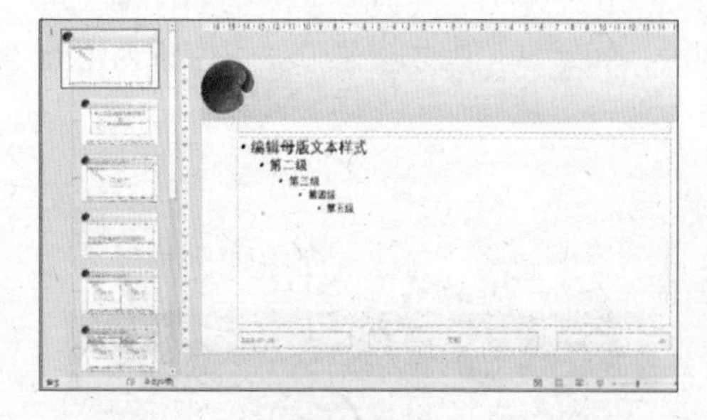

4 选择【置于底层】命令

在插入的背景图片上单击鼠标右键，在弹出的快捷菜单中选择【置于底层】➢【置于底层】命令，使背景图片在底层显示（见右栏图）。

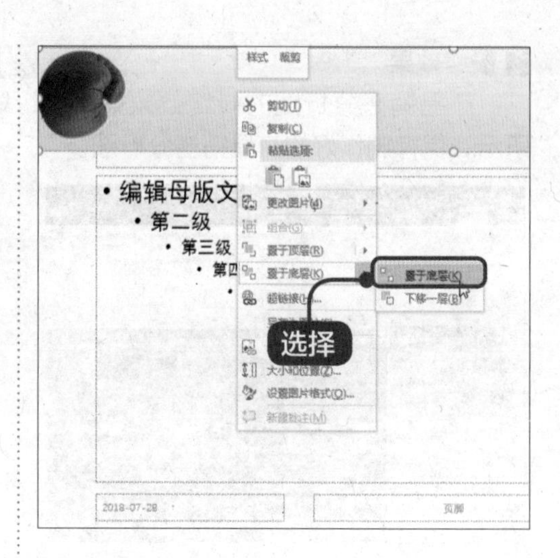

5 选择艺术字样式

选择标题框内的文本，单击【格式】选项卡下【艺术字样式】组中的【快速样式】按钮，在弹出的下拉列表中选择一种艺术字样式（见下图）。

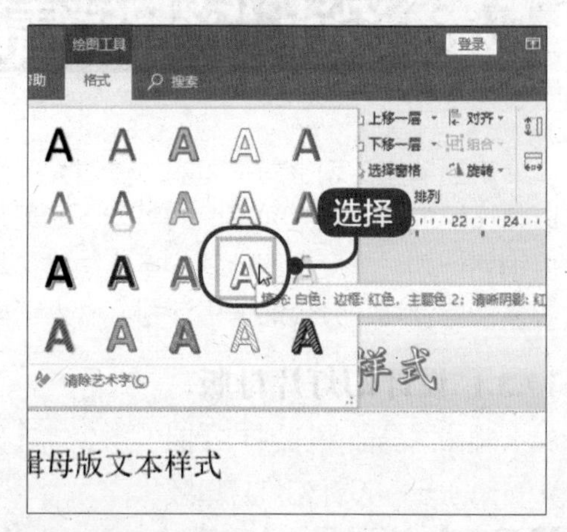

6 设置艺术字

选择设置后的艺术字。设置文字【字体】为“华文楷体”、【字号】为“50”，设置【文本对齐】为“左对齐”，然后根据需要调整文本框的位置（见下页图）。

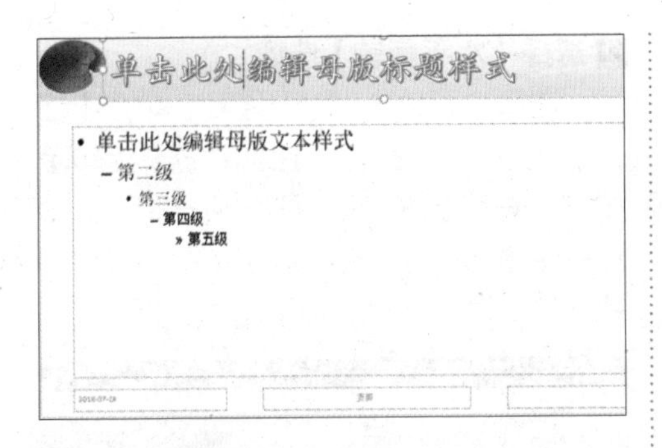

7 设置动画效果

为标题框应用【擦除】动画效果，设置【效果选项】为“自左侧”，设置【开始】模式为“上一动画之后”（见下图）。

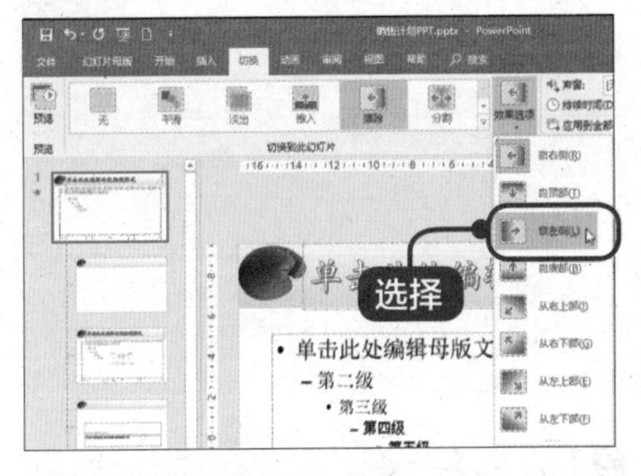

8 选中【隐藏背景】复选框

在幻灯片母版视图中，在左侧列表中选择第 2 张幻灯片，勾选【幻灯片母版】选项卡下【背景】组中的【隐藏背景图形】复选框，并删除文本框（见下图）。

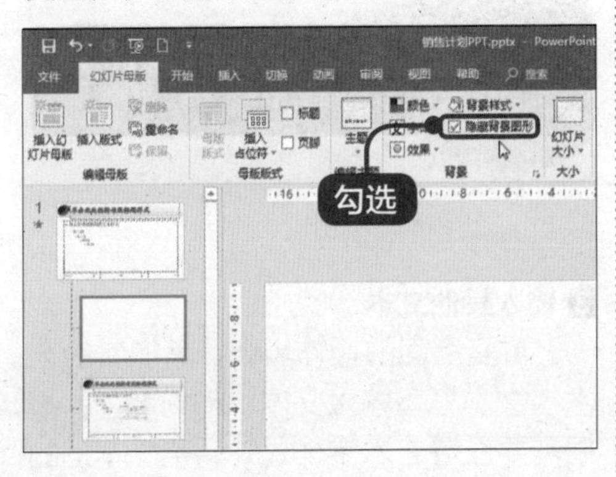

9 插入图片

单击【插入】选项卡下【图像】组中的【图片】按钮，在弹出的【插入图片】对话框中选择“素材 \ch17\ 图片 4.png”和“素材 \ch17\ 图片 5.jpg”文件，单击【插入】按钮，将图片插入幻灯片中，将“图片 4.png”图片放置在“图片 5.jpg”文件上方，并调整图片的位置（见下图）。

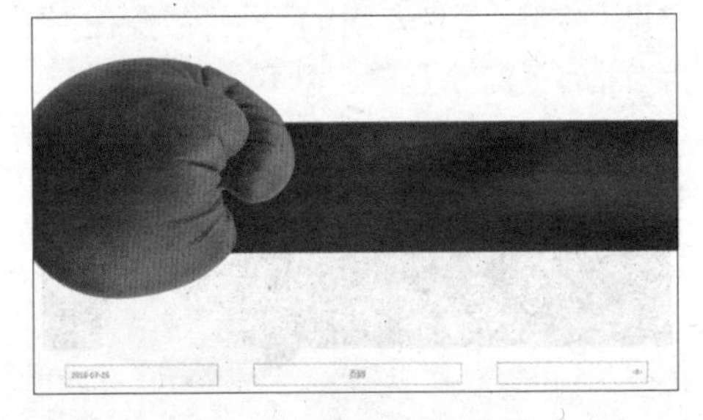

10 单击【幻灯片母版】按钮

同时选择插入的两张图片并单击鼠标右键，在弹出的快捷菜单中选择【组合】➢【组合】命令，组合图片并将其置于底层（见下图）。

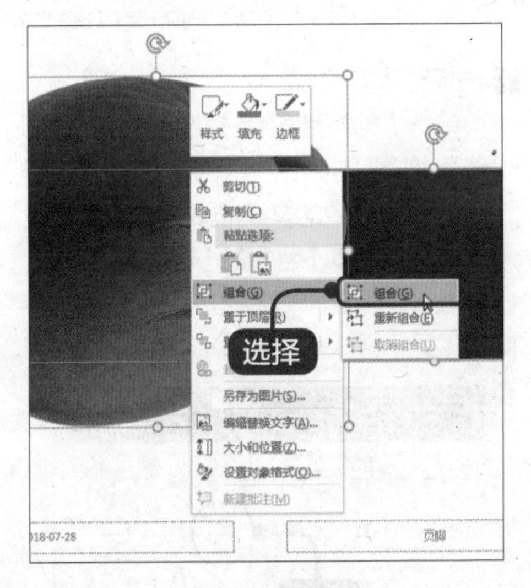

第 2 步：新增母版样式。

1 插入图片

在幻灯片母版视图中，在左侧列表中选择最后一张幻灯片，单击【幻灯片母版】选项卡下【编辑母版】组中的【插入幻灯片母版】按钮，添加新的母版版式，在新建母版中选择第一张幻灯片，并删除其中的文本框，插入“素材\ch17\图片4.png”和“素材\ch17\图片5.jpg”文件，并将“图片4.png”图片放置在“图片5.jpg”文件上方（见下图）。

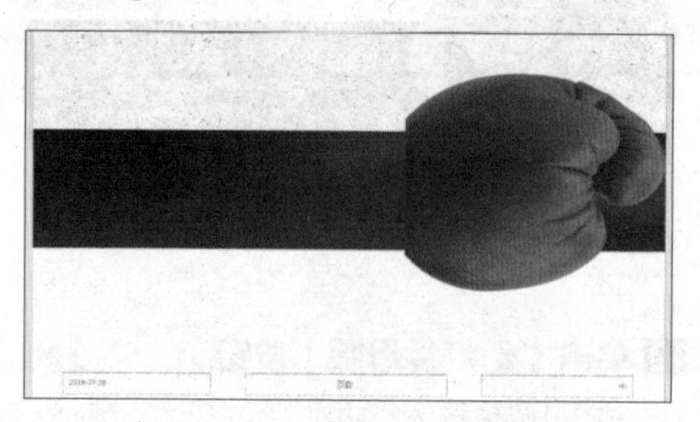

2 选择【水平翻转】选项

选择“图片4.png”图片，单击【格式】选项卡下【排列】组中的【旋转】按钮，在弹出的下拉列表中选择【水平翻转】选项，调整图片的位置，组合图片并将其置于底层（见下图）。

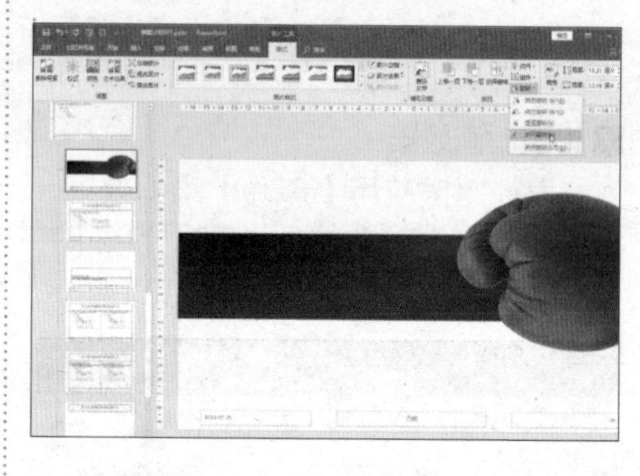

17.3.2 设计销售计划首页页面

设计销售计划首页页面的具体操作步骤如下。

1 选择艺术字样式

单击【幻灯片母版】选项卡中的【关闭母版视图】按钮，返回普通视图，删除幻灯片页面中的文本框，单击【插入】选项卡下【文本】组中的【艺术字】按钮，在弹出的下拉列表中选择一种艺术字样式（见下图）。

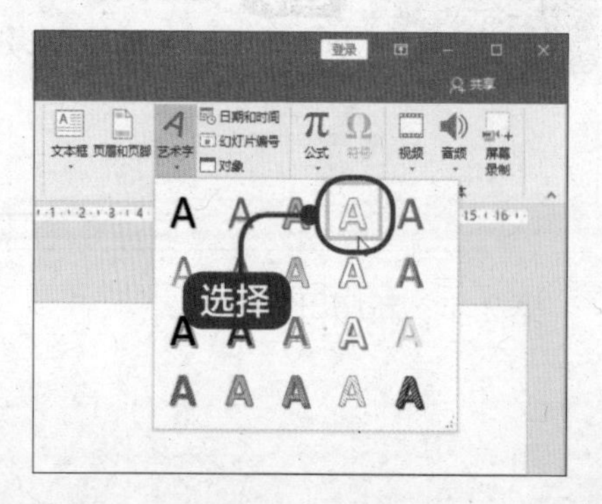

2 输入文本

输入文本“黄金周销售计划”，设置其【字体】为“宋体”，【字号】为“72”，并根据需要调整艺术字文本框的位置（见下图）。

3 输入其他文本

重复上面的操作步骤，添加新的艺术字文本框，输入文本“市场部”，根据需要设置艺术字样式并调整文本框的位置（见下页图）。

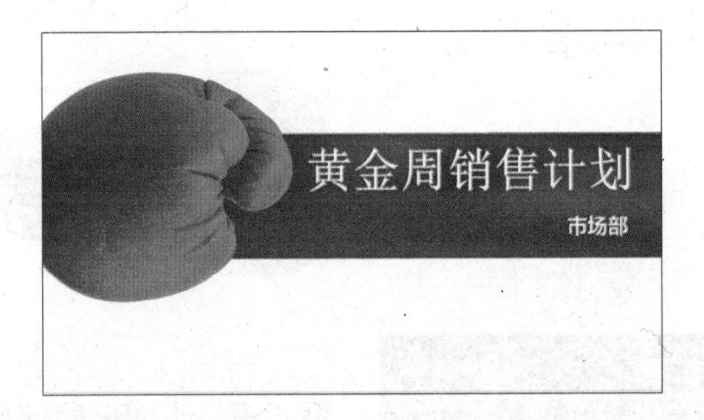

17.3.3 设计计划概述部分页面

设计“计划背景”和“计划概述”部分幻灯片页面的具体操作步骤如下。

第 1 步：制作计划背景部分幻灯片。

1 新建“标题”幻灯片页面

新建“标题”幻灯片页面，并绘制竖排文本框，输入下图所示的文本，并设置【字体颜色】为“白色”（见下图）。

2 设置文本

选择文本“1.计划背景”，设置其【字体】为“方正楷体简体”，【字号】为“32”，【字体颜色】为“白色”。选择其他文本，设置【字体】为“方正楷体简体”，【字号】为“28”，【字体颜色】为“黄色”。同时，设置所有文本的【行距】为“双倍行距”（见下图）。

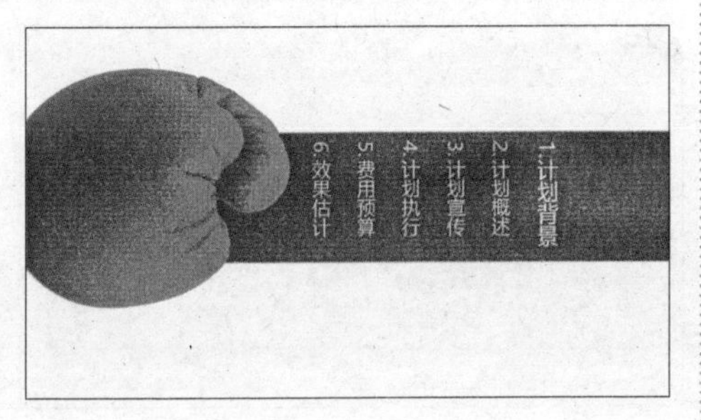

3 新建“仅标题”幻灯片页面

新建“仅标题”幻灯片页面，在【标题】文本框中输入“计划背景”（见下图）。

4 插入图标

打开“素材\ch17\计划背景.txt”文件，将其内容粘贴至页面中，并设置字体。在需要插入图标的位置单击【插入】选项卡下【插图】组中的【图标】按钮，在弹出的对话框中选择要插入的图标（见下图）。

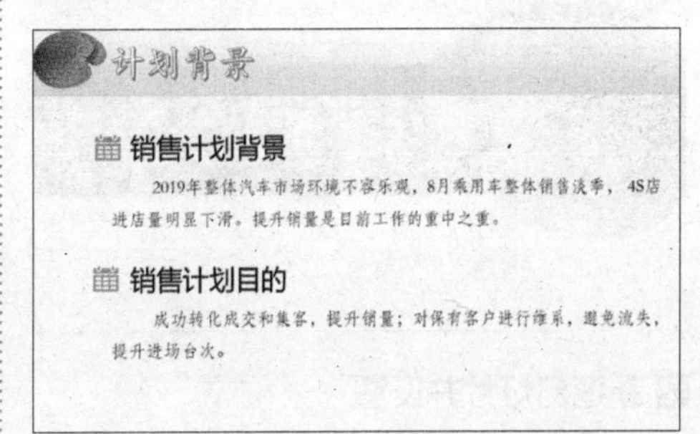

第 2 步：制作计划概述部分幻灯片。

1 复制幻灯片

复制第 2 张幻灯片并将其粘贴至第 3 张幻灯片下（见下图）。

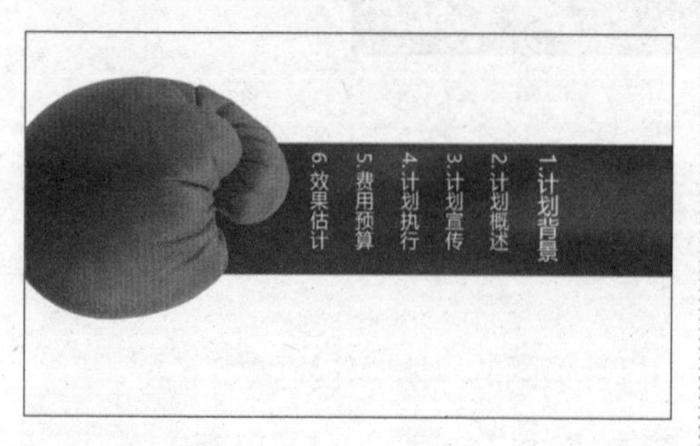

2 设置文本

更改文本“1. 计划背景”的【字号】为“24”，【字体颜色】为“浅绿”。更改文本“2. 计划概述”的【字号】为“30”，【字体颜色】为“白色”。其他文本样式不变（见右栏图）。

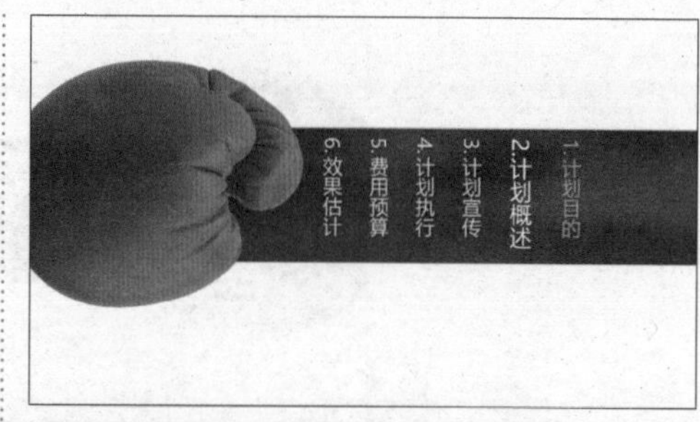

3 设置“计划概述”幻灯片页面

新建“仅标题”幻灯片页面，在【标题】文本框中输入“计划概述”文本，打开“素材\ch17\计划概述.txt”文件，将其内容粘贴至文本框中，并根据需要设置字体样式（见下图）。

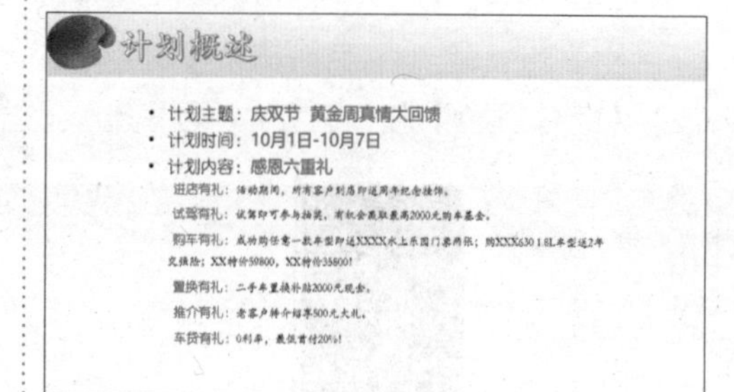

17.3.4 设计计划宣传部分页面

设计计划宣传及其他部分幻灯片页面的具体操作步骤如下。

1 复制幻灯片页面

重复 17.3.3 小节第 2 步中步骤 1 ~ 2 的操作，复制幻灯片页面并设置字体样式（见下图）。

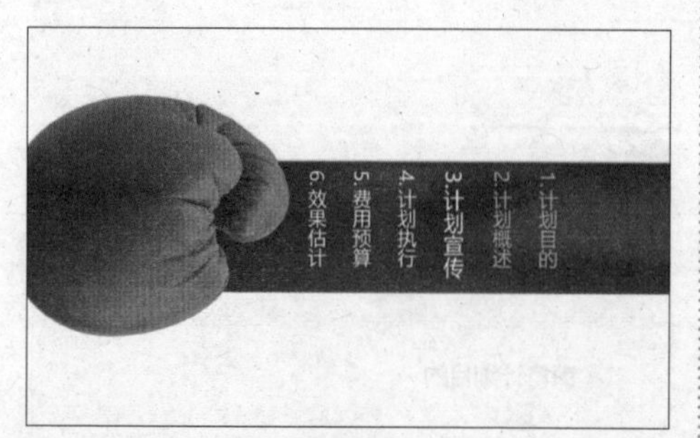

2 新建幻灯片并设置

新建“仅标题”幻灯片页面，并输入标题“计划宣传”，单击【插入】选项卡下【插图】组中的【形状】按钮，在弹出的下拉列表中选择【线条】组下的【箭头】按钮，绘制箭头图形。在【格式】选项卡下单击【形状样式】组中的【形状轮廓】按钮，选择【虚线】➢【圆点】选项（见下图）。

3 绘制线条和其他内容

使用同样的方法绘制其他线条，以及绘制文本框标记时间和其他内容（见下图）。

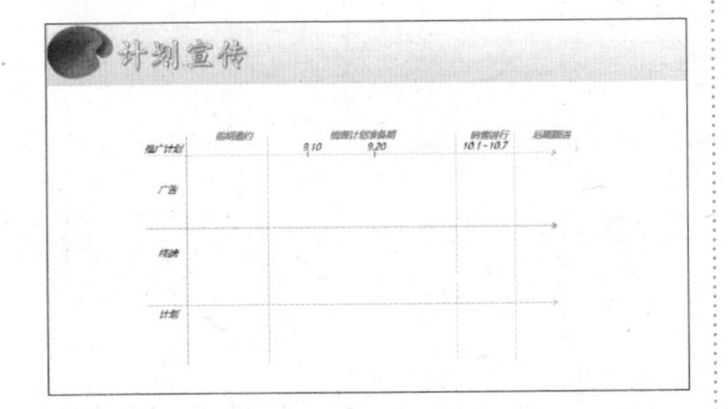

4 绘制图形并输入内容

根据需要绘制咨询图形，输入相关内容，然后美化图形。重复操作直至完成安排（见下图）。

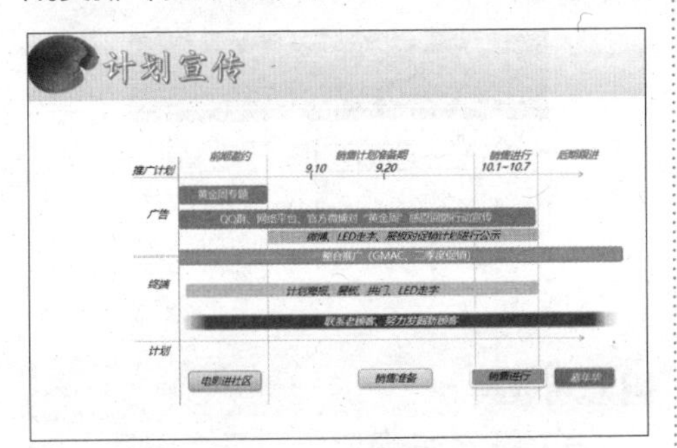

5 设置“活动宣传”幻灯片页面

新建“仅标题”幻灯片页面，并输入标题“活动宣传”，单击【插入】选项卡下【插图】组中的【SmartArt】按钮，在打开的【选择 SmartArt 图形】对话框中选择【循环】【射线循环】选项，单击【确定】按钮，完成图形插入。根据需要输入相关内容及说明文本（见右栏图）。

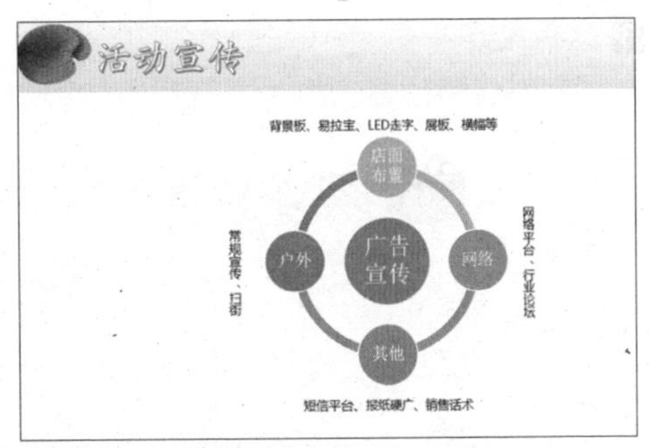

6 设置“计划执行”幻灯片页面

使用类似的方法制作计划执行相关页面，效果如下图所示。

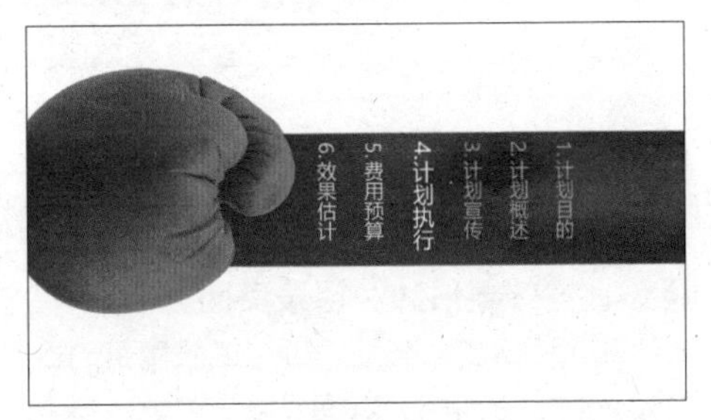

计划执行

事项	负责人
团购方案制定	张永明
网络宣传	王亮
报纸杂志硬广、软文	高晓辉
电话邀约	销售部
短信平台邀约	李冬梅
QQ群、邮件	马晓军
渠道推广	胡广军、刘鹏鹏
其他物料筹备	胡广军、刘鹏鹏
泊车指引	刘亮亮
计划主持	王秋月、胡亮
产品讲解、分期政策	销售顾问、信贷经理
奖品/礼品发放	王晓乐
拍照	胡俊亮、王一鸣

7 设置“费用预算”幻灯片页面

使用类似的方法制作费用预算目录页面，效果如下图所示。

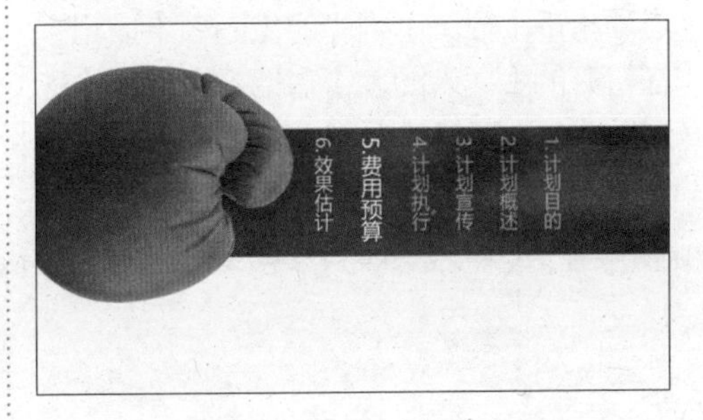

8 查看效果

制作费用预算幻灯片页面后的效果如下图所示。

预算费用

	项目	规格/数量	价格（元）	备注
媒体类	商报软文	1期	3000	
	平台1	10天	13500	
	平台2	10天	1111	可适当延长
	平台3	10天	1111	
物料类	横幅	1	32	
	海报	2	40	
	彩虹拱门	1	0	
	信息展板	1	80	
其他费用	短信平台信息费		1000	
	礼品——挂饰若干、100元油卡（8张）、门票（15*2张）、2年交强险（5份）、遮阳板（5*30份）、购车基金（2000*4元）、30元工时卡（30张）、100元油卡（4张）		27540	礼品数量不够需要及时报备
合计			47414元	

17.3.5 设计效果评估目录页面

设计效果评估及结束幻灯片页面的具体操作步骤如下。

1 设置“效果估计”目录页面

按照前面的方法，制作“效果估计”目录页面，效果如下图所示。

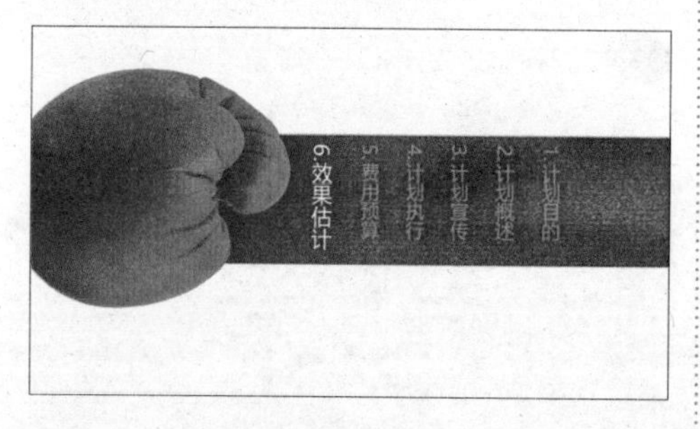

2 插入簇状柱形图

新建“仅标题”幻灯片页面，并输入标题“效果估计”文本。单击【插入】选项卡下【插图】组中的【图表】按钮，在打开的【插入图表】对话框中选择【柱形图】➤【簇状柱形图】选项，单击【确定】按钮，在打开的Excel界面中输入下图所示的数据（见右栏图）。

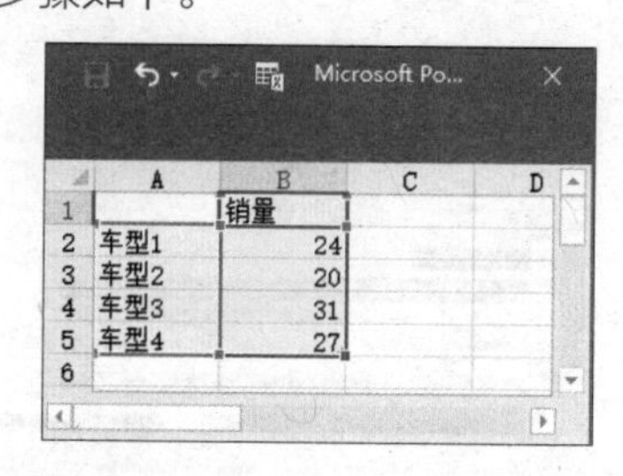

3 查看效果

关闭Excel窗口，即可看到插入的图表，对图表做适当的美化，效果如下图所示。

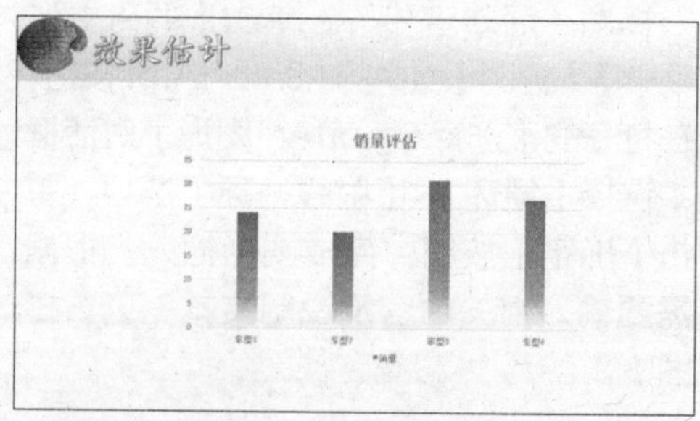

4 选择【标题幻灯片】选项

单击【开始】选项卡下【幻灯片】组中的【新建幻灯片】按钮，在弹出的下拉列表中选择【Office 主题】组下的【标题幻灯片】选项，绘制文本框，并输入文本“努力完成销售计划！”。最后根据需要设置字体样式，效果如下图所示。

17.3.6 添加切换和动画效果

添加切换效果和动画效果的具体操作步骤如下。

1 选择【帘式】切换效果

选择要设置切换效果的幻灯片，这里选择第 1 张幻灯片。单击【切换】选项卡下【切换到此幻灯片】组中的【其他】按钮 ，在弹出的下拉列表中选择【华丽型】区域中的【帘式】切换效果，可以自动预览该效果（见下图）。

2 设置持续时间

在【切换】选项卡下【计时】选项组的【持续时间】微调框中，设置【持续时间】为“03.00”。使用同样的方法，为其他幻灯片页面设置不同的切换效果（见右栏图）。

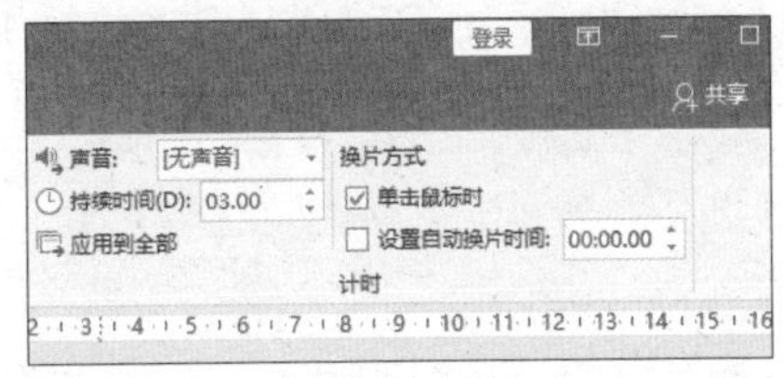

3 选择【浮入】选项

在第 1 张幻灯片中选择要创建进入动画效果的文字。单击【动画】选项卡下【动画】组中的【其他】按钮 ，弹出如下图所示的下拉列表。在下拉列表的【进入】区域中选择【浮入】选项，创建此进入动画效果（见下图）。

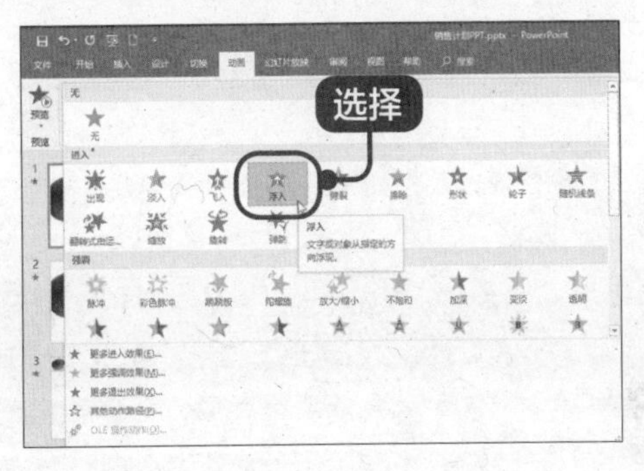

4 选择【下浮】选项

添加动画效果后，单击【动画】组中的【效果选项】按钮，在弹出的下拉列表中选择【下浮】选项（见下图）。

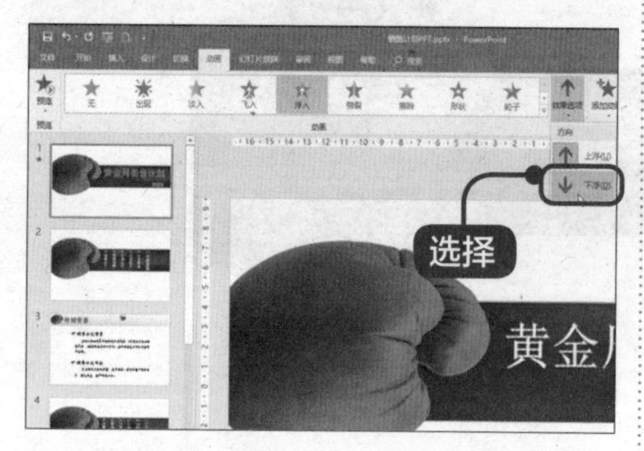

5 设置持续时间

在【动画】选项卡的【计时】组中设置【开始】为“上一动画之后”，设置【持续时间】为“01.50”（见右栏图）。

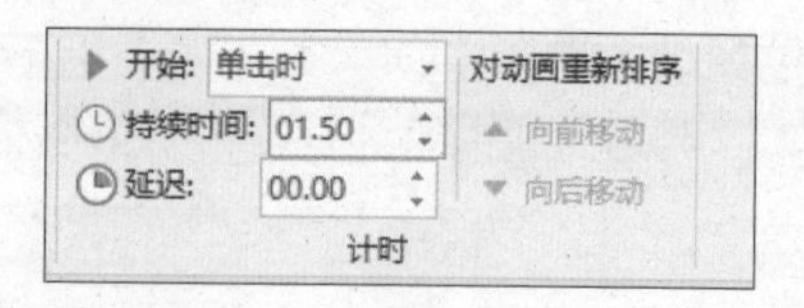

6 查看效果

使用同样的方法为其他幻灯片页面中的内容设置不同的动画效果。最终制作完成的销售计划推广演示文稿如下图所示。

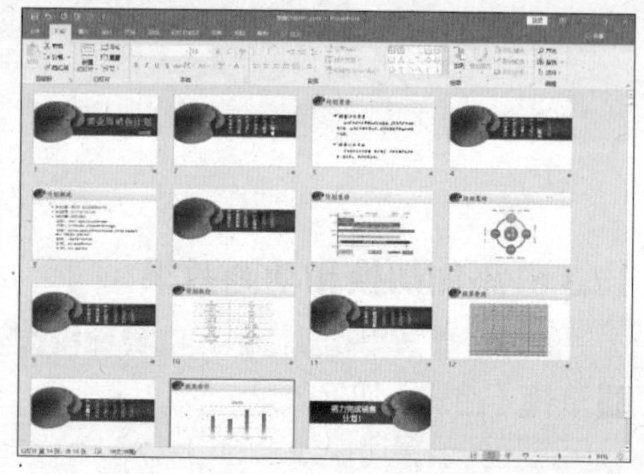

至此，就完成了产品销售计划演示文稿的制作。

第 18 章

Office 的跨平台应用——移动办公

本章视频教学时间 / 21 分钟

重点导读

使用移动设备可以随时随地进行办公，摆脱时间和空间的束缚，轻松高效地完成工作。本章介绍将计算机中的文件快速传输至移动设备中，以及使用手机、平板电脑等移动设备进行办公的方法。通过本章的学习，可以掌握 Office 跨平台实现移动办公的方法。

学习效果图

18.1 移动办公概述

本节视频教学时间 / 4 分钟

“移动办公”也可以称为“3A 办公”，“3A”即任何时间（Anytime）、任何地点（Anywhere）和任何事情（Anything）。这种全新的办公模式，可以让办公人员摆脱时间和地点的束缚，利用可以将手机和计算机互联互通的软件应用系统，随时随地完成工作，提高工作效率。

无论是智能手机、笔记本还是平板电脑等，只要支持办公所需的操作软件，均可以实现移动办公。

下面，首先了解一下移动办公的优势。

1. 操作便利简单

移动办公只需要一部智能手机或平板电脑，不仅便于携带，而且操作简单。同时，不用拘泥于办公室，即使下班也可以方便地处理一些紧急事务。

2. 处理事务高效快捷

使用移动办公方式，办公人员无论是出差在外，还是在休假，都可以及时审批公文、浏览公告、处理个人事务等。这种办公模式将许多不可利用的时间有效利用起来，不知不觉中提高了工作效率。

3. 功能强大且灵活

由于移动信息产品发展迅猛、移动通信网络日益优化，很多要在计算机上处理的工作都可以通过手机终端来完成，移动办公的效果堪比电脑办公。同时，针对不同行业领域的业务需求，还可以对移动办公进行专业的定制开发，灵活多变地根据自身需求自由设计移动办公的功能。

移动办公通过多种接入方式与企业的各种应用进行连接，将办公的范围无限扩大，真正地实现了“3A 办公”模式。移动办公的优势是可以帮助企业提高员工的办事效率，还能帮助企业从根本上降低营运的成本，进一步推动企业的发展。

能够实现移动办公的设备必须具备以下 3 点特征。

1. 完美的便携性

手机、平板电脑和笔记本（包括超级本）等均适合移动办公。这些设备体积较小，便于携带，打破了空间的局限性，办公人员不用一直待在办公室里，在家里、在车上都可以工作。

2. 系统和设备支持

要想实现移动办公，必须要有能够支持办公软件的操作系统和设备，如 iOS 操作系统、Android 操作系统、Windows Mobile 操作系统等具有扩展功能的系统及对应的设备等。现在流行的华为手机、苹果手机、OPPO 手机、iPad 平板电脑以及超级本等都可以实现移动办公。

3. 网络支持

很多工作都需要在连接网络的情况下进行，如传递办公文件，所以网络的支持必不可少。目前最常用的网络有 4G 网络和 Wi-Fi 无线网络等。

18.2 将办公文件传输到移动设备

本节视频教学时间 / 5 分钟

将办公文件传输到移动设备中，不仅方便携带，还可以实现随时随地办公。

1. 将移动设备作为 U 盘传输办公文件

将移动设备通过数据线连接至计算机 USB 接口，双击计算机桌面上的【此电脑】图标，打开【此电脑】对话框。双击手机图标，打开手机存储设备，然后将文件复制并粘贴至该手机内存设备中。下面左图所示为识别的 iPhone 图标。安卓设备与 iOS 设备的操作与此类似。

2. 借助同步软件

通过数据线或借由 Wi-Fi 网络，在计算机中安装同步软件，就可以将计算机中的数据下载至手机中了。安卓设备可以借助 360 手机助手来实现，iOS 设备则可使用 iTunes 软件来实现。下面右图所示为使用 360 手机助手连接手机，将文件拖入【发送文件】文本框中，实现文件传输（见下图）。

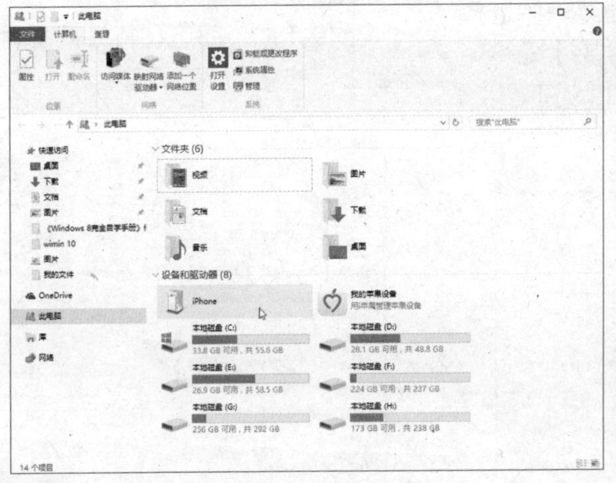

3. 使用 QQ 传输文件

在移动设备和计算机中登录同一QQ 账号，在 QQ 主界面【我的设备】中双击识别的移动设备，然后直接将文件拖曳至打开的窗口中，实现将办公文件传输到移动设备（见下图）。

4. 将文档备份到 OneDrive

可以直接将办公文件保存至OneDrive，然后使用同一账号在移动设备中登录 OneDrive，实现计算机与手机文件的同步。

1 打开【OneDrive】窗口

双击电脑桌面上的【此电脑】图标，在打开的窗口中选择【OneDrive】选项，或者在任务栏的【OneDrive】图标上单击鼠标右键，在弹出的快捷菜单中选择【打开你的 OneDrive 文件夹】命令，可以打开【OneDrive】窗口（见下图）。

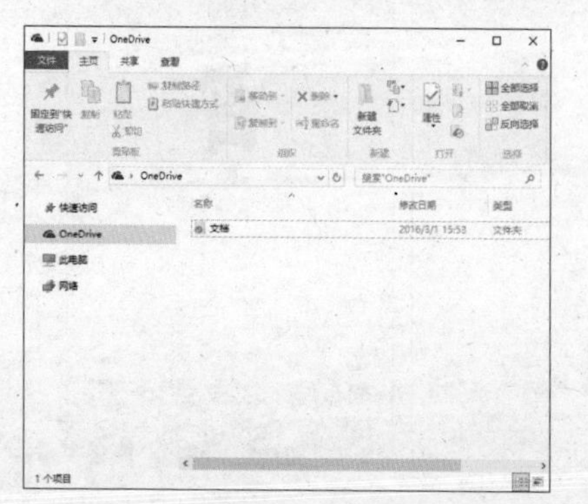

2 选择要上传的文件

选择要上传的文档“工作报告.docx”文件，将其复制并粘贴至【文档】文件夹或者直接拖曳文件至【文档】文件夹中（见下图）。

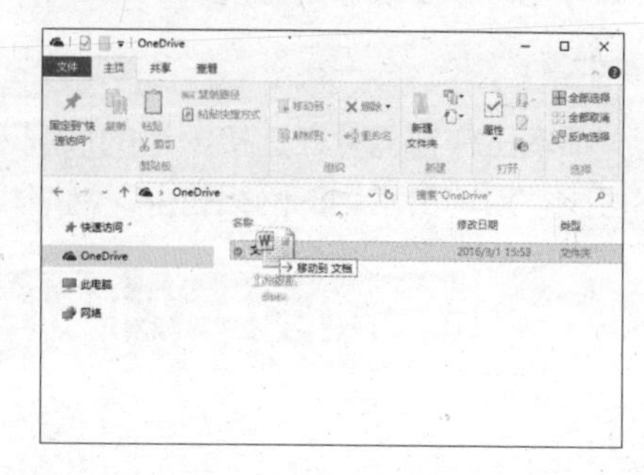

3 同步文档

在【文档】文件夹图标上显示刷新图标，表明文档正在同步（见下图）。

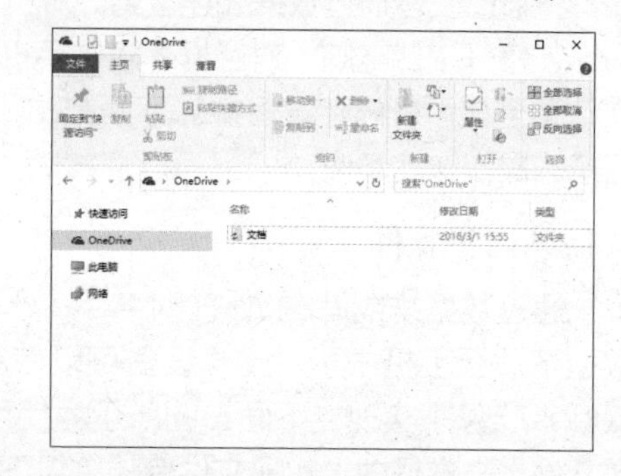

4 完成上传

上传完成，即可在打开的文件夹中看到上传的文件（见下图）。

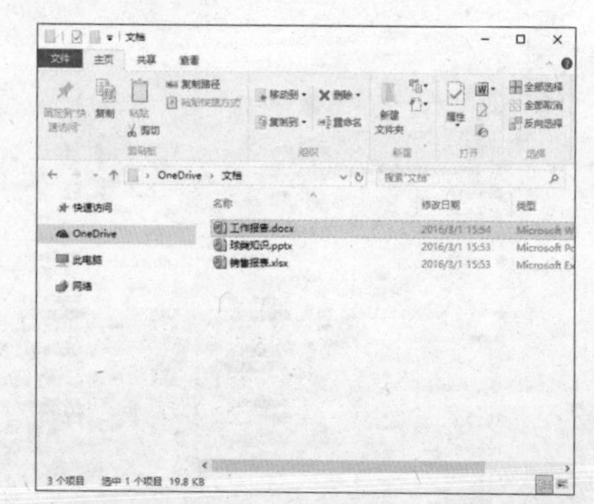

5 查看文件

在手机中下载并登录 OneDrive，进入 OneDrive 界面，选择要查看的文件，这里选择【文件】选项。

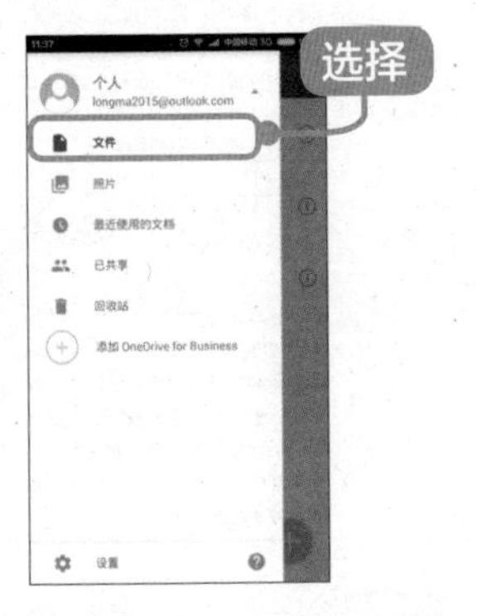

6 显示内容

可以看到 OneDrive 中的文件，单击【文档】文件夹，可以显示所有的内容。

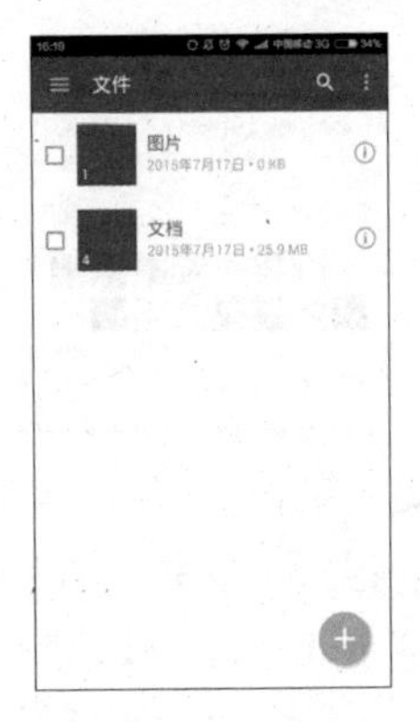

18.3 用移动设备修改文档

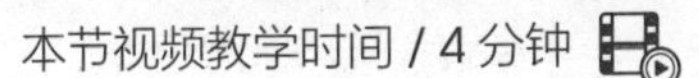
本节视频教学时间 / 4 分钟

Android 手机、iPhone、iPad 以及 Windows Phone 系统手机上运行的 Microsoft Word、Microsoft Excel 和 Microsoft PowerPoint 组件，均可用于编辑文档。

本节以 Android 手机上的 Microsoft Word 为例，介绍如何在手机上修改 Word 文档。

1 使用手机打开同步文档

下载并安装 Microsoft Word 软件。将“素材 \ch18\ 工作报告 .docx”文档存入计算机的 OneDrive 文件夹中，同步完成后，在手机中使用同一账号登录并打开 OneDrive，找到并单击“工作报告 .docx”文档存储的位置，使用 Microsoft Word 打开该文档（见下图）。

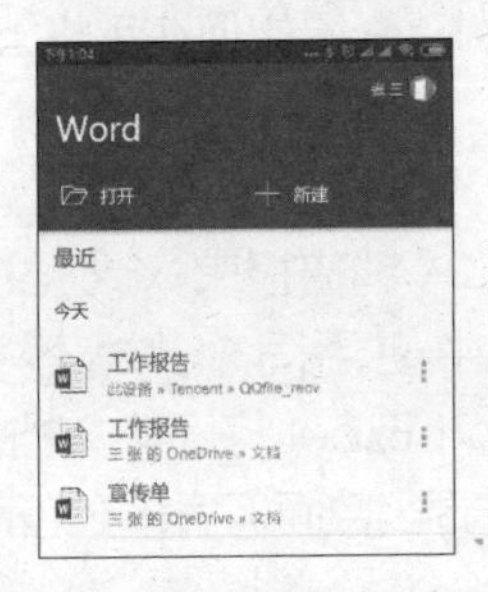

2 编辑标题

打开文档后，单击界面上方的按钮，可自适应手机屏幕显示文档，然后单击【编辑】按钮，进入文档编辑状态，选择标题文本，单击【开始】面板中的【倾斜】按钮 *I*，使标题以斜体显示（见下图）。

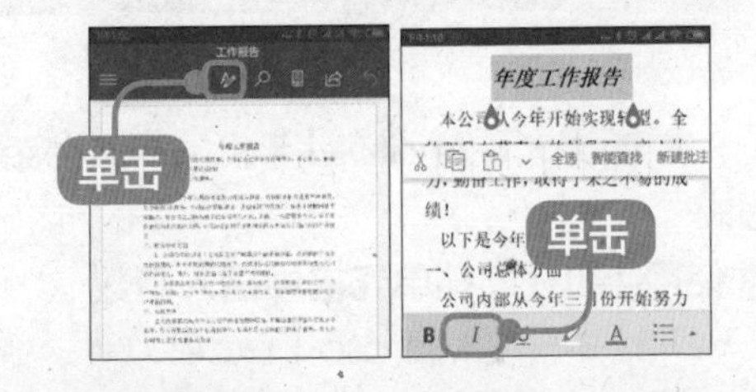

3 显示标题

单击【突出显示】按钮，可自动为标题添加底纹，突出显示标题（见下页图）。

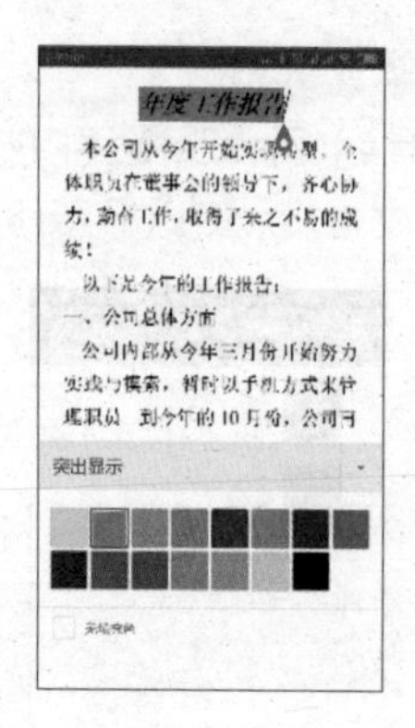

4 插入表格

单击【开始】面板，在打开的列表中选择【插入】选项，切换至【插入】面板。此外，用户还可以打开【布局】【审阅】以及【视图】面板进行相应的操作。进入【插入】面板后，选择要插入表格的位置，单击【表格】按钮（见下图）。

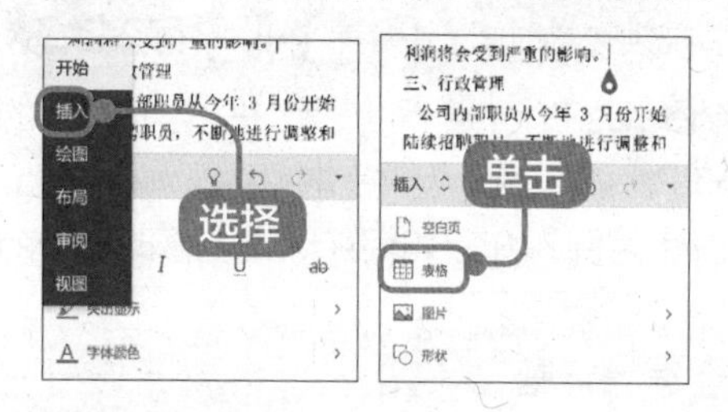

5 输入内容

完成表格的插入，单击 ▾ 按钮，隐藏【插入】面板，选择插入的表格，在弹出的输入面板中输入表格内容（见下图）。

6 完成修改

再次单击【编辑】按钮，进入编辑状态，选择【表格样式】选项，在弹出的【表格样式】列表中选择一种表格样式。可以看到设置表格样式后的效果，编辑完成，单击【保存】按钮，完成文档的修改（见下图）。

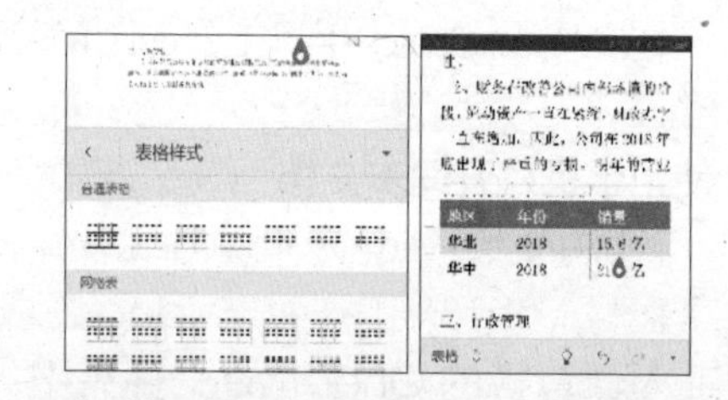

18.4 使用移动设备制作销售报表

本节视频教学时间 / 3 分钟

本节以支持 Android 手机的 Microsoft Excel 为例，介绍如何在手机上制作销售报表。

1 使用手机在文档单元格中插入函数

下载并安装 Microsoft Excel 软件，将“素材 \ch18\ 销售报表 .xlsx”文档存入计算机的 OneDrive 文件夹中，同步完成后，在手机中使用同一账号登录并打开 OneDrive，单击“销售报表 .xlsx”文档，使用 Microsoft Excel 打开该文档，选择 D3 单元格，单击【插入函数】按钮 fx，输入“=”，然后将选择函数面板折叠（见下页图）。

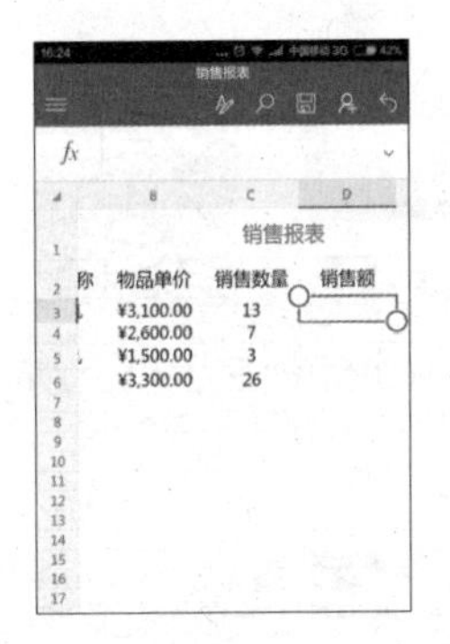

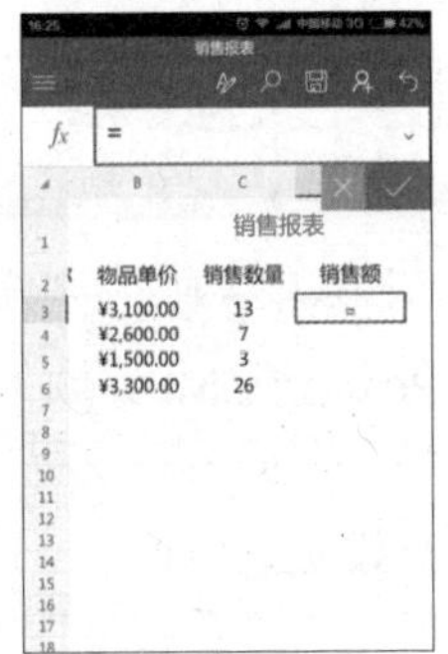

2 计算销售额

按【B3】单元格，并输入“*”，然后再按【C3】单元格，单击按钮，即可得出计算结果。使用同样的方法计算其他单元格中的结果（见下图）。

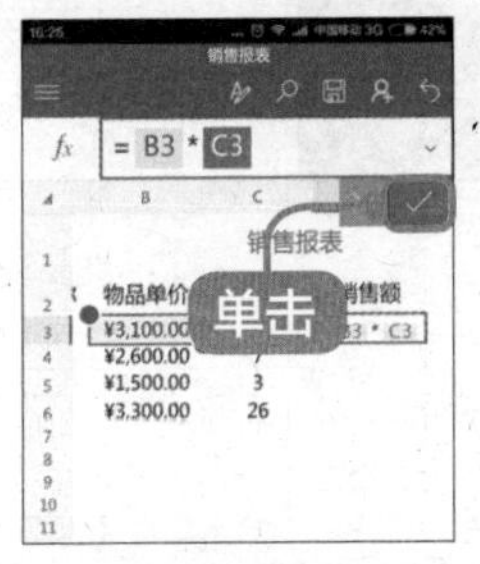

3 计算总销售额

选中 E3 单元格，单击【编辑】按钮，在打开的面板中选择【公式】面板，选择【自动求和】公式，并选择要计算的单元格区域，单击按钮，即可计算出总销售额（见下图）。

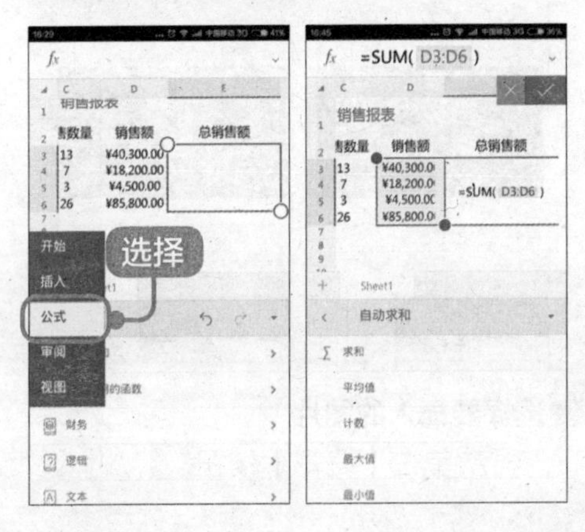

4 插入图表

选择任意一个单元格，单击【编辑】按钮。在底部弹出的功能区选择【插入】➤【图表】➤【柱形图】按钮，选择插入的图表类型和样式（见下图）。

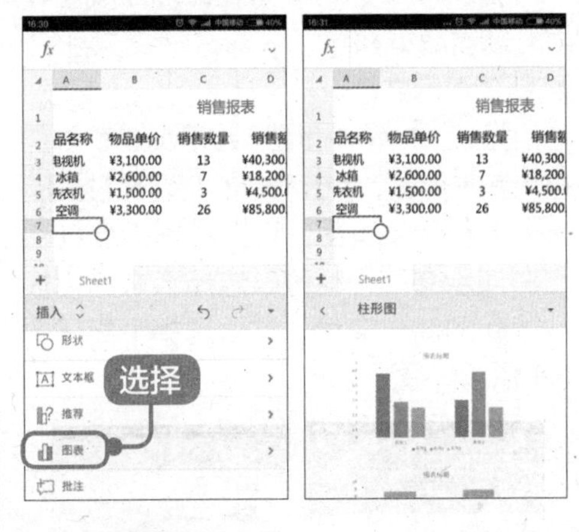

5 调整图表

插入图表后，如下图所示，用户可以根据需要调整图表的位置和大小。

18.5 使用移动设备制作演示文稿

本节视频教学时间 / 3 分钟

本节以支持 Android 手机的 Microsoft PowerPoint 为例，介绍如何在手机上创建并编辑演示文稿。

1 新建演示文稿

打开 Microsoft PowerPoint 软件，进入其主界面，单击顶部的【新建】按钮。进入【新建】页面，可以根据需要创建空白演示文稿，也可以选择下方的模板创建新的演示文稿。这里选择【离子】选项（见下图）。

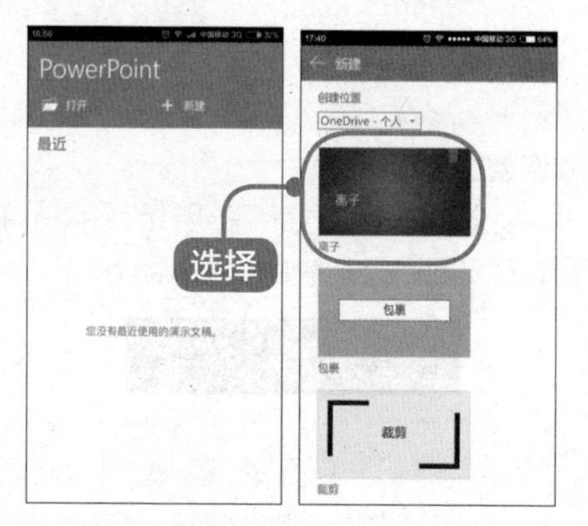

2 输入标题

开始下载模板，下载完成后自动创建一个空白演示文稿。根据需要在标题文本占位符中输入相关内容（见下图）。

3 设置副标题

单击【编辑】按钮，进入文档编辑状态，在【开始】面板中根据需要设置副标题的字体大小，并将其设置为右对齐（见下图）。

4 删除占位符

单击屏幕右下方的【新建】按钮，新建幻灯片页面，然后删除其中的文本占位符（见下图）。

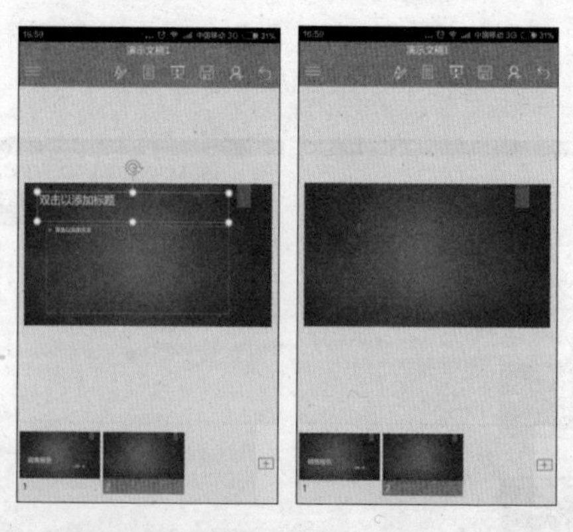

5 选择要插入的图片

再次单击【编辑】按钮，进入文

档编辑状态，单击【插入】选项，打开【插入】面板，单击【图片】选项，选择要插入的图片（见下图）。

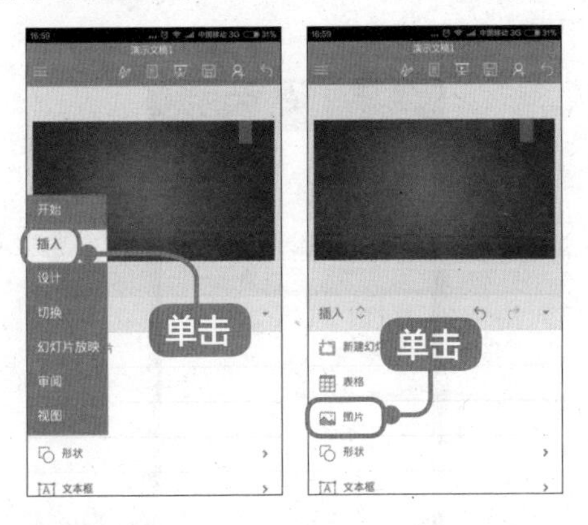

6 编辑图片

插入图片后，在打开的【图片】面板中可以对图片的样式、裁剪、旋转等进行设置，编辑完成，最终图片效果如下图所示。

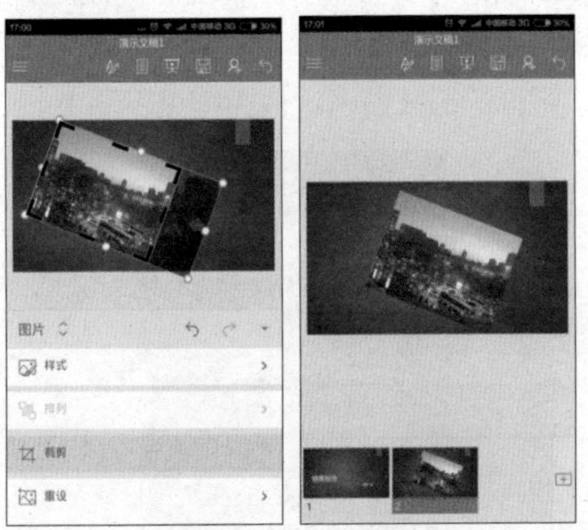

7 保存演示文稿

使用同样的方法可以在演示文稿中插入其他的文字、表格等，与在计算机中使用Office办公软件类似，这里不赘述，制作完成后，单击【菜单】按钮，然后单击【保存】选项，在【保存】界面单击【重命名此文件】选项，设置名称为“销售报告”，完成演示文稿的保存（见下图）。

技巧：使用邮箱发送办公文档

使用手机、平板电脑可以将编辑好的文档发送给领导或好友，这里以使用手机发送 PowerPoint 演示文稿为例进行介绍。

1 进行共享

工作簿制作完成后，单击【菜单】按钮，然后单击【共享】选项（见下页图）。

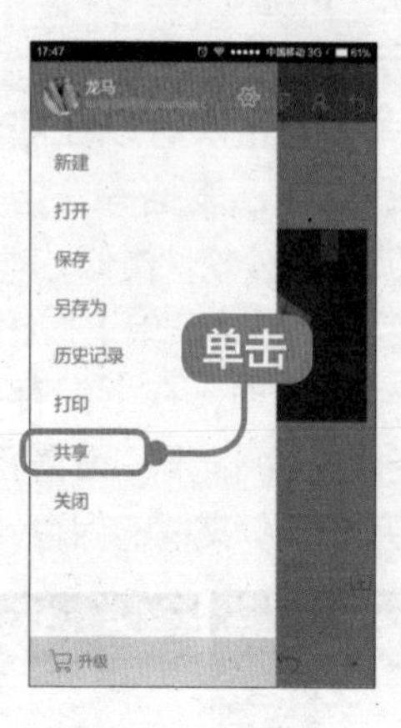

2 选择共享

在打开的【共享】选择界面选择【作为附件共享】选项（见下图）。

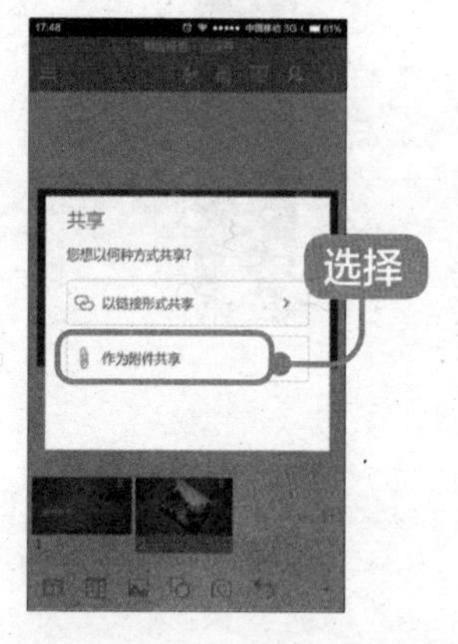

3 选择文稿

打开【作为附件共享】界面，选择【演示文稿】选项（见下图）。

4 选择方式

在打开的选择界面选择共享方式，这里选择【电子邮件】选项（见下图）。

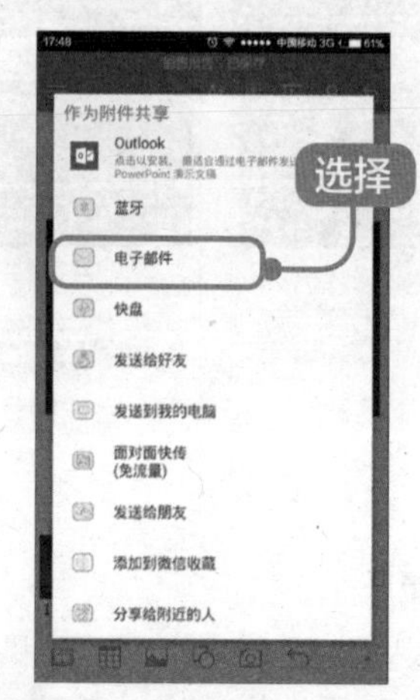

5 发送邮件

在【电子邮件】窗口中输入收件人的邮箱地址，并输入邮件正文内容，单击【发送】按钮，即可将办公文档以附件的形式发送给他人（见下图）。